高等职业教育网络安全系列教材

数据恢复技术

（微课版）

武春岭　何　倩　主　编

杨　倩　副主编

電子工業出版社

Publishing House of Electronics Industry

北京 · BEIJING

内 容 简 介

“数据恢复技术”是高职信息安全技术应用专业的核心课程。本书以当前的主要存储介质（硬盘）为对象，详细讲述了数据丢失的各种情况及其对应的数据恢复方法，包括硬盘结构及应用、磁盘分区表恢复、FAT分区数据恢复、NTFS 分区数据恢复、其他数据恢复工具的应用、数据库修复、硬盘故障维修、磁盘阵列数据恢复等内容，涵盖了目前主流数据恢复的相关技术。

本书是在由武春岭和何倩主编的“‘十二五’职业教育国家规划教材”《数据恢复技术》的基础上编写的，内容全面更新，更加符合当前产业发展需求。每章从任务引导开始，让读者知道面对的是什么样的问题，激发其学习兴趣；然后进行相关基础知识的介绍，为解决问题做好铺垫；最后在任务实施中以案例剖析的方式，解决实际工作中可能会遇到的问题。

本书可作为高职、高专和本科电子信息类专业的教材，也可作为企事业单位网络信息管理人员的技术参考书，还可作为数据恢复和电子取证类的培训用书。

图书在版编目（CIP）数据

数据恢复技术：微课版 / 武春岭，何倩主编. —北京：电子工业出版社，2024.1

ISBN 978-7-121-46907-7

Ⅰ. ①数… Ⅱ. ①武… ②何… Ⅲ. ①数据管理－文件恢复－高等学校－教材 Ⅳ. ①TP309.3

中国国家版本馆CIP数据核字（2023）第245864号

责任编辑：徐建军
印　　刷：三河市鑫金马印装有限公司
装　　订：三河市鑫金马印装有限公司
出版发行：电子工业出版社
　　　　　北京市海淀区万寿路 173 信箱　　　邮编：100036
开　　本：787×1092　1/16　印张：21.25　字数：572 千字
版　　次：2024 年 1 月第 1 版
印　　次：2025 年 2 月第 2 次印刷
印　　数：1 000 册　定价：59.00 元

凡所购买电子工业出版社图书有缺损问题，请向购买书店调换。若书店售缺，请与本社发行部联系，联系及邮购电话：（010）88254888，88258888。

质量投诉请发邮件至 zlts@phei.com.cn，盗版侵权举报请发邮件至 dbqq@phei.com.cn。

本书咨询联系方式：（010）88254570，xujj@phei.com.cn。

前言

随着计算机用户数量的不断增加和互联网络的迅猛发展，人们越来越依赖各种各样的数据网络和数量极为庞大的数字信息。但是，在人们尽情享受数据带来的方便、快捷的生活的同时，数据安全方面的问题也变得越来越重要。例如，人为误操作和存储介质故障可能会导致多年精心累积的数据一下子付诸东流，而这些都是个人的劳动成果，是不可再生资源。对于企业来说，数据丢失可能会造成业务停顿和失去客户联系，因此有句话叫作“数据是企业的生命”。

数据恢复工程师专门解决这类问题，为客户找回因各种情况丢失的数据。因此，数据恢复工程师扮演着“数据医生”的角色。数据恢复工作糅合了计算机维修与维护、文件系统、数据库、数据存储安全等多方面知识和技能，知识面广，实践性强。随着信息化的普及，数据恢复正在快速发展。

此外，数据恢复还是电子取证的主要支撑技术。在进行司法取证时，大多需要对电子证物做数据恢复，才能获取到有价值的证据信息。

本书是国家精品资源共享课“数据备份与恢复”的配套教材，是在武春岭和何倩主编的“‘十二五’职业教育国家规划教材”的基础上进行编写的。本书以数据恢复工程师的岗位需求为依托，以实际工作任务为导向，从硬盘结构、分区数据恢复、常用文件系统数据恢复、数据库数据恢复、硬盘介质维修、固件修复和磁盘阵列数据恢复等方面由浅入深地介绍数据恢复工作涉及的各方面知识及操作技能。

本书的编写融入了编者丰富的教学和实际工作经验，内容安排合理，组织有序，每章都是一个完整的模块，包括学习目标（知识目标和技能目标）、任务引导、相关基础、任务实施、技能拓展和综合训练等多个组成部分，让读者循序渐进地学习。另外，本书通过多个实际案例的精讲，帮助读者更快、更全面地掌握数据恢复技术的核心技能，解决实际工作问题，并激发其学习兴趣。

本书共 8 章：第 1 章为硬盘结构及应用，第 2 章为磁盘分区表恢复，第 3 章为 FAT 分区数据恢复，第 4 章为 NTFS 分区数据恢复，第 5 章为其他数据恢复工具的应用，第 6 章为数据库修复，第 7 章为硬盘故障维修，第 8 章为磁盘阵列数据恢复。

本书由重庆电子工程职业学院的武春岭和何倩担任主编，由重庆工程学院的杨倩担任副主编。武春岭负责编写第 1～2 章，何倩负责编写第 4～7 章，杨倩负责编写第 3 章和第 8 章。本书在编写过程中得到了重庆市中开重电司法鉴定所总经理胡琦的指导。

为了方便教师教学，本书配有电子教学课件，请有此需求的教师登录华信教育资源网（www.hxedu.com.cn）注册后免费下载，若有问题可在网站留言板留言或与电子工业出版社联系（E-mail：hxedu@phei.com.cn）。

由于编者水平有限，书中难免存在不足之处，敬请广大读者批评指正，以便在以后的修订中不断改进。

编　者

目录

第1章 硬盘结构及应用

素养目标

✧ 具有勇于创新、敬业乐业的工作作风。
✧ 提高分析问题、解决问题的能力。

知识目标

✧ 熟悉常用的存储介质。
✧ 熟悉硬盘的物理结构及逻辑结构。
✧ 掌握硬盘的寻址方式。

技能目标

✧ 掌握识别存储介质的技能。
✧ 掌握硬盘选购的技能。
✧ 掌握硬盘检测、分区和格式化等操作的技能。

任务引导

当今社会正处于信息量暴增的计算机飞速发展时期，即信息化的时代。数据已经成为企业非常重要的资产，数据存储的可用性、完整性和安全性已不再是单纯的技术问题，更是企业生存力和竞争力的重要体现，可以说，数据就是企业的生命。当今世界，随着数据量的剧增，数据安全尤为重要。数据安全涉及两方面：一是防止泄密和篡改，二是防止因存储介质损坏或人为误操作导致数据丢失。

本章着重介绍常用的存储介质，重点介绍硬盘的物理结构、逻辑结构和工作原理，并且通过案例介绍硬盘的选购与初始化，帮助读者正确地选择及使用硬盘。

相关基础

存储介质是指所有能够记录信息，并且可以长时间保存信息的物体，包括硬盘、光盘、纸质书籍、锦帛、竹简，以及原始时代用来记录信息的绳结、石片和壁画等。这些都是广义上的存储介质，可以保持其中记录的信息不会轻易丢失。但世上没有绝对的事情，没有人能保证重要数据可以永久保存而不被破坏，因此，数据的备份和恢复就是非常重要的保全数据的任务。

数据备份是指为了防止系统出现操作失误或系统故障导致数据丢失，将全部或部分数据集合从应用主机的硬盘或阵列复制到其他存储介质的过程；数据恢复是指将受到破坏，或者硬件存在缺陷导致不可访问、不可获取，或者误操作、计算机病毒等导致数据丢失，还原成可访问的正常数据，也就是找回数据。

1.1 常见的数据存储介质

常见的数据存储介质

存储介质是指存储数据的载体。存储介质的分类方式有很多种，如可以根据计算机体系、存储技术和存取速度等进行分类。下面介绍根据计算机体系和存储技术对存储介质进行分类。

1. 根据计算机体系分类

根据计算机的组成部分来划分，可以将存储介质分为内存和外存。内存是指内部存储器，由半导体存储芯片构成，最具代表性的就是通常所说的内存条，如图 1-1 所示。内存是与计算机的 CPU 直接建立联系通道的部件，主要用于存储 CPU 在工作时计算所需的信息和结果。内存也可作为与外存之间的桥梁，以提高系统的整体工作性能和效率。内存运行速度快，但掉电后无法保存数据。由于生产工艺等原因，内存的价格相对较高且存储容量相对较小。

图 1-1　内存条

外存是指外部存储器，是计算机存储信息和数据的主要设备，作为计算机主机的外部存储连接，可以永久保存数据。外存又分为以下几种。

- 在线存储器，如硬盘、磁盘阵列。
- 近线存储器，如光盘机、光盘库。
- 离线存储器，如磁带机、磁带库。

对于一般的个人用户来说，使用硬盘、软盘和光盘等存储设备就可以满足需求；但对于商业用户或对安全性要求较高的信息系统来说，磁带机、磁盘阵列和磁带库是必不可少的存储设备。

2. 根据存储技术分类

随着存储技术的发展，现在的外存容量越来越大，但价格越来越低。外存主要包括硬盘、光盘和闪存盘等，分别代表磁存储介质、光存储介质和电存储介质。磁存储技术是计算机中最早出现的存储类型，利用剩磁材料的磁性存储数据（剩磁是指永磁体经磁化至技术饱和，并去掉外磁场后所保留的表面场）。光存储技术是指在金属记录层上用激光烧录信号点。电存储技术则是利用半导体芯片的电通阻能力来构建存储介质。

磁存储设备是计算机最早的存储设备之一，根据其外观不同可分为磁带、磁卡、磁鼓和磁盘等。对于目前的使用者来说，磁盘是最常见的存储设备。磁盘又分为软磁盘（软盘）和硬磁盘（硬盘）两种。由于软盘的存储空间有限，现在已经退出市场，不太常见（在 20 世纪 80—90 年代，软盘以携带方便、价格便宜而应用广泛）。

目前，在磁存储设备中，硬盘仍是计算机中的主要外部存储器。随着存储技术和生产工艺的快速发展，硬盘的容量越来越大（目前已达到以 TB 为单位）、价格越来越低，是目前计算机必备的标准配置之一。

光存储设备的驱动器和盘片是分开的，分别是光驱和光盘。同样，由于技术和工艺的提升，光盘的类型已从原来的 CD-ROM（只读）发展到 CD-R（可一次写）、CD-RW（可读/写）、DVD-ROM 和 DVD-RW 等类型，并且容量越来越大。普通的 DVD 可保存约 4GB 的数据，双层 DVD 可保存约 8GB 的数据。但随着闪存设备的技术突起，光驱已不再是计算机的标准配置。

电存储设备又可分为只读存储器（Read-Only Memory，ROM）和随机存储器（Random Access Memory，RAM）。只读存储器具有永久保存数据，在系统断电后仍然会保存数据的特点，如保存 BIOS 信息的电擦除可编程只读存储器（Electrically-Erasable Programmable Read-Only Memory，EEPROM）；随机存储器只能在系统接通电路的情况下存储数据和交换数据，如内存条。近些年，闪存盘（Flash Disk）得到了快速发展，成为人们存储交换数据的重要的存储设备之一，如俗称的 U 盘和固态硬盘等。

1.1.1　磁带

磁记录是指利用磁效应记录各种数据的技术。磁记录技术的起源可以追溯到 1857 年使用钢带的录音机雏形。1898 年，Valdemar Poulson 使用直径为 1 毫米的碳钢丝制作了世界上第一台磁录音机。1928 年，Fritz Pfleumer 与 AEG（伊莱克斯）合作制作了第一台磁带录音机。

磁存储技术的工作原理是通过改变磁粒子的极性在磁性介质上记录数据。在读取数据时，磁头将存储介质上的磁粒子极性转换成相应的电脉冲信号，并转换成计算机可以识别的数据形式。写操作的原理也是如此。

磁带如图 1-2 所示。磁带是单位存储信息成本最低、容量最大、标准化程度最高的常用存储介质之一。它互换性好，易于保存。由于近年来采用了具有高纠错能力的编码技术和即写即读的通道技术，因此大大提高了磁带存储的可靠性和读/写速度。

图 1-2　磁带

磁带的缺点也很明显：第一，只能顺序记录信息，不具备随机存取的能力；第二，执行读/写操作时磁头需要贴在磁带表面，所以运行速度慢。因此，磁带不适合作为计算机的在线存储器，目前主要用于离线备份。

1.1.2　磁盘

图 1-3　软盘

磁盘是将圆形的磁性盘片密封的存储装置。根据介质材料不同可以将磁盘分为软盘（见图 1-3）和硬盘（Hard Disk Drive，HDD）。软盘是计算机中使用最早的可移动存储介质，它的读/写是通过软盘驱动器（见图 1-4，通常被称为“软驱”）完成的。软盘的材质为塑料，比较柔软，因此而得名。软盘能够实现随机读/写，是很好的可移动存储设备。但软盘的磁头需要贴在盘片表面读/写信息，且盘片比较“娇嫩”，存取速度比较慢，容量也比较小，目前已经被闪存盘取代。硬盘的全称为温彻斯特式硬盘，是计算机主要的存储设备之一，目前被普遍使用。硬盘如图 1-5 所示。

图 1-4　软盘驱动器

图 1-5　硬盘

硬盘中的数据存储在密封于洁净的硬盘驱动器内腔的若干盘片上。硬盘的介质材料通常是铝合金，曾经为玻璃，由于介质材料很硬，因此被称为硬盘。

磁盘则在盘基表面涂上磁性材料，用于存储数据，由磁头实现数据读/写。

由磁头实现数据读/写基于电—磁转换的原理，通过在磁头线圈上加载电流，在磁头两端形成南北极的磁场，磁头所在位置的盘片表面的磁分子的磁极排列方向会随之改变，这个排列方向一旦改变，在没有外部磁场作用的情况下几乎可以永久保持不变，是非常理想的记录信息的方式。通过改变磁头线圈上的电流方向，就能改变磁头的南北极方向，从而代表“0”和“1”两种信息，这也是计算机采用二进制形式存储数据的基本原理，如图 1-6 所示。读取数据的时候，使用 GMR（巨磁阻磁头）读取传感器可以将微弱的感应磁场转换为电信号并放大，从而获取数据。

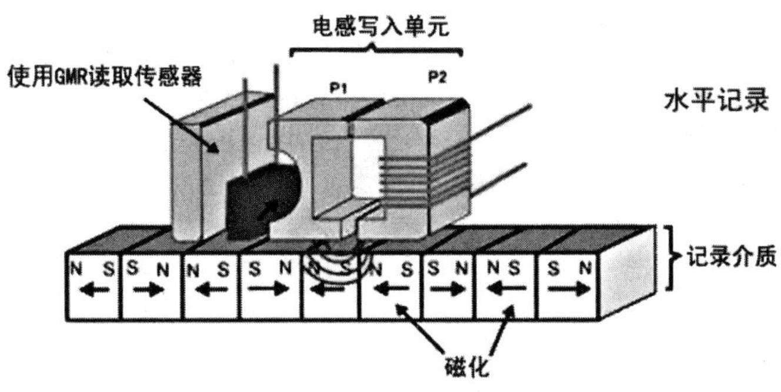

图 1-6　磁盘的工作原理

磁盘的工作原理是利用磁头在旋转的盘片上进行读/写，即重写或读取盘片上磁分子的磁极排列方向。随着技术的进步，读/写磁头可以越做越精细，单位面积能够划分出更多的存储单元，所以新型的磁盘虽然看上去和老式的磁盘一样大，但存储空间大了许多倍。

图 1-6 所示的磁盘采用的是水平记录方式，也就是磁极为水平方向排列，而新型的硬盘采用垂直记录方式（CMR），能够进一步缩小存储单元，如图 1-7 所示。硬盘的存储容量也达到了 2TB，是目前主流的硬盘存储技术。更有甚者，最新的叠瓦记录方式（SMR）能大幅增加磁道密度，从而进一步增加存储容量，但相应地降低了读/写性能和可靠性。

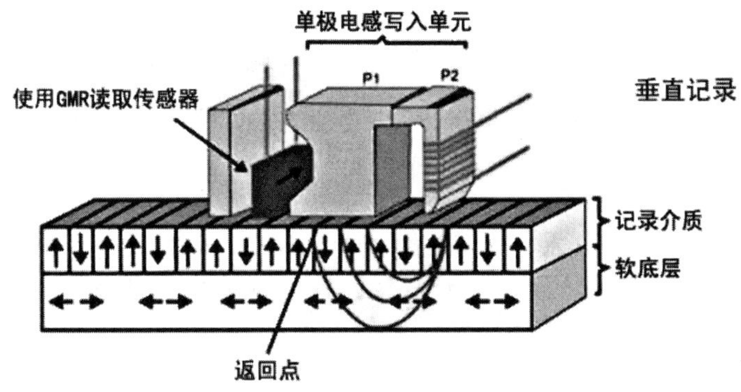

图 1-7　垂直记录方式

无论是普通的台式机硬盘还是企业级服务器硬盘，采用的都是温彻斯特技术，都有以下特点。

（1）磁头、盘片及运动结构是密封的。

（2）固定且高速旋转的镀磁盘片表面平整且光滑。

（3）磁头沿盘片径向移动。

（4）磁头对盘片接触式启停，但是工作时呈飞行状态，不与盘片直接接触。

硬盘的主要功能是存储和读取数据，所以要求高精密性和高稳定性。要了解磁存储技术，必须先了解计算机硬盘的内部结构。硬盘的内部通常包括盘片（介质）、磁头（包括写入磁头和读出磁头）、主轴电机和磁头驱动单元。对于磁存储技术，读者应重点关注磁记录介质和磁头部分。

1.1.3 光盘

与磁存储设备一样，光存储设备也是在基质上通过生产工艺涂敷一层用于记录的薄层。但是，光存储设备的基质是有机玻璃或塑料，中间夹了一层金属层，通过激光在金属层上烧录凹坑，以此来记录数据“0”和“1”。在读取数据时，将光照射到盘片上，根据光反射判断是否有凹坑，从而转换为“0”和“1”的数字信号，这就是光存储的原理。读/写光信息的设备称为光驱，保存数据的载体称为光盘，如图 1-8 所示。

图 1-8　光盘

无论是 CD 光盘，还是 DVD 光盘等光存储介质，都是以二进制形式来存储信息的。光盘上定义激光烧录出的凹坑代表二进制形式的“1”，而空白处则代表二进制形式的“0”。由于烧录的形式具有一次性的特点，即烧录的凹坑不能抹平还原，因此通常把在光盘上写数据的过程称为烧录或刻录。与 CD-ROM 相比，DVD 光盘的记录凹坑更小，螺旋存储凹坑之间的距离也更小。DVD 光盘存储信息的凹坑非常小，并且非常紧密，最小凹坑的长度仅为 0.4 微米，各凹坑之间的距离只是 CD-ROM 的 50%，并且轨距只有 0.74 微米。

CD 光盘、DVD 光盘等一系列光存储设备的主要部分是激光发生器和光监测器。光驱上的激光发生器实际上就是一个激光二极管，可以产生对应波长的激光光束，先经过一系列的处理后射到光盘上，再由光监测器捕捉反射回来的信号，由此识别实际的数据。如果光盘不反射激光，就代表那里有一个凹坑，计算机知道它代表一个“1”；如果激光被反射回来，那么计算机知道这个点代表一个“0”。计算机可以将这些二进制代码转换为原来的程序。当光盘在光驱中做高速转动时，激光头在电机的控制下前后移动，由此源源不断地读取数据。

1.1.4 闪存盘

闪存盘是一种不需要物理驱动器的微型高容量移动存储产品，采用的存储介质为闪存（Flash Memory），由电擦除可编程只读存储器衍生而来，通过半导体的电通阻特性记录数据“0”和“1”。闪存盘有多种类型，如 U 盘、CF 卡、SD 卡、TF 卡、记忆棒（Memory Stick）和固态硬盘。闪存盘将驱动器及存储介质合二为一，可以通过读卡器接口、USB 接口和 SATA 接口等连接计算机。闪存盘不但体积小（仅大拇指般大小）、质量轻（约为几十克，特别适合随身携带），而且防尘、抗震，工作时无噪声，物理特性很好，因此近年来发展很快。闪存盘的不足之处是一旦存储芯片损坏，数据就很难恢复。

在日常生活中，通常将 U 盘（USB 接口的闪存盘的简称）称为优盘。最初设计 U 盘就是为了在没有连接局域网的计算机之间快速交换较大的文件。只要设备有 USB 接口，就可以随时将 U 盘插入计算机主机上进行数据交换。由于 U 盘支持热插拔，因此使用十分方便。固态硬盘又称为 SSD，泛指以闪存芯片作为存储介质的新型存储体，其内部构造十分简单。固态硬盘的主体其实就是一块 PCB 板，而这块 PCB 板上最基本的配件就是主控芯片、缓存芯片（部分低端硬盘无缓存芯片）和用于存储数据的闪存芯片。固态硬盘接口的种类很多，有 SATA 接口、M.2 接口和 PCIe 接口等。闪存盘的外观如图 1-9 所示。

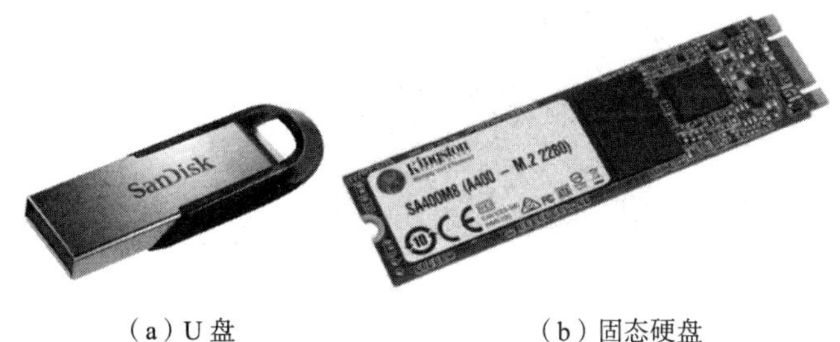

（a）U 盘　　（b）固态硬盘

图 1-9　闪存盘的外观

1.2　硬盘的物理结构

硬盘的物理结构

硬盘是非常典型且应用广泛的磁盘。本节以硬盘为例介绍磁盘的物理结构。

1.2.1　硬盘的外观与接口

从外观来看，硬盘就是一个方方正正的盒子，盒子内部才是主要的物理组件。

1. 正面

硬盘正面的面板被称为固定面板，与底板结合成一个密封的整体。硬盘正面如图 1-10 所示。

图 1-10　硬盘正面

硬盘内部完全密封，但并不是真空的，只是内部无尘而已。为了保证硬盘内部组件可以稳定运行，固定面板上有一个带有过滤器的透气孔，这是为了保证硬盘工作时内部气压可以与大气气压保持一致，这也是盘片和磁头在硬盘内部稳定工作的关键因素。

2. 背面

硬盘的背面是控制电路板，电路板上有电源接口、数据接口、主控芯片、缓存芯片、电机芯片及其他电子器件，如图 1-11 所示。主控芯片犹如计算机的 CPU，负责处理和发送各种控制信息；缓存芯片犹如计算机的内存，暂存硬盘工作时处理的数据，也可用作数据收发的缓冲区；电机芯片用于控制电机的转动，保持稳定的转速。

图 1-11　电路板

3. 接口

硬盘的侧面是硬盘的接口，硬盘的接口包括电源线接口和数据线接口两部分。常见的数据线接口按传输方式可分为并行接口和串行接口。早期的计算机为了保证硬盘数据传输速率，采用并行接口。台式机硬盘使用 ATA 接口（俗称 IDE），有 40 个针脚，如图 1-12 所示。小型机（包括俗称的服务器）使用 SCSI 接口（小型计算机系统接口），如图 1-13 所示。SCSI 接口的数据传输速率更高，在一个接口上可连接 15 个设备，还支持热插拔，属于比较高端的接口。SCSI 接口有很多版本，如接口的针脚分为 50 针、68 针和 80 针，不能混用，这里不再赘述，感兴趣的读者可查阅其他资料。

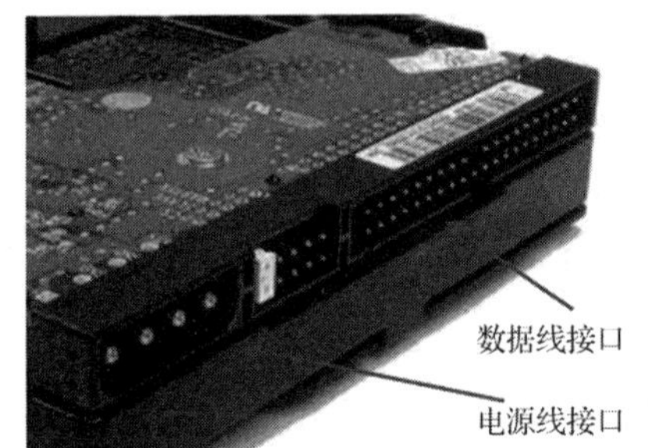

图 1-12　ATA 接口

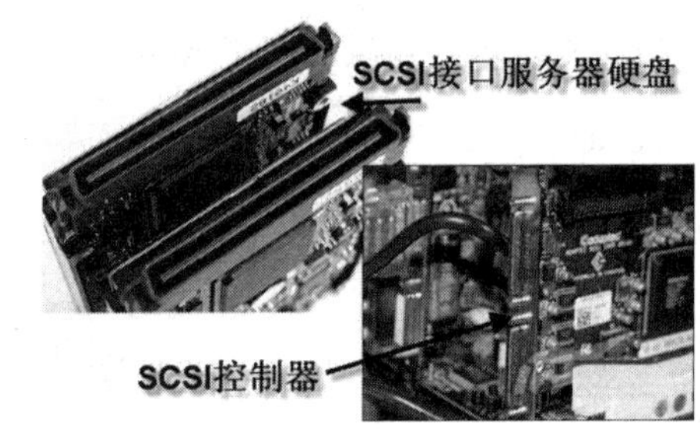

图 1-13　SCSI 接口

由于串行技术的迅速发展，其优势也得以显现。高速串行传输方式抗干扰能力强，传输距离远，不需要采用时钟同步机制，控制简单，支持热插拔和多设备连接，逐渐成为计算机外部设备的标准传输接口。通用串行总线 USB 就是很好的例证。

作为高速块传输设备，硬盘的接口也已升级为串行接口。SATA 接口如图 1-14 所示，通常所说的 SATA 接口就是由并行 ATA 接口转换而来的。SATA 接口分为 1.0 版本、2.0 版本和 3.0 版本，对应的传输速率分别为 150MB/s、300MB/s、600MB/s（有的标为 6Gbps），当然，使用的时候需要注意主板和硬盘支持相同的传输速率才可以。另外，服务器硬盘也从 SCSI 接口转换为 SAS（Serial At SCSI）接口。SAS 接口如图 1-15 所示。

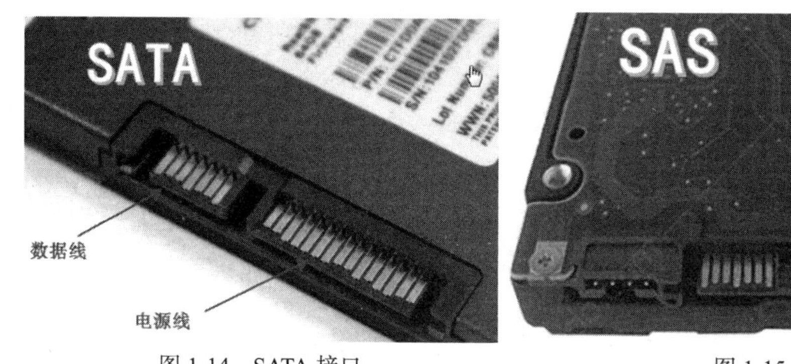

图 1-14 SATA 接口　　图 1-15 SAS 接口

1.2.2 硬盘的内部结构

硬盘一般使用特殊的六角螺钉来固定，需要使用专用的工具才能将固定面板揭开。揭开固定面板后，可以看见内部主要由盘片、磁头、磁臂及主轴等组成，如图 1-16 所示。当然，硬盘的上盖一旦打开，空气中的灰尘就会进去，这会破坏里面的无尘环境，导致硬盘无法稳定工作。因为硬盘在工作的时候，主轴带动盘片高速旋转（转速可以高达 7200rpm 甚至 10 000rpm）。磁头悬浮在盘片表面读/写信息，高度为 0.1～0.3 微米，远小于头发丝的直径，甚至比指纹印还小。一旦在高速运转时发生碰撞，磁头就会报废。下面就硬盘内部的主要部件进行介绍。

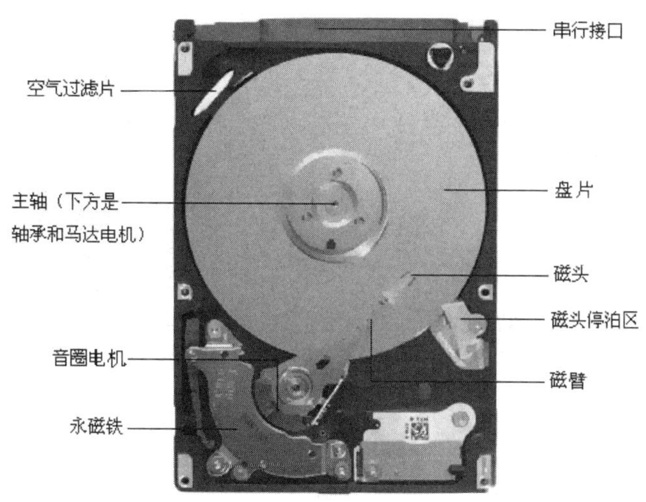

图 1-16 硬盘的内部结构

1. 盘片

硬盘内部最显眼的就是银晃晃的盘片。盘片是通过在铝合金或玻璃基底上涂敷很薄的磁性材料、保护材料和润滑材料等多种作用不同的材料层加工而成的，其中，磁性材料的物理性能与磁层结构直接影响数据的存储密度和所存储数据的稳定性。

硬盘的盘片是硬盘的核心部件之一，是硬盘存储数据的载体。不同的硬盘的盘片数量可能不同。早期的硬盘的盘片非常多，体积也很大，目前的硬盘可能有 1～4 个盘片，这些盘片安装在主轴电机的转轴上，在主轴电机的带动下高速旋转。

硬盘的每个盘片的容量称为单碟容量，一块硬盘的总容量就是所有盘片的容量之和。单碟容量的大小实际上并不取决于盘片，而取决于磁头，磁头越精密，单位面积所存储的数据就越多。如果盘片的某个位置出现了划痕，那么该处就无法读/写数据。

2. 磁头组件

磁头是硬盘中对盘片执行读/写操作的部件，是硬盘中最精密的部件。硬盘在工作时，磁头通过感应旋转的盘片上磁场的变化来读取数据，通过改变盘片上的磁场来写入数据。磁头的质量在很大程度上决定了盘片的存储密度。

磁头并不是贴在盘片上读取的。由于盘片高速旋转，因此磁头利用温彻斯特技术悬浮在盘片上。这样磁头在使用过程中几乎是不磨损的，所以数据存储非常稳定，硬盘的寿命也大幅度延长。但磁头也是非常脆弱的，当硬盘工作时，由于转速很高，并且贴近盘片表面运行，如果受到外力作用，就有可能使磁头撞击到盘片，从而严重损坏盘片。当然，如果有灰尘正好卡在中间，也会造成磁头损坏。由于盘片是工作在无尘环境下的，因此在更换磁头时必须在无尘室内完成。

磁头、磁臂、音圈电机和前置电路是集成到一起的，不能拆开，所以把它们合起来称为磁头组件（见图 1-17），在更换的时候也是整体更换的。磁头的移动是靠磁头定位驱动系统来实现的，现在的磁头定位驱动系统普遍采用音圈电机驱动。音圈电机是线性电机，是由一圈圈铜线圈构成的，磁头定位驱动系统可以直接驱动磁头做直线运动。整个定位驱动系统是一个带有速度和位置反馈的闭环调节自动控制系统，能够对磁头进行正确的驱动和定位，驱动速度快，定位精度高。

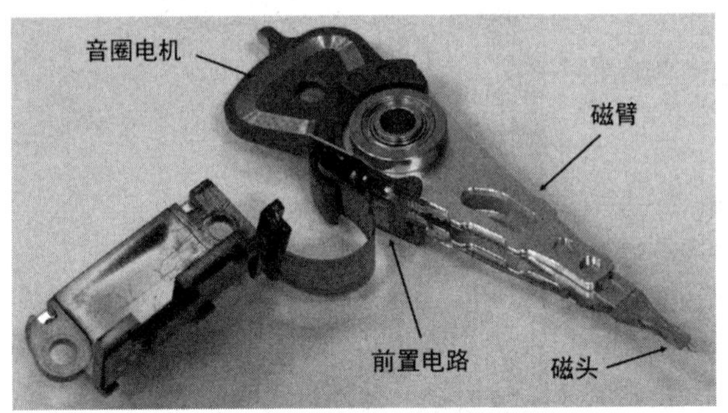

图 1-17　磁头组件

前置电路用于连接磁头和硬盘电路板，以及控制磁头感应的信号、主轴电机调速、磁头驱动和伺服定位等。由于磁头读取的信号微弱，因此将放大电路密封在腔体内可以减少外来信号的干扰，以及提高操作指令的准确性。磁臂主要起带动磁头移动的作用。

1.2.3　硬盘的性能指标

硬盘的性能指标

上面介绍了硬盘的工作原理和组成，那么，应该如何识别和选购硬盘呢？

目前市面上主流硬盘的品牌有希捷、西部数据、东芝、日立和三星等。硬盘的面盖上贴了产品标签，用来标记硬盘的一些重要信息，包括厂商、系列、型号（Model）、序列号（SN）、固件版本（Firmware）、容量、缓存、传输速率和产地等（有的硬盘只标注了一小部分信息），如

图 1-18 所示。

容量	1TB
型号	MQ04ABF100
转速	5400rpm
接口	SATA (1.5 Gbit/s, 3.0 Gbit/s, 6.0 Gbit/s)
缓存	128 MB
待机时耗电	0.60 W Typ.
平均无故障时间	600 000 小时
重量	92克

图 1-18　产品标签

虽然产品标签上包括很多信息，但是影响硬盘工作的技术指标，以及在选购硬盘时的注意事项主要包括以下几点。

1. 容量

购买硬盘时首先应该考虑容量。一般来说，硬盘的容量越大越好，但是硬盘的价格与容量大小并不成比例。例如，购买一块容量为 1TB 的硬盘需要 320 元，而购买一块容量为 2TB 的硬盘只需 480 元，容量翻倍但价格没有翻倍，所以可以适当根据预算进行选择。

受工业标准化设计的限制，硬盘中能安装的盘片数目是有限的（普通硬盘最多可以安装 4 个盘片）。所以，要提升硬盘的容量，除了增加盘片数目，还可以提升单碟容量。目前，硬盘单碟容量已经可以达到 2TB，一般来说单碟容量越大，硬盘的数据密度就越大。从技术上说，硬盘是通过磁阻磁头实际记录密度来记录数据的（即硬盘存储和读取数据主要是靠磁头来完成的），所以提高磁头的精细度可以提高单碟数据记录的密度，以及增加硬盘的容量。采用新的记录方式（如垂直记录）也可以提高记录密度。

2. 转速

存储的数据量越大，我们就越希望能够快速地进行读/写。转速是影响硬盘工作速度的重要指标。转速是指驱动硬盘盘片旋转的主轴电机的旋转速度，盘片转得越快，磁头读/写的速度也就越快。目前，主流硬盘的转速分为 5400rpm 和 7200rpm，服务器硬盘的转速可以达到 10 000rpm 和 15 000rpm。转速越高，散发的热量和噪声也就越大，所以，普通笔记本电脑通常配备转速为 5400rpm 的硬盘，台式计算机通常配备转速为 7200rpm 的硬盘。如果对读/写性能要求较高，如某些游戏盘、企业盘等，就需要更高的转速，当然，同时要做好散热工程。

3. 平均寻道时间

平均寻道时间是指硬盘磁头移动到数据所在磁道时所用的时间，磁头移动后需要一段时间稳定下来才能开展正式的读/写操作。磁头来回移动对性能的影响是很大的。平均寻道时间的单位为毫秒。平均寻道时间实际上是由转速、单碟容量等多个因素综合决定的。一般来说，硬盘的转速越高平均寻道时间就越短，单碟容量越大平均寻道时间就越短。不过，硬盘厂商一般不会把平均寻道时间直接标注在产品上。

4. 缓存

计算机各个部件之间的信息交互都会涉及缓存，使用缓存能够使数据成块传输，大大提高传输速率。缓存的英文名称为 Cache，单位为千字节或兆字节。一般来说，硬盘容量越大，缓存也就越大，如容量为 1TB 的硬盘缓存可以达到 64MB 甚至 128MB。

缓存有如下 3 方面作用。

（1）预读取（最近访问过的数据会在缓存中保存一份，缓存读取速度高于磁头读取速度），所以能明显改善性能。

（2）对写入动作进行缓存（忙时不写入，闲时才写入），有安全隐患。

（3）暂存数据用于批量传输。

5. 接口及传输速率

1.2.1 节简要介绍了硬盘的接口。虽然普通台式计算机使用主流的 SATA 接口，但实际上硬盘的接口还有很多种，如光纤硬盘接口、固态硬盘的 M.2 接口等。另外，即便是 SATA 接口，也有 1.0 版本、2.0 版本和 3.0 版本等，不同接口的传输速率也不同。硬盘的接口不能选错，否则无法与主机连接，或者影响传输速率。传输速率越高越好，否则会成为数据交换的瓶颈。

6. 平均无故障时间

凡是工业产品都存在故障率，谁都无法保证产品永远不坏。平均无故障时间（Mean Time To Failure，MTTF）的单位为小时，现在的硬盘的平均无故障时间一般都能达到 60 000 小时。但是，参数不能代表一切，在实际使用中用户口碑更具备参考性。有些批次的硬盘在生产过程中可能存在瑕疵，导致这个系列的硬盘存在通病，如电机驱动芯片易烧毁、存在固件问题等。因此，在选购之前，利用互联网查询硬盘的使用口碑是有必要的。

硬盘的逻辑结构

1.3 硬盘的逻辑结构

上面介绍了硬盘的工作原理和物理结构，那么，它是如何记录数据的呢？硬盘就好比一个大仓库，可以用来堆放许多货物，那么，这些货物应该放在哪里？应该如何寻找？划分存储区间，并按照一定的规则编址，是这个仓库首先需要解决的问题。在计算机中，最基本的信息单元是位（bit），用小写字母“b”表示，每 8 位构成一个数据处理单元——字节（Byte），用大写字母“B”表示。但在读/写数据时，如果按照字节进行，那么效率实在是太低了。计算机充分利用了数据块和缓冲区的原理，批量读/写和传输数据，这极大地提高了效率。在硬盘中，把多个字节合起来构成一个个大小相等的存储区块，并按照顺序编址以便访问，由此形成最基本的存储结构，程序员可以按照既定的规则来访问指定的存储区。

硬盘的编址方案有两种：CHS（三维地址结构）和 LBA（线性地址结构）。

硬盘的容量计算

硬盘的寻址方式

1.3.1 CHS 地址结构

三维地址结构是按照存储区块实际的物理位置来定义的，所以也称为物理寻址方式，简称 CHS，并且用柱面（Cylinder）、磁头（Head）和扇区（Sector）3 个参数来定位一个存储位置。在计算机中计数都是从 0 开始的，这与人类的计数方式有所不同，如座位编号是按照 1,2,3,4,…依次编号的，计算机中编号则变为 0,1,2,3,…，“0”除了可以表示“没有”和“空”，还可以表示“初始”。下面介绍 CHS 地址结构。

1. 磁头

盘片是硬盘中承载数据存储的介质，硬盘由多个盘片叠加在一起，盘片之间使用垫圈隔开。硬盘盘片以坚固耐用的材料为盘基，其上再附着磁性物质，表面被加工得相当平滑。

硬盘中会安装一个或多个盘片，而每个盘片又有两个盘面（Side），即上盘面和下盘面。为了方便管理，每个盘面都有一个盘面编号，如从上到下自 0 开始依次编号。在正常情况下，每个盘片都会一上一下安装两个磁头，分别用来读/写每个盘面的信息，如图 1-19 所示。但有的盘片只安装了一个磁头，如从成本考虑，或者某个盘面上检测出瑕疵就不会安装磁头，由此会出现磁头个数为单数的情况。

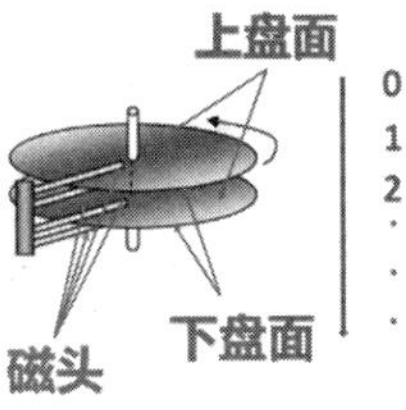

图 1-19　磁头编号

2. 磁道

硬盘在出厂前，厂商会对盘片进行格式化，以划分基本的存储区域。硬盘工作时盘片会高速旋转，磁头在盘片表面划过的轨迹是一个圆圈，这个圆圈就是磁道（Track）。盘片由内向外被划分为许多个同心圆，并且以主轴为中心。根据相对位置大致可以将磁道分为内磁道、中间磁道及外磁道。

目前，大容量硬盘的每个盘片都有上万个磁道，每个磁道都有一个编号，如由外向内自 0 开始按顺序编号，如图 1-20 所示。既然是同心圆，在相同的磁头位置就有多个磁道。例如，如果在第 0 面上有 5 号磁道，那么在第 1 面上也有 5 号磁道。

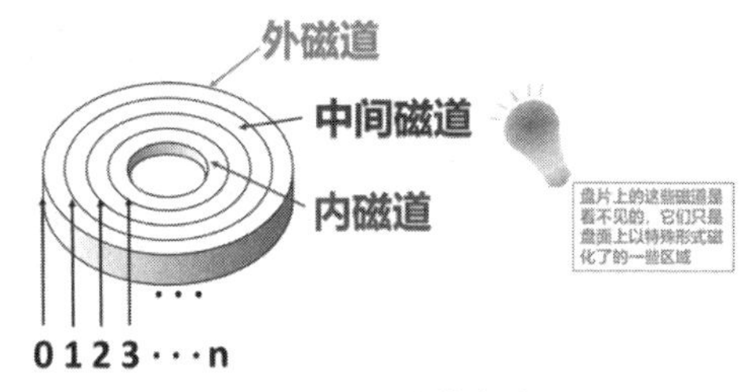

图 1-20　磁道编号

3. 扇区

硬盘中最基本的存储单位是扇区，这也是硬盘存储空间的基本管理单位，每个扇区固定包含 512 字节的用户存储空间，除此之外，还有前导、编号和校验等其他信息。一次硬盘访问操作会读/写 1～n 个扇区，以进一步提高读/写效率。

在盘片上划分磁道后，会进一步将圆圈划分为许多小段，以前根据等角度规则划分，像切比萨一样，形成一个个扇面，扇面和磁道交错形成的一段段的圆弧就是扇区，如图 1-21 所示。

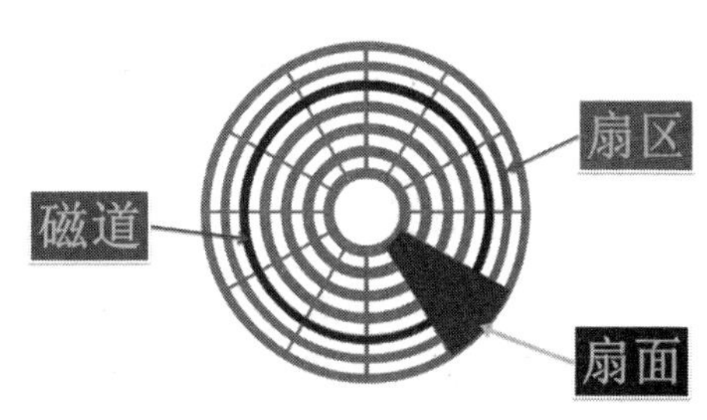

图 1-21　扇区

磁头和磁道可以按顺序编号，那扇区应该如何编号呢？磁道是一个圆圈，应该从哪里开始标记扇区呢？早期的做法如下：在某个扇区上用特殊的记号来标记这是 0 号扇区，从此处开始依次编号，0

号扇区就成了扇区编址的起始标记，不再用来存储用户数据，所以在 CHS 地址结构中，扇区号是从 1 开始的。

按照等角度划分规则，硬盘被划分为 64 个等角度的扇面，因此扇区的编号为 1～63。这种方式非常简单，每个磁道的扇区数都是相等的，但外圈的扇区长度比内圈的扇区长度要长，而每个扇区的存储容量是固定的，这就造成了空间的浪费。目前，硬盘的生产厂商对扇区的划分做了调整，改为等长度划分扇区，这样每个磁道上的扇区数就不一定相等。等长度划分可以把扇区做得很小（如采用垂直记录技术），从而在一个磁道上布置多个扇区，这极大地提高了存储容量。两种方式对应的磁道和扇区的划分如图 1-22 所示，左侧为等角度划分，右侧为等长度划分。

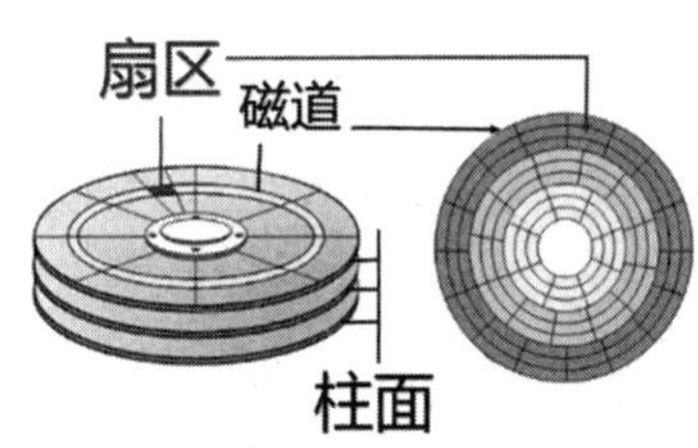

图 1-22　磁道和扇区的划分

4. 柱面

所有盘面上的同一磁道的投影形成一个圆柱，称作柱面，如图 1-23 所示。硬盘中所有磁头的位置是相同的，磁臂在盘片内外圈移动时会带动所有磁头同时移动。由于硬盘寻道的时间比较长，因此最优的方案就是先将同一磁道上所有的磁头读/写完毕再跳至其他磁道继续读/写，这样可以缩短切换磁道的时间，提高读/写效率。

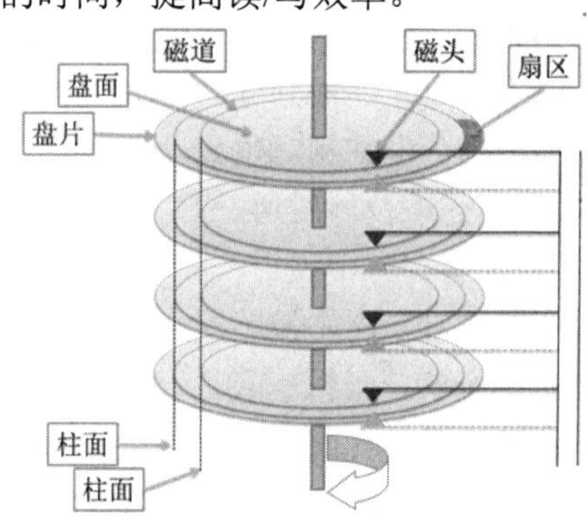

图 1-23　柱面划分示意图

硬盘的编址按照柱面（磁道）—磁头—扇区的方式进行编排，即先编排 0 号柱面（磁道）上 0 号磁头的所有扇区，再切换至下一个磁头，最后切换磁道，硬盘控制器会将读/写指令按照这个顺序进行排序。例如，0 号柱面 0 号磁头 1 号扇区是整个硬盘存储空间的起始扇区，下一个扇区是 0 号柱面 0 号磁头 2 号扇区，0 号柱面 0 号磁头 63 号扇区后面是 0 号柱面 1 号磁头 1 号扇区。其中，扇区编号是固定的 1～63，而磁头编号和柱面编号则根据硬盘的实际情况而定。

5. CHS 容量

一旦确定了磁头数、柱面数和扇区数，就很容易确定数据保存在硬盘的哪个位置，以及硬盘的容量。硬盘容量的计算公式为

硬盘容量 ＝ 磁头数×柱面数×扇区数×512 字节

CHS 模式下有 3 个地址参数，在发送 CPU 调用指令时分别用 3 个寄存器传递参数（寄存

器是 CPU 内部进行计算的暂存单元，感兴趣的读者可参阅其他资料学习）。

因为早期的寄存器是 8 位的，所以一共用 3 个字节来存储 CHS 模式下的 3 个地址参数。其中，扇区号是固定的 1～63，只用 6 个二进制数即可将高 2 位用作柱面号的高位，于是柱面号有 10 位，可以表示 1024（2 的 10 次方，0～1023）个柱面，磁头号有 8 位，可以表示 256（2 的 8 次方，0～255）个磁头。因此，在存储扇区位置时，也使用磁头，最多有 256（2 的 8 次方，0～255）个磁头。

这样一来，早期使用 CHS 寻址的硬盘的最大容量为

256 × 1024 × 63 × 512B = 8 455 716 864B=8064MB（1MB=1 048 576B）

这里涉及单位换算问题，按照英文计数单位，把 1000 个计数单位用一个字母表示，按记录字节数分别表示为 B、KB、MB、GB、TB、PB 和 EB 等。但是，计算机采用二进制数，2 的 10 次方为 1024，记作 1K，1024K 记作 1M，1024M 记作 1G，以此类推（可以看出，计算机中的计数单位与日常生活中的计量数级不同）。也就是说，标称 8GB 的存储空间在格式化之后实际的存储空间约为 7.3GB，标称 1TB 的硬盘实际的存储空间约为 910GB。

上述计算还可以用比较简单的方式：

256 × 1024 × 63 × 512B

=256 × 1024 × 64 × 512B

=256 × 1K × 64 × 0.5KB

=256 × 32MB

=1024　×8MB

=8GB

或者使用如下方式：

256 × 1024 × 63 × 512B

$=2^8 \times 2^{10} \times 2^6 \times 2^9 \times 1B$

$=2^{33} \times 1B$

=1K × 1K × 1K × 8 × 1GB

=8GB

由此可知，早期硬盘的容量最大限制在 8GB。若按人类的换算方式来看，1MB=1 000 000B，结果就是 8.4GB。关于存储容量计算的差别，在 2000 年时还打过官司，最终裁定按照厂商约定习惯标注，并沿用至今。

早期的硬盘盘片数量多，密度大，硬盘体积大，后来硬盘越做越小，越做越精密。目前的硬盘通常只有 1～4 个盘片，尺寸不超过 3.5 英寸，并且没有那么多磁头，每个磁道的扇区数也远不止 63 个。但为了保持兼容性，硬盘的 BIOS 还是会提供虚拟的 CHS 参数供计算机调用，在内部进行实际地址的转换。

1.3.2　LBA 地址结构

CHS 寻址方式虽然直观，但是有一个很大的弊端，就是用户使用不方便。如果工程师想从指定硬盘的 0 号柱面 15 号磁头 63 号扇区开始连续读取 8 个扇区的数据，那么下一个扇区到底是 0 号柱面 16 号磁头 1 号扇区，还是 1 号柱面 0 号磁头 1 号扇区主要取决于硬盘的磁头

参数，使用这种指定物理位置的方式很不方便，于是有人就想使用其他方式访问硬盘中的数据。

逻辑寻址（Logical Block Addressing，LBA）用线性的逻辑编号来指定一个扇区的寻址方式，也就是将所有扇区按照 0,1,2,3,…的顺序进行编号。在早期的硬盘中，由于每个磁道的扇区数相等，外磁道的记录密度远低于内磁道，因此浪费了很多空间。为了解决这个问题，人们改用等密度结构，即外圈磁道的扇区比内圈磁道的多。采用此种结构的硬盘不再具有实际的 3D 参数，寻址方式也改为线性寻址。其实，硬盘内部有一套 CHS 地址，不过在硬盘内部增加了一套地址译码表，将 CHS 地址转换为 LBA 地址。所以，用户在访问硬盘的时候只需给出 LBA 地址即可，在硬盘内部的译码器中实现地址转换。

CHS	LBA
0 0 1	0
0 0 2	1
. . .	…
0 0 63	62
0 1 1	63

图 1-24　基本的 CHS 地址与 LBA 地址的对应关系

需要注意的是，物理扇区 C/H/S 中的扇区编号为 1～63，而逻辑扇区 LBA 方式下的扇区是从 0 开始编号的，所有扇区编号按顺序进行。图 1-24 列出了基本的 CHS 地址与 LBA 地址的对应关系。

对上面的扇区关系进行对比分析可知，CHS 地址与 LBA 地址的转换公式为

LBA=（C×磁头数×每个磁道的扇区数）+H×每个磁道的扇区数+S−1

（设 C 表示柱面号，H 表示磁头号，S 表示扇区号）

计算示例：某硬盘有 2048 个柱面，255 个磁头，每个磁道有 63 个扇区，那么 3 号柱面 2 号磁头 6 号扇区对应的 LBA 扇区的编号是多少呢？

分析：根据前面的说明，已知条件为 C=3，H=2，S=6，所以可得

$$\text{LBA}=3\times255\times63+2\times63+6-1=3\times16\,065+126+5=48\,195+131=48\,326$$

将 LBA 地址反向转换为 CHS 地址的过程请读者自行分析。

1.4　进制转换

1.4.1　位权

计算机是用二进制数计算和存储的，而人类习惯使用十进制数。但是，如果要深入学习硬盘数据存储，就必须掌握十进制数和二进制数的转换，以便阅读和输入。在计算机内部，一切信息的存储、处理与传输均采用二进制形式，二进制的基数只有 0 和 1，很简单，但二进制数很长，很难记忆和识别，为方便起见，又出现了八进制数和十六进制数。需要注意的是，八进制数和十六进制数只用于表示二进制信息，以方便阅读，并不用于真正的计算。

在学习进制转换前，需要先熟悉 2 的 N 次方，以便计算时使用（一定要像背九九乘法表一样，可以做到脱口而出）。

$2^0=1$　　$2^1=2$　　$2^2=4$　　$2^3=8$　　$2^4=16$

$2^5=32$　　$2^6=64$　　$2^7=128$　　$2^8=256$　　$2^9=512$

$2^{10}=1024$　　$2^{11}=2048$　　$2^{12}=4096$　　$2^{13}=8192$　　$2^{14}=16\,384$

$2^{15}=32\,768$　　$2^{16}=65\,536$

在熟悉了上面的口诀以后，计算存储容量就会变得很简单，如 $2^{10}=1024$，记作 1K，所以

$2^{20}=2^{10}\times2^{10}$=1K×1K=1M，$2^{30}$=1K×1M=1G，对于 32 位系统来说，最大寻址空间就是 2^{32}，也就是 1G×4=4G。

位权就是指数制中每个固定位置对应的单位值。对于 *N* 进制数，整数部分第 *i* 位的位权为 N^{i-1}，因为计算机是从零开始计数的。将二进制数转换为十进制数的第一步就是计算二进制数中各数字位的位权，这也是最重要的一步。例如，二进制数 10010110 共 8 位，对应的数位从右往左依次数，分别是第 1～8 位，对应的位权就是 2^0～2^7，如图 1-25 所示。

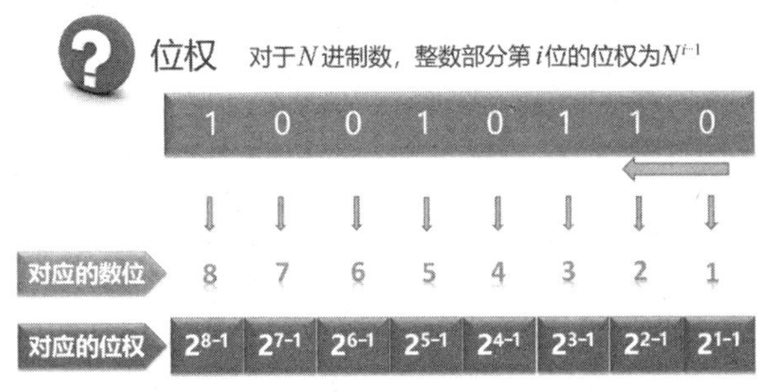

图 1-25　位权

位权乘以该位的数字就等于该位代表的数值。二进制很简单，只有 0 和 1 两个数字，0 乘以任何数都等于 0，而 1 乘以任何数都等于它本身，所以图 1-25 中的第二位数为 1，其值就是 $2^{2-1}=2$，第五位数为 1，其值就是 $2^{5-1}=16$，以此类推。

1.4.2　二进制数与十进制数的转换

二进制数与十进制数的转换

1. 将二进制数转换为十进制数

读者在掌握位权以后，就可以学习进制转换。下面介绍将二进制数转换为十进制数。将二进制数转换为十进制数用按权相加法，把逐位的权值相加即可，如图 1-26 所示。这样就可以得到每个数码表示的值，全部数码表示的值相加就等于 150，因此二进制数 10010110 转换为十进制数就是 150。

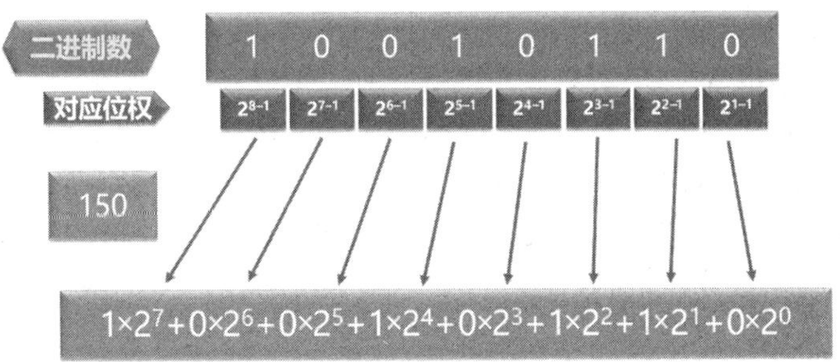

图 1-26　将二进制数转换为十进制数

将二进制数 101101 转换为十进制数：

$$2^5+2^3+2^2+2^0=32+8+4+1=45$$

2. 将十进制数转换为二进制数

将十进制数转换为二进制数采用的方法称为除 2 取余法，下面用具体的实例来介绍。如

图 1-27 所示，现有十进制数 150。先除以 2，商为 75，余 0；75 继续除以 2，商为 37，余 1；37 继续除以 2，商为 18，余 1；18 继续除以 2，商为 9，余 0；9 继续除以 2，商为 4，余 1；4 继续除以 2，商为 2，余 0；2 继续除以 2，商为 1，余 0；1 继续除以 2，商为 0，余 1；直到商为 0 时结束。把每次对应的余数列出来就是 01101001，倒过来从最后一个余数读到第一个余数就是 10010110，这样就得到了对应的二进制数，以上就是将十进制数转换为二进制数的计算过程。

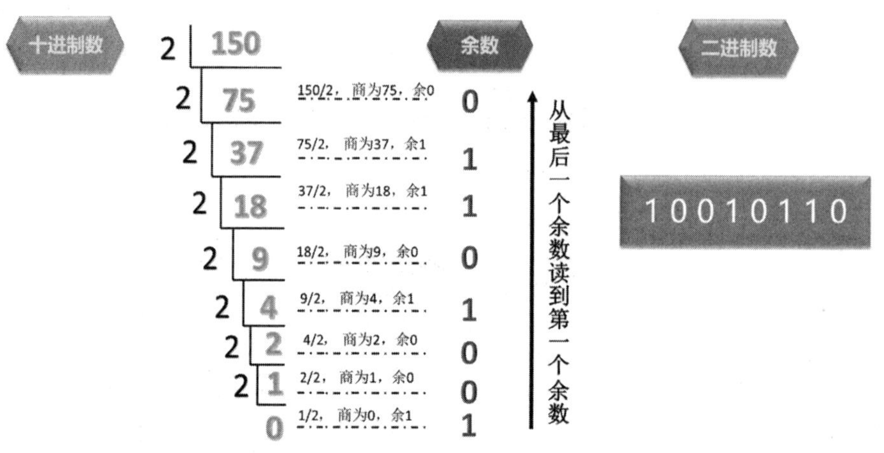

图 1-27　将十进制数转换为二进制数

1.4.3　十六进制数

十进制数与十六进制数的转换

1. 将二进制数转换为十六进制数

计算机使用二进制形式计算和存储数据，但表示起来很长，不便于阅读，所以经常使用十六进制形式来显示数据。十六进制是逢 16 进 1，因此十六进制数的基数值就是 0～15。在十六进制数的表示中，十进制形式的 0～9 对应十六进制形式的 0～9，而从 10 开始则用对应的字母表示，10 对应的字母是 A，11 对应的字母是 B，12 对应的字母是 C，13 对应的字母是 D，14 对应的字母是 E，15 对应的字母是 F。

使用十六进制数是因为二进制数每 4 位刚好对应 1 位十六进制数，这样显示就简单多了。

下面以 4 位的二进制数 1111 为例展开介绍。4 位的二进制数可以表示的数值范围是 0000～1111，所以 1111 就是 4 位的二进制数能表示的最大值。

将 4 位的二进制数 1111 转换为十进制数就是 $1\times2^3+1\times2^2+1\times2^1+1\times2^0=15$，因此 4 位的二进制数能表达的最大值转换为十进制数就是 15，而 1 位十六进制数的最大值也是 15，所以二进制数每 4 位对应 1 位十六进制数。

十六进制数、二进制数及十进制数的转换表如表 1-1 所示。

表 1-1　十六进制数、二进制数及十进制数的转换表

二进制数	十进制数	十六进制数	二进制数	十进制数	十六进制数
0000	0	0	1000	8	8
0001	1	1	1001	9	9

续表

二进制数	十进制数	十六进制数	二进制数	十进制数	十六进制数
0010	2	2	1010	10	A
0011	3	3	1011	11	B
0100	4	4	1100	12	C
0101	5	5	1101	13	D
0110	6	6	1110	14	E
0111	7	7	1111	15	F

下面通过具体的例子来介绍二进制数到十六进制数的转换计算。给定二进制数 100101100，转换为十六进制数的计算过程大体上可以分为 3 步。

第一步：把二进制数从低位到高位每 4 位分为一组，对于不满 4 位的在高位补 0 以达到 4 位，形成“0001|0010|1100”。

第二步：对每 4 位进行转换计算（转换为十进制数），1100 按位权展开就是 $1\times2^3+1\times2^2+0\times2^1+0\times2^0$，0010 按位权展开就是 $0\times2^3+0\times2^2+1\times2^1+0\times2^0$，0001 按位权展开就是 $0\times2^3+0\times2^2+0\times2^1+1\times2^0$，分别得到每组的和，即“1|2|12”。

第三步：根据十进制数与十六进制数的对应关系，12 对应十六进制数 C，1 和 2 分别对应十六进制数 1 和 2，把它们拼接起来，最终将二进制数 100101100 转换为十六进制数就是 12C，这样看起来就比较简单。

2. 将十六进制数转换为二进制数

在掌握表 1-1 中的转换关系后再完成二进制数到十六进制数的转换就会更快。同样，将十六进制数转换为二进制数也非常简单，1 个十六进制位先换成 4 个二进制位，再拼接起来即可，如图 1-28 所示。

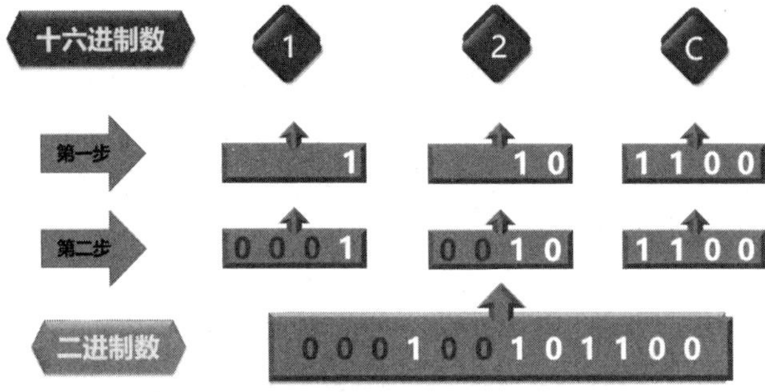

图 1-28　将十六进制数转换为二进制数

3. 十进制数与十六进制数的转换

通常，将十六进制数转换为十进制数可以参照转换为二进制数的方式来进行。例如，将十六进制数转换为十进制数可以用按权相加法，将十进制数转换为十六进制数可以用除 16 取余法。不过，既然十六进制数与二进制数的转换非常容易，为何不用二进制数作为转换的桥梁呢？先把数值转换为二进制数，再转换为想要的进制数就可以。

值得一提的是，这些不同进制的数字在表示的时候会给我们造成困惑，如“53”代表的是十进制数 53，还是十六进制数 53 呢？“110”代表的是二进制数还是十进制数呢？为了解决这个问题，在表示不同进制的数时，会使用进制标记加以区分。常用的进制标记如表 1-2 所示

（注意：前缀标记是数字 0，八进制的后缀标记是字母 O）。

表 1-2　常用的进制标记

前缀进制标记			后缀进制标记		
标记	进制	示例	标记	进制	示例
0b	二进制	0b11010010	B	二进制	11010010B
0	八进制	0322	O	八进制	322O
	十进制	210	D	十进制	210D
0x	十六进制	0xD2	H	十六进制	D2H

任务实施

1.5　任务 1 硬盘的选购与初始化

1.5.1　硬盘的选购

1. 任务描述与分析

在选购硬盘的时候，通常需要考虑很多因素，如价格、容量等。

2. 操作方法与步骤

1）接口

目前，硬盘接口主要分为 IDE、SATA、SCSI、SAS 和光纤通道等。IDE 接口和 SATA 接口的硬盘用于家用产品或服务器中，而 SCSI 接口和 SAS 接口的硬盘主要用于服务器中，光纤通道的硬盘一般只应用于高端服务器中，因为其价格昂贵。SATA 接口的硬盘是市场的主流，目前普遍使用的 SATA 3.0 接口的带宽可达 6Gbps，理论传输速率可达 600MB/s，但是实际使用时几乎不可能达到此传输速率。

2）容量与尺寸

目前，硬盘主要有 3.5 英寸、2.5 英寸和 1.8 英寸 3 种尺寸。台式计算机普遍采用 3.5 英寸的硬盘，因为 3.5 英寸的硬盘的优点是运行速度快。2.5 英寸的硬盘体积小，质量轻，移动方便，但转速较低，主要用于笔记本电脑。1.8 英寸的硬盘体积更小，相应的容量也较小，价格贵，应用也不多。所以，平时用来备份数据或日常存储时，选择 2.5 英寸的硬盘就可以。台式计算机建议选择 3.5 英寸且容量为 1TB 或 2TB 的硬盘，使用效率都比较高。

3）品牌

生产硬盘的厂商有很多，如希捷、日立、西部数据和三星等。在选购硬盘时，可以参考品牌评价，在预算充足的情况下应尽量选购一线品牌产品。

4）转速

计算机系统中外部存储设备的速度是相对较慢的，因此计算机运行的整体性能从很大程度上是由硬盘决定的。而决定硬盘速度的最大因素就是它的转速。目前，市场上一般有

7200rpm 和 5400rpm 两种转速，也就是说 1 秒转 7200 转和 1 秒转 5400 转。从速度上来说，当然是越快越好，但从价格上来说，转速越快的硬盘价格也越高，服务器硬盘可以达到 10 000rpm，甚至 15 000rpm。

5）碟数

硬盘内部的多个盘片是通过旋转来读取数据的，一个盘片可理解为一张碟，那究竟是单碟好呢？还是多碟好呢？一般来说，单碟的容量越大越好，单碟容量大可以减少硬盘磁头在各个盘片上寻找数据的时间，从而大大提高硬盘的读/写速度。硬盘的碟数对硬盘的影响仅次于转速。

6）缓存容量

缓存是硬盘与其他部件进行数据交换的地方，它的单位一般是千字节或兆字节。缓存的容量和速度直接影响硬盘的数据传输速率，所以越大、越快越好。

1.5.2　在 BIOS 中检测硬盘

1. 任务描述与分析

在选择好硬盘之后，还必须将硬盘连接计算机主板，并且进行 BIOS 自检。只有检查到了硬盘的存在，才能正常使用。BIOS 是一组固化到计算机主板上的程序，保存了计算机最重要的 I/O 程序、系统设置信息、开机后的自检程序和系统自启动程序。任何硬盘必须在 BIOS 中检查到才能正常使用。

2. 操作方法与步骤

1）进入 BIOS

不同的 BIOS 有不同的进入方法，在开机界面中通常会有相应的提示。在一般情况下，在开机时长按 F8 键或 F2 键即可显示提示信息。

2）检测硬盘

在进入 BIOS 之后，通常有“STANDARD CMOS SETUP”选项，此选项中包含硬盘等硬件的相关选项（一般为“HARD DISK DRIVER”选项）。若能正常检测到硬盘，则在此选项中会显示当前硬盘信息（包括容量大小、接口类型等）；若未检测到硬盘，则显示“NONE”。

如果检测不到硬盘，那么可能出现了如下故障。

（1）主板 BIOS 电池没电了，无法记忆硬盘信息。如果此时 BIOS 中的系统日期显示不正常，那么一般都是这个原因。更换 BIOS 电池，重新进入 BIOS 进行检测即可。

（2）硬盘连接线接触不好。更换一条连接线或将硬盘连接线更换一个插槽即可。

（3）硬盘存在故障。修复硬盘或更换硬盘即可。

1.5.3　磁盘分区与格式化

1. 任务描述与分析

BIOS 只能表示当前硬盘能够被检测到，如果要在硬盘中写入数据，就必须对硬盘做低级格式化、分区和高级格式化。低级格式化是在硬盘的盘片上刻画磁道的过程，这个过程一般在出厂时已经由厂商完成。分区则是标明硬盘中数据存储的有效区域，只有确定了有效区域，才能找到数据存储的空间地址。高级格式化是指在存储区域上设置某种管理模式，如常见的FAT32 和 NTFS 等文件系统。

2. 操作方法与步骤

初始硬盘上没有任何数据，所以必须先通过其他启动媒介启动系统，再运行分区工具对硬盘进行分区。若硬盘没有固定到计算机内部，则直接将此硬盘挂载到正常运行的硬盘上，作为从盘。计算机系统进行分区的具体步骤如下：右击“我的电脑”，选择“管理”命令，在打开的“计算机管理”窗口中单击“磁盘管理”节点，显示的“磁盘管理”界面如图 1-29 所示。在新添加的硬盘上右击，选择“新建简单卷”命令，打开如图 1-30 所示的“新建简单卷向导”对话框。

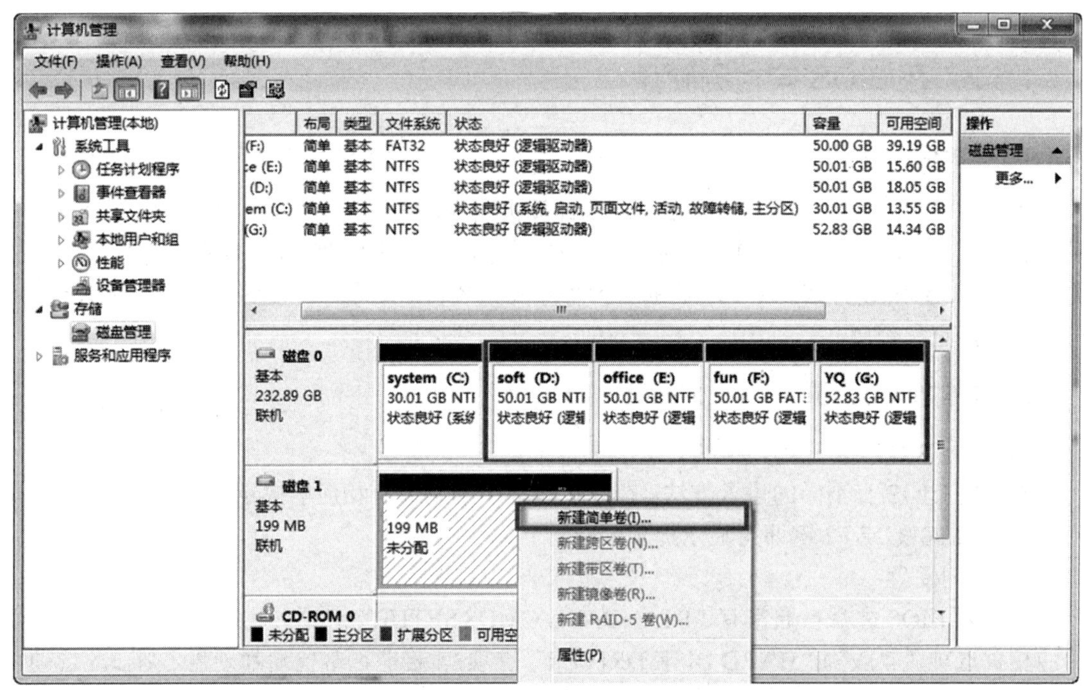

图 1-29 “磁盘管理”界面

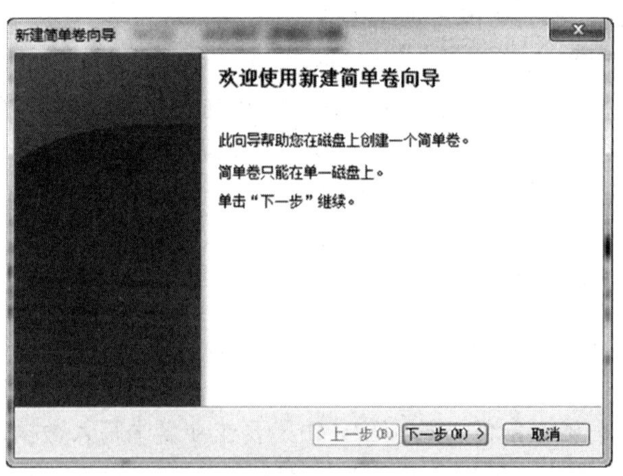

图 1-30 “新建简单卷向导”对话框

单击“下一步”按钮，弹出“指定卷大小”对话框，如图 1-31 所示，设置分区的容量（分区容量的单位一般是兆字节）。接着为分区分配卷标，如图 1-32 所示，此时的卷标只在当前计算机系统中显示，若将此硬盘转移到其他系统中可能会导致卷标发生更改。

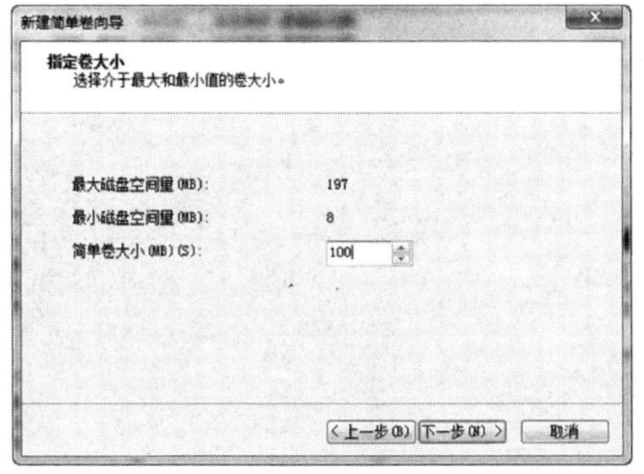

图 1-31　“指定卷大小”对话框

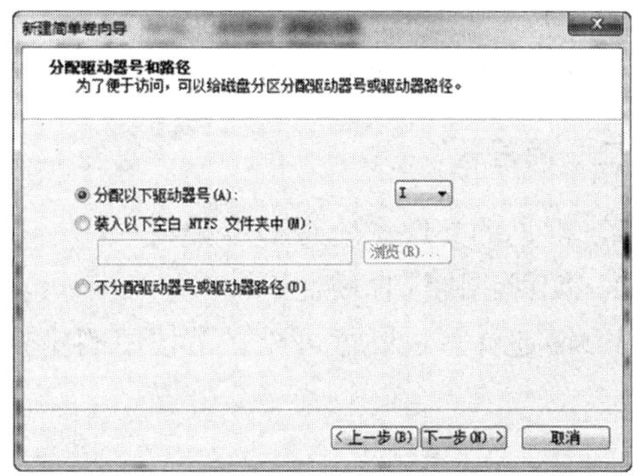

图 1-32　“分配驱动器号和路径”对话框

在确定分区的容量及卷标之后，就需要格式化分区。此处的格式化一般指的是高级格式化，即指定此分区的文件系统，如图 1-33 所示。所有步骤完成后，就会显示如图 1-34 所示的界面。完成这些操作后，硬盘就可以正常使用。

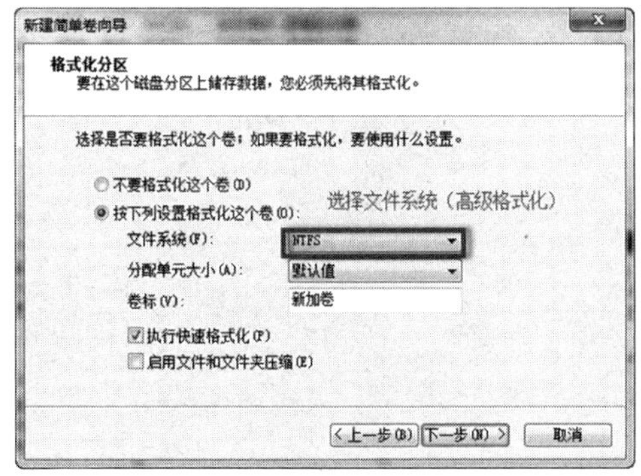

图 1-33　“格式化分区”对话框

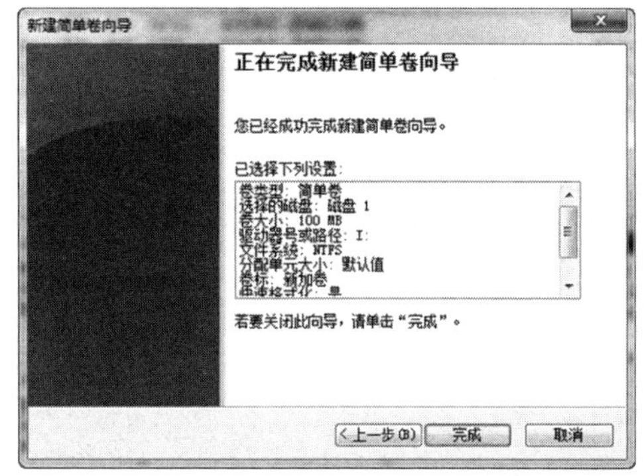

图 1-34　“正在完成新建简单卷向导”对话框

技能拓展

某用户的计算机因为硬盘出现故障无法使用，所以只得另外选购一块硬盘，并将其正确配置到计算机中。此用户的电子文件比较多，对计算机的运行速度也有一定的要求。请帮助该用户完成如下操作。

（1）为其推荐一款符合要求的硬盘，要求标注品牌、型号和价格等信息。

（2）将此硬盘安装到计算机系统中，先为其分区，再进行格式化。

综合训练

一、填空题

1. 计算机存储介质按照存储技术可分为________、________和________。

2．U 盘属于________存储介质，硬盘属于________存储介质，光盘属于__________存储介质。

3．计算机硬盘要能正常使用，必须经过________、________和________3 个步骤，其中________基本上是由厂商完成的。

4．请完成下列进制转换：73D=__________B=_______H，B6H=___________B=_____D。

二、简答题

1．常见的文件系统有哪几种？

2．如何正确选择硬盘？

3．简述计算机硬盘可以正常使用的步骤。

第2章 磁盘分区表恢复

素养目标

✧ 熟悉《中华人民共和国网络安全法》第三章　网络运行安全的相关内容。

✧ 了解《中华人民共和国刑法》中第二百八十六条有关［破坏计算机信息系统罪］的相关内容。

✧ 养成主动学习、独立思考和主动探究的习惯。

知识目标

✧ 熟悉 VMware 虚拟机的安装。
✧ 熟悉 WinHex 磁盘编辑器的使用方法。
✧ 熟悉硬盘主引导扇区的功能。
✧ 掌握 MBR 磁盘分区的结构。
✧ 掌握扩展分区表的结构。
✧ 了解 GPT 磁盘分区的结构。
✧ 了解 MBR 磁盘分区与 GPT 磁盘分区的区别。

技能目标

✧ 能熟练使用 VMware 虚拟机完成各种模拟任务。
✧ 能熟练使用 WinHex 磁盘编辑器进行磁盘底层数据的编辑。
✧ 能准确且快速地遍历不同计算机的分区。
✧ 能熟练使用工具恢复被损坏的主引导扇区（包括 MBR 磁盘分区和 GPT 磁盘分区）。
✧ 能手动恢复被损坏的主引导扇区（主要是 MBR 磁盘分区）。
✧ 了解 MBR 磁盘分区格式与 GPT 磁盘分区格式相互转换的方法。

任务引导

王成是一名设计师，他的计算机的 E 盘和 F 盘中存储了许多客户的设计模型与图纸。王成最近在使用计算机时发现运行速度很慢，并且提示 C 盘空间不够，所以他想重新安装系统。当王成拿来一张 Ghost 系统光盘安装完系统后，重新启动计算机后发现整个硬盘空间只有一个分区，原来的 D 盘、E 盘和 F 盘都已消失不见，之前保存的设计资料也无法访问，正常工作无法开展，多年来的心血也付诸东流。王成非常着急，想把丢失的分区找回来，恢复设计资料。如果你是数据恢复工程师，应该怎么办呢？

任务分析： 硬盘分区丢失，要么是人为操作删除了分区，要么是分区记录被修改。使用 Ghost 方式安装系统一定要注意参数的设定，如果采用恢复到硬盘的方式，就会修改分区表，破坏硬盘原来的分区信息。目前常用的硬盘分区格式有 MBR 和 GPT，这两种格式的引导信息有很大的区别，所以下面针对这两种分区格式展开介绍。

相关基础

一块新硬盘默认是没有分区的，需要先分区才能使用。什么是分区呢？如果把硬盘看作一个大仓库，分区就是把这个大仓库隔成的独立的存储区间，每个存储区间可以存储不同类型的数据且互不干扰。即便不隔离区间也要执行分区操作，就把整个硬盘空间划分为一个存储区。从硬盘的物理结构来看存取信息的最小单位是扇区，每个扇区包含 512 字节。计算机系统在硬盘的头部扇区记录了分区的相关信息，这些信息是非常重要的，如果遭到破坏，就会丢失分区信息，分区中存储的数据也因此无法读取。

2.1 VMware 虚拟机

“硬盘有价，数据无价”是数据恢复行业的经典语句，这也说明了数据的重要性。为了避免不熟练的操作对数据造成破坏，建议读者在做本书涉及的任务时先在虚拟机中进行，待技术成熟后再应用于真实的计算机。

VMware Workstation 是 VMware 公司开发的一款功能非常强大的虚拟机软件，为用户提供了在单一系统中同时运行不同系统的功能，可以虚拟不同的计算机硬件配置、系统及网络环境等。在数据恢复方面，可以先利用 VMware Workstation 的虚拟硬盘，再在虚拟硬盘上执行数据破坏及恢复操作。通过这样的方法，读者可以全面了解数据恢复的方法而又不必担心丢失真实数据。本章以 VMware Workstation 15 为例介绍虚拟机的使用。

2.1.1 安装虚拟机

将下载的 VMware 的安装程序保存到计算机中，双击即可实现安装。在安装 VMware 时，建议将虚拟客户系统在非系统盘中专门创建一个目录来保存，因为在使用过程中可能会用到不同的虚拟机，并且每个虚拟机系统占用的空间较大。有组织地保存虚拟机系统有利于以后的工作和学习。

VMware Workstation 是目前非常流行的虚拟机软件，从 11 版本开始就只支持 64 位系统。VMware Workstation 的安装很简单，连续单击“下一步”按钮即可。要使用虚拟机，还需要虚拟客户系统。可以打开一个现有的虚拟客户系统，也可以新建虚拟机。下面简要介绍新建虚拟机的过程。需要注意的是，新建虚拟机也只是新建了一套虚拟机的硬件，建成后还需要安装系统才可以使用，和真实的物理计算机没有区别。

（1）选择“文件”→“新建虚拟机”命令，打开“新建虚拟机向导”对话框，如图 2-1 所示。使用“自定义”方式创建虚拟机可以自由选择更多的参数，单击“下一步”按钮，弹出“选择虚拟机硬件兼容性”对话框，如图 2-2 所示。硬件兼容性指的是新建的虚拟机可以在 VMware 的哪个版本上运行，一般来说，高版本的 VMware 可以运行低版本的 VMware，反之则不行。但是，高版本的 VMware 能支持更多的系统，如在 VMware Workstation 11 上无法安装 Debian 10，所以选择时要考虑好。在此处选择默认值，单击“下一步”按钮。

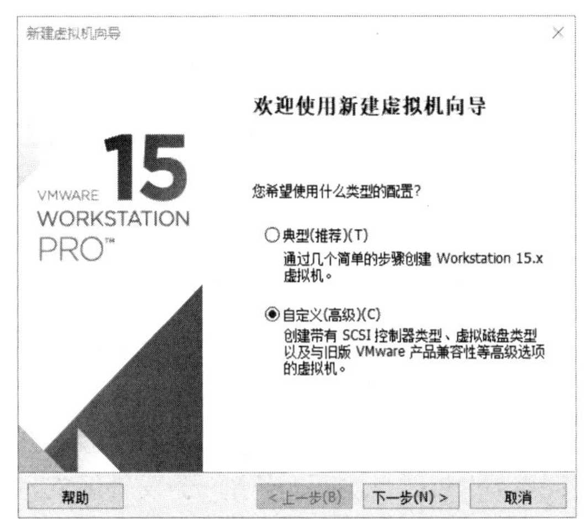

图 2-1　“新建虚拟机向导”对话框

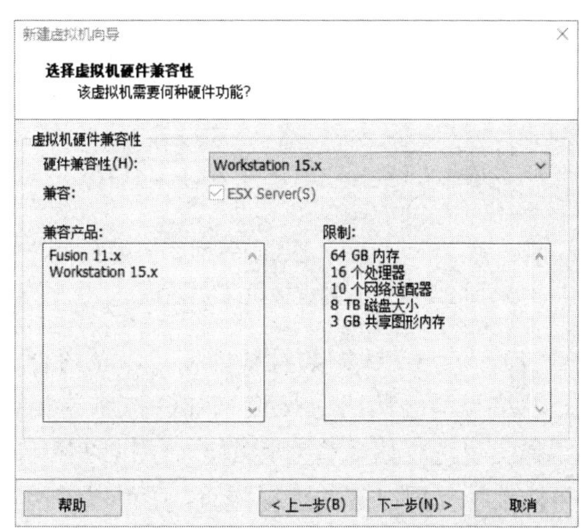

图 2-2　“选择虚拟机硬件兼容性”对话框

（2）安装客户机操作系统，可以选择先创建虚拟机再通过光盘安装，或者使用系统光盘镜像文件，默认选中“稍后安装操作系统”单选按钮，如图 2-3 所示。单击“下一步”按钮，选择客户机操作系统，根据实际情况选择即可，如图 2-4 所示。

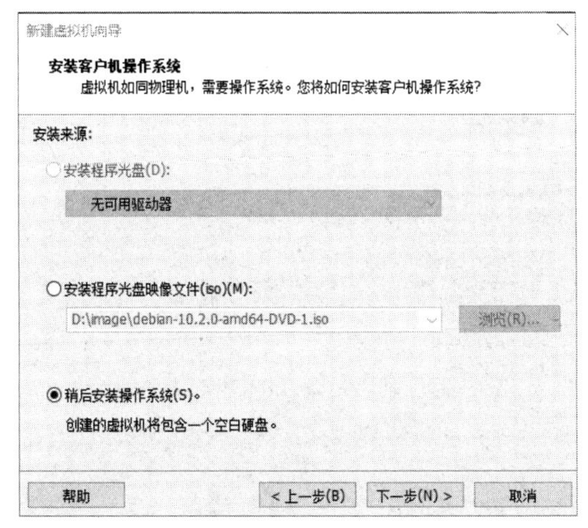

图 2-3　“安装客户机操作系统”对话框

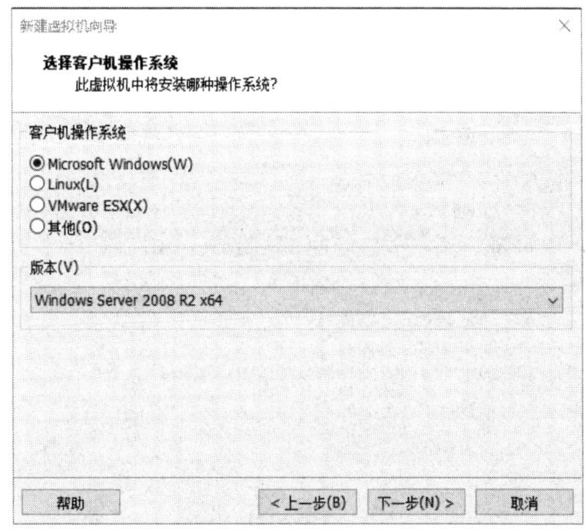

图 2-4　“选择客户机操作系统”对话框

（3）为虚拟机设置名称和存储位置（建议对虚拟机名称稍加修改，以直观反映其功能和用途，存储目录尽量和名称一致，以便识别和迁移），如图 2-5 所示。单击“下一步”按钮，弹出“固件类型”对话框，默认选中“BIOS”单选按钮，如图 2-6 所示。（注意：BIOS 是经典的计算机引导类型，支持 MBR 磁盘分区；UEFI 是近年来新兴的引导形式，不仅支持丰富的固件驱动，还支持 GPT 磁盘分区。两种启动类型互不兼容，此处的选项要与磁盘的分区类型保持一致，应根据需要进行选择。）

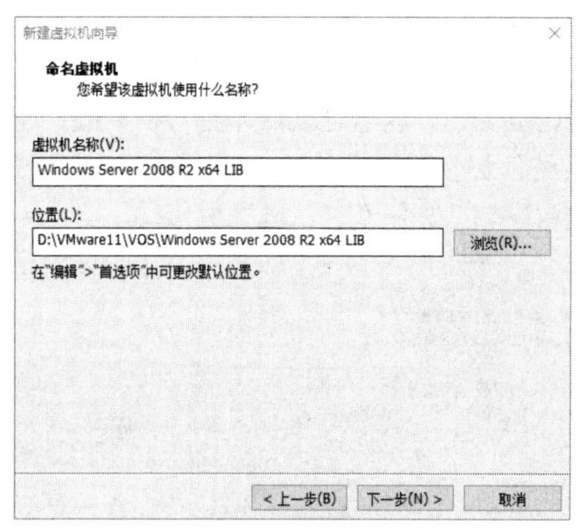

图 2-5　“命名虚拟机”对话框

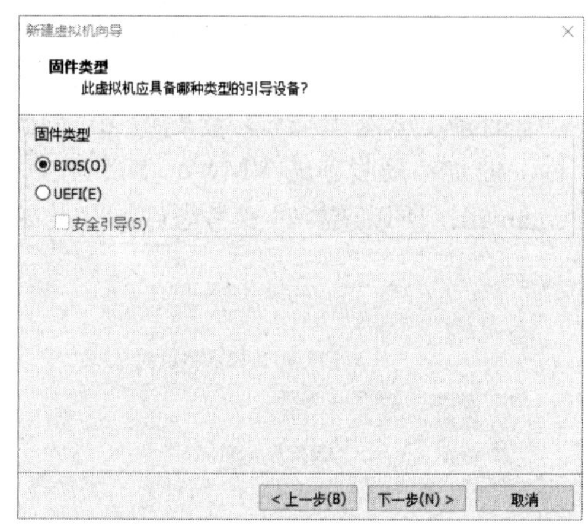

图 2-6　“固件类型”对话框

（4）关于 CPU 的数量和内核，以及内存大小，如果没有特殊需求，那么采用默认设置即可。网络类型（默认为 NAT）、I/O 控制器类型和磁盘类型选择默认设置，单击“下一步”按钮，弹出“选择磁盘”对话框，如图 2-7 所示。一般选中“创建新虚拟磁盘”单选按钮，用户也可以选择使用已有的虚拟磁盘，还可以使用物理磁盘，虚拟磁盘实际上是由一组文件组成的。使用物理磁盘对磁盘的写入操作会造成实际影响，一般用于分析物理磁盘数据或需要很高的磁盘读/写速度。最大磁盘大小应根据实际情况进行设置，一般设置为 40GB，不要立即分配空间，让其动态扩展，也可以根据需要进行调整，如图 2-8 所示。通常选中“将虚拟磁盘存储为单个文件”单选按钮，“将虚拟磁盘拆分成多个文件”单选按钮用于需要将虚拟机导出或迁移到其他不支持大文件的文件系统上（如 FAT32 文件系统不支持单个文件大于 4GB）。由此完成虚拟机的安装，关于安装系统的过程这里就不再赘述。

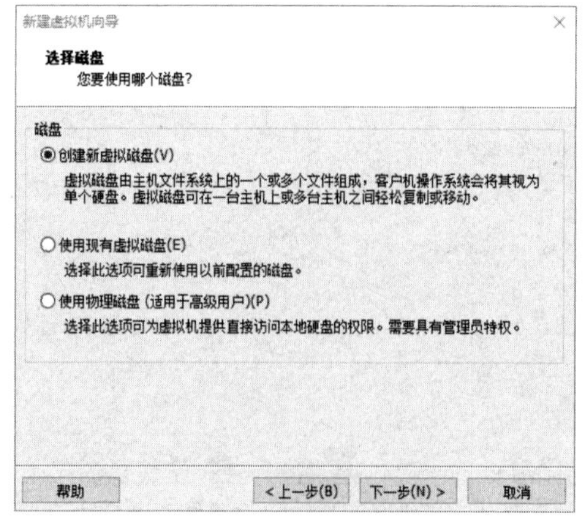

图 2-7　“选择磁盘”对话框

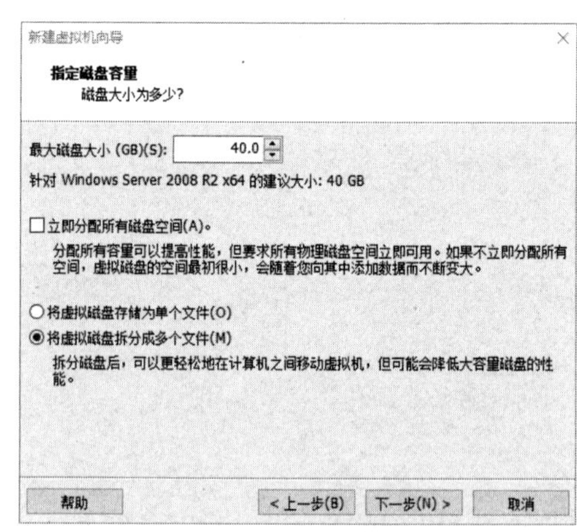

图 2-8　“指定磁盘容量”对话框

2.1.2 修改虚拟机系统配置

1. VMware 全局网络设置

VMware Workstation 的启动界面如图 2-9 所示，顶部的左侧是菜单栏，顶部的右侧是工具图标栏，界面的左侧是收藏栏（用于记录常用的虚拟客户系统），界面的右侧是虚拟客户系统的显示栏。

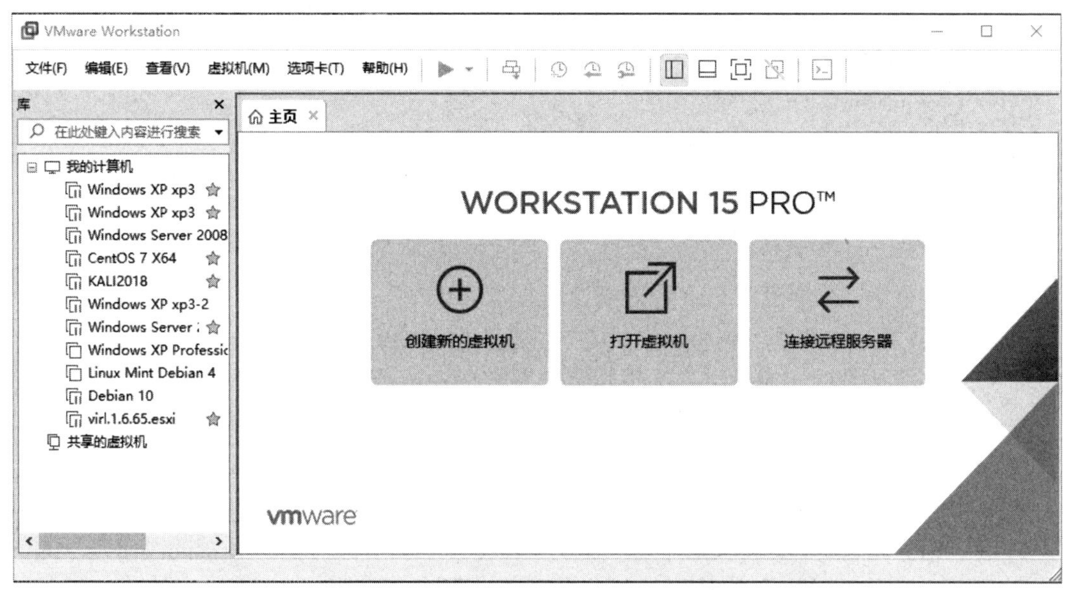

图 2-9 VMware Workstation 的启动界面

选择“编辑”→“首选项”命令，对 VMware Workstation 的全局参数进行设置，其中包括虚拟机默认存储位置、默认硬件兼容性、热键设置、显示方式设置、保留内存设置、进程优先级设置，以及自动更新等，一般来说这些参数使用默认值即可，这里不再一一详述。在操作虚拟机时要记住几个常用的热键。

- Ctrl + Alt：从虚拟客户系统中释放鼠标指针。当在虚拟机中单击时，才能获取焦点，捕捉使用鼠标和键盘输入的信息，如果想把焦点从虚拟机中移出，那么需要先释放鼠标指针。
- Ctrl + Alt + Enter：使虚拟客户系统在全屏和窗口模式下切换。
- Ctrl + Alt + Insert：用来代替向虚拟客户系统发送 Ctrl + Alt + Delete 指令。

在初次运行 VMware Workstation 时，有必要配置好网络参数。选择“编辑”→“编辑虚拟网络”命令，打开“虚拟网络编辑器”对话框，如图 2-10 所示，VMware 会自动分配网络地址（分配后也可以手动修改）。

VMware 默认用了 3 个虚拟网络适配器，VMnet0 对应桥接（Bridge）模式，VMnet1 对应仅主机（Host-Only）模式，VMnet8 对应 NAT 模式。当安装好 VMware Workstation 以后，在网络连接中会自动添加两个虚拟网络适配器，用于宿主机与虚拟机之间的通信，如图 2-11 所示。

图 2-10　“虚拟网络编辑器”对话框

图 2-11　新增加的虚拟网络适配器

下面对 3 个虚拟网络适配器进行简要说明。

- 桥接：VMnet0 默认对应桥接模式，也就是桥接到物理网卡，当有多个网卡时，用户可以选择桥接到哪一个网卡。当虚拟客户系统选择桥接模式时，相当于同宿主系统共用一个物理网络适配器，两者之间用虚拟的交换机进行连接，虚拟客户系统直连外部网络。这种方式主要用于在虚拟客户系统中搭建服务器，需要让外部能够访问的情况。
- 仅主机：VMnet1 默认对应仅主机模式。如果采用这种模式，那么虚拟客户系统的网卡会与宿主系统的 VMnet1 连接在一起，宿主系统与每个虚拟客户系统的网络是互通的，用户可以自由配置其 IP 地址，但是虚拟客户系统不能连接外部网络。
- NAT：VMnet8 默认对应 NAT 模式，所有使用此网络连接方式的虚拟客户系统会连接 VMware 的 NAT。NAT 的外部地址使用宿主系统的物理网卡的 IP 地址，宿主系统的 VMnet8 虚拟网络适配器和虚拟客户系统处于一个子网中，因此它们之间是可以互通的，这种模式适用于虚拟客户系统需要连接外部网络，但又需要保护内部网络的情况。一般推荐采用这种模式，因为一旦采用这种模式，即便外部网络连接发生变化，虚拟客户系统也无须修改网络配置，并且不必担心网络地址冲突的问题。

VMware 允许用户灵活地设置 NAT 配置参数，不仅可以设置子网的 IP 地址范围等 DHCP 参数，还可以设置网关地址和端口映射表，如图 2-12 所示。

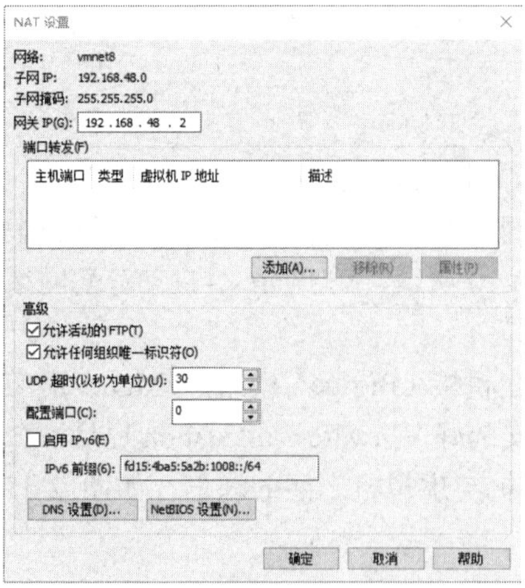

图 2-12　“NAT 设置”对话框

2. 虚拟机设置

每个虚拟客户系统都可以选择自己的网络连接方式，以及其他硬件配置和虚拟机选项。当选中某个虚拟客户系统时，右侧就会显示该系统的相关配置信息，同时该系统会进入准备状态（此时还没有启动），如图 2-13 所示。

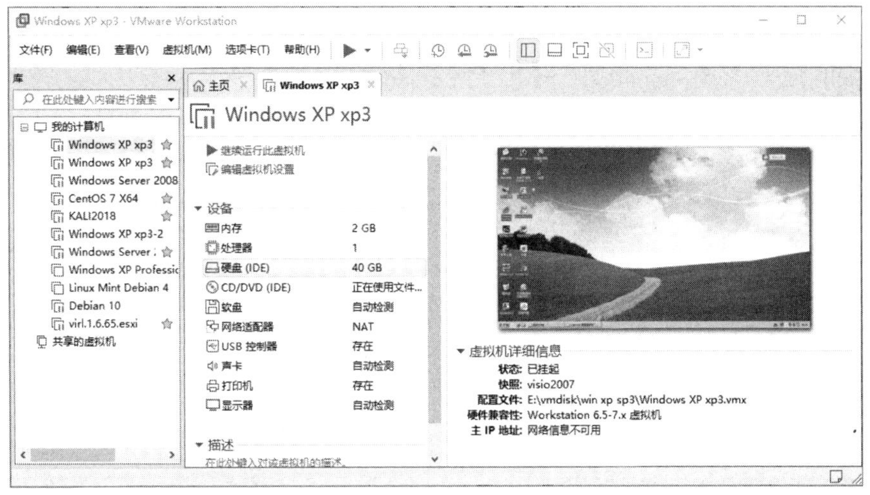

图 2-13　选择虚拟客户系统

此时可以编辑该虚拟机设置，单击“编辑虚拟机设置”链接，打开“虚拟机设置”对话框，如图 2-14 所示，此时可以添加或移除虚拟机硬件，也可以对已有的硬件进行设置。

图 2-14　“虚拟机设置”对话框

在一般情况下，设置都可以采用默认值。大部分设置在关机状态下才能调整，如内存。对于 Windows XP 系统来说，根据任务需求设置为 256MB～1024MB 比较合适；对于 Windows 2003 Server 系统来说，设置为 512MB～2048MB 比较合适；对于 Windows 7 或 Windows 2008 Server、Linux 2.6 内核的系统来说，内存大小应再翻一番。

在 CD/DVD 设置中，可以加载主机的物理光盘驱动器，也可以加载光盘镜像文件。如果下载了系统光盘的 ISO 镜像文件，那么在这里可以加载进来，重新启动客户虚拟机就可以安装系统。需要注意的是，虚拟机默认优先从硬盘启动，如果要改为光盘优先启动，就要在启动客户虚拟机的瞬间按 F2 键，进入虚拟机的 BIOS 进行设置（在 BIOS 中设置启动顺序的操作与物理机的 BIOS 设置大致相同，这里不再赘述）。

在网络适配器设置中，可以选择前面提到的 3 种网络连接方式，也可以在虚拟客户系统开机状态下进行修改，如图 2-15 所示。需要注意的是，在虚拟客户系统启动后才能勾选“已连接”复选框，并且勾选该复选框以后才相当于给虚拟机插上了网线。

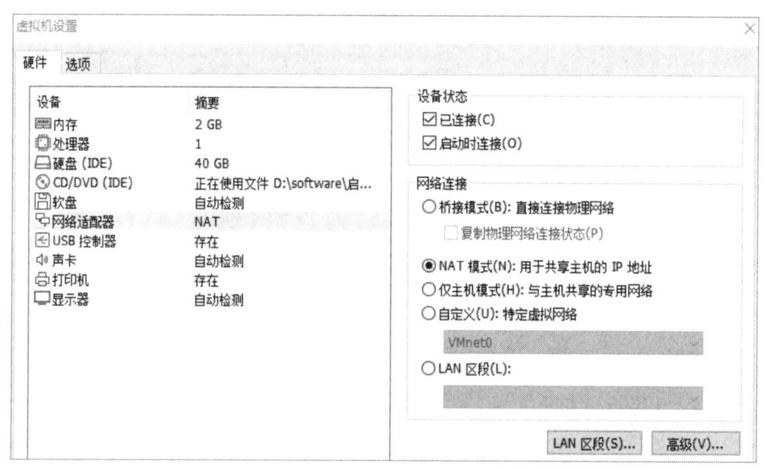

图 2-15 编辑网络适配器设置

2.2 WinHex 磁盘编辑器

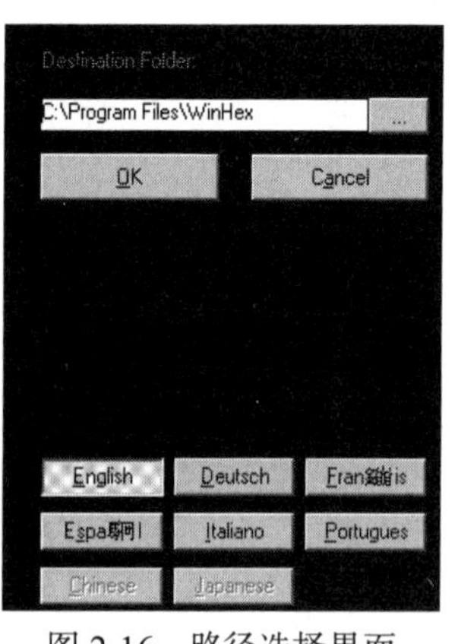

图 2-16 路径选择界面

WinHex 是一款以通用的十六进制编辑器为核心的磁盘编辑器，以十六进制的形式显示磁盘的底层数据。它可以用来检查和恢复各种文件，也可以让用户看到其他程序隐藏起来的文件和数据，并且可以编辑任意一种文件类型的二进制数。对于任意一块磁盘来说，每个扇区对 WinHex 都是透明的。总体来说，WinHex 拥有强大的系统功能，是手动恢复数据的首选工具。

WinHex 分为试用版和正式版，用户可直接到其官网下载。WinHex 的安装非常简单，双击“setup.exe”安装程序包，进入如图 2-16 所示的路径选择界面。如果用户需要修改 WinHex 的安装路径，那么先单击右上方的 ... 按钮，再进行路径选择。在确定路径之后单击“OK”按钮即可依次进入如图 2-17 所示的安装选项中。在选项确定之后，WinHex 就会快速安装成功。

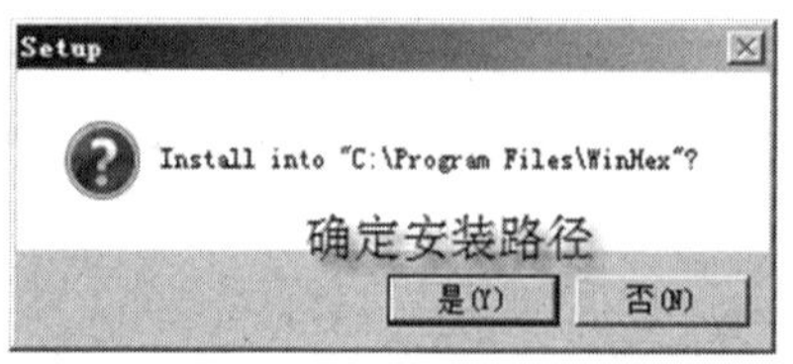

WinHex
Setup complete. Run program?
是否立即运行软件？
是(Y) 否(N)

图 2-17 安装选项

2.2.1　WinHex 程序界面

初识 WinHex

WinHex 使用方法详解（1）

WinHex 使用方法详解（2）

WinHex 使用方法详解（3）

安装完成后，若在如图 2-17 所示的第三个安装选项中单击“是”按钮，则立即运行 WinHex。WinHex 的初始界面如图 2-18 所示。

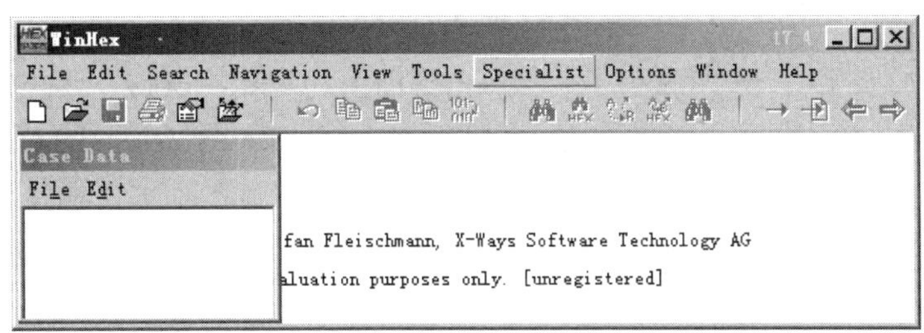

图 2-18　WinHex 的初始界面

WinHex 本身是英文版的，但是由于很多用户不熟悉英文，因此该工具提供了多种语言与英文转换的功能。使用“Help”→“Setup”→“Chinese，please!”命令即可将 WinHex 转换为中文界面，如图 2-19 所示。需要注意的是，WinHex 只为正式版提供了汉化功能。

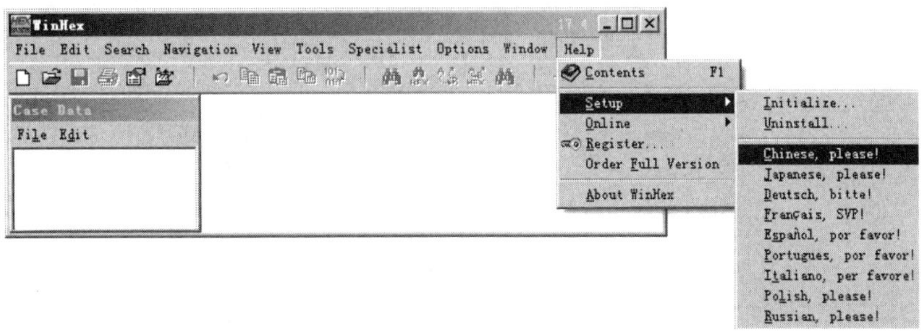

图 2-19　WinHex 的汉化功能

WinHex 默认的初始界面是一个空的程序界面，如果想对某个对象进行编辑，就必须先打开此对象。对象一般分为两种：一种是磁盘，如硬盘、U 盘或某个分区；另一种是文件，即以二进制形式打开某个固定格式的文件（如 Word 文档等）。

在菜单栏中选择“File”→“Open File”命令或单击工具栏中的按钮都可以打开文件；在菜单栏中选择“Tools”→“Open Disk”命令（见图 2-20），单击工具栏中的按钮或按 F9 键都可以打开磁盘。

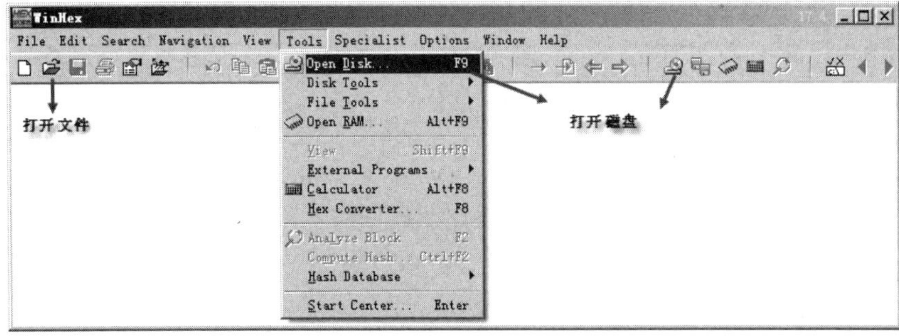

图 2-20　在 WinHex 中打开文件或磁盘

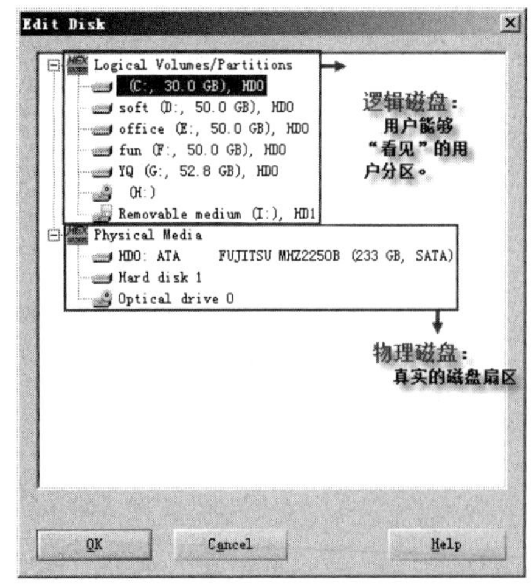

图 2-21　“Edit Disk”对话框

下面以打开磁盘为例展开介绍。按 F9 键，打开“Edit Disk”对话框。上面一组显示的是“Logical Volumes/Partitions”，表示逻辑磁盘。所谓的逻辑磁盘可以理解为人为划分出来的磁盘，指的是在“我的电脑”界面中可以看到的各个分区。虽然它们看上去是独立的，但是其实共存于真实的硬盘中。所以将整个硬盘称为物理磁盘，即图 2-21 中的“Physical Media”。

右击桌面上的“我的电脑”，选择“管理”→“磁盘管理”命令，显示如图 2-22 所示的界面，整个硬盘表示物理磁盘，每个分区表示逻辑分区。

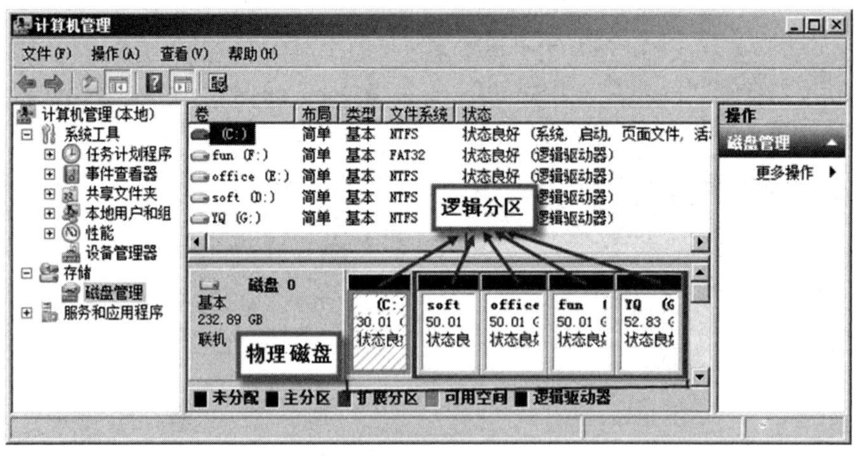

图 2-22　“磁盘管理”界面

打开如图 2-21 所示的物理磁盘“HDO: ATA FUJITSU MHZ2250B（233 GB，SATA）”，可以看到如图 2-23 所示的 WinHex 的界面。

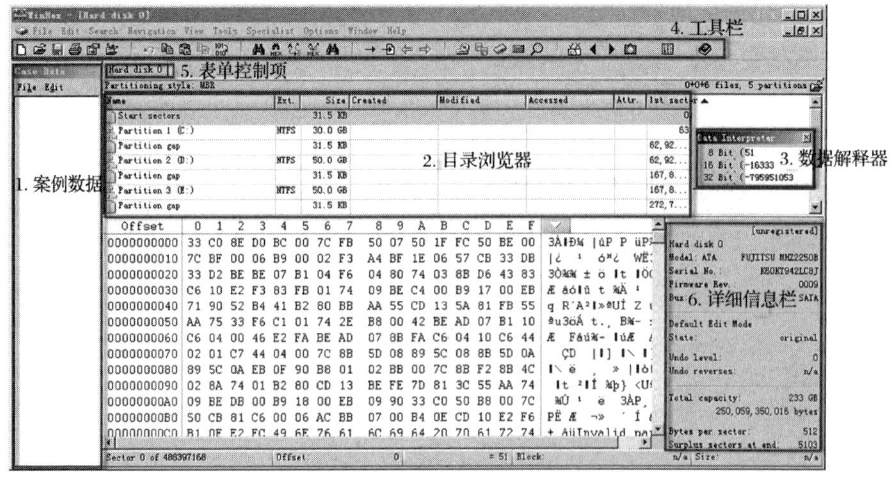

图 2-23　WinHex 的界面

WinHex 的界面和普通软件的界面类似，最上方为菜单栏（菜单栏中集合了软件能提供的所有功能的入口。WinHex 常用的组件有 6 种，具体如下。

1. 案例数据

案例数据（Case Data）的主要功能是取证，就是将一块磁盘放入案例数据框中进行数据查看，以及取证记录等。在数据恢复过程中此功能用得较少，一般可以不显示此组件。

2. 目录浏览器

目录浏览器（Directory Browser）中显示的是当前打开的磁盘根目录下的文件目录，可以通过双击里面的内容进行文件目录的跳转。

3. 数据解释器

数据解释器（Data Interpreter）是一个浮动窗口，可以在屏幕上任意拖动。它可以很方便地将光标所在处的字节及向后若干字节的十六进制数快速解释成十进制数、八进制数或同步显示它的十六进制数。

可以通过右击数据解释器组件的左半部分来选择不同的选项进行设置，如图 2-24 所示。

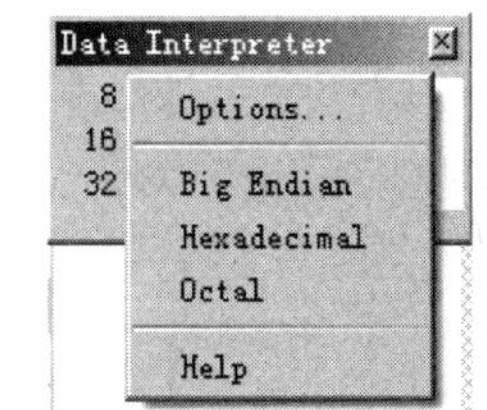

图 2-24　数据解释器的设置

- Options（设置）：可以通过多选的形式设置在数据解释器中显示的内容、性质及类型等。图 2-25 表示当前要解释的是有符号的 8 位、16 位、32 位数值。
- Big Endian（大端模式）：若选择此选项，则使用 Big Endian 顺序解释多字节数值。在“Data Interpreter Options”对话框中也有此选项（见图 2-25），放在此处只是为了让用户的操作更方便。
- Hexadecimal（显示十六进制数）：在选择此选项之后，会将光标对应的数值以十六进制数（默认为十进制数）显示。
- Octal（显示八进制数）：在选择此选项之后，会将光标对应的数值转换为八进制数。

4. 工具栏

工具栏（Toolbar）中集成了一些常用的功能的快捷方式。

5. 表单控制项

表单控制项（Tab Control）主要用于标识当前打开的对象。若打开的是磁盘，则显示为 DISK；若打开的是分区，则显示为 Drive。

6. 详细信息栏

详细信息栏（Info Pane）显示当前窗口对象的详细信息，若为磁盘，则显示磁盘的型号、序列号和固件版本等。

每个组件都可以通过在菜单栏中选择“View”→“Show”包含的相应的命令，以及在相应组件的名字上进行勾选来显示，若取消勾选，则自动隐藏此组件，如图 2-26 所示。

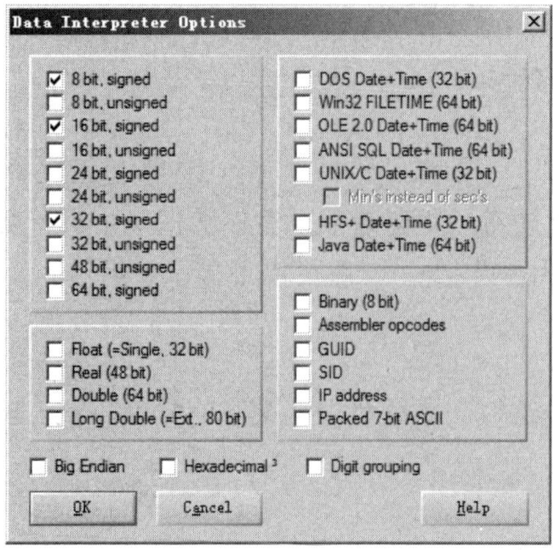

图 2-25　“Data Interpreter Options”对话框

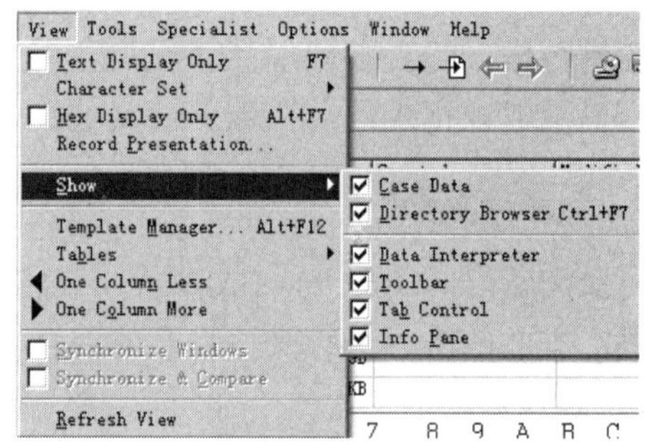

图 2-26　通过 Show 命令显示与隐藏组件

若将所有组件全部隐藏，则可以看到 WinHex 的工作区，如图 2-27 所示。工作区中最显眼的就是十六进制数值区和文本字符区。十六进制数值区以十六进制数显示磁盘或文件中存储的内容，并且是最重要的工作区域；文本字符区则按照某种特定的字符集以文本字符形式显示磁盘中数值对应的符号。

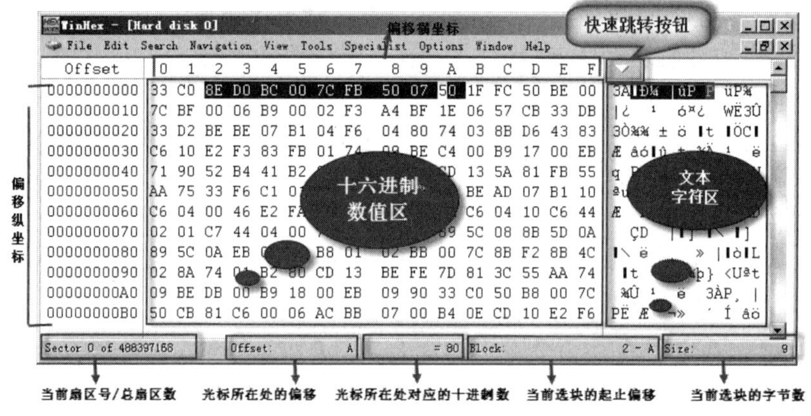

图 2-27　WinHex 的工作区

十六进制数值区的上方有一行 0～F 的数值，这是偏移横坐标。偏移横坐标与左侧的偏移纵坐标配合使用，用来唯一地标识十六进制数值区中每个字节的偏移地址（所谓的偏移地址，读者可以理解为将打开的磁盘或文件中的所有字节从 0 开始编号，每个字节的对应号码）。通过单击偏移横坐标或偏移纵坐标区域，可以快速地将坐标值切换为十进制数。

在十六进制数值区的下方有一串数值标记：Sector 0 of 488397168 表示光标所在的扇区为本磁盘的 0 号扇区（第一个扇区），本磁盘共有 488 397 168 个扇区；Offset: A 表示光标所在的字节处的偏移地址是 A（对应十进制数 10），即当前字节为本磁盘的 10 号字节（第一个字节的编号为 0）；= 80 表示光标所在处（50）对应的十进制数为 80；Block: 2 - A 表示当前选中的选块（图 2-27 中十六进制数值区框选的部分）的头部的偏移地址为 2，尾部的偏移地址为 A；Size: 9 表示当前选块的大小为 9 字节。

文本字符区上方的 被称为“快速跳转”按钮。打开不同的磁盘对象，“快速跳转”按钮就包含不同的内容。图 2-28 所示为物理磁盘的“快速跳转”按钮包含的内容，图 2-29 所示为逻辑磁盘的“快速跳转”按钮包含的内容。

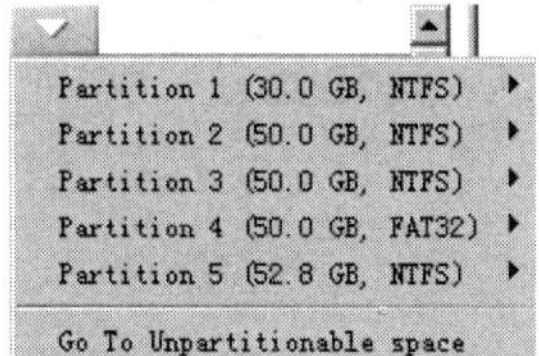

图 2-28　物理磁盘的“快速跳转”按钮包含的内容

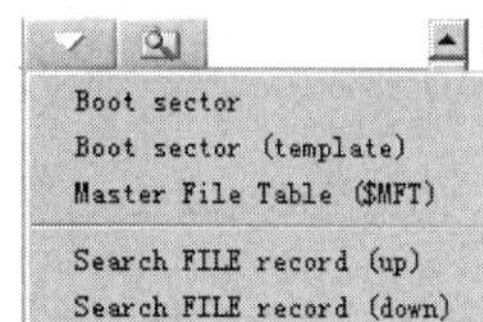

图 2-29　逻辑磁盘的“快速跳转”按钮包含的内容

2.2.2　数据存储格式

数据存储的字节序与位序

数据存储格式也就是数据的存储顺序。在日常生活中，一般是按照高位字节在前、低位字节在后的方式存储数据的，如“23”表示十进制数 23，高位字节为 2，低位字节为 3。计算机中存储的数据主要以字节为单位，一个字节（Byte）为 8 位，最大只能表示到 255（十六进制的 FF，或者二进制的 11111111）。如果按照高位字节在前、低位字节在后的存储顺序来解释 WinHex 中的数值“FF EE”，那么高位字节就是 FF，低位字节就是 EE。将其转换为十进制数，即 65518。这种存储顺序被称为 Big-endian 或大头位序。

计算机中还存在另外一种数据存储顺序，即 Little-endian（或小头位序）。与 Big-endian 的存储顺序相反，Little-endian 的低位字节在前，高位字节在后。例如，十六进制数 123AH 的高位字节是 12，低位字节是 3A，在存储时就变成“3A 12”。同样，当看到一个 4 字节存储的数值“08 52 00 00”时，就要按字节倒过来读，得到数字 5208H。需要注意的是，存储顺序只适用于数字，字符串等其他数据类型不存在这种情况。

不同处理系统和文件系统的数据存储格式也有所不同，所以在分析一个文件系统中的数据的时候，一定要先确定其使用的存储格式，再进行相应的解释，否则可能无法得到正常的数据。

2.2.3　磁盘编辑操作

1. 定义选块

在 WinHex 中，经常对某个选块中的数据执行复制、粘贴和清零等操作。因此，在操作之前，正确定义选块显得尤为重要。

对于较小的选块，可以在选块的起始位置直接按住鼠标左键，将其拖曳到选块的结束位置即可。对于整个磁盘或文件，可以按快捷键 Ctrl+A 进行全选；对于较大的选块，必须分情况进行选块的选取。

1）明确选块的头部偏移地址和尾部偏移地址

如果要选中如图 2-30 所示的选块，除了直接拖曳，还可以在选块的头部（F3 的位置）右击，选择“Beginning of block”命令，或者按快捷键 Alt+1，如图 2-31 所示，在选块的尾部（C6 的位置）右击，选择“End of block”命令，或者按快捷键 Alt+2，如图 2-32 所示。

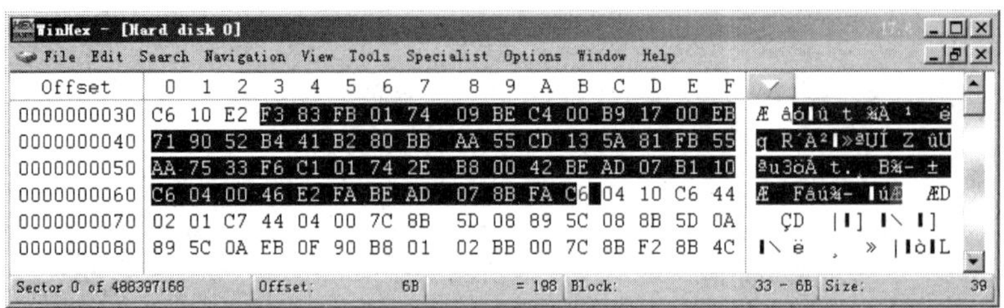

图 2-30　选块的选取

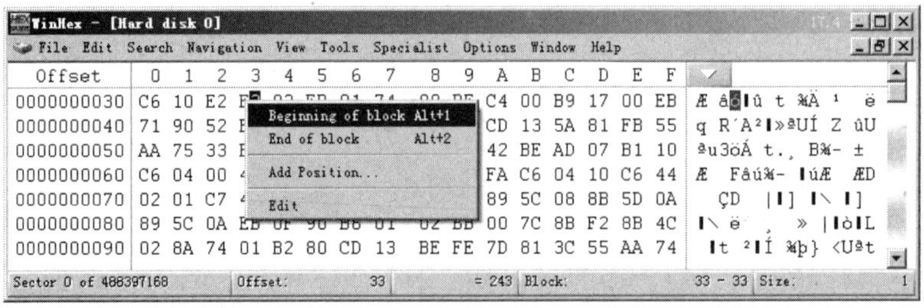

图 2-31　定义选块的头部

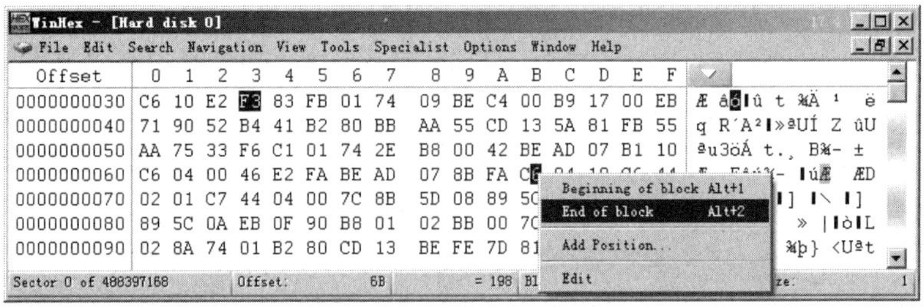

图 2-32　定义选块的尾部

2）明确选块的头部偏移地址及总字节数

若某文件的头部偏移地址为 A3，文件大小为 234 字节，则可以在菜单栏中选择“Navigation”→“Go To Offset”命令（见图 2-33），打开“Go To Offset”对话框，在“New position”文本框中输入“A3”，同时将“relative to”设置为“beginning”，如图 2-34 所示（表示从整个磁盘的起始位置向后跳转 A3 偏移地址），准确跳到头部字节处，并且在此处右击，在弹出的快捷菜单中选择“Beginning of block”命令。

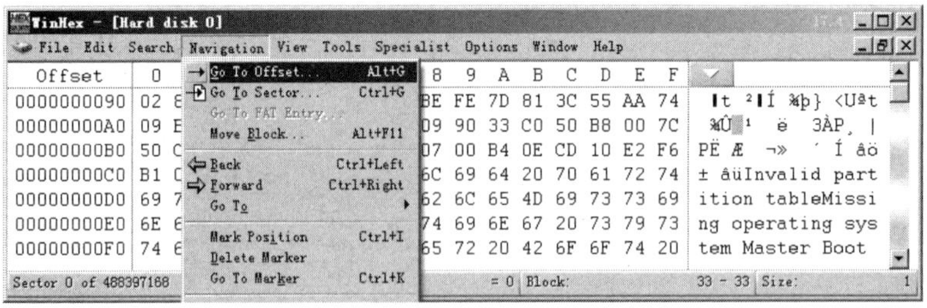

图 2-33　跳转到偏移地址选项

保持光标位于选块头部，再次在菜单栏中选择“Navigation”→“Go To Offset”命令，打开“Go To Offset”对话框，在“New position”文本框中输入“EA”（十进制数 234 对应的十六进制数），将“relative to”设置为“current position”，如图 2-35 所示（表示从当前位置开始向后跳转 EA 偏移地址）。跳转成功后，在当前位置右击，选择“End of block”命令。至此，选块选取成功。

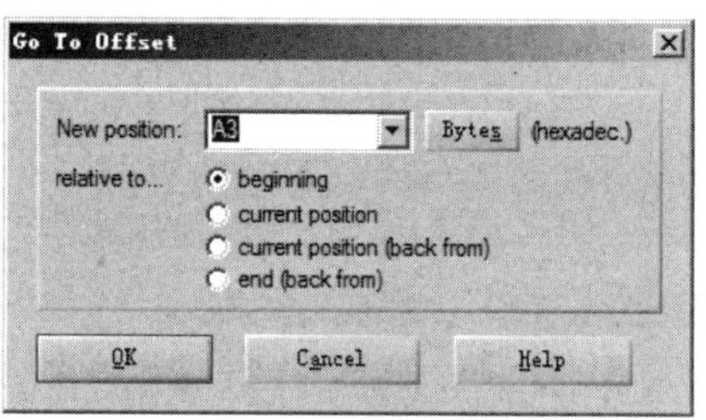

图 2-34　跳转到选块头部

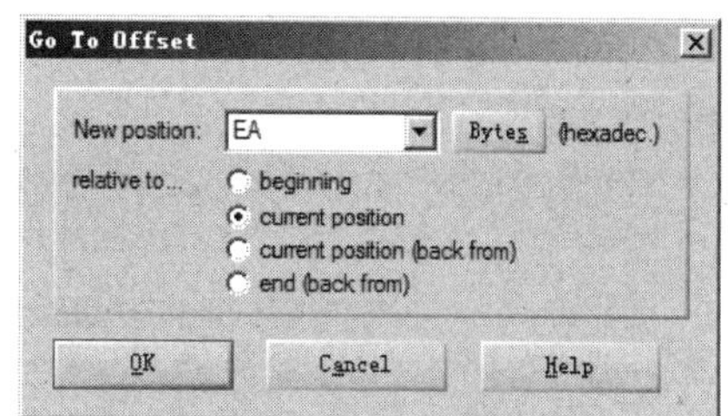

图 2-35　跳转到选块尾部

2. 调整选块

在选块范围不变的情况下，可以将选块前后移动，如上面的选块的头部偏移地址是 A3，大小为 234 字节，结果发现，文件的头部应该是 C3，而大小和原来是一样的。此时可以在菜单栏中选择“Navigation”→“Move Block”命令，如图 2-36 所示，打开“Move Block”对话框，如图 2-37 所示，并进行相关的设置。

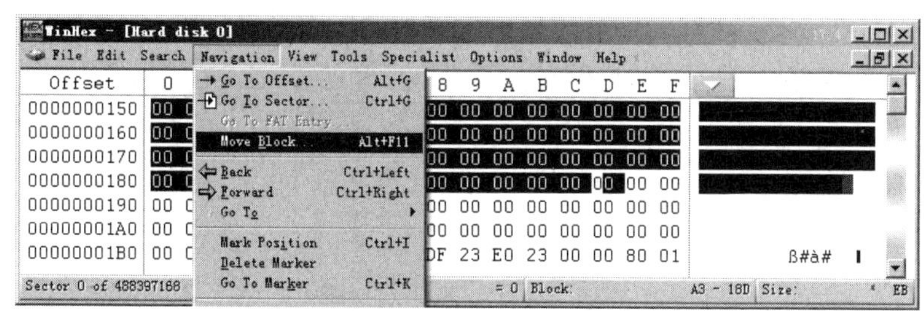

图 2-36　选块移动菜单

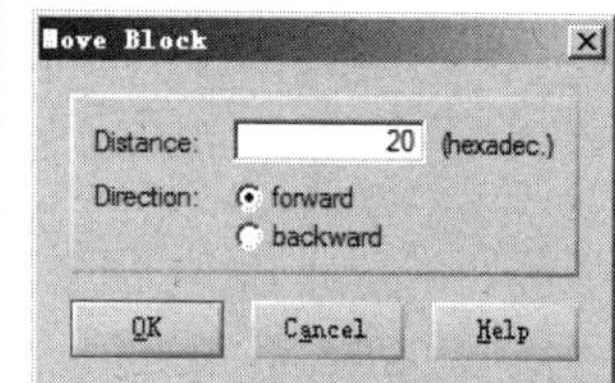

图 2-37　“Move Block”对话框

“Move Block”对话框中的选项“Direction”指的是移动的方向。

- forward：向下移动（或者称为前进）。
- backward：向上移动（或者称为后退）。

3. 复制选块

当选定选块之后，可以在选块上右击，选择“Edit”→“Copy Block”中特定的命令（见图 2-38），将选块中的数据以某种格式复制出来。

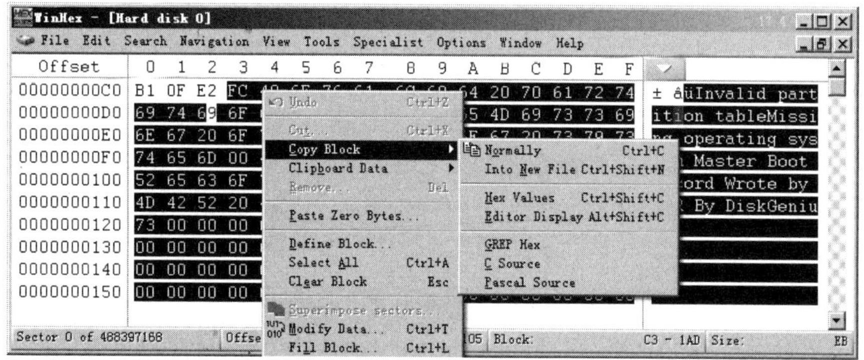

图 2-38　复制选块

- Normally（常规复制）：使用最广泛的方式，适合在十六进制数值区执行复制操作。如果将复制出来的数据在 WinHex 的十六进制数值区进行粘贴，那么写入的将是十六进制数，如图 2-39 所示。如果在文档中进行粘贴，那么写入的是十六进制数对应的字符，如图 2-40 所示。

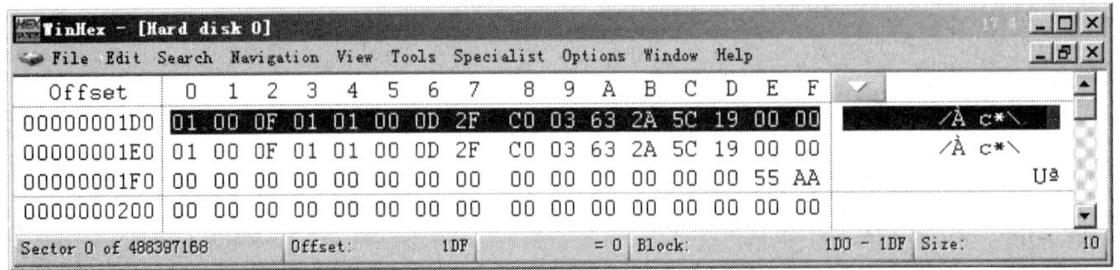

图 2-39　粘贴到 WinHex 的十六进制数值区中

图 2-40　粘贴到文档中

- Into New File（到新文件）：先将选块中的数据复制出来，再写入新文件中。这是数据恢复工作经常使用的功能。如果选择此命令，就会打开“Save File As”对话框，如图 2-41 所示。默认保存的文件名为 noname，读者也可以根据自己的需要修改文件名。

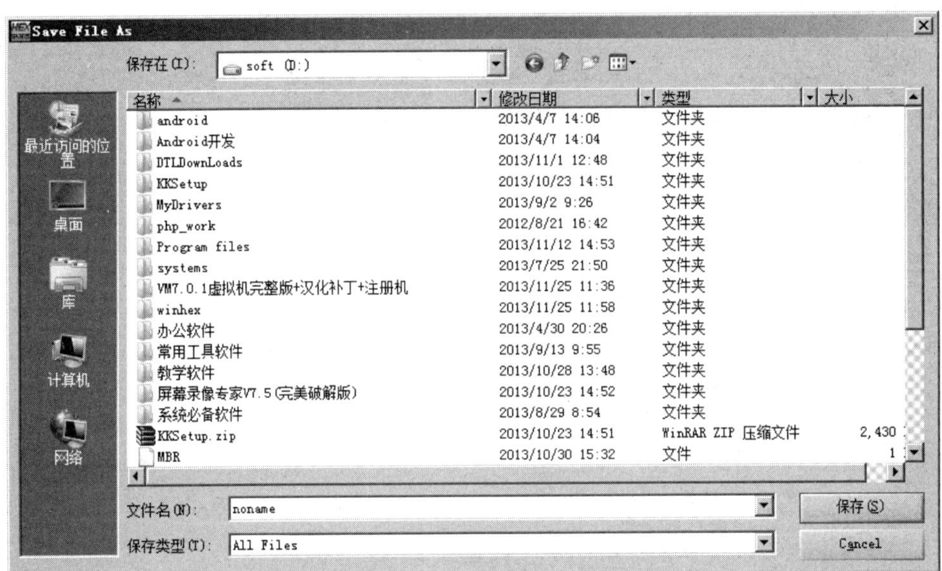

图 2-41　“Save File As”对话框

- Hex Values（十六进制值）：将十六进制数值区的数据复制到文档中，必须使用此命令。使用“Normally”命令复制图 2-42 中框选的数据，粘贴的效果如图 2-43 中的第一行所示，而使用“Hex Values”命令复制并粘贴的效果如图 2-43 中的第二行所示。

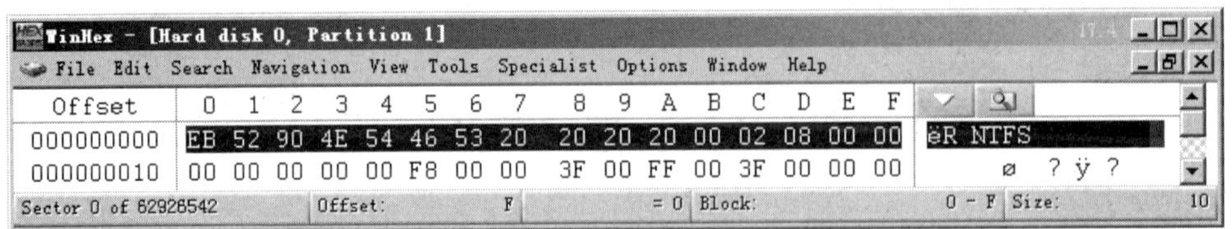

图 2-42　待复制数值

图 2-43　粘贴的效果 1

- Editor Display（编辑样式显示）：按 WinHex 中显示的偏移地址、十六进制数及文本字符进行复制。粘贴后的效果与 WinHex 中的效果是一致的，使用“Editor Display”命令复制图 2-42 中框选的数据，在文档中粘贴的效果如图 2-44 所示。

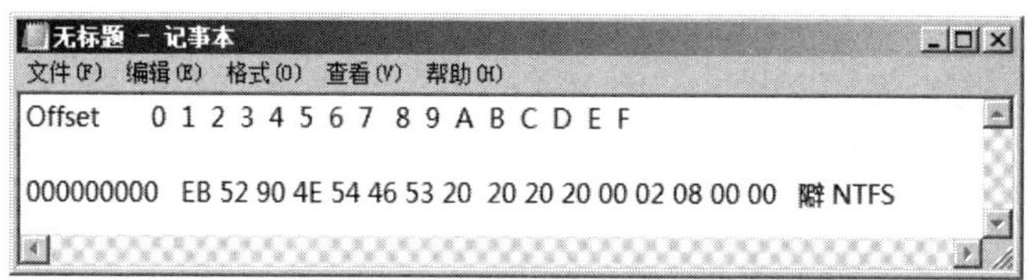

图 2-44　粘贴的效果 2

- GREP Hex（GREP 语法结构）：将复制出来的十六进制数直接复制，转换成相应的十六进制书写形式。使用“GREP Hex”命令复制图 2-42 中框选的数据，在文档中粘贴的效果如图 2-45 所示。

图 2-45　粘贴的效果 3

- C Source（C 语言源码格式）：将复制出来的十六进制数转换成 C 语言源码形式。使用“C Source”命令复制图 2-42 中框选的数据，在文档中粘贴的效果如图 2-46 所示。

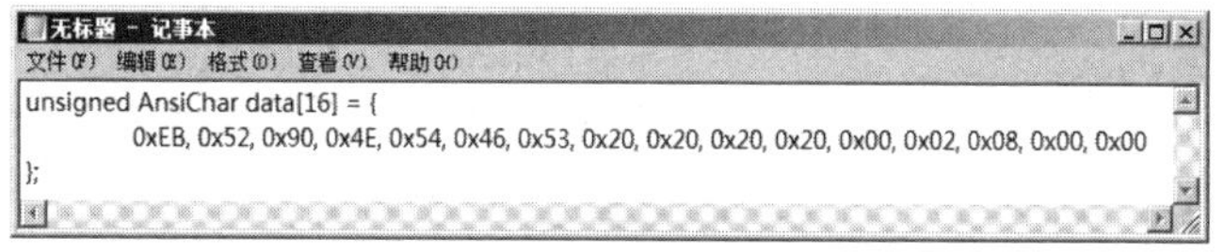

图 2-46　粘贴的效果 4

- Pascal Source（Pascal 语言源码格式）：将复制出来的十六进制数转换成 Pascal 语言源码形式。使用“Pascal Source”命令复制图 2-42 中框选的数据，在文档中粘贴的效果如图 2-47 所示。

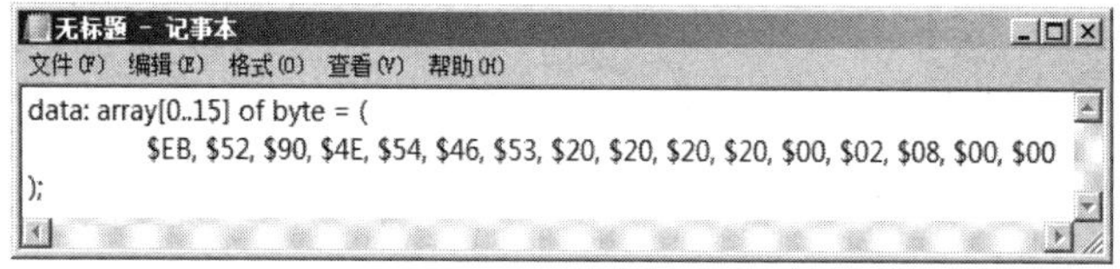

图 2-47　粘贴的效果 5

4. 粘贴选块

根据特定的选项复制出选块的数值后，将其暂时保存在剪贴板中。在菜单栏中选择“Edit”→“Clipboard Data”命令，将其中的数据进行再次处理。Clipboard Data 命令包括 4 条子命令，分别是 Paste 命令、Write 命令、Paste Into New File 命令和 Empty Clipboard 命令，如图 2-48 所示。

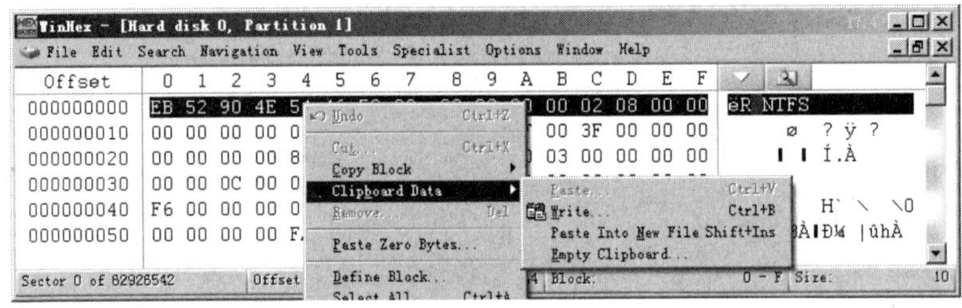

图 2-48　剪贴板数据处理

- Paste（粘贴）：类似于 Word 文档中的粘贴操作，在当前位置将剪贴板中的数据写入文件内，同时将原来的数据移到写入数据的尾部。此操作会增加目标文件的大小，所以对于固定大小的磁盘是无效的。
- Write（写入）：从当前位置开始，用剪贴板中的数据一一进行"覆盖"。如果当前位置之后的字节数多于剪贴板中的字节数，那么文件的大小不会改变，只是某一部分数据被"覆盖"。如果当前位置之后的字节数少于剪贴板中的字节数，那么后面可"覆盖"的字节不够，因此会增加文件的大小。
- Paste Into New File（写入新文件）：将剪贴板中的数据写入新建的文件内，其功能与 Copy Block 命令的 Into New File 子命令的功能相同。
- Empty Clipboard（清空剪贴板）：将剪贴板中的数据清空，以释放内存资源。

5. 填充选块

由于各种原因，通常需要对磁盘中的一些数据进行清除或标记，如彻底删除某些关键数据。此时可以在菜单栏中选择"Edit"→"Fill Block"命令（见图 2-49），打开"Fill Block"对话框（见图 2-50），并进行适当的设置。

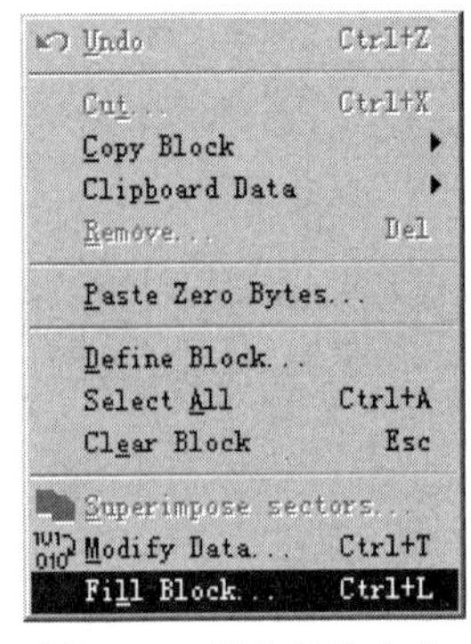

图 2-49　填充选块命令

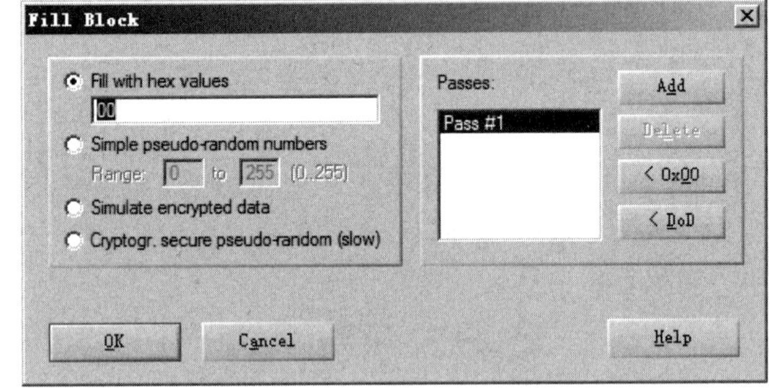

图 2-50　"Fill Block"对话框

6. 搜索

在 WinHex 中，经常需要搜索某些特定的值，有时可能是某些十六进制数（如搜索"55AA"），有时会搜索一些字符（如搜索名为"方案"的文档）。所有的搜索都可以通过"Search"菜单包含的命令来实现，如图 2-51 所示。

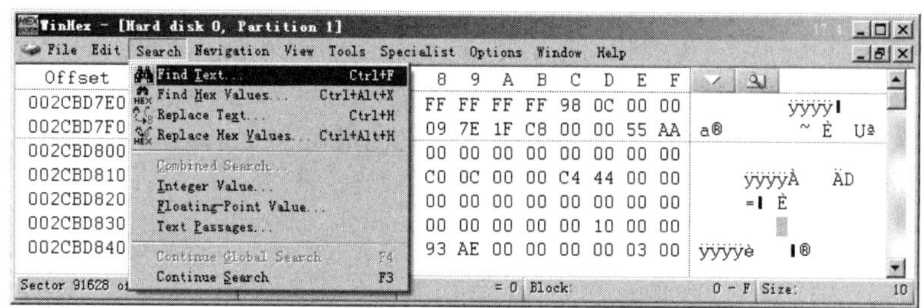

图 2-51　“Search”菜单

* Find Text（查找文本）：用来查询特定的文本字符，但是它对汉字的搜索结果不是很好，所以在搜索汉字时，建议先手动将汉字转换为相应的编码（如 ASCII 码或 Unicode 码），再利用十六进制形式进行搜索。如果要搜索名为“test”的文件，那么可以使用此命令打开“Find Text”对话框，如图 2-52 所示，并进行相关设置。

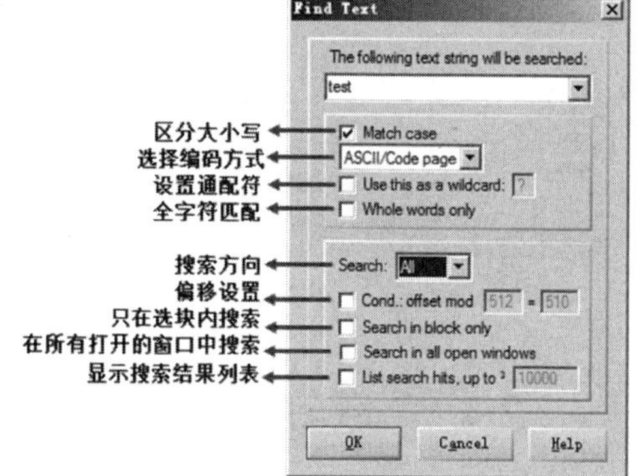

图 2-52　“Find Text”对话框

其中，通配符“?”表示任意一个字符，如果要搜索所有以“s”结尾且长度为 3 个字符的单词，那么先勾选“Use this as a wildcard”复选框，再在搜索框中输入“??s”。

若勾选“Cond.: offset mod”复选框，并且使用其默认设置 512 = 510，则表示每次搜索 512 个字节，同时将搜索条件与这 512 个字节中的第 510 个字节进行比较。

“List search hits, up to”表示是否在搜索完成后显示搜索到的所有记录。若勾选“List search hits，up to”复选框，则搜索会一直进行，直到搜索完成，并且在最后显示所有符合搜索条件的记录。

例如，编者在 J 盘中搜索“test”文本，并且勾选“List search hits，up to”复选框，搜索结果如图 2-53 所示。菜单栏中多了一个名为“Position Manager”的组件，组件中的第一列表示搜索到的结果的偏移地址，可以通过单击该值快速跳转到这个地址。

Offset	Rel. ofs.	Search hits	Name	Ext.	Path
30140		test	?		?
36C80		test	?		?

```
Offset     0  1  2  3  4  5  6  7   8  9  A  B  C  D  E  F
00030120  E5 C2 BD A8 CE C4 7E 31  20 20 20 10 00 65 80 85
00030130  7B 43 7B 43 00 00 81 85  7B 43 0D 00 00 00 00 00
00030140  54 45 53 54 20 20 20 20  20 20 20 10 08 65 80 85
00030150  7B 43 7B 43 00 00 81 85  7B 43 0D 00 00 00 00 00
00030160  00 00 00 00 00 00 00 00  00 00 00 00 00 00 00 00
```

图 2-53　搜索结果

记录“Position Manager”组件中的内容，即使关闭了 WinHex，它也不会消失。但是当再次打开 WinHex 时，“Position Manager”组件并不会自动打开，需要通过在菜单栏中选择“Navigation”→“Position Manager”命令来显示，如图 2-54 所示。

- Find Hex Values（查找十六进制值）：用于查找指定的十六进制值。“Find Hex Values”对话框如图 2-55 所示。

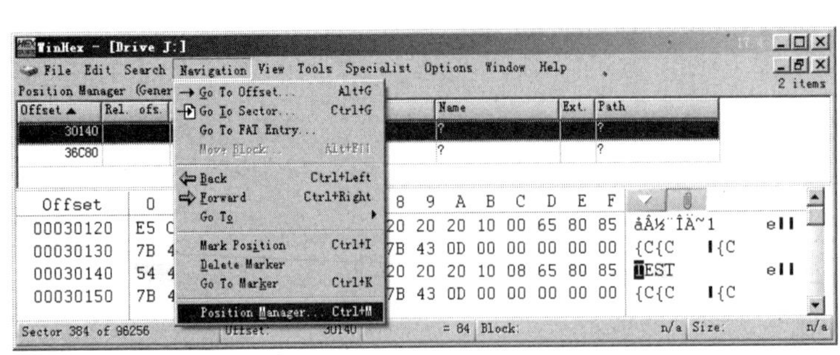

图 2-54　选择“Navigation”→“Position Manager”命令

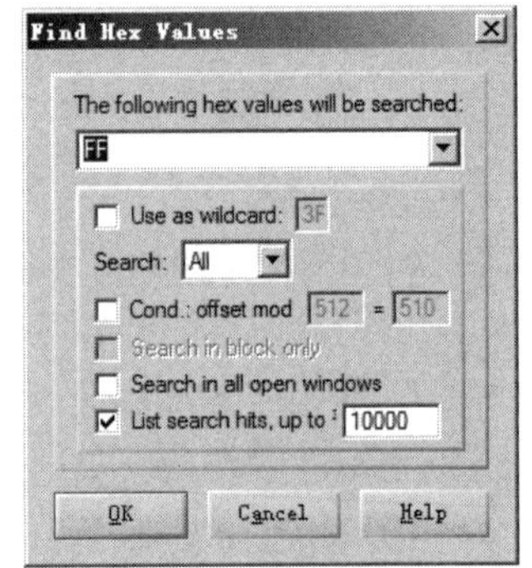

图 2-55　“Find Hex Values”对话框

2.2.4　高级功能

1. 克隆磁盘

在做数据恢复之前，为了避免一些误操作导致二次破坏，一般需要先克隆磁盘，即将数据进行备份。WinHex 提供了克隆磁盘和制作磁盘镜像的功能。克隆磁盘表示完全按照 1∶1 的比例将磁盘进行备份，磁盘镜像则提供了一定的压缩比。

克隆磁盘使用“Tools”→“Disk Tools”→“Clone Disk”命令，如图 2-56 所示，在打开的“Clone Disk”对话框中进行相应的设置，如图 2-57 所示。

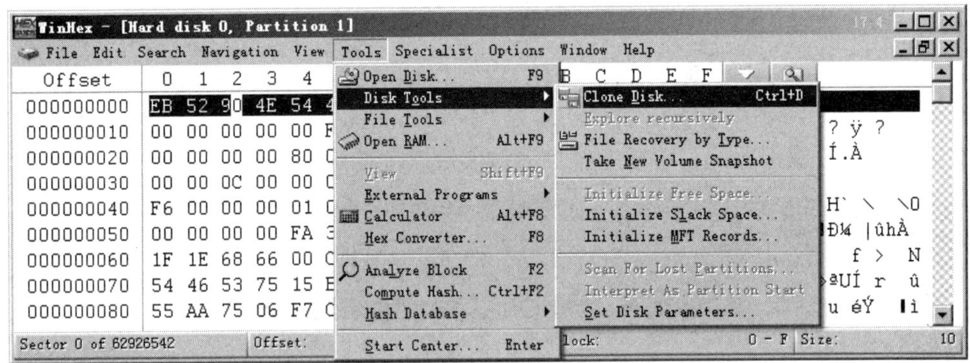

图 2-56　克隆磁盘

2. 创建磁盘镜像

镜像文件是可以压缩的，在打开一块磁盘后，可以选择“File”→“Create Disk Image”命令，如图 2-58 所示，打开“Create Disk Image”对话框，如图 2-59 所示，通过进行相关设置来创建磁盘镜像。

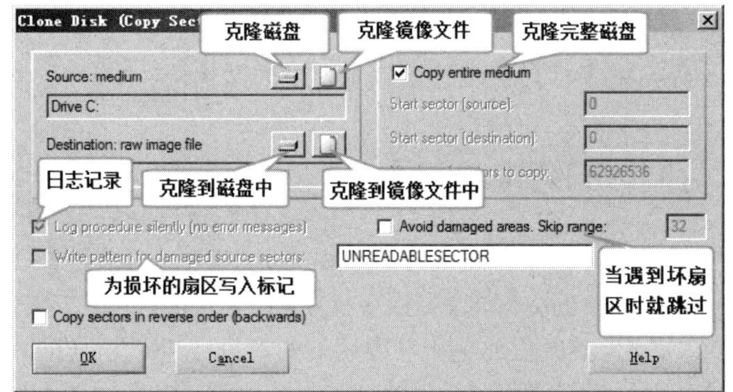

图 2-57　“Clone Disk”对话框

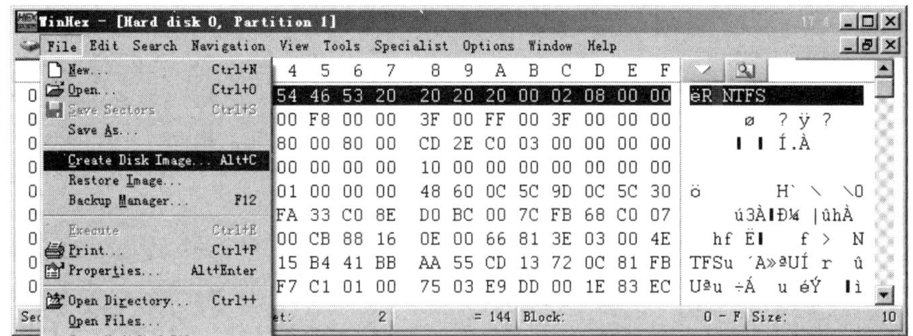

图 2-58　选择“File”→“Create Disk Image”命令

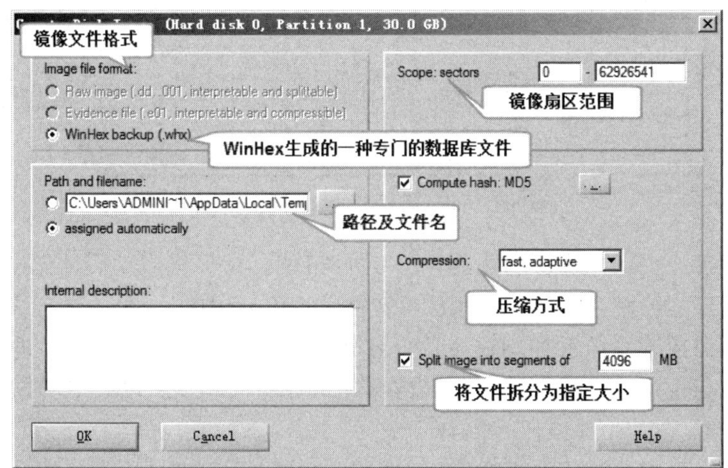

图 2-59　“Create Disk Image”对话框

2.3　硬盘主引导扇区

在购置一块硬盘后，需要做的第一件事情就是分区，即将硬盘分割为多个独立的空间。应该如何标记和管理这些空间呢？

目前，所有的硬盘都默认 0 号柱面 0 号磁头 1 号扇区为引导扇区，这个扇区中包含硬盘主引导记录，也叫硬盘主引导扇区。它主要有两方面功能：第一，完成系统主板 BIOS 向硬盘系统交接的操作，计算机开机自检后会搜索启动顺序中的存储介质，如果设置了从硬盘启动，就会将硬盘主引导扇区读入内存中，并执行引导记录；第二，记录每个分区的详细信息，硬盘主引导扇区不属于任何系统，只负责管理整个硬盘的结构。

2.3.1 主引导扇区的结构与作用

主引导扇区主要由主引导记录（Master Boot Record，MBR）、主分区表（Disk Partition Table，DPT）和结束标记组成。目前的分区形式有 DPT 分区表和 GPT 分区表，下面先介绍 DPT 分区表的形式。图 2-60 所示为某硬盘的主引导扇区，通过框线进行划分可以明显地分出 3 个部分，上面一大部分是主引导记录，下面一小部分是主分区表，最后面的“55 AA”为结束标记。

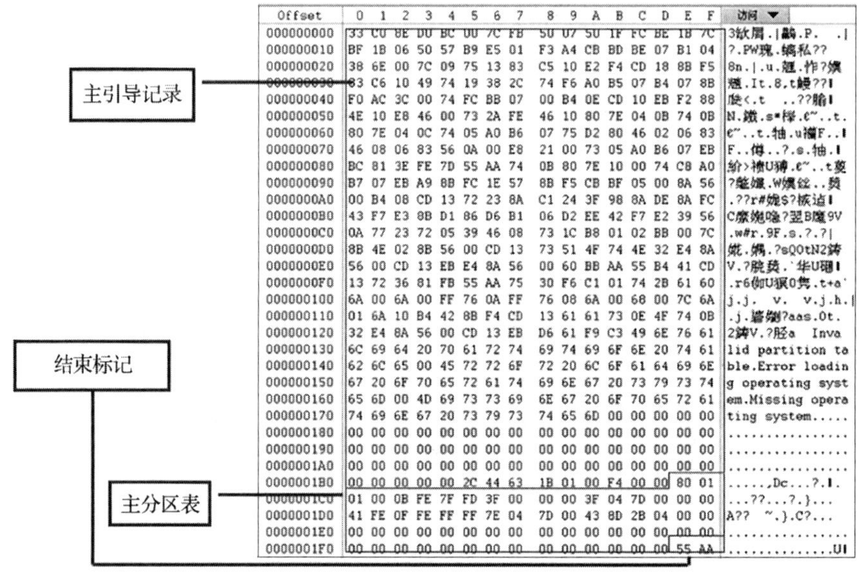

图 2-60　某硬盘的主引导扇区

- 主引导记录：占用主引导扇区的偏移 0～1BDH。计算机启动后，先进行 BIOS 自检，再将控制权交给硬盘的第一个扇区（这就是主引导扇区）。主引导记录位于整个扇区的最前方，在接管系统的控制权后负责对其他代码信息进行检查，并进一步引导系统。因为主引导记录是硬盘上最先装入内存并执行的代码，所以很多引导型病毒会将它作为攻击目标。
- 主分区表：占用主引导扇区的偏移 1BEH～1FDH，用来描述硬盘的具体分区情况（包括每个分区的起止位置和类型等信息）。
- 结束标记：也可称为主引导扇区的有效标志，系统通过它来判断主引导扇区是否有效。若某个主引导扇区的前面两部分正常，但丢失了最后面的“55 AA”，则系统显示本硬盘“未初始化”。

2.3.2 主引导记录

硬盘主引导记录是在加载系统前最先引导的一段程序。主引导记录非常重要，计算机开机经过自检后，第一时间将这段代码装入内存中并执行。它的功能也很简单：先在分区表中搜索安装了系统的启动分区，再将启动分区的引导程序调入内存中，并将系统控制权交给它。这段代码的功能单一，因此，基本上每个硬盘主引导记录都是一样的，可以直接备份一份，在需要时恢复。同样，由于这段代码比较特殊，有时候会被改变（或破坏），主要有以下 3 种情况。

（1）被引导型病毒破坏。由于主引导记录是最先执行的代码段，因此引导型病毒会修改它，并用病毒代码覆盖原来的引导程序，以便自己在第一时间获得系统控制权，占据先机。

（2）多重引导程序。很多用户需要在同一台计算机上安装多个系统，并且在计算机启动时根据不同的需求进入不同的系统中。这其实可以通过改变 MBR 的引导程序来实现。先将不同的系统安装到不同的分区中，再利用引导程序为用户呈现一个系统的选择列表，由用户选择从哪个分区进行引导。

注意：

> 如果用户安装的多个系统中有 Windows 系统，那么他不用修改 MBR 的引导程序，而是在 Windows 系统的引导分区中设置一段选择代码，供用户选择相应的系统。MBR 中的主引导程序固定为加载 Windows 引导程序，并且由 Windows 引导程序为用户提供系统选择界面。

（3）硬盘保护/还原系统。在网吧、机房等场所，为了降低管理员的系统维护工作量，通常在计算机上安装硬盘保护/还原系统。由于该系统需要优先获得硬盘访问的控制权，因此需要修改引导程序，先行加载硬盘保护程序，以达到保护/还原硬盘数据的目的。

2.4　MBR 磁盘分区表

MBR 磁盘分区的结构

磁盘分区表的简称为 DPT，但为了区分两种分区表，通常把传统的分区表的组织类型称为 MBR 磁盘分区格式。MBR 磁盘分区格式的主分区表共 64 字节，其中每 16 个字节表示一个分区，称为一个分区表项，主分区表最多能记录 4 个主分区。将图 2-60 中的主分区表按 16 个字节表示一个分区进行划分，如图 2-61 所示，可以看到，本分区表的前两项有值，后两项全是“00”。这意味着本磁盘只有两个主分区。

Offset	0	1	2	3	4	5	6	7	8	9	A	B	C	D	E	F
00000001B0	00	00	00	00	00	00	00	00	DF	23	E0	23	00	00	80	01
00000001C0	01	00	07	01	01	00	3F	00	00	00	CE	2E	CU	03	00	01
00000001D0	01	00	0F	01	01	00	0D	2F	C0	03	63	2A	5C	19	00	00
00000001E0	00	00	00	00	00	00	00	00	00	00	00	00	00	00	00	00
00000001F0	00	00	00	00	00	00	00	00	00	00	00	00	00	00	55	AA

图 2-61　主分区表

2.4.1　主分区表的结构

图 2-61 中的深色部分表示一个分区，其各部分的含义如图 2-62 所示。

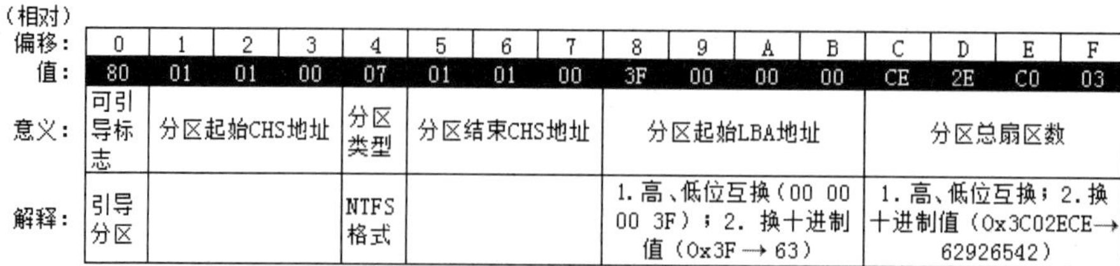

图 2-62　分区表项结构

- 可引导标志（相对偏移为 0）：其值要么为 00，要么为 80（80 表示此分区可引导系统）。如果某计算机安装了多个系统，并且多个系统安装在不同的分区上，那么在计算机启动时，会利用系统引导软件将用户选择启动的系统所在分区前的可引导标志改为 80。
- 分区起始 CHS 地址（相对偏移为 1～3）：第一个字节用来记录分区起始位置的磁头号，第二个字节的低 6 位用来记录其扇区号，第二个字节的高 2 位加上第三个字节的数值表示起始位置的柱面号。具体的换算方式如图 2-63 所示。

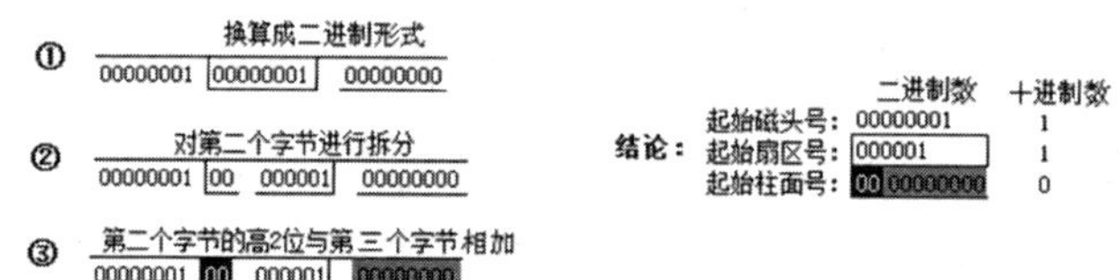

图 2-63　具体的换算方式

- 分区类型（相对偏移为 4）：表示当前分区的类型。不同的类型用与其相对应的值表示，其中包括正常分区和隐藏分区两大类。分区类型如表 2-1 所示。

表 2-1　分区类型

类型值（十六进制）	含义	类型值（十六进制）	含义
00	空	16	Hidden FAT16
01	FAT12	17	Hidden HPFS/NTFS
02	XENIX root	1B	Hidden FAT32
03	XENIX usr	42	NTFS 动态分区
06	FAT16 分区小于 32MB 时用 04	64	Novell Netware
07	HPFS/NTFS	65	Novell Netware
08	AIX	82	Linux Swap
09	AIX bootable	83	Linux
0A	OS/2 Boot Manage	85	Linux Ext
0B	Windows 95 FAT32	86	NTFS volume set
0C	Windows 95 FAT32	87	NTFS volume set
0E	Windows 95 FAT16	A5	BSD/386
0F	Windows 95 扩展分区	A6	Open BSD

- 分区结束 CHS 地址（相对偏移为 5～7）：与分区起始 CHS 地址的记录格式相同。
- 分区起始 LBA 地址（相对偏移为 8～B）：描述当前分区起始位置的 LBA 地址，具体的转换过程如图 2-62 所示。

- 分区总扇区数（相对偏移为 C～F）：描述当前分区的总扇区数，与分区起始 LBA 地址的转换方式相同。

2.4.2　扩展分区表的结构

主分区表共 64 字节，其中每个分区表项需要 16 字节，也就是说，最多允许存在 4 个主分区。但现实生活中，需要使用的分区经常超过 4 个。此时可以将某个主分区看成一个独立的磁盘，并在此分区内部进一步细化，从而把一个主分区拆分成多个分区。

被用来进行拆分的主分区叫作扩展分区，内部细化出来的分区叫作逻辑分区（如图 2-64 所示）。扩展分区和主分区的信息都被记录在 DPT 中，逻辑分区的信息被记录在扩展分区表（也可称为 EDPT）中。扩展分区表位于扩展 MBR 扇区（也可称为 EBR 扇区，引导记录部分的值全为 0，只包含分区表和结束标记）中，这就是图 2-61 中的主分区只有两个分区表项有值的原因。

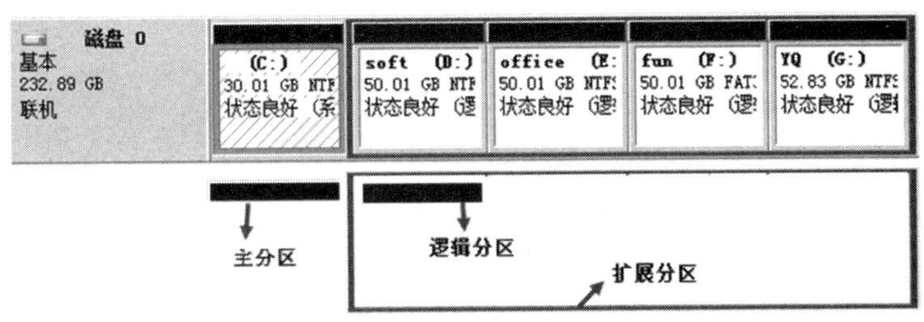

图 2-64　主分区与扩展分区

扩展分区并不是真正可用的分区，而是一个容器。扩展分区的分区类型为 0F，一旦确定某个磁盘区间为扩展分区，就意味着此磁盘空间必须进一步划分逻辑分区才能正常使用。对逻辑分区的个数并没有限制，但是一般来说某个分区要能够在计算机中正常使用，必须为其设置盘符，目前的盘符只能用 A～Z 这 26 个英文字母表示，A 和 B 实际上保留给软盘使用，所以一块磁盘通常最多能划分为 24 个分区（包括主分区和逻辑分区）。

因为逻辑分区的个数不确定，所以逻辑分区的信息采用链表来表示。也就是说，每个逻辑分区的前面都有一个 EBR 扇区，分别匹配一个 EDPT，每个 EDPT 中记录两项：本分区信息和下一个分区的位置信息（如果是最后一个分区，那么只记录第一项）。通过在 EBR 扇区之间进行跳转，可以定位到每个逻辑分区，如图 2-65 所示。

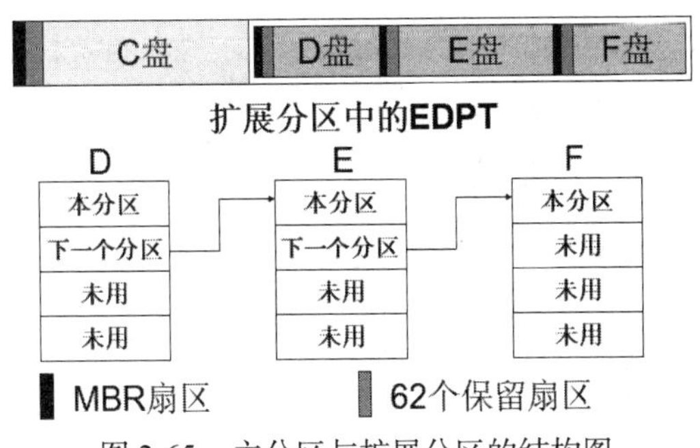

图 2-65　主分区与扩展分区的结构图

MBR 扇区与 EBR 扇区的结构完全一致，只是因为 MBR 扇区为磁盘的第一个扇区，比

EBR 扇区多一项引导功能，所以 MBR 扇区有前面的 446 字节的主引导记录。而 EBR 扇区只是为了记录逻辑分区信息，所以一般不关注前面的主引导记录部分。图 2-66 所示为第一个 EBR 扇区的信息，按照 MBR 扇区的结构，框选的部分为分区表，最后面的“55 AA”为结束标记，分区表前面的所有数值全部为 00。

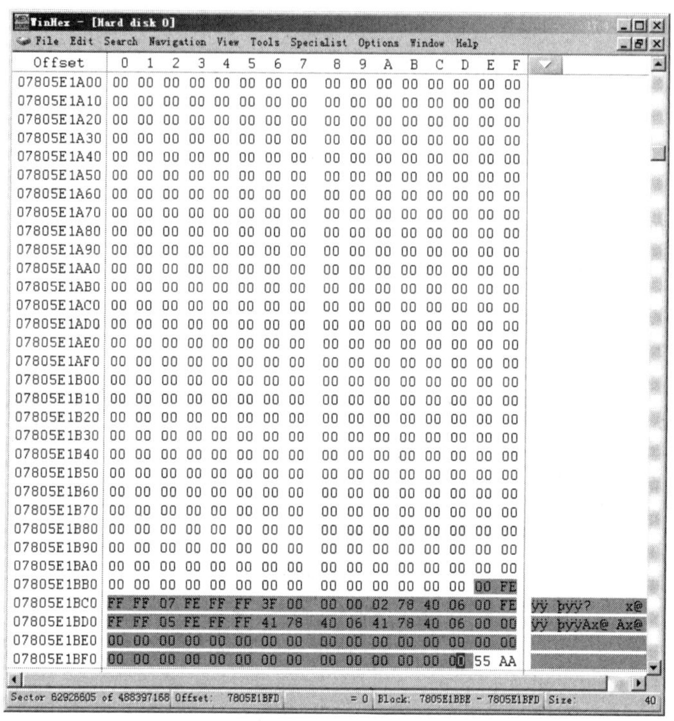

图 2-66　第一个 EBR 扇区的信息

下面把 EBR 扇区的分区表信息单独取出来进行分析，如图 2-67 所示，第一个分区表项（深色部分）表示本分区信息，其结构如图 2-68 所示。

Offset	0	1	2	3	4	5	6	7	8	9	A	B	C	D	E	F
07805E1BB0	00	00	00	00	00	00	00	00	00	00	00	00	00	00	00	FE
07805E1BC0	FF	FF	07	FE	FF	FF	3F	00	00	00	02	78	40	06	00	FE
07805E1BD0	FF	FF	05	FE	FF	FF	41	78	40	06	41	78	40	06	00	00
07805E1BE0	00	00	00	00	00	00	00	00	00	00	00	00	00	00	00	00
07805E1BF0	00	00	00	00	00	00	00	00	00	00	00	00	00	00	55	AA

图 2-67　EBR 扇区的分区表信息

（相对）偏移：	0	1	2	3	4	5	6	7	8	9	A	B	C	D	E	F
值：	00	FE	FF	FF	07	FE	FF	FF	3F	00	00	00	02	78	40	06
意义：	可引导标志	分区起始CHS地址（已经不使用）			分区类型	分区结束CHS地址（已经不使用）			分区起始LBA地址（**相对于扩展分区的头部**）				本分区总扇区数			
解释：	非引导分区				NTFS格式				本逻辑分区的头部距离**扩展分区的头部**的位置有63个扇区				104 888 322个扇区（将其高位和低位换位后换成十进制数）			

图 2-68　EBR 扇区中本分区信息的结构

需要特别注意分区起始 LBA 地址，因为逻辑分区将扩展分区看成独立的磁盘，所以这里面的数值全部将扩展分区的起始位置作为参照点，而扩展分区的起始位置一般都是第一个 EBR 扇区，由图 2-66 的左下角可以看出，当前 EBR 扇区的 LBA 地址是 62 926 605，也就是说，本逻辑分区的头部 LBA 地址是 62 926 668（62 926 605+63），本逻辑分区是 NTFS 格式的，并且总共有 104 888 322 个扇区。

第二个分区表项代表的是下一个逻辑分区的分区信息（图 2-67 中的浅色部分），其结构与第一个分区表项的相同，如图 2-69 所示。需要注意的是，最后的总扇区数并不是指第二个逻辑分区的总扇区数，而是指第二个 EBR 扇区距离第二个逻辑分区结尾的总扇区数。第二个逻辑分区的分区类型是 05，表示细化后的扩展分区。

在一般情况下，EBR 扇区的第二个分区表项最重要的数据就是分区起始 LBA 地址，所以在遍历逻辑分区的过程中并不会仔细地考虑总扇区数。

EBR 扇区的示意图如图 2-70 所示。

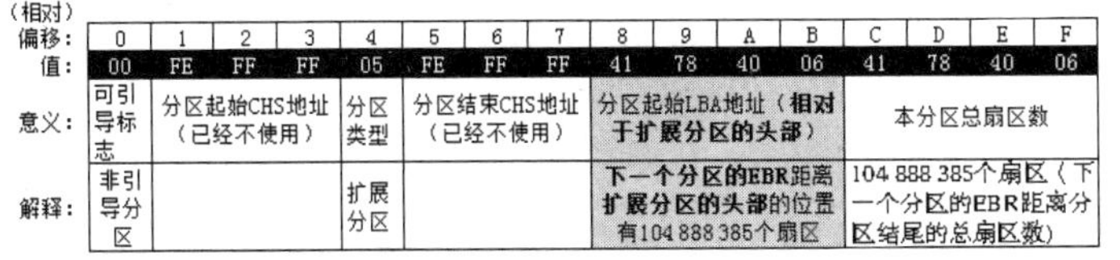

（相对）偏移：	0	1	2	3	4	5	6	7	8	9	A	B	C	D	E	F
值：	00	FE	FF	FF	05	FE	FF	FF	41	78	40	06	41	78	40	06
意义：	可引导标志	分区起始CHS地址（已经不使用）			分区类型	分区结束CHS地址（已经不使用）			分区起始LBA地址（相对于扩展分区的头部）				本分区总扇区数			
解释：	非引导分区				扩展分区				下一个分区的EBR距离扩展分区的头部的位置有104 888 385个扇区				104 888 385个扇区（下一个分区的EBR距离分区结尾的总扇区数）			

图 2-69　EBR 扇区的第二个分区表项的结构

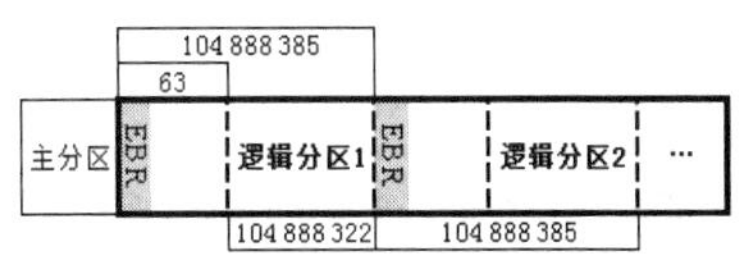

图 2-70　EBR 扇区的示意图

2.4.3　遍历分区

如果一块磁盘上的分区超过 4 个，那么一般存在逻辑分区。此时可以通过主分区先确定扩展分区的起始位置，再跳转到扩展分区的头部通过 EBR 扇区之间的链接关系确定每个逻辑分区的位置。但是如果其分区不超过 4 个，那么有可能全部是主分区，即所有分区信息都在 MBR 扇区中。

在遍历分区的过程中，最重要的就是确定扩展分区的起始位置。通过分析如图 2-71 所示的主分区表可知，本磁盘有一个主分区和一个扩展分区（因为第一个分区表项的分区类型为 07，第二个分区表项的分区类型为 0F）。

```
WinHex - [Hard disk 0]
File  Edit  Search  Navigation  View  Tools  Specialist  Options  Window  Help
Offset     0  1  2  3  4  5  6  7   8  9  A  B  C  D  E  F
000001B0  00 00 00 00 00 00 00 00  DF 23 E0 23 00 00 80 01   ß#à#
000001C0  01 00 07 01 01 00 3F 00  00 00 CE 2E C0 03 00 01   ?  Î.À
000001D0  01 00 0F 01 01 00 0D 2F  C0 03 63 2A 5C 19 00 00   /À c*\
000001E0  00 00 00 00 00 00 00 00  00 00 00 00 00 00 00 00
000001F0  00 00 00 00 00 00 00 00  00 00 00 00 00 00 55 AA   Uª
Sector 0 of 488397168   Offset: 1FD   = 0  Block: 1BE - 1FD  Size: 40
```

图 2-71　主分区表

此时，除了可以按分区表项各部分值的意义分别手动解释，还可以使用 WinHex 提供的模板功能自动解释各字节的意义。使用模板功能的步骤如下：先将光标定位在需要解释的扇区中，再在菜单栏中选择“View”→“Template Manager”命令，如图 2-72 所示，打开“Template Manager”对话框，如图 2-73 所示，通过双击来选择需要的模板（或者先单击选择模板，再单击“Apply!”按钮）。

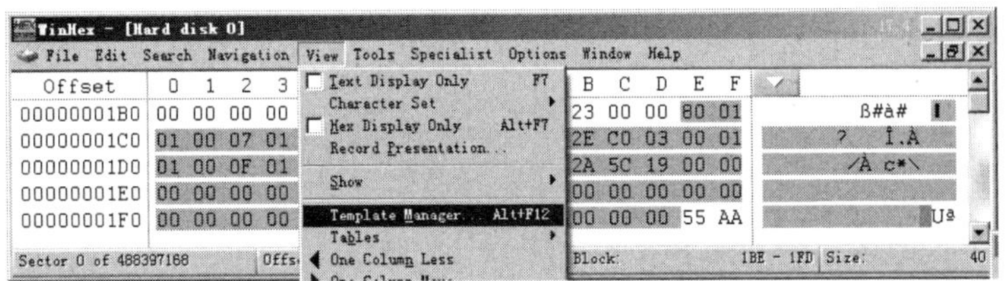

图 2-72　选择“View”→“Template Manager”命令

从图 2-74 中可以看出每个分区的类型、起始 LBA 地址及总扇区数。两个分区的具体数据如下。

- 分区 1：NTFS，头部在 63 号扇区中，总共有 62 926 542 个扇区。
- 分区 2：扩展分区，头部在 62 926 605 号扇区中，总共有 425 470 563 个扇区。

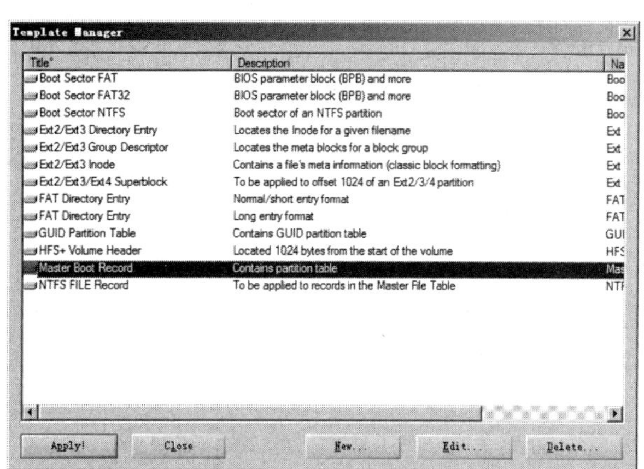

图 2-73 “Template Manager”对话框

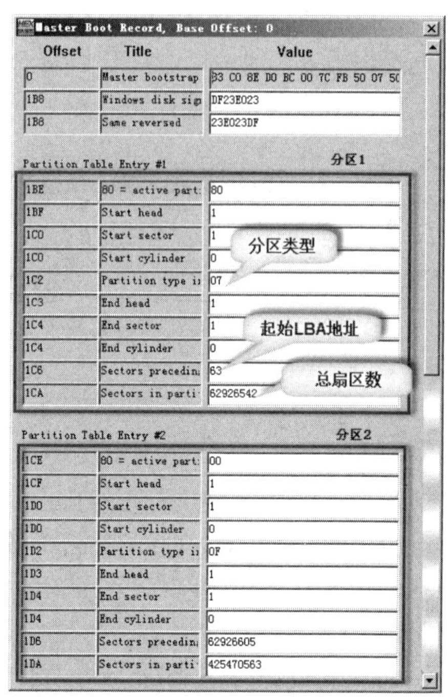

图 2-74 MBR 模板

扩展分区是可以进一步细化的，扩展分区的头就是第一个 EBR 扇区。所以，可以确定此时第一个 EBR 扇区位于 62 926 605 号扇区中。

选择“Navigation”→“Go To Sector”命令，可以快速跳到第一个 EBR 扇区（见图 2-75），第一个 EBR 扇区中的分区表数据如图 2-76 所示。EBR 扇区的结构与 MBR 扇区的结构一致，所以需要重点关注的是后面部分的分区表数据。

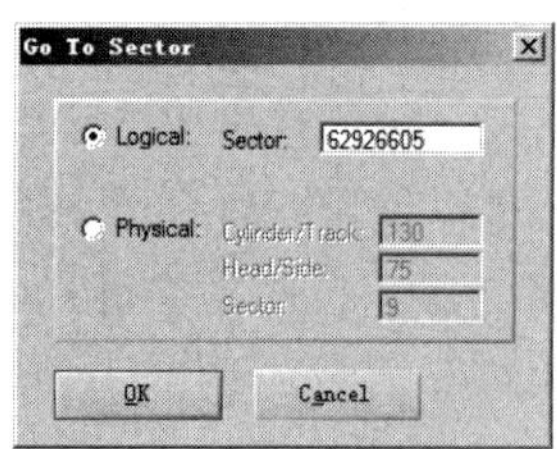

图 2-75 跳到第一个 EBR 扇区

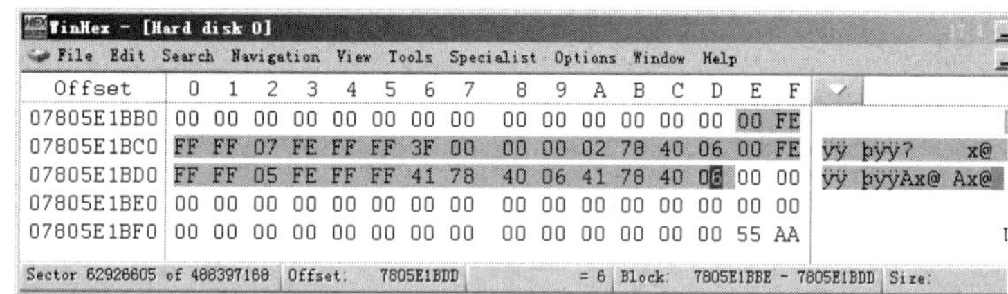

图 2-76 第一个 EBR 扇区中的分区表数据

因为 EBR 扇区与 MBR 扇区的结构一致，所以 EBR 扇区也可以使用 MBR 扇区的模板进行解释，如图 2-77 所示。具体的数据如下。

- 本分区（第一个逻辑分区）：NTFS，头部在本 EBR 扇区后面的 63 号扇区外（本 EBR 扇区位于 62 926 605 号扇区中，所以本分区的头部位于 62 926 668（62 926 605+63）号扇区中，总共有 104 888 322 个扇区。

- 下一个分区（第二个逻辑分区）：EBR 扇区距离扩展分区头部 104 888 385 个扇区[因为扩展分区的头部在 62 926 605 号扇区中，所以下一个 EBR 扇区位于 167 814 990（62 926 605+104 888 385）号扇区中]。

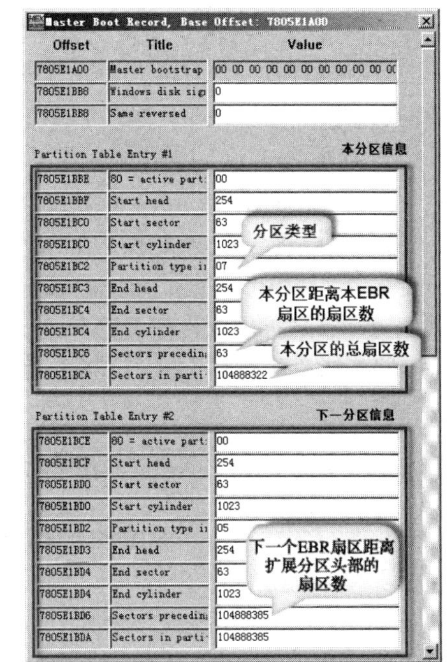

图 2-77　EBR 扇区的模板

确定了下一个 EBR 扇区的位置后，通过“Go To Sector”对话框（见图 2-78）跳到下一个 EBR 扇区所在的位置（见图 2-79）。

如果无法确定跳到的扇区是 EBR 扇区，那么可以通过以下几个特征进行判断。

（1）以“55 AA”结束（表明其是有效的系统数据）。

（2）本扇区最后两行（除了结束标记）全为 00（EBR 扇区只用两个分区表项，分别表示本分区和下一个分区的信息）。

（3）前 446 个字节是什么值并不重要。因为 EBR 扇区并不需要进行系统引导，所以前面通常全是 00，但在经历过再次分区后，可能有以前的遗留数据。因为 EBR 扇区并不关注前面的数据，所以不会覆盖遗留数据。

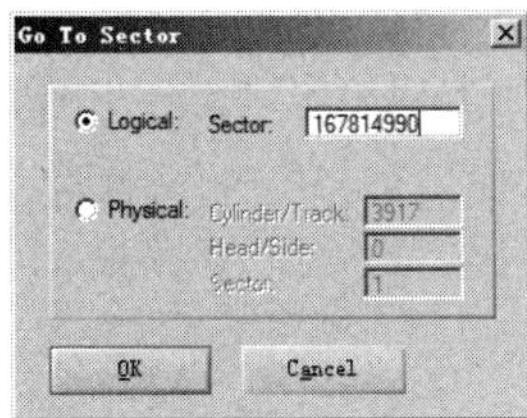

图 2-78　跳到下一个 EBR 扇区

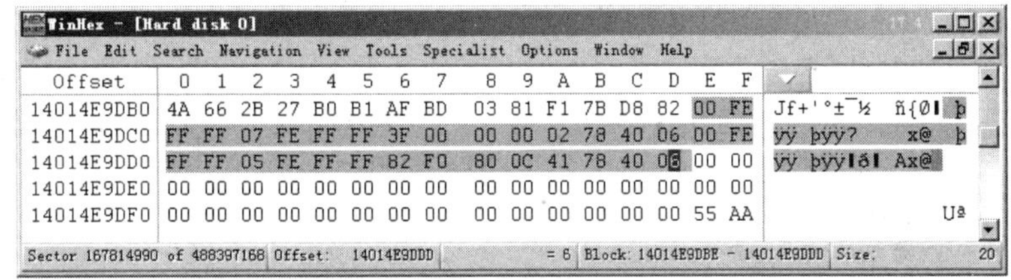

图 2-79　第二个 EBR 扇区

找到本 EBR 扇区的分区表后，再次使用模板进行解释，可以快速计算出本分区的 LBA 地址和下一个 EBR 扇区的 LBA 地址。跳转到下一个 EBR 扇区，又可以看到下一个分区和再下一个分区的 EBR 扇区，依次进行跳转就可以遍历所有的磁盘分区。

2.5　GPT 磁盘分区表

GPT 磁盘分区的结构

对于采用 MBR 结构分区的硬盘来说，因为 MBR 扇区中的主分区表只有 64 字节，所以计算机最多可以识别 4 个主分区。利用扩展分区可以将某个主分区进一步细化，因此从理论上来说是可以划分为无数个逻辑分区的。但不管是主分区的 DPT 还是扩展分区的 EDPT，它们的分区表项都使用 4 字节来表示本分区的起始扇区号，用 4 字节表示本分区的总扇区数。所以，在 DPT 分区表中，一个分区最大的容量为 2TB，并且每个分区的起始柱面也必须在该硬盘的前 2TB 内。如果有一块容量为 3TB 的硬盘，那么根据要求至少要把它划分为两个分区，并且最后一个分区的起始扇区要位于硬盘的前 2TB 空间内。如果硬盘的容量非常大，那么必须改用 GPT 磁盘分区结构。

众所周知，BIOS 是写入主板硬件中的固定的代码，主要用来初始化硬件、检测硬件功能，以及引导操作系统。但是因为计算机会不断升级，对 BIOS 的功能需求越来越大，所以厂商不断向 BIOS 中添加新的元素，如 PnP BIOS、ACPI 及传统 USB 设备支持等，这就是 BIOS 的升级。但是，BIOS 的固化限制了计算机运行效率的提高。

EFI（Extensible Firmware Interface，可扩展固件接口）是在 BIOS 的基础上发展起来的，主要采用模块化、动态链接的形式构建系统。系统固件和操作系统之间的接口都可以完全重新定义，这比 BIOS 更灵活。有人说 EFI 有点像一个低阶的操作系统，具备操控所有硬件资源的能力，并且可以执行任意的 EFI 应用程序，这些程序可以是硬件检测及除错软件、引导管理、设置软件和操作系统引导软件等。

2.5.1 GPT 磁盘分区的概念

GPT（GUID Partition Table，全局唯一标识分区表）的另外一个名称为 GUID 分区表格式。GPT 是实体磁盘的分区结构，也是 EFI 的一部分，用来代替 MBR 中的主引导记录分区表。因为 MBR 分区表不支持容量大于 2.2TB 的分区，所以有的 BIOS 为了支持大容量的磁盘，用 GPT 分区表代替 MBR 分区表。需要注意的是，如果主板是传统的 BIOS，不支持 EFI，那么只能在容量不大于 2TB 的磁盘上使用 MBR 模式安装 64 位或 32 位的操作系统（如果使用 GPT 格式，那么不能安装任何操作系统）。如果使用了容量为 2TB 以上的磁盘，那么大于 2TB 的那部分是无法被识别的，只能浪费。使用哪种格式的分区对操作系统的运行是没有影响的。

分区格式是在初始化磁盘的时候确定的。图 2-80 所示为未初始化的磁盘，在进行初始化的过程中会使用选择分区格式的对话框，如图 2-81 所示，此时可以选择需要使用的分区格式。

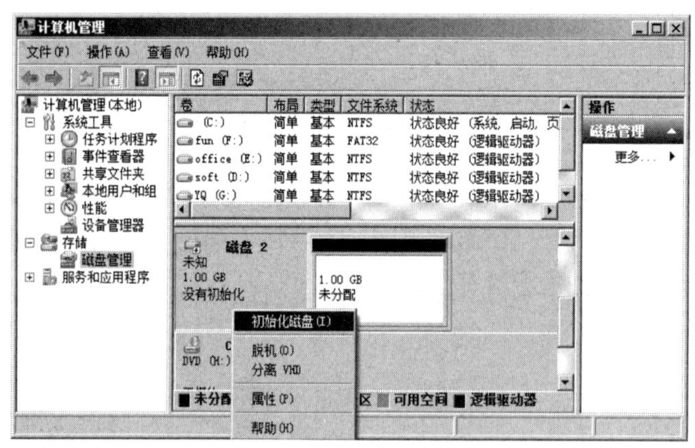

图 2-80　未初始化的磁盘

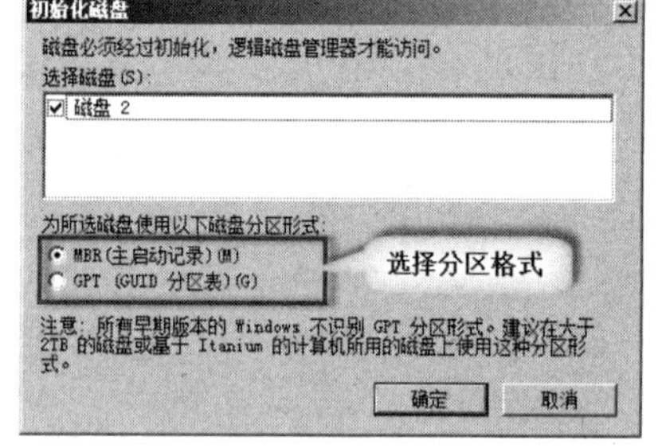

图 2-81　选择分区格式

2.5.2 GPT 磁盘分区的结构

在 MBR 分区格式的硬盘中，主引导记录及分区信息直接存储在主引导记录中。但在 GPT 分区格式的硬盘中，分区信息存储在 GPT 头中。出于兼容性方面的考虑，硬盘的第一个扇区仍然用作 MBR，之后才是 GPT 头。GPT 磁盘分区的结构如图 2-82 所示。

虚拟 GPT 磁盘分区如图 2-83 所示，GPT 磁盘分区的 MBR 如图 2-84 所示。

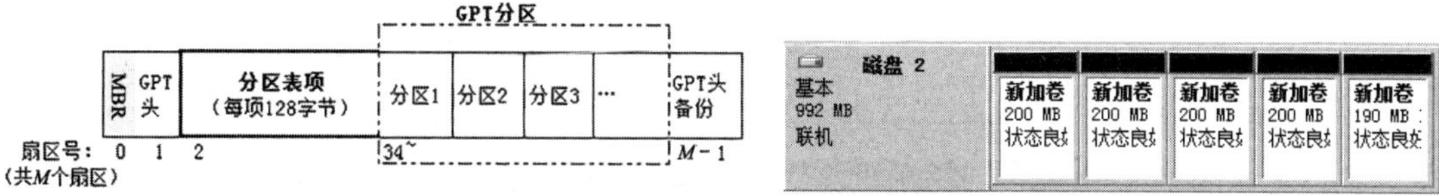

图 2-82　GPT 磁盘分区的结构　　图 2-83　虚拟 GPT 磁盘分区

```
WinHex - [Hard disk 2]
File  Edit  Search  Navigation  View  Tools  Specialist  Options  Window  Help
Offset     0  1  2  3  4  5  6  7   8  9  A  B  C  D  E  F
00000000  33 C0 8E D0 BC 00 7C 8E  C0 8E D8 BE 00 7C BF 00
00000010  06 B9 00 02 FC F3 A4 50  68 1C 06 CB FB B9 04 00
00000020  BD BE 07 80 7E 00 00 7C  0B 0F 85 0E 01 83 C5 10
00000030  E2 F1 CD 18 88 56 00 55  C6 46 11 05 C6 46 10 00
00000040  B4 41 BB AA 55 CD 13 5D  72 0F 81 FB 55 AA 75 09
00000050  F7 C1 01 00 74 03 FE 46  10 66 60 80 7E 10 00 74
00000060  26 66 68 00 00 00 00 66  FF 76 08 68 00 00 68 00
00000070  7C 68 01 00 68 10 00 B4  42 8A 56 00 8B F4 CD 13
00000080  9F 83 C4 10 9E EB 14 B8  01 02 BB 00 7C 8A 56 00
00000090  8A 76 01 8A 4E 02 8A 6E  03 CD 13 66 61 73 1C FE
000000A0  4E 11 75 0C 80 7E 00 80  0F 84 8A 00 B2 80 EB 84
000000B0  55 32 E4 8A 56 00 CD 13  5D EB 9E 81 3E FE 7D 55
000000C0  AA 75 6E FF 76 00 E8 8D  00 75 17 FA B0 D1 E6 64
000000D0  E8 83 00 B0 DF E6 60 E8  7C 00 B0 FF E6 64 E8 75
000000E0  00 FB B8 00 BB CD 1A 66  23 C0 75 3B 66 81 FB 54
000000F0  43 50 41 75 32 81 F9 02  01 72 2C 66 68 07 BB 00
00000100  00 66 68 00 02 00 00 66  68 08 00 00 00 66 53 66
00000110  53 66 55 66 68 00 00 00  00 66 68 00 7C 00 00 66
00000120  61 68 00 00 07 CD 1A 5A  32 F6 EA 00 7C 00 00 CD
00000130  18 A0 B7 07 EB 08 A0 B6  07 EB 03 A0 B5 07 32 E4
00000140  05 00 07 8B F0 AC 3C 00  74 09 BB 07 00 B4 0E CD
00000150  10 EB F2 F4 EB FD 2B C9  E4 64 EB 00 24 02 E0 F8
00000160  24 02 C3 49 6E 76 61 6C  69 64 20 70 61 72 74 69   $ ÃInvalid parti
00000170  74 69 6F 6E 20 74 61 62  6C 65 00 45 72 72 6F 72   tion table Error
00000180  20 6C 6F 61 64 69 6E 67  20 6F 70 65 72 61 74 69    loading operati
00000190  6E 67 20 73 79 73 74 65  6D 00 4D 69 73 73 69 6E   ng system Missin
000001A0  67 20 6F 70 65 72 61 74  69 6E 67 20 73 79 73 74   g operating syst
000001B0  65 6D 00 00 00 63 7B 9A  00 00 00 00 00 00 00 00   em   c{
000001C0  02 00 EE FF FF FF 01 00  00 00 FF FF FF FF 00 00
000001D0  00 00 00 00 00 00 00 00  00 00 00 00 00 00 00 00
000001E0  00 00 00 00 00 00 00 00  00 00 00 00 00 00 00 00
000001F0  00 00 00 00 00 00 00 00  00 00 00 00 00 00 55 AA   Uª
Sector 0 of 2097152   Offset: 1CD   = 255   Block: 1BE - 1CD   Size: 10
```

图 2-84　GPT 磁盘分区的 MBR

MBR 的主分区表中只有一个表项数值，如图 2-84 所示，若用主分区表项的结构对其进行解释，则可以得到如下结论：本分区的类型为 EE，起始位置为 1 号扇区，总扇区数为最大值（整个硬盘的大小）。这个 MBR 的作用就是避免某些计算机无法识别 GPT 磁盘分区，从而对硬盘再次进行格式化。

MBR 之后（即 1 号扇区）一般是 GPT 头，GPT 头包括 EFI 的信息和本磁盘各部分具体的扇区号（如分区的头部、分区表项的头部等）。GPT 头一般以“EFI PART”开始，如图 2-85 所示。

```
WinHex - [Hard disk 2]
File  Edit  Search  Navigation  View  Tools  Specialist  Options  Window  Help
Offset     0  1  2  3  4  5  6  7   8  9  A  B  C  D  E  F
00000200  45 46 49 20 50 41 52 54  00 00 01 00 5C 00 00 00   EFI PART    \
00000210  E8 FA 18 26 00 00 00 00  01 00 00 00 00 00 00 00
00000220  FF FF 1F 00 00 00 00 00  22 00 00 00 00 00 00 00
00000230  DE FF 1F 00 00 00 00 00  14 32 86 F5 A1 95 16 4B
00000240  A0 07 5B B3 EA A5 41 55  02 00 00 00 00 00 00 00
00000250  80 00 00 00 80 00 00 00  3D 93 AC 66 00 00 00 00
00000260  00 00 00 00 00 00 00 00  00 00 00 00 00 00 00 00
00000270  00 00 00 00 00 00 00 00  00 00 00 00 00 00 00 00
Sector 1 of 2097152   Offset: 27B   = 0   Block: 1BE - 1CD   Size: 10
```

图 2-85　GPT 头

GPT 头是为了说明分区表的位置和大小，其各部分的意义如图 2-86 所示。

<table>
<tr><td>offset</td><td>0</td><td>1</td><td>2</td><td>3</td><td>4</td><td>5</td><td>6</td><td>7</td><td>8</td><td>9</td><td>A</td><td>B</td><td>C</td><td>D</td><td>E</td><td>F</td></tr>
<tr><td>xxx00</td><td colspan="8">签名（EFI PART）</td><td colspan="4">版本</td><td colspan="4">EFI信息字节数</td></tr>
<tr><td>xxx10</td><td colspan="4">EFI CRC校验和</td><td colspan="4">保留</td><td colspan="8">当前EFI的LBA地址</td></tr>
<tr><td>xxx20</td><td colspan="8">备份EFI的LBA地址</td><td colspan="8">GPT分区起始LBA地址</td></tr>
<tr><td>xxx30</td><td colspan="8">GPT分区结束LBA地址</td><td colspan="8">全局唯一标识符（1）</td></tr>
<tr><td>xxx40</td><td colspan="8">全局唯一标识符（2）</td><td colspan="8">GPT分区表起始LBA地址</td></tr>
<tr><td>xxx50</td><td colspan="4">分区表项数（128）</td><td colspan="4">每个分区表项的字节数（128）</td><td colspan="4">分区表CRC校验和</td><td></td><td></td><td></td><td></td></tr>
</table>

图 2-86　GPT 头的各部分的意义

如图 2-85 所示，GPT 头按照如图 2-86 所示的方法解释的结果如下：本磁盘对应的 EFI 信息为 92 字节（5C 00 00 00），当前 EFI 位于 1 号扇区（01 00 00 00 00 00 00 00）中，备份 EFI 位于 2 097 151 号扇区（FF FF 1F 00 00 00 00 00）中，GPT 磁盘分区从 34 号扇区开始（22 00 00 00 00 00 00 00），GPT 磁盘分区的最后一个扇区为 2 097 118 号扇区，本磁盘的 GUID 为 14 32 86 F5 A1 95 16 4B A0 07 5B B3 EA A5 41 55，GPT 分区表从 2 号扇区开始（02 00 00 00 00 00 00 00），本磁盘共有 128 个分区表项（80 00 00 00），每个分区表项共有 128 字节（80 00 00 00）。

GPT 头的信息已备份，这是为了防止被破坏专门准备的。备份 EFI 扇区位于 GPT 磁盘的最后一个分区中，其结构和主 EFI 扇区的结构大致相同。备份 EFI 扇区的结构如表 2-2 所示。

表 2-2　备份 EFI 扇区的结构

字节偏移	字段长度/字节	字段名和定义
0x00	8	签名
0x08	4	版本号
0x0C	4	GPT 头备份字节总数
0x10	4	GPT 头备份 CRC 校验和
0x14	4	保留
0x18	8	GPT 头备份所在扇区号
0x20	8	GPT 头所在扇区号
0x28	8	GPT 磁盘分区起始扇区号
0x30	8	GPT 磁盘分区结束扇区号
0x38	16	磁盘 GUID
0x48	8	GPT 分区表备份起始扇区号
0x50	4	分区表项数
0x54	4	每个分区表项的字节数
0x58	12	分区表 CRC 校验和
0x5C	—	保留

GPT 头扇区之后是 GPT 分区表。GPT 分区表一般是从 2 号扇区开始的，每个分区表项占 128 字节。一个扇区一般占 512 字节。也就是说，一个扇区一般包括 4 个分区表项，其中的 3 个分区表项如图 2-87 所示。

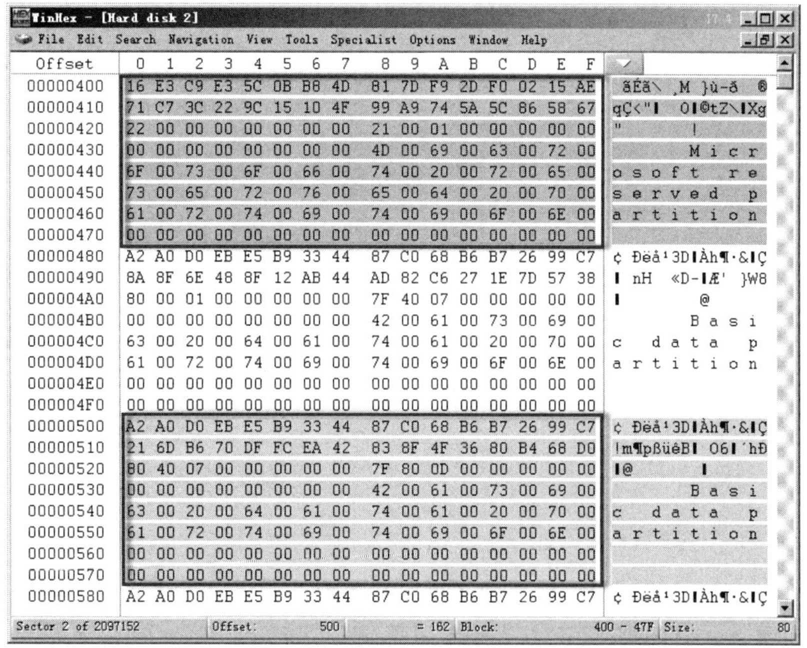

图 2-87　分区表项

分区表项中各字段的含义如表 2-3 所示。

表 2-3　分区表项中各字段的含义

字节偏移	字段长度/字节	字段名和定义
0x00	16	分区类型 GUID
0x10	16	分区 GUID
0x20	8	分区起始地址
0x28	8	分区结束地址
0x30	8	分区属性
0x38	72	分区名（Unicode 码）

每个分区表项偏移为 20H～27H 的数值表示当前分区的起始 LBA 地址，偏移为 28H～2FH 的数值表示当前分区的结束 LBA 地址。图 2-87 所示的 3 个分区的起始 LBA 地址和结束 LBA 地址分别如下。

分区 1：

起始 LBA 地址：22 00 00 00 00 00 00 00　　结束 LBA 地址：21 00 01 00 00 00 00 00

34 号扇区　　65 569 号扇区

分区 2：

起始 LBA 地址：80 00 01 00 00 00 00 00　　结束 LBA 地址：7F 40 07 00 00 00 00 00

65 664 号扇区　　475 263 号扇区

分区 3：

起始 LBA 地址：80 40 07 00 00 00 00 00　　结束 LBA 地址：7F 80 0D 00 00 00 00 00

475 264 号扇区　　884 863 号扇区

若磁盘还有其他分区，则继续在后面添加分区表项。

任务实施

2.6 任务 1 恢复 MBR 分区表

如果计算机遭受病毒的攻击或某些软件的设置不正确，那么可能会导致磁盘的 MBR 遭到破坏。一旦 MBR 遭到破坏，就会导致系统无法引导，无法正常进入磁盘。MBR 中的主引导记录可以通过一些软件进行修复，但是分区表的修复因每台计算机的具体情况不同而不能采用某种固定的模式来完成，因此需要手动恢复。由 MBR 的结构来看，恢复 MBR 可以分为两部分：一是恢复主引导记录及结束标记，二是恢复分区表。下面介绍使用虚拟磁盘来模拟 MBR 的破坏及其恢复过程。

步骤 1：新建虚拟磁盘。

新建如图 2-88 所示的虚拟磁盘，并在每个分区中复制一些文件，以待测试。

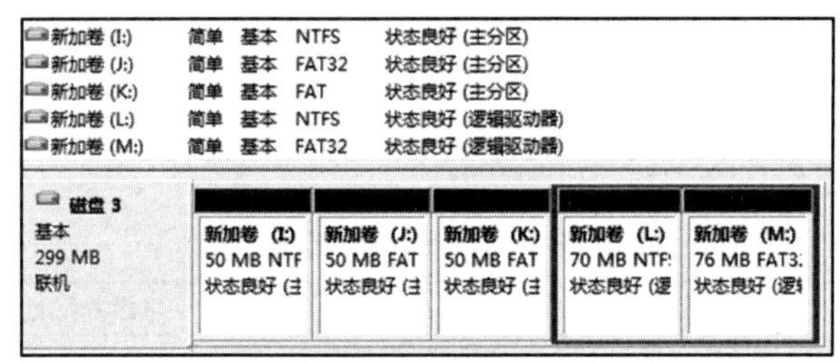

图 2-88 虚拟磁盘

步骤 2：手动破坏 MBR。

选中整个 MBR 扇区，右击并选择“编辑”→“填充选块”命令，用“00”填充整个 MBR 后保存（建议先复制一份磁盘的 MBR，以便数据重写后进行对比）。在“计算机管理”窗口中将虚拟磁盘分离，如图 2-89 所示。分离后在“计算机管理”窗口中选择“操作”→“附加 VHD”命令，附加上刚才分离的虚拟磁盘，如图 2-90 所示。

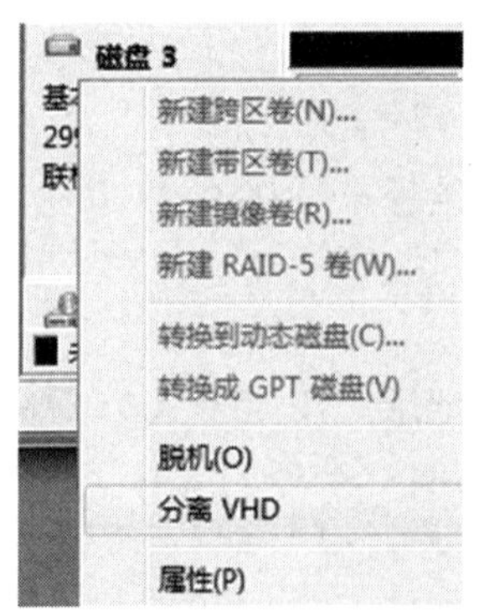

图 2-89 选择“分离 VHD”命令

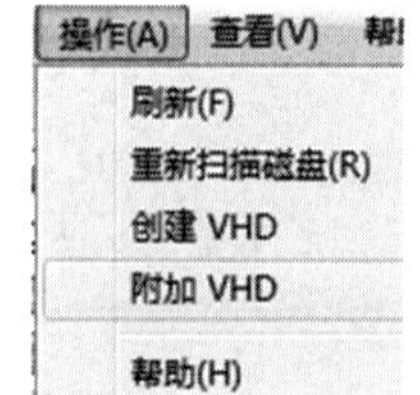

图 2-90 选择“操作”→“附加 VHD”命令

虚拟磁盘分离后再附加，相当于一台计算机重启。重启完成后，整个磁盘的分区就变成如图 2-91 所示的状况。

图 2-91　破坏 MBR 后的虚拟磁盘

2.6.1　修复主引导记录

方法一：使用 DiskGenius 恢复 MBR 的引导程序，如图 2-92 和图 2-93 所示。

图 2-92　DiskGenius 的界面

图 2-93　恢复主引导记录

方法二：复制同一型号磁盘的引导程序，并且粘贴到本磁盘中（将光标放置在 MBR 中的第一个字节处并右击，选择“编辑”→“剪贴板数据”→“写入”命令）。

在恢复引导程序之后，主分区表仍然是空白的，接下来需要手动恢复主分区表。

2.6.2　恢复主分区表

手动恢复主分区表的关键是分清楚哪些地方是 MBR 扇区，哪些地方是 EBR 扇区，哪些地方是文件系统的开始，哪些地方是文件系统的结尾。

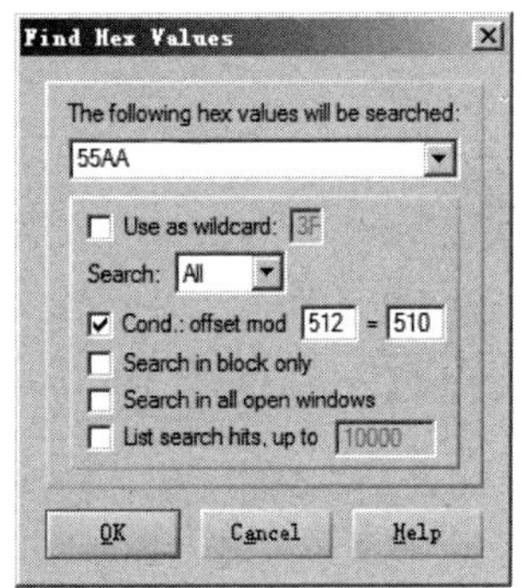

图 2-94　“Find Hex Values”对话框

所有的 MBR 扇区、EBR 扇区和 DBR 扇区，以及部分系统数据都以“55 AA”为结束标记，因此，手动恢复分区表的重点是搜索结束标记“55 AA”，并判断其类型。

选择“Search”→“Find Hex Values”命令，并且在打开的“Find Hex Values”对话框中进行设置，如图 2-94 所示。

第一次搜索到的肯定是 0 号扇区（MBR 扇区以“55 AA”为结束标记）。如果想搜索下一个符合条件的扇区，那么只需要按 F3 键。搜索结果如图 2-95 所示。

如图 2-95 所示，左下角表明当前为 63 号扇区，此扇区的头部数据（框选的数据）说明此处是某个 NTFS 的 DBR 扇区（DBR 扇区又叫 DOS 引导扇区，是每个分区的引导信息，不同文件系统的 DBR 扇区的数量及位置都有所不同，但一般分区的第一个扇区都是 DBR 扇区）。

与 MBR 扇区类似，DBR 扇区也有专门的模板。NTFS 的 DBR 模板如图 2-96 所示。

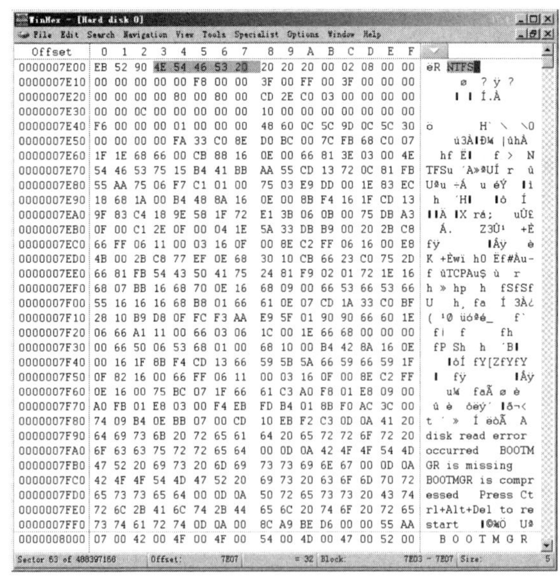

图 2-95　搜索结果

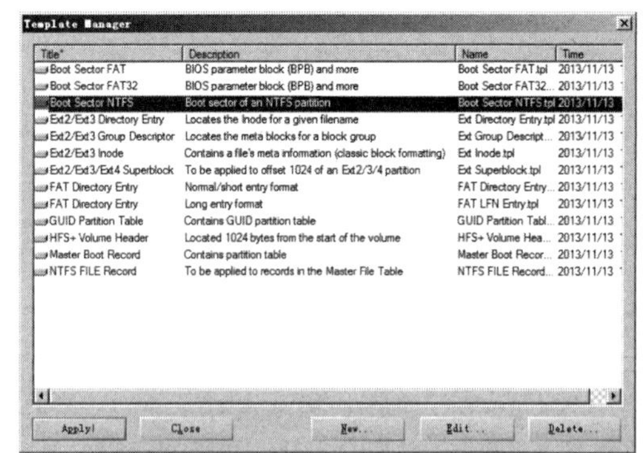

图 2-96　NTFS 的 DBR 模板

双击“Boot Sector NTFS”选项或选中“Boot Sector NTFS”选项后，单击“Apply!”按钮就可以弹出其解释数据。由图 2-97 可知，本分区总扇区数为 62 926 541 个。由图 2-95 可知，当前分区的头部位于 63 号扇区，通过计算可知本分区的尾部为 62 926 604（62 926 541+63）

号扇区。

通过“Go To Sector”命令可以快速跳转到尾部扇区，如图 2-98 所示，可以发现其数据与 63 号扇区的数据完全一样（NTFS 的第一个扇区是 DBR，最后一个扇区是 DBR 的备份）。至此，可以确定本分区数据正确，下面将这些数据进行记录。

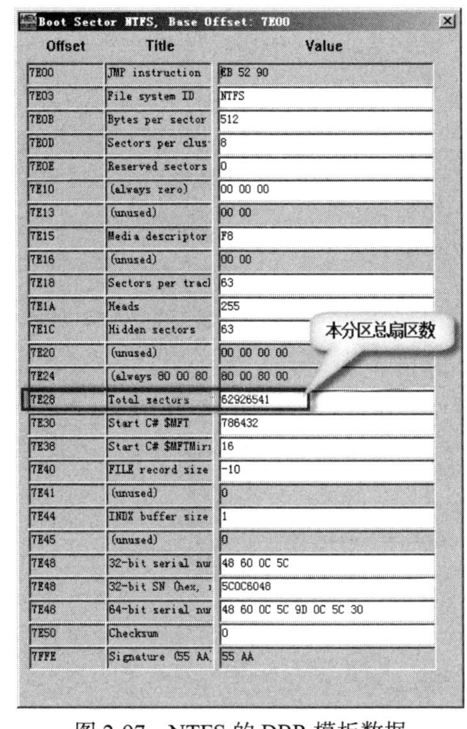

Offset	Title	Value
7E00	JMP instruction	EB 52 90
7E03	File system ID	NTFS
7E0B	Bytes per sector	512
7E0D	Sectors per clus	8
7E0E	Reserved sectors	0
7E10	(always zero)	00 00 00
7E13	(unused)	00 00
7E15	Media descriptor	F8
7E16	(unused)	00 00
7E18	Sectors per tracl	63
7E1A	Heads	255
7E1C	Hidden sectors	63
7E20	(unused)	00 00 00 00
7E24	(always 80 00 80	80 00 80 00
7E28	Total sectors	62926541
7E30	Start C# $MFT	786432
7E38	Start C# $MFTMir	16
7E40	FILE record size	-10
7E41	(unused)	0
7E44	INDX buffer size	1
7E45	(unused)	0
7E48	32-bit serial nu	48 60 0C 5C
7E48	32-bit SN (hex,	5C0C6048
7E48	64-bit serial nu	48 60 0C 5C 9D 0C 5C 30
7E50	Checksum	0
7FFE	Signature (55 AA)	55 AA

图 2-97 NTFS 的 DBR 模板数据

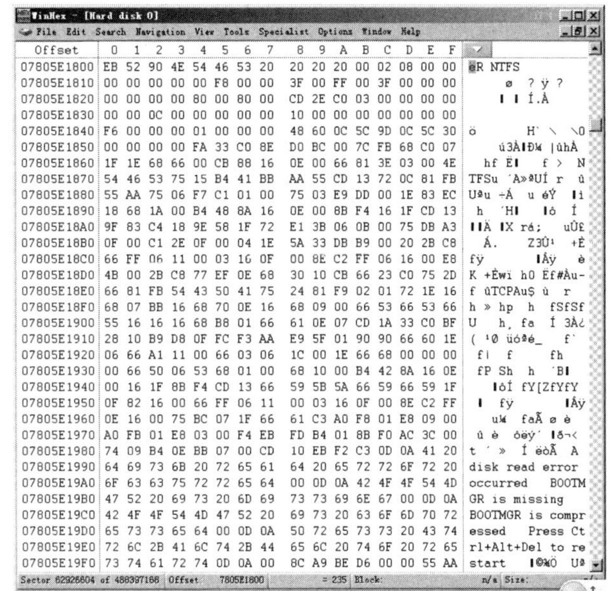

图 2-98 第一个分区备份 DBR 扇区

分区 1：NTFS，头在 63 号扇区中，总扇区数为 62 926 542（62 926 541+1）个（NTFS 的 DBR 扇区计算出来的大小不包括 DBR 扇区的备份，所以实际分区的大小应该比 DBR 扇区中记录的大小增加 1 个扇区）。

2.6.3 恢复扩展分区表

磁盘的每个分区都是独立的，不可能交叠，所以第二个分区的起始位置必然在第一个分区的尾部之后。确定第一个分区后，将光标跳转到分区尾部，继续搜索特征值“55 AA”，如图 2-94 所示，这样可以快速搜索到下一个符合条件的扇区，搜索结果如图 2-99 所示。

通过分析可以确定此扇区为 EBR 扇区。在一般情况下，磁盘的扩展分区是主分区表中的最后一个分区。扩展分区内部进一步细化得到的逻辑分区的分区信息位于逻辑分区前面部分，一般不容易被破坏。所以，只要确定这是一个真实的 EBR 扇区，后面的分区就不必再搜索。直接将本磁盘剩余的所有扇区全部划分给本扩展分区即可。

如图 2-99 所示，扩展分区的头部在 62 926 605 号扇区中，本分区的总扇区数为 425 470 563（488 397 168−62 926 605）个。接下来在主分区表中写入扩展分区的数据。

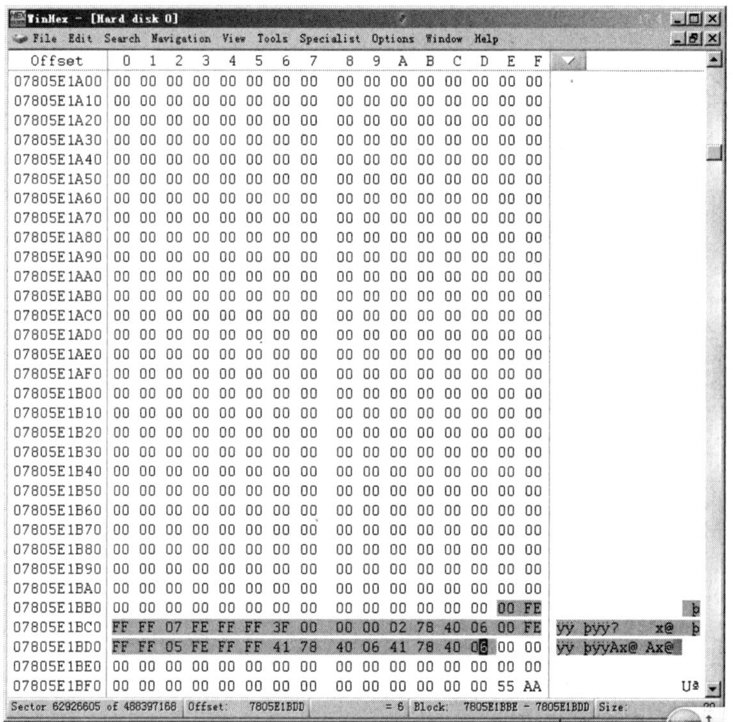

图 2-99　搜索结果

主分区表的各字节中数据的填入方法如表 2-4 所示。

表 2-4　主分区表的各字节中数据的填入方法

偏移	长度/字节	意义	第一个分区项（主分区）	第二个分区项（扩展分区）
0	1	活动标识	80	00
1～3	3	起始 CHS 地址	通用写法：01 01 00	
4	1	分区类型	07	0F
5～7	3	结束 CHS 地址	通用写法：FF FF FE	
8～B	4	起始 LBA 地址	3F 00 00 00	0D 2F C0 03
C～F	4	总扇区数	CE 2E C0 03	63 2A 5C 19

将数据写入 MBR 扇区后，先保存磁盘的修改，再重启计算机就可以看到所有的分区已恢复。

2.7　任务 2　创建和恢复 GPT 磁盘分区

2.7.1　创建 GPT 磁盘分区

方法一：先将磁盘作为从盘挂载到计算机上，再利用 DiskGenius 将磁盘的分区格式转换为 GUID（GPT 磁盘分区格式），最后在转换好的磁盘上创建其他分区即可，如图 2-100～图 2-102 所示。

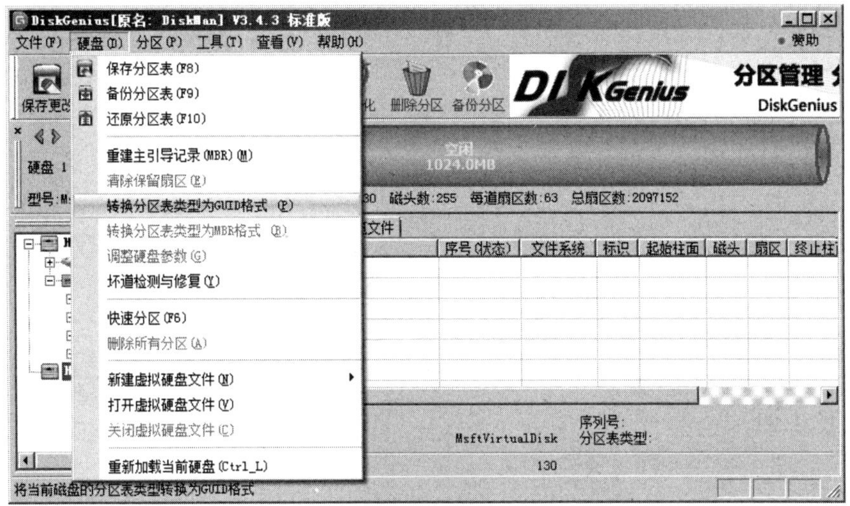

图 2-100　将某磁盘转换为 GUID 格式

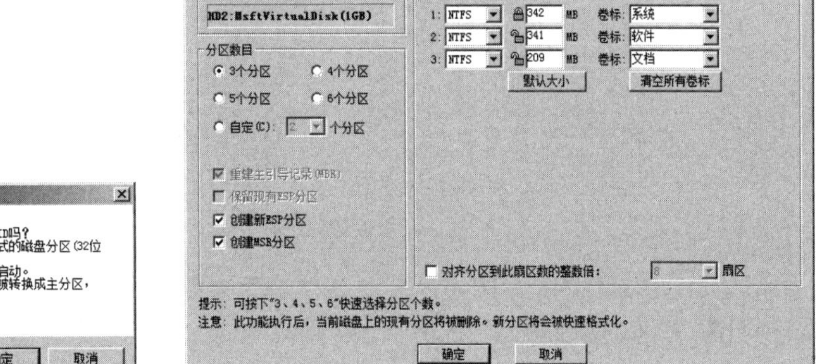

图 2-101　提示信息

图 2-102　快速分区

方法二：当磁盘作为主盘引导系统时，可以利用安装光盘并进入 BIOS，设置其启动选项为 UEFI 光驱启动。在加载成功之后，按快捷键 Shift+F10 进入 DOS 界面，输入“diskpart”命令进入 DISKPART 命令提示状态。接着输入“LIST DISK”命令，显示当前连接的所有磁盘。在确定需要转换的磁盘的编号后，输入“select disk=编号”命令选择当前要操作的磁盘，输入“convert gpt”命令就可以将磁盘转换为 GUID 分区格式。

2.7.2　恢复 GPT 磁盘分区

如果计算机遭到病毒的攻击而死机，用户再次启动计算机发现两块磁盘的盘符都不见了（0～33 号扇区的数据被清零），就表示分区表已被破坏，如图 2-103 所示，该磁盘使用的是 GPT 磁盘分区格式。

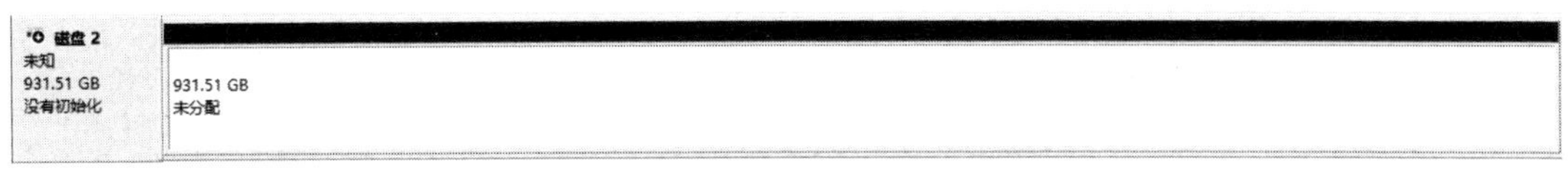

图 2-103　被破坏的 GPT 磁盘分区

要恢复数据，就需要先寻找备份 GPT 扇区，最简单的方法就是打开磁盘的最后一个扇区（通常就是备份 GPT 扇区），也可以通过从后往前搜索关键字“EFI PART”来寻找，如图 2-104 所示。

```
Offset       0  1  2  3  4  5  6  7   8  9  A  B  C  D  E  F     ANSI ASCII
E8E0DB5E00  45 46 49 20 50 41 52 54  00 00 01 00 5C 00 00 00   EFI PART    \
E8E0DB5E10  67 D8 06 95 00 00 00 00  AF 6D 70 74 00 00 00 00   gØ •    ¯mpt
E8E0DB5E20  01 00 00 00 00 00 00 00  22 00 00 00 00 00 00 00           "
E8E0DB5E30  8E 6D 70 74 00 00 00 00  8D 22 08 A3 D9 30 4E 43   Žmpt     " £Ù0NC
E8E0DB5E40  98 A8 88 0A 06 60 66 4E  8F 6D 70 74 00 00 00 00   ˜¨ˆ  `fN mpt
E8E0DB5E50  80 00 00 00 80 00 00 00  4B 64 D8 86 00 00 00 00   €   €   KdØ†
E8E0DB5E60  00 00 00 00 00 00 00 00  00 00 00 00 00 00 00 00
E8E0DB5E70  00 00 00 00 00 00 00 00  00 00 00 00 00 00 00 00
E8E0DB5E80  00 00 00 00 00 00 00 00  00 00 00 00 00 00 00 00
E8E0DB5E90  00 00 00 00 00 00 00 00  00 00 00 00 00 00 00 00
E8E0DB5EA0  00 00 00 00 00 00 00 00  00 00 00 00 00 00 00 00
E8E0DB5EB0  00 00 00 00 00 00 00 00  00 00 00 00 00 00 00 00
E8E0DB5EC0  00 00 00 00 00 00 00 00  00 00 00 00 00 00 00 00
E8E0DB5ED0  00 00 00 00 00 00 00 00  00 00 00 00 00 00 00 00
E8E0DB5EE0  00 00 00 00 00 00 00 00  00 00 00 00 00 00 00 00
E8E0DB5EF0  00 00 00 00 00 00 00 00  00 00 00 00 00 00 00 00
E8E0DB5F00  00 00 00 00 00 00 00 00  00 00 00 00 00 00 00 00
E8E0DB5F10  00 00 00 00 00 00 00 00  00 00 00 00 00 00 00 00
E8E0DB5F20  00 00 00 00 00 00 00 00  00 00 00 00 00 00 00 00
E8E0DB5F30  00 00 00 00 00 00 00 00  00 00 00 00 00 00 00 00
E8E0DB5F40  00 00 00 00 00 00 00 00  00 00 00 00 00 00 00 00
E8E0DB5F50  00 00 00 00 00 00 00 00  00 00 00 00 00 00 00 00
E8E0DB5F60  00 00 00 00 00 00 00 00  00 00 00 00 00 00 00 00
E8E0DB5F70  00 00 00 00 00 00 00 00  00 00 00 00 00 00 00 00
E8E0DB5F80  00 00 00 00 00 00 00 00  00 00 00 00 00 00 00 00
E8E0DB5F90  00 00 00 00 00 00 00 00  00 00 00 00 00 00 00 00
E8E0DB5FA0  00 00 00 00 00 00 00 00  00 00 00 00 00 00 00 00
E8E0DB5FB0  00 00 00 00 00 00 00 00  00 00 00 00 00 00 00 00
E8E0DB5FC0  00 00 00 00 00 00 00 00  00 00 00 00 00 00 00 00
E8E0DB5FD0  00 00 00 00 00 00 00 00  00 00 00 00 00 00 00 00
E8E0DB5FE0  00 00 00 00 00 00 00 00  00 00 00 00 00 00 00 00

扇区 1,953,525,167 / 1,953,525,168        偏移量:        E8E0DB5E00
```

图 2-104　备份 GPT 扇区

通过分析可知，偏移 48H 处记录了 GPT 分区表的起始扇区号，跳转到这个扇区就可以看到备份 GPT 分区表，如图 2-105 所示。

```
Offset       0  1  2  3  4  5  6  7   8  9  A  B  C  D  E  F     ANSI ASCII
E8E0DB1E00  16 E3 C9 E3 5C 0B B8 4D  81 7D F9 2D F0 02 15 AE    ãÉã\ ¸M }ù-ð  ®
E8E0DB1E10  04 2B 89 79 EF 7C B6 40  A1 DE 9B 39 9B 09 B0 73    +‰yï|¶@¡Þ›9› °s
E8E0DB1E20  22 00 00 00 00 00 00 00  21 00 04 00 00 00 00 00   "       !
E8E0DB1E30  00 00 00 00 00 00 00 00  4D 00 69 00 63 00 72 00           M i c r
E8E0DB1E40  6F 00 73 00 6F 00 66 00  74 00 20 00 72 00 65 00   o s o f t   r e
E8E0DB1E50  73 00 65 00 72 00 76 00  65 00 64 00 20 00 70 00   s e r v e d   p
E8E0DB1E60  61 00 72 00 74 00 69 00  74 00 69 00 6F 00 6E 00   a r t i t i o n
E8E0DB1E70  00 00 00 00 00 00 00 00  00 00 00 00 00 00 00 00
E8E0DB1E80  A2 A0 D0 EB E5 B9 33 44  87 C0 68 B6 B7 26 99 C7   ¢ Ðëå¹3D‡Àh¶·&™Ç
E8E0DB1E90  26 38 0C 85 5D 6C AE 45  95 F1 0D 19 25 51 D5 91   &8 …]l®E•ñ  %QÕ‘
E8E0DB1EA0  00 08 04 00 00 00 00 00  FF 67 67 37 00 00 00 00           ÿgg7
E8E0DB1EB0  00 00 00 00 00 00 00 00  42 00 61 00 73 00 69 00           B a s i
E8E0DB1EC0  63 00 20 00 64 00 61 00  74 00 61 00 20 00 70 00   c   d a t a   p
E8E0DB1ED0  61 00 72 00 74 00 69 00  74 00 69 00 6F 00 6E 00   a r t i t i o n
E8E0DB1EE0  00 00 00 00 00 00 00 00  00 00 00 00 00 00 00 00
E8E0DB1EF0  00 00 00 00 00 00 00 00  00 00 00 00 00 00 00 00
E8E0DB1F00  A2 A0 D0 EB E5 B9 33 44  87 C0 68 B6 B7 26 99 C7   ¢ Ðëå¹3D‡Àh¶·&™Ç
E8E0DB1F10  2B F1 C3 45 B9 53 A8 4E  92 FE 4C 98 98 BF AE 17   +ñÃE¹S¨N’þL˜˜¿®
E8E0DB1F20  00 68 67 37 00 00 00 00  FF 5F 70 74 00 00 00 00    hg7    ÿ_pt
E8E0DB1F30  00 00 00 00 00 00 00 00  42 00 61 00 73 00 69 00           B a s i
E8E0DB1F40  63 00 20 00 64 00 61 00  74 00 61 00 20 00 70 00   c   d a t a   p
E8E0DB1F50  61 00 72 00 74 00 69 00  74 00 69 00 6F 00 6E 00   a r t i t i o n
E8E0DB1F60  00 00 00 00 00 00 00 00  00 00 00 00 00 00 00 00
E8E0DB1F70  00 00 00 00 00 00 00 00  00 00 00 00 00 00 00 00
E8E0DB1F80  00 00 00 00 00 00 00 00  00 00 00 00 00 00 00 00
E8E0DB1F90  00 00 00 00 00 00 00 00  00 00 00 00 00 00 00 00
E8E0DB1FA0  00 00 00 00 00 00 00 00  00 00 00 00 00 00 00 00
E8E0DB1FB0  00 00 00 00 00 00 00 00  00 00 00 00 00 00 00 00
E8E0DB1FC0  00 00 00 00 00 00 00 00  00 00 00 00 00 00 00 00
E8E0DB1FD0  00 00 00 00 00 00 00 00  00 00 00 00 00 00 00 00
E8E0DB1FE0  00 00 00 00 00 00 00 00  00 00 00 00 00 00 00 00

扇区 1,953,525,135 / 1,953,525,168        偏移量:        E8E0DB1E00
```

图 2-105　备份 GPT 分区表

下面开始恢复磁盘分区信息。返回主引导扇区，创建保护 MBR 分区表，在第一个扇区中输入磁盘签名（任意 4 字节）、类型为“EE”的保护分区及结束标记“55 AA”，如图 2-106 所示。

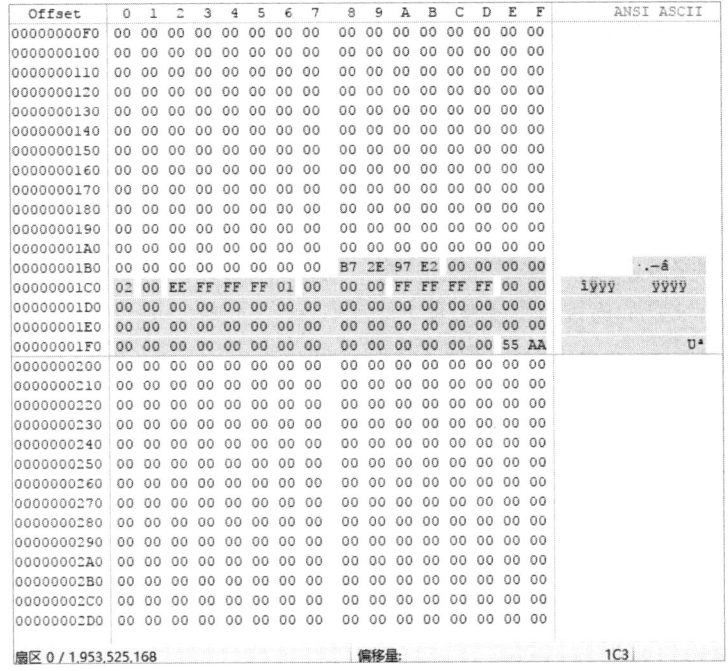

Offset	0	1	2	3	4	5	6	7	8	9	A	B	C	D	E	F	ANSI ASCII
00000000F0	00	00	00	00	00	00	00	00	00	00	00	00	00	00	00	00	
0000000100	00	00	00	00	00	00	00	00	00	00	00	00	00	00	00	00	
0000000110	00	00	00	00	00	00	00	00	00	00	00	00	00	00	00	00	
0000000120	00	00	00	00	00	00	00	00	00	00	00	00	00	00	00	00	
0000000130	00	00	00	00	00	00	00	00	00	00	00	00	00	00	00	00	
0000000140	00	00	00	00	00	00	00	00	00	00	00	00	00	00	00	00	
0000000150	00	00	00	00	00	00	00	00	00	00	00	00	00	00	00	00	
0000000160	00	00	00	00	00	00	00	00	00	00	00	00	00	00	00	00	
0000000170	00	00	00	00	00	00	00	00	00	00	00	00	00	00	00	00	
0000000180	00	00	00	00	00	00	00	00	00	00	00	00	00	00	00	00	
0000000190	00	00	00	00	00	00	00	00	00	00	00	00	00	00	00	00	
00000001A0	00	00	00	00	00	00	00	00	00	00	00	00	00	00	00	00	
00000001B0	00	00	00	00	00	00	00	00	B7	2E	97	E2	00	00	00	00	·.–â
00000001C0	02	00	EE	FF	FF	FF	01	00	00	00	FF	FF	FF	FF	00	00	îÿÿÿ ÿÿÿÿ
00000001D0	00	00	00	00	00	00	00	00	00	00	00	00	00	00	00	00	
00000001E0	00	00	00	00	00	00	00	00	00	00	00	00	00	00	00	00	
00000001F0	00	00	00	00	00	00	00	00	00	00	00	00	00	00	55	AA	Uª
0000000200	00	00	00	00	00	00	00	00	00	00	00	00	00	00	00	00	
0000000210	00	00	00	00	00	00	00	00	00	00	00	00	00	00	00	00	
0000000220	00	00	00	00	00	00	00	00	00	00	00	00	00	00	00	00	
0000000230	00	00	00	00	00	00	00	00	00	00	00	00	00	00	00	00	
0000000240	00	00	00	00	00	00	00	00	00	00	00	00	00	00	00	00	
0000000250	00	00	00	00	00	00	00	00	00	00	00	00	00	00	00	00	
0000000260	00	00	00	00	00	00	00	00	00	00	00	00	00	00	00	00	
0000000270	00	00	00	00	00	00	00	00	00	00	00	00	00	00	00	00	
0000000280	00	00	00	00	00	00	00	00	00	00	00	00	00	00	00	00	
0000000290	00	00	00	00	00	00	00	00	00	00	00	00	00	00	00	00	
00000002A0	00	00	00	00	00	00	00	00	00	00	00	00	00	00	00	00	
00000002B0	00	00	00	00	00	00	00	00	00	00	00	00	00	00	00	00	
00000002C0	00	00	00	00	00	00	00	00	00	00	00	00	00	00	00	00	
00000002D0	00	00	00	00	00	00	00	00	00	00	00	00	00	00	00	00	

扇区 0 / 1,953,525,168　偏移量: 1C3

图 2-106　创建保护 MBR 分区表

把备份 GPT 扇区复制到 1 号扇区中，先将里面的内容按照原 GPT 头扇区格式进行还原，再把备份 GPT 分区表复制到 2 号扇区中即可。保存修改后的数据就可以看到分区信息已恢复。

技能拓展

任务：恢复误删除的分区。

任务描述

磁盘分区有利于隔离存储区域，但也可能造成困扰，如 A 用户以前将磁盘划分为 4 个分区（见图 2-107），分别存储不同类型的数据资料。但随着存储数据的不断增加，每个分区都只剩下不多的存储空间，所以 A 用户想将后面的 3 个分区合并为 1 个分区，以提高存储空间的利用率。

图 2-107　磁盘原分区情况

A 用户对后面 3 个分区中的数据进行了整理和备份，在 Windows 系统的磁盘管理工具中将这 3 个分区依次删除，重新创建了一个 50GB 的大分区，如图 2-108 所示。

图 2-108　修改后分区情况

然而，当修改完后，忽然发现在之前的第三个分区（原 I 盘）中还有想要的数据，但忘了备份，于是要想办法还原之前分区的内容。

操作步骤

在 Windows 系统中手动删除分区，如果是删除逻辑分区，系统就会将该分区的 EDPT 信息抹掉，如果是删除主分区，系统就会在主分区表中将该分区信息清零。本例中磁盘 1 原来被划分为 4 个主分区，所以分区表中已删除分区的分区项清零了，但实际的分区内容并没有清零，可以通过搜寻已删除分区的 DBR 信息来寻找它们的位置。

搜寻已删除分区位置有手动搜寻和使用软件搜寻两种方式，此处介绍使用 DiskGenius 快速恢复之前被删除的分区。

（1）运行 DiskGenius，选择要恢复的磁盘并右击，在弹出的快捷菜单中选择“搜索已丢失分区（重建分区表）”命令，如图 2-109 所示。

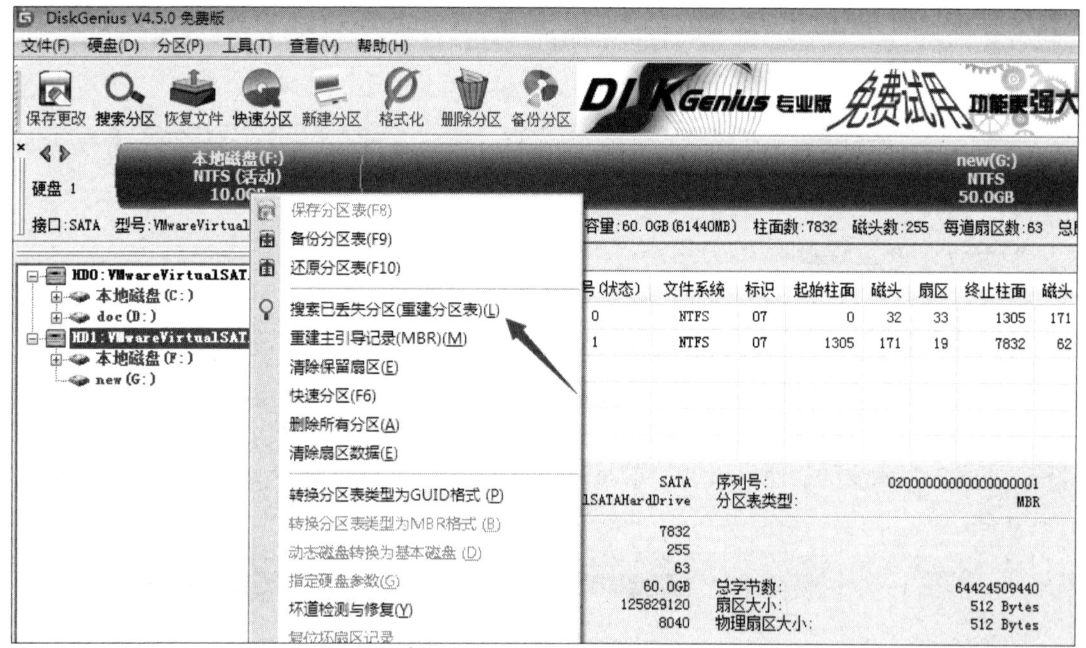

图 2-109　搜索已丢失分区

（2）开始搜索后很快就会找到一个分区，通过观察发现，这是第一个分区，该分区本来也没有删除，起始位置和容量都相符，所以选择保留，如图 2-110 所示。

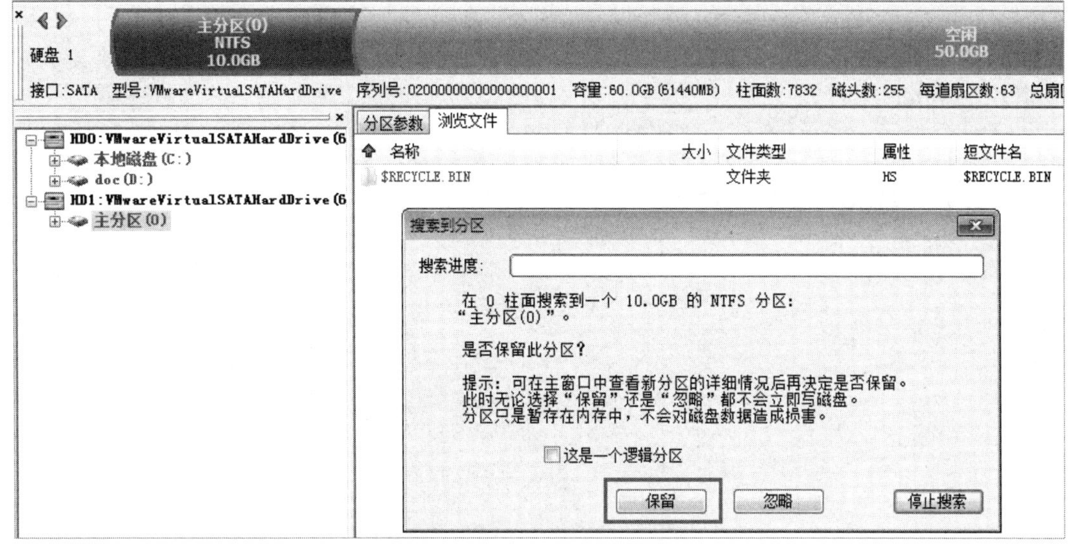

图 2-110　搜索到第一个分区

（3）一旦选择了保留，就在保留的分区之后继续搜索其他分区，也就是从整个磁盘的大约 10GB 处继续往后搜索。很快，又发现了一个分区，经观察，这是当前新划分的分区，不是需要恢复的分区，所以单击“忽略”按钮，如图 2-111 所示。

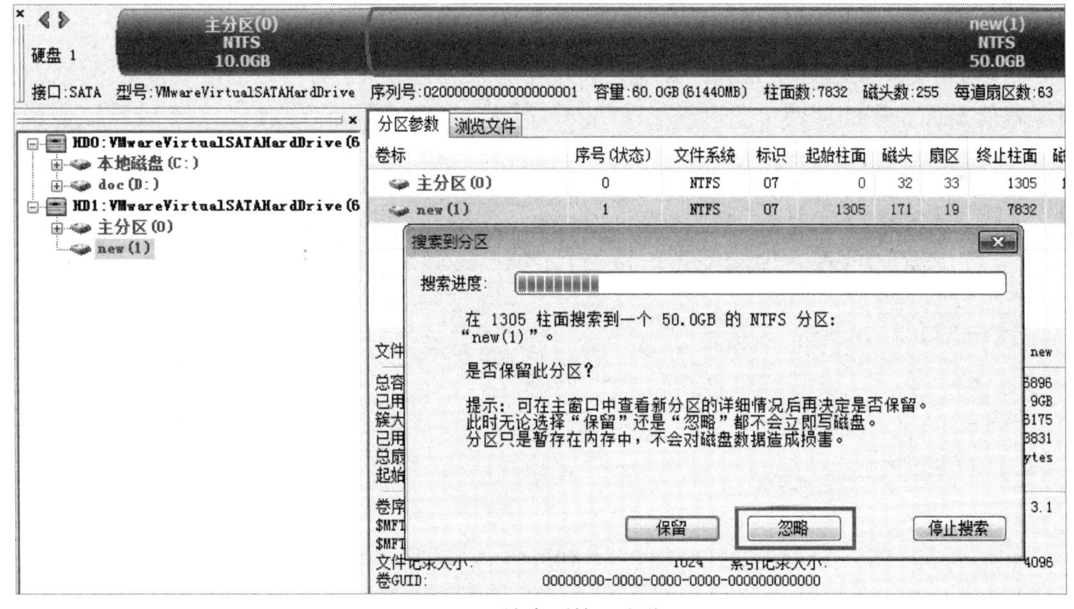

图 2-111　搜索到第二个分区

（4）继续从 1305 柱面往后搜索分区，在 2611 柱面搜索到一个 10GB 的 NTFS 分区，根据位置和大小判断，这就是之前划分的第三个分区，也就是原来的 I 盘，所以单击“保留”按钮，如图 2-112 所示。

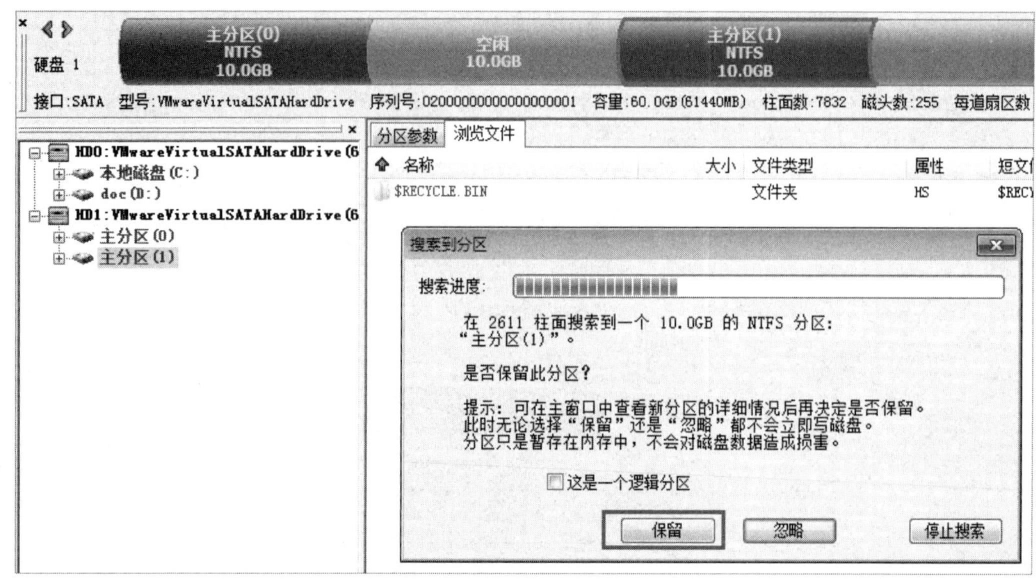

图 2-112　搜索到需要恢复的分区

需要注意的是，由于之前删除了 3 个分区后重新划分了 1 个分区，因此原来的第二个分区和新的第二个分区的起始位置相同，在上一步已忽略，所以造成了约 10GB 的空闲区域。如果该区域中也有需要恢复的数据，就不能通过修改分区表来恢复，需要使用其他方法，因为分区内的部分数据已被覆盖。

（5）由于刚才单击了“保留”按钮，因此会从原来的第三个分区之后继续搜索分区信息，很快就能发现原来的第四个分区，如图 2-113 所示。单击“保留”按钮，整个搜索工作就完成了。

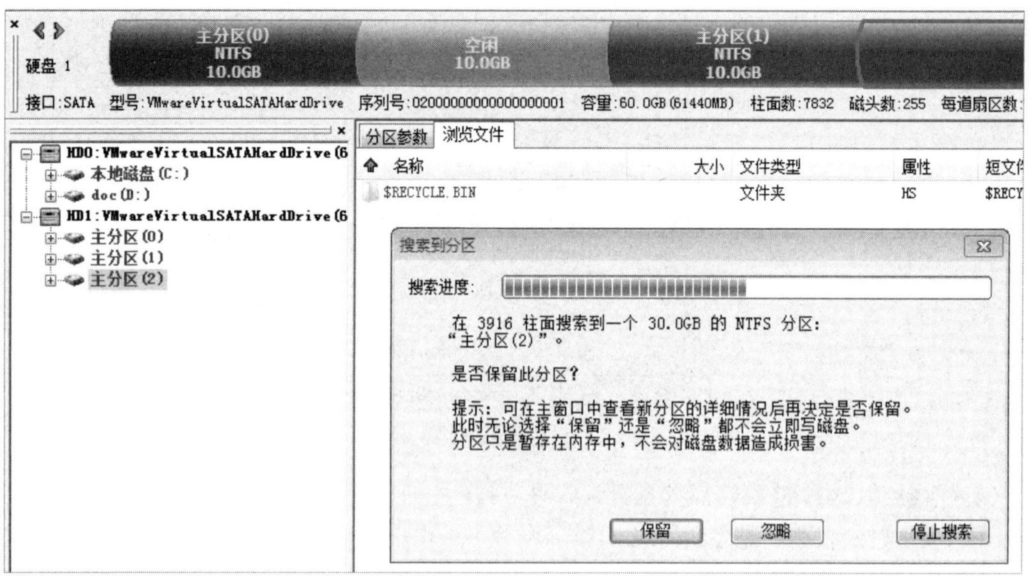

图 2-113　搜索到第四个分区

（6）检查无误后，单击左上角的“保存更改”按钮，完成主分区表的更新，如图 2-114 所示。

图 2-114　保存分区信息

在 Windows 系统中重新挂载磁盘 1，或者重新启动系统，就能访问原来的分区。在重要数据备份完成后，再采取上述方法重新找回新建的分区。需要注意的是，如果在新建的分区中写入大量数据，会覆盖原来的磁盘空间，就不一定能恢复出数据。

综合训练

一、填空题

1．一般来讲，新购买的硬盘，需要先________和________，然后才能安装系统。

2．MBR 扇区中的________记录了分区信息，________用于引导分区。

3．一块磁盘最多有________个主分区，________个扩展分区，________个逻辑分区。

二、简答题

1．简述常见的文件系统的分区类型代码（至少列举 4 个）。

2．为什么分区时输入 5000MB，分出来的不是 5000MB？

3．简述逻辑分区的概念和管理方式。

4．MBR 扇区由哪几部分组成？

5．GPT 磁盘分区由哪几部分组成？GPT 磁盘分区与 MBR 磁盘分区的区别是什么？

6．假设一块硬盘上有 C、D、E 3 个主分区，它们都是 NTFS 分区，现在要将 E 分区隐藏，只需修改哪个字节即可完成？

7．列举 3 个分区软件和 3 个具有重建分区表功能的软件。

8．某块硬盘的 DPT 中的数据如图 2-115 所示。

```
0000001B0  00 00 00 00 00 00 00 00  01 C0 01 C0 48 34 80 01
0000001C0  01 00 0C FE FF FF 3F 00  00 00 63 1A 42 01 00 FE
0000001D0  FF FF 0F FE FF FF A2 1A  42 01 DE 61 BA 05 00 00
0000001E0  00 00 00 00 00 00 00 00  00 00 00 00 00 00 00 00
0000001F0  00 00 00 00 00 00 00 00  00 00 00 00 00 00 55 AA
```

图 2-115　DPT 中的数据

请问这块硬盘的扩展分区的开始位置和大小分别是多少？

第3章 FAT分区数据恢复

素养目标

✧ 具有严谨和精益求精的科学态度。
✧ 养成主动学习、独立思考和主动探究的习惯。

知识目标

✧ 掌握 FAT 文件系统的基本结构。
✧ 掌握 FAT32 文件系统中 DBR 的结构。
✧ 掌握 FAT32 文件系统中目录项的结构。
✧ 掌握 FAT32 文件系统中 FAT 表的结构。
✧ 理解 FAT32 文件系统中文件及文件夹的结构。

技能目标

✧ 能根据 DBR 识别本分区的详细信息。
✧ 能根据文件目录项识别文件或文件夹。
✧ 能根据文件目录项及 FAT 表遍历文件。
✧ 能恢复被误删的文件。
✧ 能恢复误格式化的分区。

任务引导

周莉在一家税务公司上班，因为需要处理的电子数据特别多，所以下班后经常用 U 盘将数据复制到家里的计算机上加班处理，完成后又将处理好的数据复制到 U 盘中带到公司。在这个过程中，周莉遇到过很多意外情况，因此她很担心采用这种方式得到的数据的安全性。周莉遇到的意外情况主要有如下几种。

（1）不小心删除 U 盘中的文件后才发现没有在计算机上备份，因此需要找回文件。

（2）在使用过程中，因为病毒或其他软件的原因，双击 U 盘时总提示“U 盘未格式化”。如果对 U 盘进行格式化，里面的数据就会全部丢失；如果不进行格式化，那么又无法打开 U 盘找回数据。

假设你是一名数据恢复工程师，如果碰到了上面的情况，应该如何处理？

任务分析：每块磁盘必须经过分区、形成有效的数据区域后才能写入数据，即使是 U 盘这种看上去只有一个分区的磁盘也是一样的。必须先为每个分区设置正确的文件系统，用户才能正常访问。每种文件系统都有自己固定的数据组织结构，如果无法正常读取，那么肯定是某个数据存在问题，此时应重点分析它的系统数据，并且从结构上进行修复。一般的文件系统修复或恢复分为两种情况：一是系统数据故障，二是用户数据丢失。

3.5 节主要模拟系统数据故障的修复，3.6 节重点在于找回用户数据。

相关基础

第 2 章提及，磁盘的分区信息一般存储在此磁盘的第一个扇区中，这是因为磁盘在加载后一般直接读取第一个扇区的信息，通过第一个扇区的分区信息找到某个分区的起始位置，并跳到这个位置，从而进入这个分区的内部。磁盘的分区信息如图 3-1 所示。磁盘若要被正常使用，必须先进行分区。

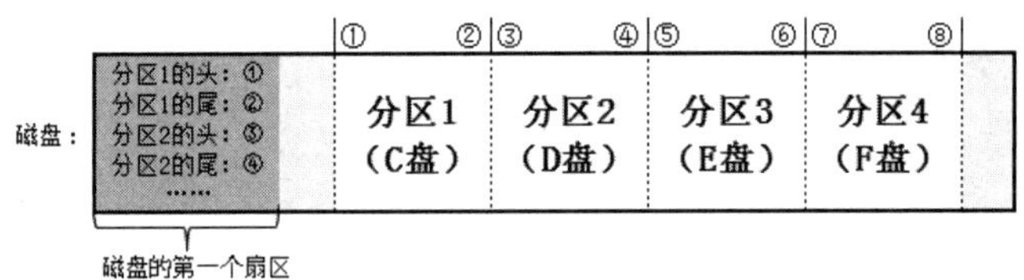

图 3-1　磁盘的分区信息

在一般情况下，将 U 盘连接计算机以后，计算机将其显示为“可移动磁盘”。在 Windows 系统中只能显示可移动磁盘的第一个正常分区，其他分区无法显示。如图 3-2 所示，磁盘 1 为可移动存储介质，前面大小为 330MB 的空间显示为“未分配”，后面大小为 3.41GB 的空间显示为“新加卷（I:）”。也就是说，只能读取 I 盘中的数据，如果数据放在前面大小为 330MB 的空间中，系统就无法读取。

像 U 盘这种看上去只有一个分区的磁盘也必须执行分区操作。若不分区，则此 U 盘的第一个扇区中没有分区信息，也就无法找到数据的真实位置。图 3-2 所示的 U 盘的分区结构如图 3-3 所示。

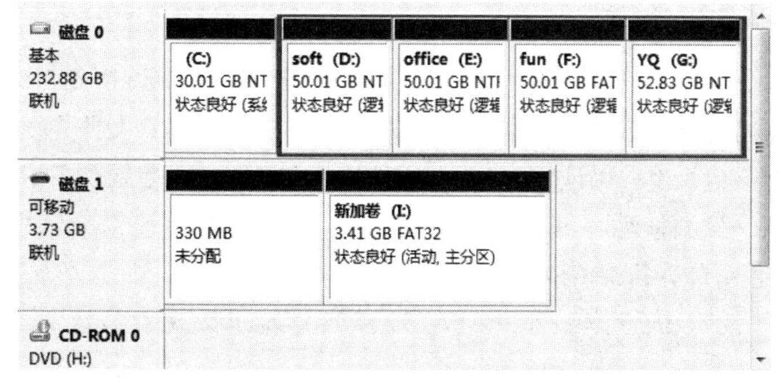

图 3-2　“磁盘管理”界面中的 U 盘

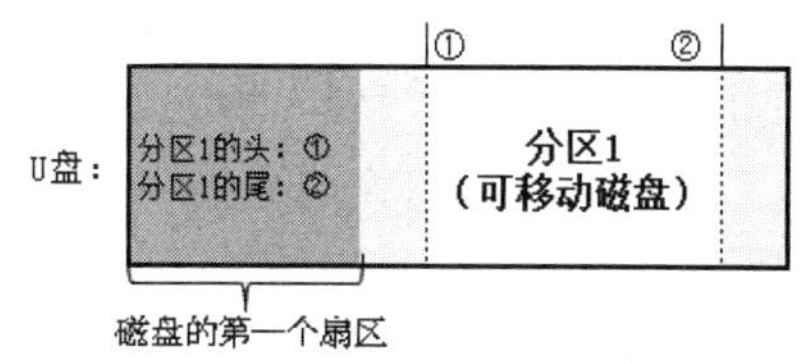

图 3-3　U 盘的分区结构

注意：

图 3-3 中的浅灰色部分表示 U 盘中普通用户无法使用的扇区。U 盘的第一个扇区的后面的未使用扇区一般被当作保留扇区，在系统发生变更时使用。U 盘后面的未使用扇区可以直接划分到分区 1 中。但是很多 U 盘会默认留下这一部分用作 U 盘引导等。

3.1　FAT32 分区结构

创建好的分区必须先进行格式化（高级格式化）才能使用，高级格式化的过程其实就是创建文件系统的过程。文件系统用于对分区内部数据进行管理，把分区内部的地址重新编排。也就是说，文件系统所谓的 0 号扇区，指的是本分区的第一个扇区，而磁盘的 0 号扇区指的是磁盘的第一个扇区。可以将一个文件系统看作一套房的某个封闭的房间。它只负责自己内部的管理，与其他房间无关。

目前常用的文件系统有 FAT、ExFAT、NTFS、HFS、HFS+、ext2、ext3、ext4 和 ODS-5 等。在格式化的过程中，可以选择相应类型的文件系统，如图 3-4 所示。

不同的文件系统支持不同的操作系统，并且不同的文件系统的内部管理机制也有所不同。

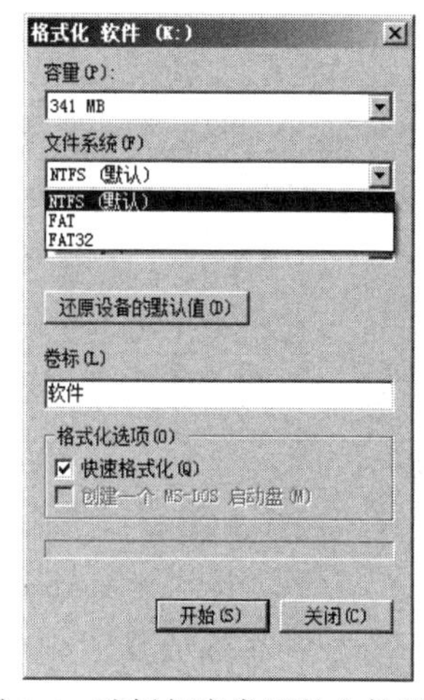

图 3-4　选择相应类型的文件系统

3.1.1　FAT32 文件系统概述

Microsoft 公司在 DOS/Windows 系列操作系统中共使用了 6 种不同的文件系统，分别为 FAT12、FAT16、FAT32、NTFS、NTFS 5.0 和 WINFS。其中，FAT12、FAT16 和 FAT32 都是 FAT 文件系统。

FAT 分区结构

格式化与引导扇区

FAT12 文件系统主要用于软盘驱动器，目前基本已经淘汰。FAT16 文件系统用于 MS-DOS 和 Windows 95 等操作系统，目前部分手机内存卡仍然使用 FAT16 文件系统。FAT32 文件系统多用于 MS-DOS、Windows 95 和 Windows 98 等操作系统与对应的软件，以及部分移动存储设备（如 U 盘和内存卡等）。目前，U 盘采用的文件系统主要是 FAT32 和 NTFS。FAT32 文件系统的优势在于兼容性好，各操作系统均能提供直接支持。FAT32 文件系统存在先天性的不足，就是单个文件不能大于 4GB。另外，由于 FAT 文件系统采用链表形式管理数据，为了控制链表的长度，保证管理效率，Windows 操作系统会限制 FAT 表的大小，因此管理容量也受到限制。在大移动存储设备上（存储空间超过 32GB）推荐使用 NTFS（关于 NTFS 的具体内容将在第 4 章详细介绍）。

FAT32 文件系统的结构如图 3-5 所示。从整体上来说，FAT32 文件系统包括 3 个部分，分别为保留扇区、FAT 区和数据区。

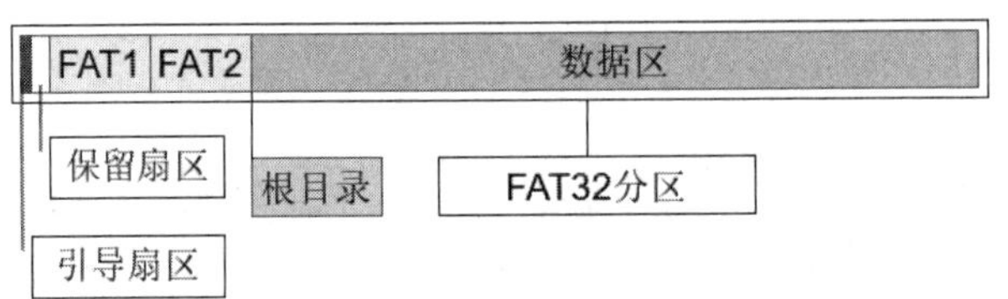

图 3-5　FAT32 文件系统的结构

（1）保留扇区：主要用来引导 FAT32 文件系统等，一般包括 32 个、34 个或 36 个扇区。其中最重要的是引导扇区（或称为启动扇区），引导扇区中包含 BPB（BIOS 参数块）、DBR（DOS Boot Recorder，DOS 引导记录）和结束标记（“55 AA”）。引导扇区是 FAT32 分区的第一个扇区（0 号扇区），记录了整个文件系统重要的参数信息。如果 DBR 扇区中的数据被破坏，就无法读取系统参数，也就无法定位用户数据，最直接的表现就是在双击“我的电脑”中本分区图标时会提示“未格式化”。为了提高此扇区的安全性，一般在 6 号扇区中保存了引导扇区的备份，除此之外，保留扇区中的其他扇区都没有使用。

（2）FAT 区：FAT（File Allocation Table，文件分配表区）就是用来记录文件所在位置的表格。它将整个分区的数据区的使用情况以表格的方式呈现，若某个区域已被文件占用，则在相应的表格位置上标记“已占用”。FAT 区对于磁盘的使用是非常重要的，如果丢失文件分配表，那么磁盘中的数据就会因为无法定位而不能使用。FAT 区一般由两个 FAT 表组成，分别是 FAT1 和 FAT2，FAT2 是 FAT1 的备份，当修改 FAT1 时，系统会自动修改 FAT2。

（3）数据区：具体存储用户数据文件的空间。一般来说，一个文件或文件夹都被分成两部分：文件或文件夹的属性，文件或文件夹的内容。属性可以理解为文件或文件夹的详细信息，用来描述此文件或文件夹的参数信息。文件的属性如图 3-6 所示。内容可以理解为双击文件或文件夹看到的东西。例如，双击 PPT 文件看到的是 PPT 文档的内容，如图 3-7 所示，双击文件夹看到的是此文件夹中文件的属性，如图 3-8 所示。属性在 FAT32 文件系统中记录为目录表，内容则记录为数据簇。

名称	修改日期	类型	大小
笔记	2013/10/31 14:27	文件夹	
第1章、数据恢复综述.ppt	2013/10/29 14:17	Microsoft Office P...	5,300 KB
第2章、硬盘分区.ppt	2013/2/27 15:40	Microsoft Office P...	2,146 KB

图 3-6　文件的属性

图 3-7　PPT 文档的内容

名称	修改日期	类型	大小
MBR.txt	2013/10/30 15:17	文本文档	2 KB
MHDD.txt	2013/10/29 17:02	文本文档	2 KB

图 3-8　文件夹中文件的属性

3.1.2　DBR 与 BPB

DBR 结构

BPB 结构

FAT32 文件系统的 DBR 位于第一个扇区中，计算机在启动时先由 BIOS 读入主引导盘 MBR（磁盘的第一个扇区）的内容，以此来确定每个逻辑驱动器及其起始地址，再跳到 FAT32 文件系统所在分区的起始位置（即分区的 DBR），将控制权交给 DBR，由 DBR 来引导操作系统对分区进行数据存取。

因为 U 盘通常采用 FAT32 文件系统，所以本章以 U 盘为例进行介绍。展开“物理驱动器”节点，选中 U 盘对应的节点，如图 3-9 所示，此时会显示如图 3-10 所示的界面，从“目录浏览器”板块中可以看到，此 U 盘中有一个分区（即“分区 1”），还有部分未分区空间。

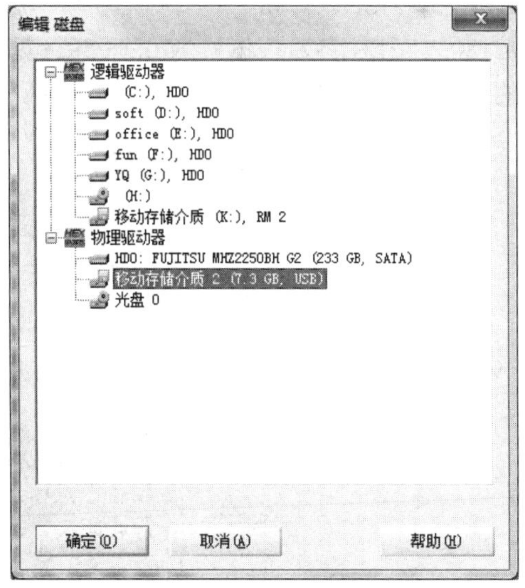

图 3-9　“编辑 磁盘”对话框

单击“访问”按钮，可以看到如图 3-11 所示的分区内部结构。分区表用来记录本分区的起始位置及大小等信息，一般位于整个 U 盘的第一个扇区中；引导扇区（DBR）记录的是本分区的基本信息，一般位于本分区的第一个扇区中。选择“引导扇区”命令即可进入分区的 DBR，由图 3-12 左下角的扇区号可知，分区的第一个扇区位于整个 U 盘的 3160 号扇区。

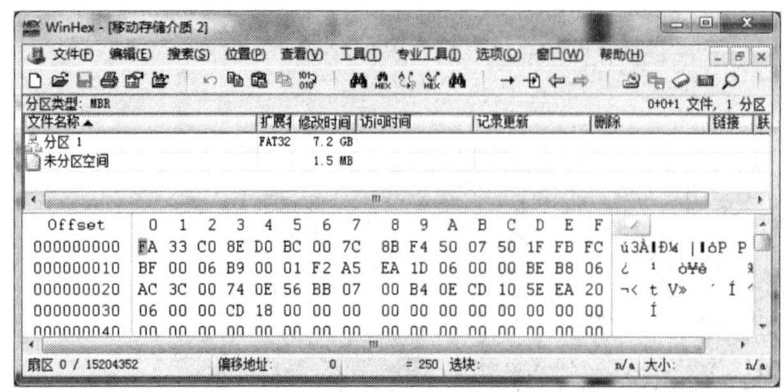

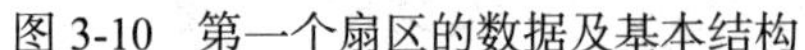

图 3-10　第一个扇区的数据及基本结构

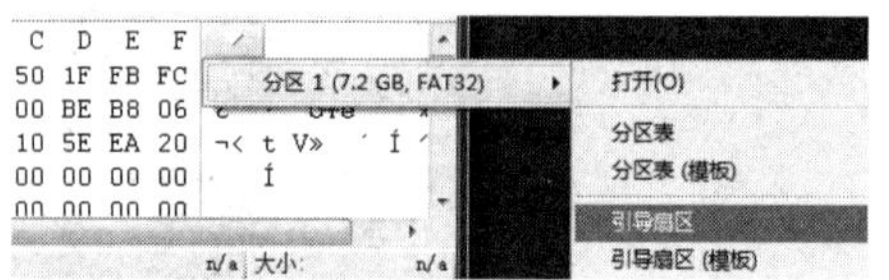

图 3-11　分区内部结构

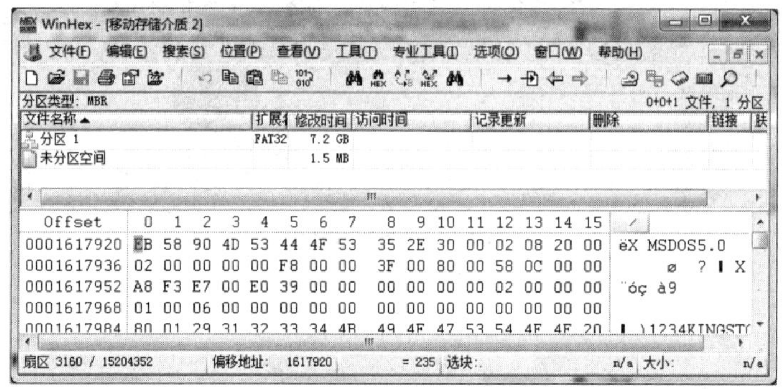

图 3-12　分区的 DBR

FAT32 文件系统中的 DBR 由 5 部分组成，分别为跳转指令、OEM 代号、BPB 参数、引导代码和结束标记，如图 3-13 所示。跳转指令一般只占前 3 个字节，用来将程序执行流程跳转到 DBR 的引导程序处。OEM 代号占 8 字节，是由创建此文件系统的 OEM 厂商指定的，如 Microsoft 公司的 Windows 98 操作系统为“MSWIN4.1”，Windows 2000 及以上版本的操作系统为“MSDOS5.0”。OEM 代号并不影响文件系统的功能，所以修改它不会影响 U 盘的正常使用。BPB 参数块偏移为 0B～59（见图 3-14 和表 3-1），记录了本分区的各参数（如每簇的扇区数等）。DOS 引导程序偏移为 5A～FD，负责引导系统加载本分区数据。

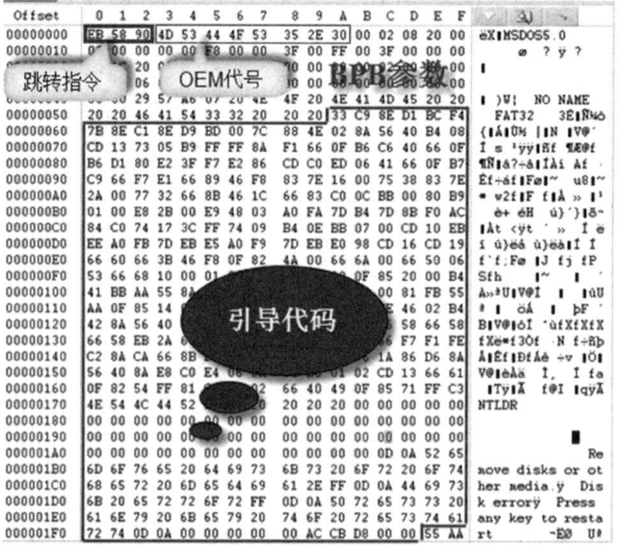

图 3-13　DBR 的结构

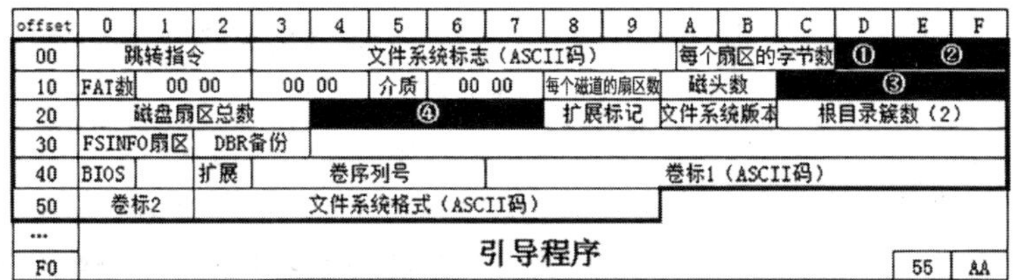

图 3-14　DBR 的结构

表 3-1　DBR 中的 BPB 参数及其意义

偏移	长度/字节	含义
0B～0C	2	每个扇区的字节数，“00 02”的高位和低位换位后为 0200，若转换为十进制形式，则为 512
0D	1	每簇的扇区数
0E～0F	2	保留扇区数（DBR 扇区数），“24 00”转换为十进制形式为 36
10	1	FAT 表的个数，通常为 2，一些较小的存储介质允许只有一个 FAT 表
11～12	2	根目录最多可容纳的目录项数，FAT12 文件系统和 FAT16 文件系统通常为 512，FAT32 文件系统不使用此处值，设置为 0
13～14	2	扇区数，当小于 32MB 时在此处存储，当超过 32MB 时使用偏移 20～23 字节处的 4 字节存放
15	1	介质描述符
16～17	2	每个 FAT 表占用的扇区数（FAT12 文件系统和 FAT16 文件系统使用，FAT32 文件系统不使用此处，设置为 0）
18～19	2	每个磁道的扇区数
1A～1B	2	磁头数，目前 CHS 寻址方式不常使用，所以此处一般设置为 255
1C～1F	4	分区前已用扇区数，也称为隐藏扇区数，是指 DBR 扇区相对于磁盘 0 号扇区的扇区偏移
20～23	4	文件系统的扇区数
24～27	4	每个 FAT 表占用的扇区数（FAT32 文件系统使用，FAT12 文件系统和 FAT16 文件系统不使用）
28～29	2	标记，确定 FAT 表的工作方式。若 bit7 设置为 1，则表示只有一个 FAT 表是活动的，同时使用 bit0～bit3 对其进行描述。否则，两个 FAT 表互为镜像
2A～2B	2	版本号
2C～2F	4	根目录起始簇号，通常为 2 号簇
30～31	2	FSINFO（文件系统信息，其中包含有关下一个可用簇及空闲簇总数的信息，这些数据只是为操作系统提供参考信息，但不能一直保证它们的准确性）位于 1 号扇区中
32～33	2	备份引导扇区的位置，通常为 6 号扇区
40	1	BIOS int 13H 设备号
42	1	扩展引导标识，如果后面的 3 个值是有效的，那么此处的值设置为 29
43～46	4	卷序列号，某些版本的 Windows 操作系统会根据文件系统的建立日期和时间计算该值
47～51	11	卷标（ASCII 码），建立文件系统时由用户指定

注意：

DBR 一般位于本分区的 0 号扇区。但是为了防止发生某些意外而损坏 DBR，使系统无法正常进入，就需要经常在 6 号扇区中保存一份 DBR 的备份，此备份与 DBR 完全一样。在 DBR 发生某些损坏的情况下，可以快速进入 6 号扇区，将其值复制到 0 号扇区中即可修改整个系统。

如果参照表 3-1 查看 DBR 的各个部分的值，那么任务量很大。鉴于每种文件系统的 DBR 都有相同的结构，WinHex 设置了模板功能。此时在打开的“逻辑磁盘”界面的右侧有一个“快速跳转”按钮，单击此按钮可以以不同的方式打开此分区的某些组成部分，如图 3-15 所示。

此时，选择“引导扇区（模板）”命令就可以查看 WinHex 关于 DBR 的各字节的含义。如图 3-16 所示，此分区的每个扇区占 512 字节，每簇的大小为 8 个扇区、36 个保留扇区和 2 个 FAT 表，每个磁道有 63 个扇区，隐藏扇区数为 63，总扇区数为 417 627。

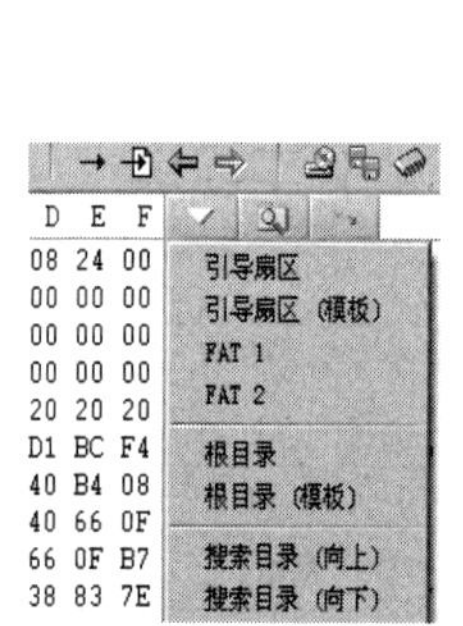

图 3-15 “快速跳转”按钮

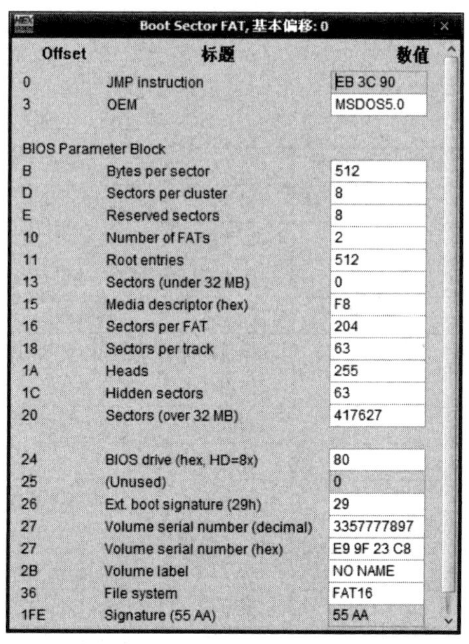

图 3-16 引导扇区（模板）

3.1.3 文件分配单元——簇

FAT 文件系统是以簇为单位写入数据的，每当创建新文件时，先为其分配整数个簇的空间，若文件内容增加，则再以簇为单位为其分配空间。

下面进行验证。

步骤 1：新建虚拟磁盘。

先将所有磁盘空间划分为一个分区，再将分区格式化为 FAT32 文件系统，如图 3-17 所示，结果如图 3-18 所示。

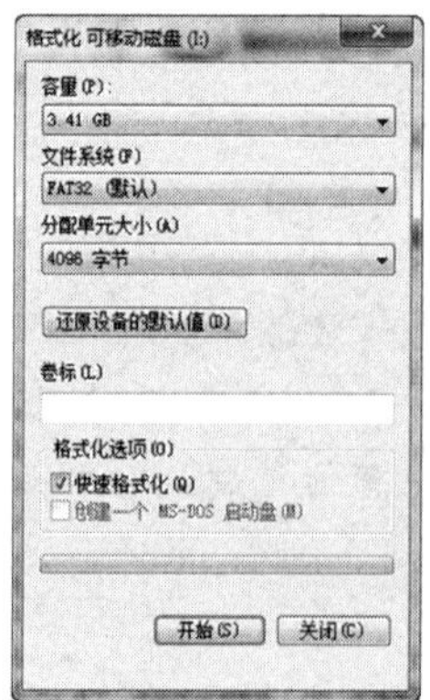

图 3-17 将分区格式化为 FAT32 文件系统

图 3-18 新建的虚拟磁盘

注意：

图 3-17 所示的“分配单元大小”指的就是簇的大小。

步骤 2：在 I 盘中创建一个空的记事本。

查看记事本的属性，如图 3-19 所示，显示“大小”为“0 字节”，“占用空间”为“0 字节”。

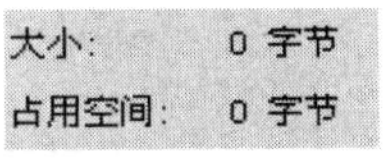

大小：	0 字节
占用空间：	0 字节

图 3-19　记事本的属性

步骤 3：在记事本中写入数据。

打开记事本，先写入数字“123”，再保存。

显然，数字“123”只占 3 字节。但是此时再打开记事本显示的属性如图 3-20 所示，“大小”为“3 字节”，“占用空间”为“2.00KB”[此值就是一个簇的大小，若 1 簇为 4 个扇区，则 1 簇的大小为 4×512=2048（字节）=2×1024（字节）=2KB]。由此可知，系统并不是为一个文件分配其大小那么大的空间，而是以 1 簇为单位为其分配空间。

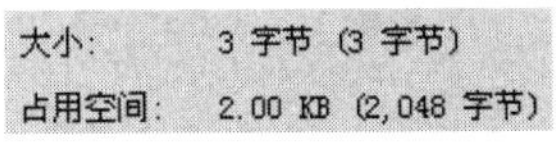

大小：	3 字节 (3 字节)
占用空间：	2.00 KB (2,048 字节)

图 3-20　写入数据后的记事本的属性

读者可以尝试先向里面不断地写入数据，再查看占用空间的值的改变情况。

簇是 FAT 文件系统读/写数据的最小单位。它的大小固定为 2^n，具体大小受磁盘大小的影响，如容量为 256MB 的 U 盘 1 簇为 4 个扇区，而容量为 1GB 的 U 盘 1 簇一般是 8 个扇区。如果 1 簇分配得太小，就会导致一个文件被拆分成很多部分，极易造成磁盘碎片，从而严重影响读/写速度。如果分配得太大，就会造成存储空间的浪费，白白损失 U 盘的容量。所以，在一般情况下采用默认簇的大小即可。

下面通过一个实验来验证簇的大小对文件的影响。

首先将一个 U 盘格式化为 FAT32 文件系统，其簇的大小设置为 512 字节（1 个扇区），将测试文档（文档名为“测试文档.txt”，文件内容为“测试文档”4 个汉字）复制到此 U 盘中，查看文件属性。然后将 U 盘再次格式化为 FAT32 文件系统，其簇的大小设置为 4096 字节（8 个扇区）。最后将同样的测试文档复制到此时的 U 盘中，查看其属性。

将两种情况下的文件属性进行对比，如表 3-2 所示。显然，两个文件实际的大小是一样的。但是在 1 簇为 1 个扇区的情况下，文件占用 512 字节，浪费 504 字节的空间；在 1 簇为 8 个扇区的情况下，文件占用 4KB，浪费 4088 字节的空间。哪种情况更浪费空间呢？同样的文件，1 个扇区/簇只需要将 512 字节的数值读入缓存中就可以读取文件，8 扇区/簇需要将 4096 字节的数值读入缓存中才可以读取文件，哪种情况速度更快？

表 3-2　文件在 1 个扇区/簇和 8 个扇区/簇的情况下的属性对比

簇的大小：1 个扇区	簇的大小：8 个扇区
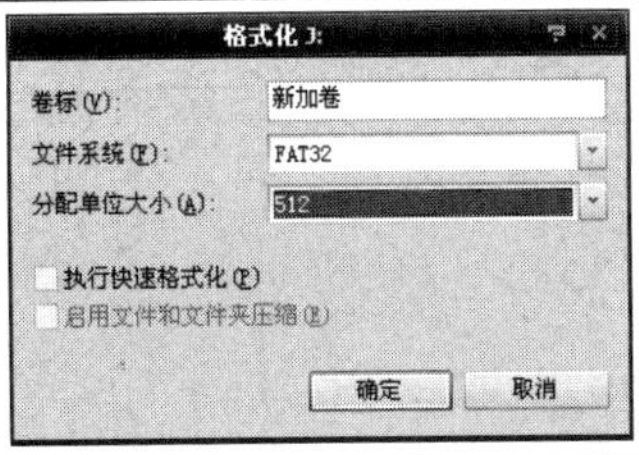 格式化 J: 卷标(V): 新加卷 文件系统(F): FAT32 分配单位大小(A): 512 执行快速格式化(Q) 启用文件和文件夹压缩(E) 确定　取消	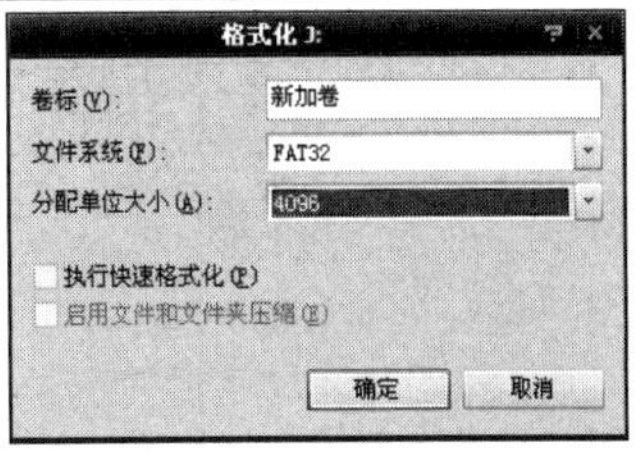 格式化 J: 卷标(V): 新加卷 文件系统(F): FAT32 分配单位大小(A): 4096 执行快速格式化(Q) 启用文件和文件夹压缩(E) 确定　取消

续表

文件占用空间：512 字节	文件占用空间：4096 字节

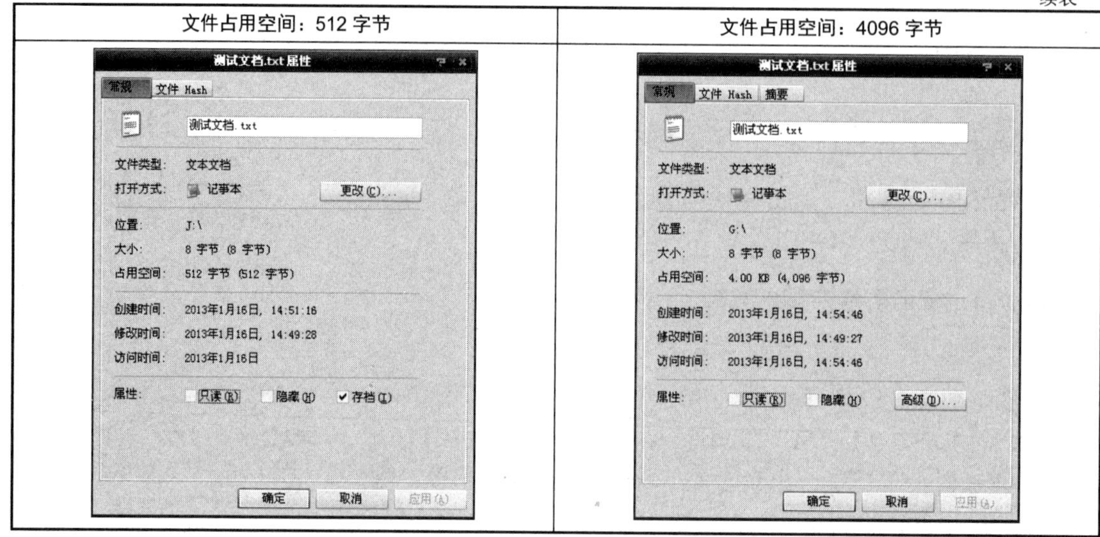

3.2 文件目录表

根目录

FAT32 文件系统中的所有用户数据都存储在从 3 号簇开始的数据区，而 2 号簇则是所有文件的根目录区，并且是由位于此分区根目录下的多个文件目录项组成的。因为簇的大小及 FAT 表的大小等是在格式化过程中定义的，所以在格式化成功时，就已经确定了 2 号簇的位置及扇区数。格式化过程就是将簇中的数据清空的过程。

3.2.1 文件目录表的结构

在根目录区中每 32 个字节（两行）为一个目录项。目录项的作用是记录文件的主名、扩展名、日期、属性、起始簇号和长度等信息，也可以将其称为短文件名目录。但是因为有的文件名比较长，无法存储在这 32 个字节的空间中，所以会再增加 32 字节，专门放置完整的文件名（或称为长文件名目录）。

为了更加直观，在刚格式化的 FAT32 文件系统的分区中复制 3 个文件，如图 3-21 所示（一定是复制的，如果是新建文件，就会出现新建后重命名的文件）。在 WinHex 中可以查看此分区的根目录数据，如图 3-22 所示。

图 3-21　复制 3 个文件

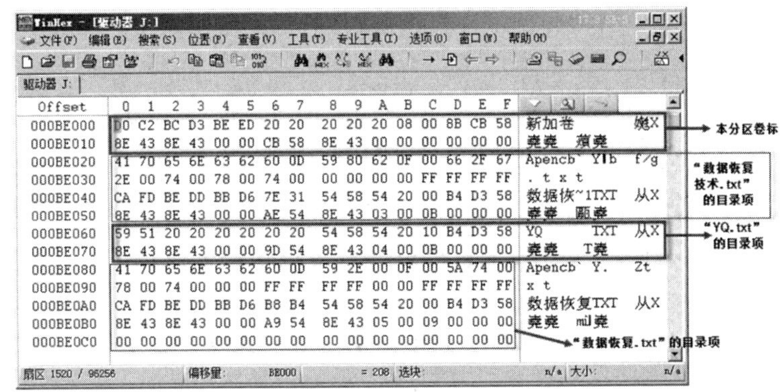

图 3-22　根目录数据

刚格式化的 FAT32 文件系统的分区的最上面两行（第一部分）表示的是本分区卷标，也叫卷标目录项，后面会详细讲述。第二部分为“数据恢复技术.txt”的目录项，这是因为在复制过程中，此文件最先被复制到此分区中，所以将其放在根目录的前方。此文件名为“数据恢复技术”，根据汉字的存储原理可知，文件名需要用 12 个字符来存储。由此部分下面的两行数值的字符解释可以看出，WinHex 能记录的文件名为“数据恢～1”，也就是说只能记录前面 6 个字符所对应的汉字。因为文件名中出现了“～1”，表示当前文件名未记录完整，所以在这两行目录项的上面增加了两行目录项用来记录完整的文件名。它的下面的两行目录项叫作短文件名目录项，主要记录文件名的前 6 个字符及文件的一些其他属性。而上面的两行叫作长文件名目录项，主要记录完整的文件名。

图 3-22 中的第三部分是“YQ.txt”的目录项，因为其文件名只需要使用 2 个字符，所以此文件只有两行的短文件名目录项。

第四部分是“数据恢复.txt”的目录项，其下面的两行是短文件名目录项，显示为“数据恢复”，从文件名来看没有符号“～”，这意味着没有未记录的文件名。但是因为该文件名刚好为 4 个汉字，使用了 8 个字符，所以为了安全（如有些字母还有大小写之分的符号记录等）还是为它分配了一个两行的长文件名记录项。

由上面的记录可以看出，根目录记录的是每个文件的文件名及其他属性。在日常操作计算机时，通常先在“我的电脑”中找到文件（即文件的文件名等属性），再通过双击打开文件，查看文件的内容。所以，在 WinHex 中，根目录记录的就是这些属性，也就相当于所有数据的入口。

读取一个文件，必须从根目录开始逐层定位到本文件的“目录项”，这样才能确定它的确切位置，从而进行内容的提取。

3.2.2　短文件名

在 FAT32 文件系统中，短文件名目录项记录了文件的绝大部分属性（除了文件名超过 7 个字符的完整文件名）。短文件名目录项中各字节的意义如图 3-23 所示。

<table>
<tr><td>0</td><td>1</td><td>2</td><td>3</td><td>4</td><td>5</td><td>6</td><td>7</td><td>8</td><td>9</td><td>A</td><td>B</td><td>C</td><td>D</td><td>E</td><td>F</td></tr>
<tr><td colspan="8">文件名</td><td colspan="3">扩展名</td><td>属性</td><td colspan="2">保留</td><td colspan="2">创建时间</td></tr>
<tr><td colspan="2">最后访问日期</td><td colspan="2">创建日期</td><td colspan="2">起始簇号高 16 位</td><td colspan="2">修改时间</td><td colspan="2">修改日期</td><td colspan="2">起始簇号低 16 位</td><td colspan="4">文件长度（单位：字节）</td></tr>
</table>

图 3-23　短文件名目录项中各字节的意义

图 3-24 所示就是“YQ.txt”的目录项，可以按照如图 3-23 所示的说明方式进行解释。

```
000D0060  59 51 20 20 20 20 20 20  54 58 54 20 10 6A 5B 5E  YQ      TXT  j[^
000D0070  9E 41 24 42 00 00 8A 81  24 42 03 00 38 8B 00 00  ▮A$B ▮▮$B  8▮
```

图 3-24　短文件名目录项

因为文件名为“YQ”，只有两个字母（在 ASCII 码中，一个汉字占两个字符，一个数字或字母占一个字符），即占两个字符，所以可以将其目录项称为短文件名目录项。根据各字节的意义得到的结果如下。

（1）文件名：“59 51”（YQ），“20”表示空格。

（2）扩展名：“54 58 54”（txt）。

（3）属性：“20”（归档）；“20”（十六进制形式）转换成二进制形式后为“100000”，表示归档，可以理解为归档文件（如表 3-3 所示，子目录的属性值为 10，可以直接理解为文件夹的属性值为 10，这是区分文件和文件夹的最好的办法）。

表 3-3　属性取值的意义

二进制值	十六进制值	意义
00000000	0	读/写
00000001	1	只读
00000010	2	隐藏
00000100	4	系统
00001000	8	卷标
00010000	10	子目录
00100000	20	归档
00001111	0F	长文件名目录

（4）创建时间：“5B 5E”；按照如图 3-25 所示换算后为 11:50:27。

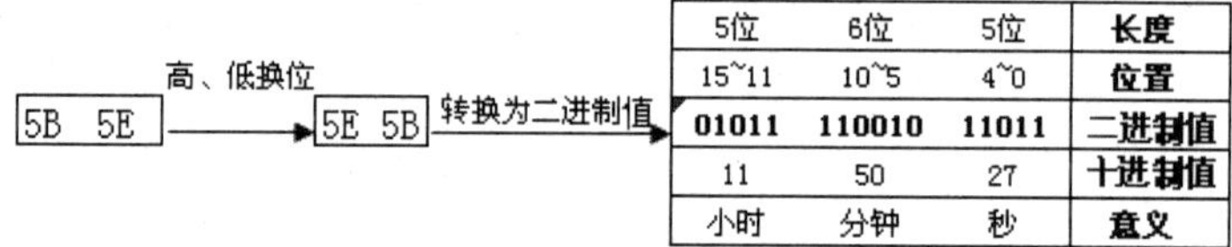

图 3-25　换算创建时间

（5）最后访问日期：“9E 41”；按照如图 3-26 所示换算后为 2012 年 12 月 30 日。

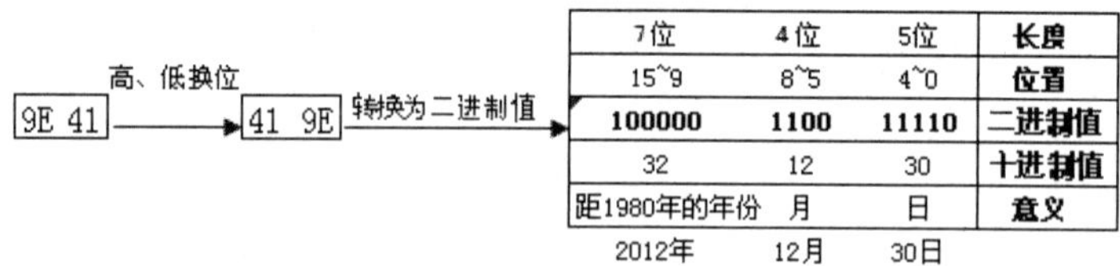

图 3-26　换算最后访问日期

（6）创建日期：“24 42”；请读者自行换算创建日期。

（7）修改时间：“8A 81”；请读者自行换算修改时间。

（8）修改日期：“24 42”；请读者自行换算修改日期。

（9）起始簇号：“03 00 00 00”；文件的第一个簇在 3 号簇中。

（10）文件长度：“38 8B 00 00”；文件总大小为 35 640 字节。

除了可以按照上面的方式换算得出目录项的意义，WinHex 还提供了一套专门用于解释目录项的模板。单击 WinHex 右侧“数据解释器”板块顶部的按钮，在下拉菜单中选择“根目录（模板）”命令，如图 3-27 所示，打开如图 3-28 所示的根目录模板，上方的记录表明此时是根目录的第几个目录项。

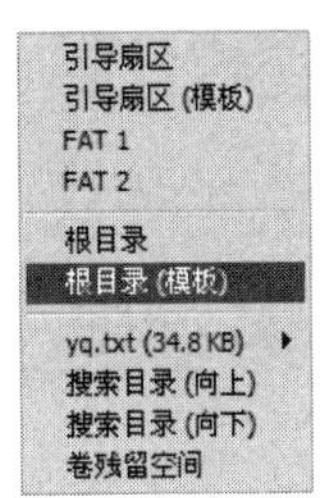

图 3-27　根目录（模板）

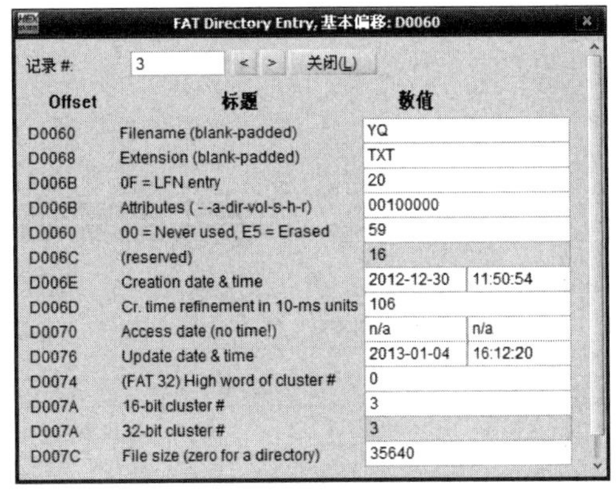

图 3-28　根目录模板

可以尝试在此分区中复制一个名称为“YQ”的文件夹，查看这两个目录项的区别（见图 3-29）。

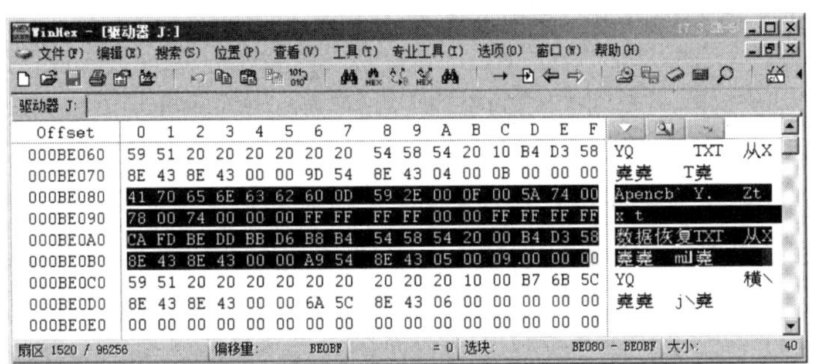

图 3-29　文件与文件夹的目录项

根目录下的文件和文件夹的主要区别包括以下几点。

（1）扩展名：文件有自己的扩展名，而文件夹通常为空。

（2）属性：文件的属性通常为“20”，而文件夹的属性一般为“10”。

（3）大小：文件如果为空，那么大小为 0，如果不为空，那么目录项中的大小就是文件的实际大小；文件夹的大小通常为 0。

3.2.3　长文件名

当文件名超过 8 字节或使用了中文时，系统就会在为其建立短文件名目录项的同时，自动再在其短文件名目录项的前面创建相对应的长文件名目录项。长文件名目录项只记录其完整文件名，不记录其他的属性值。一个长文件名目录项只占 32 字节，所以其记录的信息是有限的。一般来说，一个长文件名目录项能记录 13 个 Unicode 字符（每个 Unicode 字符占 2 字节）。如果一个文件（或文件夹）的名称超过 13 个字符，那么系统会再在此文件的目录项（包括短文件名目录项和长文件名目录项）前面增加一个两行的长文件名目录项，若还不够，则再增加，直到能存储下文件的完整名称为止。

如果多个长文件名目录项代表同一个文件，那么它们之间会存在一个校验和，通过这个校验和可以将其与对应的短文件名目录项关联起来。

假设某文件为“ABCDE12345.txt”，如图 3-30 所示。下面按照如图 3-31 所示的结构进行解释。

```
000D0100  42 74 00 00 00 FF FF FF  FF FF FF 0F 00 EE FF FF  Bt   ÿÿÿÿÿÿ  îÿÿ
000D0110  FF FF FF FF FF FF FF FF  FF FF 00 00 FF FF FF FF  ÿÿÿÿÿÿÿÿÿÿ  ÿÿÿÿ
000D0120  01 41 00 42 00 43 00 44  00 45 00 0F 00 EE 31 00   A B C D E   î1
000D0130  32 00 33 00 34 00 35 00  2E 00 00 00 74 00 78 00  2 3 4 5 .   t x
000D0140  41 42 43 44 45 31 7E 31  54 58 54 20 00 6A 67 87  ABCDE1~1TXT  jg
000D0150  24 42 24 42 00 00 68 87  24 42 00 00 00 00 00 00  $B$B  h $B
```

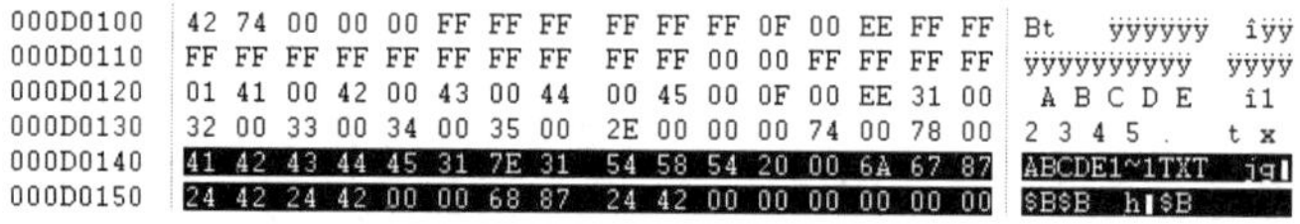

图 3-30　长文件名目录

<table>
<tr><td>0</td><td>1</td><td>2</td><td>3</td><td>4</td><td>5</td><td>6</td><td>7</td><td>8</td><td>9</td><td>A</td><td>B</td><td>C</td><td>D</td><td>E</td><td>F</td></tr>
<tr><td></td><td colspan="10">文件名①</td><td>属性</td><td>种类</td><td>校验和</td><td colspan="2">文件名②</td></tr>
<tr><td colspan="10">文件名②</td><td colspan="2">0000（起始簇号）</td><td colspan="4">文件名③</td></tr>
</table>

图 3-31　长文件名各字节的意义

- 文件名的第一部分：“41 00 42 00 43 00 44 00 45 00”（ABCDE）。
- 文件名的第二部分：“31 00 32 00 33 00 34 00 35 00 2E 00”（12345.），在 Unicode 码中“2E 00”表示“.”。
- 文件名的第三部分：“74 00 78 00”（tx）。显然，扩展名还差一个字母“t”，此时再在此长文件名目录前面增加一个目录项，按照如图 3-29 所示的结构继续进行解释。
- 文件名的第四部分：“74 00 00 00 FF FF FF...”（t），后面的“00”表示空格，“FF”则表示结束。

将上面 4 个部分连接起来即可形成完整的文件名“ABCDE12345.txt”。

长文件名目录项也提供了相应的模板，先将光标放置在长文件名目录项的第一个字节处，再选择“查看”→“模板管理器”命令，最后选择“长文件名目录项”，或者选择如图 3-32 所示的选项。在打开的对话框中可以看到当前的完整意义（见图 3-33），若有多个长文件名目录项，则单击按钮<跳到上一个目录项（见图 3-34），或者单击按钮>跳到下一个目录项。

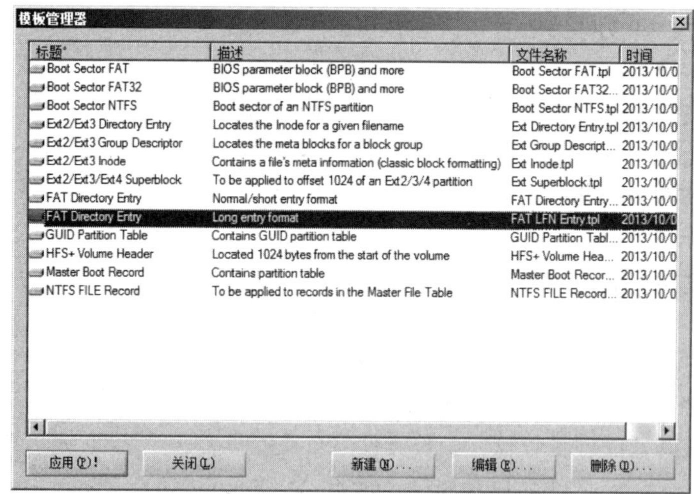

图 3-32　长文件名目录项模板

FAT Directory Entry, 基本偏移:BE140

记录 #: 0　关闭(L)

Offset	标题	数值
BE140	Sequence number	01
BE141	Filename (5 chars, FF-padd	ABCDE
BE14E	Filename (next 6 chars)	12345.
BE15C	Filename (next 2 chars)	tx
BE14B	0F = LFN entry	0F
BE14B	Attributes (- -a-dir-vol-	00001111
BE14C	(reserved)	0
BE14D	SFN checksum	EE
BE15A	16-bit cluster # (always C	0

图 3-33　长文件名目录项解释器

FAT Directory Entry, 基本偏移:BE120

记录 #: -1　关闭(L)

Offset	标题	数值
BE120	Sequence number	42
BE121	Filename (5 chars, FF-padd	t
BE12E	Filename (next 6 chars)	[illegible]
BE13C	Filename (next 2 chars)	[illegible]
BE12B	0F = LFN entry	0F
BE12B	Attributes (- -a-dir-vol-	00001111
BE12C	(reserved)	0
BE12D	SFN checksum	EE
BE13A	16-bit cluster # (always C	0

图 3-34　上一个长文件名目录项解释器

3.2.4　树形目录结构

在分区中，除了文件，还有一项重要内容，即文件夹。文件和文件夹最直接的区别就是文件中保存的是数据内容，而文件夹中保存的是文件或其他文件夹。也就是说，文件的主要内容是数据，而文件夹的主要意义在于文件与文件或文件与文件夹之间的链接关系（如此文件夹在哪个文件夹中，此文件夹中又包含哪些文件和文件夹）。

先在 FAT32 分区中新建一个文件夹并命名为“新建文件夹”，再在 WinHex 中进入此分区的根目录。在桌面或任意位置新建一个记事本文件（采用默认文件名即可），打开此文件，输入“新建文件夹”并保存。在 WinHex 中打开该记事本文件，查看其十六进制内容，即 ASCII 码。

注意：

记事本文件一般默认保存为 ASCII 码。

在 WinHex 中，先利用 ASCII 码搜索上面新建的文件夹所对应的短文件名目录，再跳到此文件夹的起始簇，查看其目录项“.”和“..”，如图 3-35 所示。

```
Offset     0  1  2  3  4  5  6  7   8  9  A  B  C  D  E  F
000D9800  2E 20 20 20 20 20 20 20  20 20 20 10 00 75 99 66   .          u f
000D9810  26 42 26 42 00 00 9A 66  26 42 15 00 00 00 00 00   &B&B  f&B
000D9820  2E 2E 20 20 20 20 20 20  20 20 20 10 00 75 99 66   ..         u f
000D9830  26 42 26 42 00 00 9A 66  26 42 00 00 00 00 00 00   &B&B  f&B
```

图 3-35　目录项“.”和“..”

目录项“.”和“..”的结构与短文件名目录项的基本一致，二者的不同之处在于它们描述的对象不一样。“.”目录项指的是本文件夹，描述的是本文件夹的时间信息、起始簇等，记录的起始簇就是此时所在的位置（图 3-35 为 21 号簇）。“..”目录项指的是本文件夹的父目录的相关信息。此时“新建文件夹”的父目录是根目录，所以图 3-35 中的第二个目录项的起始簇为 0 号簇，即表示根目录。这种方式与在 DOS 命令提示符界面中运行命令“cd .”和“cd ..”的意义是相同的，如图 3-36 所示。

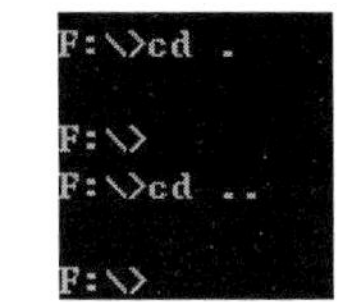

图 3-36　DOS 命令提示符下的“.”与“..”

特别提醒：在图 3-35 中，偏移为 D981A～D981B 的值虽然是“15”，但是它指的是十六进制数 15，转换为十进制数则为 21。

一般来说，新建的文件夹只有目录项“.”和“..”，但是若向文件夹中保存内容，则在当前文件夹所在簇的目录项“.”和“..”的后面保存其他文件或文件夹的目录项，如图 3-37 所示。

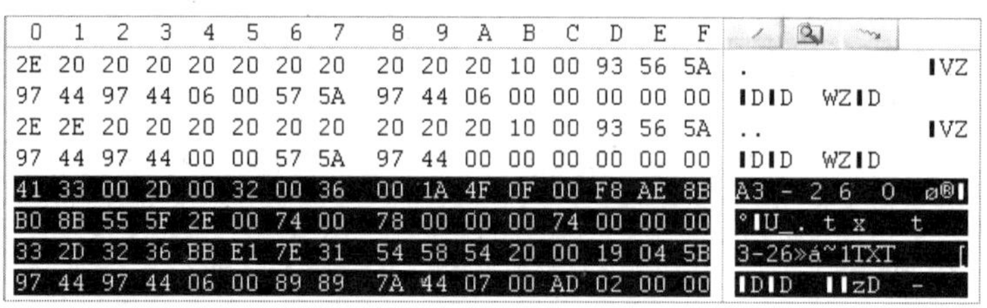

图 3-37　在文件夹中保存文件

3.2.5　文件目录表的妙用

在 FAT32 文件系统中，文件被分为属性和内容。文件的属性（如文件名、创建时间、文件所在簇等信息）都在文件目录表中。在操作系统的图形化界面中看到的文件及文件夹的链接关系等都是文件目录表的信息。另外，在同一个分区中用到的复制、粘贴、剪切和删除等也是针对文件目录表的操作，几乎不会对文件内容所在的簇进行调整。这就大大提升了处理计算机文件的性能，也有了恢复被误删除的文件的可能性。

1. 复制文件

在新建的虚拟磁盘中，先分出一个 FAT32 文件系统的分区，再在根目录下新建一个文件，最后在根目录下新建一个文件夹，并把根目录下的文件复制到新建的文件夹中（见图 3-38）。

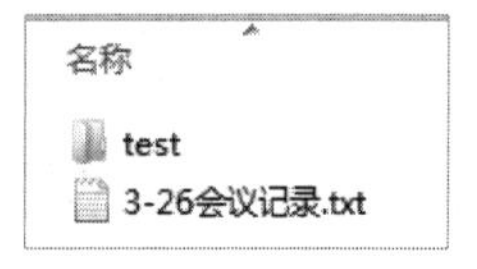

图 3-38　将文件复制到新建的文件夹中

在 WinHex 中查看当前分区的根目录，可以看到如图 3-39 所示的数据，其中加底纹的部分分别为根目录下文件和文件夹的短文件名目录。由此可知，文件位于 3 号簇中，文件夹位于 4 号簇中。

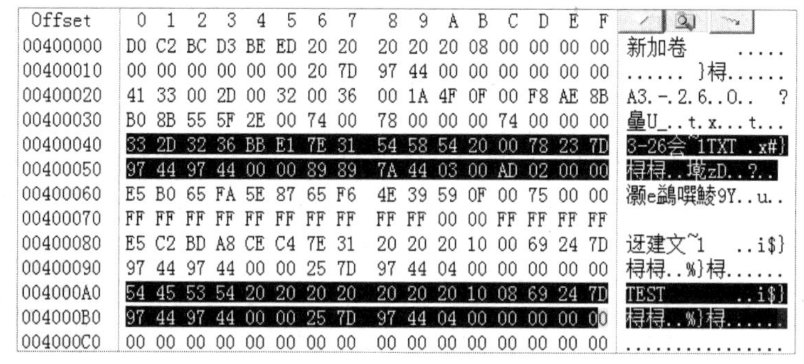

图 3-39　根目录数据

使用“转到扇区”命令可以快速进入 4 号簇，并看到如图 3-40 所示的数据，从文件的名称来看与根目录下的文件一样。但是仔细观察其数据所在簇就会发现此文件在 5 号簇中。这说明复制文件不光复制目录项，同时复制文件的内容。

Offset	0	1	2	3	4	5	6	7	8	9	A	B	C	D	E	F
00401000	2E	20	20	20	20	20	20	20	20	20	20	10	00	69	24	7D
00401010	97	44	97	44	00	00	25	7D	97	44	04	00	00	00	00	00
00401020	2E	2E	20	20	20	20	20	20	20	20	20	10	00	69	24	7D
00401030	97	44	97	44	00	00	25	7D	97	44	00	00	00	00	00	00
00401040	41	33	00	2D	00	32	00	36	00	1A	4F	0F	00	F8	AE	8B
00401050	B0	8B	55	5F	2E	00	74	00	78	00	00	00	74	00	00	00
00401060	33	2D	32	36	BB	E1	7E	31	54	58	54	20	00	BC	25	7D
00401070	97	44	97	44	00	00	89	89	7A	44	05	00	AD	02	00	00

图 3-40　文件夹中的数据

2. 剪切文件

在新建的虚拟磁盘中，先分出一个 FAT32 文件系统的分区，再在根目录下写入任意一个小文件。同时在根目录下新建一个文件夹，查看根目录下的文件目录表，如图 3-39 所示。

将根目录下的文件剪切到新建的文件夹中，并查看根目录下的文件目录表，如图 3-41 所示。此时可以发现，根目录下的文件目录表上已被标注被删除（将首字节改为“E5”）。

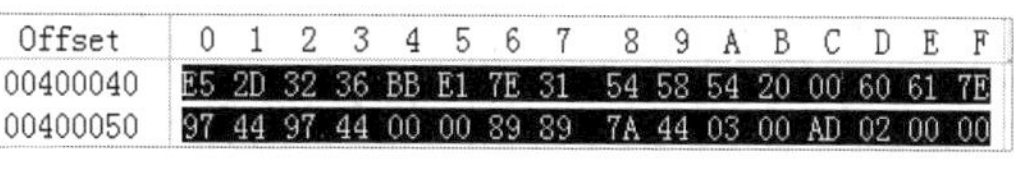

Offset	0	1	2	3	4	5	6	7	8	9	A	B	C	D	E	F
00400040	E5	2D	32	36	BB	E1	7E	31	54	58	54	20	00	60	61	7E
00400050	97	44	97	44	00	00	89	89	7A	44	03	00	AD	02	00	00

图 3-41　剪切后的根目录

利用“转到扇区”命令快速进入 4 号簇（即文件夹所在簇），发现增加了一个文件目录表（见图 3-42），并且此文件目录表指向的数据在 3 号簇中，也就是原来根目录下的文件。

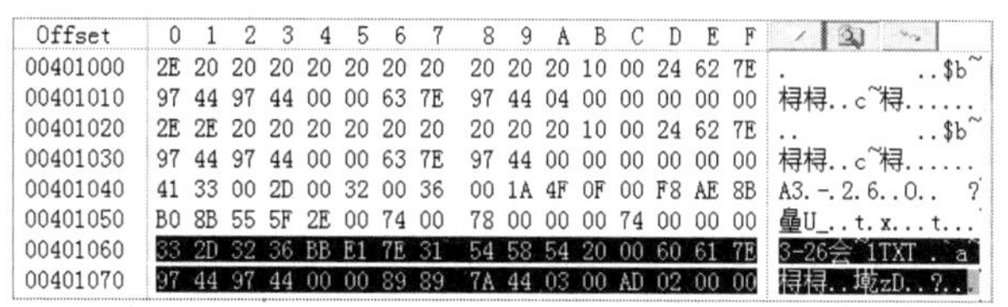

Offset	0	1	2	3	4	5	6	7	8	9	A	B	C	D	E	F
00401000	2E	20	20	20	20	20	20	20	20	20	20	10	00	24	62	7E
00401010	97	44	97	44	00	00	63	7E	97	44	04	00	00	00	00	00
00401020	2E	2E	20	20	20	20	20	20	20	20	20	10	00	24	62	7E
00401030	97	44	97	44	00	00	63	7E	97	44	00	00	00	00	00	00
00401040	41	33	00	2D	00	32	00	36	00	1A	4F	0F	00	F8	AE	8B
00401050	B0	8B	55	5F	2E	00	74	00	78	00	00	00	74	00	00	00
00401060	33	2D	32	36	BB	E1	7E	31	54	58	54	20	00	60	61	7E
00401070	97	44	97	44	00	00	89	89	7A	44	03	00	AD	02	00	00

图 3-42　文件夹中的文件

这就说明，在分区中剪切文件后粘贴只是将文件目录表进行相应的编辑，文件内容没有发生变化。

FAT 表结构分析

3.3　FAT 表

FAT 区由两个完全相同的 FAT 表组成，分别称为 FAT1 和 FAT2。FAT1 和 FAT2 的作用是描述簇的分配状态及标明文件或目录的下一个簇的簇号。FAT1 在文件系统中的位置可以通过引导记录（DBR）中偏移 0E～0F 字节处的保留扇区数得到。FAT2 紧跟在 FAT1 之后。可以通过 FAT1 的位置加上每个 FAT 表的扇区数计算 FAT2 的位置，也可以直接在本分区的右侧单击“打开”按钮选择“FAT2”菜单项直接进入 FAT2。

FAT 表分析示例

3.3.1　FAT 表的结构

当一个分区刚被格式化为 FAT32 分区后，跳入此分区的 FAT1 扇区就会出现如图 3-43 所示的 FAT 表。

Offset	0	1	2	3	4	5	6	7	8	9	A	B	C	D	E	F
00004C00	F8	FF	FF	0F	FF	FF	FF	FF	FF	FF	FF	0F	00	00	00	00
00004C10	00	00	00	00	00	00	00	00	00	00	00	00	00	00	00	00

图 3-43　刚格式化之后的 FAT 表

FAT32 文件系统中的 FAT 表，每 4 个字节表示一项，对应数据区中的一个簇。FAT 表中的 0 号簇和 1 号簇是保留簇，有特殊用途，故 FAT 表的前 8 个字节为保留值。

向分区中写入文件大致包括 3 个步骤：第一，查询 FAT 表的哪些位置有空闲空间；第二，在用户数据区中找到与 FAT 表对应的地址，并写入文件；第三，修改 FAT 表，将此空间标记为“已占用”。

为了描述文件的头及所占用的簇，FAT 表的标记分为以下 3 种类型。

（1）本簇已被占用，并且此簇是本文件的最后一个簇（值为 FF FF FF 0F）。

（2）本簇已被占用，本文件还有下一个簇（值为下一个簇的簇号）。

（3）本簇未被占用（值为 00 00 00 00）。

在初始状态下，除了 0 号簇和 1 号簇，其他簇都未被使用，如图 3-44 所示。

图 3-44　初始 FAT 表及数据区

注意：

FAT 表的 0 号簇和 1 号簇有特殊用途，所以数据区中的簇是从 2 开始记数的。也就是说，FAT 表中的 2 号簇对应数据区的 2 号簇，3 号簇对应数据区的 3 号簇，以此类推。若数据区的某个簇已被某文件占用，则此簇相对应的 FAT 表的单元格被标记为“已占用”。而 0 号簇和 1 号簇因为不允许用户写入数据，所以在格式化时就被标记为“已占用”。

如果某文件（暂时将其称为文件 1）被放置到 4 号簇中，那么在 FAT 表的 4 号簇的对应位置上写入“FF FF FF FF”，如图 3-45 所示。如果另一个文件（暂时将其称为文件 2）被放置到 5 号簇、7 号簇和 8 号簇中，那么在 FAT 表的 5 号簇的对应位置写入“7”，7 号簇的对应位置写入“8”，8 号簇的对应位置写入“FF FF FF FF”，如图 3-46 所示。

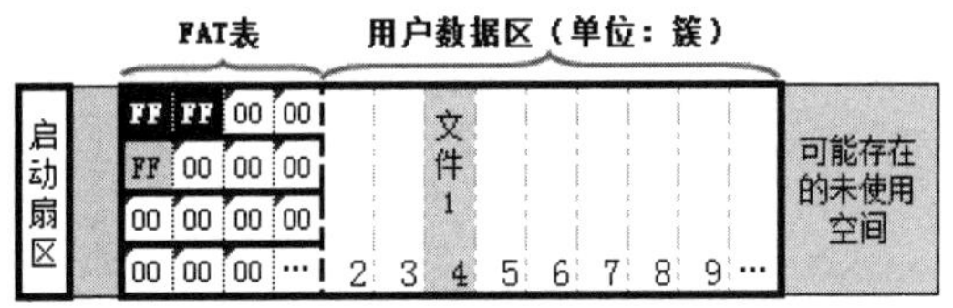

图 3-45　文件 1 建立后的 FAT 表及用户数据区

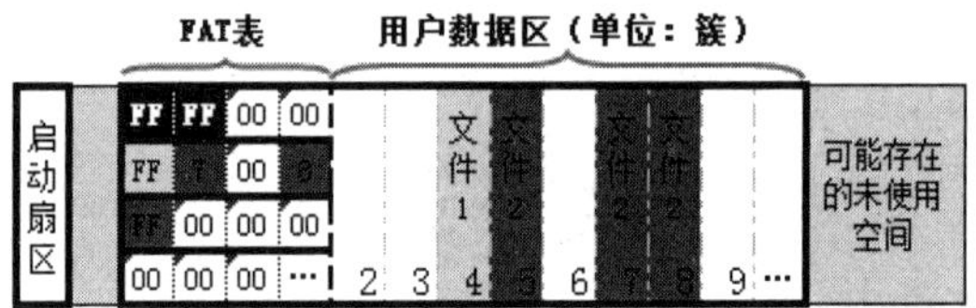

图 3-46　文件 2 建立后的 FAT 表及用户数据区

FAT32 文件系统的数据是从 2 号簇开始的。2 号簇是整个分区的根目录项，里面保存的是 FAT32 文件系统中根目录下每个文件的属性（最起始处保存的是本分区的卷标等信息，所以即使本分区没有任何用户数据，2 号簇也仍然显示被占用），而真正的用户文件则是从 3 号簇开始的。若 3 号簇后面的某个簇被一个文件占用，则在此簇对应的 FAT 表项中做相应的标识（若某文件占用的空间不止一个簇，则这个表项中有下一个簇的簇号；若文件到此簇结尾，则写入结束标记“FF FF FF 0F”）。

3.3.2　簇到扇区的转换

计算文件实际扇区位置

在 FAT32 文件系统中，数据区之前全部以扇区为单位寻址，数据区则以簇号寻址。簇与扇区之间是可以相互换算的，主要步骤如下。

1. 确定 2 号簇的位置

数据区的 2 号簇代表的是数据区的起始位置，一般紧跟着 FAT2，而 FAT2 又紧跟着 FAT1。因此，FAT32 文件系统的结构如图 3-47 所示。

扇区			簇
保留扇区	FAT1	FAT2	数据区

图 3-47　FAT32 文件系统的结构

为了确定每个组成部分的扇区的位置，可以打开“启动扇区（模板）”来查看，如图 3-48 所示。由图 3-48 可知，本分区 FAT 表前面共有 38 个扇区为保留扇区，所以第一个 FAT 表的起始扇区号为 38（扇区号一般从 0 开始记数）。本分区共有 2 个 FAT 表（FAT32 文件系统一般都有 2 个 FAT 表），每个 FAT 表共有 12 801 个扇区，所以第二个 FAT 表的起始扇区号为 12 839（38+12 801）。数据区的起始扇区号则为 25 640（12 839+12 801）。

2. 确定任意簇的扇区号

确定 2 号簇的扇区号之后，从图 3-48 中可以得出每个簇的扇区数（此时为 64），这样就可以确定任意簇所对应的扇区号。如 5 号簇的扇区号为 25 832［（5−2）×64+25 640］。读者可以自行计算其他簇所对应的扇区号。

在一般情况下，可以利用 WinHex 快速进行簇与扇区的转换。在菜单栏中选择“位置”→“转到扇区”命令，或者单击工具栏中的快捷按钮可以打开如图 3-49 所示的“转到扇区”对话框。在“转到扇区”对话框中可以随机输入扇区号或簇号，WinHex 会自动进行簇与扇区的转换。

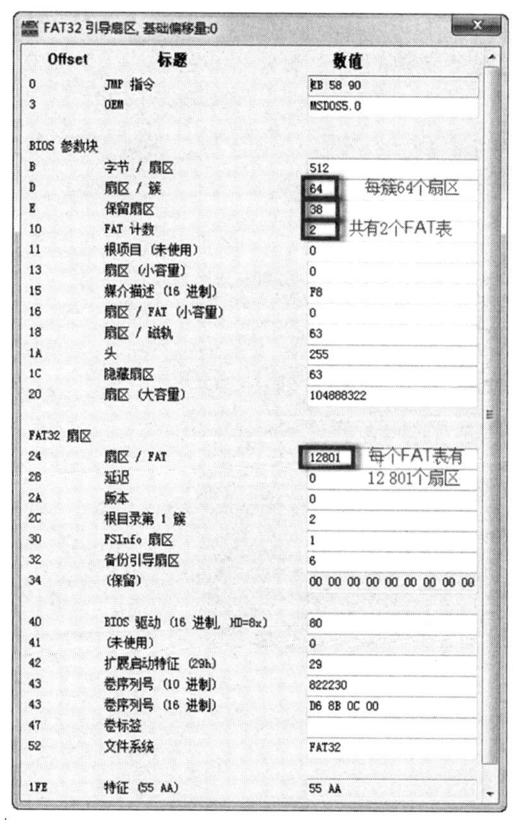

图 3-48　DBR 模板

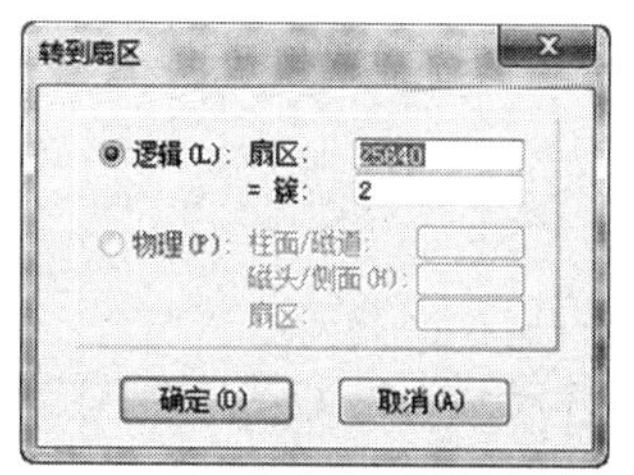

图 3-49　“转到扇区”对话框

3.3.3 FAT 表的遍历与计算

FAT 表与簇之间是一一对应的关系。FAT 表详细地描述了文件所在的簇的链接关系。通过 FAT 表能准确定位文件。

1. 初始 FAT 表

初始 FAT 表的 0 号簇和 1 号簇有特殊用途，2 号簇为根目录。若分区有卷标等信息，则在根目录下保存。图 3-50 中的偏移地址 08～0B 表示根目录下有数据。

2. 小文件对应的 FAT 表

若在分区中写入小文件，则先在空闲的簇中写入数据，再在 FAT 表相对应的项中修改。如图 3-51 所示，加底纹的部分代表 3 号簇，它的内容为“FF FF FF 0F”，表示此簇中有数据，并且这些数据是这个文件的最后一部分。

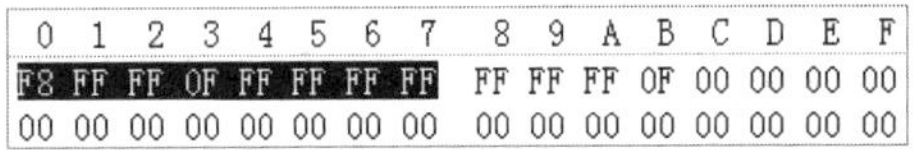

0	1	2	3	4	5	6	7	8	9	A	B	C	D	E	F
F8	FF	FF	0F	FF	FF	FF	FF	FF	FF	FF	0F	00	00	00	00
00	00	00	00	00	00	00	00	00	00	00	00	00	00	00	00

图 3-50　初始 FAT 表

0	1	2	3	4	5	6	7	8	9	A	B	C	D	E	F
F8	FF	FF	0F	FF	FF	FF	FF	FF	FF	FF	0F	FF	FF	FF	0F
00	00	00	00	00	00	00	00	00	00	00	00	00	00	00	00

图 3-51　小文件对应的 FAT 表项

如果继续在此分区中写入稍大的文件，就会看到如图 3-52 所示的结构，加底纹的部分表示新增加的文件。第一个表项表示 4 号簇，里面的数据为“05 00 00 00”，进行相应的转换后为十进制数 5，因为它不为 0，所以表示当前簇（4 号簇）已被占用，里面的数据是 5，表示这个文件的下一部分在 5 号簇中。进入 5 号簇所对应的 FAT 表项（就在 4 号簇的后面，值为“06 00 00 00”），此簇也已经被占用，并且这个文件的下一部分在 6 号簇中。以此类推，直到加底纹部分的最后一个表项。从结构上看，可以明显发现此文件保存的区域是连续的，所占的倒数第二个 FAT 表项中的值表示此文件的最后一个簇号，其值为“4E 00 00 00”，进行相应的转换后为十进制数 78，说明此文件的最后一个簇为 78 号簇。

Offset	0	1	2	3	4	5	6	7	8	9	A	B	C	D	E	F
0033EC00	F8	FF	FF	0F	FF	FF	FF	FF	FF	FF	FF	0F	FF	FF	FF	0F
0033EC10	05	00	00	00	06	00	00	00	07	00	00	00	08	00	00	00
0033EC20	09	00	00	00	0A	00	00	00	0B	00	00	00	0C	00	00	00
0033EC30	0D	00	00	00	0E	00	00	00	0F	00	00	00	10	00	00	00
0033EC40	11	00	00	00	12	00	00	00	13	00	00	00	14	00	00	00
0033EC50	15	00	00	00	16	00	00	00	17	00	00	00	18	00	00	00
0033EC60	19	00	00	00	1A	00	00	00	1B	00	00	00	1C	00	00	00
0033EC70	1D	00	00	00	1E	00	00	00	1F	00	00	00	20	00	00	00
0033EC80	21	00	00	00	22	00	00	00	23	00	00	00	24	00	00	00
0033EC90	25	00	00	00	26	00	00	00	27	00	00	00	28	00	00	00
0033ECA0	29	00	00	00	2A	00	00	00	2B	00	00	00	2C	00	00	00
0033ECB0	2D	00	00	00	2E	00	00	00	2F	00	00	00	30	00	00	00
0033ECC0	31	00	00	00	32	00	00	00	33	00	00	00	34	00	00	00
0033ECD0	35	00	00	00	36	00	00	00	37	00	00	00	38	00	00	00
0033ECE0	39	00	00	00	3A	00	00	00	3B	00	00	00	3C	00	00	00
0033ECF0	3D	00	00	00	3E	00	00	00	3F	00	00	00	40	00	00	00
0033ED00	41	00	00	00	42	00	00	00	43	00	00	00	44	00	00	00
0033ED10	45	00	00	00	46	00	00	00	47	00	00	00	48	00	00	00
0033ED20	49	00	00	00	4A	00	00	00	4B	00	00	00	4C	00	00	00
0033ED30	4D	00	00	00	4E	00	00	00	FF	FF	FF	0F	00	00	00	00
0033ED40	00	00	00	00	00	00	00	00	00	00	00	00	00	00	00	00

图 3-52　稍大的文件的 FAT 表项

3. 分段式文件对应的 FAT 表项

因为第一次增加的小文件的初始内容比较少，所以只占用了 3 号簇的空间，如果此时再次对文件进行编辑，增加内容，就需要占用更多的空间。由图 3-52 可以看出，4～78 号簇已被另外一个文件占用，只有 78 号簇之后的空间才是空闲的。图 3-53 中加底纹的部分就是修改后的文件的 FAT 表项。其中，第一个表项中的值为“4F 00 00 00”，表示这个文件的下一个簇为 79 号簇。

每个 FAT 表项均为 4 字节，79 号簇所在的 FAT 表项就是从 FAT 表的起始位置开始向后偏移 316（4×79）字节。先将光标定位到 FAT 表的起始位置（即“F8”处），再在菜单栏中选择“位置”→“转到偏移地址”命令，打开如图 3-54 所示的“转到偏移地址”对话框，在该对话框中输入计算得到的字节数，单击“确定”按钮后就可以快速定位到 79 号簇所对应的 FAT 表项。采用前面的方法继续定位此文件的簇，最终得出这个文件的所有簇的 FAT 表项。

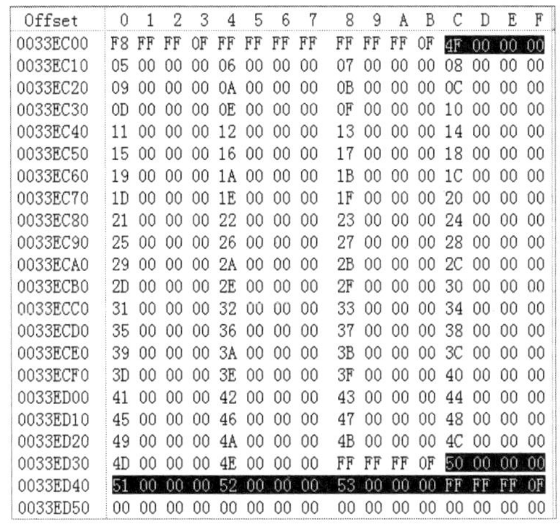

Offset	0	1	2	3	4	5	6	7	8	9	A	B	C	D	E	F
0033EC00	F8	FF	FF	0F	FF	FF	FF	FF	FF	FF	FF	0F	4F	00	00	00
0033EC10	05	00	00	00	06	00	00	00	07	00	00	00	08	00	00	00
0033EC20	09	00	00	00	0A	00	00	00	0B	00	00	00	0C	00	00	00
0033EC30	0D	00	00	00	0E	00	00	00	0F	00	00	00	10	00	00	00
0033EC40	11	00	00	00	12	00	00	00	13	00	00	00	14	00	00	00
0033EC50	15	00	00	00	16	00	00	00	17	00	00	00	18	00	00	00
0033EC60	19	00	00	00	1A	00	00	00	1B	00	00	00	1C	00	00	00
0033EC70	1D	00	00	00	1E	00	00	00	1F	00	00	00	20	00	00	00
0033EC80	21	00	00	00	22	00	00	00	23	00	00	00	24	00	00	00
0033EC90	25	00	00	00	26	00	00	00	27	00	00	00	28	00	00	00
0033ECA0	29	00	00	00	2A	00	00	00	2B	00	00	00	2C	00	00	00
0033ECB0	2D	00	00	00	2E	00	00	00	2F	00	00	00	30	00	00	00
0033ECC0	31	00	00	00	32	00	00	00	33	00	00	00	34	00	00	00
0033ECD0	35	00	00	00	36	00	00	00	37	00	00	00	38	00	00	00
0033ECE0	39	00	00	00	3A	00	00	00	3B	00	00	00	3C	00	00	00
0033ECF0	3D	00	00	00	3E	00	00	00	3F	00	00	00	40	00	00	00
0033ED00	41	00	00	00	42	00	00	00	43	00	00	00	44	00	00	00
0033ED10	45	00	00	00	46	00	00	00	47	00	00	00	48	00	00	00
0033ED20	49	00	00	00	4A	00	00	00	4B	00	00	00	4C	00	00	00
0033ED30	4D	00	00	00	4E	00	00	00	FF	FF	FF	0F	50	00	00	00
0033ED40	51	00	00	00	52	00	00	00	53	00	00	00	FF	FF	FF	0F
0033ED50	00	00	00	00	00	00	00	00	00	00	00	00	00	00	00	00

图 3-53　分段式文件对应的 FAT 表项

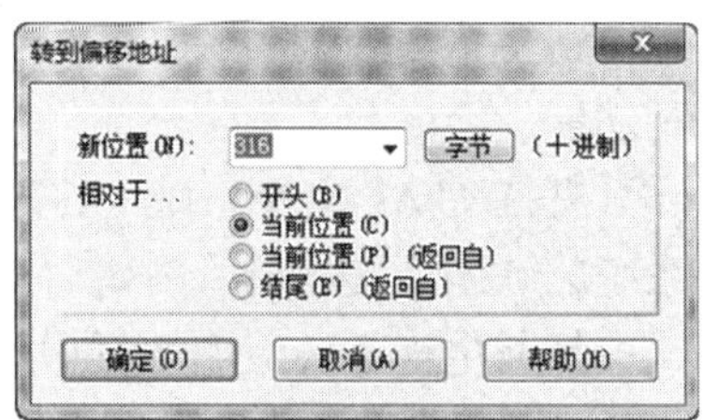

图 3-54　“转到偏移地址”对话框

注意：

在如图 3-54 所示的“转到偏移地址”对话框中，字节的单位如果是十六进制，那么可以在如图 3-53 所示的偏移地址部分单击，先将其转换为十进制（见图 3-55），再通过菜单栏打开“转到偏移地址”对话框。

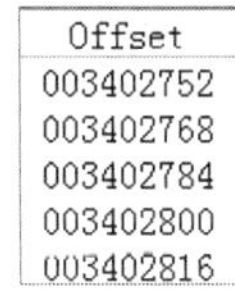

Offset
003402752
003402768
003402784
003402800
003402816

图 3-55　将十六进制转换为十进制

3.4　ExFAT 文件系统

ExFAT 分区介绍

3.4.1　ExFAT 文件系统概述

Microsoft 公司在 Windows CE 6.0 中首次推出 ExFAT 文件系统后，逐渐将其应用于桌面系统。桌面系统从 Windows Vista SP1 开始支持 ExFAT 文件系统。ExFAT 文件系统是为闪存介质推出的，如 U 盘、数码卡等。如今的闪存介质的容量越来越大，FAT 文件系统能够管理的空间有限，而 NTFS 又不适合用于闪存介质（NTFS 是日志型文件系统，需要记录详细的读/写操作；对闪存介质的芯片磨损较大，要不断读/写）。

基于这些方面，Microsoft 公司推出了 ExFAT 文件系统。与原来的 FAT 文件系统相比，ExFAT 文件系统主要有以下特点。

（1）支持更大的分区。原来的 FAT16 文件系统支持的分区最大为 2GB。FAT32 文件系统支持的分区最大为 32GB（从理论上来说可以更大，但操作系统做了限制），而 Microsoft 公司的官方网站提供的信息称，ExFAT 文件系统从理论上来说支持的分区最大可以为 64ZB，系统建议支持的最大分区为 512TB。

（2）支持更大的文件。原来的 FAT16 文件系统和 FAT32 文件系统对单个文件的最大支持为 4GB，而 Microsoft 公司的官方网站提供的信息称，ExFAT 文件系统理论上来说最大可以支持 64ZB 的文件，系统建议支持的最大文件为 512TB。

（3）支持更大的簇。原来的 FAT16 文件系统和 FAT32 文件系统支持的最大的簇为 64KB，而 ExFAT 文件系统能够支持的簇最大为 32MB，更大的簇可以使文件系统对大文件的处理变得高效。

（4）支持访问控制列表（Access Control List）。访问控制列表是类似于 NTFS 中权限控制的一种功能。

（5）支持 TFAT 文件系统。TFAT 文件系统的作用是保证操作的完整性，是为了弥补 FAT 文件系统的缺陷而提出的。例如，一个 FAT 格式的 U 盘，如果在复制某个文件时突然将 U 盘拔掉或突然断电等都会造成数据中断，无法保证数据完整地写入 U 盘中。而在 TFAT 文件系统的支持下，文件在传输时采用双索引机制，即当文件从一台设备移动到另一台设备时，先在目标设备中建立一个临时索引，直到传输完毕这个临时索引才转存为标准索引，最终将原文件删除，从而避免在移动过程中出现数据丢失的问题。

（6）支持快速分配的簇位图功能。

（7）具有更好的磁盘连续布局功能。

（8）支持通用协调时间（UTC）的时间戳。

（9）增加了台式计算机与移动媒体之间的兼容性。

ExFAT 文件系统虽然有诸多优越性，但被用户广泛接受还需要较长的时间。ExFAT 文件系统更多的是一项立足于未来的技术。Windows XP 操作系统、Windows Server 2003 操作系统需要打补丁才能支持 ExFAT 文件系统，Linux 系列的操作系统需要添加 fuse-exfat 模块和 exfat-utils 模块才能支持 ExFAT 文件系统，而型号较老的数码相机和智能手机则需要升级固件才能支持 ExFAT 文件系统。

3.4.2 ExFAT 文件系统的结构

ExFAT 分区组织结构

ExFAT 簇和引导扇区

1. 总体结构

ExFAT 文件系统由 5 个部分组成，分别为 DBR 及其保留扇区、FAT、簇位图文件、大写字符文件、用户数据区，如图 3-56 所示。

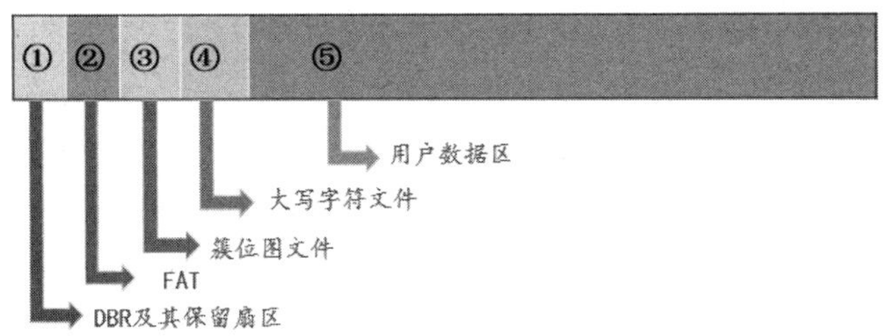

图 3-56　ExFAT 文件系统的结构

图 3-56 所示的结构只是 ExFAT 文件系统的示意图，并不成比例。其实，在真实分区中，前 4 项只占用整个分区很小的一部分。ExFAT 文件系统的结构是分区被格式化时自动创建出来的，下面详细介绍每个组成部分的含义。

（1）DBR 及其保留扇区。DBR（DOS 引导记录），也可称为操作系统引导记录。在 DBR 之后往往有一些保留扇区，其中 12 号扇区为 DBR 的备份扇区。

（2）FAT。FAT 的英文全称为 File Allocation Table，中文全称为文件分配表。

需要注意的是，ExFAT 文件系统一般只有一个 FAT 表；FAT 文件系统有两个 FAT 表，分别为 FAT1 和 FAT2。

（3）簇位图文件。簇位图文件是文件系统的第一个元文件，类似于 NTFS 中的元文件 $Bitmap，用来管理分区中簇的使用情况。

（4）大写字符文件。大写字符文件是文件系统的第二个元文件，类似于 NTFS 中的元文件$UpCase。Unicode 字母表中的每个字符在这个文件中都有一个对应的条目，用于比较、排序和计算 Hash 值等。需要注意的是，该文件的大小固定为 5836 字节。

（5）用户数据区。用户数据区是文件系统的主要区域，用来保存用户的文件及目录。

2. DBR 分析

下面介绍 ExFAT 文件系统的 DBR，如图 3-57 所示。DBR 开始于文件系统的第一个扇区，计算机启动时，首先由 BIOS 读入主引导盘 MBR 的内容，以确定各个逻辑驱动器及其起始地址，然后调入活动分区的 DBR，将控制权交给 DBR，由 DBR 来引导操作系统。

ExFAT 文件系统的 DBR 由 6 个部分组成，分别为跳转指令、OEM 代号、保留扇区、BPB 参数、引导程序和结束标记。

（1）跳转指令。跳转指令本身占 2 字节，将程序执行流程跳转到引导程序处。例如，当前 DBR 中的“EB 76”代表汇编语言的“JMP 76”，如图 3-57 所示，这里展示了“EB 76”的跳转过程。需要注意的是，“EB 76”指令本身占 2 字节，也就是当计算跳转目标地址时，应以下一个字节为基准，所以实际执行的下一条指令应该位于 78H 偏移处。紧接着跳转指令的是一条空指令 NOP（即 90H）。

（2）OEM 代号。OEM 代号占 8 字节，其内容由创建该文件系统的厂商具体安排。例如，Microsoft 公司的 Windows 10 操作系统将此处设置为文件系统类型“ExFAT”。

（3）保留扇区。DBR 的 0BH～3FH 偏移处是原来的 FAT 文件系统的 BPB 参数所占用的空间，ExFAT 文件系统不使用这些字节。

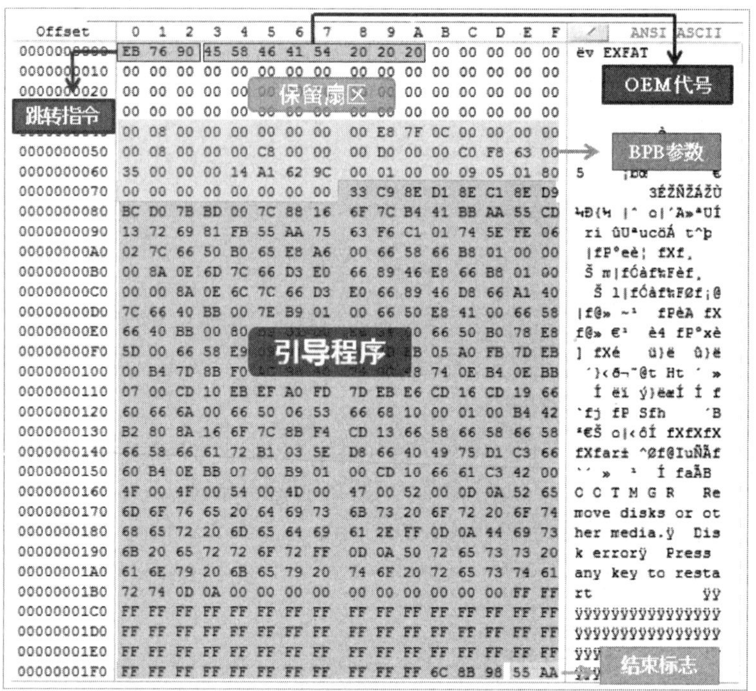

图 3-57　ExFAT 文件系统的 DBR

（4）BPB 参数。ExFAT 文件系统的 BPB 参数从 DBR 的 40H 偏移处开始，占 56 字节，记录了有关该文件系统的重要信息。

偏移 40～47 为隐藏扇区数，占 8 字节；偏移 48～4F 为分区总扇区数，占 8 字节；偏移 50～53 为 FAT 表起始扇区号，占 4 字节；偏移 54～57 为 FAT 表扇区数，占 4 字节；偏移 58～5B 为首簇起始扇区号，占 4 字节；偏移 5C～5F 为分区内的总簇数，占 4 字节。偏移 60～63 为根目录首簇号，占 4 字节；偏移 64～67 为卷序列号，占 4 字节；偏移 6C 描述每个扇区的字节数；偏移 6D 描述每个簇的扇区数。

BPB 参数也可以使用模板来查看，这样分析起来就会方便很多。打开“模板管理器”对话框，选择 ExFAT 模板，双击选择的模板就可以查看 BPB 参数，如图 3-58 所示。

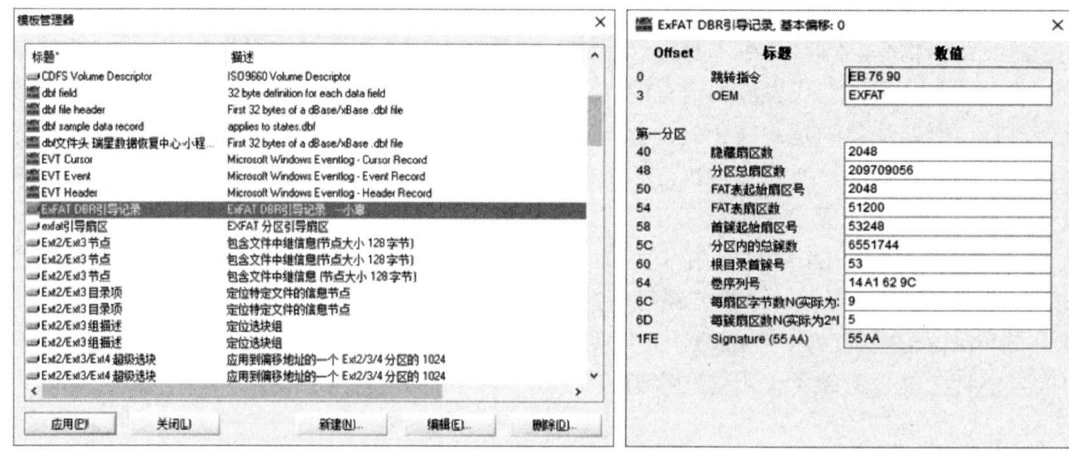

图 3-58　使用模板查看 BPB 参数

3.4.3 ExFAT 文件系统的 FAT 表与簇位图

ExFAT 数据区位置计算

1. FAT 表的结构

图 3-59 所示是 ExFAT 文件系统的 FAT 表的示例。通过观察可知，ExFAT 文件系统的 FAT 表和 FAT 文件系统的 FAT 表是很相似的。

Offset	0	1	2	3	4	5	6	7	8	9	A	B	C	D	E	F	
0000100000	F8	FF	FF	FF	FF	FF	FF	FF	FF	FF	FF	FF	FF	FF	FF	FF	øÿÿÿÿÿÿÿÿÿÿÿÿÿÿÿ
0000100010	FF	FF	FF	FF	00	00	00	00	00	00	00	00	00	00	00	00	ÿÿÿÿ
0000100020	00	00	00	00	00	00	00	00	00	00	00	00	00	00	00	00	
0000100030	00	00	00	00	00	00	00	00	00	00	00	00	00	00	00	00	
0000100040	00	00	00	00	00	00	00	00	00	00	00	00	00	00	00	00	
0000100050	00	00	00	00	00	00	00	00	00	00	00	00	00	00	00	00	
0000100060	00	00	00	00	00	00	00	00	00	00	00	00	00	00	00	00	
0000100070	00	00	00	00	00	00	00	00	00	00	00	00	00	00	00	00	
0000100080	00	00	00	00	00	00	00	00	00	00	00	00	00	00	00	00	
0000100090	00	00	00	00	00	00	00	00	00	00	00	00	00	00	00	00	
00001000A0	00	00	00	00	00	00	00	00	00	00	00	00	00	00	00	00	
00001000B0	00	00	00	00	00	00	00	00	00	00	00	00	00	00	00	00	
00001000C0	00	00	00	00	00	00	00	00	00	00	00	00	00	00	00	00	

图 3-59 ExFAT 文件系统的 FAT 表的示例

对于 ExFAT 文件系统来讲，FAT 表是很重要的组成部分，其主要作用及结构如下。

（1）ExFAT 文件系统一般只有一个 FAT 表，由格式化程序在对分区进行格式化时创建。

（2）FAT 表在 DBR 之后，其具体位置使用 BPB 参数中偏移为 50H～53H 的 4 字节描述。

（3）FAT 表由 FAT 表项构成。可以把 FAT 表项简称为 FAT 项。ExFAT 文件系统的每个项由 4 字节构成，也就是 32 位的表项。

（4）每个 FAT 表项都有一个固定的编号，这个编号从 0 开始。

（5）FAT 表的前 2 个项有专门的用途，0 号 FAT 表项通常用来保存分区所在的介质类型。例如，介质为硬盘，硬盘的介质类型为“F8”，那么分区的 FAT 表的第一个项就以“F8”开始，1 号 FAT 表项一般都是 4 字节的“FF”。

（6）用户数据区中的每个簇都会映射到 FAT 表中的唯一一个 FAT 表项上。因为 0 号 FAT 表项和 1 号 FAT 表项有特殊用途，无法与数据区中的簇形成映射，只能从 2 号 FAT 表项开始与数据区中的第一个簇映射，所以数据区中的第一个簇就是 2 号簇，这也是没有 0 号簇和 1 号簇的原因。3 号簇与 3 号 FAT 表项映射，4 号簇与 4 号 FAT 表项映射，以此类推，直到数据区中的最后一个簇。

（7）分区格式化之后，分区的元文件和用户文件都以簇为单位保存在数据区中。一个文件至少占用一个簇。当一个文件占用多个簇时，这些簇的簇号可能是连续的，也可能是不连续的。如果文件保存在不连续的簇中，那么这些簇的簇号以簇链的形式登记在 FAT 表中；如果文件保存在连续的簇中，那么 FAT 表不登记这些连续的簇链，显示为“00”。

综上可知，**ExFAT 文件系统的 FAT 表的功能主要是记录不连续存储的文件簇链**，所以在 FAT 表中看到数值为 0 的 FAT 表项并不能说明该项对应的簇可用。

目前，第 2～4 个 FAT 表项都是结束标记（4 个“FF”），这说明簇位图文件、大写字符文件和根目录各占一个簇。

ExFAT 文件系统的 FAT 表之后是数据区，但数据区不一定紧跟在 FAT 表之后，因为 FAT 表后面可能还有一些保留扇区，每个分区不一样，应根据实际情况来定。

2. 簇位图文件

簇位图文件是在分区格式化时创建的，该分区不允许用户访问和修改。以图 3-60 为例，从 DBR 偏移 58H～5BH 处可以看到首簇起始扇区号是“00 D0 00 00”，也就是十进制数 53 248。

Offset	0	1	2	3	4	5	6	7	8	9	A	B	C	D	E	F
0000000000	EB	76	90	45	58	46	41	54	20	20	20	00	00	00	00	00
0000000010	00	00	00	00	00	00	00	00	00	00	00	00	00	00	00	00
0000000020	00	00	00	00	00	00	00	00	00	00	00	00	00	00	00	00
0000000030	00	00	00	00	00	00	00	00	00	00	00	00	00	00	00	00
0000000040	00	08	00	00	00	00	00	00	00	E8	7F	0C	00	00	00	00
0000000050	00	08	00	00	00	C8	00	00	00	D0	00	00	C0	F8	63	00
0000000060	35	00	00	00	14	A1	62	9C	00	01	00	00	09	05	01	80

图 3-60　首簇起始扇区号

数据区的开始位置在 BPB 参数中描述，首簇起始扇区号描述数据区的开始位置。数据区的第一个簇就是 2 号簇，2 号簇一般都分配给簇位图文件使用。

跳转到 53 248 号扇区，内容如图 3-61 所示。

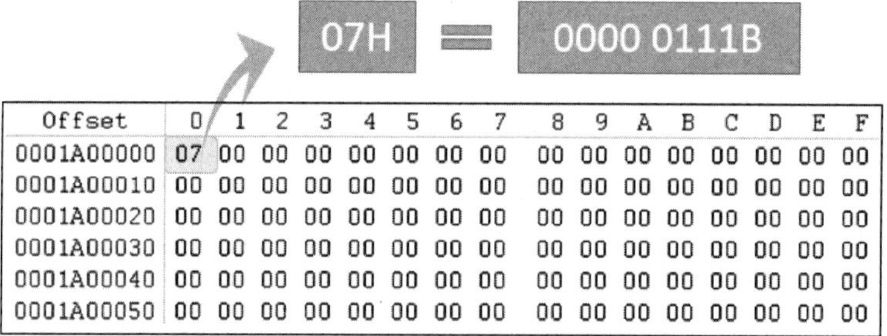

Offset	0	1	2	3	4	5	6	7	8	9	A	B	C	D	E	F
0001A00000	07	00	00	00	00	00	00	00	00	00	00	00	00	00	00	00
0001A00010	00	00	00	00	00	00	00	00	00	00	00	00	00	00	00	00
0001A00020	00	00	00	00	00	00	00	00	00	00	00	00	00	00	00	00
0001A00030	00	00	00	00	00	00	00	00	00	00	00	00	00	00	00	00
0001A00040	00	00	00	00	00	00	00	00	00	00	00	00	00	00	00	00
0001A00050	00	00	00	00	00	00	00	00	00	00	00	00	00	00	00	00

图 3-61　簇位图文件的内容

此扇区中只有一个字节“07H”，这就是簇位图文件的内容。

将簇位图文件的每个位（bit）映射到数据区的每个簇中。如果将某个簇分配给某文件，那么这个簇在簇位图文件中对应的位就会被填入 1，表示该簇已被占用。如果是空簇，那么它在簇位图文件中对应的位就是 0。

簇位图文件的内容为“07H”，换算成二进制形式为“00000111”，这 8 位就对应数据区的 8 个簇，即 2～9 号簇。从“00000111”这个数值中能够明确地看出 2～4 号簇是被占用的，其他 5 个簇未被占用。而 2～4 号簇正是被簇位图文件、大写字符文件和根目录占用的。有关簇位图文件的开始位置和大小在它的目录项中都有记录。

3. 大写字符文件

图 3-62 所示为大写字符文件第一个扇区的前半部分，可以看出其内容都是 Unicode 字母表中的字符，每个字符占 2 字节。大写字符文件的总大小固定为 5836 字节。

大写字符文件是 ExFAT 文件系统的第二个元文件。Unicode 字母表中的每个字符在大写字符文件中都有一个对应的条目，用于比较、排序和计算 Hash 值等。大写字符文件是在分区格式化时创建的，并且不允许用户访问和修改。

```
Offset       0  1  2  3  4  5  6  7   8  9  A  B  C  D  E  F
0001AC8000  00 00 01 00 02 00 03 00  04 00 05 00 06 00 07 00
0001AC8010  08 00 09 00 0A 00 0B 00  0C 00 0D 00 0E 00 0F 00
0001AC8020  10 00 11 00 12 00 13 00  14 00 15 00 16 00 17 00
0001AC8030  18 00 19 00 1A 00 1B 00  1C 00 1D 00 1E 00 1F 00
0001AC8040  20 00 21 00 22 00 23 00  24 00 25 00 26 00 27 00    ! " # $ % & '
0001AC8050  28 00 29 00 2A 00 2B 00  2C 00 2D 00 2E 00 2F 00  ( ) * + , - . /
0001AC8060  30 00 31 00 32 00 33 00  34 00 35 00 36 00 37 00  0 1 2 3 4 5 6 7
0001AC8070  38 00 39 00 3A 00 3B 00  3C 00 3D 00 3E 00 3F 00  8 9 : ; < = > ?
0001AC8080  40 00 41 00 42 00 43 00  44 00 45 00 46 00 47 00  @ A B C D E F G
0001AC8090  48 00 49 00 4A 00 4B 00  4C 00 4D 00 4E 00 4F 00  H I J K L M N O
0001AC80A0  50 00 51 00 52 00 53 00  54 00 55 00 56 00 57 00  P Q R S T U V W
0001AC80B0  58 00 59 00 5A 00 5B 00  5C 00 5D 00 5E 00 5F 00  X Y Z [ \ ] ^ _
```

图 3-62　大写字符文件第一个扇区的前半部分

3.4.4　ExFAT 文件系统的目录项

ExFAT 文件目录结构

ExFAT 文件目录表讲解

ExFAT 文件目录项属性

ExFAT 修改文件属性

1. 目录项的结构

目录项对于 ExFAT 文件系统来说是非常重要的组成部分。目录项的主要作用及结构特点如下。

（1）分区中的每个文件和文件夹（也可称为目录）都被分配多个大小为 32 字节的目录项，用来描述文件或文件夹的属性、大小、起始簇号、时间和日期等信息，以及记录文件名或目录名。

（2）在 ExFAT 文件系统中，目录也被视为特殊类型的文件，所以每个目录也与文件一样有目录项。

（3）在 ExFAT 文件系统中，根目录下的文件和文件夹的目录项保存在根目录区中，子目录下的文件和文件夹的目录项保存在数据区相应的簇中。

根据目录项的作用和结构特点，可以把目录项分为如下 4 种类型。

（1）卷标的目录项。

（2）簇位图文件的目录项。

（3）大写字符文件的目录项。

（4）用户文件的目录项。

2. 卷标的目录项

卷标就是一个分区的名称，可以在格式化分区时创建，也可以随时修改。ExFAT 文件系统把卷标当作文件，用文件目录项进行管理，并且为卷标创建一个目录项，保存在根目录区中，如图 3-63 所示。

```
Offset       0  1  2  3  4  5  6  7   8  9  A  B  C  D  E  F
0001ACC000  83 05 65 00 78 00 66 00  61 00 74 00 00 00 00 00
0001ACC010  00 00 00 00 00 00 00 00  00 00 00 00 00 00 00 00
0001ACC020  81 00 00 00 00 00 00 00  00 00 00 00 00 00 00 00
0001ACC030  00 00 00 00 02 00 00 00  18 7F 0C 00 00 00 00 00
0001ACC040  82 00 00 00 0D D3 19 E6  00 00 00 00 00 00 00 00
```

图 3-63　卷标的目录项的示例

卷标的目录项占 32 字节，其中第一个字节是特征值，用来描述类型。卷标的目录项的特征值为“83H”，如果没有卷标或将卷标删除，那么该特征值为“03H”。卷标的长度从理论上来说可以为 11 个字符，但实际上可以达到 15 个字符。

卷标的目录项的结构如表 3-4 所示。在字节偏移 0x00 处，用 1 字节表示目录项的类型；

在字节偏移 0x01 处，用 1 字节表示卷标的字符数，也就是卷标的长度；在字节偏移 0x02 处，用 22 字节表示卷标；在字节偏移 0x18 处，这里的 8 字节是保留的（虽然是保留的，但实际上也可用作卷标）。

表 3-4 卷标的目录项的结构

字节偏移	字段长度/字节	内容及含义
0x00	1	目录项的类型（卷标的目录项的特征值为“83H”）
0x01	1	卷标的字符数
0x02	22	卷标
0x18	8	保留（也可用）

卷标的目录项有如下几方面特点。

（1）对于 ExFAT 格式的分区，卷标的字符数从理论上来说要求在 11 个之内，最多可以达到 15 个，卷标使用 Unicode 字符，也就是每个字符占 2 字节。

（2）卷标的目录项中不记录起始簇号和大小。

（3）卷标的目录项中不记录时间戳。

3. 簇位图文件和大写字符文件的目录项

ExFAT 文件系统格式化时会创建一个簇位图文件，并为其创建一个目录项，放在根目录区中。

簇位图文件的目录项占 32 字节，其中第一个字节是特征值，用来描述类型。簇位图文件的特征值为“81H”，如图 3-64 所示。

Offset	0	1	2	3	4	5	6	7	8	9	A	B	C	D	E	F
0001ACC020	81	00	00	00	00	00	00	00	00	00	00	00	00	00	00	00
0001ACC030	00	00	00	00	02	00	00	00	18	7F	0C	00	00	00	00	00
0001ACC040	82	00	00	00	0D	D3	19	E6	00	00	00	00	00	00	00	00
0001ACC050	00	00	00	00	34	00	00	00	CC	16	00	00	00	00	00	00
0001ACC060	85	03	C5	6A	16	00	00	00	96	7B	41	4D	96	7B	41	4D

图 3-64 簇位图文件的目录项的示例

簇位图文件的目录项的含义如下：在字节偏移 0x00 处，用 1 字节表示目录项的类型，簇位图文件的特征值是“81H”；在字节偏移 0x01～0x13 处，都是保留字节，不可用；在字节偏移 0x14～0x17 处，用 4 字节表示簇位图文件的起始簇号；在字节偏移 0x18～0x1F 处，用 8 字节表示簇位图文件的大小。

簇位图文件的目录项的特点如下。

（1）对于 ExFAT 格式的分区，簇位图文件的起始簇号一般都为 2。

（2）簇位图文件的目录项中不记录时间戳。

大写字符文件的目录项占 32 字节，其中，第一个字节是特征值，用来描述类型。大写字符文件的目录项的特征值为“82H”，其他字段的结构与簇位图文件的目录项的结构相同。

4. 用户文件的目录项

在 ExFAT 文件系统中，每个用户文件至少有 3 个目录项。这 3 个目录项被称为 3 个属性：第一个目录项为“属性 1”，目录项首字节的特征值为“85H”；第二个目录项为“属性 2”，目录项首字节的特征值为“C0H”；第三个目录项为“属性 3”，目录项首字节的特征值为“C1H”。

用户文件的目录项如图 3-65 所示。

```
Offset      0  1  2  3  4  5  6  7   8  9  A  B  C  D  E  F
0001ACC0E0  85 02 3C D9 20 00 00 00  AB 7E 42 4D 34 A6 C3 4C  ▮ <Ù    «~BM4¦ÃL
0001ACC0F0  AB 7E 42 4D 09 00 A0 A0  A0 00 00 00 00 00 00 00  «~BM
0001ACC100  C0 03 00 08 8E 45 00 00  5F 03 00 00 00 00 00 00  Å   ▮E  _
0001ACC110  00 00 00 00 05 00 00 00  5F 03 00 00 00 00 00 00          _
0001ACC120  C1 00 6B 00 6D 00 73 00  38 00 2E 00 6C 00 6F 00  Á k m s 8 . l o
0001ACC130  67 00 00 00 00 00 00 00  00 00 00 00 00 00 00 00  g
0001ACC140  00 00 00 00 00 00 00 00  00 00 00 00 00 00 00 00
```

图 3-65 用户文件的目录项

1）“属性 1”目录项

“属性 1”目录项用来记录该目录项的附属目录项数、校验和、文件属性和时间戳等信息。用户文件“属性 1”目录项中各字段的含义如表 3-5 所示。

表 3-5 用户文件“属性 1”目录项中各字段的含义

字节偏移	字段长度/字节	内容及含义
0x00	1	目录项的类型
0x01	1	附属目录项数
0x02	2	校验和
0x04	4	文件属性
0x08	4	文件创建时间
0x0C	4	文件最后修改时间
0x10	4	文件最后访问时间
0x14	1	文件创建时间（精确至 10 毫秒）
0x15	3	保留
0x18	8	保留

下面对表 3-5 中的某些参数进行解释。

（1）0x01：附属目录项数。此参数是指除了此目录项该文件还有多少个目录项。当前值为 2，说明这个文件除了“属性 1”目录项后面还有 2 个目录项，其实就是“属性 2”目录项和“属性 3”目录项。

（2）0x04～0x07：文件属性。此参数用来描述文件的常规属性，类似于 FAT32 文件系统的文件属性值，具体含义如下。

- 当值为 00 时，表示这个文件可以被读/写。
- 当值为 01 时，表示这个文件只能做读取操作。
- 当值为 10 时，表示这个文件有隐藏属性。
- 当值为 100 时，表示这个文件是系统文件。
- 当值为 1000 时，表示这文件是卷标文件。
- 当值为 10 000 时，表示这个文件是子目录文件夹。
- 当值为 100 000 时，表示这个文件的属性为归档，也就是一个创建好了的文件。

2）“属性 2”目录项

“属性 2”目录项用来记录文件是否有碎片、文件名的字符数、文件名的 Hash 值、文件的起始簇号及大小等信息。用户文件“属性 2”目录项中各字段的含义如表 3-6 所示。

表 3-6　用户文件“属性 2”目录项中各字段的含义

字节偏移	字段长度/字节	内容及含义
0x00	1	目录项的类型
0x01	1	文件碎片标志
0x02	1	保留
0x03	1	文件名的字符数
0x04	2	文件名的 Hash 值
0x06	2	保留
0x08	8	文件大小 1
0x10	4	保留
0x14	4	起始簇号
0x18	8	文件大小 2

下面对表 3-6 中的某些参数进行解释。

（1）0x01：文件碎片标志，能够反映文件是否连续存放。如果是连续存放的，那么该标志为“03H”；如果不是连续存放的，文件有碎片，那么该标志就是“01H”。

（2）0x03：文件名的字符数，用来说明文件名的长度。ExFAT 文件系统的文件名用 Unicode 码表示，每个字符占 2 字节。

（3）0x04～0x05：文件名的 Hash 值，是根据相应算法计算出来的文件名的校验值。当文件名发生变化时，Hash 值也会发生变化，但当文件移动时该值不变。

（4）0x08～0x0F：文件大小 1，是文件的总字节数，用 64 位记录文件的大小。

（5）0x14～0x17：起始簇号，描述文件的起始簇号，用 32 位记录簇的地址。

（6）0x18～0x1F：文件大小 2，也是文件的总字节数，是为 NTFS 压缩属性准备的，一般与文件大小 1 的数值保持一致。

3）“属性 3”目录项

“属性 3”目录项用来记录文件名。如果文件名很长，那么“属性 3”可以包含多个目录项，每个目录项被称为一个片段，从上到下依次记录文件名的每个字符。ExFAT 文件系统目录项记录的方向，刚好与 FAT 文件系统中长文件名目录项从下到上的顺序相反。

在字节偏移 0x00 处，用 1 字节表示目录项的类型；偏移字节 0x01 保留，后面的字节都可用作文件名，按顺序存储文件名的 Unicode 码。

任务实施

3.5　任务 1　修复 FAT32 分区结构

3.5.1　修复引导扇区

引导扇区修复方法

修复引导扇区

引导扇区修复实例

步骤 1：复制另外一个 FAT32 文件系统的 DBR。

因为 FAT32 文件系统的 DBR 的结构基本一致，所以某个

FAT32 分区的 DBR 被破坏后，可以将另一个正常分区的 DBR 复制到本分区中，再修改一些关键值即可。

步骤 2：按照 FAT32 文件系统的结构，用 WinHex 修改关键值。

通过双击打开待修复的逻辑驱动器，查询到的 0 号扇区中的数值如图 3-66 所示。0 号扇区就是 FAT32 文件系统的 DBR，是为引导系统服务的。

```
Offset     0  1  2  3  4  5  6  7   8  9  A  B  C  D  E  F
000000000  EB 58 90 4D 53 44 4F 53  35 2E 30 00 02 08 24 00  隭忢SDOS5.0...$.
000000010  02 00 00 00 00 F8 00 00  3F 00 FF 00 3F 00 00 00  .....?.?.  .?...
000000020  8C 94 9F 00 D2 27 00 00  00 00 00 00 02 00 00 00  寯??............
000000030  01 00 06 00 00 00 00 00  00 00 00 00 00 00 00 00  ................
000000040  80 00 29 FF 6F 0B 00 20  20 20 20 20 20 20 20 20  €.)  o..
000000050  20 20 46 41 54 33 32 20  20 20 33 C9 8E D1 BC F4    FAT32   3蓭鸭
000000060  7B 8E C1 8E D9 BD 00 7C  88 4E 02 8A 56 40 B4 08  {幁庂?|圢.婮@?.
000000070  CD 13 73 05 B9 FF FF 8A  F1 66 0F B6 C6 40 66 0F  ?s.?  婑f.镀@f.
000000080  B6 D1 80 E2 3F F7 E2 86  CD C0 ED 06 41 66 0F B7  堆€?麾嗋理.Af. 
000000090  C9 66 F7 E1 66 89 46 F8  83 7E 16 00 75 38 83 7E  蒮黟f塅鴥~..u8儈
0000000A0  2A 00 77 32 66 8B 46 1C  66 83 C0 0C BB 00 80 B9  *.w2f婩.f兝.?€
0000000B0  01 00 E8 2B 00 E9 48 03  A0 FA 7D B4 7D 8B F0 AC  ..?.镠.狖}磢嬸
0000000C0  84 C0 74 17 3C FF 74 09  B4 0E BB 07 00 CD 10 EB  劺t.<  t.??.? ?
0000000D0  EE A0 FB 7D EB E5 A0 F9  7D EB E0 98 CD 16 CD 19  铎鹽脉}豚樛.?
0000000E0  66 60 66 3B 46 F8 0F 82  4A 00 66 6A 00 66 50 06  f`f;F?俍.fj.fP.
0000000F0  53 66 68 10 00 01 00 80  7E 02 00 0F 85 20 00 B4  Sfh....€~...?.
000000100  41 BB AA 55 8A 56 40 CD  13 0F 82 1C 00 81 FB 55  A华U奦@?.?.伳U
000000110  AA 0F 85 14 00 F6 C1 01  0F 84 0D 00 FE 46 02 B4  ??.隽..?.槚. fX
000000120  42 8A 56 40 8B F4 CD 13  B0 F9 66 58 66 58 66 58  B奦@嬼?诱fXfXfX
000000130  66 58 EB 2A 66 33 D2 66  0F B7 4E 18 66 F7 F1 FE  fX?f3襣.稦.f黢
000000140  C2 8A CA 66 8B D0 66 C1  EA 10 F7 76 1A 86 D6 8A  聤蔲嬓f陵.鲾.哟
000000150  56 40 8A E8 C0 E4 06 0A  CC B8 01 02 CD 13 66 61  V@婅冷..谈..?fa
000000160  0F 82 54 FF 81 C3 00 02  66 40 49 0F 85 71 FF C3  .俆  伱..f@I.卶
000000170  4E 54 4C 44 52 20 20 20  20 20 20 00 00 00 00 00  NTLDR      .....
000000180  00 00 00 00 00 00 00 00  00 00 00 00 00 00 00 00  ................
000000190  00 00 00 00 00 00 00 00  00 00 00 00 00 00 00 00  ................
0000001A0  00 00 00 00 00 00 00 00  00 00 00 00 0D 0A 52 65  ..............Re
0000001B0  6D 6F 76 65 20 64 69 73  6B 73 20 6F 72 20 6F 74  move disks or ots
0000001C0  68 65 72 20 6D 65 64 69  61 2E FF 0D 0A 44 69 73  her media.  ..Dis
0000001D0  6B 20 65 72 72 6F 72 FF  0D 0A 50 72 65 73 73 20  k error  ..Press
0000001E0  61 6E 79 20 6B 65 79 20  74 6F 20 72 65 73 74 61  any key to resta
0000001F0  72 74 0D 0A 00 00 00 00  00 AC CB D8 00 00 55 AA  rt.......  ?.U .
```

图 3-66　0 号扇区中的数值

在 FAT32 文件系统中，DBR 后面紧跟着保留扇区。虽然目前没有直接使用保留扇区，但它是为系统功能服务的。所以，在格式化时会自动为保留扇区分配并清理空间，也就不再是原来的标记“6E”。

注意：

在 FAT32 文件系统中，DBR 具有统一的格式，可以参考 DBR 的格式说明来查看每个字段的意义（DBR 的相关内容请参考 3.1 节，此处不再赘述），也可以单击“快速跳转”按钮，选择“启动扇区（模板）”命令，如图 3-67 所示，通过调用 WinHex 提供的模板进行直观的查看，如图 3-68 所示。

DBR 中的值与各组成部分之间的关系如图 3-69 所示，其中 A 与 B 的值对应图 3-68 中 A 与 B 的值。

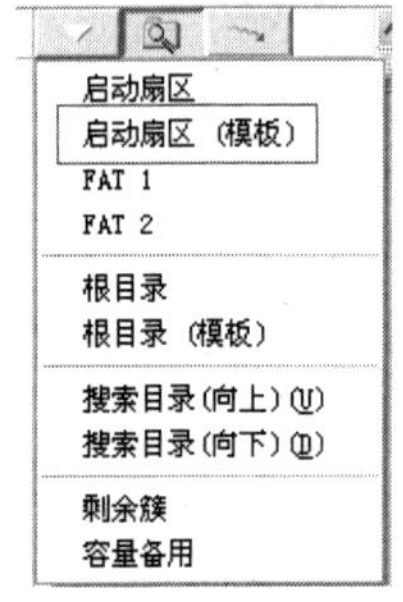

图 3-67　选择“启动扇区（模板）”命令

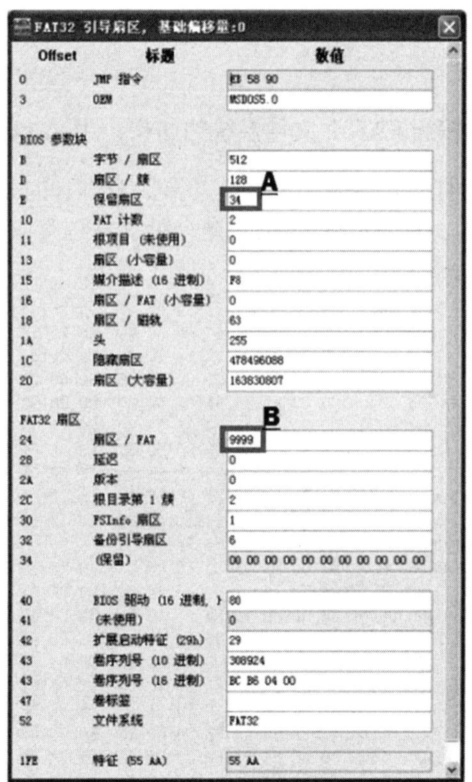

图 3-68　引导扇区的模板显示

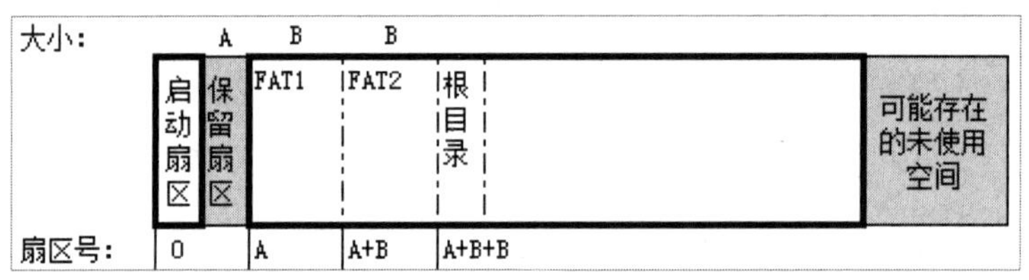

图 3-69　DBR 中的值与各组成部分之间的关系

单击“快速跳转”按钮，选择图 3-67 中的“FAT 1”命令，可以快速跳入 FAT32 文件系统的 FAT1 中。

FAT32 文件系统的每个 FAT 表项为 4 字节。所以，在 WinHex 的常规设置下，1 行一共可以表示 4 个 FAT 表项。前 2 个 FAT 表项的值为“F8 FF FF 0F FF FF FF FE”，这是通用写法，因为 0 号簇和 1 号簇有特殊用途。第三个 FAT 表项对应 2 号簇，其值为“FF FF FF 0F”，表示当前簇已经被占用。其他地方的值为“00”，即剩下部分的簇未被使用。

单击“快速跳转”按钮，选择图 3-67 中的“FAT 2”命令，可以快速跳入 FAT32 文件系统的 FAT2 中。可以发现，FAT1 和 FAT2 的数据是一模一样的，因为 FAT2 就是 FAT1 的备份。

单击“快速跳转”按钮，选择图 3-67 中的“根目录”命令，可以快速跳入 FAT32 文件系统的根目录中。

在图 3-68 中，根目录的第一个簇为 2 号簇，即根目录在 2 号簇中，所以也可以在菜单栏中选择“位置”→“转到扇区”命令，在打开的“转到扇区”对话框中设置跳转簇号为 2。在设置完簇号之后，WinHex 会自动计算此簇对应的扇区号。

整合后的 FAT32 文件系统的结构如图 3-70 所示。

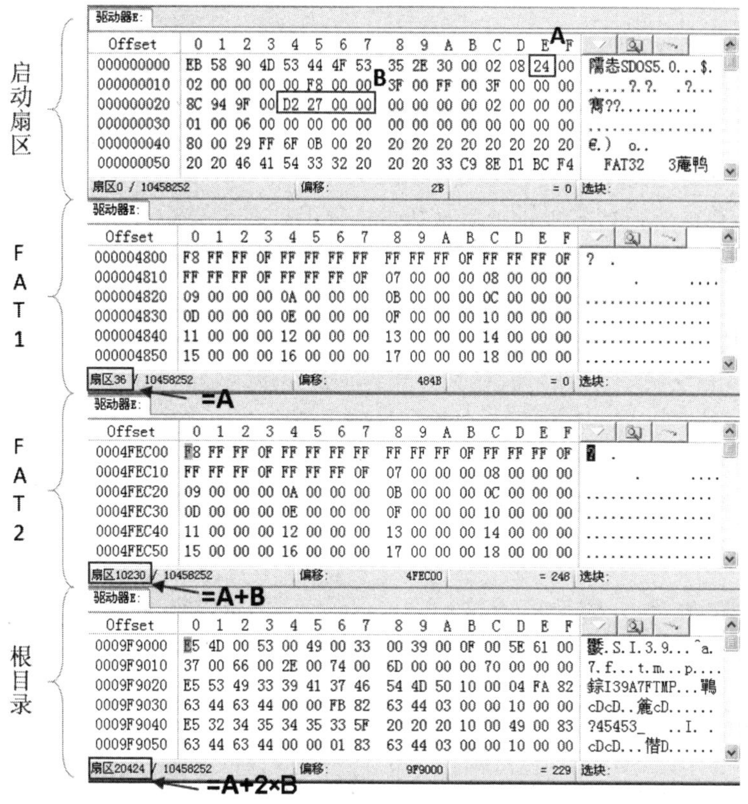

图 3-70　整合后的 FAT32 文件系统的结构

3.5.2　计算数据区的起始位置

计算文件实际扇区位置实验

FAT32 文件系统的主要组成部分包括 DBR、FAT 表、根目录和数据区。

格式化 FAT32 文件系统主要是向 DBR、保留扇区、FAT 区（FAT1 和 FAT2）、2 号簇中写入数据，其他地方的数据不会改变。DBR、保留扇区和 FAT 区中保存的值都属于系统数据。只有 2 号簇中的才是真正的用户数据。也就是说，格式化 U 盘只是丢失了本 U 盘中根目录下的文件属性，其他数据仍在 U 盘中，如图 3-71 所示。这就是数据能够恢复的前提。

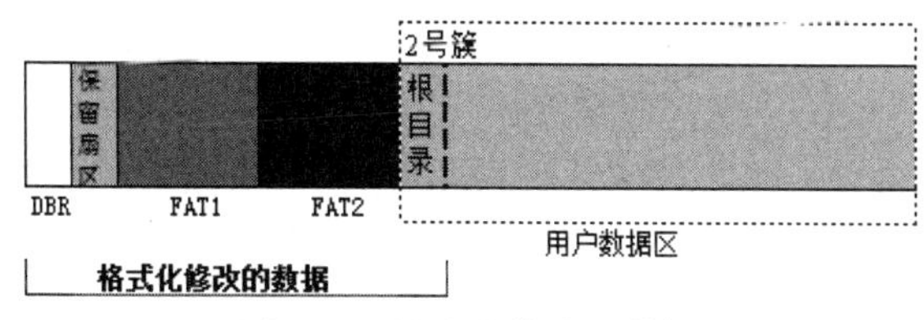

图 3-71　格式化修改的数据

每个 FAT 表项对应数据区中的一个簇。若簇中已写入数据，则在相应的 FAT 表项中写入值。若簇未被占用，则 FAT 表项设置值为 0。

所以，数据区的起始位置就是 FAT1 的起始位置+2 个 FAT 表的大小，即图 3-70 中的 A+2×B。

3.5.3 修复 FAT 表

FAT 表中记录的是硬盘数据的存储地址，每个文件都有一组 FAT 链指定其保存的簇地址。FAT 表的损坏意味着文件内容的丢失。值得庆幸的是，DOS 操作系统本身提供了 2 个 FAT 表，如果目前使用的 FAT 表已损坏，那么可以用第二个 FAT 表进行覆盖修复。

有时第二个 FAT 表也已损坏，这时无法通过第一种办法来恢复 FAT 表，但是文件数据仍然保存在硬盘数据区中，这时可以用修复法来恢复 FAT 表。

通过 Scandisk.exe 程序可以找回丢失 FAT 链的扇区数据。当启动机器后，在 DOS 环境下运行 Scandisk.exe 程序，选择相应的分区，单击“开始”按钮对磁盘进行扫描，如果遇到错误就会出现“磁盘扫描程序在某分区找到错误”的提示信息。选择“将丢失的文件碎片转换成文件”选项，单击“确定”按钮后开始修复错误，最终出现“磁盘扫描结果”信息，单击“关闭”按钮退出。这时用“Dir”命令检查该分区目录就会发现有若干扩展名为“.chk”的文件，这便是丢失 FAT 链的文件。如果是文本文件，那么可以从中提取并合并为完整的文件，只要将文件名改过来就可以；如果是二进制文件，就很难恢复出完整的文件。

3.6 任务 2 FAT32 分区上的文件操作

3.6.1 新建文件操作的底层意义

步骤 1：将虚拟硬盘格式化为 FAT32 文件系统。

查看格式化之后的原始 FAT 表，如图 3-72 所示。

Offset	0	1	2	3	4	5	6	7	8	9	A	B	C	D	E	F
00400000	D0	C2	BC	D3	BE	ED	20	20	20	20	20	08	00	00	00	00
00400010	00	00	00	00	00	00	33	6E	3B	41	00	00	00	00	00	00

图 3-72 原始 FAT 表

其中，原始 FAT 表中的前 3 个 FAT 表项（占 4 字节）的值为“FF FF FF 0F”，表明前 3 个簇已经被占用，而后面的其他值全为 0，表示目前未被占用，可写入其他文件。

此时的根目录（2 号簇）中只有 2 行数据，而这 2 行数据一般就是此分区的卷标。从字面来看，根目录中主要记录本文件系统根目录下的文件或文件夹的属性。如果文件有内容或文件夹中还有其他文件，那么这些数据就不能放在根目录下，而是另外为其分配数据空间，并在文件或文件夹的属性中记录其空间位置。

由图 3-72 可知，此时的分区中只有 2 行根目录属性（根目录下的 32 字节一般为一个目录项，第一个目录项一般都是本分区的卷标），无任何其他数据，即根目录下没有其他文件或文件夹。

步骤 2：在本分区的根目录下新建一个空的记事本文件。

YQ.txt
文本文档
0 KB

图 3-73 新建的空白文件

如图 3-73 所示，在本分区的根目录下新建文件“YQ.txt”，暂时不写入任何内容。

在 WinHex 中查看此时的 FAT 表，可以发现，FAT 表没有任何变化。图 3-73 中显示了新建的空白文件的属性，因为空白文件没有内容，所以大小为 0KB，所占的空间也是 0KB。而 FAT 表用来反映数据区数据所占空间的情况，所以此时 FAT 表没有改变。但是，因为此时的文件位于根目录下，所以在根目录下应该记录其属性。而根目录是 2 号簇，打开 2 号簇发现多了几行数据。因为多出的这几行数据都位于 2 号簇中，而在 FAT 表中 2 号簇对应的 FAT 表项本来就显示为“被占用”，所以看上去没有任何变化。

但是，此时根目录（2 号簇）中明显多了 6 行数据。如图 3-74 所示，倒数第二行的“数据解释器”板块中有“YQ　TXT”字样，说明这两行表示的是“YQ.txt”文本文件。

Offset	0	1	2	3	4	5	6	7	8	9	A	B	C	D	E	F	
000D0000	D0	C2	BC	D3	BE	ED	20	20	20	20	20	08	00	00	00	00	ÐÂ¼Ó¾í
000D0010	00	00	00	00	00	00	07	5E	9E	41	00	00	00	00	00	00	^▮A
000D0020	E5	B0	65	FA	5E	20	00	87	65	2C	67	0F	00	D2	87	65	å°eú^ ▮e,g Ò▮e
000D0030	63	68	2E	00	74	00	78	00	74	00	00	00	00	00	FF	FF	ch. t x t ÿÿ
000D0040	E5	C2	BD	A8	CE	C4	7E	31	54	58	54	20	00	6A	5B	5E	åÂ½¨ÎÄ~1TXT j[^
000D0050	9E	41	9E	41	00	00	5C	5E	9E	41	00	00	00	00	00	00	▮A▮A \^▮A
000D0060	59	51	20	20	20	20	20	20	54	58	54	20	10	6A	5B	5E	YQ TXT j[^
000D0070	9E	41	9E	41	00	00	5C	5E	9E	41	00	00	00	00	00	00	▮A▮A \^▮A

图 3-74　新建文件后的根目录

步骤 3：向空记事本文件中写入少量数据。

向“YQ.txt”文件中写入数据“123”并保存。通过 WinHex 来查看当前文件系统的 FAT 表及根目录。

如图 3-75 所示，此时的 FAT 表在 3 号簇的位置上的值变成“FF FF FF 0F”，表示当前簇已经被占用，并且当前簇是当前簇所在文件的尾部。也就是说，本分区的 3 号簇已经被某个文件占用。

Offset	0	1	2	3	4	5	6	7	8	9	A	B	C	D	E	F
00004C00	F8	FF	FF	0F	FF	FF	FF	FF	FF	FF	FF	0F	FF	FF	FF	0F
00004C10	00	00	00	00	00	00	00	00	00	00	00	00	00	00	00	00

图 3-75　写入文件内容后的 FAT 表

通过比较可以发现，图 3-76 中加底纹部分的值发生了变化。这部分前 2 个字节的值为“03 00”，转换为十进制数（WinHex 中的值若超过 1 字节，则全部进行高低换位）为 3，表示当前文件的头部在 3 号簇中。后面 4 个字节的值为“03 00 00 00”，转换成十进制数为 3，表示当前文件的长度为 3 字节。

Offset	0	1	2	3	4	5	6	7	8	9	A	B	C	D	E	F
000D0000	D0	C2	BC	D3	BE	ED	20	20	20	20	20	08	00	00	00	00
000D0010	00	00	00	00	00	00	07	5E	9E	41	00	00	00	00	00	00
000D0020	E5	B0	65	FA	5E	20	00	87	65	2C	67	0F	00	D2	87	65
000D0030	63	68	2E	00	74	00	78	00	74	00	UU	00	00	00	FF	FF
000D0040	E5	C2	BD	A8	CE	C4	7E	31	54	58	54	20	00	6A	5B	5E
000D0050	9E	41	9E	41	00	00	5C	5E	9E	41	00	00	00	00	00	00
000D0060	59	51	20	20	20	20	20	20	54	58	54	20	10	6A	5B	5E
000D0070	9E	41	24	42	00	00	00	7F	24	42	03	00	03	00	00	00

图 3-76　写入文件内容后的根目录

跳到 3 号簇中（见图 3-77），可以看到此簇中只有 3 字节，分别是“31 32 33”，右侧的“数据解释器”板块中显示的“123”正好是“YQ.txt”文件中的内容。

Offset	0	1	2	3	4	5	6	7	8	9	A	B	C	D	E	F	
000D0800	31	32	33	00	00	00	00	00	00	00	00	00	00	00	00	00	123

图 3-77　3 号簇中的数据

通过分析可知：第一，FAT 表中记录的是簇被占用的情况及文件所占簇的链表；第二，根目录中记录的是文件的属性，以及文件起始簇和大小（以字节为单位）；第三，真实的簇中记录的是文件的具体内容。

步骤 4：继续向文件中写入大量内容。

继续在文件中不断地复制、粘贴，或者直接复制某些数据，直到文件大小达到 10KB 以上，如图 3-78 所示。

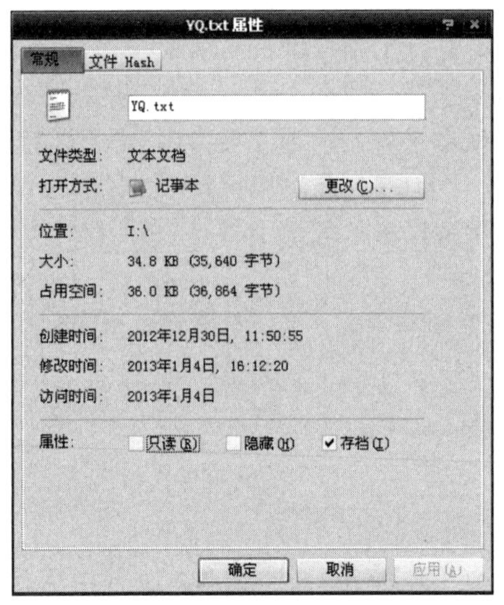

图 3-78　修改后文件的属性

查看其 FAT 表可以看到，3 号簇所对应的 FAT 表项后有了很多新数据。3 号簇所对应的 FAT 表的值为“04 00 00 00”，因其值不为 0，所以此簇已经被占用。将它的值转换成十进制数为 4，也就是说这个簇所在的文件的下一部分在 4 号簇中。跳到 4 号簇所对应的 FAT 表项，其值为“05 00 00 00”，表示 4 号簇已经被占用，并且 4 号簇所在的文件的下一部分在 5 号簇中。一直往后跳转，直到 20 号簇所对应的 FAT 表项的值为“FF FF FF 0F”，表示此文件到此结束。

可以得出结论：本文件依次占用 3～20 号簇，共 18 个簇的空间，如图 3-79 所示。

Offset	0	1	2	3	4	5	6	7	8	9	A	B	C	D	E	F
00004C00	F8	FF	FF	0F	FF	FF	FF	FF	FF	FF	FF	0F	04	00	00	00
00004C10	05	00	00	00	06	00	00	00	07	00	00	00	08	00	00	00
00004C20	09	00	00	00	0A	00	00	00	0B	00	00	00	0C	00	00	00
00004C30	0D	00	00	00	0E	00	00	00	0F	00	00	00	10	00	00	00
00004C40	11	00	00	00	12	00	00	00	13	00	00	00	14	00	00	00
00004C50	FF	FF	FF	0F	00	00	00	00	00	00	00	00	00	00	00	00

图 3-79　修改后的 FAT 表

跳到根目录项，查看本文件所对应的属性。在图 3-80 中，加底纹部分的后 4 个字节的值发生变化，如果将其值转换成十进制形式，就可以发现此时的数值刚好是 356 400。

Offset	0	1	2	3	4	5	6	7	8	9	A	B	C	D	E	F
000D0000	D0	C2	BC	D3	BE	ED	20	20	20	20	20	08	00	00	00	00
000D0010	00	00	00	00	00	00	07	5E	9E	41	00	00	00	00	00	00
000D0020	E5	B0	65	FA	5E	20	00	87	65	2C	67	0F	00	D2	87	65
000D0030	63	68	2E	00	74	00	78	00	74	00	00	00	00	00	FF	FF
000D0040	E5	C2	BD	A8	CE	C4	7E	31	54	58	54	20	00	6A	5B	5E
000D0050	9E	41	9E	41	00	00	5C	5E	9E	41	00	00	00	00	00	00
000D0060	59	51	20	20	20	20	20	20	54	58	54	20	10	6A	5B	5E
000D0070	9E	41	24	42	00	00	8A	81	24	42	03	00	38	8B	00	00

图 3-80　修改后的根目录

由 FAT 表可知，本文件共占用 18 个簇的空间，从本分区的 DBR 中可以得知每个簇的大小为 4 个扇区，每个扇区为 512 字节，因此本文件共占用 18×4×512=36 864（字节）。通过对比可以得出结论：文件属性中的大小值是根目录中文件实际属性的大小，文件属性中的占用空间指的是文件所占簇的总大小。

小结： FAT 表的大小和数据区的簇的数量有直接关系。一个 FAT32 文件系统在第一次被格式化时就会指定每个簇所包含的扇区数。相同扇区总数的文件系统设置的每个簇包含的扇区数越大，FAT 表就越小。

FAT 表只能表明当前簇是否已被占用及本簇所属文件的各个簇之间的链接关系，不能描述当前文件的名称、大小和创建时间等信息。

因此，需要先使用一种数据来存储文件的各种属性，并指向本文件的第一个簇，再根据 FAT 表中的链接关系找到本文件的其他簇。

恢复已删除文件（1）

3.6.2　删除文件操作的底层意义

步骤 1：创建文件夹。

先将一个分区格式化为 FAT32，再在此分区的根目录下创建一个文件夹，并命名为“新建文件夹”（见图 3-81），最后在该文件夹中新建文件“a.txt”（见图 3-82）。

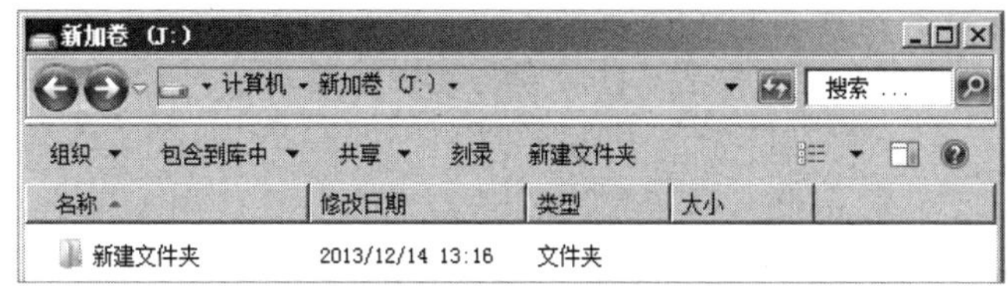

图 3-81　根目录下的文件夹

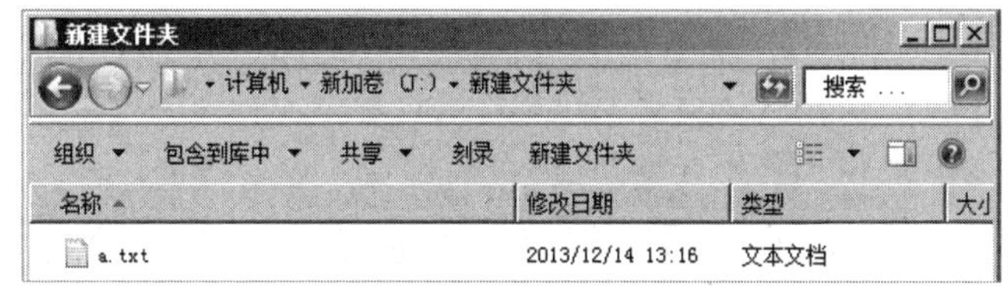

图 3-82　文件夹中的文件

步骤 2：查看根目录下的文件目录项。

打开 WinHex，进入根目录，查看当前文件夹的文件目录项，如图 3-83 所示。

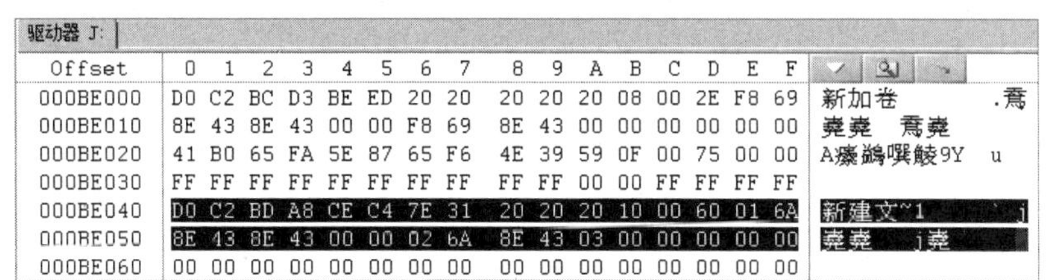

图 3-83　根目录下的文件夹

图 3-83 中加底纹的部分为本文件夹的短文件名目录项，其内有本文件夹的起始簇号。由短文件名目录项的结构可知，此文件夹的起始簇为 3 号簇。

步骤 3：进入文件夹所在的簇。

单击工具栏中的按钮可以快速进入 3 号簇，如图 3-84 所示。此时文件夹中没有任何文件，所以只能看到目录项“.”和“..”，如图 3-85 所示。

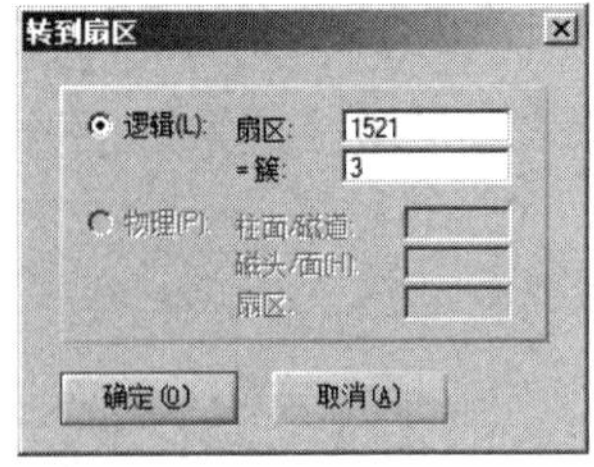

图 3-84 “转到扇区”对话框

Offset	0	1	2	3	4	5	6	7	8	9	A	B	C	D	E	F	
000BE200	2E	20	20	20	20	20	20	20	20	20	20	10	00	60	01	6A	. \`j
000BE210	8E	43	8E	43	00	00	02	6A	8E	43	03	00	00	00	00	00	堯堯 j堯
000BE220	2E	2E	20	20	20	20	20	20	20	20	20	10	00	60	01	6A	.. \`j
000BE230	8E	43	8E	43	00	00	02	6A	8E	43	00	00	00	00	00	00	堯堯 j堯

图 3-85 空文件夹的目录项

步骤 4：向文件夹中写入文件。

在文件夹中新建文件“a.txt”后如图 3-86 所示，增加了本文件的目录项。打开 WinHex，进入本文件夹所在的数据簇后，就会发现多出了加底纹部分的 4 行数据，它们都是以“E5”开头的，表示当前文件已经被删除。加底纹部分的第一行，偏移为 D984B 处的值是“0F”，表明最前面两行是长文件名目录。长文件名目录的文件名是从第二个字节处开始的，所以将第一个字节改为“E5”并不会影响文件名。此时先将光标放置在第一个“E5”处，选择“查看”→“模板管理器”命令，选择图 3-87 中选中部分的下一个选项（即长文件名目录模板），可以直观地看到当前被删除文件的完整名称（见图 3-88）。

WinHex - [驱动器 J:]

Offset	0	1	2	3	4	5	6	7	8	9	A	B	C	D	E	F	
000BE200	2E	20	20	20	20	20	20	20	20	20	20	10	00	60	01	6A	. \`j
000BE210	8E	43	8E	43	00	00	02	6A	8E	43	03	00	00	00	00	00	堯堯 j堯
000BE220	2E	2E	20	20	20	20	20	20	20	20	20	10	00	60	01	6A	.. \`j
000BE230	8E	43	8E	43	00	00	02	6A	8E	43	00	00	00	00	00	00	堯堯 j堯
000BE240	E5	B0	65	FA	5E	87	65	2C	67	87	65	0F	00	D2	63	68	灏e鹅喂,g喂 襓h
000BE250	2E	00	74	00	78	00	74	00	00	00	00	00	FF	FF	FF	FF	. t x t
000BE260	E5	C2	BD	A8	CE	C4	7E	31	54	58	54	20	00	C7	04	6A	迂建文~1TXT ?j
000BE270	8E	43	8E	43	00	00	05	6A	8E	43	00	00	00	00	00	00	堯堯 j堯
000BE280	41	20	20	20	20	20	20	20	54	58	54	20	18	C7	04	6A	A TXT ?j
000BE290	8E	43	8E	43	00	00	05	6A	8E	43	00	00	00	00	00	00	堯堯 j堯

扇区 1521 / 96256　偏移量: BE27F　= 0　选块: BE240 - BE27F　大小: 40

图 3-86 新建文件后的文件夹

模板管理器

标题	描述	文
Boot Sector FAT	BIOS parameter block (BPB) and more	Boc
Boot Sector FAT32	BIOS parameter block (BPB) and more	Boc
Boot Sector NTFS	Boot sector of an NTFS partition	Boc
Ext2/Ext3 Directory Entry	Locates the Inode for a given filename	Ext
Ext2/Ext3 Group Descriptor	Locates the meta blocks for a block group	Ext
Ext2/Ext3 Inode	Contains a file's meta information (classic block formatting)	Ext
Ext2/Ext3/Ext4 Superblock	To be applied to offset 1024 of an Ext2/3/4 partition	Ext
FAT Directory Entry	Normal/short entry format	FAT
FAT Directory Entry	Long entry format	FAT
HFS+ Volume Header	Located 1024 bytes from the start of the volume	HFS
Master Boot Record	Contains partition table	Mas
NTFS FILE Record	To be applied to records in the Master File Table	NTF

应用(P)　关闭(L)　新建(N)...　编辑(E)...　删除(D)...

图 3-87 “模板管理器”对话框

只是在这个文件夹中创建了一个文件“a.txt”，为什么会多出一个文件“新建文本文档.txt”呢？其实，在新建“a.txt”文件时，先打开 FAT32 分区，在空白处右击，在弹出的快捷菜单中选择“新建”命令，再选择“文本文档”命令，此时出现一个文本文档图标，默认文件名是“新建文本文档.txt”，之后将文件名修改为“a.txt”。看上去好像只创建了一个文件，但是其实系统认为之前的“新建文本文档.txt”已经创建成功，只是后来又被删除了而已。

图 3-86 中加底纹部分的后两行的偏移为 D9860B 处的属性值是“20”，表示此时为短文件名目录。下面利用如图 3-87 所示的方式查看其短文件名目录模板（见图 3-89）。因为短文件名目录的文件是从第一个字节处开始的，所以将第一个字节改为“E5”会影响模板的文件名显示。由图 3-89 可知，第一个字变为“逬”，后面的两个字则是“建文”，因为短文件名最多只能是 8 个字符，所以短文件名只能显示 3 个汉字，后面跟“~1”。

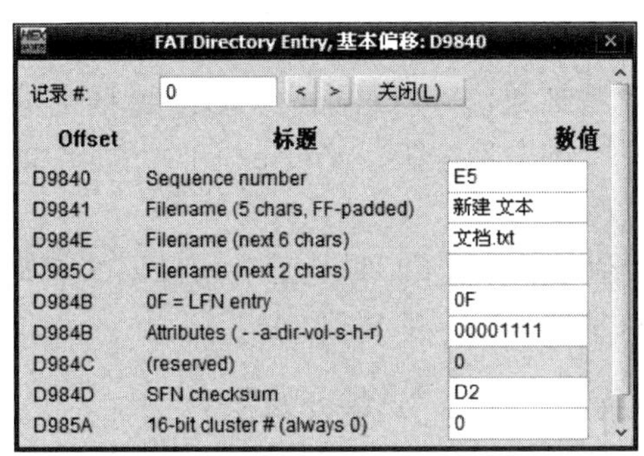

FAT Directory Entry, 基本偏移: D9840

记录 #: 0

Offset	标题	数值
D9840	Sequence number	E5
D9841	Filename (5 chars, FF-padded)	新建 文本
D984E	Filename (next 6 chars)	文档.txt
D985C	Filename (next 2 chars)	
D984B	0F = LFN entry	0F
D984B	Attributes (- -a-dir-vol-s-h-r)	00001111
D984C	(reserved)	0
D984D	SFN checksum	D2
D985A	16-bit cluster # (always 0)	0

图 3-88　长文件名目录模板

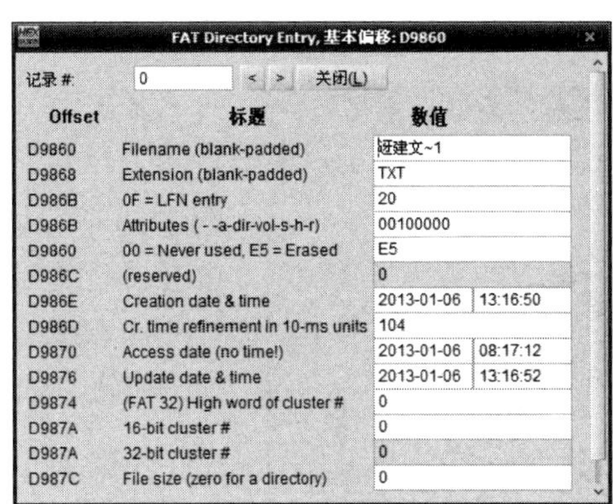

FAT Directory Entry, 基本偏移: D9860

记录 #: 0

Offset	标题	数值	
D9860	Filename (blank-padded)	逬建文~1	
D9868	Extension (blank-padded)	TXT	
D986B	0F = LFN entry	20	
D986B	Attributes (- -a-dir-vol-s-h-r)	00100000	
D9860	00 = Never used, E5 = Erased	E5	
D986C	(reserved)	0	
D986E	Creation date & time	2013-01-06	13:16:50
D986D	Cr. time refinement in 10-ms units	104	
D9870	Access date (no time!)	2013-01-06	08:17:12
D9876	Update date & time	2013-01-06	13:16:52
D9874	(FAT 32) High word of cluster #	0	
D987A	16-bit cluster #	0	
D987A	32-bit cluster #	0	
D987C	File size (zero for a directory)	0	

图 3-89　短文件名目录模板

图 3-86 中的最后两行是“a.txt”文件的短文件名目录项。

根目录下的文件的目录项位于根目录（2 号簇）中，某个文件夹下的文件的目录项则位于此文件夹所在的簇中。

思考： 假设某个文件夹中还有文件夹，在最里层文件夹中有一个文件，应如何正确找到这个文件？

提示：

文件夹下的文件的目录项位于该文件夹所在的簇中。

3.7　任务 3　恢复 FAT32 分区数据

3.7.1　恢复误删除的文件

恢复已删除文件（2）

步骤 1：创建新文件。

在分区根目录下创建一个文件，并命名为“TEST07.txt”。在“TEST07.txt”文件中写入一些内容。

步骤 2：彻底删除此文件。

步骤 3：根据文件名的长度分析此文件所对应的目录项有无长文件名目录项。

因为文件名一共有 6 个字符，所以完全可以用一个短文件名目录记录，此文件所对应的目录项应该只有一个短文件名。

步骤 4：利用前面介绍的查找文件目录的方法找到“TEST07”所对应的 ASCII 码“54 45 53 54 30 37”。

短文件名的文件名编码为 ASCII，并且其文件名是从目录项的第一个字节处开始的。删除此文件后，会将其 ASCII 码的第一个字节修改为“E5”，即“E5 45 53 54 30 37”。

步骤 5：在 WinHex 中进入本分区的根目录，搜索特征值。

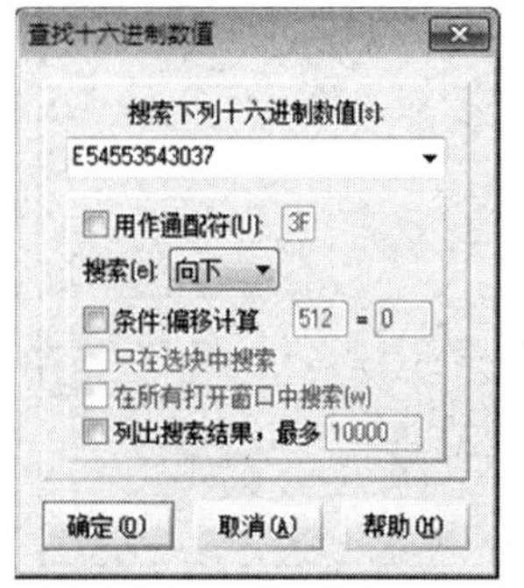

图 3-90 “查找十六进制数值”对话框

首先进入根目录，然后选择“搜索”→“查找十六进制数值”命令，打开“查找十六进制数值”对话框。在该对话框中输入如图 3-90 所示的值，单击“确定”按钮，WinHex 的主界面中的光标就会自动跳到搜索到的数值处。

搜索到的目录项如图 3-91 所示，框选部分所标记的起始簇转换为十进制数是 26，总字节数为十进制数 500。

步骤 6：跳至文件头部，标记“选块开始”。

选择“位置”→“转到扇区”命令，打开“转到扇区”对话框，输入的簇号为 26，如图 3-92 所示，这样就可以直接跳到 26 号簇的第一个字节处，即此文件的头部。在此处右击，选择“选块起始位置”命令，如图 3-93 所示。

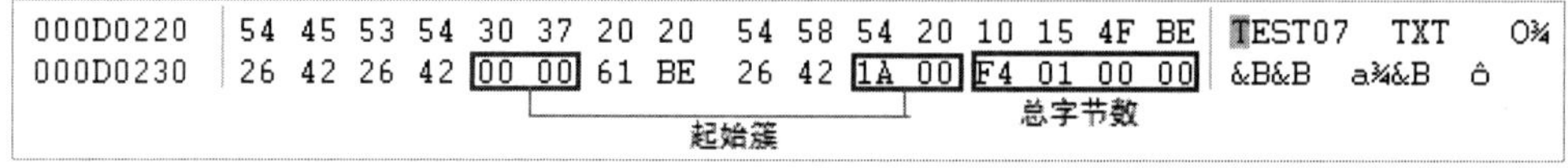

图 3-91 搜索到的目录项

步骤 7：通过总字节数跳至文件的尾部。

由图 3-91 可知本文件的总字节数。此时光标仍然位于文件的头部，选择“位置”→“转到偏移量”命令，打开“转到偏移量”对话框，在该对话框中设置如图 3-94 所示的值。单击“确定”按钮后，光标会跳到本扇区的某个位置，将光标向该位置的前一个字节处移动（请思考这是为什么）并右击，选择“选块尾部”命令，文件的所有内容就会自动被选中。

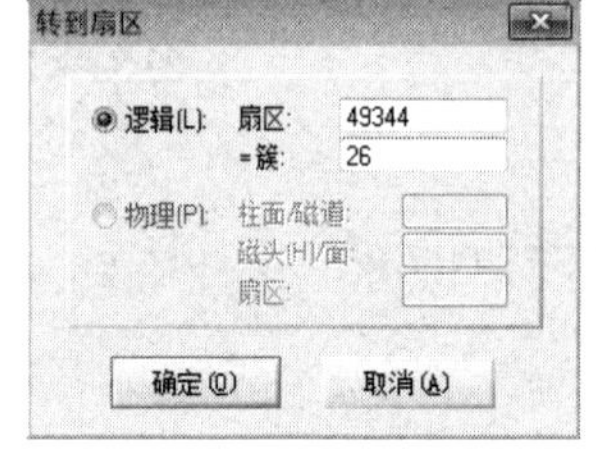

图 3-92 “转到扇区”对话框

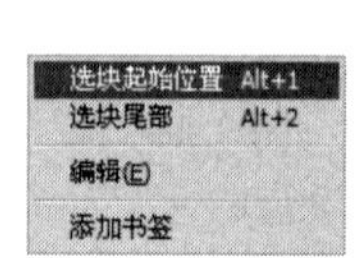

图 3-93 右键菜单

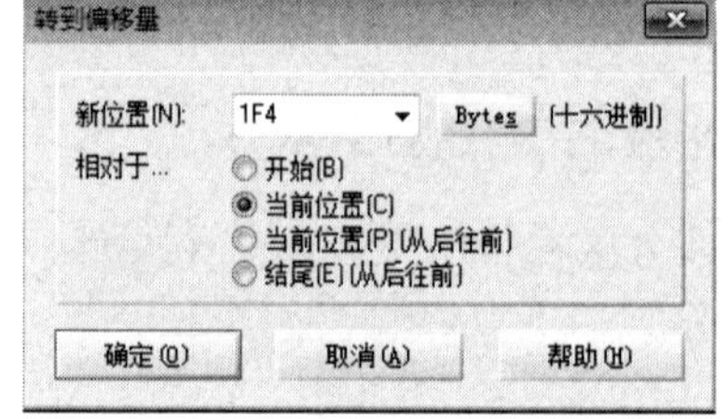

图 3-94 “转到偏移量”对话框

步骤 8：恢复文件。

在被选中的数据部分右击，选择“编辑”→“复制选块”→“至新文件”命令，如图 3-95 所示，将其存储到除被恢复分区之外的分区中。保存的文件名为此文件的原始文件名即可。

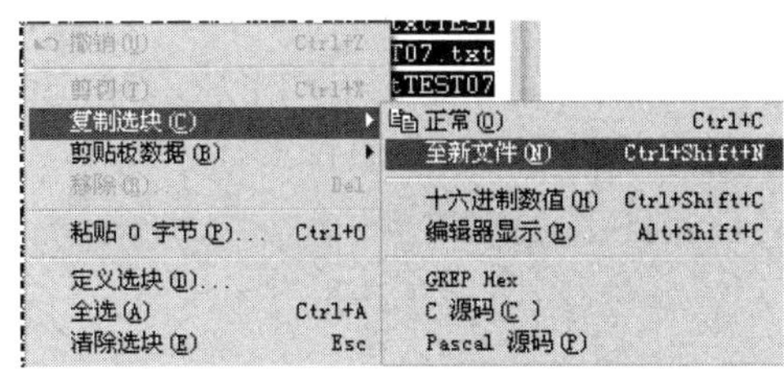

图 3-95　复制到新文件中

小结：删除某文件底层数据的变化如下。

- 文件数据所在簇对应的 FAT 表项被清零。
- 本文件在根目录中的记录的第一个字节被设置为“E5”，并且文件起始簇的高两个字节被清零。
- 只要不被新的数据覆盖，数据区中的数据就依然存在。

3.7.2　恢复误格式化分区

恢复已格式化分区数据

被格式化的 FAT32 分区其实只是清空了它的 FAT 表及根目录，其数据区（除了 2 号簇）中的数据还是存在的，这就为数据恢复提供了便利。

根目录（2 号簇）中记录的是本分区根目录下的文件及目录的属性，包括文件名、数据所在的簇等信息。根目录下的子目录中有本目录下的文件的属性，也就是说，格式化了的分区，只有根目录下的文件及目录的属性会被丢失，子目录下的所有数据都是完整的。

步骤 1：新建虚拟磁盘。

使用 Windows 7 操作系统自带的工具创建虚拟磁盘，容量为 1GB。先将其格式化为 FAT32 文件系统，再在其根目录下复制一些文件和目录，要求目录下还有文件或子目录，如图 3-96 所示。

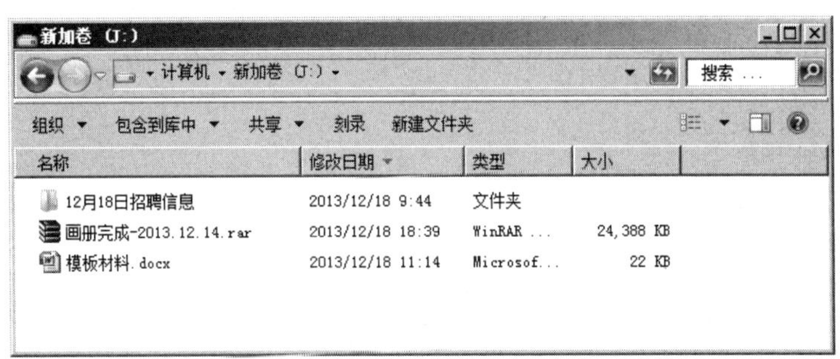

图 3-96　在根目录下写入文件及目录

将本分区再次格式化为 FAT32 文件系统。当双击打开本分区时，应该看不到任何文件，所以需要恢复格式化之前的文件。

步骤 2：在 WinHex 中打开本分区。

因为想要恢复本分区格式化之前的数据，所以先打开此分区，再在更新快照时勾选“依据文件系统搜索并恢复目录及文件”复选框，如图 3-97 所示。默认打开的磁盘或更新快照只是将 FAT 表和根目录下的目录项一一列举，并将与它们对应的文件显示在“目录浏览器”板块中，勾选“依据文件系统搜索并恢复目录及文件”复选框，设置为可以在更新时使软件自动搜索数据区中的数据，如图 3-98 所示，（因为搜索速度比较快，所以容量为 10GB 的分区一般只需要几分钟）。搜索结束后，WinHex 就会按照后面数据区的格式扫描其他未在 FAT 表或根目录下记录的文件或目录。

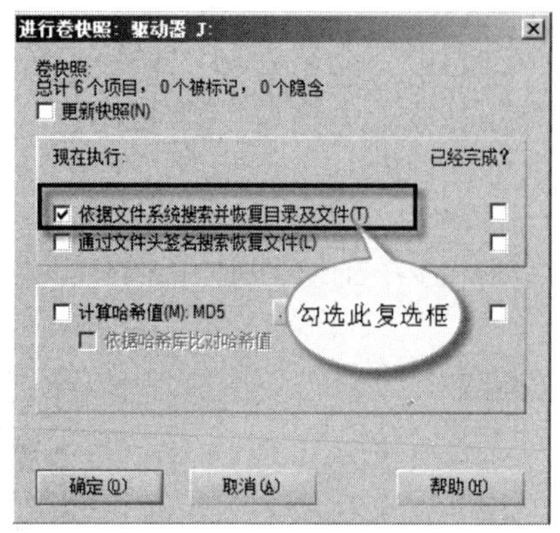

图 3-97　更新快照

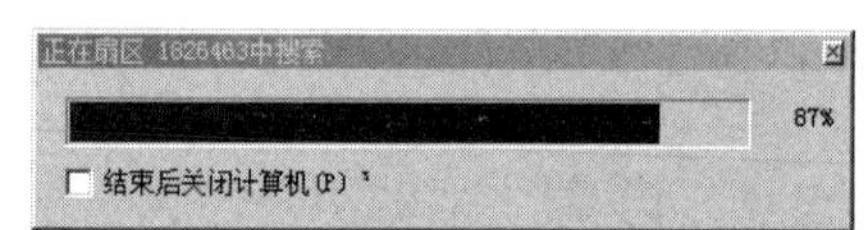

图 3-98　更新快照后搜索数据区中的数据

如图 3-99 所示，软件会在“目录浏览器”板块中显示一个“未知路径”的文件夹，其中保存的就是搜索到的不在根目录下的文件及目录。双击打开此文件夹就会看到如图 3-100 所示的内容。它是按簇号排序的目录，因为根目录下的文件的目录项保存在根目录下，在格式化时根目录会自动清零，所以此时看不到原根目录下的文件的信息。而根目录下的目录内部有一个“.”目录项和一个“..”目录项（“.”目录项会指向本身，“..”目录项会自动指向本目录项的上级目录项），所以可以在“目录浏览器”板块中看到。

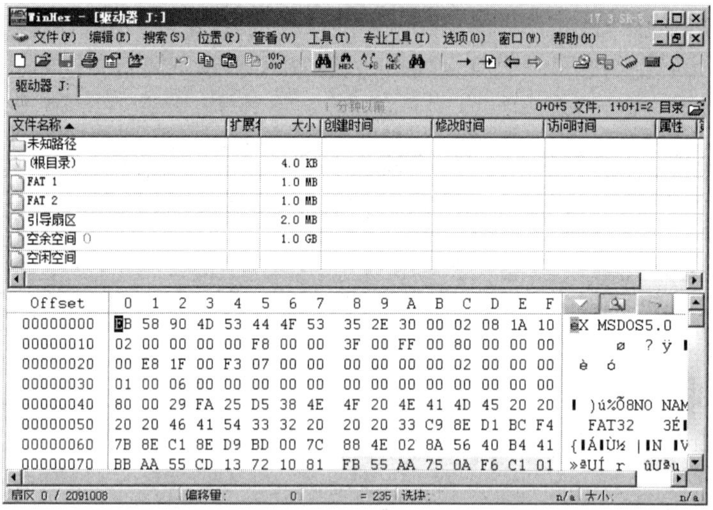

图 3-99　搜索到的根目录之外的数据

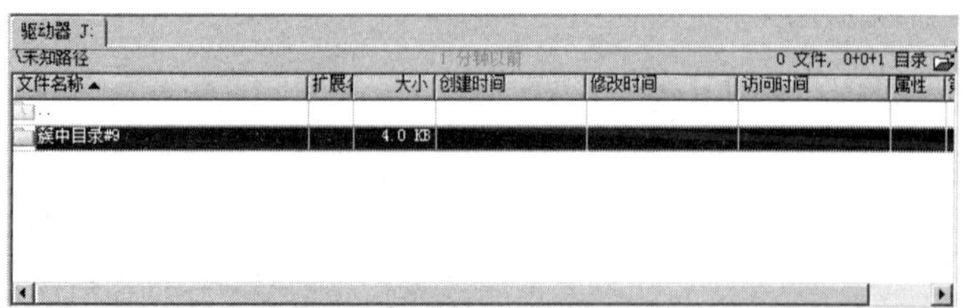

图 3-100　“未知路径”文件夹中的内容

步骤 3：恢复文件及目录。

既然已经可以看到文件，就可以在需要恢复的文件上右击，选择“查看器”→“相关联的程序”命令，如图 3-101 所示，这样就可以打开文件查看其内容是否正确。如果想恢复所有的文件，就在文件所在的文件夹上右击，选择“恢复/复制”命令，如图 3-102 所示，在打开的“选择目标文件夹”对话框中设置保存的位置即可，如图 3-103 所示。

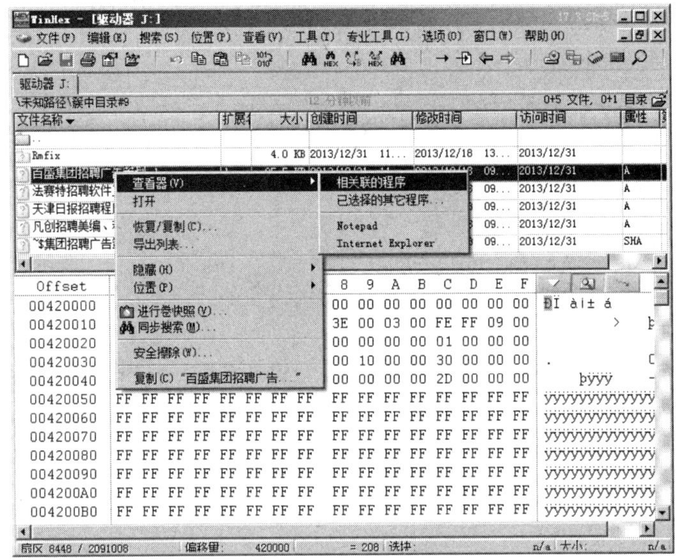

图 3-101　选择“查看器”→“相关联的程序”命令

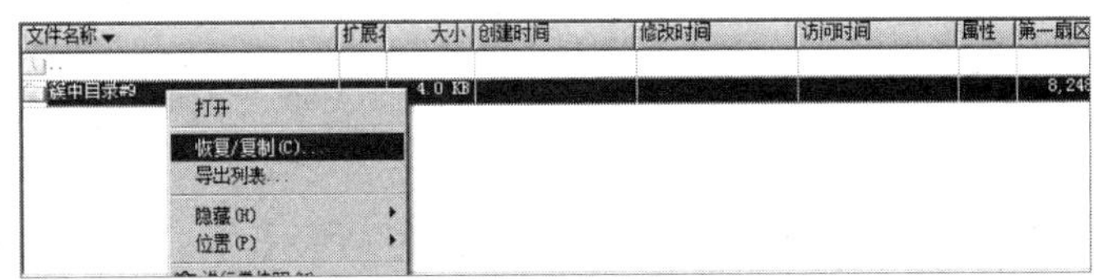

图 3-102　选择“恢复/复制”命令

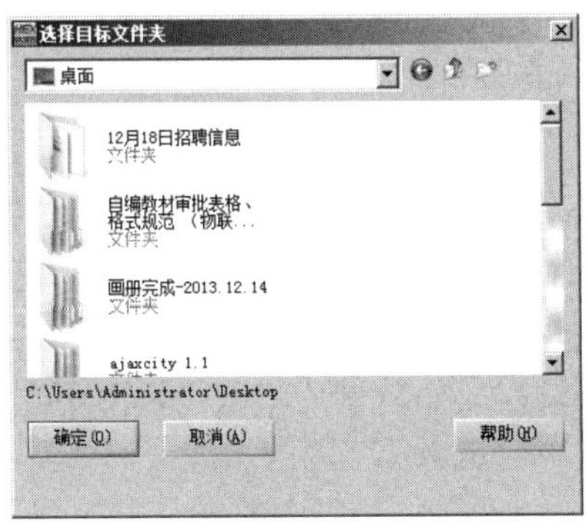

图 3-103　“选择目标文件夹”对话框

按照前面的步骤基本上可以恢复根目录下的子目录中的文件及目录，但是无法恢复根目录下的文件。每种文件都有其固定的格式，如 Word 2007 文档的头部如图 3-104 所示，AVI 视频文档的头部如图 3-105 所示，JPG 文档的头部如图 3-106 所示。可以通过文档的固定结构来恢复根目录下的单个文件，但此处暂不做详述，读者可自行查阅相关资料进行学习。

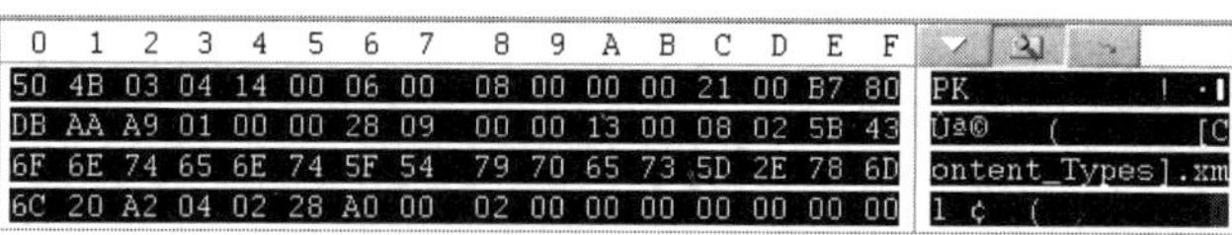

图 3-104　Word 2007 文档的头部

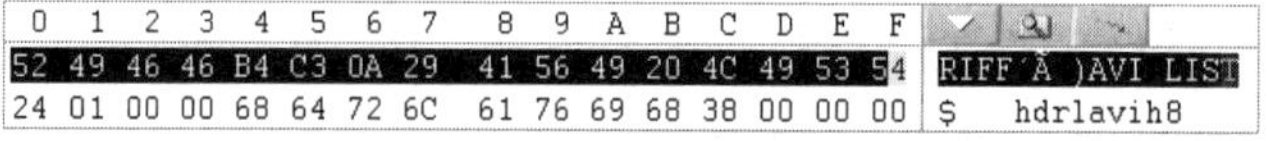

图 3-105　AVI 视频文档的头部

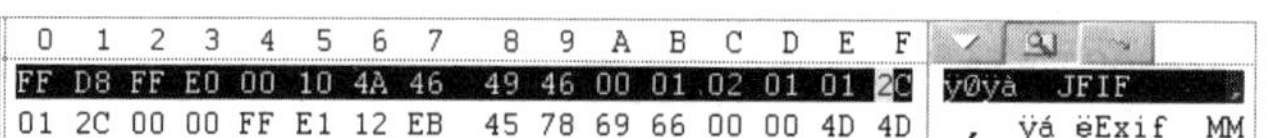

图 3-106　JPG 文档的头部

3.8　任务 4　恢复 ExFAT 分区数据

下面介绍一个恢复 ExFAT 分区数据的实例。假设在某个分区根目录下有一个文件“a.txt”，如图 3-107 所示。

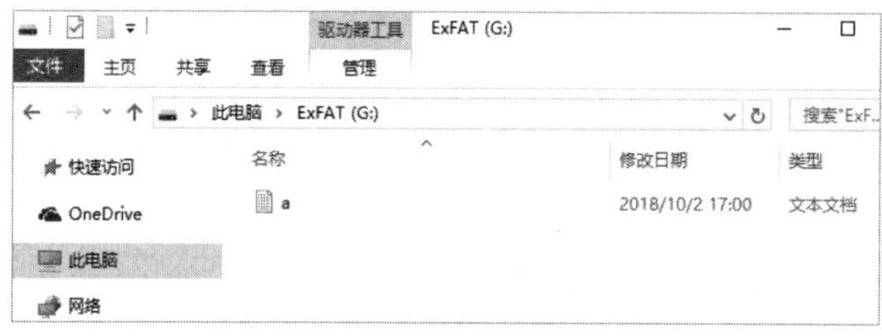

图 3-107　观察目标文件

在根目录下查看文件“a.txt”的目录项，如图 3-108 所示。

Offset	0	1	2	3	4	5	6	7	8	9	A	B	C	D	E	F	
00005400E0	85	02	DF	31	20	00	00	00	17	88	42	4D	13	88	42	4D	▮ ß1 ▮BM ▮BM
00005400F0	17	88	42	4D	25	00	A0	A0	A0	00	00	00	00	00	00	00	▮BM%
0000540100	C0	03	00	05	B8	1C	00	00	1A	00	00	00	00	00	00	00	À ,
0000540110	00	00	00	00	08	00	00	00	1A	00	00	00	00	00	00	00	
0000540120	C1	00	61	00	2E	00	74	00	78	00	74	00	00	00	00	00	Á a . t x t
0000540130	00	00	00	00	00	00	00	00	00	00	00	00	00	00	00	00	
0000540140	00	00	00	00	00	00	00	00	00	00	00	00	00	00	00	00	

图 3-108　目标文件的目录项

由目录项可知，文件“a.txt”的属性为“20 00 00 00”，即二进制数 00100000，表示属性为存档，也就是一个普通的文本文件。

碎片标志为“03H”，无碎片；起始簇号为“08 00 00 00”，也就是 8 号簇；文件大小为“1AH”，即“1A”对应的十进制数是 26。

跳转到 8 号簇中，可以看到文件“a.txt”中的内容，如图 3-109 所示。

Offset	0	1	2	3	4	5	6	7	8	9	A	B	C	D	E	F	
00005C0000	61	62	63	64	65	66	67	68	69	6A	6B	6C	6D	6E	6F	70	abcdefghijklmnop
00005C0010	71	72	73	74	75	76	77	78	79	7A	00	00	00	00	00	00	qrstuvwxyz
00005C0020	00	00	00	00	00	00	00	00	00	00	00	00	00	00	00	00	
00005C0030	00	00	00	00	00	00	00	00	00	00	00	00	00	00	00	00	
00005C0040	00	00	00	00	00	00	00	00	00	00	00	00	00	00	00	00	

图 3-109　目标文件中的内容

将文件“a.txt”彻底删除后（清空回收站），查看它的目录项，如图 3-110 所示。

Offset	0	1	2	3	4	5	6	7	8	9	A	B	C	D	E	F	
00005400E0	05	02	DF	31	20	00	00	00	17	88	42	4D	13	88	42	4D	ß1 ▮BM ▮BM
00005400F0	17	88	42	4D	25	00	A0	A0	A0	00	00	00	00	00	00	00	▮BM%
0000540100	40	03	00	05	B8	1C	00	00	1A	00	00	00	00	00	00	00	@ ,
0000540110	00	00	00	00	08	00	00	00	1A	00	00	00	00	00	00	00	
0000540120	41	00	61	00	2E	00	74	00	78	00	74	00	00	00	00	00	A a . t x t
0000540130	00	00	00	00	00	00	00	00	00	00	00	00	00	00	00	00	
0000540140	00	00	00	00	00	00	00	00	00	00	00	00	00	00	00	00	

图 3-110　删除目标文件后的目录项

经过与该文件删除前的目录项进行对比可以发现，文件删除后只是每个目录项的首字节发生变化，由原来的“85H”、“C0H”和“C1H”变为“05H”、“40H”和“41H”，其他字节保持不变。

该文件原来保存在 8 号簇中，现在跳转到 8 号簇中内容仍然存在。显然，文件“a.txt”中的内容还在这里，也就是说删除文件时并没有清空其数据区。

当然，因为文件“a.txt”只占 1 个簇，没有碎片，所以仍在 FAT 表中，也就没有登记项。但文件“a.txt”在簇位图文件中对应的位置会被清零，以表示之前被文件“a.txt”所占用的簇已被释放。

既然文件删除后名称、起始簇号、大小及数据内容都没有损坏，那么只需要定位到这些信息，并且另外保存就相当于恢复了被删除的文件。

但是，如果文件原来没有连续保存，也就是存在碎片，那么该文件在 FAT 表中就有簇链。当文件删除后，这些簇链会被清零，所以有碎片的文件删除后不容易恢复。

技能拓展

在日常生活中，因为同一台计算机经常被多个人使用，而每个人都有一些文件不希望被太多人知道，所以需要对其他用户“隐藏”。目前普遍使用的隐藏方式有两种：一是使用系统自带的隐藏属性，二是使用文件隐藏软件。系统自带的隐藏属性只要在“文件夹选项”对话框中将所有隐藏选项打开（如图 3-111 所示，取消勾选有“隐藏”两个字的所有选项前面的复选框），就可以看到所有的隐藏文件。而文件隐藏软件不仅要求安装软件，还需要设置密码等，稍微对计算机熟悉一些的人看到这些软件，很快就会想到有“隐藏”的东西，并且会非常好奇，自然会想尽办法“偷窥”其中的内容。

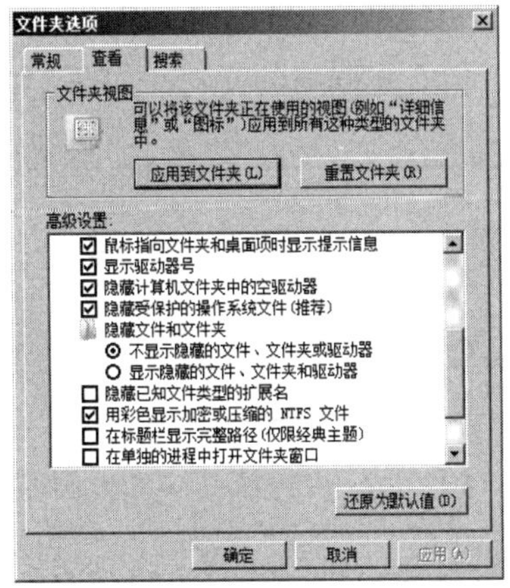

图 3-111　“文件夹选项”对话框

隐藏文件的目的是不想被任何人知道，如果其他人连计算机上藏了东西都不知道，就会

“隐藏”得更彻底。

由树形目录结构可知，一个文件夹默认有“.”目录项和“..”目录项，二者分别用来指向自己和上一级目录的地址。选择“开始”→“运行”命令，输入“cmd”，如图 3-112 所示，进入命令提示符界面浏览文件及文件夹。如图 3-113 所示，先进入 J 盘根目录，通过 dir 命令可以查看根目录下的文件，可以看到根目录下并没有“.”目录项和“..”目录项。这是因为根目录的记录和文件夹的记录没有存储在同一个位置。再使用 cd 命令进入子目录“新建文件夹”，使用 dir 命令浏览就可以看到“.”目录项和“..”目录项。如果此时输入“cd..”，就表示进入本文件夹的上层目录（此时代表根目录）；如果输入“cd.”，就表示进入此文件夹。在命令提示符界面中看到的“.”目录项和“..”目录项，进入“我的电脑”是看不到的，说明这两个目录项具有自动隐藏功能。

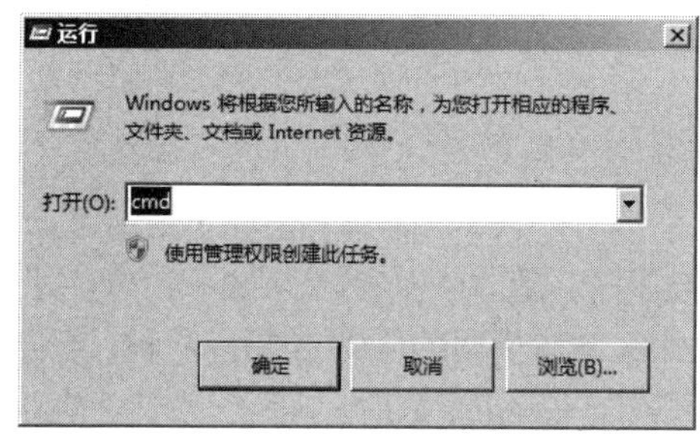

图 3-112　命令提示符界面

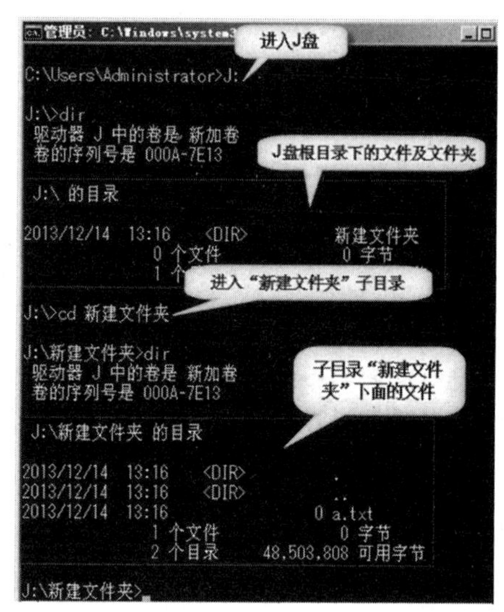

图 3-113　浏览文件及文件夹

隐藏思路：既然一个文件夹会自动隐藏其中的“.”目录项和“..”目录项，那么是否可以把自己的文件夹“伪装”成“.”目录项或“..”目录项呢？

步骤 1：在根目录下的“新建文件夹”中创建“MY”文件夹。

“MY”文件夹主要用来保存所有想隐藏的文件，如图 3-114 所示。

图 3-114　创建的“MY”文件夹

步骤 2：在 WinHex 中打开物理磁盘，并跳转到本文件夹的数据簇位置。

先打开物理磁盘，再通过链接进入本文件夹，否则可能会导致无法修改底层数据。如图 3-115 所示，进入物理磁盘后，先通过“快速跳转”按钮打开 FAT32 所在的分区，如图 3-116 所示，再通过打开的“硬盘 2，分区 2”选项卡的“快速跳转”按钮进入本分区的根目录，如图 3-117 所示。通过查看根目录下的目录项（见图 3-118），可以找到“新建文件夹”的目录项。通过分析可知，此文件夹的数据起始位置在 3 号簇中。单击工具栏中的“转到扇区”按钮，快速跳转到 3 号簇中，如图 3-119 所示。此时可以看到需要隐藏的“MY”文件夹的目录项所在的位置，如图 3-120 所示。

图 3-115　进入物理磁盘

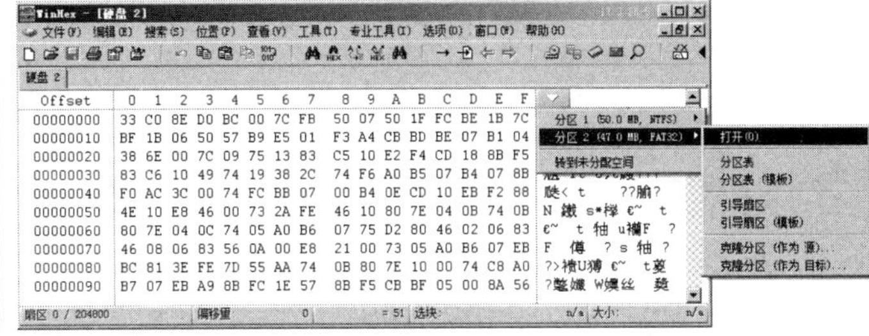

图 3-116　打开 FAT32 所在的分区

图 3-117　进入 FAT32 分区的根目录

Offset	0	1	2	3	4	5	6	7	8	9	A	B	C	D	E	F
000BE000	D0	C2	BC	D3	BE	ED	20	20	20	20	20	08	00	2E	F8	69
000BE010	8E	43	8E	43	00	00	F8	69	8E	43	00	00	00	00	00	00
000BE020	41	B0	65	FA	5E	87	65	F6	4E	39	59	0F	00	75	00	00
000BE030	FF	FF	FF	FF	FF	FF	FF	FF	FF	FF	00	00	FF	FF	FF	FF
000BE040	D0	C2	BD	A8	CE	C4	7E	31	20	20	20	10	00	60	01	6A
000BE050	8E	43	8E	43	00	00	02	6A	8E	43	03	00	00	00	00	00

图 3-118　根目录下的目录项

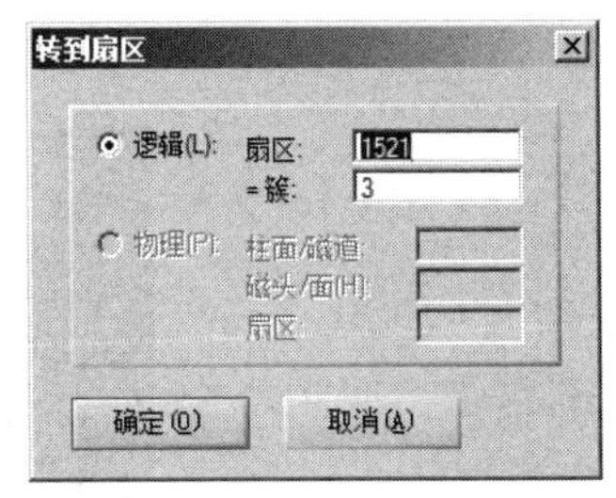

图 3-119　跳转到文件夹所在的簇中

步骤 3：修改“MY”文件夹的名称。

由图 3-120 可知，“..”目录项的文件名为“2E 2E 20 20 20 20 20 20”，如果想将“MY”文件夹“伪装”成“..”文件夹，那么只需要将“MY”文件夹的名称改为“2E 2E 20 20 20 20 20 20”即可（见图 3-121）。修改完成后，单击工具栏中的“保存”按钮即可保存当前分区数据的更改。在保存过程中，可能显示如图 3-122 所示的提示信息，只要单击“确定”按钮即可。

Offset	0	1	2	3	4	5	6	7	8	9	A	B	C	D	E	F	
000BE200	2E	20	20	20	20	20	20	20	20	20	20	10	00	60	01	6A	. \` j
000BE210	8E	43	8E	43	00	00	02	6A	8E	43	03	00	00	00	00	00	堯堯 j堯
000BE220	2E	2E	20	20	20	20	20	20	20	20	20	10	00	60	01	6A	.. \` j
000BE230	8E	43	8E	43	00	00	02	6A	8E	43	00	00	00	00	00	00	堯堯 j堯
000BE240	E5	B0	65	FA	5E	87	65	2C	67	87	65	0F	00	D2	63	68	灏e鷁嘪,g嘪 襝h
000BE250	2E	00	74	00	78	00	74	00	00	00	00	00	FF	FF	FF	FF	. t x t
000BE260	E5	C2	BD	A8	CE	C4	7E	31	54	58	54	20	00	C7	04	6A	迗建文~1TXT ?j
000BE270	8E	43	8E	43	00	00	05	6A	8E	43	00	00	00	00	00	00	堯堯 j堯
000BE280	41	20	20	20	20	20	20	20	54	58	54	20	18	C7	04	6A	A TXT ?j
000BE290	8E	43	8E	43	00	00	05	6A	8E	43	00	00	00	00	00	00	堯堯 j堯
000BE2A0	E5	B0	65	FA	5E	87	65	F6	4E	39	59	0F	00	75	00	00	灏e鷁嘪鮁9Y u
000BE2B0	FF	FF	FF	FF	FF	FF	FF	FF	FF	FF	00	00	FF	FF	FF	FF	
000BE2C0	E5	C2	BD	A8	CE	C4	7E	31	20	20	20	10	00	64	71	72	迗建文~1 dqr
000BE2D0	8E	43	8E	43	00	00	72	72	8E	43	04	00	00	00	00	00	堯堯 rr堯
000BE2E0	4D	59	20	20	20	20	20	20	20	20	20	10	00	64	71	72	MY dqr
000BE2F0	8E	43	8E	43	00	00	72	72	8E	43	04	00	00	00	00	00	堯堯 rr堯

图 3-120　“MY”文件夹所在的簇

Offset	0	1	2	3	4	5	6	7	8	9	A	B	C	D	E	F	
000BE2E0	2E	2E	20	20	20	20	20	20	20	20	20	10	00	64	71	72	.. dqr
000BE2F0	8E	43	8E	43	00	00	72	72	8E	43	04	00	00	00	00	00	堯堯 rr堯

图 3-121　修改“MY”文件夹的名称

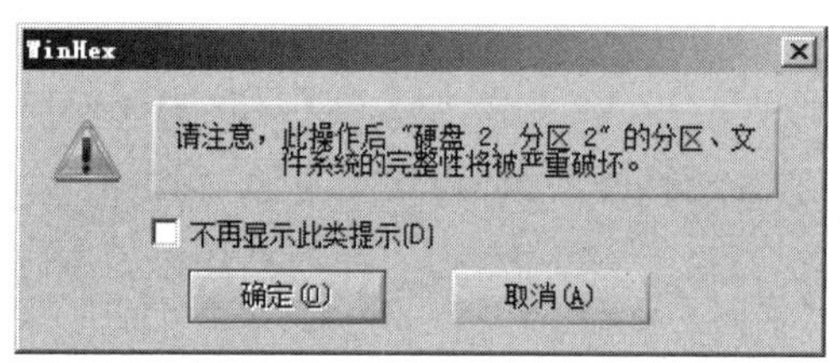

图 3-122　提示信息

步骤 4：查看隐藏效果。

在 WinHex 中保存修改后的文件夹的名称，先进入“我的电脑”，再进入“MY”文件夹的上层文件夹（即“新建文件夹”），发现“MY”文件夹已经消失。即使使用“文件夹选项”对话框打开所有隐藏属性，也看不到该文件夹。

但是，如果在命令提示符界面中使用 dir 命令查看当前操作系统下的文件夹，就会看到有两个“..”文件夹（见图 3-123）。这是一个很大的“漏洞”，应该如何弥补这个“漏洞”呢？

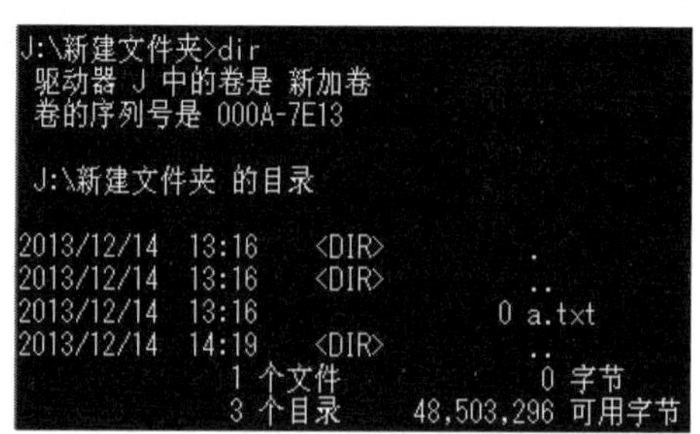

图 3-123　修改后浏览的文件记录

提醒：先复制“MY”文件夹的目录项，再覆盖原来的“..”目录项，这样整个文件夹就只有一个“..”目录项。在命令提示符界面中输入命令“cd ..”，仍然会跳到上一层目录，而不是进入“..”文件夹，这样就可以“完美”地隐藏文件夹。

综合训练

一、填空题

1．FAT32 分区的引导扇区系统由________、________和________组成。
2．某文件的文件名为“ABC.txt”，此文件有________个文件目录表。
3．FAT32 文件系统主要由________、________和________组成。
4．FAT32 文件系统中的根目录在________簇中。
5．FAT32 文件系统中的 FAT 表以________寻址，数据区以________寻址。
6．“.”目录项表示________，“..”目录项表示________。

二、简述题

1．FAT32 文件系统中的短文件名目录、长文件名目录分别在什么情况下出现？
2．FAT32 文件系统常用于什么地方？
3．FAT32 文件系统是如何利用 FAT 表对簇进行定位的？
4．FAT32 文件系统中的文件及文件夹有何区别？二者应如何定位？
5．FAT32 文件系统中删除文件会有何变化？复制文件、剪切文件会有何变化？
6．如何在 FAT32 文件系统中恢复被删除的文件夹？
7．如何定位文件夹中的文件？

第4章

NTFS 分区数据恢复

素养目标

✧ 遵守《中华人民共和国数据安全法》的相关规定，做数据安全的守卫者。
✧ 遵守国家数据安全的相关标准，具备数据安全从业操守。

知识目标

✧ 熟悉 NTFS 的整体结构与特点。
✧ 熟悉主控文件表。
✧ 掌握 NTFS 分区中数据恢复的方法。

技能目标

✧ 掌握分析 NTFS 分区数据组织结构的技能。
✧ 掌握恢复误删除文件的技能。
✧ 掌握恢复引导扇区和误格式化数据的技能。

任务引导

Microsoft 公司研发的 Windows 操作系统的使用率很高，而 Windows 操作系统的存储子系统均使用 NTFS。它是一种高级文件系统，与 FAT 文件系统相比有许多优点，具备可恢复性、访问控制管理、文件加密、数据容错、文件压缩、磁盘配额管理等多项功能和特色。NTFS 不但占领了桌面存储领域，而且在服务器市场也占有一席之地，其重要性不言而喻。在目前的数据恢复业务中，恢复 NTFS 分区中的数据占绝大多数，因此，掌握 NTFS 的结构和数据恢复技术，可以帮助个人用户和企业用户找回丢失的数据，减少损失。不过，NTFS 中的数据结构和信息量比 FAT 文件系统的大得多，且存储管理过程也较为复杂。因此，学习者需要具备基础数据恢复知识才能很好地掌握 NTFS。

本章着重介绍 NTFS 的概念、主控文件表的组织结构和文件目录的组织方式，同时介绍几个重要的文件属性和元文件。通过案例展示说明恢复引导扇区和已删除文件数据的方法与步骤，帮助读者分析数据丢失的情况，制定恢复策略，以及完成数据恢复任务。

相关基础

4.1 NTFS 概述

NTFS 基本介绍

NTFS 介绍

NTFS 结构总览

4.1.1 NTFS

Microsoft 公司自推出 DOS 操作系统以来，与之搭配的 FAT 文件系统一直工作得很好。但自从 Microsoft 公司向图形化界面的 Windows 操作系统过渡后，就迫切需要一种新型的文件系统为日益强大的视窗操作系统提供支撑，尤其是在商用操作系统领域。

回溯到 20 世纪 90 年代早期，Microsoft 公司和 IBM 公司组建了一个联合计划，目标是创建下一代的操作系统。其结果是推出了 OS/2，但由于 Microsoft 公司和 IBM 公司在很多重要问题上不能达成共识而最终分裂（OS/2 至今仍属于 IBM 公司），之后 Microsoft 公司开始自行开发 Windows NT 操作系统。OS/2 的 HPFS（High Performance File System，高性能文件系统）包含若干重要功能，当 Microsoft 公司开始创建自己的新的操作系统时，从 HPFS 中借鉴并汲取了很多经验。也许是因为它们有共同的“祖先”，HPFS 和 NTFS 共享相同的磁盘分区标识（0x07）。共享标识是很不寻常的，因为可用的代码还有很多，其他文件系统都使用它们自己的编号。例如，FAT 文件系统拥有的编号超过 9 个（FAT12 文件系统、FAT16 文件系统和 FAT32 文件系统等都至少有一个编号）。用于区分文件系统的算法在遇到代码 0x07 时就不得不进行额外的检查。

NTFS 是随着 Windows NT 操作系统一起推出的，所以由此得名。Windows NT 是 Microsoft 公司进军商用操作系统市场的一面旗帜。NTFS 有 5 个正式发布的版本。

- v1.0：随着 Windows NT 3.1 一起发布，发布于 1993 年。
- v1.1：随着 Windows NT 3.5 一起发布，发布于 1994 年。
- v1.2：由 Windows NT 3.51（1995 年发布）和 Windows NT 4（1996 年发布）提供（有时候也被称为“NTFS 4.0”，因为操作系统的版本是 4.0）。
- v3.0：服务于 Windows 2000（有时称作“NTFS 5.0”）。
- v3.1：服务于 Windows XP（有时称作“NTFS 5.1”）、Windows Server 2003（有时称作“NTFS 5.2”）、Windows Vista（有时称作“NTFS 6.0”），Windows Server 2008、Windows Server 2008 R2（有时称作“NTFS 6.1”）及 Windows 7。

采用 Windows NT 内核的视窗操作系统均以 NTFS 为主要文件系统。它解决了 FAT 文件系统中的许多限制（如不支持长文件名和容量超过 4GB 的文件），提高了磁盘读/写性能和空间利用率，支持访问控制、事务日志、文件加密、磁盘配额、文件压缩、多数据流、重解析点等功能，完全适用于商用环境。由于 NTFS 有诸多版本，因此若无特别说明，在本书中将以 v3.1（也就是搭配 Windows XP 的文件系统）为例进行探讨。

在 NTFS 分区中，引入了“卷”的概念。可以将卷看成分区的增强。传统的分区就是装载了一个文件系统的管理区域，但在商业领域中，还需要一些更高级的管理能力，如动态地扩展分区容量，甚至能够将多块磁盘的空间整合为一个分区以获得超大空间，或者提供冗余功能等，而这些就要依据卷来实现。在 Windows 操作系统中，卷被分为简单卷和动态卷。传统的分区就是一个简单卷，而将简单卷转换为动态卷后就可以实现上述高级功能。动态卷根据实现功能的不同又可以分为多种类型，本章仅讨论 NTFS 简单卷。

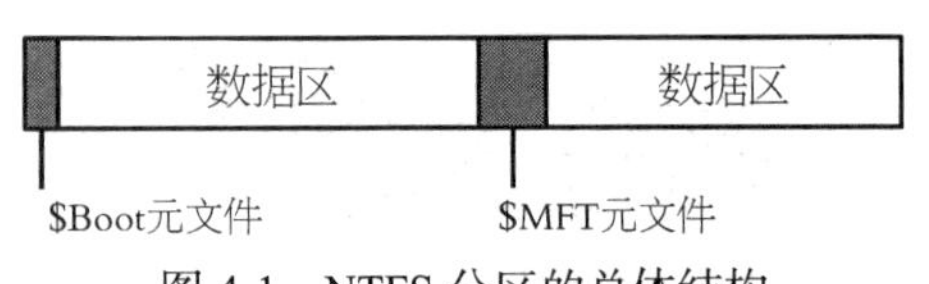

图 4-1　NTFS 分区的总体结构

NTFS 分区的总体结构如图 4-1 所示。NTFS 分区不再像 FAT 分区那样划分专门的管理控制区域，而是把所有的分区管理控制信息分为元数据，并以文件形式处理，称为“元数据文件”，简称“元文件”。这样一来，分区的全部空间都是数据区，都用于文件分配。既然以文件形式处理，就意味着 NTFS 分区中的元数据的大小和位置不是固定的。在这些元文件中，有两个比较特殊，即$Boot 元文件和$MFT 元文件，因此，在图 4-1 中特意标注出来。

$Boot 元文件具有引导操作系统的作用。每个分区的 0 号扇区是 DBR 扇区，操作系统在访问分区时先访问 DBR 扇区，因为这个扇区记录了分区内部的关键结构信息和引导程序。在 NTFS 中，把 DBR 扇区和其后的 15 个扇区合起来构成 Boot 区域，因此，$Boot 元文件的位置和大小都是固定的。在 NTFS 中，只有$Boot 元文件是一个例外。

MFT（主控文件表）也被组织成$MFT 元文件进行管理。MFT 中记录了 NTFS 的所有文件的信息，当然也包括$MFT 元文件本身，在进行文件管理和数据恢复时必从$MFT 元文件入手。因此，$Boot 是 NTFS 中最重要的一个元文件，它的位置和大小不是固定的，但通常有一个默认位置。为了安全起见，NTFS 把$MFT 元文件放到分区中间的某处，在引导扇区的 BPB 参数（BIOS 参数块）中给出具体位置。

4.1.2　簇管理

NTFS 仍然使用簇来管理文件分配。簇又叫卷因子，在操作系统中称为分配单元。NTFS 中的每个簇包含 8 个扇区，并且从 0 开始编号。由于 NTFS 中的所有空间都是数据区，因此簇划分是从 0 号扇区开始的，一直到分区末尾。如果分区的扇区总数不能刚好把每个簇包含的扇区数除尽，那么分区末尾处会余下未划分簇的空间。

在格式化时会生成簇号。NTFS 把划分的簇号称为逻辑簇号（LCN）。NTFS 管理文件分配时采取索引方式，先把文件按照逻辑簇的大小划分为若干区块，称为虚拟簇（VCN），同样从 0 开始编号。在 MFT 中每个文件都有一个索引表，用来记录 VCN 和 LCN 的对应关系。因此，NTFS 可以快速地随机访问文件的任意部分。假设某文件占用 6 个簇，那么该文件的 VCN 和 NTFS 分区的 LCN 的对应关系如表 4-1 所示。

表 4-1　文件分配索引表

VCN	0	1	2	3	4	5
LCN	102	103	106	107	108	199

由表 4-1 可以看出，文件所分配的簇位置可以不连续，每个 VCN 都有一个对应的 LCN，如果文件很大，这个索引表就很长。因此，在实际记录时，NTFS 会采取压缩记录的方式，节省管理文件簇的存储空间和处理时间。

在 NTFS 中计算某个簇的对应扇区的位置很简单，直接将对应的 LCN 乘以 8 就是扇区地址。例如，在表 4-1 中，若要访问文件的 2 号簇，对应的 LCN 为 106，则扇区地址为 106×8=848。

4.1.3　引导扇区的结构

NTFS 引导扇区分析

NTFS 分区的引导扇区和 FAT 分区有些相似，都是由 BPB 参数和 DBR 组成的，扇区末尾也以“55 AA”结束。NTFS 分区的引导扇区的结构如表 4-2 所示。

表 4-2　NTFS 分区的引导扇区的结构

字节偏移	大小	含义
00H	3 字节	跳转指令（EBH 52H 90H），跳至 54H 处的 DBR 部分
03H	8 字节	OEM 名（明文“NTFS”）
0BH	2 字节	每个扇区的字节数（通常为 200H）
0DH	1 字节	每个簇包含的扇区数（值为 2^N，通常为 8）
0EH	2 字节	保留扇区数（Microsoft 公司要求置为 0）
10H	5 字节	未使用（Microsoft 公司要求置为 0）
15H	1 字节	介质描述符，硬盘为 F8
16H	2 字节	未使用（Microsoft 公司要求置为 0）
18H	2 字节	每个磁道的扇区数（通常为 3F）
1AH	2 字节	每个柱面包含的磁头数（通常为 FF）
1CH	4 字节	隐含扇区数（本分区前的扇区总数）
20H	4 字节	未使用（Microsoft 公司要求置为 0）
24H	4 字节	未使用（总是为“80008000”）
28H	8 字节	分区占用扇区总数（此值比分区表描述扇区数小 1）
30H	8 字节	$MFT 元文件的起始簇号
38H	8 字节	$MFTMirr 元文件的起始簇号
40H	4 字节	每个 MTF 区块占用的簇数
44H	4 字节	每个索引缓冲区块占用的簇数
45H	3 字节	未使用
48H	8 字节	分区的逻辑序列号，格式化的时候随机产生
50H	4 字节	校验和
54～1FDH	426 字节	引导记录代码（DBR）
1FE～1FFH	2 字节	引导扇区签名“55 AA”

由表 4-2 可知，虽然 BPB 参数很多，但重要的其实只有两个，分区占用扇区总数和$MFT 元文件的起始簇号，其他的要么是固定值，要么不重要。对照图 4-2 可以看出，此分区占用的扇区为 16 386 236 个，大约为 8GB，$MFT 的起始簇号为 6 291 456，因为每个簇包含 1 个扇

区，所以也就是 6 291 456 号扇区。

```
Offset      0  1  2  3  4  5  6  7   8  9  A  B  C  D  E  F  访问
0000007E00 EB 52 90 4E 54 46 53 20  20 20 20 00 02 01 00 00  踝鬲TFS     .....
0000007E10 00 00 00 00 00 F8 00 00  3F 00 FF 00 3F 00 00 00  .....?.?.  .?...
0000007E20 00 00 00 00 80 00 80 00  BC 08 FA 00 00 00 00 00  ....▌.▌.??....
0000007E30 00 00 60 00 00 00 00 00  10 00 00 00 00 00 00 00  ..`.............
0000007E40 02 00 00 00 08 00 00 00  EE 06 75 6C 25 75 6C 90  ........?ul%ul▌
0000007E50 00 00 00 00 FA 33 C0 8E  D0 BC 00 7C FB B8 C0 07  ....?皱屑.|  ?
0000007E60 8E D8 E8 16 00 B8 00 0D  8E C0 33 DB C6 06 0E 00  庁?.?.幇3燮...
0000007E70 10 E8 53 00 68 00 0D 68  6A 02 CB 8A 16 24 00 B4  .鑃.h..hj.藠.$.▌
0000007E80 08 CD 13 73 05 B9 FF FF  8A F1 66 0F B6 C6 40 66  .?s.?  婑f.镀@f
0000007E90 0F B6 D1 80 E2 3F F7 E2  86 CD C0 ED 06 41 66 0F  .堆€?鱻嗵理.Af.
0000007EA0 B7 C9 66 F7 E1 66 A3 20  00 C3 B4 41 BB AA 55 8A  飞f麽f?.么A华U▌
0000007EB0 16 24 00 CD 13 72 0F 81  FB 55 AA 75 09 F6 C1 01  .$.?r.伽U猨.隽.
0000007EC0 74 04 FE 06 14 00 C3 66  60 1E 06 66 A1 10 00 66  t.?..胒`..f?.f
0000007ED0 03 06 1C 00 66 3B 06 20  00 0F 82 3A 00 1E 66 6A  ....f;. ..?..fj
0000007EE0 00 66 50 06 53 66 68 10  00 01 00 80 3E 14 00 00  .fP.Sfh....▌>...
0000007EF0 0F 85 0C 00 E8 B3 FF 80  3E 14 00 00 0F 84 61 00  .?.璩  €>....刐.
0000007F00 B4 42 8A 16 24 00 16 1F  8B F4 CD 13 66 58 5B 07  碆?$...嬼?fX[.
0000007F10 66 58 66 58 1F EB 2D 66  33 D2 66 0F B7 0E 18 00  fXfX.?f3襢.?..
0000007F20 66 F7 F1 FE C2 8A CA 66  8B D0 66 C1 EA 10 F7 36  f黢  娛f嬓f陵.?
0000007F30 1A 00 86 D6 8A 16 24 00  8A E8 C0 E4 06 0A CC B8  ..喼?$.婅冷..谈
0000007F40 01 02 CD 13 0F 82 19 00  8C C0 05 20 00 8E C0 66  ..?.?.尷. .幚f
0000007F50 FF 06 10 00 FF 0E 0E 00  0F 85 6F FF 07 1F 66 61   ...  ....卭  ..
0000007F60 C3 A0 F8 01 E8 09 00 A0  FB 01 E8 03 00 FB EB FE  脿??.狖?.?.  ▌
0000007F70 B4 01 8B F0 AC 3C 00 74  09 B4 0E BB 07 00 CD 10  ?嬸?.t.??.?
0000007F80 EB F2 C3 0D 0A 41 20 64  69 73 6B 20 72 65 61 64  腧?.A disk read
0000007F90 20 65 72 72 6F 72 20 6F  63 63 75 72 72 65 64 00   error occurred.
0000007FA0 0D 0A 4E 54 4C 44 52 20  69 73 20 6D 69 73 73 69  ..NTLDR is missi
0000007FB0 6E 67 00 0D 0A 4E 54 4C  44 52 20 69 73 20 63 6F  ng...NTLDR is co
0000007FC0 6D 70 72 65 73 73 65 64  00 0D 0A 50 72 65 73 73  mpressed...Press
0000007FD0 20 43 74 72 6C 2B 41 6C  74 2B 44 65 6C 20 74 6F   Ctrl+Alt+Del to
0000007FE0 20 72 65 73 74 61 72 74  0D 0A 00 00 00 00 00 00   restart........
0000007FF0 00 00 00 00 00 00 00 00  83 A0 B3 C9 00 00 55 AA  ........儬成..U▌
```

图 4-2　NTFS 分区的引导扇区图示

NTFS 分区的引导扇区如果遭到破坏，也可以使用备份引导扇区记录来恢复，只是 NTFS 分区的备份引导扇区在分区末尾处，这样对普通的破坏攻击有较好的保护作用。它的存放形式很巧妙：假设在分区表中标识该分区的大小为 N，那么在格式化为 NTFS 分区时，在引导扇区的 BPB 参数中给出本分区占用扇区数为 $N-1$，这样在分区表容量和分区内标注的容量间就有 1 个扇区的空隙，这个扇区既不会被本分区操作访问到，又不会被分区工具破坏，备份引导扇区就保存在这里。

元文件讲解

4.1.4　元文件

在创建 NTFS 时，会同时建立一些重要的系统管理控制信息，这些信息全部以文件的形式存在，所以被称为元文件。在 NTFS 中，元文件的文件名都以符号“$”开头，表示其为隐藏的系统文件，用户不可以直接访问。

MFT 在管理文件时，为每个文件赋予一个文件编号，并依次记录。NTFS 保留了前 24 个编号给元文件使用，但目前的 NTFS 中只有 16 个元文件，编号为 0～15，如表 4-3 所示。

表 4-3　元文件列表

编号	元文件名	内容说明
0	$MFT	主控文件表本身
1	$MFTMirr	主控文件表备份（通常为前 4 项内容）

续表

编号	元文件名	内容说明
2	$LogFile	日志文件，实现了 NTFS 的可恢复性和安全性
3	$Volume	卷文件，标识卷标、是否格式化和是否需要修复等信息
4	$AttrDef	属性定义列表文件，定义了每种属性
5	$Root	根目录文件
6	$Bitmap	位图元文件，每位对应一个簇的分配情况
7	$Boot	引导元文件
8	$BadClus	坏簇记录文件
9	$Secure	安全元文件，存储访问控制列表（在 NTFS 4 及以前的版本中为磁盘配额信息）
10	$UpCase	大小写字符转换表元文件
11	$ExtMD	扩展元数据目录（Extended Metadata Directory）元文件
12	$Extend\$Reparse	重解析点文件
13	$Extend\$Usnjrnl	变更日志文件
14	$Extend\$Quota	磁盘配额管理文件
15	$Extend\$Objld	对象 ID 文件
16～23		为以后扩展而保留
24～*N*		用户文件和目录

这些元文件记录了分区底层的结构信息，不仅非常特殊还特别重要，因此被系统保护起来，用户和普通程序不能访问它们，只能通过特殊的工具才能访问。Microsoft 公司提供了一个 OEM 工具，即 nfi.exe。使用该工具可以查看指定 NTFS 分区中的文件信息，主要显示文件编号、文件名和文件数据所在的扇区地址，以及元文件的信息。

在 NTFS 中，最重要的元文件是$MFT，为此专门为其设立了一个备份的元文件$MFTMirr。这个元文件只备份了 MFT 中前几项的内容（通常为 4 项），并且被放到相隔很远的地方。一旦$MFT 元文件遭到破坏，可以利用$MFTMirr 元文件的信息来定位$MFT 元文件的位置。

4.2　主控文件表

MFT 是由若干文件记录项组成的，每个记录项固定占 1KB 的空间，也就是两个扇区。每个文件记录项都有一个顺序排列的文件记录编号，在通常情况下每个文件记录项记录一个文件的属性信息，但如果某个文件的属性很多，一个记录项记录不完，那么会额外为其分配文件记录项。

在引导扇区中给出了 MFT 分配的区块大小，当记录的文件项很多，在一个区块中放不下时应该怎么办呢？使用 NTFS 中的文件管理方式可以很好地解决这个问题，因此，$MFT 元文件的空间管理很灵活。

MFT 组织结构

4.2.1　文件记录项

从总体上来说，MFT 中的文件记录项分为两部分：记录头和属性列表。其中，记录头中包含本文件记录项的总体情况和信息，属性列表中记录的是该文件的所有属性，包括文件名、文件属性、存储时间和存储位置等。

记录头的大小是固定的，但属性列表是变动的，每个文件可能有不同的属性组合，并且属性内容也不同。在文件属性列表的最后会附上一个属性结束标记“FF FF FF FF”，NTFS 会根据这个标记来判断该文件记录的末尾。图 4-3 给出了 Windows XP 操作系统下的文件记录项的图示。

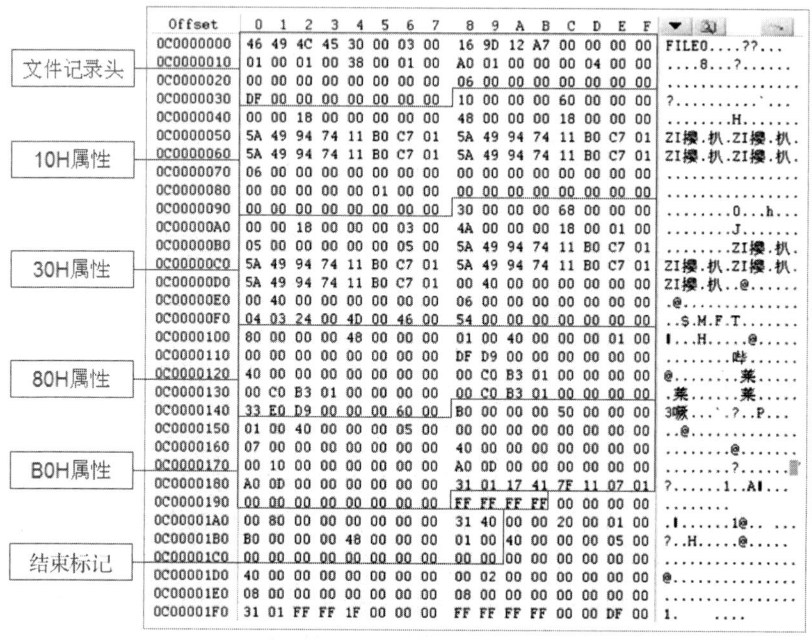

图 4-3　文件记录项的图示

由图 4-3 可知，此文件记录项有 4 个属性，文件记录头占 38H 字节。文件记录头的结构如表 4-4 所示。

表 4-4　文件记录头的结构

字节偏移	大小	含义
00～03H	4 字节	签名值为“46 49 4C 45”（明文“FILE”）
04～05H	2 字节	更新序列号的偏移（Windows XP 操作系统下通常为 30H）
06～07H	2 字节	更新序列号的数组个数（通常为 3）
08～0FH	8 字节	日志序列号（LSN）
10～11H	2 字节	序列号，用于记录本文件记录项被使用的次数，每当该 MFT 项被分配或取消分配时，这个序列号都会加 1
12～13H	2 字节	硬链接数，即有多少个目录指向该文件，只出现在基本文件记录中，如果所有的硬链接都被删除，那么此文件也会被删除
14～15H	2 字节	第一个属性的偏移地址
16～17H	2 字节	标志，第 0 位表示使用/删除，第 1 位表示目录/文件。例如，Ox00 表示已删除的文件，Ox02 表示已删除的目录
18～1BH	4 字节	记录头和属性列表的实际使用总长度
1C～1FH	4 字节	总共分配给文件记录的长度，通常为 400H
20～27H	8 字节	如果该 MFT 项为基本文件记录，那么此处为 0；如果该 MFT 项不是基本文件记录，那么此处的值为它的基本文件记录中偏移 Ox2C～Ox2F 处的文件记录编号
28～29H	2 字节	下一个属性的 ID

续表

字节偏移	大小	含义
2A～2BH	2 字节	边界，在 Windows XP 操作系统中使用
2C～2FH	4 字节	MFT 文件记录项编号（起始编号为 0），在 Windows XP 操作系统中使用
30～37H	8 字节	更新序列号数组（共 3 组，每个数组占用 2 字节）
38～3FFH	968 字节	文件属性

表 4-4 中的内容看上去比较多，初次接触 NTFS 的人可能会觉得毫无头绪，其实数据恢复人员只关心其中的 2 个关键字段，只有在遇到一些棘手的问题时，才会分析其他字段。

- 偏移 16～17H（标志）：恢复数据时依据此处判断该文件是否已删除，如果表示已删除，那么此文件记录项有可能被再次分配。
- 偏移 2C～2FH（编号）：每个文件和目录都有一个独一无二的编号，在其他地方会引用到，如在 30H 属性中就会引用父目录的文件编号。另外，这个位置的编号值在 RAID 数据恢复的分析过程中对判断块大小、盘序及同步/异步有极大的帮助。

每个文件记录项占 2 个扇区，每个扇区末尾的 2 字节（文件记录项中偏移 1FEH、1FFH 和 3FEH、3FFH 处）与偏移 30H 处的更新序列号数组的第一组的 2 字节相同，在图 4-3 中值都为 00DFH，操作系统据此来判断该文件记录项是否有误。另外，在同一个目录下的文件中这个值是相同的，也可以通过此处来判断哪些文件属于同一个目录。

文件记录分析

4.2.2　文件属性

1. 文件属性的基本概念

在 NTFS 卷中，文件的所有相关信息（包括文件名和数据在内）都以属性来表示，而构成属性的实际数据则被称为“流”。为了避免混淆，把文件的只读、隐藏等属性称为传统文件属性。在$ArriDef 元文件中定义了各种属性，并把这些属性类型编号，如表 4-5 所示。

表 4-5　$ArriDef 元文件中的属性

属性类型	属性名	属性描述
10H	$STANDARD_INFORMATION	标准信息：如传统文件属性、时间信息和硬链接等
20H	$ATTRIBUTE_LIST	属性列表：用于描述扩展文件记录项中属性的信息
30H	$FILE_NAME	文件名：用 Unicode 字符表示的文件名，以及时间信息、父目录编号和传统文件属性等
40H	$OBJECT_ID	对象 ID：1～4 个 16 字节的标识符，分别为 Object ID、Birth Volume ID、Birth Object ID 和 Domain ID
50H	$SECURITY_DESCRIPTOR	安全描述符：文件的访问控制及安全属性，现已不使用，该功能已移到$Secure 元文件中
60H	$VOLUME_NAME	卷名（卷标识）：仅存在于$Volume 元文件中
70H	$VOLUME_INFORMATION	卷信息：仅存在于$Volume 元文件中
80H	$DATA	数据：文件的实际数据内容
90H	$INDEX_ROOT	索引根：文件目录的根节点
A0H	$INDEX_ALLOCATION	索引分配：文件目录的子节点
B0H	$BITMAP	位图：分配空间的使用情况

续表

属性类型	属性名	属性描述
C0H	$REPARSE_POINT	重解析点：用于实现卷、目录和应用程序之间的连接
D0H	$EA_INFORMATION	扩展属性信息：用于向后兼容 OS/2（HPFS）
E0H	$EA	扩展属性：用于向后兼容 OS/2（HPFS）
1000H	$LOGGED_UTILITY_STREAM	EFS 加密属性：存储合法的用户列表、密钥等

不同的文件具有不同的属性，如大多数用户文件具有 10H 属性、30H 属性和 80H 属性，但没有 20H 属性和 90H 属性等，目录具有 10H 属性、30H 属性和 90H 属性，但没有 80H 属性。有的属性只有元文件才有，如 20H 属性和 60H 属性；有的属性可能会在同一记录项中多次出现，如文件名属性。

图 4-4 为某文件的记录项截图，前 38H 个字节是文件记录头，之后是属性列表，最后面是结束标记。每个属性的前 4 个字节表示属性类型，接下来的 4 个字节表示本属性的大小，由此可以遍历文件的属性列表。这里共有 3 个属性，分别是 10H 属性、30H 属性和 80H 属性，每个属性用一类颜色标识。

```
Offset      0  1  2  3  4  5  6  7   8  9  A  B  C  D  E  F
0C0029000  46 49 4C 45 30 00 03 00  13 F6 19 4E 00 00 00 00   FILE0     ö N
0C0029010  04 00 01 00 38 00 01 00  58 01 00 00 00 04 00 00       8   X
0C0029020  00 00 00 00 00 00 00 00  04 00 00 00 A4 00 00 00               ¤
0C0029030  43 04 00 00 00 00 00 00  10 00 00 00 60 00 00 00   C           `
0C0029040  00 00 00 00 00 00 00 00  48 00 00 00 18 00 00 00           H
0C0029050  90 0D 4F 31 95 32 CD 01  90 0D 4F 31 95 32 CD 01   ▮ O1▮2Í ▮ O1▮2Í
0C0029060  5B C1 5B 3F 95 32 CD 01  C8 CF D8 11 F2 89 CD 01   [Á[?▮2Í ÈÏØ ò▮Í
0C0029070  20 00 00 00 00 00 00 00  00 00 00 00 00 00 00 00
0C0029080  00 00 00 00 28 01 00 00  00 00 00 00 00 00 00 00       (
0C0029090  00 00 00 00 00 00 00 00  30 00 00 00 70 00 00 00           0   p
0C00290A0  00 00 00 00 00 00 02 00  56 00 00 00 18 00 01 00           V
0C00290B0  A3 00 00 00 00 00 04 00  4A 9A 5B 3F 95 32 CD 01   £       J▮[?▮2Í
0C00290C0  4A 9A 5B 3F 95 32 CD 01  4A 9A 5B 3F 95 32 CD 01   J▮[?▮2Í J▮[?▮2Í
0C00290D0  4A 9A 5B 3F 95 32 CD 01  00 00 00 00 00 00 00 00   J▮[?▮2Í
0C00290E0  00 00 00 00 00 00 00 00  20 00 00 00 00 00 00 00
0C00290F0  0A 03 42 00 75 00 6E 00  64 00 6C 00 65 00 2E 00     B u n d l e .
0C0029100  72 00 64 00 62 00 00 00  80 00 00 00 48 00 00 00   r d b   ▮   H
0C0029110  01 00 00 00 00 00 03 00  00 00 00 00 00 00 00 00
0C0029120  3D 00 00 00 00 00 00 00  40 00 00 00 00 00 00 00   =       @
0C0029130  00 E0 03 00 00 00 00 00  CE D2 03 00 00 00 00 00    à      ÎÒ
0C0029140  CE D2 03 00 00 00 00 00  31 3E 93 45 38 00 5A C8   ÎÒ      1>▮E8 ZÈ
0C0029150  FF FF FF FF 82 79 47 11  00 00 00 00 00 00 00 00   ÿÿÿÿ▮yG
```

图 4-4　某文件的记录项截图

2. 属性头

属性分为属性头和属性内容两部分。属性头列举了该属性的类型、大小和偏移等信息，属性内容则按照预定的格式记录文件属性的具体信息。MFT 中各属性的大小均以 8 字节为边界。

有的属性内容存储在记录项中（如文件名），称为常驻属性。有的属性内容很多，需要在 MFT 区域外另行开辟空间存储（如文件数据），称为非常驻属性。属性头的结构也有所差别，但不管是常驻属性还是非常驻属性，它们的属性头的前 16 个字节的结构是相同的。表 4-6 和表 4-7 分别列举了常驻属性和非常驻属性的属性头。

表 4-6　常驻属性的属性头

偏移	大小	含义
00H	4 字节	属性类型编号
04H	4 字节	属性大小（包括属性头和属性内容）
08H	1 字节	是否常驻（00 表示常驻，01 表示非常驻）
09H	1 字节	属性名的长度（0 表示无属性名，非 0 表示属性名的字符数）
0AH	2 字节	属性名的起始偏移（若有，则通常为 18H；若没有，则为 0）
0CH	2 字节	压缩（0001H）、加密（4000H）、稀疏　（8000H）标志
0EH	2 字节	属性 ID
10H	4 字节	属性内容的长度（非常驻属性此处为 0）
14H	2 字节	属性内容的起始偏移（若没有属性名，则为 18H）
16H	1 字节	索引标志
17H	1 字节	无意义（对齐 8 字节边界）
18H	～	属性名（如果有的话）和属性内容

表 4-7　非常驻属性的属性头

偏移	大小	含义
00H	4 字节	属性类型编号
04H	4 字节	属性大小（包括属性头和属性内容）
08H	1 字节	是否常驻（00 表示常驻，01 表示非常驻）
09H	1 字节	属性名的长度（0 表示无属性名，非 0 表示属性名的字符数）
0AH	2 字节	属性名的起始偏移（若有，则通常为 18H；若没有，则为 0）
0CH	2 字节	压缩（0001H）、加密（4000H）、稀疏　（8000H）标志
0EH	2 字节	属性 ID
10H	8 字节	起始 VCN
18H	8 字节	结束 VCN（由此确定 VCN 边界）
20H	2 字节	数据运行信息（记录非常驻数据内容）的偏移地址
22H	2 字节	压缩单位大小
24H	4 字节	无意义（对齐 8 字节边界）
28H	8 字节	属性分配大小，是该属性所占的所有簇空间的大小
30H	8 字节	属性真实大小，即实际占用的空间
38H	8 字节	属性内容的初始大小
40H	～	属性名（如果有的话）和数据运行信息

参照图 4-4，10H、30H 为常驻属性。下面以 10H 属性为例分析其属性头。

- 属性类型：10H，标准文件信息。
- 属性大小：60H 字节。
- 是否常驻：00H，常驻。
- 属性名的长度：00H，无属性名。
- 属性名的起始偏移：00H，无属性名。
- 压缩：00H，无压缩、无加密、非稀疏。
- 属性 ID：00H。
- 属性内容的长度：48H。

- 属性内容的偏移位置：18H。
- 索引标志：00H。

参照图 4-4，80H 为非常驻属性。下面以 80H 属性为例分析其属性头。

- 属性类型：80H，文件数据内容。
- 属性大小：48H 字节。
- 是否常驻：01H，非常驻。
- 属性名的长度：00H，无属性名。
- 属性名的起始偏移：00H，无属性名。
- 压缩：00H，无压缩、无加密、非稀疏。
- 属性 ID：03H。
- 起始 VCN：0H。
- 结束 VCN：3DH，该文件共有 62 个簇。
- 数据运行偏移：40H。
- 压缩单位大小：00H。
- 属性分配大小：3E000H。
- 属性真实大小：3D2CEH（250 574 字节）。

4.2.3 常用属性

分析文件属性

10H 属性和30H 属性分析

80H 属性的结构

80H 属性分析

前面列举了很多文件属性，但对于数据恢复来说，有的属性并不是必要的，由于篇幅有限，下面只介绍几个常见的和数据恢复有关的属性。如果读者想了解其他属性的结构，那么可以查阅相关资料。

1. 10H 属性

标准信息属性的类型值为 10H，总是常驻属性，包含一个文件或目录的基本元数据，如时间、所有权和安全信息。所有文件和目录必须有 10H 属性，因为该属性中包含加强数据安全和磁盘配额方面的信息。每个文件或目录的第一个属性就是这个标准属性，因为它的类型值在所有类型值中是最低的。10H 属性的属性头共占用 48H 字节。标准信息属性的结构如表 4-8 所示。

表 4-8　标准信息属性的结构

偏移	大小	含义
～	～	属性头
00H	8 字节	文件建立时间，用 64 位来表示日期和时间，用 Windows 操作系统的时间 API 函数取得
08H	8 字节	文件最后修改时间
10H	8 字节	MFT 修改时间
18H	8 字节	文件最后访问时间
20H	4 字节	传统文件属性
24H	4 字节	最大版本数，若为 0，则表示没有版本
28H	4 字节	版本数，若偏移 24H 处为 0，则此处也为 0

续表

偏移	大小	含义
2CH	4 字节	分类 ID（一个双向的类索引）
30H	4 字节	所有者 ID，Windows 2000 操作系统以后才有，用于访问磁盘配额$Quota 中的索引关键字
34H	4 字节	安全 ID，Windows 2000 操作系统以后才有，用于访问安全元文件$Secure 中的索引关键字
38H	8 字节	配额管理，Windows 2000 操作系统以后才有，配额占用情况，若为 0，则表示未使用配额
40H	8 字节	更新序列号，Windows 2000 操作系统以后才有，是进入元文件$UsnJrnl 的索引关键字

偏移 20H 处的传统文件属性的值按位分别代表不同的含义，有些值可以叠加，如表 4-9 所示。

表 4-9　传统文件属性

标志值	含义
0x0001	只读
0x0002	隐含
0x0004	系统
0x0020	档案
0x0040	设备
0x0080	常规
0x0100	临时
0x0200	稀疏
0x0400	重解析点
0x0800	压缩
0x1000	脱机
0x4000	加密
0x10000000	目录
0x20000000	索引视图

2. 20H 属性

属性列表的类型值为 20H，在正常情况下，每个文件只占一个文件记录项，如果一个记录项放不下，就需要分配额外的记录项。20H 属性包括一系列不同长度的记录，用于描述其他属性的类型和位置。可能需要 20H 属性的几种情况包括文件有很多硬链接（多个文件名）、运行碎片或命名流（如数据流）。属性列表的结构如表 4-10 所示。

表 4-10　属性列表的结构

偏移	大小	含义
～	～	属性头
00H	4 字节	属性类型编号
04H	2 字节	记录长度
06H	1 字节	属性名的长度（字符数），若为 0，则表示没有属性名
07H	1 字节	属性名的偏移（若没有属性名，则指向属性内容）
08H	8 字节	起始 VCN（属性是常驻时总为 0）
10H	8 字节	属性在扩展文件记录中的索引号（参考 MFT 头中的索引号字段，偏移 20H）
18H	2 字节	属性 ID（似乎总为 0）
1AH	～	Unicode 格式的属性名（如果有的话）

3. 30H 属性

文件名属性的类型值为 30H，用于存储文件名，是常驻属性，可容纳 255 个 Unicode 字符。任何文件和目录在它的 MFT 项中都至少有一个文件名属性，每个文件名属性都有其详细资料和父目录参考号，数据恢复人员可以通过该信息来确定文件所在的路径。

NTFS 通过为一个文件创建多个文件名来实现 POSIX 式的硬链接。当一个硬链接文件被删除时，就从 MFT 记录中删除这个文件名，当删除最后一个硬链接时，表示已真正删除文件。

Windows 操作系统记录文件名采用 16 位的 Unicode 字符，每个字符占 2 字节，并且文件名必须符合某个特定的命名空间。NTFS 针对不同的操作系统提出了 3 种文件名命名空间，其字符集从大到小依次为 POSIX、Win32 和 DOS。

- POSIX：最大的文件名命名空间，支持的最大文件名长度为 255 个字符，除了空字符（0x00）和斜线“/”，其他的 Unicode 字符都可以使用。在这个命名空间中，字母的大小写是敏感的，即 ABC.txt 与 abc.txt 表示两个不同的文件。
- Win32：POSIX 命名空间的子集，允许使用除“/”、“\”、“:”、“<”、“>”及“？”之外的所有 Unicode 字符，但不能以“.”或空格结束。
- DOS：Win32 命名空间的子集，只使用大写字母，使用 8.3 格式文件名，即文件名最长不超过 8 个字符，扩展名最长不超过 3 个字符。在这个命名空间中，即使将一个文件命名为 abc.txt，保存时也是保存为 ABC.TXT。因此，在 abc.txt 存在的情况下，建立 ABC.TXT 文件会被判定为文件名相同而不允许使用。

Win32&DOS 命名空间是指文件具有一个标准的 DOS 命名空间文件名，不需要两个文件名。如果在为一个文件命名时使用了非 DOS 命名空间，那么 Windows 操作系统会强制为它建立一个 8.3 格式文件名，此时该文件就有两个文件名。

总体来讲，文件名属性的类型值有的在标准属性中已经介绍过，不同之处在于它包含文件名及可以用来确定文件完整路径的父目录参考号。文件名属性的结构如表 4-11 所示。

表 4-11 文件名属性的结构

偏移	大小	含义
～	～	属性头
00H	8 字节	父目录的文件参考号（MFT 头的记录编号，偏移 2CH）
08H	8 字节	文件创建时间
10H	8 字节	文件修改时间
18H	8 字节	MFT 修改时间
20H	8 字节	文件最后访问时间
28H	8 字节	为文件分配的大小
30H	8 字节	文件实际大小
38H	4 字节	标志（传统文件属性）
3CH	4 字节	$EA（扩充属性）使用的空间，或者$REPARSE_POINT（重解析点属性）的类型
40H	1 字节	文件名长度（字符数 L）
41H	1 字节	文件名命名空间 （0=POSIX，1=WIN32，2=DOS，3=WIN32 & DOS）
42H	L×2	Unicode 文件名

下面列举一个实例，如图 4-5 所示。

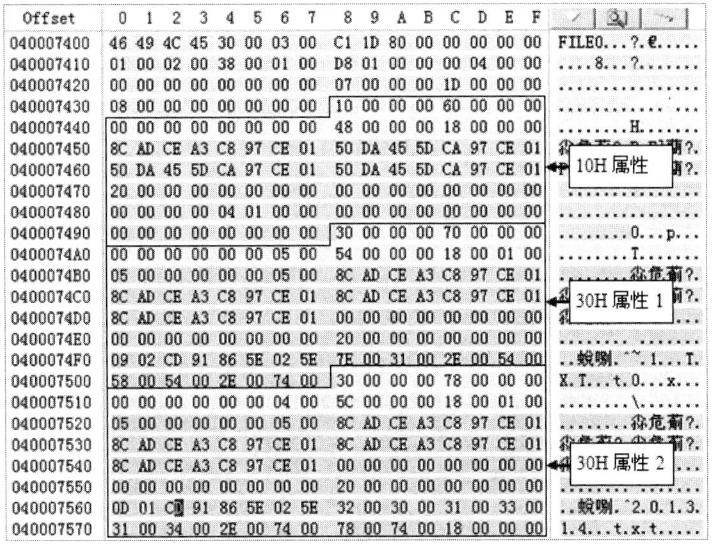

图 4-5　文件名属性实例

如图 4-5 所示，该文件有两个 30H 属性，它们只是文件名部分不同，其他的属性内容都是一致的。该文件的父目录参考号是 5，$Root 元文件的 MFT 编号是 5，因此，这个文件是根目录下的文件。文件的传统属性为 20H，说明这是普通档案文件。该文件有两个文件名，分别是 DOS 和 Win32 长文件名。

Windows 操作系统使用的编码是《信息技术　中文编码字符集》(GB 18030—2022)，是 GBK 的子集，但 MFT 中记录文件名使用的是 Unicode 字符，因此，在 WinHex 中英文字母可以正确显示，但汉字显示为乱码。要知道真正的文件名，必须借助转换工具，为此，Microsoft 公司提供了编码转换器 gbunicnv.exe（可以从网上免费下载）。另外，记事本程序在保存时也可以选择编码，实现转码功能。

4. 80H 属性

数据属性的类型值为 80H，用于存储文件的数据内容，是非常重要和特殊的属性。每个文件都有数据属性，这个属性的内容的大小没有限制，甚至可以为 0。

1）数据流

数据属性的内容也可称为“流”。由于信息在记录和传输时均以二进制形式按顺序实现，因此用流来描述这种数据特征。在一个文件中可能存在多个数据属性，以存储不同的流，但必定有一个没有属性名的数据属性。存储文件主要数据内容的称为主流。如果文件有其他的流，那么其所在的数据属性必须有属性名，也可称为附加流或辅流。

附加流在很多地方都可以使用。例如，在 Windows 环境下，用户可以通过右击一个文件并选择“摘要”命令为文件建立摘要信息，这些摘要信息保存在附加流中。一些防病毒和备份软件可以在访问过的文件上建立一个附加流，以记录工作信息。目录也可以具有除索引属性之外的其他附加流。附加流还可以用来隐藏数据，在查看一个目录或文件的内容时，附加流不会被显示出来，需要使用专门的工具来找出它们。

除了主流，NTFS 还预定义了一些附加流，它们的属性名如下。

- ^EDocumentSummaryInformation：文档摘要（非常驻属性）。

- ^ESebiesnrMkudrfcoIaamtykdDa：来源、标题、主题等（非常驻属性）。
- ^ESummaryInformation：关键字、备注、修订版本等（非常驻属性）。
- {4c8cc155-6c1e-11d1-8e41-00c04fb9386d}：无内容（常驻属性）。
- $MountMgrDatabaseDataStream：只存在于重解析点。
- $Bad：坏簇数据流，只存在于$BadClus 元文件中。
- $SDS：安全描述流，只存在于$Secure 元文件中。
- $J、$Max：只存在于$Extend\$UsnJrnl 加密日志元文件中。

用户可以在 Windows 操作系统中编辑一个文件的摘要信息，这时此文件就加上了一个摘要数据流。用户也可以在命令提示符界面中使用“:”为文件创建一个附加流，如图 4-6 所示。

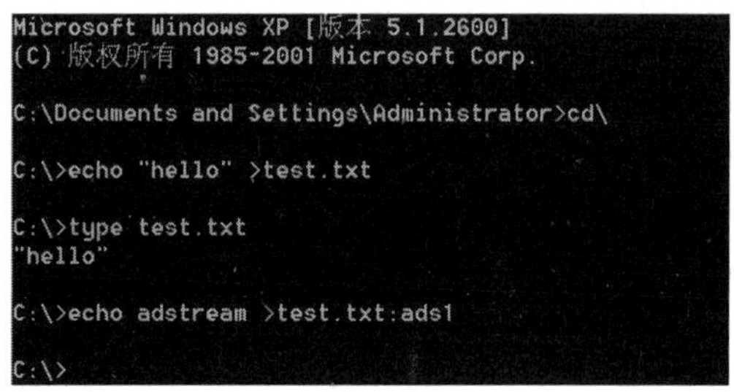

图 4-6　创建附加流

如图 4-6 所示，先在 C 盘的根目录下创建一个“test.txt”文件，文件内容为“"hello"”，再为这个文件创建一个属性名为“ads1”的附加流，内容是“adstream”。图 4-7 所示为上述文件的 MFT 记录项截图，可以看到它有两个 80H 属性。

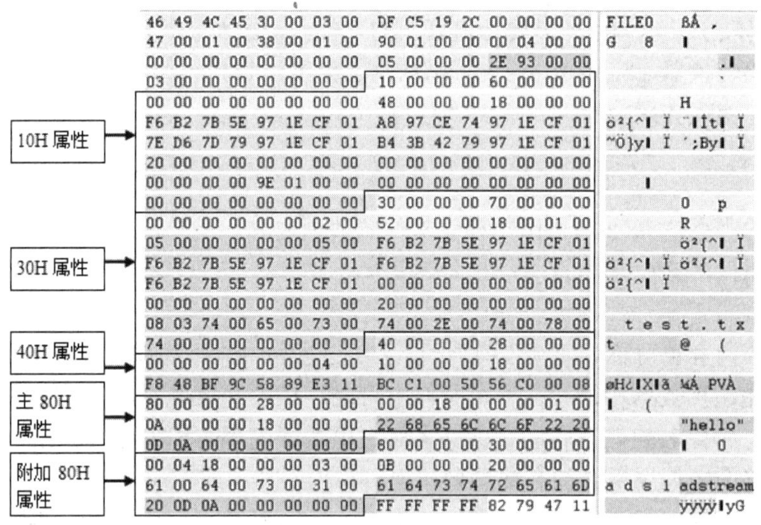

图 4-7　MFT 记录项截图

数据属性内容可以通过加密来阻止未授权的访问，或者对数据进行压缩以节省存储空间。不管使用了其中的哪个选项，在 80H 属性头中都将设置相应的标志。如果使用了加密，那么还会将密钥存储在$LOGGED_UTILITY_STREAM 元文件中，当一个文件有多个 80H 属性时，这些数据内容使用同一个密钥。

2）运行索引

当文件的数据属性内容很少时，可以直接存储在 MFT 文件记录项的 80H 属性中，此时 80H 是常驻属性。当文件内容较多时，可以存储在数据运行（Data Run，也就是相对的数据区）中，这时 80H 就是非常驻属性，并且属性内容记录了文件所分配簇的索引表，也可称为“运行索引”。数据运行索引记录方式如图 4-8 所示。

未压缩

VCN	LCN
0	100H
1	101H
2	102H
3	103H
4	150H
5	151H
6	152H

压缩后

起始LCN	占用簇数/个
100H	4
150H	3

注意：压缩后未记录VCN，因为起始VCN和结束VCN在属性头中已给出，所以不再需要。

图 4-8 数据运行索引记录方式

由此可见，索引表经过压缩后所需的空间大大减小，由原来的 7 项变为 2 项，描述了 2 个存储区块。如果文件连续存储，那么只需 1 项即可。

非常驻属性头的偏移 20H 处给出了数据运行索引的偏移地址，即位于 80H 属性头之后，由若干运行项组成，每个运行项依次排列，最后一项的末尾加上“00”表示结束。运行项分为 3 个字段，各字段的含义如表 4-12 所示。

表 4-12 运行项的结构

偏移	大小/字节	含义
00H	1	高 4 位为描述起始 LCN 所需的字节数（*L*），低 4 位为描述连续占用的簇数所需的字节数（*N*）。若该字节值为 00H，则表示运行表结束
01H	*N*	该运行连续占用的簇数
N+1	*L*	第一个运行项表示起始 LCN，第二个及以后的运行项以补码表示距离第一个运行项的偏移簇号

下面介绍一个运行索引实例，如图 4-9 所示。

图 4-9 运行索引实例

由图 4-9 可以看出，该运行索引有两个运行项，也就是文件数据被分为两部分，第一部分从第 100H 个簇开始，占 4 个簇，第二部分从第 150H 个簇开始，占 3 个簇。如果第二部分在第一部分的前面，那么第二个运行项的起始 LCN 为补码表示的负数。在补码中，最高位为“1”表示负数。下面介绍一个运行索引分析案例，如图 4-10 所示。

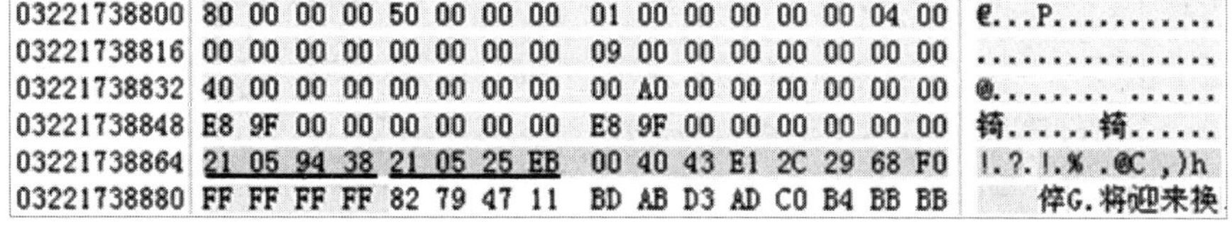

图 4-10 运行索引分析案例

在此案例中，该文件分配了 A000H 字节（40 960 字节），也就是 40KB，实际占用 9FE8H 字节，也就是 40 936 字节。其运行项有两个，第一个是“21 05 94 38”，第二个是“21 05 25 EB”。第一个运行项的起始簇号为 3894H（14 484），占用 5 个簇，第二个运行项的起始簇号标注为“EB 25”，实际上是值为-14DBH（-5339）的补码，因此实际位置是 9145（14 484-5339）（23B9H）号簇，也占用 5 个簇。

这两个运行项之后是“00”，说明已结束，后面虽然看似还有数据，但其实是以前删除的文件记录项留下的“尸体”，没有任何作用。为了保持 8 字节边界对齐，属性结束标记“FF FF FF FF”跳过了 7 字节的位置。

在 WinHex 中，可以调节数据解释器选项，使其可以解释有符号数以显示补码，如图 4-11 所示。

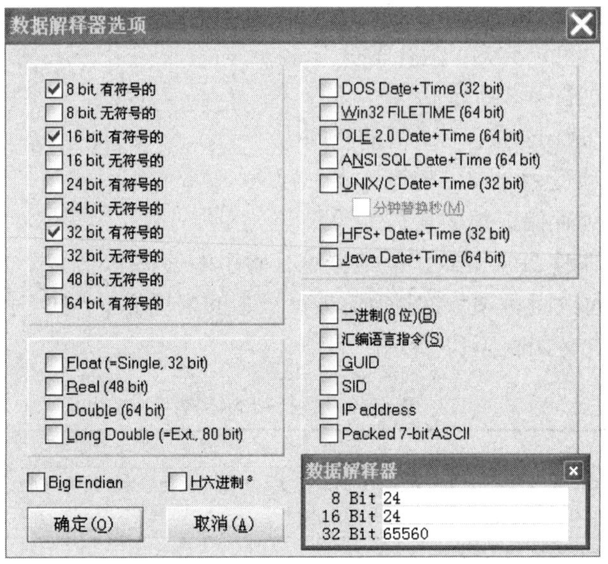

图 4-11 “数据解释器选项”对话框

4.2.4 NTFS 卷文件信息

分析$MFT元文件

分析$MFTMirr元文件和$Bitmap元文件

分析$LogFile元文件

掌握了 4.1 节和 4.2 节的内容，读者就可以使用 WinHex 直接读取 NTFS 底层存储信息。熟练分析 NTFS 分区中的重要信息对数据恢复工作来说是很必要的，下面给出两个分析案例。

1. 分析$MFT 元文件

NTFS 分区中的$MFT 是元文件，它的数据内容就是主控文件表，该表中记录了本分区中所有文件的基本信息，包括它自己。

（1）在虚拟机 Windows XP 操作系统中运行 WinHex，先选择“工具”→“打开磁盘”命令，再选择一个 NTFS 分区，如图 4-12 所示。通过对 BPB 参数进行分析可知，该分区有 11BA6192H（297 427 346）个扇区，$MFT 元文件的起始簇号为 C0000H（786 432）。单击工具栏中的“转到扇区”按钮，打开“转到扇区”对话框，在逻辑簇文本框中输入“786432”，单击“确定”按钮，就跳至$MFT 元文件的起始位置。WinHex 还提供了一个简便的方法，单击“数据解释器”板块右上方的“快速跳转”按钮可以直接跳至$MFT 元文件。

（2）MFT 区域也是$MFT 元文件的文件记录项，如图 4-13 所示。记录头的第一个属性偏移是 38H，此记录项的 MFT 编号为 0，说明这是第一个文件。

Offset	0	1	2	3	4	5	6	7	8	9	A	B	C	D	E	F	
0000000000	EB	52	90	4E	54	46	53	20	20	20	20	00	02	08	00	00	ëRINTFS
0000000010	00	00	00	00	00	F8	00	00	3F	00	FF	00	3F	00	00	00	ø ? ÿ ?
0000000020	00	00	00	00	80	00	80	00	92	61	BA	11	00	00	00	00	I I ′aº
0000000030	00	00	0C	00	00	00	00	00	19	A6	1B	01	00	00	00	00	¦
0000000040	F6	00	00	00	01	00	00	00	69	B6	34	BC	FA	34	BC	36	ö i¶4¼ú4¼6
0000000050	00	00	00	00	FA	33	C0	8E	D0	BC	00	7C	FB	B8	C0	07	ú3ÀIÐ¼ |û¸À
0000000060	8E	D8	E8	16	00	B8	00	0D	8E	C0	33	DB	C6	06	0E	00	IØè ¸ IÀ3ÛÆ
0000000070	10	E8	53	00	68	00	0D	68	6A	02	CB	8A	16	24	00	B4	èS h hj ËI $ ´
0000000080	08	CD	13	73	05	B9	FF	FF	8A	F1	66	0F	B6	C6	40	66	Í s ¹ÿÿIñf ¶Æ@f
0000000090	0F	B6	D1	80	E2	3F	F7	E2	86	CD	C0	ED	06	41	66	0F	¶ÑIâ?÷âIÍÀí Af
00000000A0	B7	C9	66	F7	E1	66	A3	20	00	C3	B4	41	BB	AA	55	8A	·Éf÷áf£ Ã´A»ªUI
00000000B0	16	24	00	CD	13	72	0F	81	FB	55	AA	75	09	F6	C1	01	$ Í r IûUªu öÁ
00000000C0	74	04	FE	06	14	00	C3	66	60	1E	06	66	A1	10	00	66	t þ Ãf` f¡ f
00000000D0	03	06	1C	00	66	3B	06	20	00	0F	82	3A	00	1E	66	6A	f; I: fj
00000000E0	00	66	50	06	53	66	68	10	00	01	00	80	3E	14	00	00	fP Sfh I>
00000000F0	0F	85	0C	00	E8	B3	FF	80	3E	14	00	00	0F	84	61	00	I è³ÿI> Ia
0000000100	B4	42	8A	16	24	00	16	1F	8B	F4	CD	13	66	58	5B	07	´BI $ IôÍ fX[

图 4-12　某 NTFS 分区的引导扇区

	0	1	2	3	4	5	6	7	8	9	A	B	C	D	E	F	
00	46	49	4C	45	30	00	03	00	91	60	4E	2C	00	00	00	00	FILE0 ‘`N,
10	01	00	01	00	38	00	01	00	A8	01	00	00	00	04	00	00	8 ¨
20	00	00	00	00	00	00	00	00	06	00	00	00	00	00	00	00	
30	72	00	00	00	00	00	00	00	10	00	00	00	60	00	00	00	r `
40	00	00	18	00	00	00	00	00	48	00	00	00	18	00	00	00	H
50	04	57	E4	33	CF	95	CB	01	04	57	E4	33	CF	95	CB	01	Wä3ÏIË Wä3ÏIË
60	04	57	E4	33	CF	95	CB	01	04	57	E4	33	CF	95	CB	01	Wä3ÏIË Wä3ÏIË
70	06	00	00	00	00	00	00	00	00	00	00	00	00	00	00	00	
80	00	00	00	00	00	01	00	00	00	00	00	00	00	00	00	00	
90	00	00	00	00	00	00	00	00	30	00	00	00	68	00	00	00	0 h
A0	00	00	18	00	00	00	03	00	4A	00	00	00	18	00	01	00	J
B0	05	00	00	00	00	00	05	00	04	57	E4	33	CF	95	CB	01	Wä3ÏIË
C0	04	57	E4	33	CF	95	CB	01	04	57	E4	33	CF	95	CB	01	Wä3ÏIË Wä3ÏIË
D0	04	57	E4	33	CF	95	CB	01	00	40	00	00	00	00	00	00	Wä3ÏIË @
E0	00	40	00	00	00	00	00	00	06	00	00	00	00	00	00	00	@
F0	04	03	24	00	4D	00	46	00	54	00	00	00	00	00	00	00	$ M F T
00	80	00	00	00	48	00	00	00	01	00	40	00	00	00	01	00	I H @
10	00	00	00	00	00	00	00	00	F3	51	00	00	00	00	00	00	óQ
20	40	00	00	00	00	00	00	00	00	40	1F	05	00	00	00	00	@ @
30	00	40	1F	05	00	00	00	00	00	40	1F	05	00	00	00	00	@ @
40	32	F4	51	00	00	0C	00	00	B0	00	00	00	58	00	00	00	2ôQ ° X

图 4-13　$MFT 元文件的记录项

（3）$MFT 元文件的 10H 属性共占用 60H 字节，其中属性头占用 18H 字节，是无属性名的常驻属性。几组关于时间的值是相同的，用 64 位的十六进制数表示，是供 Win32 时间函数调用的，在 WinHex 的“数据解释器”板块中可以进行解释，只需勾选“数据解释器选项”对话框中的“Win32 FILETIME（64bit）”复选框即可，由此可知该文件的创建时间为“2010-12-07 05:25:47”。该文件的传统文件属性为“6”，具有隐含、系统属性。

（4）30H 属性共占用 68H 字节，也是无属性名的常驻属性；父目录参考号为 5，是根目录；文件名只有一个，是 DOS&Win32 命名空间，用 Unicode 编码存储的$MFT。

（5）80H 属性占用 48H 字节，是无属性名的非常驻属性，这就是主数据内容。由起始 VCN 和结束 VCN 可知，该文件数据占用 51F4H（20 980）个簇，也就是 167 840 个扇区。文件的分配字节数和实际大小是一致的，因为$MFT 元文件都会使用。用位图属性来记录 MFT 文件项的分配情况，这里的值为 51F4000H（85 934 080）。运行索引为“32 F4 51 00 00 0C”，这说明此文件的数据从 786 432 号簇开始，占用 20 980 个簇，正好是当前位置。

（6）$MFT 元文件还有一个 B0H 属性（位图），这是因为 NTFS 需要知道 MFT 区域中的哪些文件记录项是已分配的，哪些是未分配或回收的。位图属性是非常驻属性，在数据运行区开辟了一个空间记录 MFT 的位图信息，这里不做讨论。

2. 分析用户数据文件

在实际工作中，用户数据文件可能存储在任何一个位置，通常只知道文件名，不知道 MFT 编号，这就需要手动搜索。

（1）在虚拟机 Windows XP 操作系统中选择一个未用的 NTFS 分区，如 F 盘（如果没有，就格式化一个），并创建一个文本文档，如“重庆市 201314.txt”，随意输入一些内容并保存，如图 4-14 所示。

（2）创建一个文本文档“gb-name.txt”，用于转换文件名的编码，先编辑内容“重庆市 201314.txt”，再保存。用 WinHex 打开该文档，可以看到这个文档的编码，Windows 操作系统默认采用《信息技术　中文编码字符集》（GB 18030—2020）编码。如图 4-15 所示，数字字符在表示时和 ASCII 码是一致的。

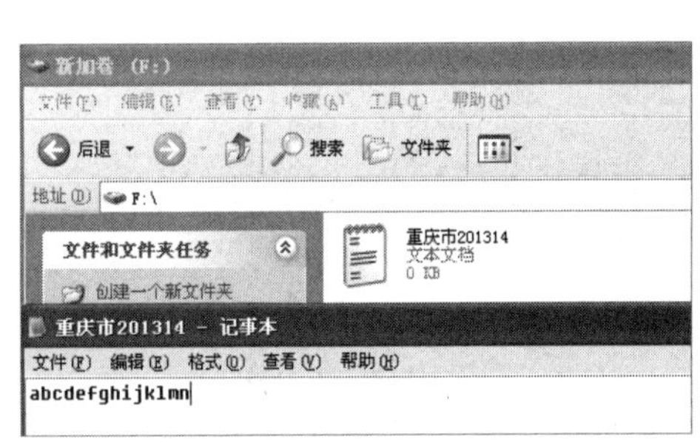

图 4-14　创建文本文档

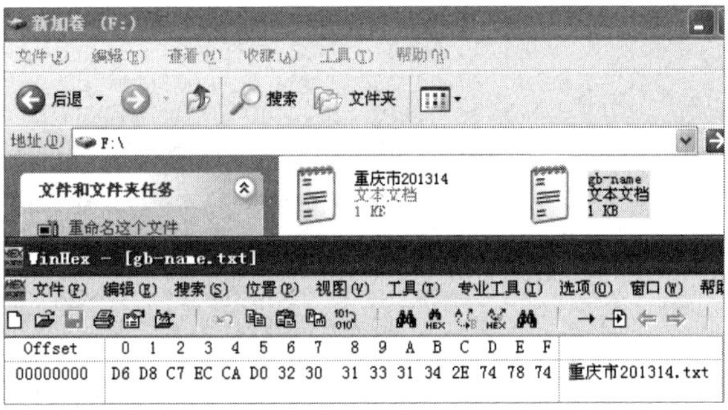

图 4-15　文件名的 GB 编码

（3）打开“gb-name.txt”文档，选择“另存为”命令，重命名为“uni-name.txt”，同时将“编码”设置为“Unicode”，如图 4-16 所示。

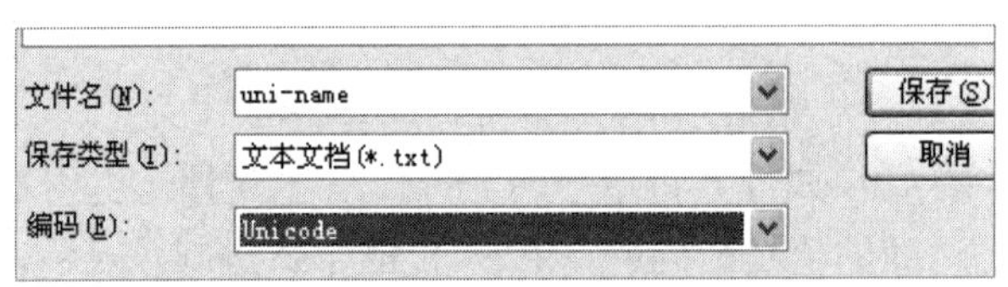

图 4-16　另存为 Unicode 编码

（4）单击“保存”按钮之后，再次使用 WinHex 打开“uni-name.txt”文档，发现其编码形式已经改变，如图 4-17 所示。从右侧的文本区中可以看到，“201314”这几个字符已经被扩展成双字节，每个字符的 ASCII 码的后面都补充了 0。同时，汉字字符区比 GB 编码多了 2 字节，也就是最前面的“FF FE”，多出的 2 字节用于标识此文件的编码是 Unicode 编码，使系统可以正确处理其中的内容。从偏移 2 开始复制十六进制数值，后面将会用到。

（5）使用 WinHex 打开磁盘 F，定位到$MFT 元文件，查找十六进制数值，将上面复制的内容粘贴进去，将“搜索”设置为“向下”，如图 4-18 所示，单击“确定”按钮，程序很快就能搜索到。

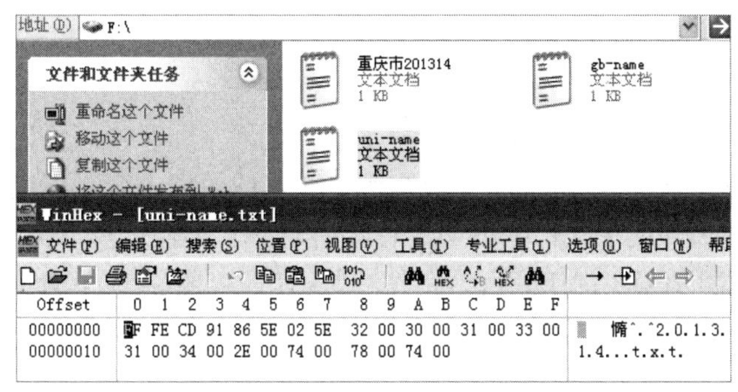

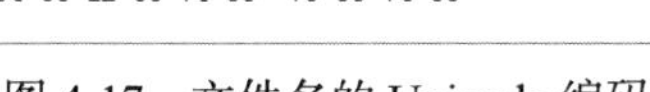

图 4-17　文件名的 Unicode 编码

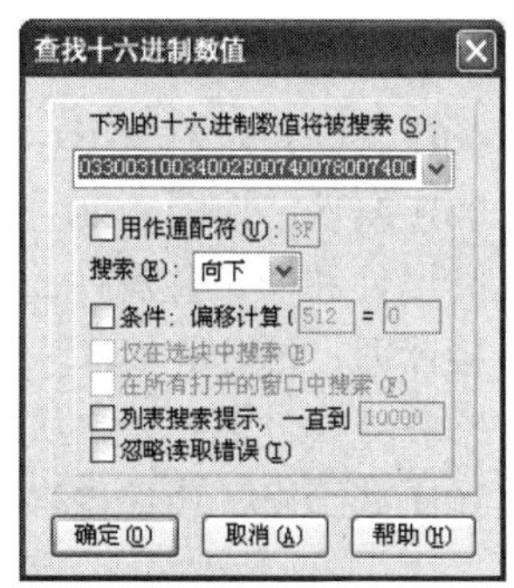

图 4-18　“查找十六进制数值”对话框

（6）在搜索到之后对这个区域进行判断。先查看该扇区的头部，如果是以“FILE”开始的，就说明是 MFT 文件记录项；再查看搜索到的位置，如果位于 30H 属性中，就说明基本正确；最后需要深入分析。如图 4-19 所示，在 WinHex 中为了便于观察 MFT 结构，将文件记录项中的信息分颜色显示：顶部的灰色区域是文件记录头；黄色区域是 10H 属性；蓝色区域是 30H 属性；绿色区域是 40H 属性；红色区域是 80H 属性。每个属性的属性头用浅色标识。

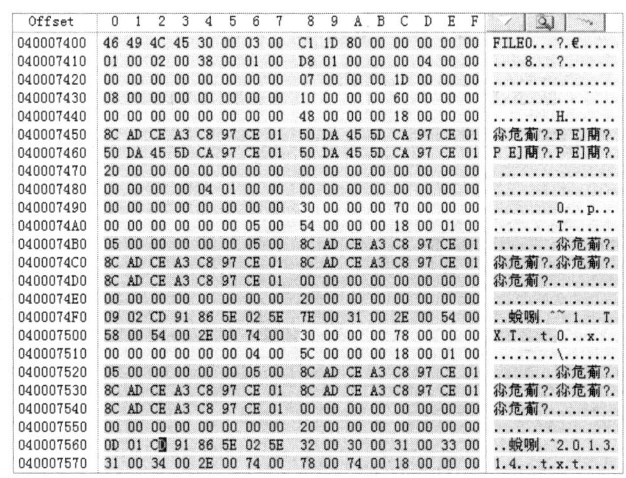

图 4-19　搜索到的文件记录项 1

- 文件记录头：偏移 14H 处给出了第一个属性起始偏移为 38H；偏移 16H 处给出了该文件的标志为 1，表示是正常文件；偏移 2CH 处给出了该文件的 MFT 编号为 1DH。
- 10H 属性：标准信息属性，占用 60H 字节。30H 属性从 98H 开始。从属性头可以看出这是一个常驻、无属性名的属性。
- 第一个 30H 属性：占用 70H 字节，是一个无属性名的常驻属性。观察属性内容，父目录的 MFT 编号为 5，说明其是根目录；接下来是时间，这是一个 API 时间值。偏移 38H 是文件传统属性，这里的值为 20H，说明是文档文件。偏移 40H 处给出了文件名的长度（9 个字符），偏移 41H 处给出了文件名的命名空间，这里的“2”代表 DOS，之后是文件名，偏移 42H～53H 之后的几个字节不必关注，用于 8 字节对齐。这里需要注意的是，本来文件名是 13 个字符，在这里由于命名空间是 DOS，因此会转换为 8.3 格式的文件名“重庆市～1.txt”，变成 9 个字符。
- 第二个 30H 属性：第二个文件名属性内容才记载了真正的 Windows 文件名，共 13 个字符。

- 40H 属性：是对象 ID，提供 API 调用访问。
- 80H 属性：如图 4-20 所示，如果无属性名，就表示装载了文件数据。同时它还分为常驻属性和非常驻属性。如果是常驻属性，那么属性内容就是文件的数据内容，可以直接读取；如果是非常驻属性，那么会记录文件数据的运行索引表。在本案例中，80H 是常驻无属性名，因此从 80H 属性的偏移 18H 处就是文件的数据内容。在属性头的偏移 10H 处给出了属性内容的长度。

```
040007500  58 00 54 00 2E 00 74 00  30 00 00 00 78 00 00 00  X.T...t.0...x...
040007510  00 00 00 00 00 00 04 00  5C 00 00 00 18 00 01 00  ........\.......
040007520  05 00 00 00 00 00 05 00  8C AD CE A3 C8 97 CE 01  ........徐危蔺?.
040007530  8C AD CE A3 C8 97 CE 01  8C AD CE A3 C8 97 CE 01  徐危蔺?.徐危蔺?.
040007540  8C AD CE A3 C8 97 CE 01  00 00 00 00 00 00 00 00  徐危蔺?........
040007550  00 00 00 00 00 00 00 00  20 00 00 00 00 00 00 00  ........ .......
040007560  0D 01 CD 91 86 5E 02 5E  32 00 30 00 31 00 33 00  ..蛻唰.^2.0.1.3.
040007570  31 00 34 00 2E 00 74 00  78 00 74 00 18 00 00 00  1.4...t.x.t.....
040007580  40 00 00 00 28 00 00 00  00 00 00 00 00 00 06 00  @...(...........
040007590  10 00 00 00 18 00 00 00  A3 12 F6 68 B2 F2 E2 11  ........?.鰄豺?.
0400075A0  B4 AA 00 0C 29 F9 94 FE  80 00 00 00 28 00 00 00  椽..)鶖€...(...
0400075B0  00 00 18 00 00 00 01 00  0E 00 00 00 18 00 00 00  ................
0400075C0  61 62 63 64 65 66 67 68  69 6A 6B 6C 6D 6E 00 00  abcdefghijklmn..
0400075D0  FF FF FF FF 82 79 47 11  00 00 00 00 00 00 00 00      倅G........
```

图 4-20　搜索到的文件记录项 2

（7）一旦找到数据内容，恢复数据就很简单。80H 属性的后面就是属性列表的结束标记“FF FF FF FF”，此文件的属性已遍历完，文件记录项总共占用的空间不到 1 个扇区。

分析 NTFS 索引结构

4.3　NTFS 目录管理

NTFS 目录管理的方式和 FAT 的不同。在 MFT 中，文件记录项依次排列，属于平坦模式，并未反映出层次关系。NTFS 中同样采用树形目录结构来组织文件，但不是在 MFT 中直接表示，而是通过目录文件的索引项来实现的。目录文件中包含若干索引项，每个索引项对应目录中的一个文件，记录了该文件的 30H 属性，以及文件的 MFT 编号。若干索引项合起来就构成索引缓冲区，并按照文件名排序，这样做可以快速遍历目录表。

当用户打开一个目录时，系统会找到该目录的索引缓冲区，并列出所有文件和子目录。如果用户选择对其中的某个文件进行操作，那么系统会通过该文件的 MFT 编号找到所在的文件记录项，从而读出文件数据。

FAT 分区中的目录表是自然排列的，并未对目录项做任何方式的排序，NTFS 中的 MFT 记录项也是这样的。因此，当文件很多时，排序和查找是很费时的，需要依靠处理器来完成。而 NTFS 采用 B+树的数据结构来管理索引缓冲区，目录访问的效率极高，基本上不会对处理器造成负担。

4.3.1　B+树的结构

B+树是平衡树的一种，能使查找一个项时所需的磁盘访问次数最少。其思想是，先将一组节点按关键字 K 进行排序，每隔一段距离提取一个节点并放到根中，形成一级索引，剩下的节点分别形成二级索引，这样就组成一个二级树形结构。在搜索时，先在根中搜索目标关键字 Kt，根中的节点很少，如果没有找到，就根据关键字的值判断在哪个区域中，并在对应的二级索引区域中搜索，这样可以加快搜索进度。

NTFS 在实施时，将目录表的根节点放到 MFT 中，用 90H（索引根）属性描述，将二级索引放到数据运行区中，组织成索引缓冲区，用 A0H（索引分配）属性描述，如图 4-21 所示。

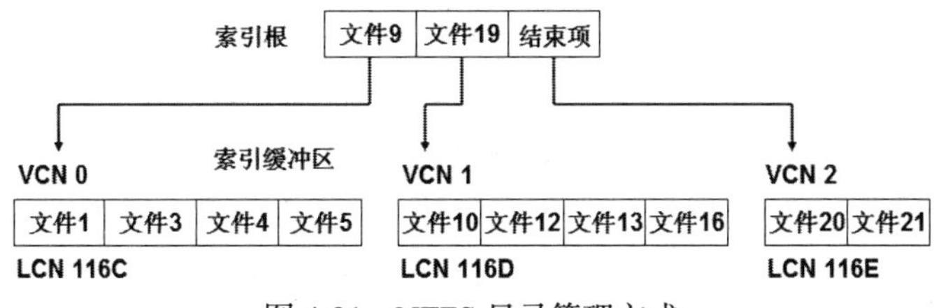

图 4-21　NTFS 目录管理方式

在图 4-21 中，每个方框是目录中一个文件的索引项，关键字为文件名。索引根中有 3 个节点，分别对应 3 个索引缓冲区，每个索引缓冲区的大小通常为 4KB，引导扇区中的偏移 44H 给出了每个索引缓冲区占用的簇数。

假设要查找文件的关键字 K=“文件 19”，系统先在索引根中搜索，再通过两次比较就可以找到目标。

假设关键字 K=“文件 12”，系统先在索引根中搜索，当发现索引根中第二个节点的值比 K 大时，就会在第二个节点对应的缓冲区中继续搜索，共比较 4 次，直到找到目标为止。

假设 K=“文件 18”，系统同样会在第二个节点对应的缓冲区中搜索，但该缓冲区中所有节点的关键字都比 K 小，因此宣告查找失败，此时共比较了 6 次。也就是说，当采用 B+树在查找节点时，最大比较次数等于根的节点数加上单个索引缓冲区的节点数。

如果一个目录中的文件很少，那么该目录可以没有索引缓冲区，但必定有索引根。当只有一个索引缓冲区时，索引根中只有一个索引项，即结束项。如果目录为空，那么该目录没有任何索引项，但在索引根中仍然有一个结束项。

4.3.2　索引根属性与索引分配属性

分析 90H 属性

分析 A0H 属性、B0H 属性和 C0H 属性

1. 索引根属性

90H 属性是索引根（$INDEX_ROOT）属性，是实现 NTFS 的 B+树索引的根节点，主要用于表示文件目录、安全描述等，是有属性名的常驻属性。90H 属性依次由属性头、索引根、索引头及若干索引项组成，索引项中主要给出了该文件的 MFT 编号和 30H 文件名属性的内容。

如果目录中的文件数比较少，那么索引项可以全部存储在索引根属性中。如果目录比较大，在 90H 属性中放不下时，就会出现 A0H 属性和 B0H 属性，如图 4-22 所示。

关于图 4-22 中框出标注的 90H 属性部分，这里就不再分析属性头，因为只是多了一个属性名“$I30”。索引根基本上没有什么意义，只起标注作用。索引头中给出了关于索引项的信息，索引根和索引头各占 10H 字节，如表 4-13 所示。

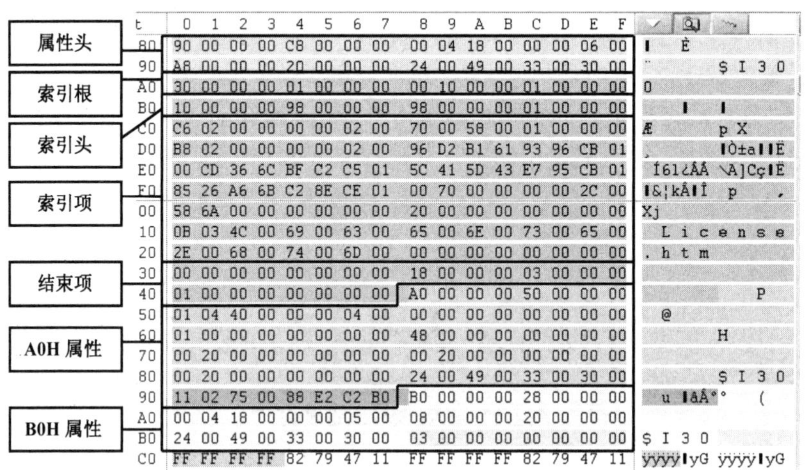

图 4-22　目录的 MFT 记录项

表 4-13　索引根和索引头的结构

	偏移	大小	描述
索引根	00H	4 字节	属性类型（在目录索引中为 30H，也就是文件名属性）
	04H	4 字节	校对规则
	08H	4 字节	索引项（索引缓冲区）分配大小（通常为 4KB）
	0CH	1 字节	为每个索引缓冲区分配的簇数（通常为 1）
	0DH	3 字节	无意义，填充至 8 字节
索引头	偏移	大小	描述
	00H	4 字节	第一个索引项的偏移（通常为 10H）
	04H	4 字节	索引项的总大小（含索引头）
	08H	4 字节	索引项的总分配字节大小
	0CH	1 字节	标志位。若为 0，则表示小索引（适用于索引根）；若为 1，则表示大索引（适用于索引分配）
	0DH	3 字节	无意义，填充至 8 字节

结合图 4-22 分析索引头：第一个索引项的偏移是 10H，是以此处计算的偏移地址；索引项和索引头的总大小为 98H 字节；总分配大小也是 98H 字节；标志位为 1，说明是大索引，包含索引分配。

接下来是索引项，索引项按文件名依次排列，每个索引项都标出了文件的 MFT 编号和 30H 属性，之后是上一个结束项，如表 4-14 所示。

表 4-14　索引项的结构

偏移	大小	描述
00H	8 字节	该文件的 MFT 编号
08H	2 字节	本索引项的大小
0AH	2 字节	索引内容（后面为 30H 属性内容）所占字节数，若为 0，则表示此项为结束项
0CH	2 字节	索引标志。若为 1，则表示这个索引项包含子节点；若为 2，则表示这是结束项；若为 3，则表示包含子节点且为结束项
0EH	2 字节	填充 0，无意义
10H	*N* 字节	30H 属性内容（参考 30H 属性），以及填充的 0
10H+*N*	8 字节	子节点缓冲区所在的 VCN（有子节点时才存在）

结合图 4-22 进行简要分析。

- 00H～07H（该文件的 MFT 编号）：2C6H。
- 08H～09H（本索引项的大小）：70H 字节。
- 0AH～0BH（索引内容所占字节数）：58H 字节。
- 0CH～0DH（索引标志）：1，此索引项包含子节点。
- 10H～68H（30H 属性内容）：参考 30H 属性结构。
- 69～6FH（子节点缓冲区的 VCN）：0，表示第一个子节点缓冲区。

第一个索引项的后面是一个结束项。结束项没有 MFT 编号，因为它不映射任何文件，在此占 18H 字节。索引标志为 3，代表包含子节点，并且是结束项。结束项当然也没有 30H，所以后面是子节点的 VCN，值为 1，表示第二个子节点缓冲区。

2. 索引分配属性

A0H 是索引分配（$INDEX_ALLOCATION）属性，用来存储组成索引的 B+树目录所有子节点的定位信息，即包含索引缓冲区的 VCN 到 LCN 的映射。它总是有属性名的非常驻属性。

A0H 属性的结构与 80H 属性的相同，只是 A0H 属性有属性名“$I30”。由图 4-22 可知，索引分配从 75H 号簇开始，占用 2 个簇，分别对应 2 个索引缓冲区。

4.3.3　索引缓冲区

索引缓冲区保存在数据运行中，根据 A0H 属性的运行信息可以找到它们。转到 75H（117）号簇，内容截图如图 4-23 所示。一个索引缓冲区由标准索引头和若干索引项组成，而索引项的结构与 90H 属性的索引项的结构相同，标准索引头则是类似于 MFT 文件记录头的结构。

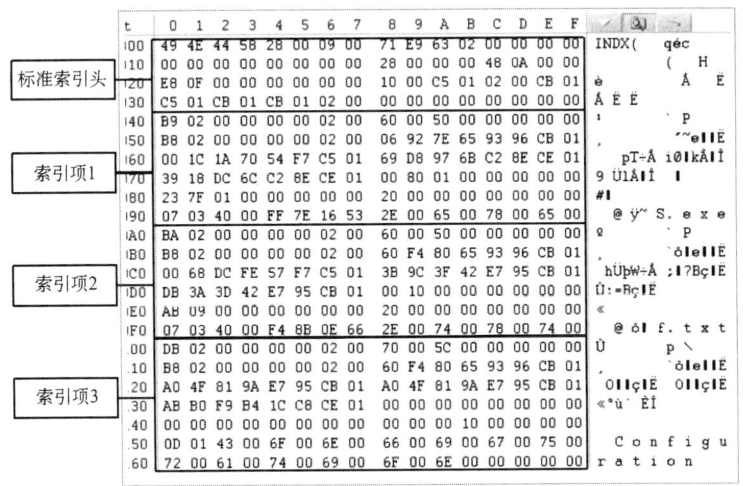

图 4-23　索引缓冲区

索引缓冲区的前 4 个字节是标志字节“INDX”，很容易辨认。索引缓冲区通常为 4KB，在一般情况下能容纳 40 个左右的索引项，同样，在末尾也有一个结束项。索引缓冲区的标准索引头的结构如表 4-15 所示。

表 4-15　索引缓冲区的标准索引头的结构

偏移	大小	描述
00H	4 字节	标准索引头的起始标志，总是“INDX”
04H	2 字节	更新序列号的偏移（通常为 28H）
06H	2 字节	更新序列号与更新数组以字为单位的大小 S
08H	8 字节	日志文件序列号
10H	8 字节	本索引缓冲区在索引分配中的 VCN
18H	4 字节	第一个索引项相对于此处的偏移（即此处的值加上 18H）
1CH	4 字节	本索引缓冲区中的索引项总大小（以字节为单位）
20H	4 字节	本索引缓冲区的分配大小（通常为 0FE8H）
24H	1 字节	若为 1，则表示还有子节点
25H	3 字节	用 0 填充
28H	2 字节	更新序列号
2AH	$2S$−2 字节	更新序列数组

下面结合图 4-23 进行简要分析。

- 10H～17H（VCN 号）：0。
- 18H～1BH（第一个索引项的偏移）：28H，实际的索引项的起始位置是 40H（18H+28H）。
- 1CH～1FH（索引项总大小）：A48H（2632）。
- 24H（是否有子节点）：0（无）。

由此可知，索引缓冲区占用的空间为 4096 字节，但索引项总大小只有 2632 字节，剩余空间比较多，而此目录有两个索引缓冲区。可以推测出，在这个目录中曾有多个文件，一个缓冲区放不下才更新申请缓冲区，但一些文件被删除后，并不回收索引缓冲区，但会重写整个索引缓冲区中的索引项数据（按文件名，增序）。

任务实施

4.4　任务 1　修复 NTFS 分区的引导扇区

1. 任务描述与分析

NTFS 分区的引导扇区的结构与恢复　NTFS DBR 手动重建的实例

如果中了破坏力很强的病毒，或者在进行磁盘底层操作时失误，可能会导致磁盘的底层信息遭到破坏。如果 NTFS 分区的引导扇区被破坏了，应该怎么办呢？

一般来说，可以使用数据恢复软件对原分区的文件系统信息进行搜索，从而把文件数据一一找出来。在这种情况下，如果破坏得不严重，原分区中最重要的$MFT 元文件没有被破坏，就可以用备份引导扇区进行修复。只要修复原 NTFS 分区的引导扇区，除了被改写的区域，原分区其他文件数据可完美恢复，包括目录结构。

2. 操作方法与步骤

（1）假设 D 盘的引导扇区遭到破坏需要恢复，此项操作可以直接在故障盘上进行，只要不在 D 盘中写入无关信息即可。打开 WinHex，选择“工具”→“打开磁盘”命令，在打开的对话框中选择物理磁盘 HD0，如图 4-24 所示。为什么不选择 D 盘呢？因为选择 D 盘后，分区内部扇区不一定能被刚好划分为整数个簇，可能存在余数，如果用 WinHex 打开逻辑分区，就看不到分区末尾的剩余扇区。

（2）打开物理磁盘，定位到 D 盘的引导扇区，如图 4-25 所示（更简便的方法是，在 WinHex 中单击上面的分区列表，就能直接跳转到该分区位置）。仔细观察引导扇区的偏移 28H 处，这里记录了本分区的扇区数，此处为 9C24FDH（10 233 341），当前扇区号为 12 289 788。

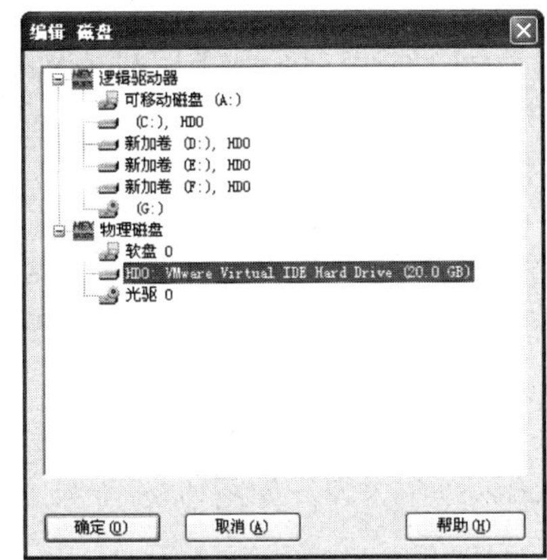

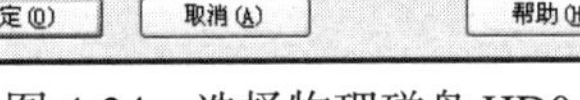

图 4-24　选择物理磁盘 HD0

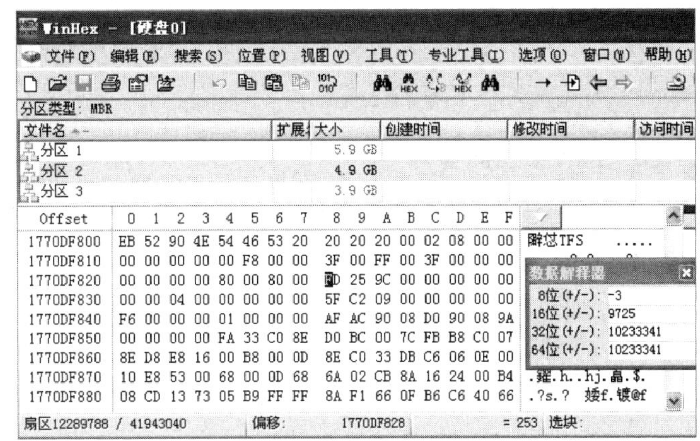

图 4-25　定位到 D 盘的引导扇区

（3）把这两个数加起来，得到 22 523 129，跳转过去就能看到备份引导扇区，如图 4-26 所示（需要注意的是，在正常情况下，本扇区号加上本分区占用的扇区数，应当是下一个分区的起始位置，但这里是本分区的末尾，读者仔细对比分区表就能得知其中的原因）。

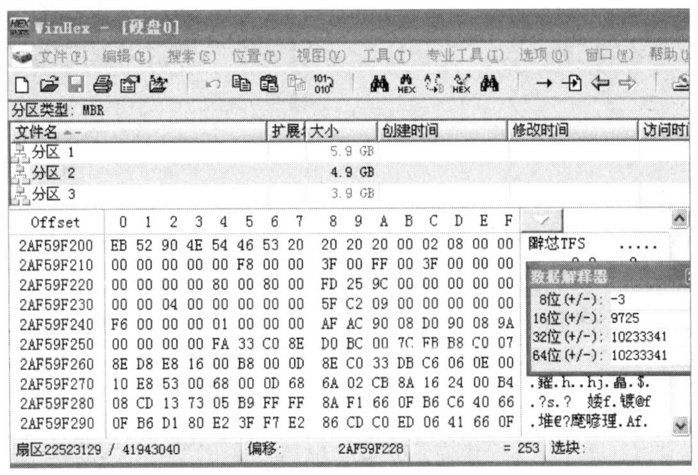

图 4-26　备份引导扇区

（4）先将此备份引导扇区全部选择，再跳转到 D 盘起始扇区的位置粘贴，这样就完成了引导扇区的修复工作。使用其他方式也能定位到 NTFS 分区的备份引导扇区，如直接跳到下一个分区的起始位置，再往前搜索，一般是前一个扇区或前 63 个扇区，当然，这需要依靠分区表提供的信息。假如分区表也被破坏了，还可以通过搜索“NTFS”关键字信息来寻找备份引导扇区。

4.5 任务 2 恢复 NTFS 分区的数据

4.5.1 定位目标文件

手动遍历 NTFS 的 B+树实例

1. 任务描述与分析

误删除文件是经常发生的。在分区中允许有多个重名文件，但是它们不能在同一个目录中，如果将其误删除，那么单纯通过搜寻文件名是无法恢复正确的目标文件的。要恢复正确的目标文件，必须先正确定位其父目录，如果父目录也有重名，就要通过在 MFT 中对父目录编号的追溯来判断正确的位置。

2. 操作方法与步骤

（1）在虚拟机中选择一个 NTFS 分区（如果没有，就格式化一个），假设选择的是 D 盘。打开 D 盘，在根目录下创建两个子目录，分别命名为 DA 和 DB。在 DA 目录下创建两个子目录，分别命名为 D1 和 D2。

（2）在 D2 目录下创建一个文本文档“f1.txt”，随意输入一些内容后保存，如图 4-27 所示。

（3）在 DB 目录下也创建一个文本文档“f1.txt”，随意输入一些内容，如图 4-28 所示。

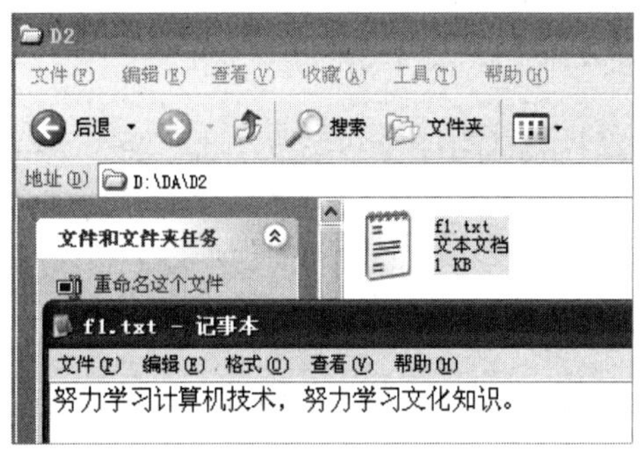

图 4-27 在 D2 目录下创建文本文档“f1.txt”

图 4-28 在 DB 目录下创建文本文档“f1.txt”

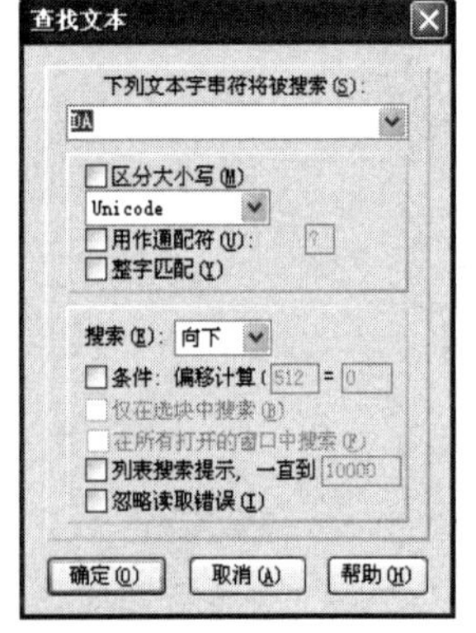

图 4-29 搜索 DA 目录

（4）记住这些名称，并将 D2 目录整体删除，文本文档“f1.txt”也被删除，准备工作完成。

（5）打开 WinHex，选择 D 盘，转到$MFT 元文件。查询 DA 目录和 D2 目录的文件记录项，由于前面的文件名是西文字符，因此查找起来比较简单，可以用查找字符的方式来完成（因为 Unicode 编码中的西文字符是直接在 ASCII 码后补 0 得到的），如图 4-29 所示。

（6）单击“确定”按钮，很快便能搜索到，但是需要比对信息，一是确定是不是在 30H 属性中，二是确定是不是 DA 目录下的文件名，在此处第三次才搜索到，MFT 编号为 1DH，扇区号为 2 097 210，在 30H 属性中看到的父目录编号为 5，说明是根目录，证明搜索正确。

（7）搜索 D2 目录，仍然从$MFT 元文件的起始处开始搜索，方法同上。搜索到之后需要进行检查，MFT 编号为 20H，扇区号为 2 097 216，在 30H 属性中看到的父目录编号为 1DH，正好是 DA 目录的编号，而文件记录项偏移 16H 处为 2，说明这是一个已删除的目录。

（8）搜索刚删除的文本文档“f1.txt”。在此处，第一次搜索到时，是在某个文件记录项的 90H 属性中，而该文件记录项的编号为 1EH，不是我们要找的父目录编号，因此可以断定，这是当前分区中其他的同名文件。

（9）按 F3 键继续搜索，在第三次搜索到这个文件，如图 4-30 所示。仔细分析这个文件记录项，搜索到的位置位于 30H 属性中，文件名也正确，记录项的偏移 16H 处为 0，说明是被删除的文件，其 MFT 编号为 21H，当前扇区号为 2 097 218。

```
Offset      0  1  2  3  4  5  6  7   8  9  A  B  C  D  E  F
040008400  46 49 4C 45 30 00 03 00  0A 4B 80 00 00 00 00 00  FILE0....K€.....
040008410  02 00 01 00 38 00 00 00  70 01 00 00 00 04 00 00  ....8...p.......
040008420  00 00 00 00 00 00 00 00  08 00 00 00 21 00 00 00  ............!...
040008430  08 00 00 00 00 00 00 00  10 00 00 00 60 00 00 00  ............`...
040008440  00 00 00 00 00 00 00 00  48 00 00 00 18 00 00 00  ........H.......
040008450  A0 4C 06 C5 EA 9B CE 01  00 3B AC D4 EB 9B CE 01  燥.隂?..; 霙?.
040008460  46 C5 AE 24 EC 9B CE 01  F8 F8 F8 21 EC 9B CE 01  F ?.倅?.  ?.倅?.
040008470  20 00 00 00 00 00 00 00  00 00 00 00 00 00 00 00   ...............
040008480  00 00 00 00 05 01 00 00  00 00 00 00 00 00 00 00  ................
040008490  00 00 00 00 00 00 00 00  30 00 00 00 68 00 00 00  ........0...h...
0400084A0  00 00 00 00 00 00 07 00  4E 00 00 00 18 00 01 00  ........N.......
0400084B0  20 00 00 00 00 00 01 00  A0 4C 06 C5 EA 9B CE 01   .......燥.隂?.
0400084C0  00 3B AC D4 EB 9B CE 01  00 3B AC D4 EB 9B CE 01  .; 霙?..; 霙?.
0400084D0  00 3B AC D4 EB 9B CE 01  28 00 00 00 00 00 00 00  .; 霙?.(.......
0400084E0  26 00 00 00 00 00 00 00  20 00 00 00 00 00 00 00  &....... .......
0400084F0  06 03 66 00 31 00 2E 00  74 00 78 00 74 00 00 00  ..f.1...t.x.t...
040008500  40 00 00 00 28 00 00 00  00 00 00 00 00 00 06 00  @...(...........
040008510  10 00 00 00 18 00 00 00  A9 12 F6 68 B2 F2 E2 11  ........?.鳡豺?.
040008520  B4 AA 00 0C 29 F9 94 FE  80 00 00 00 40 00 00 00  椽..)昍€...@...
040008530  00 00 18 00 00 00 01 00  26 00 00 00 18 00 00 00  ........&.......
040008540  C5 AC C1 A6 D1 A7 CF B0  BC C6 CB E3 BB FA BC BC  努力学习计算机技
040008550  CA F5 A3 AC C5 AC C1 A6  D1 A7 CF B0 CE C4 BB AF  术，努力学习文化
040008560  D6 AA CA B6 A1 A3 00 00  FF FF FF FF 82 79 47 11  知识。..    倅G.
```

图 4-30　找到被删除的文件

（10）分析 30H 属性：在属性内容的偏移 0 处给出的父目录编号是 20H，正好与 D2 目录的一致，说明这就是要找的文本文档“f1.txt”。

（11）分析 80H 属性：这是一个常驻且无属性名的属性。文件数据内容就在 80H 属性中，直接将属性内容部分复制出来，写入新文件中，任务完成。

4.5.2　恢复文件数据

NTFS 格式化实例分析

恢复 NTFS 文件数据（1）

恢复 NTFS 文件数据（2）

NTFS 删除文件实例分析

1. 任务描述与分析

如果已删除的文件很小，那么 NTFS 将直接保存在 MFT 的 80H 属性中，恢复起来比较简单。但现在的文件都比较大，特别是 Word、Excel 等文档，通常经过多次编辑与修改，会产生碎片，这就需要先分别读出各个部分，再组合起来。

2. 操作方法与步骤

（1）在虚拟机中选择一个 NTFS 分区（若没有，则格式化一个），此处假设选择的是 D 盘。打开 D 盘，在根目录下创建一个文本文档“中国 abc.txt”，随意输入一些内容并保存。再次打开这个文档，复制其内容到 20KB 左右，同时关闭。

（2）将 C:\windows\ hh.exe 文件复制到这个分区中。编辑文本文档“中国 abc.txt”，将文档的字节数增大，大约为 40KB，这样这个文档便占用了多个簇，并且没有连续存储。接下来

删除这个文档，前期准备工作完成。

（3）在另外一个分区中编辑一个文本文档，内容为刚删除的文本文档“中国 abc.txt”，并且另存为“uni-name.txt”，将“编码”设置为“Unicode”，如图 4-31 所示。

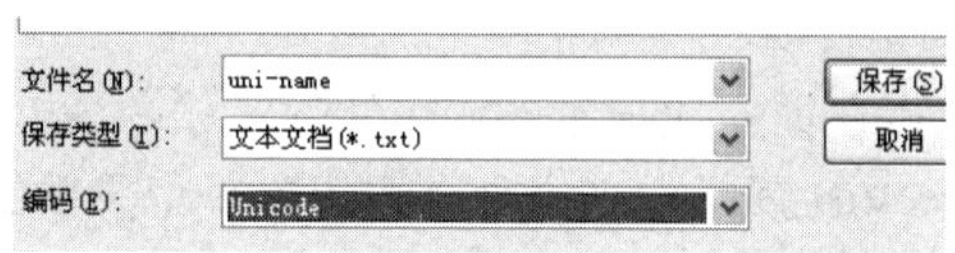

图 4-31　将“编码”设置为“Unicode”

（4）运行 WinHex，打开“uni-name.txt”，其内容如图 4-32 所示。前两个字节是 Unicode 编码的起始标记，从偏移 2 开始复制其十六进制值“2D 4E FD 56 61 00 62 00 63 00 2E 00 74 00 78 00 74 00”。

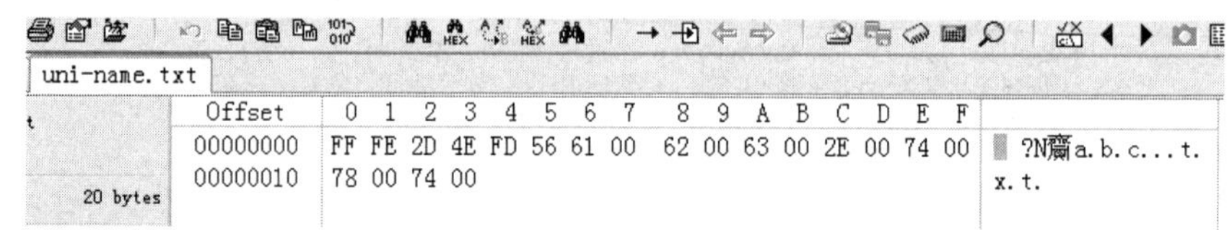

uni-name.txt　20 bytes

Offset	0	1	2	3	4	5	6	7	8	9	A	B	C	D	E	F	
00000000	FF	FE	2D	4E	FD	56	61	00	62	00	63	00	2E	00	74	00	?N齏a.b.c...t.
00000010	78	00	74	00													x.t.

图 4-32　“uni-name.txt”文档中的内容

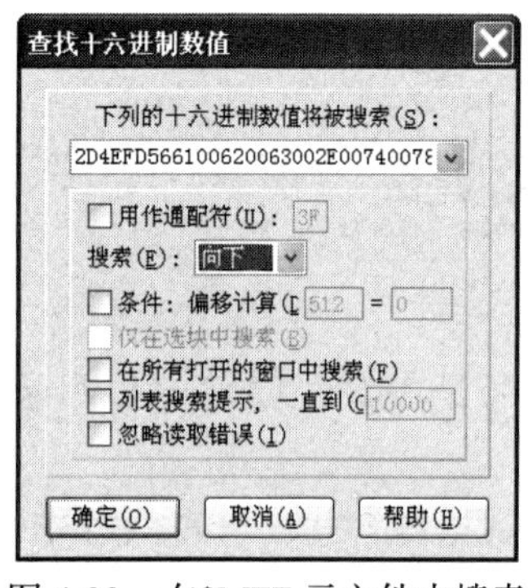

图 4-33　在$MFT 元文件中搜索

（5）在 WinHex 中打开 D 盘，转到$MFT 元文件中，选择“搜索”→“查找十六进制数值”命令，在打开的对话框中粘贴上面复制的内容，“搜索”设置为“向下”，如图 4-33 所示。

（6）单击“确定”按钮，很快便定位到一个文件记录项，如图 4-34 所示。需要注意以下几点：第一，该扇区的首部为“FILE”，说明是 MFT 文件记录项；第二，记录头偏移 16H 处为 0，说明此记录项是已删除文件；第三，搜索到的位置正好位于 30H 属性中；第四，在属性列表结束标记的后面还有一些之前编辑的文件内容，但现在它们已没有意义；第五，文件记录的编号为 1F5H（501），父目录编号为 5，代表根目录。

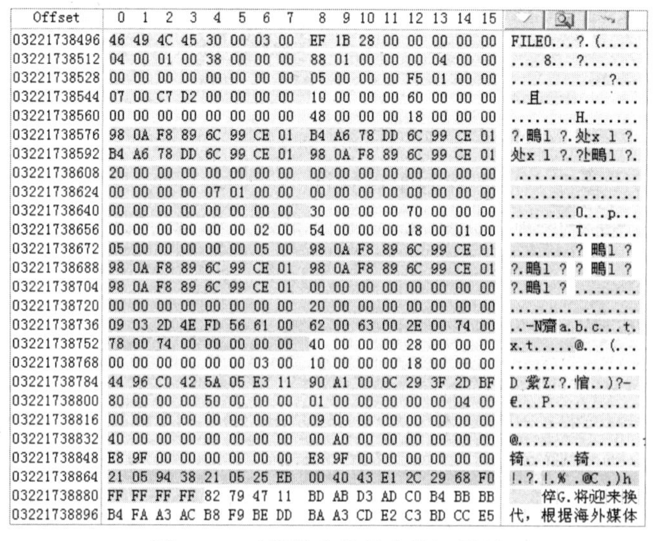

Offset	0	1	2	3	4	5	6	7	8	9	10	11	12	13	14	15	
03221738496	46	49	4C	45	30	00	03	00	EF	1B	28	00	00	00	00	00	FILE0...?.(.....
03221738512	04	00	01	00	38	00	00	00	88	01	00	00	00	04	00	00	....8...?.......
03221738528	00	00	00	00	00	00	00	00	05	00	00	00	F5	01	00	00	............?...
03221738544	07	00	C7	D2	00	00	00	00	10	00	00	00	60	00	00	00	..且...........
03221738560	00	00	00	00	00	00	00	00	48	00	00	00	18	00	00	00	........H.......
03221738576	98	0A	F8	89	6C	99	CE	01	B4	A6	78	DD	6C	99	CE	01	?.鴨l ?.处x l ?.
03221738592	B4	A6	78	DD	6C	99	CE	01	98	0A	F8	89	6C	99	CE	01	处x l ?.?鴨l ?.
03221738608	20	00	00	00	00	00	00	00	00	00	00	00	00	00	00	00	....
03221738624	00	00	00	00	07	01	00	00	00	00	00	00	00	00	00	00	....
03221738640	00	00	00	00	00	00	00	00	30	00	00	00	70	00	00	00	........0...p...
03221738656	00	00	00	00	00	00	02	00	54	00	00	00	18	00	01	00	........T.......
03221738672	05	00	00	00	00	00	05	00	98	0A	F8	89	6C	99	CE	01	........? 鴨l ?
03221738688	98	0A	F8	89	6C	99	CE	01	98	0A	F8	89	6C	99	CE	01	?.鴨l ? ? 鴨l ?
03221738704	98	0A	F8	89	6C	99	CE	01	00	00	00	00	00	00	00	00	?.鴨l ? ....
03221738720	00	00	00	00	00	00	00	00	20	00	00	00	00	00	00	00	....
03221738736	09	03	2D	4E	FD	56	61	00	62	00	63	00	2E	00	74	00	..-N齏a.b.c...t.
03221738752	78	00	74	00	00	00	00	00	40	00	00	00	28	00	00	00	x.t.....@...(...
03221738768	00	00	00	00	00	00	03	00	10	00	00	00	18	00	00	00	....
03221738784	44	96	C0	42	5A	05	E3	11	90	A1	00	0C	29	3F	2D	BF	D 讧Z.?.悺..)?-
03221738800	80	00	00	00	50	00	00	00	01	00	00	00	00	00	04	00	€...P...........
03221738816	00	00	00	00	00	00	00	00	09	00	00	00	00	00	00	00	....
03221738832	40	00	00	00	00	00	00	00	00	A0	00	00	00	00	00	00	@....... ......
03221738848	E8	9F	00	00	00	00	00	00	E8	9F	00	00	00	00	00	00	铻......铻......
03221738864	21	05	94	38	21	05	25	EB	00	40	43	E1	2C	29	68	F0	!.?.!.% .@C ,)h
03221738880	FF	FF	FF	FF	82	79	47	11	BD	AB	D3	AD	C0	B4	BB	BB	倅G.将迎来换
03221738896	B4	FA	A3	AC	B8	F9	BE	DD	BA	A3	CD	E2	C3	BD	CC	E5	代，根据海外媒体

图 4-34　已删除文件的文件记录项

（7）分析其 80H 属性：该文件分配了 A000H（40 960）字节，也就是 40KB，实际占用 9FE8H 字节，也就是 40 936 字节。其运行项有两个，第一个是“21 05 94 38”，第二个是“21 05 25 EB”。

（8）分析第一个运行项：起始簇号为 3894H，占用 5 个簇，由于是第一个簇区，因此数据肯定是填满的。转到 3894H（14 484）号簇就能看到文件的数据内容。在此位置头部选择“选块开始”命令，由于占用了 5 个簇，因此跳转到 14 489 号簇，可以看到这是另一个文件的数据内容，在上一个扇区的最后一个字节处，选择“选块结尾”命令，显示的结果如图 4-35 所示。

Offset	0	1	2	3	4	5	6	7	8	9	A	B	C	D	E	F	
003898FA0	BF	BF	D5	BC	E4	A3	AC	CD	AC	CA	B1	B6	AF	C1	A6	CF	靠占洌　倍　o
003898FB0	B5	CD	B3	D2	B2	BD	AB	BD	F8	D2	BB	B2	BD	D4	F6	C7	低骋步　徊皆鋈
003898FC0	BF	A1	A3	0D	0A	3D	3D	3D	3D	3D	3D	3D	3D	3D	3D	3D	俊?骋.===========
003898FD0	3D	3D	3D	3D	3D	3D	3D	3D	3D	3D	3D	3D	3D	3D	3D	3D	================
003898FE0	3D	3D	3D	3D	3D	3D	3D	3D	3D	3D	3D	3D	3D	3D	3D	3D	================
003898FF0	3D	3D	0D	0A	CB	E6	D7	C5	B1	BE	CC	EF	D6	F7	C1	A6	==..随着本田主力
003899000	4D	5A	90	00	03	00	00	00	04	00	00	00	FF	FF	00	00	MZ?.........　..
003899010	B8	00	00	00	00	00	00	00	40	00	00	00	00	00	00	00	?Z......@.......
003899020	00	00	00	00	00	00	00	00	00	00	00	00	00	00	00	00	....
003899030	00	00	00	00	00	00	00	00	00	00	00	00	10	01	00	00	....

图 4-35　选择第一个簇区

（9）选中后，在选区上右击，选择“编辑”→“复制选块”→“置入新文件”命令，保存在 F 盘中，并且命名为“中国 abc-1.txt”。

（10）分析第二个运行项：起始簇号为 EB25H，占用 5 个簇。但 EB25H 的值为 60 197，转过去发现是空的，没有数据，内容不正确。这是为什么呢？原来这个值是以第一个簇号为起始的偏移，并且是补码。设置在“数据解释器”板块中显示 16 位有符号数，这个值其实是 -5339，在 9145（14 484-5339）号簇中，如图 4-36 所示。

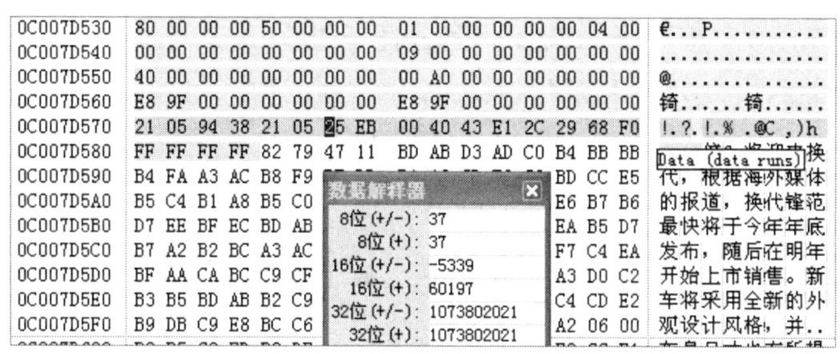

图 4-36　分析第二个运行项

（11）计算这个簇区的字节数。用文件占用字节数 40 936 减去已复制的字节数（每簇为 4096 字节，共 5 个簇）20 480，得到 20 456，这就是第二个簇区需要复制的字节数。

（12）转到 9145 号簇开始选择选块，转到 9150 号簇往前翻，在文件末尾处选择“选块结尾”命令。注意观察右下角的大小，如果和计算结果不一致，就调整选块结尾的位置，如图 4-37 所示。选择完后，将这个选块保存到 F 盘的“中国 abc-2.txt”中。

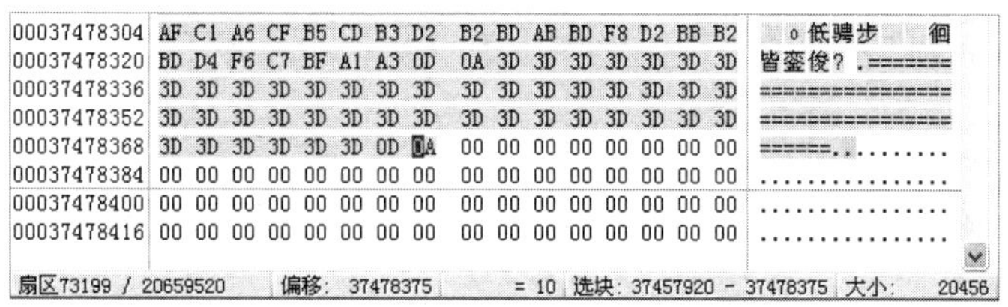

图 4-37　选择第二个选块

（13）打开 WinHex 中，选择“工具”→“文件工具”→“连接”命令，在打开的对话框中定位到 F 盘，在“文件名”文本框中输入“中国 abc.txt”，如图 4-38 所示，依次将两个复制的文件附加进去，单击“保存”按钮，完成文件的连接，最终检查恢复结果。

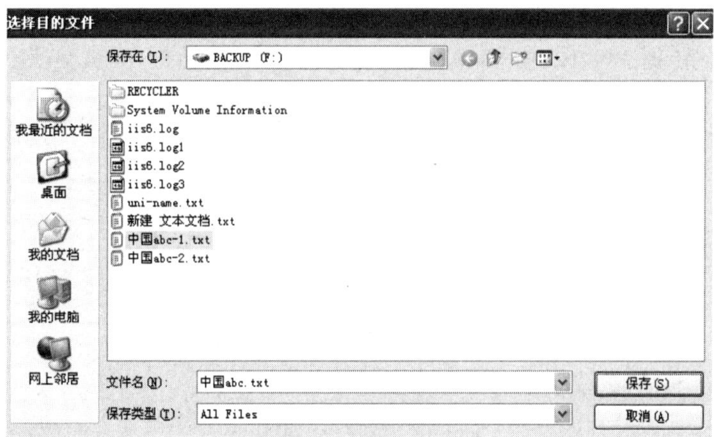

图 4-38　连接文件

技能拓展

任务准备

准备一台安装了 Windows XP 操作系统的虚拟机，该虚拟机有空余的非系统盘 NTFS 分区，并且安装了 WinHex，按照下面的步骤完成任务准备工作。

（1）在非系统盘 NTFS 分区中按照如图 4-39 所示的形式创建目录结构。

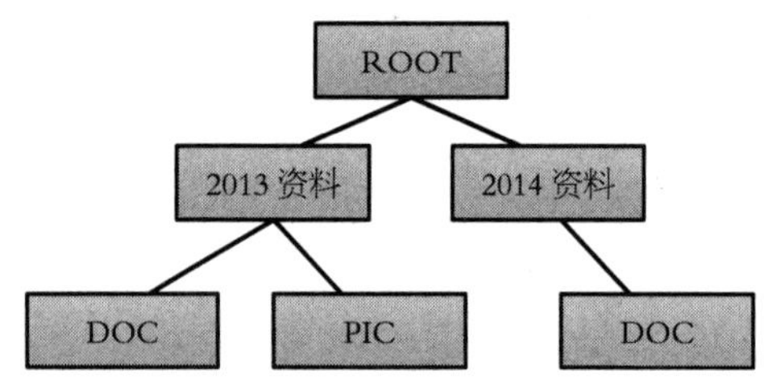

图 4-39　目录结构

（2）在 ROOT 下创建一个 Word 文档，并命名为“工作总结.doc”，随意输入内容后保存，并且分别复制到所有子目录下，在 PIC 子目录下复制任意一张图片。

（3）先编辑“2013 资料\DOC”目录下的“工作总结.doc”，使其字节数增加 8～10KB，再保存。

（4）将“2013 资料”子目录删除，准备工作完成。

任务要求

请恢复“2013 资料\DOC”目录下的“工作总结.doc”和“2013 资料\PIC”目录下的图片。

综合训练

一、填空题

1．NTFS 的 MFT 文件记录项包括________和________两部分。

2．如果某文件的 80H 属性的属性内容为“32 18 01 2A B0 36 00 00”，那么该文件的起始簇号为________H，文件占用________H 个簇。

3．NTFS 卷的 0 号扇区是引导扇区，之后是 NTLDR，占用 15 个扇区，它们共同组成________元文件。

4．NTFS 中的 VCN 代表________，LCN 代表________。

5．NTFS 分区的引导扇区的偏移________处表示此分区扇区总数，偏移________处表示$MFT 元文件的起始逻辑簇号。

6．MFT 文件记录项偏移 2CH 处为 MFT 记录编号。其中，0 号是________，1 号是$MFTMirr，5 号是________，6 号是$BITMAP，7 号是$BOOT。

7．如果某文件的传统文件属性值为 26H，那么说明此文件具有________属性。如果属性值为 10000003H，那么说明此文件具有________属性。

8．非常驻属性指的是________________。

二、选择题

1．元文件指的是（　　）。

A．由最原始的数据信息组成的文件

B．由最细微的原子数据组成的文件

C．由分区中记录各项管理信息的数据组成的文件

D．由分区中各种基本数据组成的文件

2．NTFS 分区的备份引导扇区放在（　　）。

A．该分区的 2 号扇区中　　B．该分区的 6 号扇区中

C．该分区之后的一个扇区中　　D．该分区的最后一个扇区中

3．NTFS 分区中的 0 号簇是从（　　）开始的。

A．0 号扇区　　B．引导扇区之后

C．$Boot 元文件之后　　D．$MFT 元文件处

4．如果某个文件记录项记录了一个正常的目录，那么下列说法正确的是（　　）。

A．文件记录头的偏移 16H 处为“00”

B．文件记录头的偏移 16H 处为“01”

C．文件记录头的偏移 16H 处为“10”

D．文件记录头的偏移 16H 处为“11”

5．下列关于 MFT 的说法不正确的是（　　）。

A．MFT 区域由多个文件记录项组成，如果文件记录项过多，就需要另外申请一个区域

B．MFT 中记录了该分区所有文件的属性信息，但不会记录文件数据

C．MFT 中每个文件记录项的大小为 1KB，由记录头和属性列表组成

D．MFT 的起始位置和大小在$MFT 元文件的记录项中给出，因此 MFT 就是$MFT 元文件中的数据

6．在属性列表中，30H 属性代表（　　）。

A．基本信息属性　　B．数据属性

C．文件名属性　　D．扩展属性

7．如果文件名属性中偏移 40H、41H 处的值为“08 03”，那么说明（　　）。

A．该文件名占 8 字节，是 DOS 命名空间

B．该文件名占 8 个字符，是 Win32 命名空间

C．该文件名占 8 字节，是 Win32 命名空间

D．该文件名占 8 个字符，是 DOS&Win32 命名空间

8．下列说法正确的是（　　）。

A．一个文件只能有一个 80H 属性

B．文件的 80H 属性是无属性名的

C．一个文件可能有多个 80H 属性，保存多个数据流，具有相同的属性名

D．一个文件可能有多个 80H 属性，保存多个数据流，具有不同的属性名

9．关于运行项“32 31 02 1F 21 34 00 21 22 1C 3D”，下列说法正确的是（　　）。

A．第一个数据块的起始簇号为 1F0231H

B．第二个数据块的起始簇号为 3D1CH

C．第一个数据块的起始簇号为 34211FH

D．第二个数据块的起始簇号为 1C22H

10．文件名 abc1.e 的 Unicode 编码为（　　）。

A．61 62 63 31 2E 65

B．61 62 63 31 65

C．61 00 62 00 63 00 31 00 65 00

D．61 00 62 00 63 00 31 00 2E 00 65 00

11．可以确定索引缓冲区位置的是（　　）。

A．索引缓冲区的前几个字符是“FILE”

B．索引缓冲区的前几个字符是“INDX”

C．索引缓冲区的前几个字符是“INDEX”

D．没有固定的起始字符标记

12．在通常情况下，一个索引缓冲区为（　　）。

A．1KB　　B．2KB

C．4KB　　D．8KB

13．下列关于目录索引的说法不正确的是（　　）。

A．90H 属性是索引根属性，记录了目录中文件索引项的根节点信息

B．A0H 属性是索引分配属性，记录了索引缓冲区的位置和大小信息

C．索引缓冲区中存储了目录文件的索引项，并按名称排序

D．每个索引项的大小都是固定的，主要记录文件的 MFT 编号和 30H 属性

14．在搜索文件时确定是否为目标文件，需要检查 MFT 的（　　）。

A．是否处于 30H 属性中、文件记录头偏移 16H 处、文件编号、文件名、父目录编号

B．是否处于 30H 属性中、文件名、文件属性、文件编号、父目录编号

C．是否处于 30H 属性中、文件记录头偏移 16H 处、文件编号、文件名、文件属性

D．是否处于 30H 属性中、文件记录头偏移 16H 处、文件编号、文件名、文件数据

15．NTFS 的元文件都以“$”开头，具有的属性为（　　）。

A．只读、隐藏、系统、档案

B．隐藏、系统

C．隐藏、系统、加密

D．只读、隐藏、系统

第5章 其他数据恢复工具的应用

素养目标

✧ 坚持总体国家安全观。
✧ 具备不制作和传播计算机病毒的意识。

知识目标

✧ 熟悉常用的恢复工具的使用方法。
✧ 熟悉各种文档修复工具的使用方法。

技能目标

✧ 掌握运用工具修复分区的技能。
✧ 掌握运用数据恢复工具恢复文档的技能。
✧ 掌握修复破损文档和加密文档的技能。

任务引导

常言道："硬盘有价，数据无价。"数据是所有信息和劳动成果的数字化体现。在当今高度依赖信息的环境下，数据毁坏带来的损失有时是无法估量的。而数据在加工、存储、转移时也会遇到来自各方面的威胁，如病毒破坏、程序异常、介质损毁、传送错误和人为误操作等，导致数据丢失或损毁。尽管对企业来说通常会对服务器上的重要数据进行备份，但那只是很有限的一小部分，个人工作数据发生损毁的概率很高，并且情况复杂。数据恢复技术员除了要熟悉文件系统的存储原理，还要利用各种工具快速、精准地执行数据恢复任务。数据恢复总体来说分为两部分：一部分是通过文件系统恢复丢失的文件数据，另一部分则是将损毁的文件进行修复，以及在无法修复的情况下提取出其中有价值的信息。

本章通过对多种数据恢复工具的介绍和演练，帮助读者全面掌握数据恢复的方法，具体内容包括修复分区表和引导扇区、恢复文件数据、修复常用办公文件、修复影音文件，以及恢复遗失的文档密码等。本章仅讨论文件数据的软恢复，有关硬件介质故障的修复和磁盘阵列的恢复技术请参考第 7 章和第 8 章。

相关基础

5.1 常用的数据恢复工具

5.1.1 分区表修复工具

有的人认为硬盘分区和安装操作系统非常复杂。虽然现在使用许多工具大大简化了这些操作，原先需要求助他人的事情自己就可以解决，但问题也随之而来：对于有的人来说，误操作经常出现，并且这种类型的误操作带来的后果很严重。有的人在安装操作系统的时候容易把分区弄丢，安装完操作系统才发现整个硬盘被合并为一个分区，原来的其他分区中的数据自然就会丢失。

恢复分区表的方法在前面的章节已经介绍过，实际上，一般先用分区表工具尝试修复，遇到复杂的情况才会进行手动分析。以前的分区表工具只关注硬盘分区与格式化，不具备修复功能，如 SFDISK、PQmagic 等都是曾经常用的分区工具，而三茗硬盘医生等分区表修复工具不具备分区管理功能。现在的硬盘分区工具都是集分区管理、分区修复、引导扇区修复为一体的应用软件，功能大大增强，并且界面美观。目前最具代表性的硬盘分区工具有 DiskGenius 和 PTDD。

1. DiskGenius

DiskGenius 的原名为 DiskMan，曾经在 DOS 环境下是最好的分区管理软件。从 DiskGenius 3.0 开始才开发 Windows 版。DiskGenius 被广泛集成到各种启动盘和硬盘工具集中，目前的最新版本为 4.5 版。Windows 平台下的 DiskGenius 继承了原 DOS 版的所有功能，并且新增了许多实用功能，集磁盘分区管理和数据恢复为一体。DiskGenius 分为免费版和专业版，其中，免费版有以下几个特点。

- 分区管理：快速分区与格式化、调整分区大小、拆分分区、更改分区参数、更改驱动器号。
- 分区恢复：备份和还原分区表、重建主引导记录和分区表、支持 GUID 分区格式。
- 文件数据恢复：已删除或格式化后的文件恢复、坏道检测与修复、文件和目录的管理。
- 分区备份与还原：分区镜像制作与还原、分区克隆、提取分区镜像中的文件。
- 其他特点：支持多种虚拟磁盘、浏览和提取分区文件、制作启动 U 盘、彻底删除文件和清除扇区数据。

此外，DiskGenius 专业版比免费版提供的功能更多，并且对免费版已有的功能做了深度优化，使其具有更好的用户体验。特别是在数据恢复方面，DiskGenius 专业版的性能远远优于免费版的性能。DiskGenius 专业版的部分新增功能如下。

- 支持非常规 512 字节扇区的磁盘。
- 支持直接对硬盘的扇区进行查看和编辑。
- 支持容量为 2TB 以上硬盘 GUID 分区表的管理及其数据恢复功能，支持 Windows 动态磁盘。
- 支持 VMDK、VDI、VHD 和 IMG 等类型的虚拟磁盘的创建、复制、格式转换及数据恢复等操作。
- 支持 100 多种文件类型的按类型恢复功能（RAW 恢复方式）。
- 支持 RAID 恢复，不仅可以对有问题的 RAID 硬盘重新组合，还可以恢复数据。
- 支持图像文件、文本文档及 Office 文档的预览。
- 不仅支持分区和硬盘的克隆操作，还支持克隆到镜像文件中。另外，“按扇区复制”、“按文件系统结构复制”和“按文件复制”可以满足不同的需求。

DiskGenius 的功能众多。由于本章的内容是分区和数据的恢复，因此下面着重对 DiskGenius 的这部分功能加以介绍。图 5-1 所示为 DiskGenius 的主界面，上面是菜单栏和常用命令工具栏，常用命令工具栏下面是当前硬盘分区图示（左侧箭头可以用来切换硬盘），主窗体左侧是物理磁盘和逻辑分区的树形图，右侧是详细信息窗口，用来显示当前分区的参数，同时可以浏览分区中的文件。DiskGenius 显示的信息非常全面，有的初学者会有一种眼花缭乱的感觉。但专业人员通常非常喜欢使用 DiskGenius。

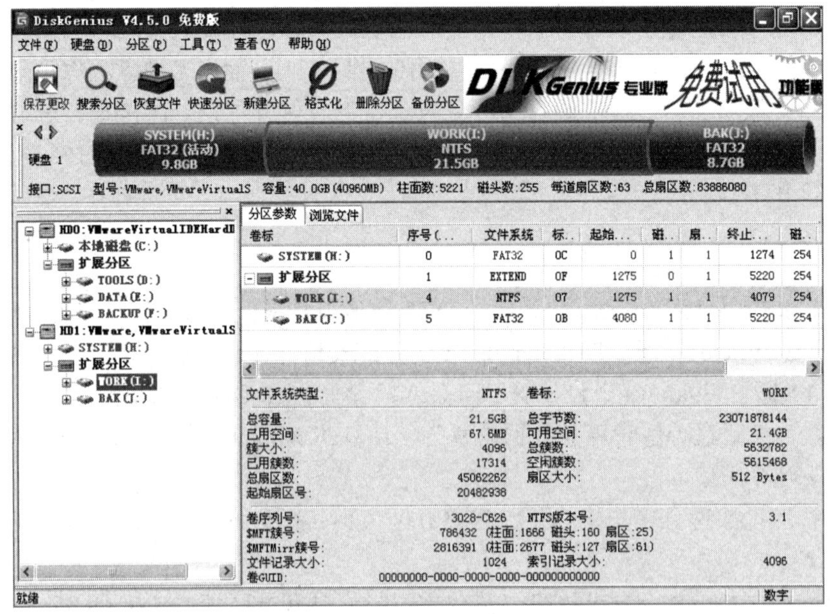

图 5-1 DiskGenius 的主界面

1）重建分区表

重建分区表是在原 DOS 版的基础上重写并增强的功能，能通过已丢失或已删除分区的引导扇区等数据恢复这些分区，并重新建立分区表。当出现分区丢失的状况时，无论是误删除造成的分区丢失，还是中病毒造成的分区丢失，都可以尝试通过重建分区表来恢复。

要恢复分区，需要先选择要恢复分区的硬盘。选择硬盘的方法有以下几种。

（1）单击左侧树形图中的硬盘条目，或者硬盘中的任意一个分区条目。

（2）单击界面中硬盘分区图示左侧的箭头切换硬盘。

选择好硬盘后，选择“工具”→“搜索已丢失分区（重建分区表）”命令，或者右击硬盘，在弹出的快捷菜单中选择“搜索已丢失分区（重建分区表）”命令，打开“搜索丢失分区”对话框，如图 5-2 所示。

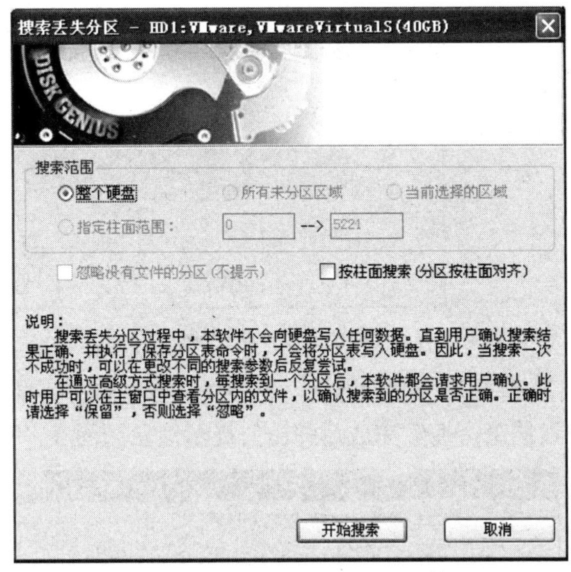

图 5-2　“搜索丢失分区”对话框

可选择的搜索范围如下。

（1）整个硬盘：忽略现有分区，从头到尾搜索整个硬盘。

（2）当前选择的区域：保留现有分区，并且只在当前选择的空闲区域中搜索分区。

（3）所有未分区区域：保留现有分区，并且依次搜索所有空闲区域中的已丢失分区。

另外，如果要恢复的分区都是按柱面对齐的，那么可以勾选“按柱面搜索（分区按柱面对齐）”复选框，这样能提高搜索速度。在一般情况下，Windows XP 及以前的操作系统在分区时均是按柱面对齐的，Windows Vista 及以后的操作系统不再按柱面对齐。

设置好搜索选项之后，单击“开始搜索”按钮。在搜索到一个分区后，立即在界面中显示刚刚搜索到的分区，并弹出如图 5-3 所示的提示信息。

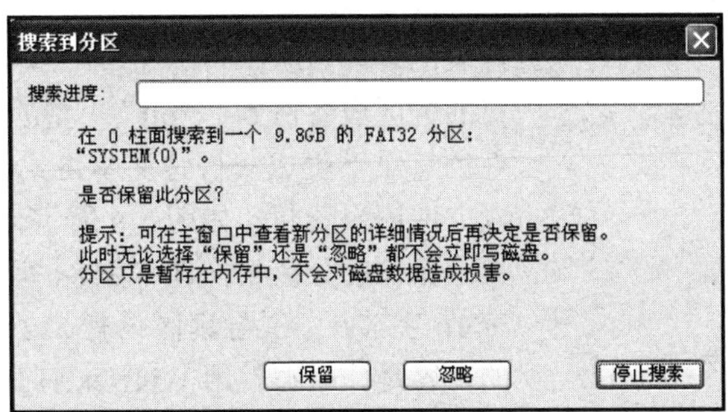

图 5-3　提示信息

此时，如果搜索到的分区内有文件，那么程序会自动切换到文件浏览窗口并显示分区内的文件列表。用户可以据此判断搜索到的分区是否正确。不关闭搜索到分区的提示信息即可在主界面中查看刚刚搜索到的分区内的文件。如果通过文件判断该分区不正确，那么单击“搜索到分区”对话框中的“忽略”按钮。如果分区正确，那么单击“保留”按钮，以保留搜索到的分区，如图 5-4 所示。

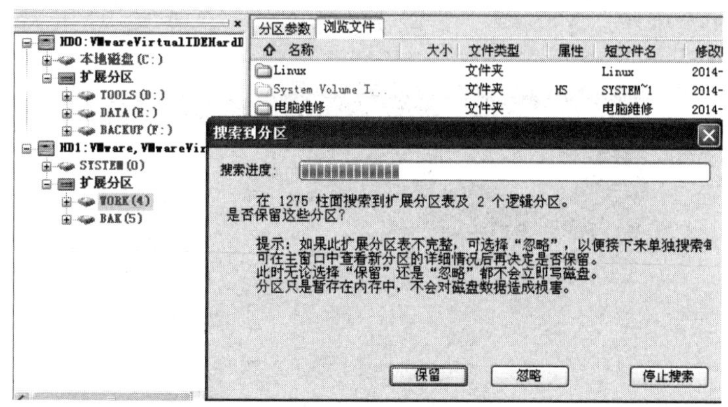

图 5-4　判断分区内容

单击“保留”按钮后，程序不会立即写入分区表中，而是将分区信息保存在内存中。继续搜索其他分区，直到搜索结束，搜索完成后弹出的提示信息如图 5-5 所示。

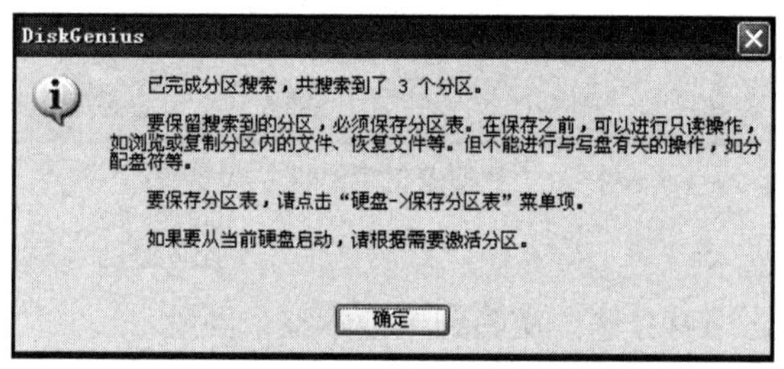

图 5-5　搜索完成后弹出的提示信息

搜索完成后，在不保存分区表的情况下，可以立即利用 DiskGenius 访问分区内的文件，如复制文件等，甚至可以恢复分区内的已删除文件。但是只有在保存分区表后，搜索到的分区才能被操作系统识别及访问。

如果想放弃所有搜索结果，那么可以选择“硬盘”→“重新加载当前硬盘”命令，程序会重新按照当前硬盘的分区表内容显示分区状态。

2）备份分区表和修复引导记录

DiskGenius 提供了备份和还原分区表的功能，选择“硬盘”→“备份分区表”命令，将硬盘的分区表备份到“*.ptf”类型的文件中，同时在备份文件的目录下生成一份纯文本格式的硬盘分区信息清单，以方便用户查阅，如图 5-6 所示。

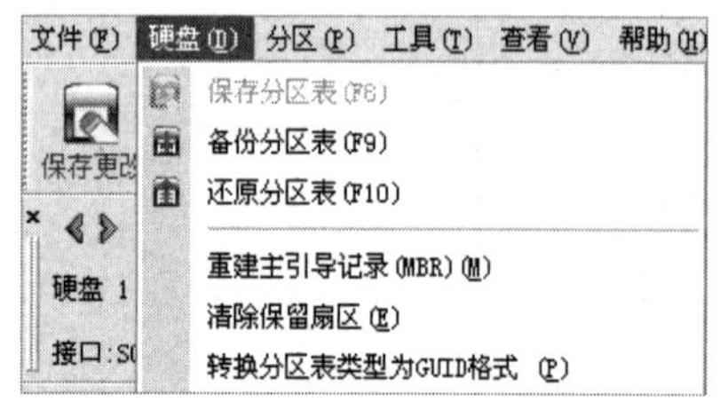

图 5-6　备份硬盘分区表菜单

备份的分区表文件有 3584 字节，而硬盘的分区表只有 16 字节，主引导扇区只有 512 字节，这个文件中保存的内容是什么呢？用 WinHex 打开这个文件，发现该文件以“HDPT”为关键字开始，记录了硬盘的型号、总扇区数、分区个数和分区大小等信息，所有的包含分区表的扇区（包括主引导扇区和扩展分区表扇区），以及所有分区的引导扇区，如图 5-7 所示。

Offset	0	1	2	3	4	5	6	7	8	9	A	B	C	D	E	F	
00000000	48	44	50	54	00	02	03	00	01	02	02	0F	81	03	00	01	HDPT
00000010	65	14	00	00	00	00	00	00	FF	00	00	00	3F	00	00	00	e ÿ ?
00000020	00	02	00	00	00	00	00	05	00	00	00	00	56	4D	77	61	VMwa
00000030	72	65	2C	56	4D	77	61	72	65	56	69	72	74	75	61	6C	re,VMwareVirtual
00000040	53	00	00	00	00	00	00	00	00	00	00	00	00	00	00	00	S
00000050	00	00	00	00	00	00	00	00	00	00	00	00	00	00	00	00	

图 5-7　备份的分区表文件的内容

由于当前硬盘共有 3 个分区，因此 3 个分区的引导扇区加上 3 个分区表扇区再加上 1 个起始扇区，一共是 7 个扇区，刚好是 3584 字节。

由此可见，DiskGenius 的分区表备份功能并不是只备份主引导扇区的分区表（传统的分区表备份只备份主引导扇区的分区表），而是把整个硬盘的分区结构全部备份下来，这样能够整体恢复硬盘分区结构，也包括引导扇区。

假如用户未备份分区表，就只能通过重建分区表来修复分区表信息，主引导记录则可以通过“重建主引导记录”命令来修复，DiskGenius 会用一个标准的 DOS & Windows XP 的 MBR 来修复（如果要修复 Linux 操作系统和 Windows 7 操作系统，以及其他的 MBR，请使用其他工具）。执行此功能时会弹出如图 5-8 所示的提示信息，单击“是”按钮后，将重建主引导记录。

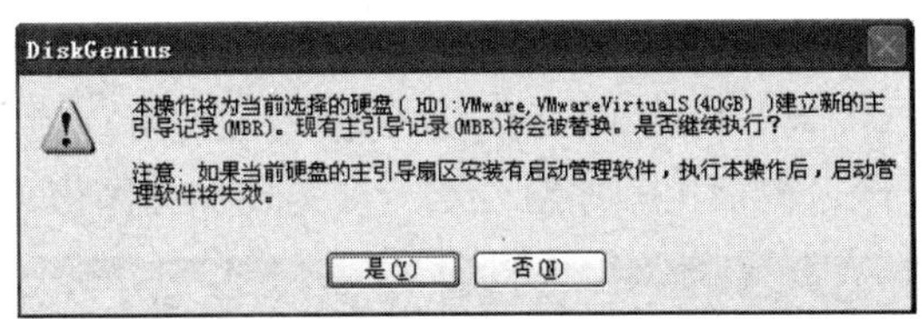

图 5-8　修复主引导记录的提示信息

DiskGenius 还有许多高级功能，由于篇幅有限，此处不再一一介绍，感兴趣的读者可以查阅相关资料进行了解。

2. PTDD

PTDD 又叫分区表医生，是一款界面非常简洁的磁盘分区管理和修复工具，在 Windows 操作系统中运行（目前使用得最多的版本为 3.5）。图 5-9 所示为 PTDD 的主界面。

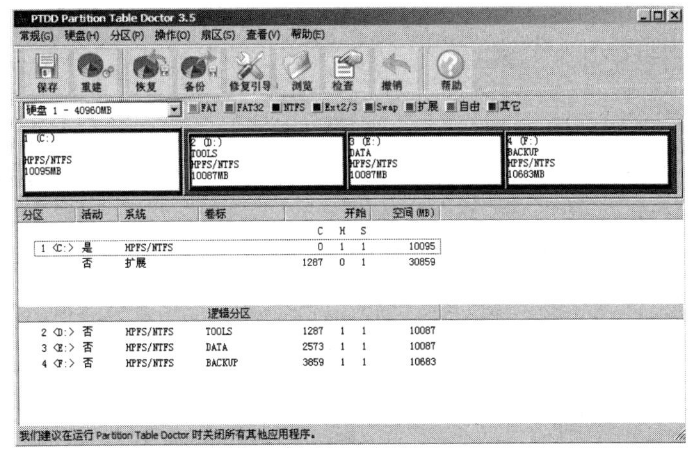

图 5-9　PTDD 的主界面

PTDD 的主界面从上到下依次为菜单栏、工具栏、分区图示，以及列表形式的主分区和逻辑分区。虽然 PTDD 的菜单项很少，但很实用。除了常用的分区管理功能，PTDD 还支持表面测试、扇区编辑和复制、分区表备份和恢复、主引导扇区和分区表重建、根目录浏览功能。但 PTDD 仅能列出根目录，不能进一步展开子目录，也不能对文件进行查看、复制和删除等。

运行重建分区表功能，程序会提示有“自动”和“交互”两种模式，如图 5-10 所示。

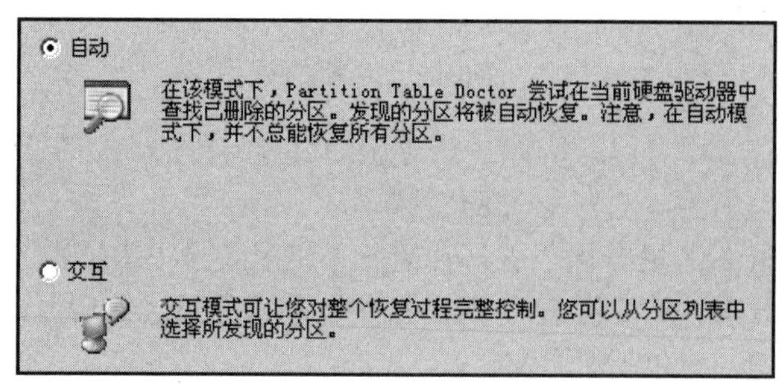

图 5-10　选择重建分区表的模式

如果选中“自动”单选按钮，那么程序会自动搜索硬盘，找出疑似分区信息，并自动判断，组合成一套分区信息。但如果硬盘曾经多次分区，找出的分区信息就会比较乱，程序有时无法判断出正确的或需要的分区组合。例如，用户因为某种原因将原来的分区删除后重新分区，事后又想找出原分区的数据，采用“自动”模式可能无法恢复以前的分区状态，这时可以采用“交互”模式。在“交互”模式下，程序先将搜索到的所有疑似分区信息列出来，再由用户判断哪些是需要的分区，最后由程序组合成一套完整的分区信息，如图 5-11 所示。

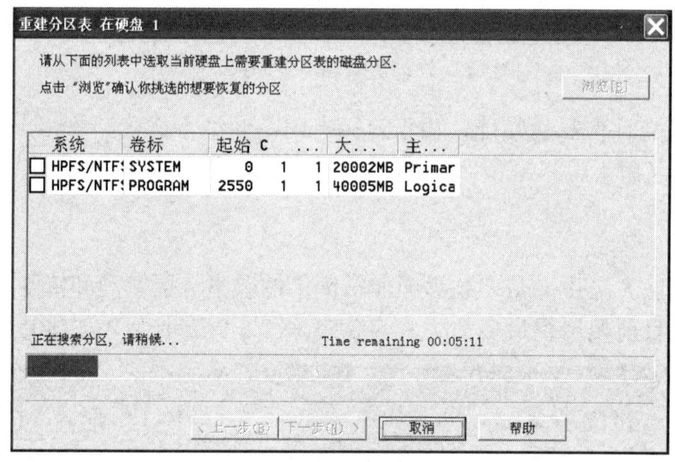

图 5-11　搜索分区列表

在选择列举的分区时，用户还可以通过单击右上角的“浏览”按钮来打开该分区的根目录，以帮助用户确认正确性。无论采用哪种模式，确定的分区信息只会保存在内存中，这时可以对内存中虚拟的分区信息进行操作，当用户选择保存时才会写入硬盘中。

PTDD 的备份分区表功能也会备份一整套分区信息，包括分区表和各分区的引导扇区，只是格式和 DiskGenius 的不同。PTDD 的另一项实用功能就是扇区编辑，专业人员可以根据需要直接修改底层扇区中的数据内容，或者复制扇区，如图 5-12 所示。当然，这样做存在很大的风险。

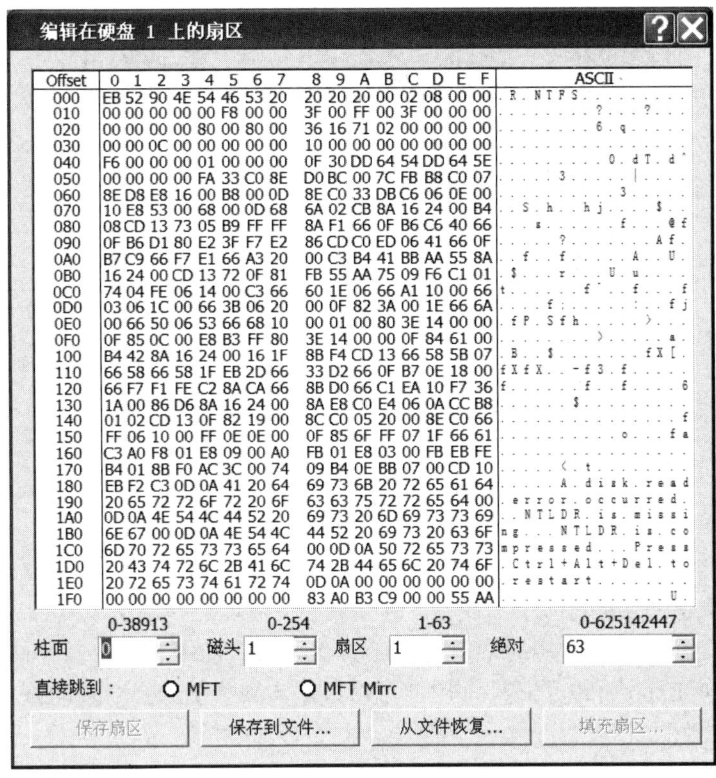

图 5-12　扇区编辑

5.1.2　数据恢复工具

目前的数据恢复工具有很多，比较知名的有 FinalData、EasyRecovery、R-Studio、Recover My Files、Recuva 和 UFS Explorer 等。另外，DiskGenius、WinHex 等也具备一定的数据恢复功能。用户无须专业技术知识也能操作这些数据恢复工具，这极大地降低了数据恢复工作的难度，提高了工作效率，在关键时刻可以帮助人们解决燃眉之急。

数据恢复成功率是评价数据恢复工具的首要指标，因为不同的工具有自己的算法，所以恢复的效果也不一样，有的工具对 FAT 文件系统、NTFS 的恢复成功率较高，有的工具对恢复误格式化分区或以 RAW 方式恢复的效果比较好，而有的擅长 RAID 数据重组等。

扫描速度也很重要，现在硬盘的容量都很大，人们总希望能够尽快完成任务。另外，文件扫描筛选、结果展示方式、目录结构信息等都会影响用户体验。有的数据恢复工具还支持文件修复、邮件修复或文件预览等功能。总之，每款工具都有自己的特点，用户可以根据实际情况进行选择。由于篇幅有限，下面不再一一列举，仅介绍几款常用的数据恢复工具。

1. EasyRecovery

EasyRecovery 是一款功能非常强大的硬盘数据恢复工具，可以用来帮助用户恢复丢失的数据及重建文件系统。它包括磁盘诊断、数据恢复、文件修复和 E-mail 修复四大类目 19 个项目的各种数据文件修复与磁盘诊断方案。EasyRecovery 的主界面美观，功能全面，并且采用向导式操作，如图 5-13 所示。

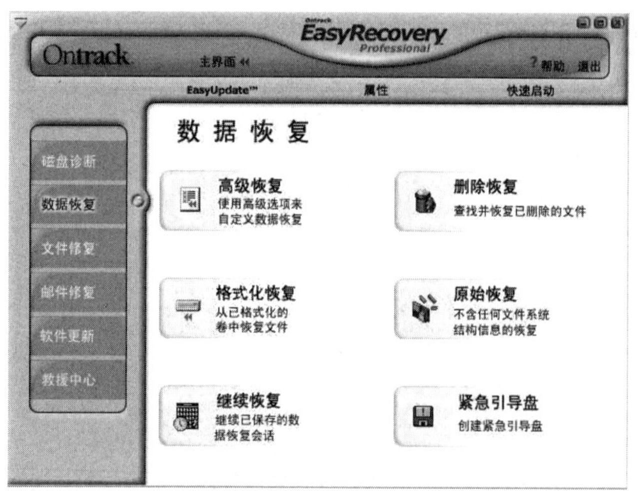

图 5-13　EasyRecovery 的主界面

其中，磁盘诊断功能包括驱动器测试、S.M.A.R.T 测试（硬盘自我诊断报告）、分区测试等；数据恢复功能包括误删除恢复、误格式化恢复，也可以选择高级恢复方式或 RAW 恢复方式；文件修复功能包括修复常用的 Office 办公文档和 ZIP 压缩文档；邮件修复功能包括修复 Outlook 及 Outlook Express 电子邮件，用户可以根据实际情况选择对应的恢复方式。

1）误删除文件的恢复

如果某文件被误删除，那么可以使用“删除恢复”命令，程序会根据文件系统信息找到被删除的文件项（在未被覆盖的情况下）。由于文件系统结构完整，因此扫描速度非常快，只需几秒钟即可。如果用户删除了多个目录和文件，特别是在包含子目录的情况下，建议勾选“完全扫描”复选框，这样就会进行深度扫描，达到比较好的恢复效果。一般而言，在主流文件系统中，误删除文件的恢复成功率几乎是 100%。

另外，EasyRecovery 还允许用于对恢复的文件进行筛选，如果一个分区中存储的文件很多，并且经常变动，那么在做删除恢复时可能会出现一长串列表，这时用户可以指定要恢复的文件名（可以使用通配符）或文件类型，以便用户选择，这是一项非常贴心的设计，如图 5-14 所示。

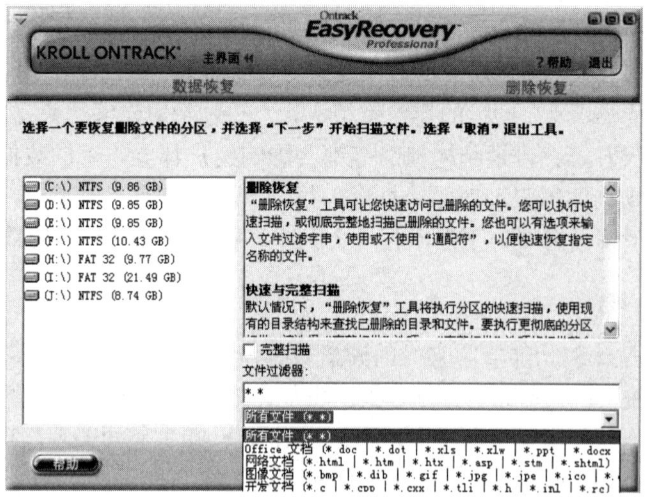

图 5-14　恢复误删除的文件

2）误格式化分区的恢复

如果用户不慎将某个分区格式化了，由于文件系统信息被重构，因此要想恢复原分区内容，就需要使用“格式化恢复”命令。格式化分区的恢复成功率并非 100%，因为它取决于文件系统的类型，以及数据量的大小。关于 FAT 文件系统和 NTFS 的格式前面已介绍过，这里就不再赘述。FAT 分区被格式化之后，根目录和 FAT 表会被重写。如果以前的文件数据在子目录中并且连续存储，就可以完全恢复；如果被改写为 NTFS 结构，那么除了被$MFT 等元文件覆盖的区域被破坏，其他文件数据均可恢复。NTFS 分区被格式化之后，尽管$MFT 等元文件会被重写，但其他 MFT 文件记录项都还在，因此数据也能很好地恢复。不管是哪种文件系统，只要格式化之后在其中复制了新的文件，恢复成功率就会大打折扣。

选择“格式化恢复”命令后，会提示选择需要执行恢复的分区和以前的文件系统，程序会根据以前的文件系统的残余信息来搜寻文件，如图 5-15 所示，如果选择错误就找不到文件数据。

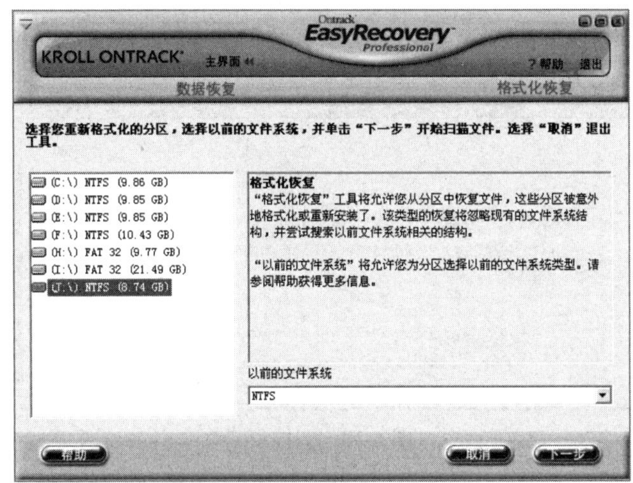

图 5-15　恢复误格式化分区

在选择好以前的文件系统之后，程序会判断簇的大小，并开始搜索。一旦搜索完毕，就给出搜索结果列表，并以树形图显示，如图 5-16 所示，用户可以选择需要恢复的文件。

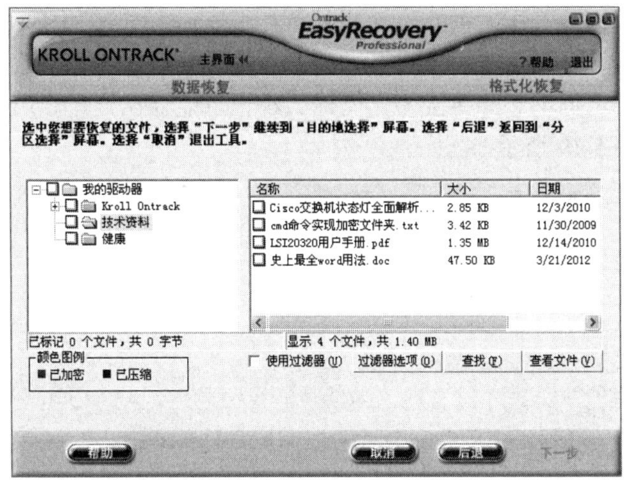

图 5-16　搜索结果列表

这里列出的文件可能很多，因此，也可以单击“过滤器选项”按钮，在打开的“过滤器选项”对话框中进行选择，如图 5-17 所示。

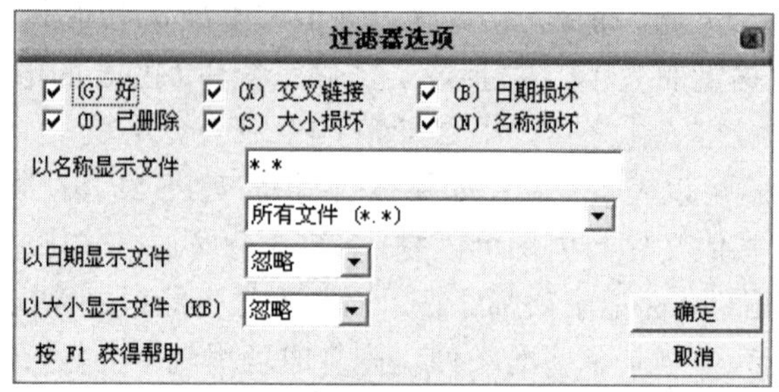

图 5-17 “过滤器选项”对话框

另外，EasyRecovery 还提供了文件预览功能，如图 5-18 所示。EasyRecovery 支持 TXT、DOC、PDF 等常用文档格式，方便用户判断需要的文件并恢复出来。

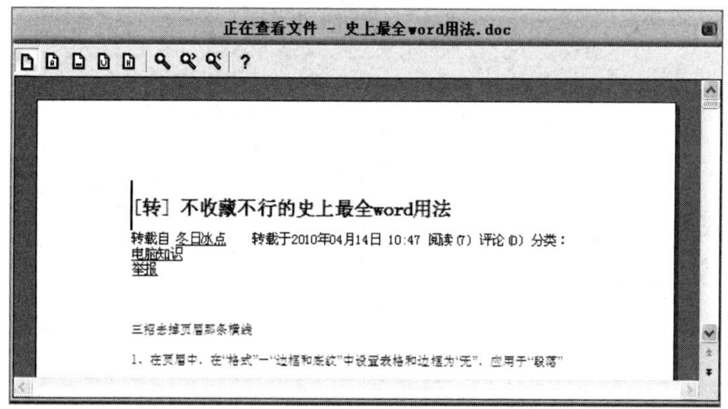

图 5-18 文件预览

3）无文件系统的恢复

在一些极端情况下，如分区信息和文件系统信息遭到破坏，或者文件被删除的时间很长，分区中已多次写入信息，当采取前两种方式都无效时，可以尝试采用 RAW 恢复方式。这是一种不依赖文件系统信息来恢复数据的方法，也叫原始恢复，即根据文件头信息来判断文件是否存在，进而恢复数据。

EasyRecovery 提供了多种文件头结构，用户也可以自行编辑。搜索结果列表会按照文件类型展示，并且文件名等信息都将丢失，文件大小也可能存在误差。用户需要自行判断正确的文件并恢复，如图 5-19 所示。

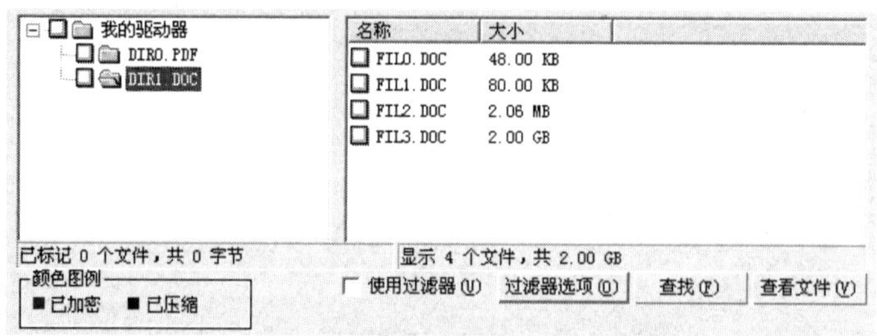

图 5-19 恢复结果

2. R-Studio

R-Studio 是功能非常强大的数据恢复、反删除工具，采用全新的恢复技术，可以为大多数格式的分区提供完整的数据恢复解决方案，包括 FAT12/FAT16/FAT32、NTFS（包括 Windows NT 4/Windows 2000/Windows XP/Windows 2003、Windows Vista 及后续版本的操作系统）、HFS/HFS+（Macintosh 操作系统）、UFS1/UFS2（FreeBSD/OpenBSD/NetBSD/Solaris 等 UNIX 操作系统），以及 Ext2/Ext3（Linux 操作系统）文件系统。R-Studio 支持本地磁盘和网络磁盘，可以用来恢复被误删、误格式化或破坏严重的分区数据，浏览分区文件，查看/编辑磁盘或文件的二进制数据，创建磁盘和分区的镜像或区域镜像，以及对镜像文件进行分析和数据恢复。此外，大量参数设置让高级用户可以获得最佳恢复效果。R-Studio 的主界面如图 5-20 所示。

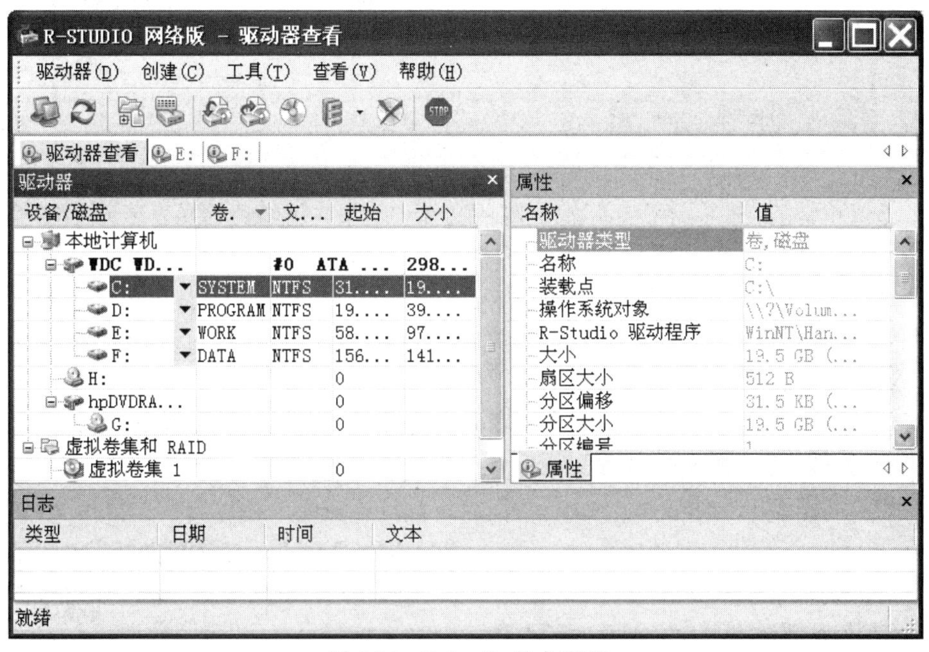

图 5-20　R-Studio 的主界面

R-Studio 最大的特色是具备 RAID 卷重组功能。使用 R-Studio 可以创建虚拟的卷集、带区卷（RAID 0）、镜像卷（RAID 1）和 RAID 5 卷，以及重建损毁的阵列数据。其中，RAID 5 卷支持少一块磁盘的临界状态。

和 EasyRecovery 不同，R-Studio 侧重于文件的浏览和提取，RAID 卷重组，以及删除文件的恢复和 RAW 恢复。虽然 EasyRecovery 不支持文件浏览和 RAID 卷重组，但数据恢复能力很强，还能进行文件修复。因此，用户应根据实际情况选择合适的工具。

1）浏览和提取文件

R-Studio 的主界面由上到下依次是菜单栏、工具栏、主窗口（用来显示驱动器和分区目录信息及日志信息）。主窗口中的左侧是驱动器列表，用来列举所有的磁盘和分区，以及管理的虚拟卷，右侧是详细信息。如果在某个分区上双击，就会切换为分区浏览模式，如图 5-21 所示，此时主窗口中会显示该分区的目录列表，用户可以查看和提取里面的文件。

图 5-21　分区浏览模式

除了显示正常的文件，还会显示已删除的文件和目录（用红色的叉表示）。用户可以选择要恢复的文件和目录，也可以查看/编辑文件内容。如果在文件上双击，或者在弹出的快捷菜单中选择“预览”命令，就会显示常用文档的内容。如果在弹出的快捷菜单中选择“查看/编辑”命令，就会显示该文件的二进制代码，包括文件的物理扇区位置，如图 5-22 所示。

2）扫描丢失的文件

还可以使用 R-Studio 的扫描功能来搜索丢失的文件，也就是采用 RAW 恢复方式。采用这种方式不仅可以指定扫描的 LBA 扇区区域，还支持按多种文件系统格式进行扫描，程序可以自动判断，如图 5-23 所示。

图 5-22　文件的二进制代码

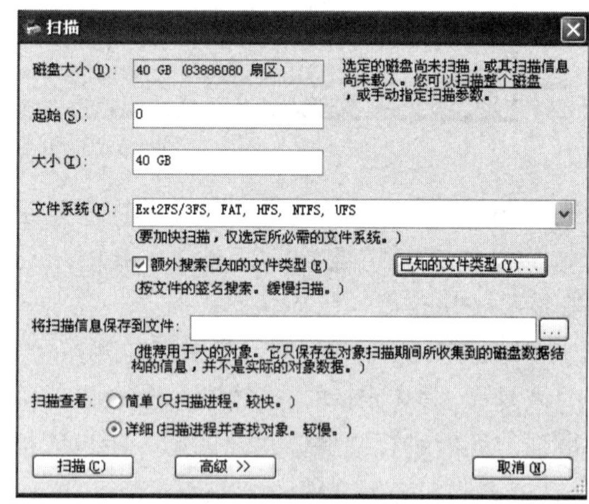

图 5-23　“扫描”对话框

单击“已知的文件类型”按钮，程序会把提供的已知文件头签名信息分类展开。如果用户想查看/编辑某类型文件的签名信息，那么查找非常方便。单击“扫描”按钮即可开启扫描进程，右侧会显示扫描信息，下面会显示进度条（用户可以观察扫描进度，也可以随时中断扫描进程），如图 5-24 所示。

图 5-24　扫描进程

扫描结束后，在驱动器列表中会列举识别出的文件系统信息和额外找到的文件。双击额外找到的文件，就会打开文件浏览窗口，并根据文件类型列出。用户不仅可以预览、查看和恢复文件，还可以清除或保存扫描结果。

3. UFS Explorer

UFS Explorer 的功能与 R-Studio 的功能类似，支持多种系列的文件系统（如 FAT、NTFS、HFS、UFS、XFS、EXT、NWFS，甚至光盘的 UDF 和 ISO9660）的查看和数据提取、误删除文件的恢复采用 RAW 方式、RAID 重组，还提供对镜像文件或虚拟磁盘的支持。

UFS Explorer 的主界面很简洁，如图 5-25 所示，左窗格为磁盘和分区列表，右窗格为文件列表。UFS Explorer 的磁盘列表和文件浏览等的细致程度比 R-Studio 的差一些。UFS Explorer 没有文件预览功能，但可以调用系统的关联程序读取文件内容，并且能以十六进制形式查看文件数据（但不能编辑）。

右击左窗格中的某个分区，选择“Find Deleted Files”命令，程序会很快扫描完毕，并在右窗格中列出找到的已删除文件和目录，用户可以选择合适的文件复制出来。UFS Explorer 支持按住 Ctrl 键或 Shift 键多选，但没有复选框不能灵活地标记文件。此外，如果切换显示其他分区的内容，当前的搜索结果就会失效，再想查看只能重新搜索一遍。

如果要执行高级搜索，就选择“Advanced Scan”命令，程序会打开“Data Recovery”提示框，如图 5-26 所示，此时可以设定要搜索的扇区范围、恢复方式和恢复选项。通常默认采取“恢复已删除文件”和“恢复丢失的数据”两种方式扫描。

扫描完成后，在当前扫描的分区中会产生一个“虚拟分区”的分支，里面记录了已扫描到的数据，包括文件碎片和各种类型的文件，如图 5-27 所示。

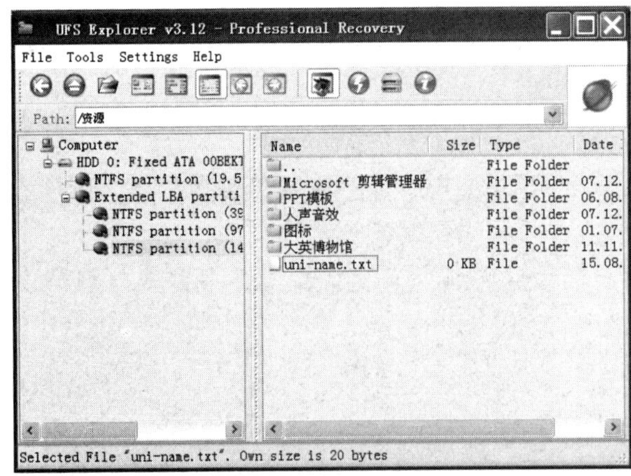

图 5-25 UFS Explorer 的主界面

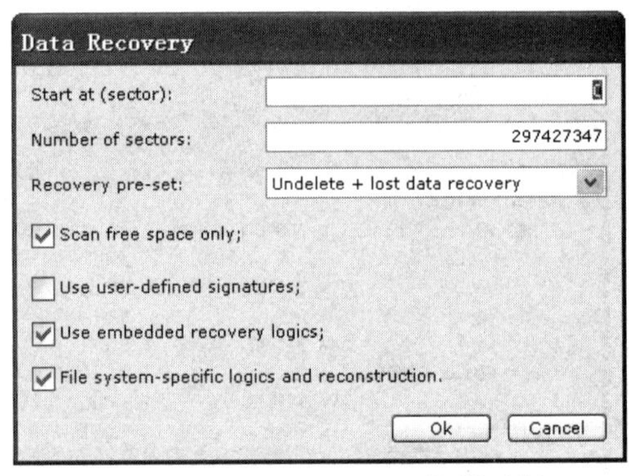

图 5-26 “Data Recovery”提示框

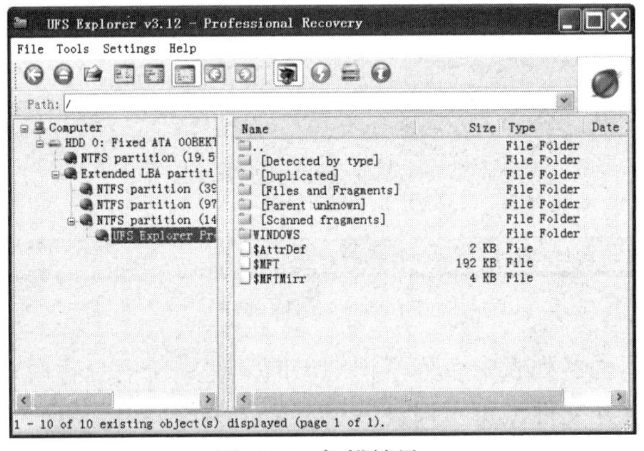

图 5-27 扫描结果

常见文件类型

5.2 文档修复工具

计算机中有各种各样的文件，通常把记录用户数据的文件统称为文档。用户数据有多种类型，如记事的、绘图的，因此，文档也有多种类型，如办公文档、影音文档、设计文档、程序文档和压缩文档等。这些文档记载着人们大多数的工作成果和信息记录，一旦丢失或损毁，就意味着付出的心血将付之一炬。

虽然前面介绍过恢复丢失文件的方法，但那并不是完美的，一是有些丢失的文件无法被找到，二是有些文件即使找到了也已遭到破坏。例如，文件 A 被删除后，该分区写入新的文件 B，文件 B 正好覆盖了已删除文件的一部分，虽然原来的文件 A 能被找到，但数据不完整，并且在绝大多数情况下是不能正常访问的，因为文件格式已遭到破坏。此外，病毒感染和网络传输也是破坏文件的重要因素。有些病毒会感染文档，并破坏原来的数据；网络传输则存在断点问题，有些工具处理得不好，也会造成数据传输出现错误。

当文档发生损毁后，需要使用文档修复工具来处理。其实，文档修复工具并不能将文档还原，因为谁也无法猜测出被破坏的地方原来是什么样的。文档修复工具的作用是修复文档格式，使其可以被关联的编辑程序正常访问，或者丢掉格式信息，进而获取用户原始输入的数据内容。不同的工具算法也有所不同，修复的效果也不一样，在实际工作中要多进行比较。

5.2.1　办公文档修复工具

修复办公文档

使用 Office 办公软件自带的修复功能

办公文档是使用率最高的文档，目前以 Microsoft 公司的 Office 办公软件的应用最为广泛，如 Word、Excel、PowerPoint、Access 等桌面数据处理软件。

1. EasyRecovery

EasyRecovery 不仅具备强大的数据恢复功能，还可以用来修复受损的办公文档。运行 EasyRecovery，单击“文件修复”链接，会显示如图 5-28 所示的文件修复工具，用户可以选择对应的命令。

图 5-28　EasyRecovery 文件修复工具

如果要修复 Word 文档，那么单击“Word 修复”图标，打开“文件修复”窗口。在“要修复的文件”列表中可以添加多个文件，先单击右侧的“浏览文件”按钮，选择需要添加的受损文档。再单击“已修复文件文件夹”选项组中的“浏览文件夹”按钮，选择已修复文档存储的位置，如图 5-29 所示。

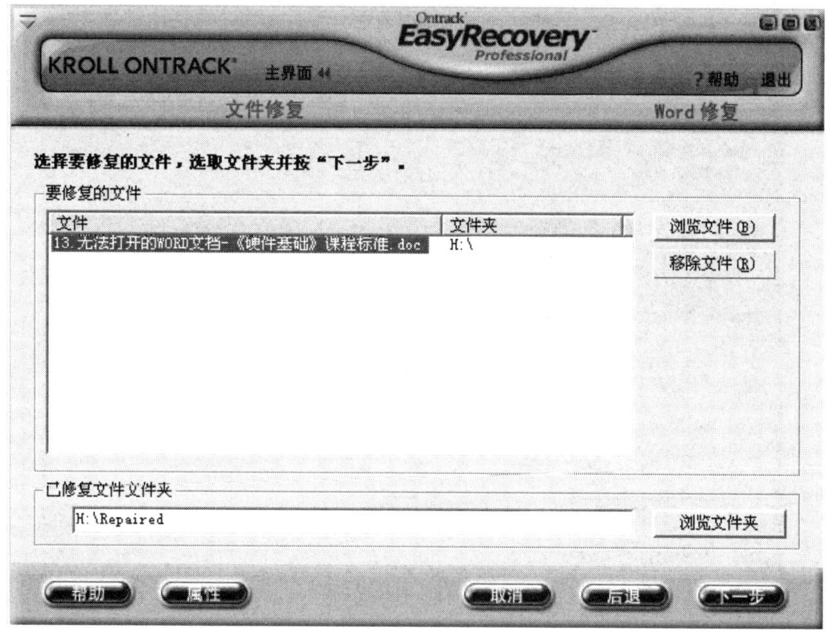

图 5-29　选择已修复文档的存储位置

单击“下一步”按钮即可开始修复文档。程序会判断文档的受损情况，修复文件结构，同时创建两份文件，一份是已修复文件（是尝试修复后的文件），另一份是救援文件（是去掉文档特殊格式后保留原始文本内容的文件），如果修复失败，那么救援文件中还能最大限度地保留用户输入的数据内容，如图 5-30 所示。

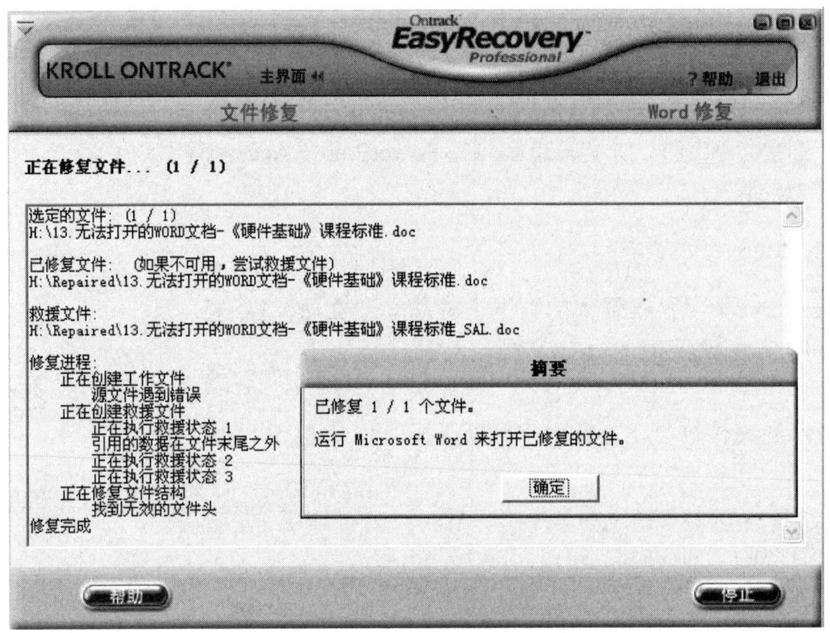

图 5-30　修复文件的过程

单击“我的电脑”图标，打开先前设定的已修复文件夹，里面有两份文件，双击 Word 软件，发现能正常访问，并且文档信息都存在，但是格式已丢失，如图 5-31 所示。

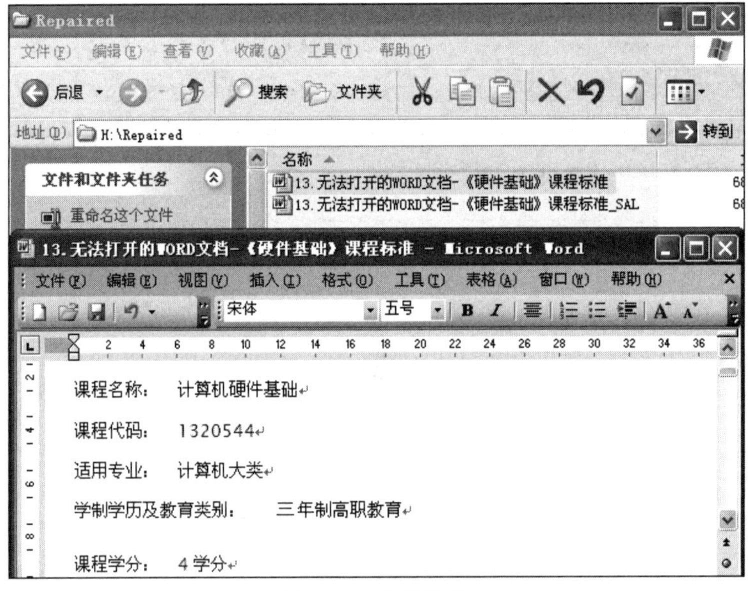

图 5-31　修复结果

2. OfficeFIX

OfficeFIX 是 Cimaware 公司专门针对 Microsoft 公司的办公产品所开发的文档修复工具，可以用来修复 Word、Excel、Access、Outlook 等文档，在修复文档格式方面功能强大，先将破损的文档读入内存中进行分析，再给出多种修复方案，以取得最好的修复效果。OfficeFIX 的主界面如图 5-32 所示。

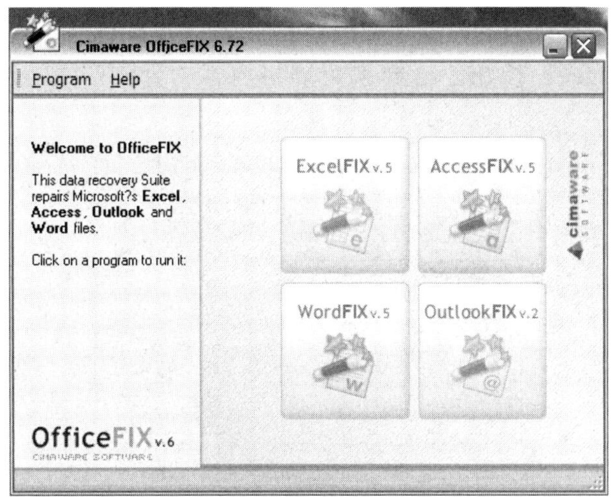

图 5-32　OfficeFIX 的主界面

下面以修复 Excel 文档为例展开介绍。单击“ExcelFIX”图标，打开 ExcelFIX 界面。单击“Start”按钮，程序会检查有无更新，并进入 Excel 文档修复工具的主界面。此时单击工具栏中的“Recovery”图标，在右下方的主窗口中选择需要修复的 Excel 文档，如图 5-33 所示。

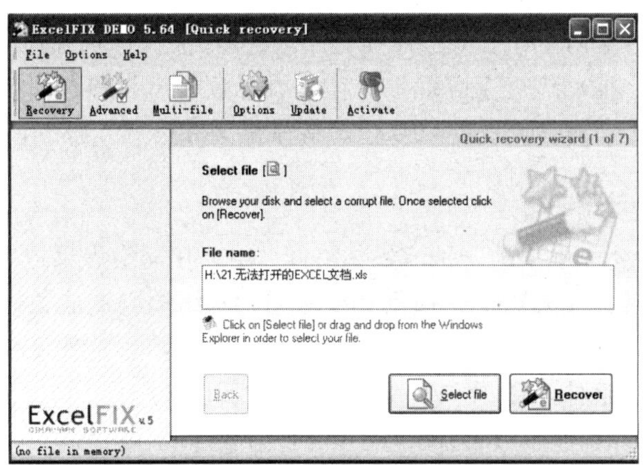

图 5-33　选择需要修复的 Excel 文档

选择好需要修复的 Excel 文档之后，单击“Recover”按钮即可开始修复，等待几秒钟后，主窗口中会出现修复完成的提示信息，如图 5-34 所示，这时可单击“View”按钮查看电子表格中的内容。

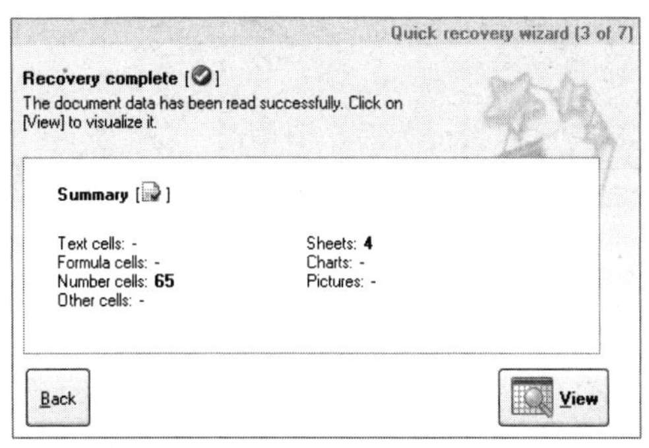

图 5-34　修复完成的提示信息

在“View”界面中可以查看该电子表格中的内容，包括所有的Sheet和公式，如图5-35所示。单击“Go to save”按钮，这样就可以将内存中分析的数据组织成文档保存到磁盘内。

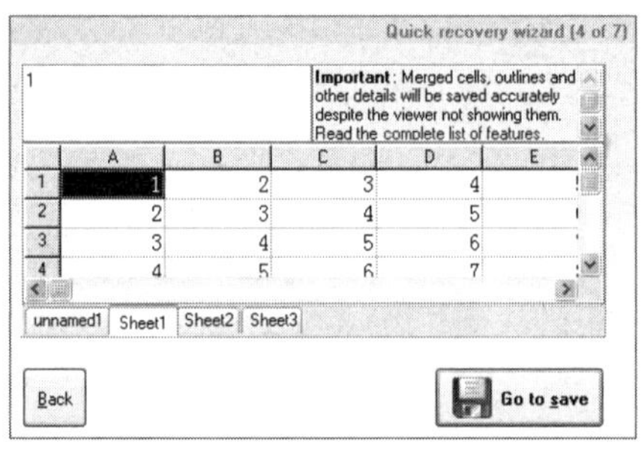

图5-35　修复的Excel文档中的数据

5.2.2　影音文档修复工具

查看编码解码器

影音文件修复基础知识

修复视频文件

修复音频文件

影音文档是保存人们活动记录的重要文件，主要包括AVI、WMV、RM、MOV、MP4和ASP等视频文件，以及MP3、WMA和RA等音频文件。这类文档如果受损，就会出现画面不流畅、花屏、卡顿，以及无法拖动进度条等现象，在播放视频时声音和画面还可能不同步，导致观赏性降低甚至无法观赏。影音文档的修复也是从修复文件格式入手的，使其可以正常播放。

1. AsfTools

ASF是Microsoft公司推出的一种流媒体格式，用于在网络上播放在线视频。有人习惯把视频文件下载下来观赏。如果在下载视频文件时因为网络原因造成数据缺失，那么在播放时就会出现画面缺失，并且无法拖动进度条。AsfTools是一款小巧方便、功能强大的网络流媒体文件剪辑工具，不仅能对ASF及WMV格式的影音文件进行修复、合并及切割等，还能进行格式转换，并且不影响画质。AsfTools的主界面如图5-36所示。

图5-36　AsfTools的主界面

单击左侧列表“Basics”中的“Add”按钮，把待修复的文件添加到下方的“File List”中，此时可以开始修复文件，如图 5-37 所示。

图 5-37　添加文件

单击左侧列表“Repair”中的“Basic Repair”按钮可以对文件进行基本修复，如修复破损的位置等（进行基本修复之后产生的文件的后面会加上“bsr”作为标识）。“Advanced Repair”是高级修复命令，包含许多修复选项，用户可以自行组合，如修复进度条错误、修复时间和大小等（进行高级修复之后产生的文件的后面会加上“adv”作为标识）。“Advanced Repair”对话框如图 5-38 所示。

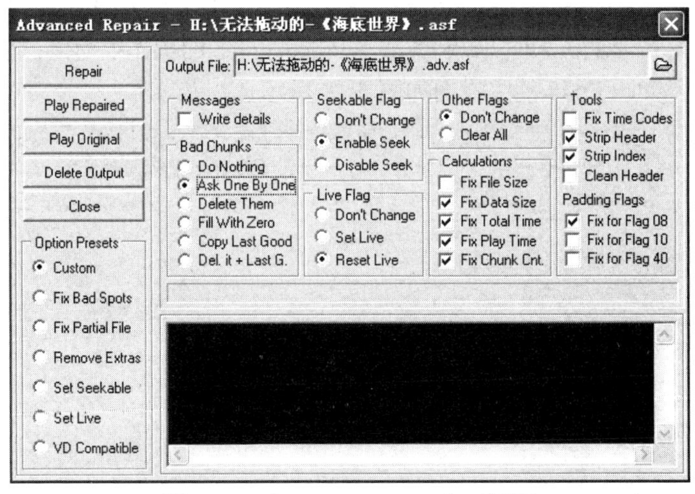

图 5-38　“Advanced Repair”对话框

2. RealFix

Real Networks 公司推出的 RM、RMVB 是网络上非常流行的视频格式文件，这些文件的特点是压缩率高，效果好，并且可以用于网络实时传输播放。RealFix 就是用来修复不能播放的或残缺的 Real 视频文件的，支持 RM、RMVB、RAM、RA、RV、RF、RT 和 RP 等格式，操作简单快捷、修复速度快，支持批量文件修复，并且在修复时不破坏源文件。RealFix 的主界面如图 5-39 所示。

图 5-39　RealFix 的主界面

RealFix 的操作很简单，先添加需要修复的 Real 视频文件，再单击“修复”按钮即可，修复后画质不受影响。

3. Video Fixer

Video Fixer 是一款用来修复无法播放的 DIVX、AVI、ASF、WMV、WMA、RM 和 RMVB 格式的文件的工具。使用 Video Fixer 也可以修复那些以 HTTP、FTP、RTSP、MMS 等协议下载但未下载完的文件，使它们可以顺利播放。Video Fixer 的操作很简单，先添加文件，再单击“修复”按钮。Video Fixer 的主界面如图 5-40 所示。

图 5-40　Video Fixer 的主界面

4. mpTrim Pro

mpTrim Pro 是一款集成了 MP3 格式文件处理的专业且小巧的工具。使用 mpTrim Pro 不仅可以检测并修复 MP3 音频部分错误、CRC 错误及 ID3 标签信息，还能去除音频文件首尾部分的杂音，并且可以进行增益调节、降低噪声。mpTrim Pro 的主界面如图 5-41 所示。

mpTrim Pro 的操作很简单，并且选项很多。在“高级”选项卡中可以设置对检测到的各种错误的操作，如图 5-42 所示。

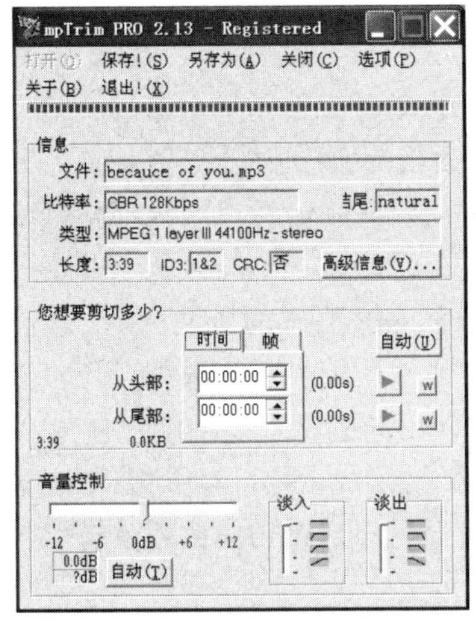

图 5-41　mpTrim Pro 的主界面

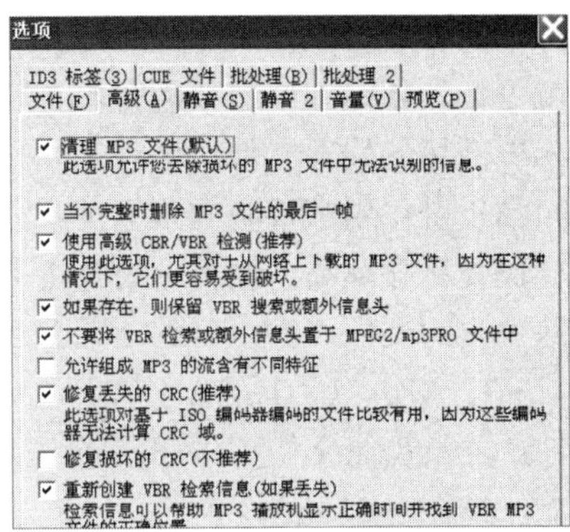

图 5-42　“高级”选项卡

5. MP3 Repair Tool

MP3 Repair Tool 是一款用来修复 MP3 格式文件的工具。如果使用 MP3 Repair Tool 对因为压缩而产生损坏的 MP3 格式文件进行修复，就可以恢复其优良的音质。此外，用户还可以根据自己的需要修改 MP3 的帧数，以修改 MP3 格式文件的大小和长度。MP3 Repair Tool 的主界面如图 5-43 所示。

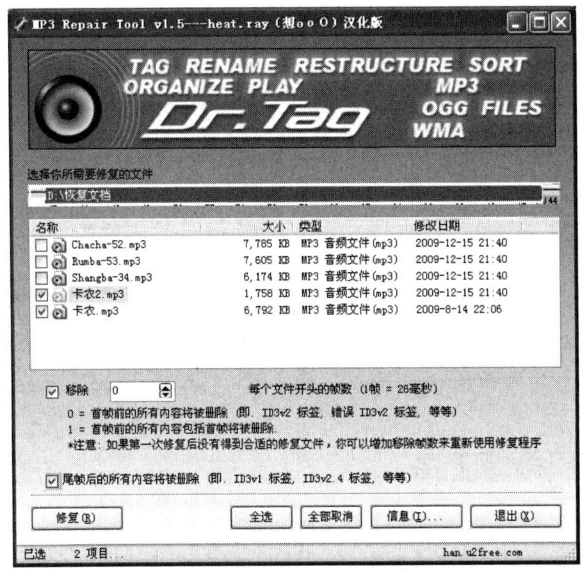

图 5-43　MP3 Repair Tool 的主界面

MP3 Repair Tool 的主界面的中间部分是文件目录的列表，直接选择要恢复的文件，单击左下角的“修复”按钮即可。另外，用户还可以选择移除帧首尾信息。

修复压缩文档

5.2.3 压缩文档修复工具

计算机中的文件数量很多，将各种文件归档整理是一件令人头疼的事情。压缩文档不但能把文件进行压缩保存以节省空间，而且能将文件和目录打包，大大方便了文件的管理与转发。

由于压缩文档采用了特殊的编码方式，因此一旦压缩文档被破坏就无法解压缩（如果其中包含多个文件和目录，就会因为失去完整性而解压缩失败）。如果在压缩时加入了冗余恢复信息，就可以利用这些信息修复破损的部分；如果没有冗余恢复信息，就只能根据受损的情况提取未被破坏的残存文件。

WinRAR 是使用率很高的压缩工具，用来管理 RAR 和 ZIP 格式的压缩文档。WinRAR 的压缩速度快、压缩率高。使用 WinRAR 不仅可以非常方便地压缩和备份数据，还可以随时添加或删除包含的文件，实现分卷压缩、创建自解压缩文件、加密管理等功能。使用 WinRAR 可以对 CAB、ARJ、LZH、TAR、GZ、ACE、UUE、BZ2、JAR、ISO、Z 和 7Z 等多种类型的档案文件，以及镜像文件和 TAR 组合型文件进行解压缩。另外，WinRAR 还具有添加恢复记录的功能，如图 5-44 所示。

一旦在压缩文件时勾选“添加恢复记录”复选框，WinRAR 就会在压缩时产生冗余校验信息，如果压缩文档有轻微受损，那么可以通过这些信息恢复出原数据内容。如果在压缩 RAR 格式文档时没有添加恢复记录，那么可以尝试使用 Advanced RAR Repair（这是一款很小巧的 RAR 格式文档的修复工具，操作也很简单，选择好待修复的压缩文档后，单击“开始修复”按钮即可），如图 5-45 所示。

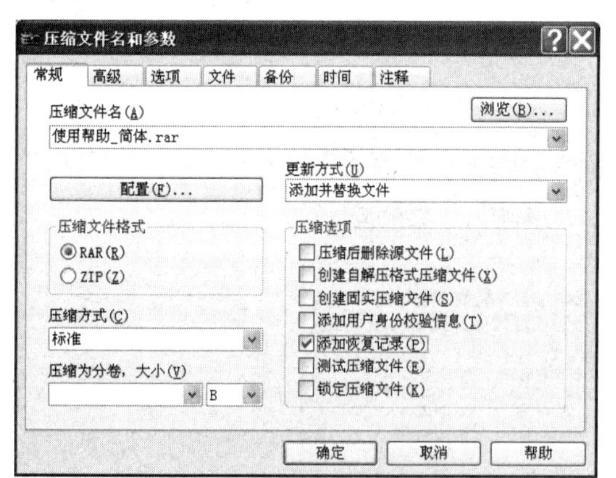

图 5-44 添加恢复记录

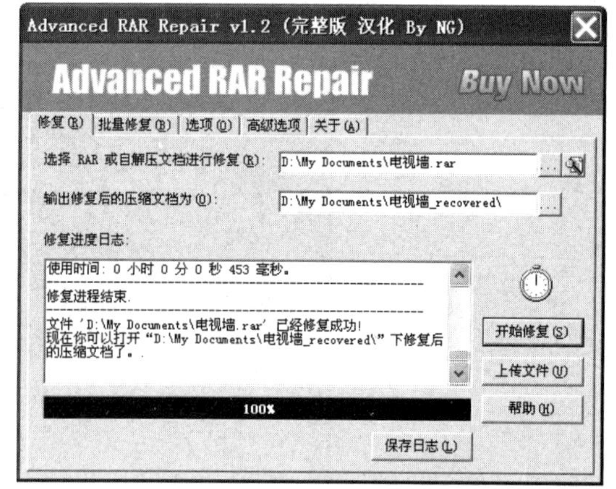

图 5-45 使用 Advanced RAR Repair 修复 RAR 格式文档

5.2.4 文档密码恢复工具

恢复密码的几种方式

恢复 Office 文档密码

人们在处理各种重要数据时，为了保密，通常将文档进行加密保存。每个文档都需要一个密码，尽管用户可能将多个文档共用一个密码，但久而久之，也可能会忘记密码。一旦忘记密码，保存的重要数据就再也无法访问。加密后的数据没有密码是无法解密且无法访问原始内容的，要破解密码目前仍没有好的方法，通常采用暴力破解或使用关键字组合破解的方式来尝试获取正确的密码。

1. Office 文档密码恢复工具

在 Office 办公软件中，Word 文档的使用频率非常高。Word 文档支持 3 种方式的密码，分别为修改密码、保护密码和打开密码。修改密码能防止文档被编辑和修改，保护密码能限制其他用户的操作，打开密码能防止文档被查看和编辑（这是最严格的一种方式）。下面以 Word 2003 文档为例介绍去除密码保护的几种方式。

1）去除修改密码

当修改密码遗失后，可以先用只读方式打开 Word 文档，再在“常规选项”对话框中去除修改密码（Word 2003 版需要该步操作，Word 2007/Word 2010 版则可省略），并另存一份文档，如图 5-46 所示。

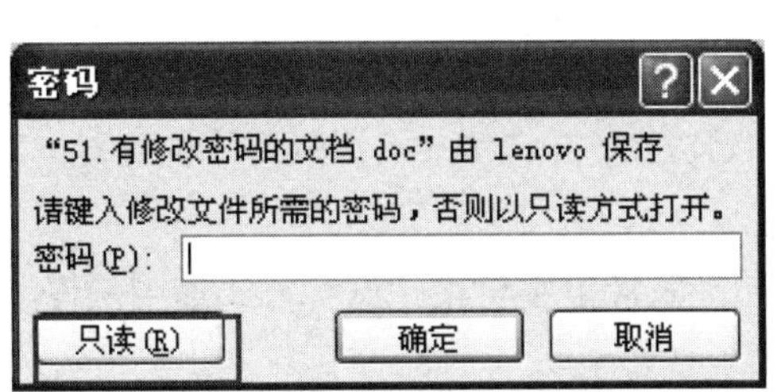

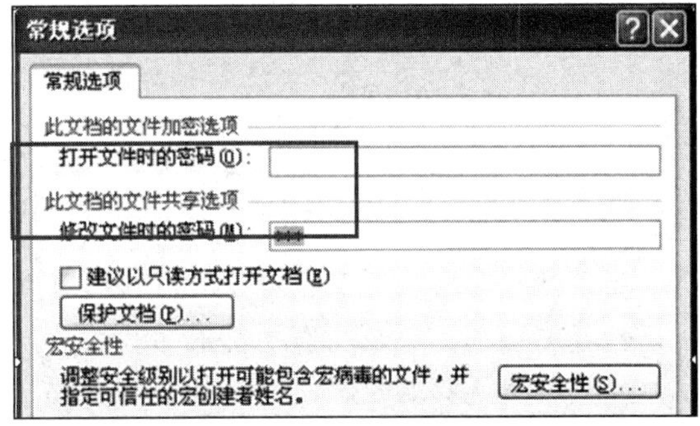

图 5-46　去除修改密码

另一种方法的操作步骤如下：以只读方式打开该文档，将其另存为“网页(*.htm;*.html)”格式；之后在 Word 中打开该网页文件，并将其另存为“*.doc”格式。

2）去除保护密码

去除保护密码也很简单，同样不止一种方法。

第一种方法：打开受保护的文档，选择“文件”→“另存为”命令，打开“另存为”对话框，在“保存类型”下拉列表中选择“WORD97—2000 & 6.0/95—RTF(*.doc)”选项，将该文档重新命名，单击“保存”按钮。关闭文档后再次打开，选择“工具”→“解除文档保护”命令，这时就不会再提示输入密码。

第二种方法：新建一个 Word 文档，选择“插入”→“文件”命令，打开“插入文件”对话框，选择有密码保护的文档，单击“插入”按钮，把有密码保护的文档插入新文档中，文档保护就会自动被取消。

取消 Word 文档的修改密码和保护密码的方法还有很多种，感兴趣的读者可以查阅相关资料，此处不再赘述。但要去除打开密码就没那么容易了。

3）去除打开密码

要去除打开密码，需要使用专业的密码破解工具。AOPR（Advanced Office Password Recovery）是一款多功能 Office 文档密码破解工具，能够处理 Microsoft 公司发布的各种常见文档格式，包括 Word、Excel、Access、Outlook、Project、PowerPoint、Visio、Publisher 和 OneNote

在内的 14 种类型。AOPR 提供了“暴力”和“字典”破解方式，如果时间足够并且破解策略得当，那么使用 AOPR 完全可以找回用户遗忘的文档密码。AOPR 的主界面如图 5-47 所示。

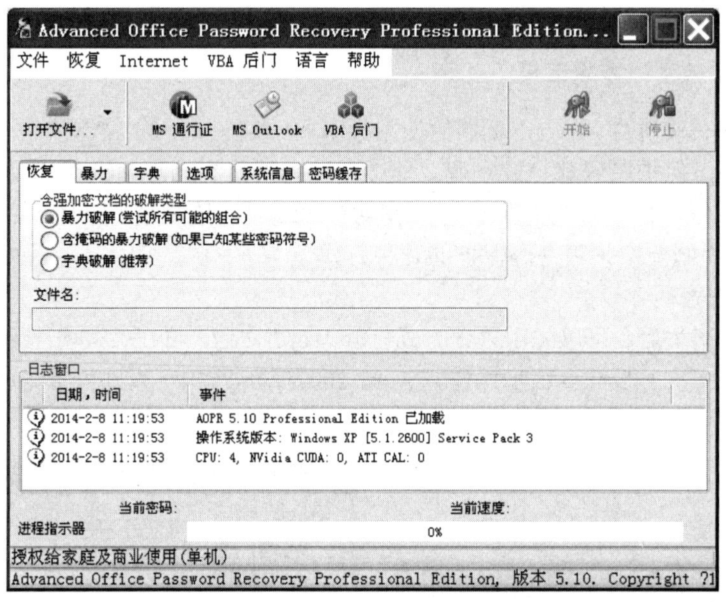

图 5-47　AOPR 的主界面

在“恢复”选项卡中，有 3 种方式可供选择。

- 暴力破解：尝试所有可能的字符组合，用户可以指定字符集。这种方式速度最慢，但只要有足够的时间，肯定能找回密码。
- 含掩码的暴力破解：如果用户记得某处有哪些字符，那么可以采取这种方式，以缩短破解时间。
- 字典破解：根据社交工程获得的信息，或者在预置的字典中将若干字符串进行组合尝试，如果设置得合适，就会大大缩短破解时间。

此处默认选中“暴力破解”单选按钮，在“暴力”选项卡中可以对采用暴力破解方式的参数进行设置，如密码长度、字符集及掩码字符，如图 5-48 所示。

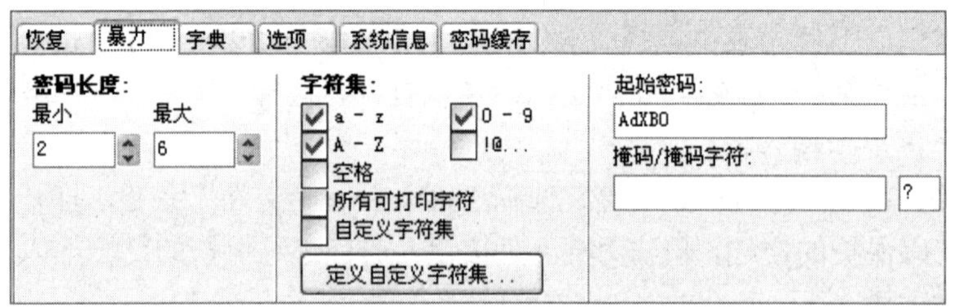

图 5-48　暴力破解参数

在“字典”选项卡中可以设置采用的字典，这里不仅可以设置两部字典，还能在网络上获取字典，如图 5-49 所示。用户也可以对字典文件进行编辑，添加新的条目，如某用户的车牌号是 AXP03，工号是 9528，出生日期是 1952 年 11 月 2 日，可以把这些信息加到字典中（“AXP03、9528、1952、11、2、02”），程序会利用这些信息形成各种组合。

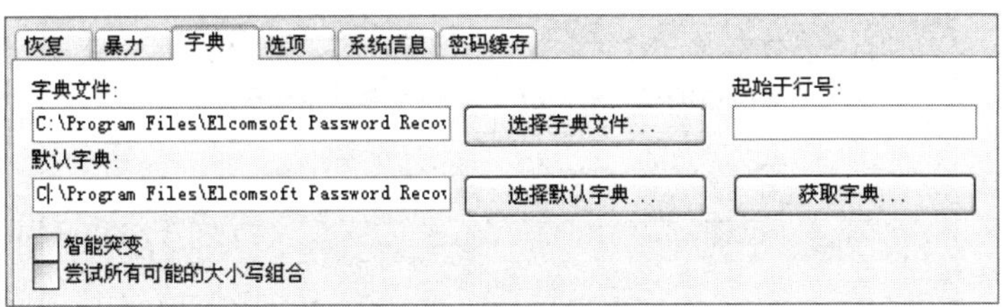

图 5-49　字典破解参数

在设置好参数之后，打开需要恢复密码的文件就可以开始恢复，程序会经过一段时间的尝试。当找到密码时，会弹出对话框显示密码（包括打开密码、修改密码和保护密码）。

解密 Office 文档还可以使用 Office Password Recovery Toolbox，这款软件非常小巧，能恢复 Word、Excel、Access 和 Outlook 文档的密码。使用 Office Password Recovery Toolbox 恢复文档的密码必须连接服务器，利用服务器强大的处理能力进行解密计算，因此解密速度非常快。Office Password Recovery Toolbox 的主界面如图 5-50 所示。

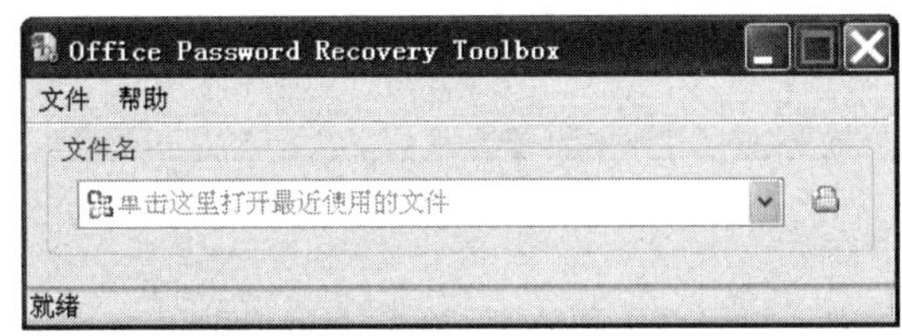

图 5-50　Office Password Recovery Toolbox 的主界面

用户只需选择“文件”→“打开文件”命令，就会自动检查该文档有哪些密码，用户在对应的密码位置上单击“移除密码”按钮，程序会提示连接网络服务器，经过允许后，只需几秒钟就能在原文件目录下生成一个以原文件名加“Fixed”结尾的解密文档，如图 5-51 所示。

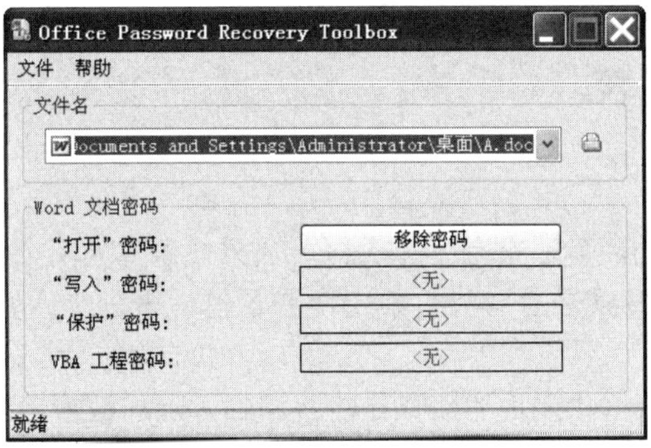

图 5-51　解密文档

2. 压缩文档密码恢复工具

许多压缩软件在压缩文件时允许用户设置解压缩密码。如果用户忘记设置的密码，那么可以使用 ARCHPR 执行解密操作。使用 ARCHPR 可以解密 ZIP、RAR、ACE 和 ARJ 等加密文档，操作方法也比较简单。ARCHPR 的主界面如图 5-52 所示。先打开一个需要解密的压缩文档，在“Type of attack”选项组中选择破解方式，如可以选择“Brute-force”选项。再在中间的“Range”选项卡中选择字符集，在“Length”选项卡中设定长度。若采用字典破解方式，则在“Dictionary”选项卡中设定字典。最后单击上面的“Start!”按钮就可以开始解密。

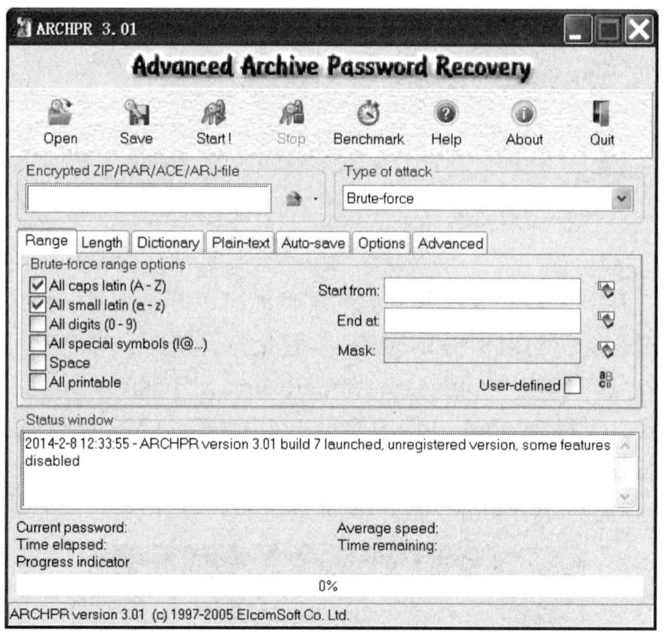

图 5-52　ARCHPR 的主界面

任务实施

5.3　任务 1　恢复分区和文件数据

5.3.1　修复分区表

1. 任务描述与分析

一块容量为 40GB 的硬盘原来有 3 个分区，后来被误分为两个分区，并且在第一个分区中安装了操作系统。如果原来的一些数据还没有备份，那么应该如何恢复原来的分区中的内容？

重新分区后原来的分区中的内容应该是能找回的，除非被覆盖。在此例中，第一个分区的起始位置通常是固定的，因此，一旦安装操作系统，第一个分区中的数据基本上无法挽回。后面的分区中的内容只要没有被新的分区信息破坏，从原则上来说都可以恢复。由于存在多个分区，因此可以使用分区修复工具进行交互式检索和确认，恢复原分区结构，以及后面两个分区中的数据内容。

当然，在恢复之前，应当尽量了解清楚原来的分区的状况，如分区的大小和类型等。

2. 操作方法与步骤

（1）保护好目标盘，不要往里面写入任何信息。启动 PTDD，选择需要修复的目标盘，如图 5-53 所示。

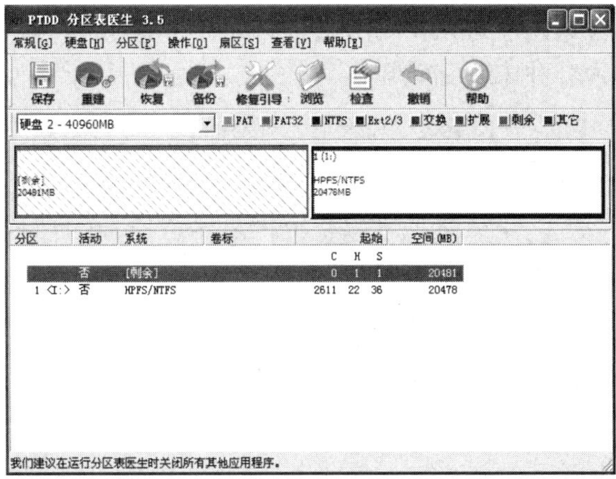

图 5-53　选择需要修复的目标盘

（2）选择“操作”→“重建分区表”命令，打开“重建分区表”对话框，由于硬盘中存在多次分区，因此这里选中“交换”单选按钮，如图 5-54 所示。

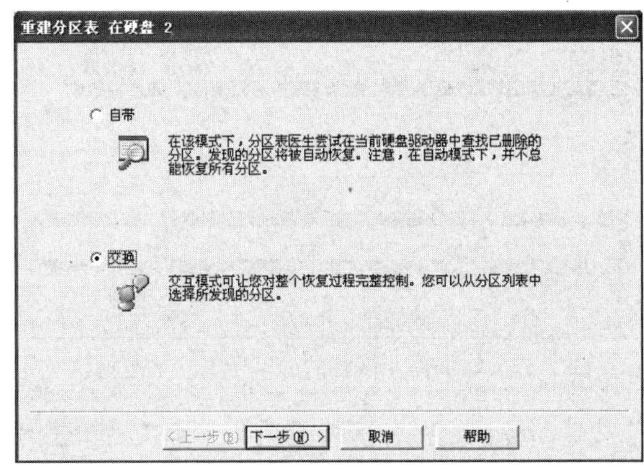

图 5-54　选中“交换”单选按钮

（3）单击“下一步”按钮，开始搜索硬盘中的分区信息，并列举找到的分区信息（当前的硬盘分区不会在此显示），如图 5-55 所示，找到 3 个分区，从分区类型和容量来看，正好是之前的分区结构。

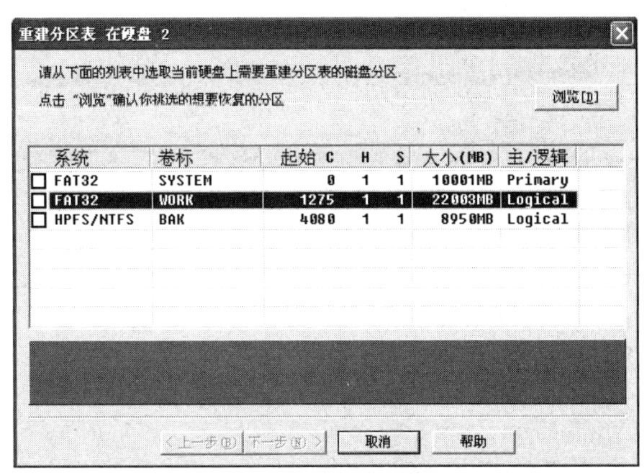

图 5-55　分区搜索结果

（4）单击“浏览”按钮，还可以查看所选择的分区的根目录，做进一步确认，如图 5-56 所示。原来的分区中的内容并未受到破坏。

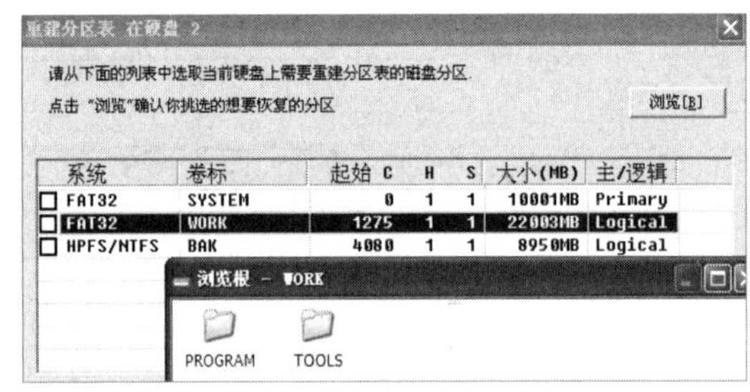

图 5-56 浏览分区的根目录

（5）勾选需要恢复的分区所对应的复选框，如图 5-57 所示。

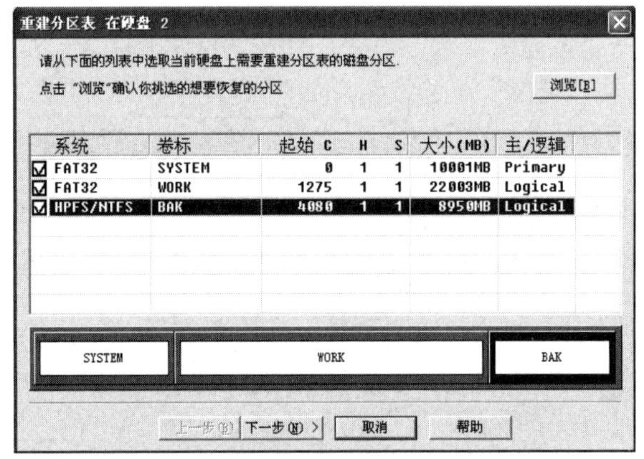

图 5-57 勾选需要恢复的分区所对应的复选框

（6）单击“下一步”按钮，提示哪些分区将会丢失，确认后单击“继续”按钮，恢复原分区结构，如图 5-58 所示。可以看到，已经找回原来的分区，但需要将分区信息保存并重启后才会生效。

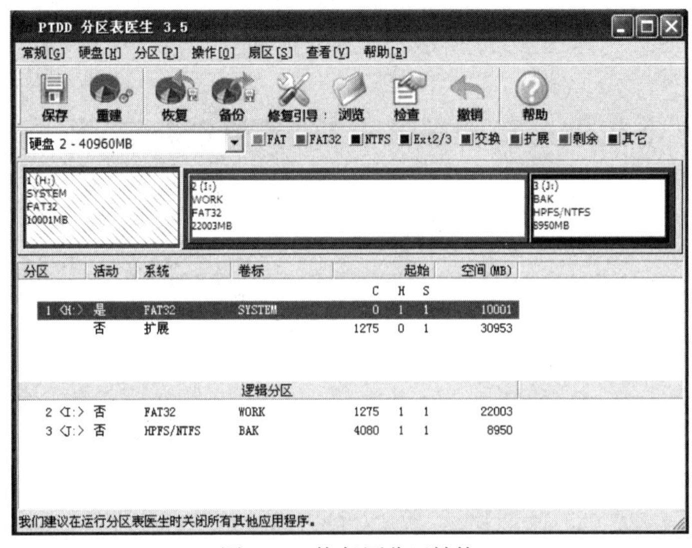

图 5-58 恢复原分区结构

5.3.2 恢复丢失的文件数据

1. 任务描述与分析

某分区原来是 NTFS 分区，之后被误格式化为 FAT32 分区，现在想恢复原来的分区中的数据。

由于之前是 NTFS 分区，因此被格式化为 FAT32 分区后，MFT 区域不会被覆盖，文件记录都保存完整。但是，如果文件数据放在分区中靠前的位置，那么可能会被 FAT 表覆盖，这部分数据是无法挽回的。

2. 操作方法与步骤

（1）保护好目标分区，不要向其中写入任何信息。打开 EasyRecovery，先选择“数据恢复”→“格式化恢复”命令，再选择需要恢复数据的目标分区，最后将“以前的文件系统”设置为“NTFS”，如图 5-59 所示。

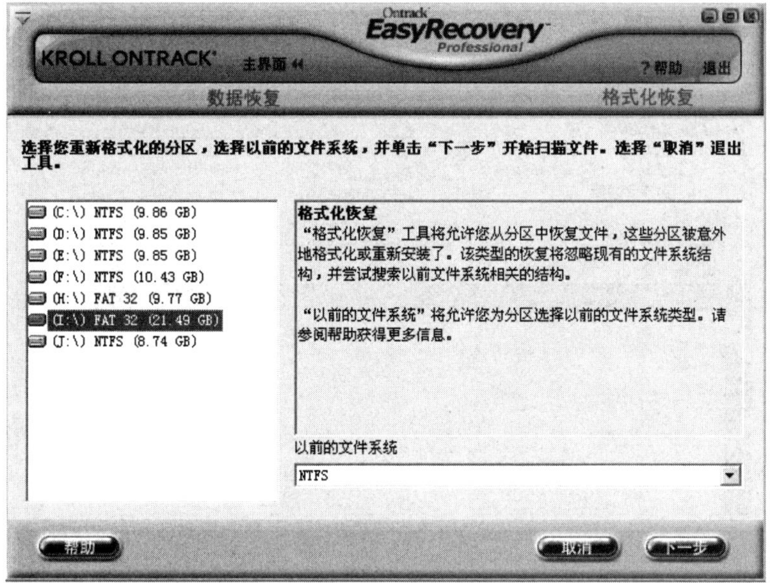

图 5-59　选择需要恢复数据的目标分区

（2）单击“下一步”按钮，开始分析原来的分区中的数据，并扫描文件。在扫描过程中会显示扫描进度和找到的文件数等，如图 5-60 所示。

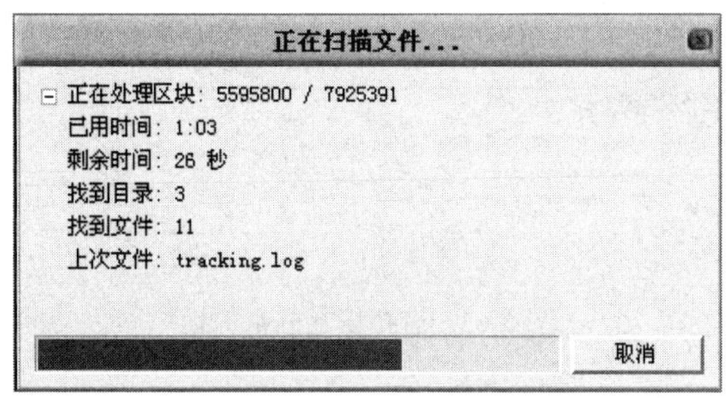

图 5-60　扫描过程

（3）经过一段时间的等待（视分区大小和处理器速度而定），扫描完毕，显示扫描到的文件列表，从列表中可以看出文件信息很完整，如图 5-61 所示。

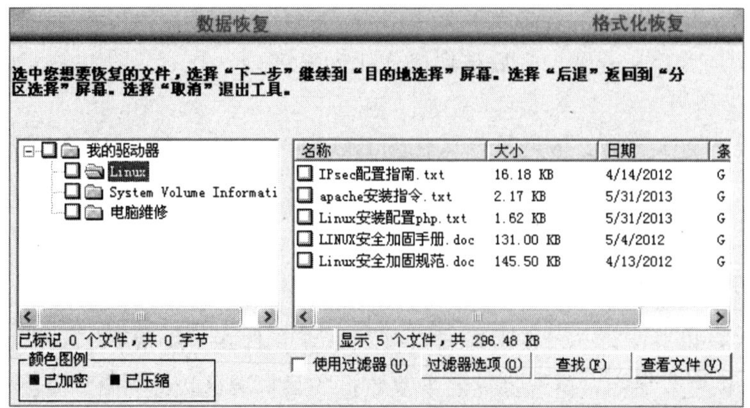

图 5-61　扫描结果

（4）选择其中的文件，单击“查看文件”按钮进行查看，发现有些文件可以预览，但有些文件无法显示，很明显数据已被破坏，如图 5-62 所示。

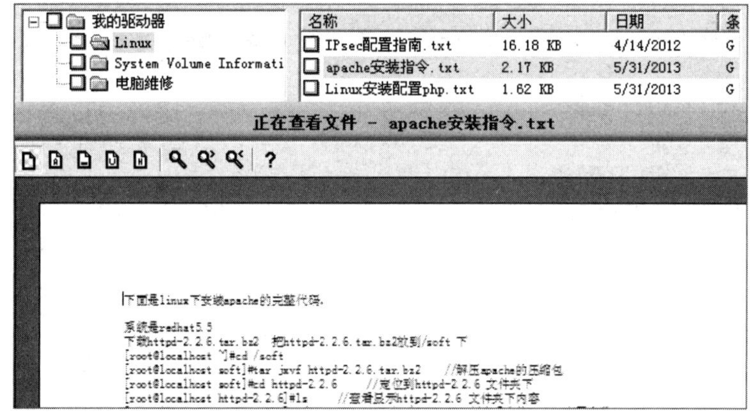

图 5-62　预览文件

（5）选择需要恢复的文件，单击“下一步”按钮，选择恢复的目的地，如图 5-63 所示。

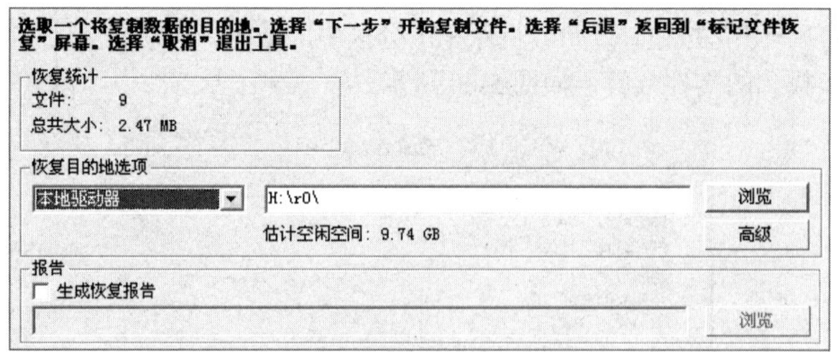

图 5-63　选择恢复的目的地

（6）单击“下一步”按钮，开始恢复数据，在恢复完成后会给出恢复报告。打开目的地文件夹就可以查看恢复的文件，如图 5-64 所示。

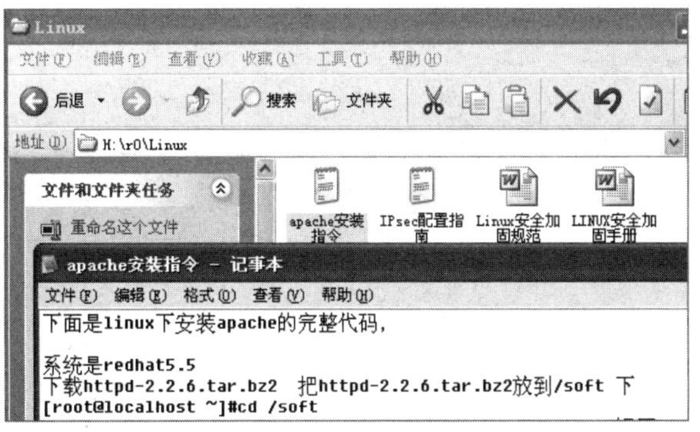

图 5-64　检查恢复结果

5.4　任务 2　修复受损的文档

5.4.1　修复受损的办公文档

修复受损的 Word 文档

修复受损的 Excel 文档

1. 任务描述与分析

某文件用 Word 程序打开时报错，显示的报错信息如图 5-65 所示，这可能是因为在复制过程中出现问题，导致数据被破坏。用户尝试过很多方法都无法打开，因此，只有借助专门的 Word 文档修复工具。

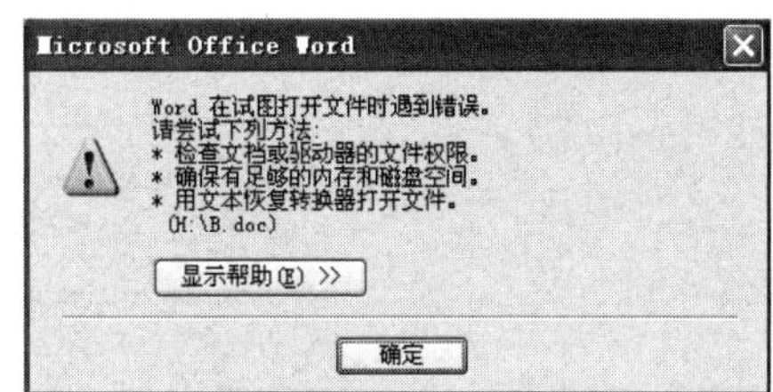

图 5-65　报错信息

2. 操作方法与步骤

（1）在计算机中安装并运行 OfficeFIX，启动 WordFIX 工具，如图 5-66 所示。

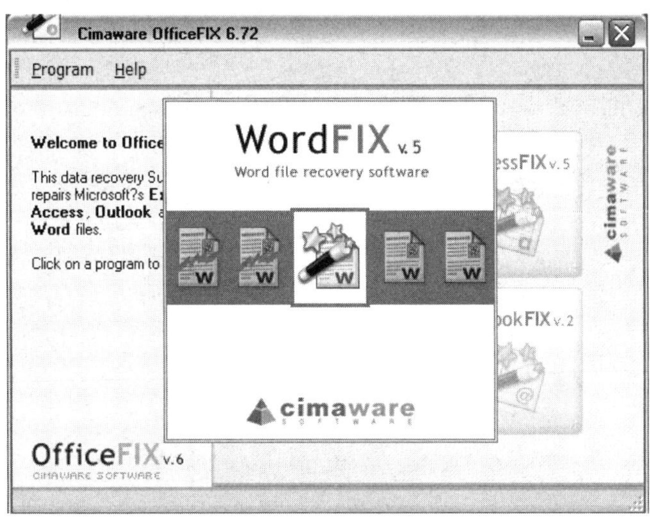

图 5-66　启动 WordFIX 工具

（2）启动 WordFIX 工具后跳过升级，选择受损的 Word 文档，如图 5-67 所示。

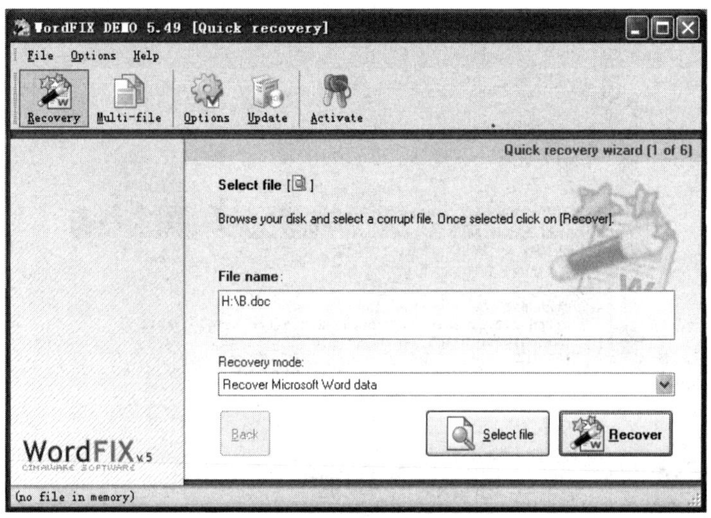

图 5-67　选择受损的 Word 文档

（3）将“Recovery mode”设置为默认值“Recover Microsoft Word data”（另一个选项用于恢复其中的文本数据，这里先尝试恢复整个 Word 文档中的数据），单击“Recover”按钮，将受损的 Word 文档读入内存中并开始分析，如图 5-68 所示。

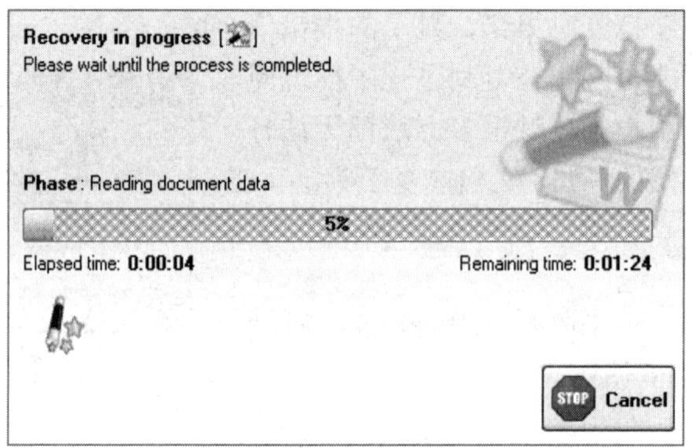

图 5-68　分析受损的 Word 文档

（4）等待一段时间就会提示修复完成，如图 5-69 所示。

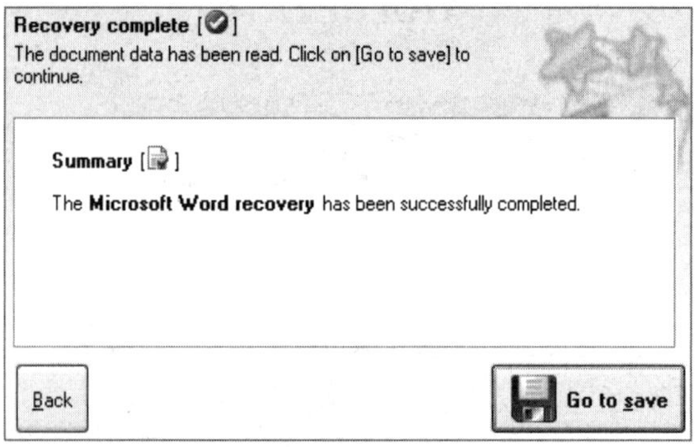

图 5-69　受损的 Word 文档修复完成

（5）单击“Go to save”按钮，进入“Saving the file”界面，在该界面中可以选择保存文档的名称和位置，默认在原目录下以原文档的名称“WordFIX”作为修复文档的新名称，如图 5-70 所示。

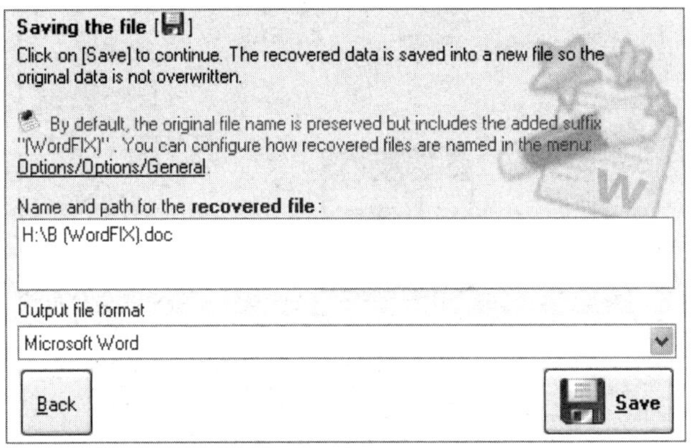

图 5-70　设置修复文档的名称和保存位置

（6）“Output file format”默认为“Microsoft Word”，此外还有“Plain text”格式，这里使用默认设置，单击“Save”按钮保存。等待一段时间，修复后的文档保存完毕，单击“Open”按钮可以直接打开并查看修复的文档，如图 5-71 所示。可以看出，该文档被修复得很好。

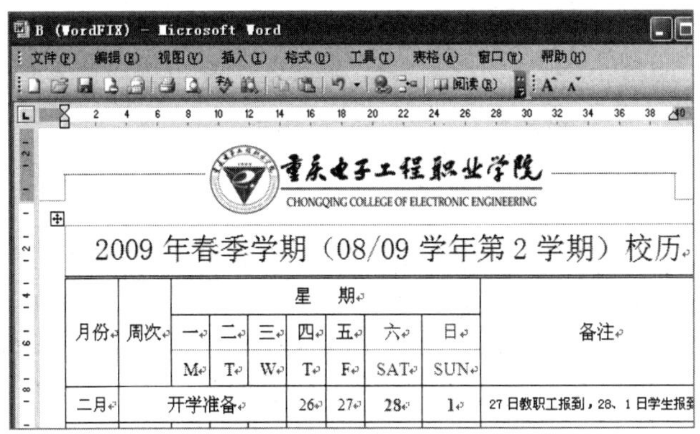

图 5-71　修复后的 Word 文档

5.4.2　修复受损的影音文档

1. 任务描述与分析

某个受损的视频文档 test-bad.rm 在播放时只播放一半就结束了，进度条也不能调整，请将其修复完整。

2. 操作方法与步骤

（1）打开 RealFix，把受损的 RM 文档添加进去。

（2）单击右侧的“修复选定文件”按钮，之后会提示修复完毕（见图 5-72），并在原文档目录下生成一个以“FixOK”结尾的修复后的文件，这时可以通过单击“播放修复后文件”按钮来观察修复结果（该文档已经可以正常播放）。

图 5-72　修复受损的 RM 文档

5.4.3　恢复文档的密码

1. 任务描述与分析

某个 Word 文档因为很长时间没有使用，用户已经记不清楚原来的密码，只记得好像有 5～7 个字符，有英文字母和数字，并且以“ac”开头。如果用户现在想打开文件查看其中的内容，应该怎么办呢？

2. 操作方法与步骤

（1）打开 AOPR，在“恢复”选项卡中选中“含掩码的暴力破解”单选按钮，在“暴力”选项卡中设置字符长度为 5～5 个，“字符集”设置为“0-9”、“A-Z”和“a-z”，“掩码/掩码字符”设置为“ac???”，如图 5-73 所示。其中，一个“?”代表一个任意字符，如果在密码中已包含“?”，那么此时“?”不能再作为掩码字符，可以用“#”或“*”代替。为了使 AOPR 得知已修改了掩码字符，需要在后面的“掩码/掩码字符”文本框中输入新的掩码字符。

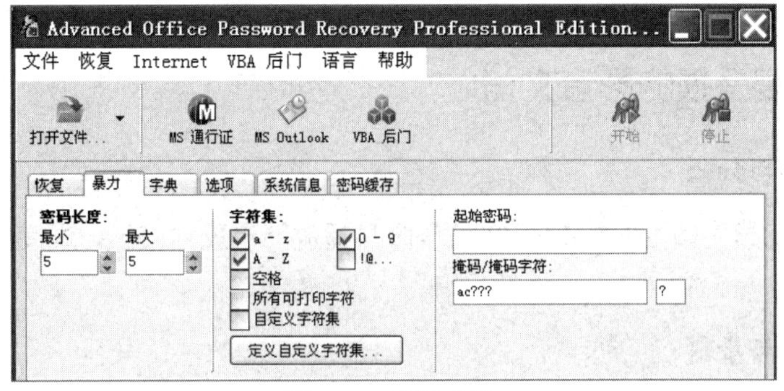

图 5-73　设置参数

（2）设置好参数之后，单击“打开文件”图标，在打开 Word 文档之后就开始尝试采用暴力破解方式试探密码，由于已知密码中的 2 个字符，剩下的 3 个很快就可以扫完，并提示未找到密码。接下来将密码长度设置为 6 个字符，“掩码/掩码字符”设置为“ac????”，单击“开始”按钮，继续尝试破解，如图 5-74 所示。在日志窗口的下方给出了正在试探的密码的情况，包括密码长度、当前密码、进度和当前速度。

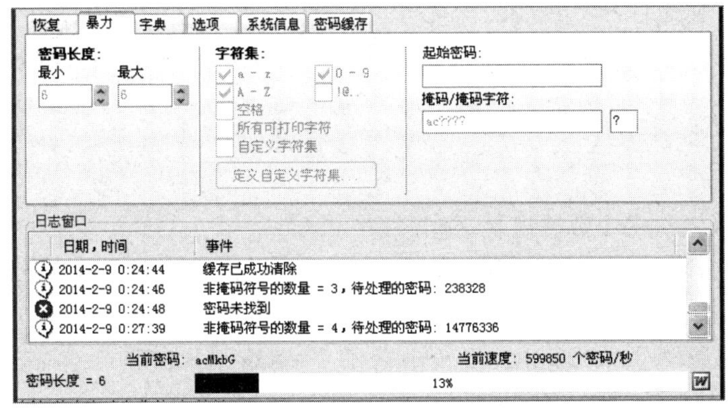

图 5-74　试探密码

（3）等待一段时间后，在打开的对话框中提示密码已找到，此文档有打开密码，现在可以用找到的密码打开文档，如图 5-75 所示。

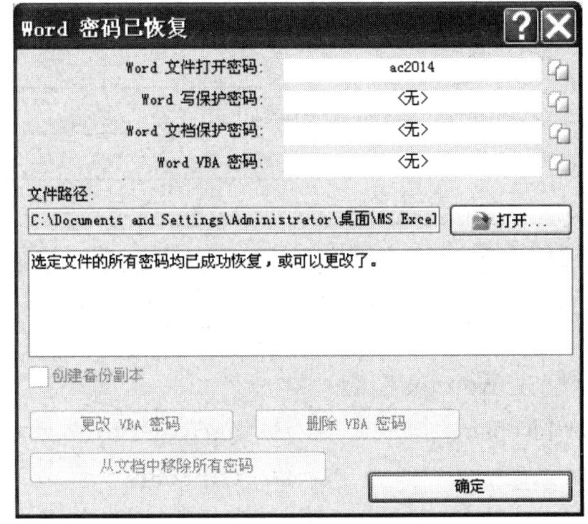

图 5-75　找到文档的打开密码

技能拓展

任务准备

准备一台安装 Windows XP 操作系统的虚拟机，有空余的 D 分区和 E 分区，并且已安装 WinHex，以及分区修复工具、数据恢复工具和文档修复工具，在虚拟机中按照下面的步骤完成任务准备工作。

（1）将 D 分区和 E 分区均格式化为 FAT32 文件系统。

（2）在 E 分区中创建一个 Word 文档，随意输入一些内容（包含表格）并保存为“test.doc”。

（3）把“test.doc”复制到 D 分区中，并且重命名为“td.doc”。

（4）将 D 分区格式化为 NTFS。

（5）将 E 分区中的“test.doc”用 WinRAR 创建压缩文档，并命名为“tc.rar”，同时设置密码为“ct6”。

（6）使用 WinHex 打开“test.doc”文档，将最后一个扇区中的内容清空，保存并退出。

（7）在 Windows 操作系统的磁盘管理工具中，将 D 分区和 E 分区删除，并在这片区域创建一个 NTFS 分区。

任务要求

请按下列步骤依次完成数据恢复工作。

（1）使用分区修复工具恢复原来的 D 分区和 E 分区，以及 E 分区中的所有文件数据。

（2）使用数据恢复工具恢复 D 分区中的“td.doc”文档。

（3）使用文件修复工具修复 E 分区中损坏的“test.doc”文档。

（4）使用密码恢复工具恢复“tc.rar”文档的解压缩密码。

综合训练

一、填空题

1. 密码恢复软件采取的密码破解方式一般有________________________________。
2. 办公文档（Word、Excel 等）能设置的密码有________、________和________。
3. 你所知道的分区修复工具有____。
4. 文档修复的目的是____。
5. 数据恢复工具支持的恢复方式一般有________、________和________。

二、选择题

1. （　　）不是用于修复 Word 文档的。

   A．Advanced Word Repair　　B．mpTrim Pro

   C．EasyRecovery　　D．OfficeFIX

2. 在创建文档时可以添加恢复记录以便自身修复程序的是（　　）。

   A．Word　　B．PowerPoint

   C．WinRAR　　D．Outlook

3. 下列关于 DiskGenius 的新版本的功能，说法错误的是（　　）。

   A．能备份和修复分区表　　B．能恢复丢失的文档

   C．能做分区镜像或克隆　　D．能修复受损的文档

4. 分区修复工具 DiskGenius 和 PTDD 的备份分区表备份了（　　）。

   A．主引导扇区、各分区引导扇区

   B．主引导扇区

   C．主分区表、扩展分区表

   D．主引导扇区、扩展分区表扇区、各分区引导扇区

5. 不能用于恢复丢失的文档的是（　　）。

   A．EasyRecovery　　B．R-Studio

   C．UFSExplorer　　D．PTDD

6．下列关于文档修复的说法正确的是（　　）。

A．文档修复是将受损的文档还原如初

B．文档修复是将多个分散的文档碎片重新组合

C．文档修复是修复受损文档的格式

D．文档修复是在磁盘中搜寻文档丢失的信息

7．（　　）类型的文档不是视频文档。

A．ASF　　B．WMA

C．RMVB　　D．AVI

8．在恢复文档密码时，如果知道某些相关的符号或词语，那么应采用（　　）。

A．暴力破解方式　　B．含掩码的暴力破解方式

C．字典破解方式　　D．后门破解方式

9．重建分区表的作用是（　　）。

A．把破损的分区表补充完整

B．按照当前的分区信息重新填写分区表信息

C．搜寻其他的分区信息并重新组织分区结构

D．使用原来的分区表备份文档恢复分区表信息

10．如果在恢复文档密码时设定字符集为数字，长度为 4～6 个字符，那么总密码数为（　　）。

A．100000　　B．110000

C．1110000　　D．1100000

第6章 数据库修复

素养目标

✧ 熟知《中华人民共和国网络安全法》有关网络入侵行为的处罚。
✧ 具备维护国家信息安全的意识。

知识目标

✧ 熟悉数据库的基础知识。
✧ 熟悉数据库备份与还原的操作方法。
✧ 掌握数据库故障的修复方法。

技能目标

✧ 具备维护与管理数据库的能力。
✧ 掌握备份和还原各种数据库的技能。
✧ 掌握修复数据库故障的技能。

任务引导

在企业、组织和政府部门中，使用了许多信息系统，如办公自动化（Office Automation，OA）系统、财务系统、进销存系统、客户关系管理（Customer Relationship Management，CRM）系统、企业资源计划（Enterprise Resource Planning，ERP）系统，以及各行业的专用管理系统。这些信息系统用于集中处理大量的业务数据，在生产和经营管理过程中起着至关重要的作用。信息系统均使用数据库保存业务数据。数据库中的数据按照一定的数学模型组织、描述和存储，具有较小的冗余，以及较高的数据独立性和易扩展性，并且可以由各种用户共享。

数据库提供了快速存储和访问数据的方法，但一旦受到破坏，其损失也是不可估量的。存储设备故障、错误的删除操作、突然断电等都会对数据库的安全造成威胁，而数据库的损坏可能导致重要信息丢失，甚至业务停顿，经营瘫痪。因此，有人认为“数据是企业的生命”。虽然有的企业采用了 UPS 应急电源、数据容灾设备及其他安全管理措施，但仍有小概率事件发生。因此，学习数据库修复方法能在关键时刻发挥作用。

本章以 SQL Server 2005 为例介绍数据库管理系统的基本管理、数据备份和恢复的方法，以及几种数据库损坏类型的修复。

相关基础

6.1　SQL Server 2005 概述

6.1.1　SQL Server 2005 简介

数据库管理系统（Database Management System）是一种操作和管理数据库的大型软件，用于建立、使用和维护数据库，简称“DBMS”。它对数据库进行统一的管理和控制，以保证数据库的安全性和完整性。一旦使用 DBMS，多个应用程序和用户就可以用不同的方法同时或非同时建立、修改与查询数据库。大部分 DBMS 提供数据定义语言（Data Definition Language，DDL）和数据操作语言（Data Manipulation Language，DML），供用户定义数据库的模式结构与权限约束，实现对数据的追加、修改和删除等操作。

SQL Server 是关系型数据库管理系统，最初是由 Microsoft 公司、Sybase 公司和 Ashton-Tate 公司共同开发的，并于 1988 年推出了第一个 OS/2 版本。在推出 Windows NT 操作系统之后，Microsoft 公司与 Sybase 公司在 SQL Server 的开发上就分道扬镳了。Microsoft 公司将 SQL Server 移植到 Windows NT 操作系统中，专注于开发和推广 SQL Server 的 Windows NT 版本。Sybase 公司则专注于 SQL Server 在 UNIX 操作系统中的应用，如今所说的 SQL Server 均指 MS SQL Server。

SQL Server 2005 是 Microsoft 公司于 2005 年发布的一款大型数据库平台产品。该产品不仅包含丰富的企业级数据管理功能，还集成了商业智能等特性。它突破了传统意义上的数据库产品，将功能延伸到数据库管理以外的开发和商务智能，为企业计算提供了完整的数据管理和分析的解决方案，为企业级应用数据和分析程序带来了更高的安全性、稳定性及可靠性，使它们更易于创建、部署和管理。由于数据库及 DBMS 的知识涉及很多内容，因此本章只从数据恢复的角度出发，介绍在 SQL Server 2005 中如何创建、管理数据库，以及数据库的故障检测与维护，其他有关数据库及 DBMS 的知识读者可参阅其他资料。

在安装好 SQL Server 2005 之后，就可以使用它的一系列的管理工具，如图 6-1 所示，方便用户完成对 SQL Server 的管理和开发。

图 6-1　SQL Server 2005 的管理工具

- SQL Server Management Studio（SQL Server 管理

控制台）。

- SQL Server Business Intelligence Development Studio（业务智能开发工具）。
- SQL Profiler。
- SQL Server 配置管理器（SQL Server Configuration Manager）。
- 命令行工具。

1）SQL Server 管理控制台

SQL Server 将服务器管理和应用开发集成到单个环境中进行，这就是 SQL Server 管理控制台。SQL Server 管理控制台是一个集成环境，能够用来创建、管理和维护 SQL Server 中的所有数据库，以及配置数据库相关的环境和管理工具。SQL Server 管理控制台还可用于支持业务应用开发，以及对 SQL Server、SQL Server Mobile、分析服务、数据转换服务和报表服务应用的开发。在这里，既可以以图形界面方式管理数据库中的各个对象，又可以使用 SQL 语句完成用户指令（绝大部分对数据库的管理工作均在此完成）。SQL Server 管理控制台界面如图 6-2 所示。

图 6-2　SQL Server 管理控制台界面

在一般情况下，连接到服务器，首先要在 SQL Server 管理控制台中对服务器进行注册（注册类型包括数据库引擎、Analysis Services、Reporting Services 和 Integration Services 等）。SQL Server 管理控制台用于记录和存储服务器连接信息，以供将来连接时使用。

服务器连接成功后，在“对象资源管理器”面板中以树状形式列举 DBMS 中的所有对象。其中，“数据库”分支中集成了所有的数据库对象，“安全性”分支中集成了管理系统中所有的用户和角色，“服务器对象”分支中集成了备份设备、端点、链接服务器及触发器，“管理”分支中集成了管理维护计划、查看日志和查看进程等功能，“SQL Server 代理”分支中集成了管理计划作业功能。

2）业务智能开发工具

业务智能开发工具提供了完整的源代码控制功能，能够同 Visual Studio .NET 集成。业务智能开发工具用于开发业务智能结构，如立方体、数据源、报表和数据转换包。业务智能开发工具包括工程模板，为开发专用结构提供上下文。

3）SQL Profiler

SQL Profiler 是用于捕获来自服务器的 SQL Server 事件的工具。事件保存在跟踪文件中，支持后续分析和问题重新演示。SQL Profiler 能够支持多种活动，具体如下。

- 深入问题查询，发现问题原因。
- 诊断运行时间很长、速度很慢的查询。
- 捕获导致问题的 SQL 语句。
- 监视 SQL Server 的性能，调试工作负载。

SQL Profiler 还支持对 SQL Server 实例执行的活动进行审计。

4）SQL Server 配置管理器

SQL Server 配置管理器用于管理与 SQL Server 相关的服务，并且能够配置 SQL Server 使用的网络协议。SQL Server 配置管理器能够添加到 SQL Server 管理控制台插件中。SQL Server 配置管理器集成的 SQL Server 2005 的工具包括服务器网络工具、客户网络工具和服务管理器。使用 SQL Server 配置管理器可以启动、停止、暂停、恢复和配置其他计算机上的服务，如 SQL Server、SQL Server Agent、SQL Server Analysis Services、SQL Server Reporting Services、SQL Server Browser、SQL Server Integration Services，如图 6-3 所示。

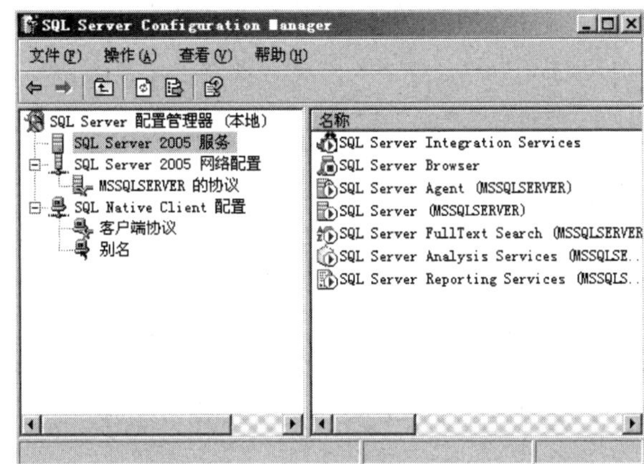

图 6-3　SQL Server 配置管理器界面

5）命令行工具

SQL Server 2005 提供了命令行工具，使用这些命令可以以非图形 UI 方式与 SQL Server 2005 进行交互，管理员能通过超级终端远程管理 SQL Server 2005 服务器，或者编辑执行批处理命令。SQL Server 命令行中的部分命令如表 6-1 所示。

表 6-1　SQL Server 命令行中的部分命令

命令	说明
bcp	用于在 SQL Server 实例之间复制数据
dtexec	用于配置和执行 DTS 服务包
dtutil	用于管理数据转换服务包
dta	用于分析工作负载
nscontrol	用于管理通知服务
sqlcmd	允许在命令行输入 Transact-SQL 语句、系统过程、脚本文件
rs	运行用于管理报表服务的报表服务器的脚本
rsactivate	用于初始化报表服务器
rsconfig	用于配置报表服务器连接
rskeymgmt	用于在报表服务器上管理加密键

6.1.2 数据库的基础知识

从概念上讲，可以将 SQL Server 2005 数据库系统中的数据库看成一个包含数据和元数据的命名对象集合。其中，数据是指存储在数据库中的实际用户信息，如学生信息、采购单、检查记录等。而元数据是描述数据库如何控制和存储数据的数据，如表定义和索引等。

一个 SQL Server 服务器实例中可以包含多个数据库，每个数据库中可以保存相关或不相关的数据。例如，可以有一个用于存储职员的数据库，以及一个用于存储与产品相关的数据的数据库。或者，一个数据库用于存储当前客户订单数据，另一个相关数据库用于存储年度报告。

SQL Server 2005 中主要有两种类型的数据库：联机事务处理（On-Line Transaction Processing，OLTP）数据库和联机分析处理（On-Line Analytical Processing，OLAP）数据库。OLTP 数据库就是一般意义上的数据库，主要用于处理基本的、日常的事务，如银行交易或销售记录，本章所指的数据库均为 OLTP 数据库。大量的 OLTP 数据经物化后转换为数据仓库。OLAP 数据库是数据仓库系统的主要应用，支持复杂的分析操作，侧重决策支持，并且提供直观易懂的查询结果。

1. 系统数据库

SQL Server 2005 数据库系统中包含一些系统数据库，这些数据库记录了一些 SQL Server 必需的信息。用户不能直接修改系统数据库，也不能在系统数据库表上定义触发器。SQL Server 2005 数据库系统中包含 5 个系统数据库，分别为 master、model、msdb、resource 和 tempdb。

1）master 数据库

master 是 SQL Server 2005 中最重要的系统数据库，包含一个系统集合，是整个数据库系统的中央存储库，维护登录账户、其他数据库、文件分布、系统配置、磁盘空间、资源消耗、端点和连接服务器等方面的信息。

master 数据库记录了 SQL Server 2005 的初始化信息，所以对于 DBMS 来说极为重要。建议在安装 SQL Server 时将 master 数据库部署在具有容错能力的磁盘驱动器上，并且定时备份，以防止发生毁灭性的灾难时不得不使用备份文件来进行还原。在创建、修改或删除用户数据库，更改服务器或任何数据库配置，以及修改或添加用户账户之后，立即备份 master 数据库。

提示：

在最坏的情况下，即 master 数据库被破坏并且没有可用的备份时，可以使用自动设置中的“Rebuild Database”选项将其恢复成安装后的状态。必须经过认真考虑后才能使用该操作，因为它会清除所有包含登录在内的服务器相关的配置，从而不得不从头开始做所有的配置。

2）model 数据库

model 数据库是 SQL Server 2005 中所有新建数据库的模板。执行 CREATE DATABASE 命令新建一个用户数据时，SQL Server 2005 会简单地将该模板数据库的内容复制到新数据库中。如果希望新建的每个数据库都带有表、存储过程、数据库选项和许可等，那么可以在 model 数据库中加入这些元素，以后再新建数据库时就会添加这些元素。

3）msdb 数据库

msdb 数据库是 SQL Server 2005 代理用来存储计划任务，以及修改、备份和还原历史信息的。其中存储的所有信息都可以通过 SQL Server 2005 来查看，因此，除了备份该数据库，没有必要访问或直接查询该数据库。

4）resource 数据库

resource 是 SQL Server 2005 中新引入的数据库，是一个只读数据库，包含所有系统对象，如系统存储过程、系统扩展存储过程和系统函数等。此数据库不包含任何用户数据或元数据，所以在定期备份/还原方案中无须考虑该数据库。

5）tempdb 数据库

tempdb 数据库主要用于存储临时表，所以在备份/还原方案中无须考虑该数据库。

2. 文件和文件组

SQL Server 2005 使用文件和文件组来管理物理数据库，文件是数据库的物理体现。每个数据库有 3 种类型的文件，分别为主数据文件、日志文件和次要数据文件，至少必须有主数据文件和日志文件。为了便于分配和管理，可以将数据文件集合起来，放到文件组中。

1）主数据文件

主数据文件是数据库中最重要的文件，有且只能有一个，用于存储数据库的启动信息和业务数据，简称数据文件。它包含用户数据和对象，如表、索引、存储过程、触发器、数据类型、角色和视图，以及数据库中其他文件的位置等信息。

主数据文件的扩展名为“.mdf”。虽然 SQL Server 2005 允许更改扩展名，但最好不要改动。

2）日志文件

日志文件是数据库不可或缺的组成部分，每次修改数据库时的状态和数据库操作都被存储在日志文件中，以便在发生故障后可以恢复数据库。每个数据库必须至少有一个日志文件，当然也可以有多个日志文件。如果一个数据库中包含多个物理日志文件，那么这些日志文件会依次逐个写满。如果日志文件已全部写满，并且可以自动追加，就会增加文件的大小。

在默认情况下，主数据文件和日志文件被放在同一个驱动器的同一个路径下，这是为处理单磁盘系统而采用的方法。但是，在生产环境中，这可能不是最佳的方法（建议将主数据文件和日志文件放在不同的磁盘上）。

日志文件初始默认为1MB，但创建时最好不要小于3MB。日志文件的扩展名通常为“.ldf”。

3）次要数据文件

次要数据文件同样用于存储用户数据，但不是必需的。如果数据库的主数据文件超过了文件系统所允许的大小，就必须使用次要数据文件。另外，如果计算机上未使用磁盘阵列，那么通过将次要数据文件放在不同的磁盘驱动器上，可以提升数据库的读/写性能。

次要数据文件的扩展名通常为“.ndf”。

4）文件组

文件组允许对数据文件进行分组，以便管理和对数据的分配/放置。文件组可以包括分布在多个逻辑分区中的文件，以实现负载平衡。SQL Server 2005 中有一个主要文件组，此文件组包含主要的 SQL Server 2005 数据文件和未放入其他文件组的所有次要文件。用户也可以自定义文件组。

例如，可以在 3 个磁盘驱动器上分别创建文件 Data1.ndf、Data2.ndf 和 Data3.ndf，并将它们分配给文件组 fgroup1。在文件组 fgroup1 中创建一个表，对表中数据的查询将分散到 3 块磁盘上，从而提高性能。通过使用在磁盘阵列条带集上创建的单个文件也能获得同样的性能提升。但是，文件和文件组可以使用户轻松地在新磁盘上添加新文件。

在首次创建数据库，或者以后将更多的文件添加到数据库中时，可以创建文件组。但是，一旦将文件添加到数据库中，就不可能再将这些文件移到其他文件组中。一个文件不能是多个文件组的成员。

6.2 维护数据库

6.2.1 创建、修改和删除数据库

1. 创建数据库

在 SQL Server 中创建数据库主要有两种方法：第一种是在 SQL Server 管理控制台中使用向导创建数据库；第二种是使用 Transact-SQL 语句创建数据库。

1）在 SQL Server 管理控制台中使用向导创建数据库

首先，打开 SQL Server 管理控制台，右击“数据库”对象，在弹出的快捷菜单中选择“新建数据库”命令，打开“新建数据库”窗口，如图 6-4 所示。

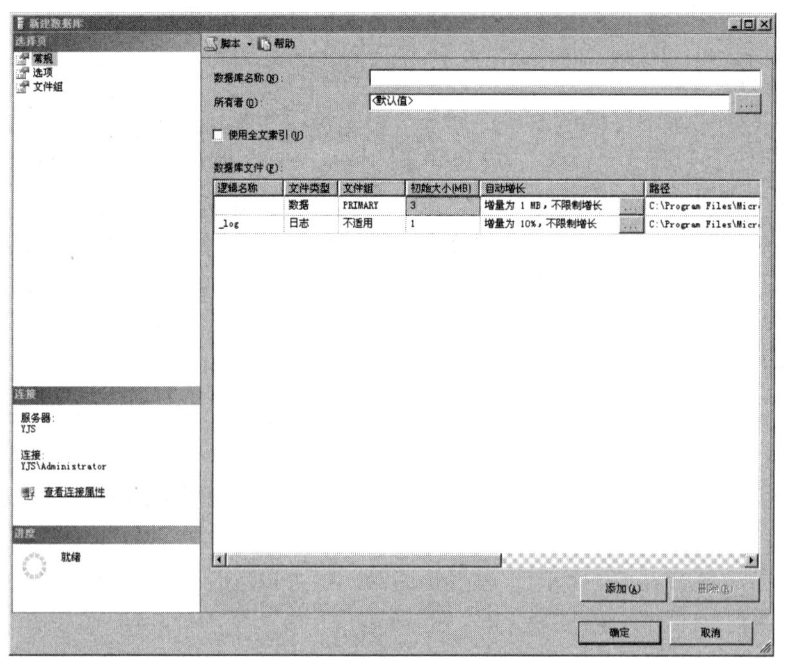

图 6-4 “新建数据库”窗口

然后，设置数据库参数。

在“常规”标签页中，可以定义数据库名称、所有者、是否使用全文索引，以及数据库文件的逻辑名称、文件组、初始大小、自动增长等。

在“选项”标签页中，可以定义数据库的高级设置选项，包括排序规则、恢复模式、兼容级别，以及其他选项，如图6-5所示。

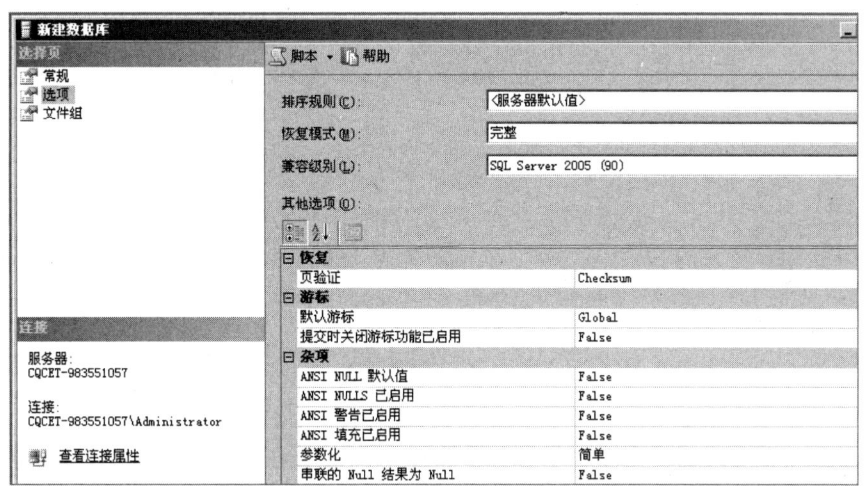

图6-5 设置数据库参数

当完成各个选项的定义之后，单击“确定”按钮，SQL Server 数据库引擎会创建所定义的新数据库，当然，还要结合模板数据库中的内容。

2）使用 Transact-SQL 语句创建数据库

单击 SQL Server 管理控制台界面中的“新建查询”按钮，就可以在右侧的查询编辑面板中编辑 Transact-SQL 语句，如图6-6所示，编辑完之后可以单击“执行”按钮，依次执行编辑好的 Transact-SQL 语句，还可以将这次编辑好的内容保存起来，类似于 DOS 操作系统中的批处理脚本。

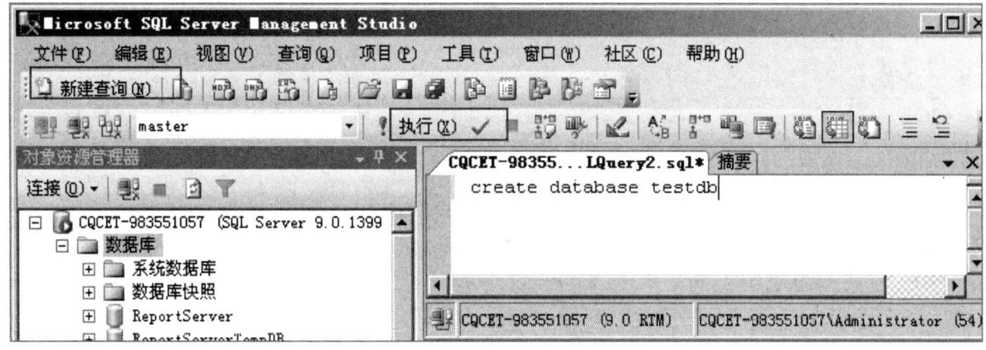

图6-6 编辑 Transact-SQL 语句

创建数据库的 Transact-SQL 语句为 CREATE DATABASE。例如，可以用下面这条非常精简的语句创建一个数据库，一切均采用默认值（假设操作对象为 testdb 数据库）：

```
CREATE DATABASE testdb
```

提示：

Transact-SQL 语句对大小写不敏感，但为了便于阅读，关键字一般用大写字母。

如果要在创建数据库时做详细的设置，如设置文件名、大小和排序规则等，那么可以在后面跟参数，具体的语法结构如下：

```
CREATE DATABASE database_name
    [ ON
        [ <filespec> [ ,...n ] ]
        [ , <filegroup> [ ,...n ] ]
    ]
[
    [ LOG ON { <filespec> [ ,...n ] } ]
    [ COLLATE collation_name ]
    [ FOR { ATTACH [ WITH <service_broker_option> ]
          | ATTACH_REBUILD_LOG } ]
    [ WITH <external_access_option> ]
]
```

其中，方括号表示可选参数，尖括号表示必要参数，花括号表示枚举参数。

- database_name：新数据库的名称。数据库名称在服务器中必须是唯一的，并且应符合标识符的规则。database_name 最多可以包含 128 个字符。创建数据库操作要求 database_name 在 123 个字符之内，以便自动生成的日志文件逻辑名少于 128 个字符，除非重命名日志文件名称。
- ON：显式指定用来存储数据库数据部分的磁盘文件（数据文件），如果不使用 ON 关键字，那么所有数据库设置均采用默认值。该关键字的后面是以逗号分隔的<filespec>项（<filespec>项用于定义主文件组的数据文件，可有多项）。主文件组的文件列表后可跟以逗号分隔的<filegroup>项（可选）（<filegroup>项用于定义用户文件组及其文件）。其中，<filespec>关键字后面的参数选项如下：

```
[ PRIMARY ]
(
   [ NAME = logical_file_name , ]
   FILENAME = 'os_file_name'
       [ , SIZE = size [ KB | MB | GB | TB ] ]
       [ , MAXSIZE = { max_size [ KB | MB | GB | TB ] | UNLIMITED } ]
       [ , FILEGROWTH = growth_increment [ KB | MB | % ] ]
) [ ,...n ]
```

NAME 为定义的逻辑名称，可在 Transact-SQL 语句中引用；FILENAME 为文件系统中的物理文件名，文件名在数据库中必须是唯一的，并且符合标识符的规则。

- LOG ON：显式指定用来存储数据库日志的磁盘文件（日志文件）。该关键字的后面是以逗号分隔的<filespec>项（<filespec>项用于定义日志文件）。如果没有指定 LOG ON，那么将自动创建一个日志文件，该文件使用系统生成的名称。
- COLLATE：指定数据库的默认排序规则。排序规则名称既可以是 Windows 排序规则名称，又可以是 SQL 排序规则名称。如果没有指定排序规则，那么将 SQL Server 实例的默认排序规则指定为数据库的排序规则。
- FOR ATTACH：指定从现有的一组操作系统文件中附加数据库，必须有指定第一个主文件的<filespec>条目。至于其他<filespec>条目，只需要与第一次创建数据库或上一次附加数据库时路径不同的文件的那些条目。建议使用 sp_attach_db 系统存储过程，而不要直接使用 CREATE DATABASE FOR ATTACH 语句。当必须指定 16 个或 16 个以上的<filespec>项时，才需要使用 CREATE DATABASE FOR ATTACH 语句。

- WITH：指定外部访问选项（external_access_option）。如果选项 DB_CHAINING 设置为 ON，那么数据库可以为交叉数据库所有者关系链中的源或目标；如果设置为 OFF，那么数据库不能参与交叉数据库所有者关系链。对于用户数据库，可以修改这个选项，但是不能修改系统数据库的该选项。选项 DB_CHAINING 的默认值为 OFF。如果选项 TRUSTWORTHY 设置为 ON，那么数据库模块（如视图、用户自定义函数或存储过程）允许访问数据库之外的资源；如果设置为 OFF，那么数据库模块不能访问数据库之外的资源。选项 TRUSTWORTHY 的默认值为 OFF。

下面介绍一个使用 Transact-SQL 语句创建数据库的示例：

```
CREATE DATABASE testdb
  ON
   ( NAME = N'Testdb_Data',
   FILENAME = N'D:\MSSQL\Data\Testdb_Data.MDF',
     SIZE = 9,
     FILEGROWTH = 10%)
  LOG ON (NAME = N'Testdb_Log',
  FILENAME = N'D:\MSSQL\Data\Testdb_Log.LDF',
     FILEGROWTH = 10%)
  COLLATE Chinese_PRC_CI_AS
GO
```

在编辑完成后，单击“执行”按钮，如果没有报错，那么数据库创建成功。右击“对象资源管理器”面板中的“数据库”分支，选择“刷新”命令，这时就能看到这个数据库。

2. 修改数据库

在创建数据库并运行之后，可能需要对数据库原来的定义进行修改。

- 扩充分配给数据库的数据或事务日志空间。
- 收缩分配给数据库的数据或事务日志空间。
- 创建文件组。
- 创建默认文件组。
- 更改数据库的配置。
- 脱机放置数据库。
- 附加新数据库或分离未使用的数据库。
- 更改数据库的名称。
- 更改数据库的所有者。

在更改数据库之前，有时需要使数据库退出正常操作模式。在这些情况下，需要确定终止事务的适当方法。

1）扩充数据库

SQL Server 可以根据在创建数据库时所定义的增长参数自动扩充数据库。通过在现有的数据库文件上分配其他的文件空间，或者在另一个新文件上分配空间，以及手动修改，都可以扩充数据库。如果现有的文件已经充满，那么可能需要扩充数据或事务日志空间。如果数据库已经用完分配给它的空间而又无法自动增长，就会出现 1105 错误。

在创建数据库时一般不会限制数据库的增长，除非磁盘空间非常有限或需要限制客户空间。扩充数据库的操作很简单，直接打开数据库的属性设置，在“文件”标签页中调整数据文件或日志文件的自动增长限制即可。但如果磁盘空间已满，就必须添加文件。

当添加文件时，数据库可以立即使用该文件。SQL Server 2005 在每个文件组中的所有文件上使用按比例填充的策略，根据文件中的可用空间按比例写入数据量，并且允许立即开始使用新文件。通过这种方式，所有文件几乎在同一时间趋于充满。但是，事务日志文件不能作为文件组的一部分，因为它们是相互独立的。当事务日志增长时，使用填充后往下走的策略，而不是按比例填充策略，首先填充第一个日志文件，然后是第二个，以此类推。因此，当添加日志文件时，事务日志可能不能使用该文件，而是等待其他文件先填充。将文件添加到数据库中时，可以根据需要指定文件的大小（默认为 1 MB）、文件可以增长的最大大小（文件最大允许容量）、文件每次需要增长时所增长的数量（默认是 10%），以及文件所属的文件组。

2）收缩数据库

SQL Server 允许收缩数据库中的每个文件，以删除未使用的页。数据和事务日志文件都可以收缩。数据库文件可以作为组或单独进行手动收缩。数据库也可以设置为按给定的时间间隔自动收缩。该活动在后台进行，并且不影响数据库中的用户活动。

当使用 ALTER DATABASE AUTO_SHRINK 语句（或 sp_dboption 系统存储过程）将数据库设置为自动收缩，并且数据库中有足够的可用空间时，会发生收缩。但是，若要配置将删除的可用空间量，如只删除数据库中当前可用空间的 50%，则可以在 SQL Server 管理控制台中选择要收缩的数据库，右击需要收缩的数据库，在弹出的快捷菜单中选择“任务”→“收缩”→“数据库”命令，在打开的对话框中进行收缩。

不能将整个数据库收缩到比其原始大小还要小。例如，如果数据库创建时的大小为 10 MB，后来增长到 100 MB，那么该数据库最小能够收缩到 10 MB（假设已经删除该数据库中的所有数据）。但是，使用 DBCC SHRINKFILE 语句可以将单个数据库文件收缩到比其初始创建大小还要小，但是必须分别收缩每个文件，不要试图收缩整个数据库。

事务日志文件可在固定的边界内收缩。虚拟日志文件的大小决定了可能减小的大小。因此，不能将事务日志文件收缩到比虚拟日志文件还小。另外，事务日志文件可以按照与虚拟日志文件的大小相等的增量收缩。例如，1 个初始大小为 1 GB 的较大的事务日志文件可以包括 5 个虚拟日志文件（每个文件的大小为 200 MB）。收缩事务日志文件将删除未使用的虚拟日志文件，但会留下至少一个虚拟日志文件。因为此示例中的每个虚拟日志文件都是 200 MB，所以事务日志文件最小只能收缩到 200 MB，并且每次只能以 200 MB 的大小收缩。为了使事务日志文件收缩得更小，可以创建一个更小的事务日志文件，并且允许它自动增长，而不要创建一个较大的事务日志文件。

在 SQL Server 2005 中，DBCC SHRINKDATABASE 语句或 DBCC SHRINKFILE 语句都试图立即将事务日志文件收缩到所要求的大小（以四舍五入的值为准）。在收缩文件之前应截断日志文件，以减小逻辑日志的大小，并将其标记为不包含逻辑日志任何部分的不活动的虚拟日志。

提示：

SQL Server 数据库引擎在内部将每个物理日志文件分成多个虚拟日志文件。虚拟日志文件没有固定的大小，并且物理日志文件所包含的虚拟日志文件数不是固定的。数据库引擎在创建或扩展日志文件时动态选择虚拟日志文件的大小。

3）删除数据或事务日志文件

删除数据或事务日志文件将从数据库中删除该文件。仅当文件中不存在已有的数据或事务日志信息时才可能从数据库中删除文件。文件必须完全为空后才能删除，若要将数据从一个数据文件迁移到同一文件组内的其他文件中，则可以使用 DBCC SHRINKFILE 语句，并指定 EMPTYFILE 参数。SQL Server 2005 不再允许将数据置于文件中，从而通过使用 ALTER DATABASE 语句或 SQL Server 管理控制台中该数据库的属性页来删除文件。

4）更改文件组

在更改默认文件组时，最初没有指定文件组的所有对象都被分配到新的默认文件组中。更改默认文件组可以防止用户对象和数据表与系统对象和表共用文件组而发生竞争。

- 主文件组：包含主数据文件及其他任何没有放入其他文件组中的文件。系统表的所有页都从主文件组中分配。
- 用户定义文件组：使用 CREATE DATABASE 语句或 ALTER DATABASE 语句中的 FILEGROUP 关键字，或者在 SQL Server 管理控制台的“属性”对话框中指定的任何文件组。
- 默认文件组：包含在创建时没有指定文件组的所有表和索引的页。在每个数据库中，每次只能有一个文件组是默认文件组。如果没有指定默认文件组，那么默认文件组是主文件组。

5）设置数据库选项

在使用过程中可以对每个数据库选项进行修改。只有系统管理员、数据库所有者，以及固定服务器角色（sysadmin 和 dbcreator）和固定数据库角色（db_owner）的成员才能修改这些选项，这些选项对于每个数据库来说都是唯一的，并且不影响其他数据库。可以使用 ALTER DATABASE 语句的 SET 子句或 sp_dboption 系统存储过程，或者在某些情况下使用 SQL Server 管理控制台设置数据库选项。在设置好数据库选项之后，将自动发出一个检查点，使修改立即生效。

如果需要更改新创建数据库的任意数据库选项的默认值，那么应更改 model 数据库中的数据库选项。例如，对于随后创建的任何新数据库，如果希望 AUTO_SHRINK 数据库选项的默认设置都为 ON，就应该将 model 数据库中的 AUTO_SHRINK 选项设置为 ON。

修改数据库的 Transact-SQL 语句为 ALTER DATABASE，其语法格式与创建数据库的类似。下面是一个修改数据库的示例：

```
USE master
GO
EXEC CQCET-983551057.dbo.sp_fulltext_database @action = 'enable'
GO
ALTER DATABASE testdb MODIFY FILE ( NAME = N'newdb', SIZE = 10240KB )
GO
```

```
ALTER DATABASE testdb MODIFY FILE ( NAME = N'newdb_log', SIZE = 2048KB )
GO
```

修改数据库语句的语法格式如下所示（详细的参数解释请参考创建数据库部分）：

```
ALTER DATABASE database_name
{
    ADD FILE <filespec> [ ,...n ]
        [ TO FILEGROUP { filegroup_name | DEFAULT } ]
  | ADD LOG FILE <filespec> [ ,...n ]
  | REMOVE FILE logical_file_name
  | ADD FILEGROUP filegroup_name
  | REMOVE FILEGROUP filegroup_name
  | MODIFY FILE <filespec>
  | MODIFY NAME = new_dbname
  | MODIFY FILEGROUP filegroup_name
      { <filegroup_updatability_option>
      | DEFAULT
      | NAME = new_filegroup_name
      }
  | SET { { <optionspec> [ ,...n ] [ WITH <termination> ] }
        | ALLOW_SNAPSHOT_ISOLATION {ON | OFF }
        | READ_COMMITTED_SNAPSHOT {ON | OFF } [ WITH <termination> ]
        }
  | COLLATE collation_name
}
```

3. 删除数据库

如果不再需要数据库，或者它被移到其他数据库或服务器中，那么可以删除该数据库。在删除数据库之后，文件及其数据都会从服务器上的磁盘中删除。一旦删除数据库，就表示永久删除，并且不能进行检索，除非使用以前的备份。

删除数据库可以在 SQL Server 管理控制台中或使用 Transact-SQL 语句完成。需要注意的是，必须在该数据库停止使用的情况下才能删除，如果用户仍连接了该数据库，那么应断开连接后再删除。使用 Transact-SQL 语句删除数据库非常简单（假设操作对象为 testdb 数据库）：

```
DROP DATABASE testdb
```

6.2.2 数据库的分离与附加

数据库的分离与附加主要用于数据库的迁移或复制。例如，公司准备对一台服务器进行升级，要将管理信息系统移至新服务器上运行。数据的迁移是先在老服务器上分离数据库，将数据复制到新服务器上再附加上数据库系统即可。又如，教师想把当前使用的数据库分发给学生，使用分离和附加操作即可。

分离数据库操作将从 SQL Server 中删除数据库（实际上就是删除数据库的连接），使该数据库的数据文件和事务日志文件能从当前的数据库服务器中分离出来，但是需要保证组成该数据库中的数据文件和事务日志文件完好无损。这些数据文件和事务日志文件可以用来将数据库附加到任何 SQL Server 实例上，也就是建立数据库与 DBMS 的连接，从而使数据库的状态与它被分离前的状态完全相同。

需要注意的是，只有“使用本数据库的连接”数目为 0，该数据库才能分离。所以，在分离数据库时应尽量断开所有对要分离数据库操作的连接，如果还有连接数据库的程序，就会出现数据库的连接状态窗口，显示正在连接此数据库的机器及名称，单击“清除”按钮将从服务器强制断开现有的连接。

分离数据库的操作很简单，直接在 SQL Server 管理控制台中选择要分离的数据库并右击，选择“任务”→“分离”命令，如图 6-7 所示，在打开的对话框中单击“确定”按钮即可。

图 6-7 分离数据库

当附加数据库时，在 SQL Server 管理控制台的“数据库”分支上右击，选择“附加”命令，如图 6-8 所示，打开“附加数据库”窗口。

图 6-8 选择“附加”命令

在“附加数据库”窗口中，单击“添加”按钮，选择需要附加的数据库文件，这里只能选择主数据文件，如图 6-9 所示。

在选择主数据文件后，数据库系统会根据主数据文件中的描述自动定位次要数据文件和事务日志文件（在一般情况下，数据文件和事务日志文件在同一个目录下，如果因为更改了目录没有找到，那么可以手动选择文件位置），单击“确定”按钮完成数据库的附加，如图 6-10

所示。

图 6-9　选择主数据文件

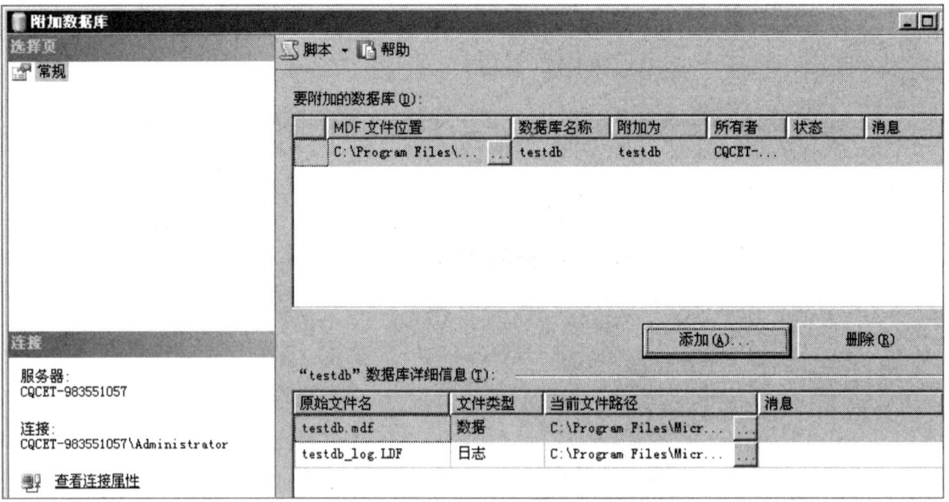

图 6-10　附加数据库的详细信息

同样，数据库的分离与附加也可以使用 Transact-SQL 语句完成。分离数据库的语句非常简单，直接调用存储过程即可完成对 testdb 数据库的分离操作：

```
EXEC sp_detach_db testdb
```

附加数据库有两种方法，一种是调用 sp_attach_db 存储过程，另一种是使用 CREATE DATABASE 语句，并附上 FOR ATTACH 关键字（详细说明请参阅前面的创建数据库部分）：

```
EXEC sp_attach_db testdb, N'D:\mydb\testdb.mdf', N'D:\mydb\testdb_log.ldf'
```

```
//或者
CREATE DATABASE testdb ON
    (FILENAME=N'D:\mydb\testdb.mdf'), (FILENAME=N'D:\mydb\testdb_log.ldf')
    FOR ATTACH
GO
```

6.2.3 数据库的备份与还原

备份数据库　数据文件损坏的恢复

1. 数据库备份的概念

虽然现在计算机的软件系统和硬件系统的可靠性都很高，并且可以采用磁盘阵列等设备来提高存储系统的容错能力，但是这些措施不可能是完美的，也无法保证计算机系统安全做到万无一失，只能在一定程度上减少介质故障带来的损失。但是，如果是由于操作人员的意外操作或蓄意破坏性操作、破坏性病毒的攻击、自然灾害等引起的系统故障，那么采用以上措施还是无能为力。定期进行数据库备份是保证系统安全的一项重要措施。在发生意外情况时，可以依靠备份数据来恢复数据库。虽然将数据库分离后复制一份副本也可以起到备份的作用，但真正的数据库备份具有无可比拟的强大功能。SQL Server 2005 提供了 4 种数据库备份的方法：完整备份、差异备份、日志备份、数据文件或文件组备份。

1）完整备份

完整备份是对整个数据库进行备份，包含将数据库恢复到备份完成状态所需的所有数据文件和日志记录。所有关键业务数据库的备份都应采用完整备份。其他备份的还原都是在完整备份还原的基础之上进行的，如差异备份和日志备份。在还原其他备份类型之前，需要先还原一个完整数据备份。无法只还原差异备份、日志备份。完整备份需要比较大的存储空间来存储备份文件，备份时间也比较长。当还原完整备份时，由于需要从备份文件中提取大量数据，因此如果备份文件较大，那么还原操作需要较长的时间。

2）差异备份

差异备份只备份在上一次备份后修改过的数据。差异备份不是一个独立的备份——它必须基于一个完整备份，这个完整备份称为基备份。差异备份只备份自上次完整备份以来新修改或增加的数据，因此，相对而言它的备份量小、备份速度快。差异备份的这个特点使备份可以更频繁，如某个数据库的容量为 500MB，如果采用每天完整备份，那么每次都要备份 500MB，如果采用差异备份，那么除了第一次备份 500MB，后面每次差异备份的容量可能只有十几兆字节，这样可以在一天内备份多次，每周再做一次完整备份。缩短备份的时间间隔，能在发生灾难时恢复尽可能多的数据。

在使用差异备份进行还原时，必须先还原完整备份，再还原某个时间点的差异备份。如果要还原最近一次的备份数据，那么只需要还原最后的那个差异备份即可，不需要全部逐次还原。在完整备份和差异备份之间不需要还原日志备份，在还原完差异备份之后，还原所有在差异备份之后进行的日志备份。

如果数据库容量本身很小，并且数据更新量所占的比例很大，那么使用差异备份的意义不大。反之，数据库容量越大，数据更新量所占比例越小，就越应该使用差异备份。另外，使用差异备份所需时间少，对服务器的业务运行基本上没有影响。

3）日志备份

事务日志中包含对数据库执行的事务记录（也就是修改）。日志备份对恢复数据备份之间的事务是必要的。数据也可以恢复到日志备份中的某一时间点，包含大量大容量日志记录的日志备份除外，这些日志备份必须还原到备份的结尾处。如果没有日志备份，就只能将数据还原到数据备份完成时的状态。

有一种特殊类型的备份称为尾日志备份。这是一种在发生系统故障时立即进行的日志备份。假设日志磁盘没有发生故障并且可以访问，那么在尝试还原数据之前可以进行最后的日志备份。在开始还原数据前不要忘记进行尾日志备份，否则在发生故障时日志中的事务会丢失。

4）数据文件或文件组备份

如果在创建数据库时为数据库创建了多个数据库文件或文件组，那么可以使用该备份方式。使用文件或文件组备份方式可以只备份数据库中的某些文件，这种备份方式在数据库文件非常庞大时十分有效，由于每次只备份一个或几个文件或文件组，因此可以分多次来备份数据库，以避免大型数据库备份的时间过长。另外，由于文件或文件组备份只备份其中一个或多个数据文件，因此当数据库中的某个或某些文件被损坏时，可以只还原损坏的文件或文件组备份即可。

2. 数据库的备份与还原操作

1）数据库的还原方式

完整备份的还原很简单，直接选择要还原的那个备份文件即可。

差异备份的还原需要两个步骤：先还原最近的完整备份，再还原完整备份后最新的差异备份。

日志备份的还原更复杂一些：先还原完整备份，再按时间顺序依次还原差异备份，最后依次还原每个事务日志备份。

2）数据库备份选择方案

在实际应用中，如果数据库很小，那么采取何种备份方式关系不大。如果数据库很大，如用于保存学生的各种信息（包括基本资料、考勤情况、奖惩情况、登记照等），并且学生数在不断增加，为了最大限度地减少数据库还原时间，以及降低数据损失数量，经常一起使用数据库备份、日志备份和差异备份，可以采用下面的备份方案。

（1）设置每周一次完整备份。

（2）设置每晚一次差异备份。

（3）在相邻两次差异备份之间进行事务日志备份，如每 4 个小时进行一次事务日志备份。

如果某一时刻计算机系统发生故障导致数据库损坏，就需要尽可能还原到数据库失败前的那一刻，可按照下面的步骤来还原。

（1）如果能够访问数据库的事务日志文件，就应当备份当前正处于活动状态的事务日志。

（2）还原最近一次数据库的完整备份。

（3）还原最近一次数据库的差异备份。

（4）按顺序还原最近一次差异备份以来进行的事务日志备份。

但是，如果无法备份当前数据库正在进行的事务，就只能把数据库还原到最后一次事务日志备份的状态，而不是数据库的失败点。

3）备份数据库

首先，选择要备份的数据库并右击，在弹出的快捷菜单中选择“备份”命令，打开“备份数据库”窗口。在“源”选项组中将“备份类型”设置为“完整”，在“目标”选项组中选中“磁盘”单选按钮，同时选择备份的文件位置和名称，如图 6-11 所示。在“选项”标签页中，还可以设定覆盖媒体的设置，如果选中“追加到现有备份集”单选按钮，一个备份文件就可以保存多次备份数据，但对于完整备份来说所需空间会很大，除非确有需要保存以前的备份。在通常情况下，做完整备份会选中“覆盖所有现有备份集”单选按钮，此时该备份目标只保存最近一次的完整备份。

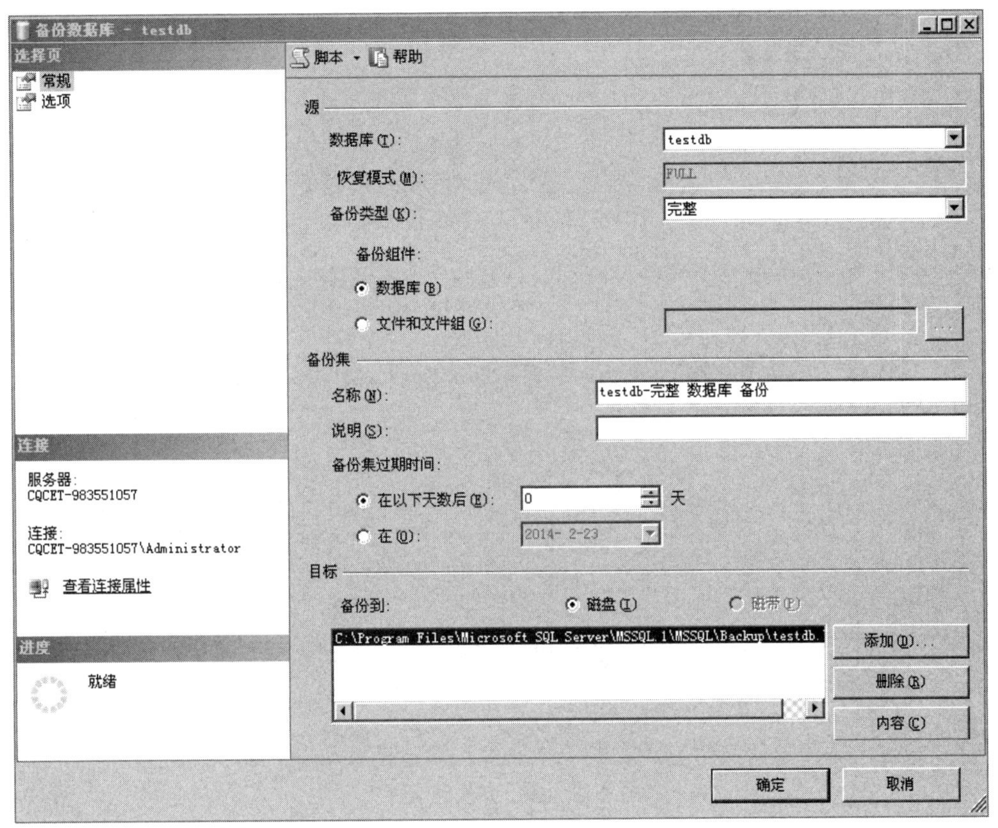

图 6-11　“备份数据库”窗口

在完整备份之后，就可以执行差异备份操作。打开“备份数据库”窗口，将“备份类型”设置为“差异”，并修改备份目标。需要注意的是，如果备份的目标文件和前面完整备份的目标文件是同一个文件，那么在设置“覆盖媒体”选项组时必须选中“追加到现有备份集”单选按钮，否则会因为丢失完整备份而无法恢复。另外，在可靠性设置上，可勾选“完成后验证备份”复选框，如图 6-12 所示。

日志备份是备份所有数据库修改的系列记录，用来还原在操作期间提交完成的事务及回滚未完成的事务。在备份事务日志时，备份先存储自上一次事务日志备份后发生的改变，再截断日志，以此清除已经被提交或放弃的事务。备份日志的操作和前面一样，只是将“备份类型”设置为“事务”，建议将备份的目标文件和数据备份文件分开，单独设定。

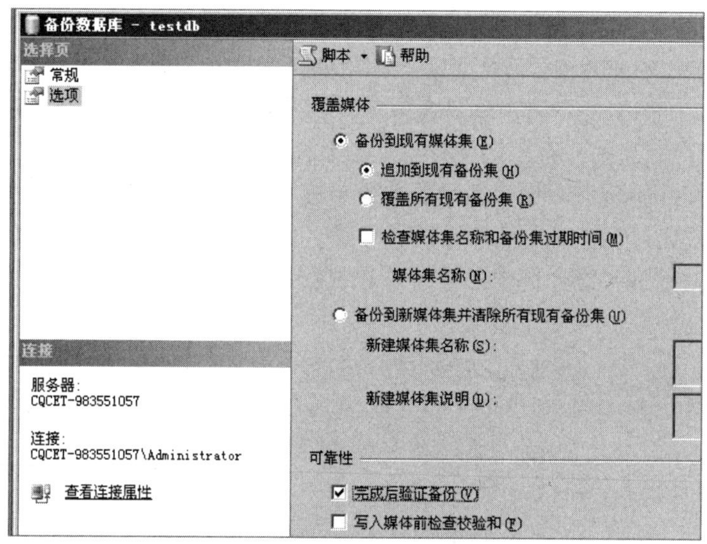

图 6-12　设置差异备份选项

备份文件组的操作和前面的操作一样，只是将“备份组件”设置为“文件和文件组”，如图 6-13 所示。

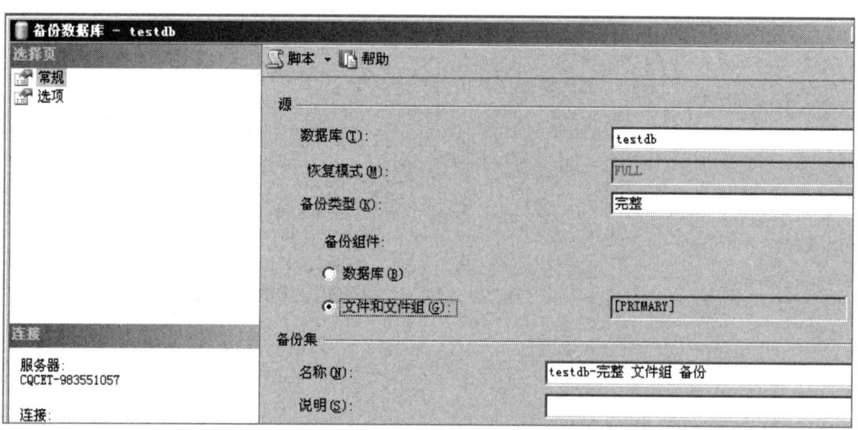

图 6-13　备份文件和文件组

也可以使用 Transact-SQL 语句来实现数据库的备份，下面列出一些常用的备份语句（详细的语法格式请参阅相关资料）：

```
//完整备份，覆盖备份集
BACKUP DATABASE testdb TO DISK='D:\Backup\testdb20140112.bak'WITH INIT
//完整备份至备份设备，默认追加至备份集
BACKUP DATABASE testdb TO testdb_e

//差异备份，默认追加至备份集
BACKUP DATABASE testdb TO DISK='D:\Backup\testdb20140112_Diff.bak'
    WITH DIFFERENTIAL
//日志备份，默认截断日志
BACKUP LOG testdb TO DISK='D:\Backup\testdb20140112_Log.bak'
//日志备份到备份设备，不截断日志，允许在数据库损坏时备份日志
BACKUP LOG testdb TO testdb_log_e WITH NO_TRUNCATE
```

```
//文件备份
EXEC SP_HELPDB testdb          //查看数据文件
BACKUP DATABASE testdb FILE='testdb_1'TO DISK='D:\Backup\TESTDB_1_0112.bak'

//文件组备份
EXEC SP_HELPDB testdb          //查看数据文件
BACKUP DATABASE testdb FILEGROUP='Primary'
    TO DISK='D:\Backup\testdb_FG_0112.bak'WITH INIT

//镜像备份到本地和远程，第一次做镜像备份时格式化目标
BACKUP DATABASE tempdb TO DISK='D:\Backup\20140112.bak'
    MIRROR TO DISK='\\192.168.1.200\Backup\20140112.bak'WITH FORMAT
//备份时设置密码保护
BACKUP DATABASE testdb TO testdb_e WITH PASSWORD='123456'
```

4）还原数据库

在执行数据库还原操作时，SQL Server 2005 提供了 3 种恢复模型，具体如下。

- 简单恢复：允许将数据库恢复到最新的备份。
- 完全恢复：允许将数据库恢复到故障点状态。
- 大容量日志记录恢复：允许大容量日志记录操作。

根据正在执行的操作，可以有多个适合的模型。在选择恢复模型之后，设计所需的备份和恢复过程。3 种恢复模型的对比如表 6-2 所示。

表 6-2　3 种恢复模型的对比

恢复模型	优点	工作损失表现	能否恢复到即时点
简单恢复	允许高性能大容量复制操作，收回日志空间以使空间要求最小	必须重做自最新的数据库完整备份或差异备份后所发生的更改	可以恢复到任何一次备份的结尾处，随后必须重做之后的更改
完全恢复	数据文件丢失或损坏不会导致工作损失，可以恢复到任意即时点（如应用程序或用户错误之前）	在正常情况下没有。如果日志损坏，就必须重做自最新的日志备份后所发生的更改	可以恢复到任何即时点
大容量日志记录恢复	允许高性能大容量复制操作，大容量操作使用最少的日志空间	如果日志损坏，或者自最新的日志备份后发生了大容量操作，就必须重做自上次备份后所做的更改，否则不丢失任何工作	可以恢复到任何备份的结尾处，随后必须重做更改

简单恢复模型所需的管理最少，也是普通的数据库还原方式。在简单恢复模型中，数据只能恢复到最新的完整数据库备份或差异备份的状态，不使用事务日志备份，而使用最小事务日志空间。一旦不再需要日志空间从服务器故障中恢复，日志空间便可重新使用。与完全恢复模型或大容量日志记录恢复模型相比，简单恢复模型更容易管理，但如果数据文件损坏，那么数据损失表现会更高。

完全恢复模型和大容量日志记录恢复模型为数据提供了最大的保护性。这些模型依靠事务日志提供完全的可恢复性，并防止最大范围的故障情形所造成的工作损失，因此，恢复的前提是必须做好日志备份。完全恢复模型提供最大的灵活性，可以将数据库恢复到更早的即时点。

大容量日志记录恢复模型为某些大规模操作（如创建索引或大容量复制）提供了更高的性能和更低的日志空间损耗，这将牺牲即时点恢复的某些灵活性。很多数据库都要经历大容量装载或索引创建的阶段，因此，可能希望在大容量日志记录恢复模型和完全恢复模型之间进行切换。

使用简单恢复模型还原数据库的操作很简单，在“还原数据库”窗口中选择要还原的备份集即可。可以一次从一个备份集中选择完整备份和差异备份执行还原操作，也可以依次从多个备份集中选择备份数据恢复。如果还原的是源选择数据库，那么数据库系统会自动从当初备份该数据库的信息中搜寻源备份信息。另外，也可以选择备份设备中的数据源，备份设备专门用于备份数据库的文件，先在 SQL Server 2005 的“服务器对象”的“备份设备”中创建，再用它来备份和恢复数据库。

在选择好要恢复的数据库之后，其他的参数一般保留默认值，以还原到最近的备份时间点，如图 6-14 所示。

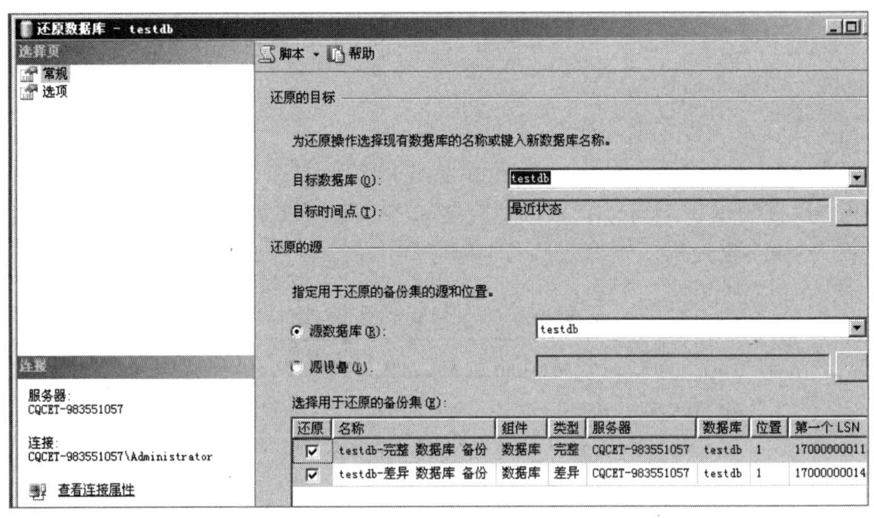

图 6-14　还原数据库

也可以使用 Transact-SQL 语句来还原数据库，具体如下：

```
//查看目标备份的备份集中的文件信息
RESTORE FILELISTONLY FROM DISK='D:\Backup\testdb20140112.bak'
//恢复数据库文件，但还需恢复日志
RESTORE DATABASE FROM testdb_e WITH NORECOVERY
//恢复日志文件，恢复后数据库即可使用
RESTORE LOG FROM testdb_log_e
```

6.3　数据库故障的修复

6.3.1　数据库常见故障现象

计算机系统在运行过程中可能会出现各种意外，如突然断电、系统崩溃、存储介质损坏等，从而引起数据库损坏。数据库一旦受损，DBMS 就无法打开它，不但正常的事务无法开展，而且以前数据库中存储的数据也无法访问，这是非常糟糕的事情。当 DBMS 检测到数据库有问题时可能会有如下状况。

（1）在 SQL Server 企业管理器中显示数据库处于置疑（suspect）状态，即在数据库名旁边加上黄色的叹号。

（2）事务日志文件中可能会出现如下错误信息：

```
    "Could not redo log record(21737:686:9), for transaction ID(0:2334886), on page (1:37527), database 'testdb' (database ID 15). Page: LSN = (21735:299:5), type = 2. Log: OpCode = 3, context 19, PrevPageLSN: (21737:615:1). Restore from a backup of the database, or repair the database."
```

（3）无法分离数据库。

（4）用 CREATE DATABASE DBName ON (FILENAME=N'DBFile') FOR ATTACH_REBUILD_LOG 语句附加数据库时出现如下提示：

```
    The log cannot be rebuilt because the database was not cleanly shut down."
```

（5）打开数据库时提示："由于文件不可访问，或者内存或磁盘空间不足，因此无法打开数据库 '***'。有关详细信息，请参阅 SQL Server 错误日志。"

（6）系统提示"对象 ID O_ID，索引 ID I_ID，分区 ID PN_ID，分配单元 ID A_ID (类型为 TYPE) 中 IAM 页 P_ID2 的下一个指针指向了 IAM 页 P_ID1，但在扫描过程中检测不到页 P_ID1。"等。

在通常情况下，可以备份数据库以防不测，但也可能出现忘记做备份，或者备份信息丢失等情况，在万不得已的情况下，必须采取适当的措施修复数据库故障，以最大限度地挽回数据。

6.3.2 数据库故障的解决思路

当发现数据库出现故障时应根据情况制定一套合适的解决方案，大致思路如下。

1. 分解问题

故障排除最重要的部分是分解问题，也就是找出出现故障的原因，确定故障是网络问题、I/O 问题还是数据库自身的问题。如果远程执行查询有问题但本地查询没有问题，就说明问题有可能是网络方面的，但反过来，如果在本地查询出现问题，并不能说明网络就一定没有问题。另外，可以通过检查磁盘故障来判断 I/O 和存储系统方面是否存在异常。如果已检查上述几方面并且未发现异常，在 SQL Scrver 2005 中其他的数据库使用均正常，只有某个或某几个数据库访问有故障，就可以把焦点放到出现故障的数据库上，进一步分析是数据库的数据文件有故障还是日志文件有故障。

2. 分析错误日志

所有的关系型数据库都有一个日志文件，当数据库出现故障时，对日志文件进行分析是追踪错误的基本步骤之一。SQL Server 2005 自身也记录了错误日志，为了查看错误日志，必须先找到它，对于 SQL Server，错误日志位于：

```
    C:\%Program Files%\Microsoft SQL Server\MSSQL.1\MSSQL\LOG
```

该目录下一般存在多个错误日志文件（ERRORLOG），用来记录 SQL Server 的运行信息，如图 6-15 所示。

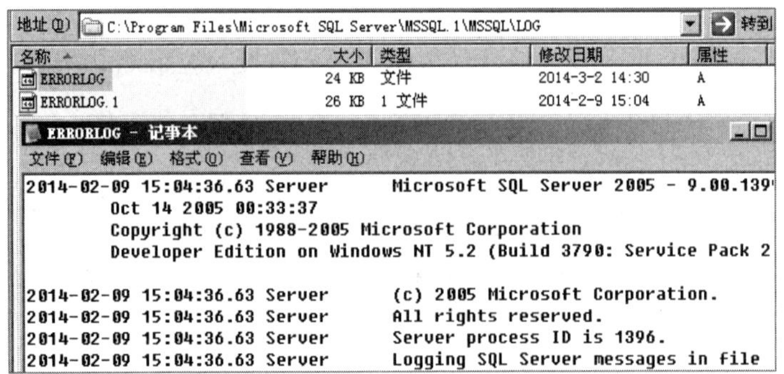

图 6-15　SQL Server 的运行信息

3. 确认问题

进行相关的测试。进行这些测试纯粹是为了确定问题的根源，这经常和分解问题有关。例如，去掉某些不必要的功能和组件，重建一个用于测试的数据库以重现故障，关闭其他的应用程序（如杀毒软件和监控软件），以确保数据库系统运行的安全性和兼容性等。从测试中关闭网络不会改善性能，虽然网络是功能必需的，但是可以帮助指出问题的原因所在；关闭服务器上的杀毒软件，因为数据库出现的问题可能与该软件有关。

4. 搜索相关知识

通过详尽的故障排除过程发现问题的根源后，仍然有可能找不到问题的解决办法，这就需要借助网络上的丰富资源学习新的知识和方法技巧。

5. 备份数据

在做任何恢复数据库的尝试之前必须先做好备份（起码保护好现场）。如果是存储介质存在故障导致数据库损坏，那么建议将数据库系统中所有的数据库都及时进行备份；如果是某个数据库文件有错误，那么停止数据库系统的服务，并且备份该数据库的数据文件和日志文件。

6. 制定测试解决方案

找到故障原因后，如果有可能，就应该尽量在模拟环境中进行测试，检测解决方案的正确性。

6.3.3　数据库检修方法

1. DBCC 指令

在 SQL Server 中，专门提供了一条 Transact-SQL 语句 DBCC 来执行数据库的控制台操作。如果在 SQL Server 日志中发现数据库页文件损坏或有校验错误，就可以使用 DBCC 指令修复。DBCC 指令后面可以跟很多参数，以组成执行不同功能的语句，这些语句大致被分为维护语句、杂项语句、状态语句和验证语句。

1）维护语句

维护语句用来实现对数据库、索引或文件组的日常维护，具体包括如下几点。

- DBCC DBREINDEX：对指定数据库中的表重新生成一个或多个索引。
- DBCC DBREPAIR：删除损坏的数据库。
- DBCC INDEXDEFRAG：指定表或视图的索引碎片整理。
- DBCC SHRINKDATABASE：收缩指定数据库的数据文件大小。
- DBCC SHRINKFILE：收缩相关数据库的指定数据文件或日志文件大小。
- DBCC UPDATEUSAGE：报告目录视图中的页数和行数错误并进行更正。这些错误可能导致 sp_spaceused 系统存储过程返回不正确的空间使用报告。在 SQL Server 2005 中，这些值始终得到正常维护，但如果是升级到 SQL Server 2005，就可能包含无效的计数。建议在升级到 SQL Server 2005 之后立即运行 DBCC UPDATEUSAGE 语句，以便更正所有的无效计数。

2）杂项语句

杂项语句用于执行诸如启用行级锁定或从内存中删除动态连接库（Dynamic Linked Library，DLL）等杂项任务。

- DBCC dllname (FREE)：从内存中上载指定的扩展存储过程 DLL。
- DBCC HELP：返回指定的 DBCC 指令的语法信息。
- DBCC PINTABLE：标记要驻留在内存中的表，表示 SQL Server 数据库引擎不刷新内存中指定的表的页。
- DBCC ROWLOCK：在 SQL Server 中默认启用行级锁定。SQL Server 的锁定策略为行锁定，并且可能提升为页锁定或表锁定。DBCC ROWLOCK 不改变 SQL Server 的锁定行为（无效），在 SQL Server 2005 中包含它只是为了向前与现有的脚本和过程兼容。
- DBCC TRACEOFF：禁用指定的跟踪标记。
- DBCC TRACEON：启用指定的跟踪标记。
- DBCC UNPINTABLE：此功能的引入是为了改善 SQL Server 6.5 的性能。DBCC UNPINTABLE 有很多副作用，其中包括可能损坏缓冲池。现在不需要 DBCC UNPINTABLE，并且为了防止出现其他问题，已将其删除。虽然此命令的语法仍然有效，但不会影响服务器。

3）状态语句

状态语句用来执行对 DBMS 的状态检查。

- DBCC OPENTRAN：如果在指定数据库中存在最早的活动事务和最早的分布式与非分布式复制事务，就显示与之有关的信息。仅当存在活动事务或数据库中包含复制信息时，才显示结果。如果没有活动事务，就显示提示信息。
- DBCC OUTPUTBUFFER：以十六进制形式和 ASCII 格式返回指定 session_id 的当前输出缓冲区。
- DBCC PROCCACHE：以表格形式显示有关过程缓存的信息。
- DBCC SHOWCONTIG：显示指定表中的数据和索引的碎片信息。
- DBCC SHOW_STATISTICS：显示指定表中的指定目标的当前分发统计信息。
- DBCC SQLPERF：提供有关如何在所有数据库中使用事务日志空间的统计信息。

- DBCC TRACESTATUS：显示跟踪标志的状态。
- DBCC USEROPTIONS：返回当前连接的活动（设置）的 SET 选项。

4）验证语句

验证语句用来对数据库、表、索引、目录、文件组、系统表或数据库页的分配进行验证。

- DBCC CHECKALLOC：检查指定数据库的磁盘空间分配结构的一致性。
- DBCC CHECKCATALOG：检查指定数据库中目录的一致性（数据库必须联机）。
- DBCC CHECKCONSTRAINTS：检查当前数据库中指定表上的指定约束或所有约束的完整性。
- DBCC CHECKDB：检查指定数据库中所有对象的分配、结构和逻辑完整性。
- DBCC CHECKFILEGROUP：检查当前数据库中指定文件组内的所有表的分配和结构的完整性。
- DBCC CHECKIDENT：检查指定表的当前标识值，如果有必要，就更改标识值。
- DBCC CHECKTABLE：检查组成表或索引视图的所有页和结构的完整性。
- DBCC NEWALLOC：检查数据库的扩展结构内的每个表的数据和索引页的分配。DBCC NEWALLOC 等同于 DBCC CHECKALLOC，包含在 SQL Server 2005 中只是为了向前兼容。建议使用 DBCC CHECKALLOC 对指定数据库中所有页的分配与使用进行检查。

2. 检测并修复数据库

1）检测数据库

可以使用 DBCC CHECKDB 语句对数据库中各个对象的分配及结构的正确性进行检测，并且可以通过参数控制将所有的错误信息显示出来。例如，使用 DBCC CHECKDB (testdb)语句可以检测 testdb 数据库，操作结果如图 6-16 所示。

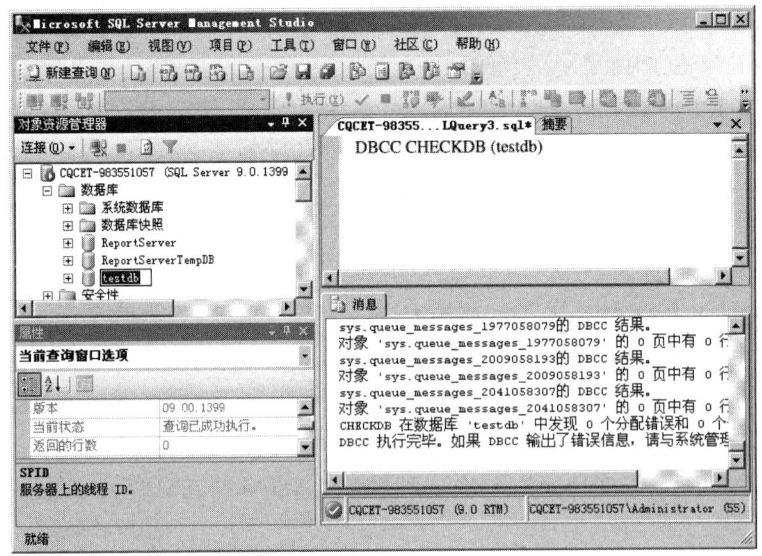

图 6-16 使用 DBCC 指令检测数据库

这是一条最精简的语句，只需给出数据库名称，DBCC CHECKDB 就会自动分析该数据库，并列出已发现的错误信息。DBCC CHECKDB 语句的参数很多，可以起到修复数据库的作用：

```
//查看目标备份的备份集中的文件信息
DBCC CHECKDB database_name
    [ , NOINDEX
          | { REPAIR_ALLOW_DATA_LOSS
              | REPAIR_FAST
              | REPAIR_REBUILD }
    ]
    [ WITH { [ ALL_ERRORMSGS ]
              [ , [ NO_INFOMSGS ] ]
              [ , [ TABLOCK ] ]
              [ , [ ESTIMATEONLY ] ]
              [ , { PHYSICAL_ONLY | DATA_PURITY} ] }
    ]
```

下面对各参数进行解释。

- database_name：指定要检查的数据库，如果未指定或指定值为 0，那么使用当前数据库。
- NOINDEX：指定不检查用户表的非聚集索引。对用户表的非聚集索引执行检查会占用很大的系统开销，NOINDEX 不影响系统表，因为总是对系统表索引执行完整性检查。
- REPAIR_ALLOW_DATA_LOSS | REPAIR_FAST | REPAIR_REBUILD：指定 DBCC CHECKDB 语句修复发现的错误。目标数据库必须在单用户模式下才能使用修复选项。DBCC 修复项的取值如表 6-3 所示。

表 6-3　DBCC 修复项的取值

值	描述
REPAIR_FAST	执行小的、不耗时的修复操作，修复可以很快完成，不会有丢失记录的风险
REPAIR_REBUILD	执行由 REPAIR_FAST 完成的所有修复，包括需要较长时间的修复（如重建索引），执行这些修复时不会有丢失数据的风险
REPAIR_ALLOW_DATA_LOSS	执行由 REPAIR_REBUILD 完成的所有修复，包括对行和页进行分配及取消分配，以改正分配错误、结构行或页的错误，以及删除已损坏的文本对象。这些修复可能会导致一些记录丢失

提示：

仅将 REPAIR 选项作为最后的手段使用。若要修复错误，则建议通过备份进行还原。修复操作不会考虑表本身或表之间可能存在的任何约束。如果指定的表与一个或多个约束有关，那么建议在修复操作后运行 DBCC CHECKCONSTRAINTS。如果必须使用 REPAIR 选项，那么运行不带修复选项的 DBCC CHECKDB 来查找要使用的修复级别。如果使用 REPAIR_ALLOW_DATA_LOSS 级别，那么建议在运行带有此选项的 DBCC CHECKDB 之前备份数据库。

- WITH：指定有关下列内容的选项，返回错误信息的数量、获得的锁或估计的 tempdb 要求。
  - ALL_ERRORMSGS：显示每个对象不受限制的错误数。如果没有指定 ALL_ERRORMSGS，那么每个对象至多显示 200 条错误信息。
  - NO_INFOMSGS：禁止显示所有信息性消息（严重级别 10）和关于所用空间的报告。

- TABLOCK：导致 DBCC CHECKDB 获得共享表锁。TABLOCK 可以使 DBCC CHECKDB 在负荷较重的数据库上运行得更快，但 DBCC CHECKDB 运行时会减小数据库上可获得的并发性。
- ESTIMATEONLY：显示估计的 tempdb 空间的大小，要运行带有所有其他指定选项的 DBCC CHECKDB 需要该空间。该选项不执行实际数据库检查。
- PHYSICAL_ONLY：仅限于检查页和记录标题物理结构的完整性，以及页对象 ID 和索引 ID 与分配结构之间的一致性。该检查旨在以较低的开销检查数据库的物理一致性，同时检测会危及用户数据安全的残缺页和常见的硬件故障。PHYSICAL_ONLY 始终意味着 NO_INFOMSGS，并且不能与任何修复选项一起使用。

DBCC CHECKDB 是占用大量 CPU 和磁盘的操作，每个需要检查的数据页都必须首先从磁盘读入内存。另外，DBCC CHECKDB 使用 tempdb 排序。如果在 DBCC CHECKDB 运行时动态执行事务，那么事务日志会继续增长，因为 DBCC 指令在完成日志的读取之前阻塞日志截断。建议在服务器负荷较小的时候运行 DBCC CHECKDB。如果在负荷高峰期运行 DBCC CHECKDB，那么事务吞吐量性能和 DBCC CHECKDB 完成时间性能都会受到影响。下面给出运行 DBCC CHECKDB 的一些建议。

- 尽量在系统使用率较低时运行 DBCC CHECKDB，最好断开数据库的连接。
- 确保未同时执行其他磁盘 I/O 操作，如磁盘备份。
- 将 tempdb 放到单独的磁盘系统或快速磁盘子系统中。
- 允许 tempdb 在驱动器上有足够的扩展空间，使用带有 ESTIMATEONLY 的 DBCC 指令估计 tempdb 所需的空间。
- 在 DBCC 指令运行时减少活动事务，避免运行占用大量 CPU 的查询或批处理作业。
- 使用 NO_INFOMSGS 选项显著减少 CPU 处理时间和 tempdb 的使用。
- 考虑使用带有 PHYSICAL_ONLY 选项的 DBCC CHECKDB 来检查页和记录首部的物理结构。当硬件导致的错误被质疑时，这个操作将执行快速检查。

2）修复数据库

如果遇到突然断电并且重启服务器，在没有进行任何操作的情况下，在 SQL 查询分析器中执行以下 SQL 语句进行数据库修复，那么修复的是一致性错误与分配错误，如在日志中发现的页损坏或校验错误：

```
USE master
DECLARE @databasename VARCHAR(255)
SET @databasename='testdb'                                  //需要修复的数据库实体的名称
EXEC SP_DBOPTION @databasename, N'single', N'true'          //将目标数据库置为单用户状态
DBCC CHECKDB (@databasename,REPAIR_ALLOW_DATA_LOSS)
DBCC CHECKDB (@databasename,REPAIR_REBUILD)
EXEC SP_DBOPTION @databasename, N'single', N'false'
//将目标数据库置为多用户状态，并执行 DBCC  CHECKDB  ('需要修复的数据库实体的名称')语句检查数据库是否仍然存在错误。需要注意的是，修复后可能会造成部分数据的丢失
```

如果 DBCC CHECKDB 检查仍旧存在错误，那么还可以使用 DBCC CHECKTABLE 来修复，具体的操作语句同上述 DBCC CHECKDB 的相同，只要将“CHECKDB”改为“CHECKTABLE”即可。

任务实施

6.4　任务 1　修复 SQL Server 数据库

6.4.1　数据文件损坏的恢复

1. 任务描述与分析

某数据库系统在运行时由于突然断电，在重启之后发现业务数据库不可用，经检查发现磁盘出现坏道，导致数据文件发生损坏。

要恢复数据文件损坏的故障必须得有备份。管理员一般会对数据库进行备份，但备份操作是有时间间隔的，如果在最后一次日志备份之后又做了大量的数据操作，而这些记录数据是没有进行备份的，就会丢失。

在恢复之前需要先了解备份策略，数据库的备份是这样的：星期日凌晨 2:00 执行数据库完整备份，星期一、星期二、星期三、星期四、星期五、星期六凌晨 2:00 执行数据库差异备份，其余时间则每隔半小时做日志备份截断事务日志，每个星期的第一天都单独保留相应的备份。从原则上说，可以将数据库恢复到最后一次的日志备份，但最后一次日志备份后距出现故障将近 20 分钟，数据库在此期间又做了大量操作，因此会出现数据丢失的情况。

下面采取数据库修复措施将数据库状态恢复到离故障最近的时间点，最大限度地挽回数据损失。为了避免因为操作失误或其他原因导致恢复出现错误，应当先在其他的计算机上模拟恢复过程，确认正确后再执行恢复操作。

2. 操作方法与步骤

1）建立测试数据库

（1）运行 SQL Server 2005 企业管理器。

（2）登录数据库系统，右击“数据库”，在弹出的快捷菜单中选择“新建数据库”命令。

（3）在“新建数据库”窗口的“数据库名称”文本框中输入“OA”，保持所有其他数据库的默认值不变，单击“确定”按钮，这样便创建了一个测试数据库，如图 6-17 所示。

2）建立备份设备

（1）在打开的数据库管理工具中找到“服务器对象”，右击“备份设备”，在弹出的快捷菜单中选择“新建存储设备”命令。

（2）在“备份设备”窗口的“设备名称”文本框中输入“compbf.bak”，并设置设备路径为“C:\SQL_Backups\compbf.bak”，如图 6-18 所示，单击“确定”按钮。

（3）依次建立 5 个存储设备 compbf、diffbf、logbf1、logbf2 和 logbf3，分别用来保存完整备份、差异备份、第一次日志备份、第二次日志备份和尾日志备份。

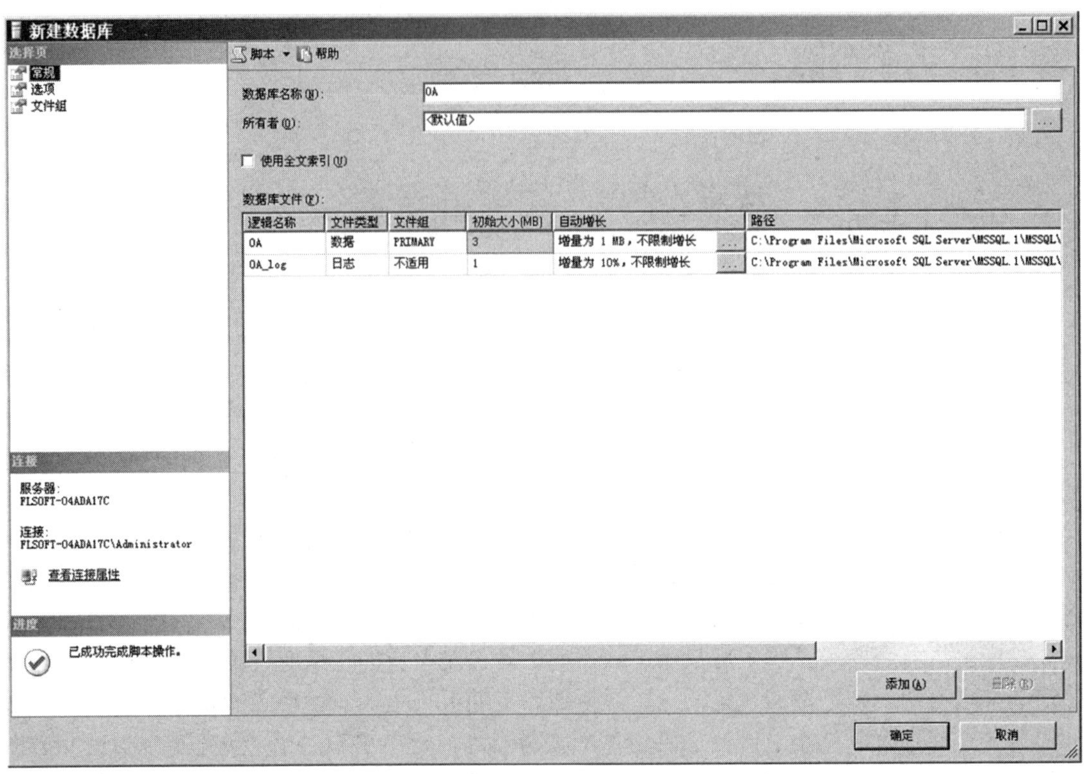

图 6-17 创建测试数据库

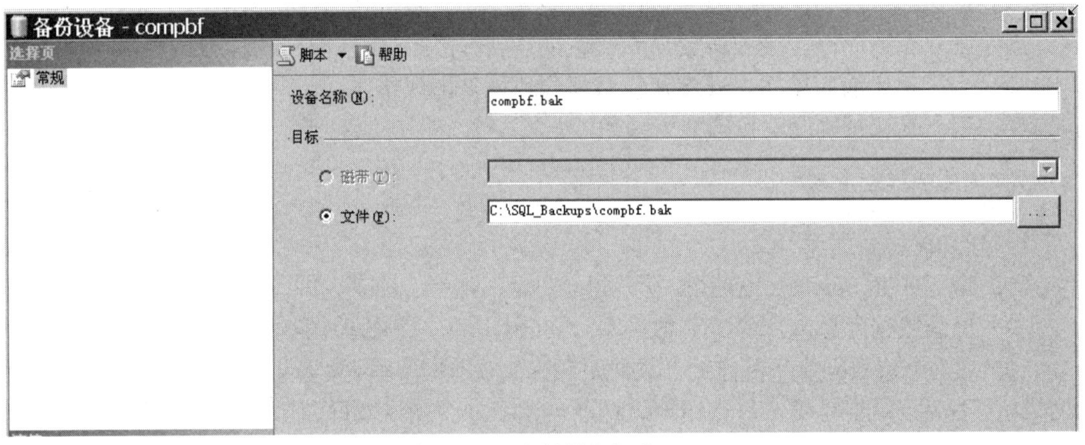

图 6-18 “备份设备”窗口

注意：

如果要使用 Transact-SQL 语句完成上面的操作，那么使用下面的命令：

```
EXEC SP_ADDUMPDEVICE'disk','compbf','C:\SQL_Backups\compbf.bak'
EXEC SP_ADDUMPDEVICE'disk','diffbf','C:\SQL_Backups\diffbf.bak'
EXEC SP_ADDUMPDEVICE'disk','log1','C:\SQL_Backups\log1.bak'
EXEC SP_ADDUMPDEVICE'disk','log2','C:\SQL_Backups\log2.bak'
EXEC SP_ADDUMPDEVICE'disk','log3','C:\SQL_Backups\log3.bak'
```

3）建立备份

（1）单击“新建查询”按钮 新建查询(N)，打开“查询”对话框，使用下面的语句在新建的数据库中创建一个名称为“部门表”的表，并新增一条记录：

```
USE OA
GO
CREATE TABLE 部门表 (编号 char(10) not null,名称 varchar(30) not null,备注 varchar(40) null)
INSERT INTO 部门表 values('01','计算机系','完整备份')
GO
```

（2）建立 OA 数据库的完整备份：右击要备份的数据库名称，在弹出的快捷菜单中选择“任务”→“备份”命令，打开“备份数据库-OA”窗口，如图 6-19 所示。

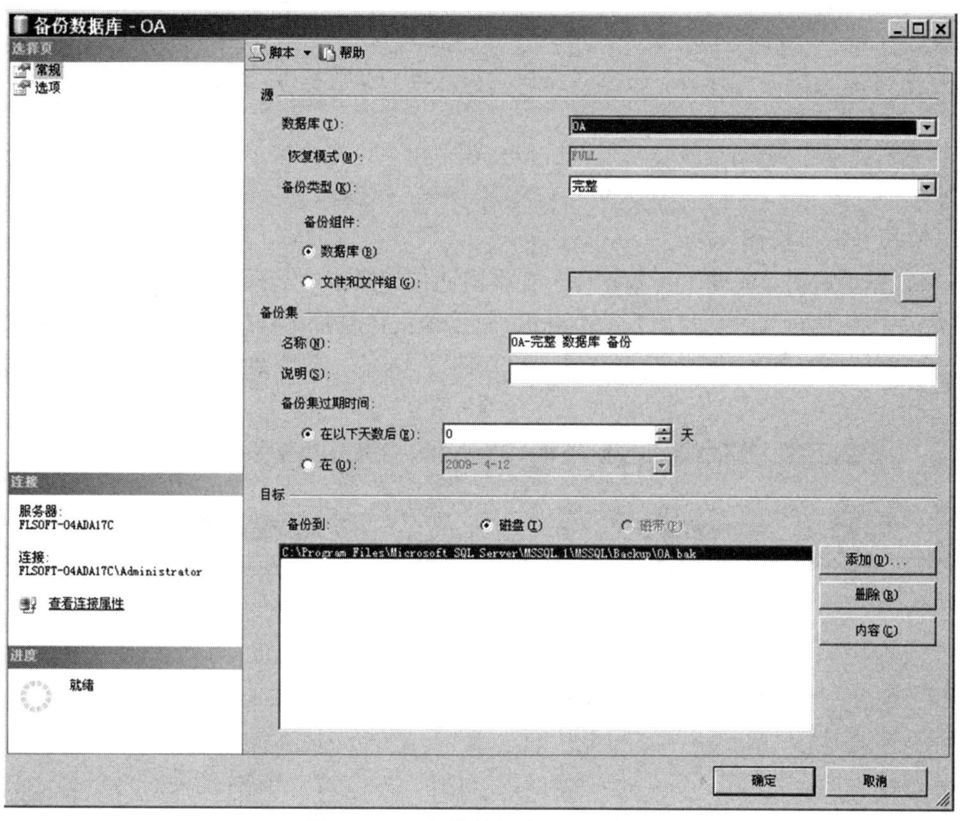

图 6-19　“备份数据库-OA”窗口

（3）先单击“删除”按钮，再单击“添加”按钮，打开“选择备份目标”对话框，并在这个对话框中修改磁盘上的目标，选中“备份设备”单选按钮，并设置为“compbf”，单击“确定”按钮即可开始备份，如图 6-20 所示。

（4）下面对 OA 数据库中的“部门表”进行第一次更改：

```
INSERT INTO 部门表 values ('02','软件系','差异备份')
```

（5）开始做差异备份：右击要备份的数据库名称，在弹出的快捷菜单中选择“任务”→“备份”命令，打开“备份数据库”窗口，将“备份类型”设置为“差异”，并且将“备份设备”设置为“diffbf”。

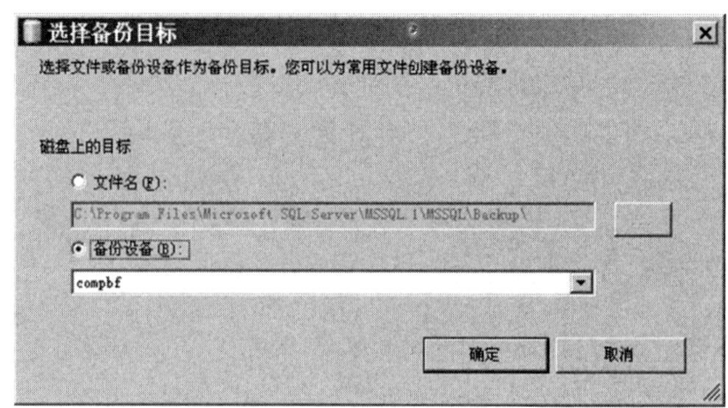

图 6-20　“选择备份目标”对话框

（6）对 OA 数据库中的“部门表”进行第二次更改：

```
INSERT INTO 部门表 values ('03','电子系','第一次日志备份')
```

（7）对 OA 数据库进行事务日志备份，同样选择 OA 数据库，“备份类型”设置为“事务日志”，“备份设备”设置为“log1”。

（8）对 OA 数据库中的“部门表”进行第三次更改（这次更改后没有进行数据库备份）：

```
INSERT INTO 部门表 values ('05','建筑系','尾部日志备份')
```

4）模拟数据库损坏

先将数据库脱机，右击 OA 数据库，在弹出的快捷菜单中选择“任务”→“脱机”命令，找到数据库中的数据文件，也就是 OA.mdf，将这个文件删除。将数据库联机，右击 OA 数据库，在弹出的快捷菜单中选择“任务”→“联机”命令，发现数据库连接不上，如图 6-21 所示。

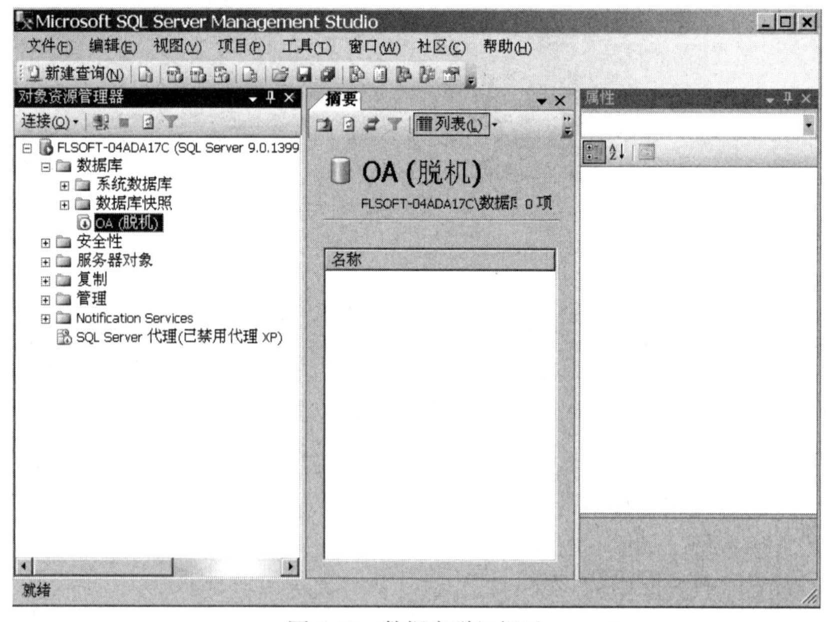

图 6-21　数据库脱机提示

5）恢复数据库

（1）要还原 OA 数据库在数据文件损坏前的所有数据，需要先备份一次事务日志，并且要在选项中设定“备份到日志尾部”。这次不在 OA 数据库上进行备份，而是在 master 数据库上备份之后，在“备份数据库-OA”窗口中将“数据库”设置为“OA”，“备份类型”设置为“事务日志”，备份设备为“log2”，如图 6-22 所示。

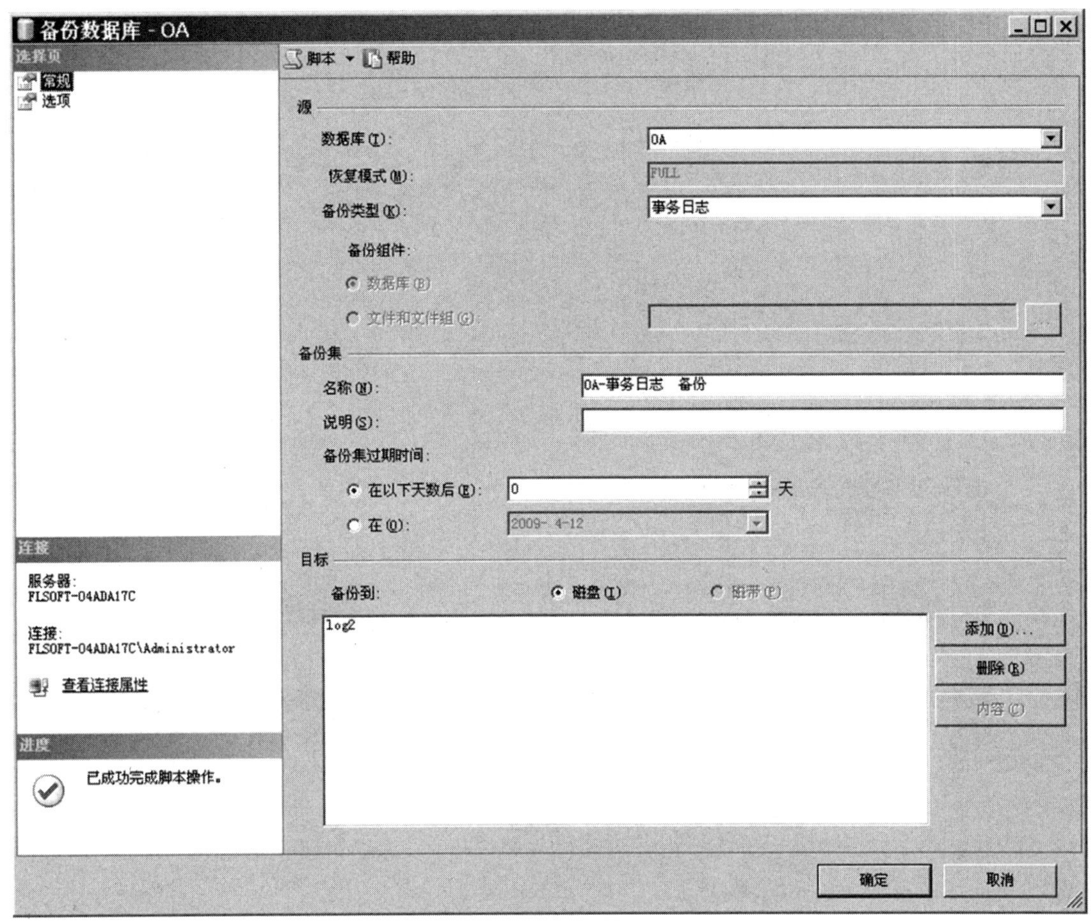

图 6-22　“备份数据库-OA”窗口

（2）选中“选项”标签页，在“事务日志”选项组中选中“备份日志尾部，并使数据库处于还原状态”单选按钮，如图 6-23 所示，单击“确定”按钮完成日志尾部备份。

（3）右击 OA 数据库，在弹出的快捷菜单中选择“所有任务”→“还原”→“数据库文件”命令，打开“还原数据库-OA”窗口，如图 6-24 所示。

（4）此时会显示所有备份文件，直接单击“确定”按钮，显示还原已成功完成的提示信息，如图 6-25 所示。

（5）检查数据库的恢复情况。打开 OA 数据库中的“部门表”，查看恢复到什么程度。结果发现最后修改的数据虽然没有备份，但也恢复成功，这样就可以还原到服务器中的数据文件损坏的前一分钟，如图 6-26 所示。

（6）既然模拟数据库没有问题，就说明虽然数据文件损坏，但只要日志文件没有问题，就能够恢复到最近时刻的数据。其方法如下：首先备份日志尾部，然后还原数据库。至此，损坏的数据库恢复完成，没有发生数据丢失现象。

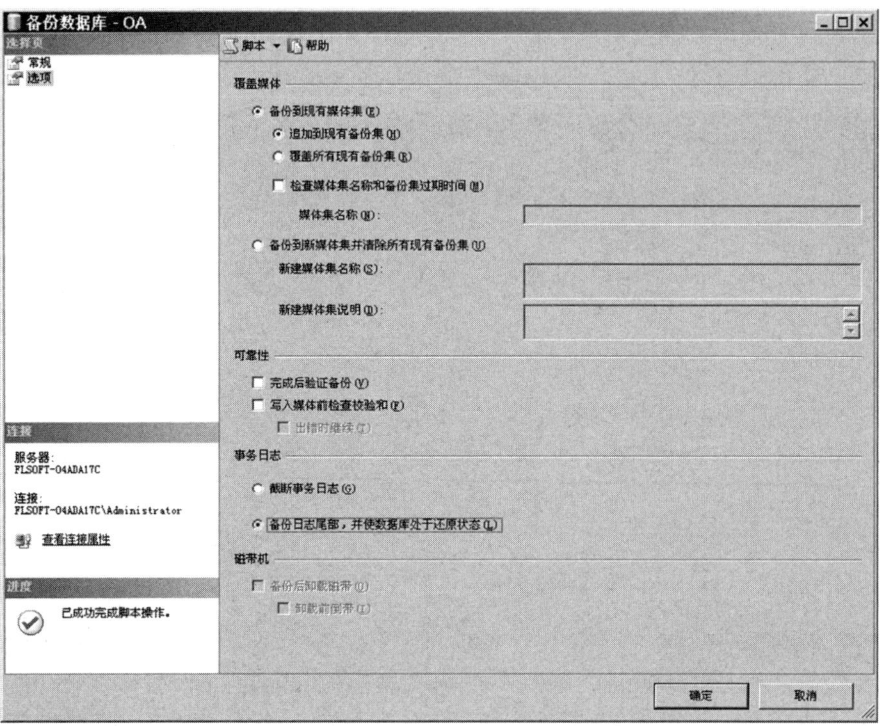

图 6-23　设置备份日志尾部

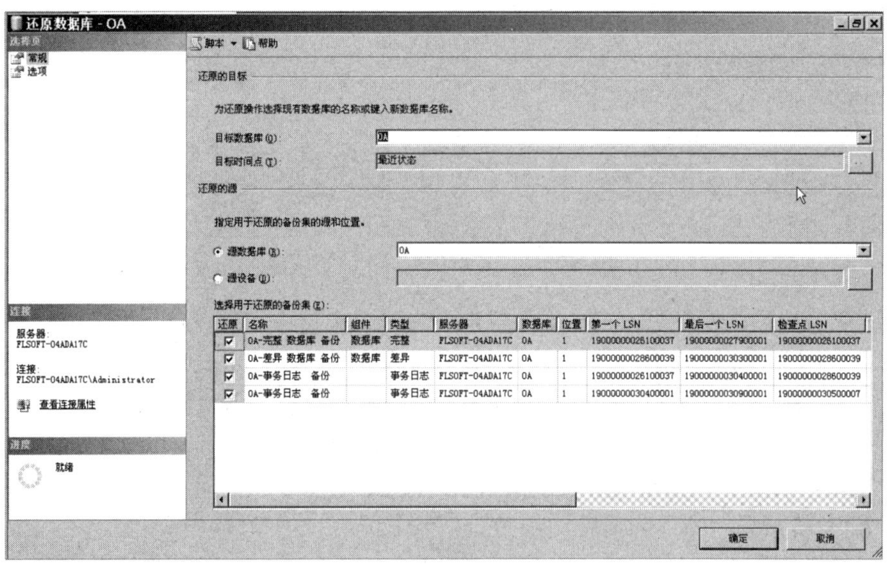

图 6-24　“还原数据库-OA”窗口

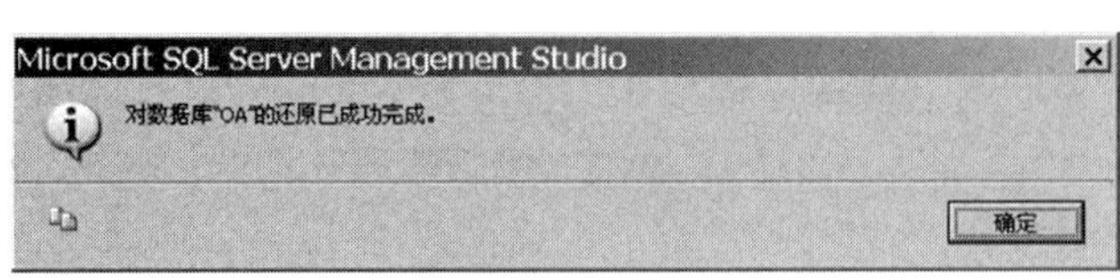

图 6-25　提示信息

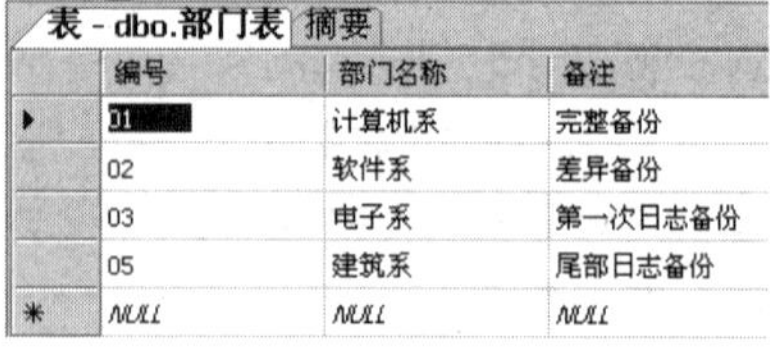
表 - dbo.部门表　摘要

编号	部门名称	备注
01	计算机系	完整备份
02	软件系	差异备份
03	电子系	第一次日志备份
05	建筑系	尾部日志备份
NULL	NULL	NULL

图 6-26　检查恢复结果

6.4.2　日志文件损坏的恢复

1. 任务描述与分析

硬盘故障是数据安全面临的最大的威胁之一，硬盘介质损坏导致的文件数据被破坏是常见的现象。如果数据库的日志文件受到破坏或丢失，就会导致数据库的管理信息无法正常使用，这时仍要想办法将数据库恢复正常，并保存里面的数据。

当日志文件丢失或损坏时，很有可能数据库已彻底遭到毁坏。当 SQL Server 数据库的数据文件出现故障时，都是根据日志文件来恢复的，所以无论如何都要保证日志文件的存在。为了使数据库万无一失，最好采用多种备份方式相结合的方法。在日志文件丢失的情况下恢复数据库就要使用 DBCC 指令，操作起来比较麻烦。

2. 操作方法与步骤

（1）在 SQL Server 管理控制台中停止数据库服务（因为不停止数据库服务，将无法复制数据库中的数据文件和日志文件），如图 6-27 所示。

（2）将需要恢复的数据库文件复制到其他位置。

（3）启动数据库服务。

（4）确认要恢复的数据库文件已经成功复制到其他位置，在 SQL Server 管理控制台中删除要恢复的数据库，如图 6-28 所示。

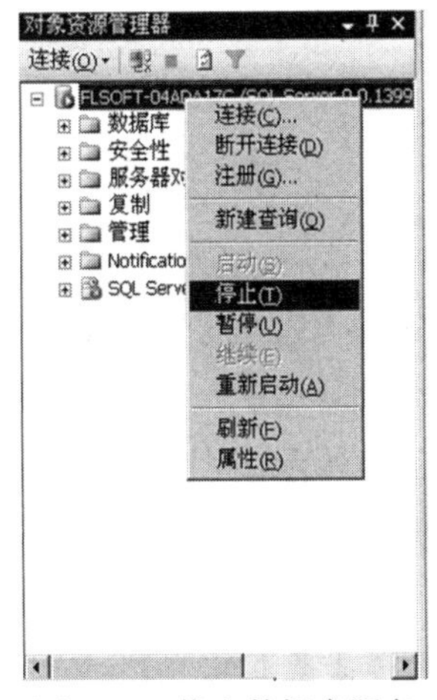

图 6-27　停止数据库服务

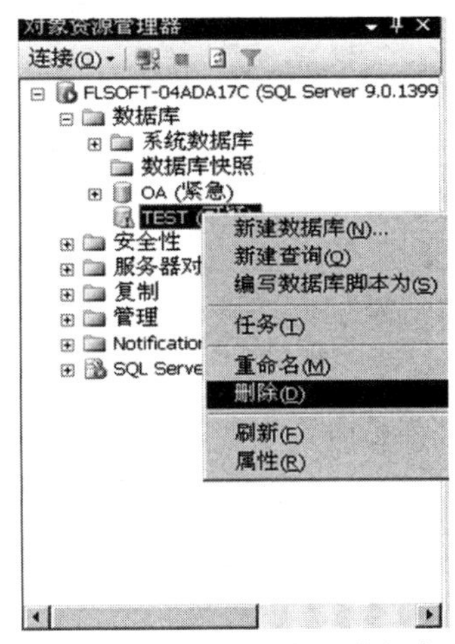

图 6-28　删除要恢复的数据库

（5）新建同名的数据库（数据库文件名也要相同）。

（6）在 SQL Server 管理控制台中停止数据库服务。

（7）用复制的.mdf 文件覆盖新数据库的同名文件。

（8）启动数据库服务。

（9）在 SQL Server 管理控制台中新建查询，并输入如下内容：

```
ALTER DATABASE dbname SET EMERGENCY  //将 dbname 改为实际要处理的数据库名
```

单击“执行”按钮，将数据库设置为紧急模式。

（10）运行下面的命令就可以恢复数据库：

```
USE master
```

```
DECLARE @databasename VARCHAR(255)
SET @databasename='dbname'                //将dbname修改为需要修复的数据库实际的名称
EXEC SP_DBOPTION @databasename, N'single', N'true' //将目标数据库置为单用户状态
DBCC CHECKDB (@databasename,REPAIR_ALLOW_DATA_LOSS)
DBCC CHECKDB (@databasename,REPAIR_REBUILD)
EXEC SP_DBOPTION @databasename, N'single', N'false'
//将目标数据库置为多用户状态
```

（11）检查数据库的内容，确定是否恢复完整。如果检查无误，就取消数据库的紧急模式。在 SQL Server 管理控制台中新建查询，并输入如下内容：

```
ALTER DATABASE dbname SET ONLINE        //将dbname修改为数据库实际的名称
```

6.4.3 误删除数据的恢复

1. 任务描述与分析

除了物理故障，人为误操作也是导致数据丢失的原因之一。例如，管理员在管理数据库中的数据时，有可能因为输入错误的 SQL 语句而导致数据记录被误删除，更不幸的是，在执行错误操作后又进行了完整备份，导致原来的数据备份被覆盖，事后才发现但为时已晚。

在这种情况下，只能通过日志来恢复，为了避免操作失误或其他原因导致恢复出现错误，应该先在其他服务器上模拟恢复过程。

2. 操作方法与步骤

（1）创建测试数据库 testdb，使用下列语句创建测试表，并向表中插入两条记录：

```
USE testdb
CREATE TABLE t_test (code char(10), name varchar(40))
INSERT INTO t_test values('01','测试1')
INSERT INTO t_test values('02','测试2')
```

（2）在新建查询中获取服务器当前的时间，如图 6-29 所示。

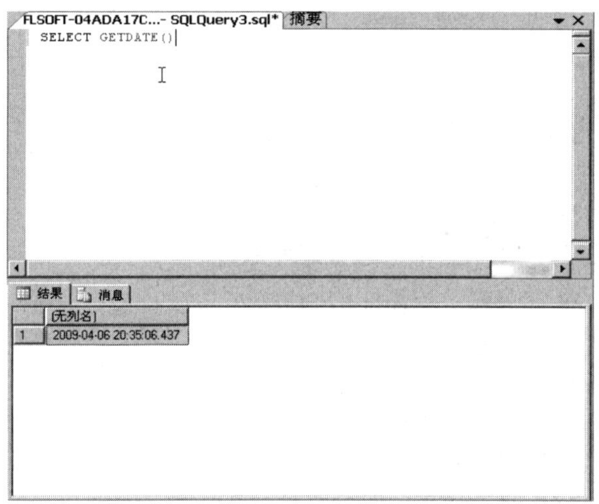

图 6-29　获取服务器当前的时间

（3）等待 3 分钟，在新建查询中执行如下语句删除 t_test 表中的记录：

```
DELETE t_test
```

（4）对 testdb 数据库进行一次完整备份。

（5）此时 testdb 数据库的情况已经与被误删除的数据库的情况一致，现在的任务是恢复刚才删除的记录。对 testdb 数据库进行一次日志备份（使用事务日志才能还原到指定的时间点）。

（6）右击 testdb 数据库，在弹出的快捷菜单中选择“任务”→“还原”→“数据库”命令，单击“目标时间点”文本框后面的按钮，打开“时点还原”窗口，如图 6-30 所示。在该窗口中指定一个要还原到的精确时间，这个精确时间应在插入记录时间点之后，并且在删除数据的时间点之前，此处为 2009 年 4 月 6 日 20:36:00。

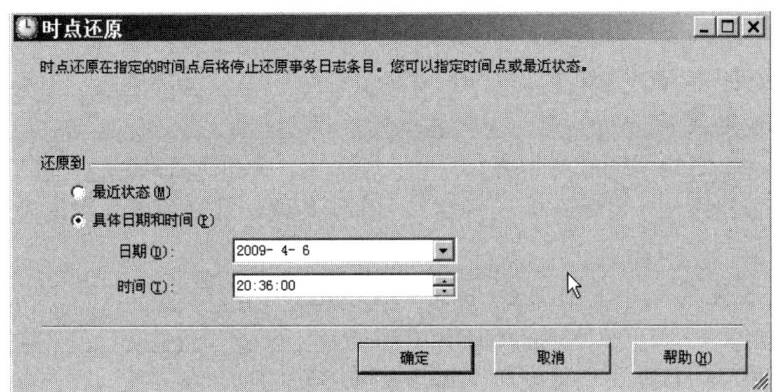

图 6-30　“时点还原”窗口

（7）单击“确定”按钮，将事务日志还原到删除操作之前。

（8）用 SQL 查询语句进行检查，确认删除的表是否已恢复，结果如图 6-31 所示，所有的记录都恢复成功：

```
SELECT * FROM t_test
```

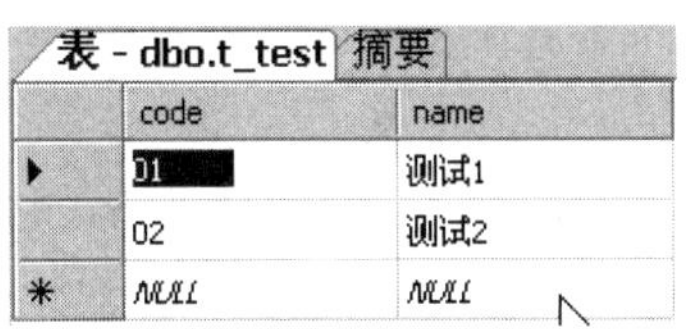

图 6-31　数据恢复成功

通过模拟进行恢复，说明要恢复被误删除的记录，必须先对存在故障的数据库进行一次日志备份，再通过这个日志备份来选择时间点还原。

技能拓展

任务准备

准备一台安装了 Windows Server 2003 操作系统的计算机（也可以是虚拟机），并且安装好 SQL Server 2005，按照下面的要求做好准备工作。

（1）创建两个数据库 DB1 和 DB2，在 DB1 数据库中创建表 TB1，在 DB2 数据库中创建表 TB2（表 TB1 和 TB2 的结构及数据内容均可由读者自行决定）。

（2）对 DB1 数据库做一次完整备份，在表 TB1 中增加几条记录。

（3）删除 DB2 数据库中表 TB2 的数据。

（4）停止数据库服务，删除 DB1 数据库的日志文件，再次启动数据库服务。

任务要求

请分别恢复 DB1 数据库和 DB2 数据库中的数据。

综合训练

一、填空题

1. SQL Server 由两个文件组成，其扩展名分别是________和________。

2. 差异备份是指____。

3. SQL Server 中的系统数据库有________个，其中最重要的是________。

4. 如果将数据库从一台服务器迁移到另一台服务器，那么可以采用________和________方法。

5. Transact-SQL 语句中的 DBCC CHECKALLOC 的作用是______________________________。

6. 修复数据库时常用的 Transact-SQL 语句是____。

7. 如果数据库的数据文件被损坏，那么在恢复数据时应该先________________________。

8. SQL Server 中的备份方式有________、________、________和________4 种。

二、选择题

1. 小王每天 04:00 对 AdventureWorks 数据库执行一次完整备份，每 4 个小时执行一次差异备份，在 12:00 执行的差异备份中包含的数据是（　　）。

A. 自当天 04:00 以来发生变化的数据页

B. 自当天 08:00 以来发生变化的数据页

C. 自昨天 04:00 以来发生变化的数据页

D. 自当天 04:00 备份的完整数据和 12:00 备份的差异数据

2. 小王对 AdventureWorks 数据库执行一次在午夜结束的完整备份，而差异备份自 04:00 开始每 4 个小时执行一次，事务日志备份每 5 分钟执行一次，09:15 执行的事务日志备份包含（　　）信息。

A. 自 9:10 以来发生的所有事务

B. 自 9:10 以来提交的所有事务

C. 自 9:10 以来发生变化的数据页

D. 自 9:10 以来发生变化的存储区

3. 如果小王的 SQL Server 2005 数据库服务器所在的位置发生断电，那么需要检查所有数据库的分配，以及数据库的结构和逻辑完整性，包括它们的系统目录。小王应当（　　）。

A. 每个文件执行 DBCC CHECKFILEGROUP

B. 执行 DBCC CHECKCATALOG

C．执行 DBCC CHECKDB

D．执行 DBCC CHECKTABLE

三、简答题

1．某销售公司的 orderMN 数据库中的数据量大约为 2GB，并且存储在单个数据库文件中。该公司 24 小时接收订单，在通常情况下，每天大约接收 10 000 份订单。请为 orderMN 数据库选择适当的备份计划。

2．某公司的数据库每个星期日的 24:00 进行一次完整备份，每天的 24:00 进行一次差异备份，每小时进行一次日志备份，数据库在 2009 年 3 月 23 日 03:30 崩溃，应如何将其恢复使数据库损失最小？

3．假设某数据库中的表索引被损坏，请使用 DBCC 指令进行修复，并写出完整的命令。

4．简述在进行数据库修复时应该注意的事项。

第7章 硬盘故障维修

素养目标

✧ 具有勇于创新和敢于担当的意识。
✧ 弘扬精益求精的精神。

知识目标

✧ 熟悉硬盘常见的故障与诊断方法。
✧ 熟悉硬盘内部的工作机制。
✧ 熟悉常用的硬盘故障检修工具。

技能目标

✧ 掌握硬盘故障的诊断方法。
✧ 掌握硬盘故障维修的技能。
✧ 掌握故障硬盘数据提取与恢复的技能。

任务引导

硬盘是目前计算机中主要的存储部件，具有设计成熟、容量大、运行稳定、永久保存数据等特点。按照工作原理划分，硬盘分为机械式硬盘和固态硬盘，现在主要使用机械式硬盘。机械式硬盘的盘片上记录了数据信息，由磁头负责这些数据的读/写，而磁头是在主控芯片的控制下工作的。硬盘的工作非常精密，有许多控制磁头工作的模块和参数，各个器件协调运作，哪怕是一个小小的偏差或故障都会导致硬盘失效。如果不能采取适当的方法使硬盘恢复正常，那么数据将永远被封存在这个“铁盒子”中。尽管硬盘制造厂商采取了多种措施来保障数据存储的安全性，但硬盘仍受到来自高温、介质缺陷、电路老化、机械故障等多方面的威胁，因此，当硬盘发生故障后，恢复硬盘中的数据就是一项非常重要的任务。

本章着重讲述硬盘常见的故障与诊断方法、硬盘内部的工作机制及硬盘故障检修工具，并且以案例形式比较详细地展现了硬盘各种故障的检修过程和数据恢复方法。

相关基础

7.1 硬盘维修基础知识

硬盘电路板的组成结构

硬盘电路板供电故障 硬盘电路板的工作流程

7.1.1 硬盘常见的故障与诊断方法

硬盘电路板元件的故障

磁头组件的故障

硬盘盘片的故障

硬盘固件的故障

1. 硬盘常见的故障

一般在用户使用计算机时出现了问题，才会发现硬盘存在故障，如在使用时系统突然“假死”并报错，数据存取错乱，以及无法识别硬盘和无法启动系统等。当硬盘故障不严重时，重新开机又可继续工作，所以用户常忽略此类故障，或者以为是计算机其他部件出现问题，未引起用户重视。等到硬盘故障比较严重，导致用户无法工作时，才发现是硬盘存在故障，此时重要数据往往没有事先导出，因此造成重大损失。如果能及时把握硬盘的运行状况，就能提前保存重要的数据。

硬盘故障总体来说分为以下几类：电路板故障、磁头组件故障、盘片故障、主轴电机故障和固件故障。

1）电路板故障

硬盘电路板上集成了主控芯片、缓存芯片、BIOS Flash、主轴电机、音圈/主轴电机驱动芯片，以及电源接口和数据接口等电子器件，如图 7-1 所示。因为要同主机连接，所以电路板放置在硬盘外部。硬盘内部是一个密封的无尘仓体，磁头和盘片在与外界隔绝的环境下工作，电路板通过金属触点与内部组件连接。电路板故障主要发生在接口电路、主控芯片、电机驱动芯片上。电路板故障通常表现为硬盘不加电，或者硬盘无法识别，如果是缓存存在故障，就会导致硬盘运行速度缓慢，或者工作时信息错乱。

2）磁头组件故障

磁头组件包括磁头、磁头控制芯片、前置信号处理电路、磁臂和音圈电机等。磁头用于读取或写入硬盘数据，并且在工作时利用旋转气流托起悬浮于盘片表面，当硬盘受到剧烈碰撞时易损坏。磁头故障包括磁头磨损、磁头接触面脏、磁头摆臂变形和磁铁移位等，一般表现为通电后磁头动作发出的声音明显不正常、硬盘无法被系统 BIOS 检测到（同时等待时间很长）、无法分区或格式化、格式化后发现从前到后都分布了大量的坏簇等。磁头控制芯片用于控制磁头工作，前置信号处理电路用于信号的解码和传输。磁头组件中包含的器件发生故障时会表现为无法识别硬盘，并且可能伴有异响。

图 7-1　硬盘电路板的主要结构

3）盘片故障

盘片用于存储硬盘数据。盘片故障主要是指盘片被划伤，或者盘片上出现缺陷扇区（俗称坏扇区）。在一般情况下，硬盘的每个扇区可以记录 512 字节的数据，如果其中任何一个字节不正常，那么该扇区属于坏扇区。每个扇区除了记录 512 字节的数据，还记录一些其他信息，如标志信息、校验码和地址信息等，其中任何一部分信息不正常都会导致该扇区成为坏扇区。扇区有轻微缺陷或损伤时可以通过软件按照一定的算法解码纠错，损伤严重时数据不可恢复。

硬盘的盘片出现坏扇区后会有以下一些常规表现。

（1）读取某个文件或运行某款软件时经常出错，或者需要经过很长时间才能操作成功，其间硬盘不断读盘并发出有规律的“咯吱、咯吱”寻道声，由此可以判断出硬盘在不断寻道。这种现象意味着硬盘上载有数据的某些扇区已经损坏。

（2）开机时系统不能通过硬盘引导，而是通过其他介质启动后转到硬盘盘符，但无法继续操作，出现这种情况可能是因为硬盘的引导扇区存在问题。

（3）正常使用计算机时频繁出现蓝屏。

（4）当格式化硬盘时，到某一进度停滞不前，最后报错无法完成。

（5）每次开机引导系统时都会自动运行 Scandisk 扫描硬盘错误。

如果出现上述某种情况，就说明硬盘已经出现坏扇区。

4）主轴电机故障

主轴电机用于带动盘片高速旋转。早期的硬盘采用滚珠轴承电机，易磨损；现在的硬盘均使用液态轴承电机，精度极高，但遭剧烈碰撞后可能会使间隙变大。当主轴电机出现故障时噪声会变大或不平稳，这时由于转速达不到要求，因此硬盘工作效率低，严重时会使硬盘无法进入正常工作状态，也无法被识别。

5）固件故障

顾名思义，固件是固化在硬件中的软件。ROM BIOS 就是固件，其中文全称是存储在只读存储芯片中的基本 I/O 系统。无论何种电气设备，其固件必定是指引导和控制该设备工作的软件系统，并且通常是最低层、最基础的软件。硬盘是一套相对独立的外部设备，使用数据线同主机相连，因此也有固件。

硬盘固件中有许多程序模块和参数，用于控制硬盘的各项工作和记录。如果某些程序模块和参数信息读不出或校验不正常，硬盘就无法进入准备状态。因此，固件的故障点比较多样化，但有一个共同点：硬盘不能正常工作，基本表现就是硬盘不能被 BIOS 识别，或者虽然能识别但无法进行读/写操作。例如：迈拓美钻二代系列硬盘通电后，磁头响一声，电机停转；富士通 MPG 系列硬盘在通电后，磁头正常寻道，但 BIOS 检测不到；西部数据的 EB、BB 系列硬盘虽然能被系统检测到，但不能分区和格式化；希捷酷鱼 7200.11 系列硬盘无法被识别，或者虽然能识别但无法启动。

2. 硬盘故障的诊断方法

应该如何诊断故障呢？硬盘故障一般表现为 3 种情况。

1）硬盘无法识别

如果开机时 BIOS 自检完成后停留在黑屏有故障提示的状态，就说明可能是硬盘无法识别，一般会提示“Disk boot failure, Please insert system disk and press enter.”。当然，假如硬盘的主引导记录被破坏，或者操作系统的引导扇区被破坏也会出现这样的情况，但提示信息有所不同，在这种情况下会提示“Invalid partition table.”、“Error loading operation system.”或“NTLDR is missing.”等。所以需要先进行 BIOS 检查，查看是否识别正确。有时改动 BIOS 中关于硬盘接口的通道设置、PIO 设置、SATA 模式设置等参数也会导致无法正确识别硬盘。

如果 BIOS 检查设置无误，但仍检测不到硬盘，就要用手捏住硬盘，确认电机是否在转动，是否有磁头寻道的震动，同时听工作噪声是否平稳，以此来检测硬盘工作的物理情况。如果感觉不到硬盘在工作，那么先检查电源线是否接好，再仔细观察硬盘电路板，查看是否有烧毁的痕迹（容易烧毁的电子器件有主控芯片、电机驱动芯片及接口电路），如图 7-2 所示。如果感觉到硬盘在平稳地工作，那么不是电源线没有接好，就是硬盘固件已损坏。

图 7-2　烧毁的硬盘主轴电机驱动 IC

2）能识别但不能正常工作

如果能很快检测到硬盘，但显示 ID 信息错乱，或者不能正常工作，那么问题应该出现在硬盘固件或 BIOS 上。如果开机时在 BIOS 自检处要等待较长时间，有时伴有异响，就表示盘片或磁头有损伤。硬盘在自检时需要读取盘片上保存的固件信息和 0 号磁道数据（读取这部分信息遇到问题是很麻烦的，因为这关系到硬盘中的数据是否能顺利恢复）。如果更换磁头之后故障依旧，那么硬盘中的数据就非常危险。

3）系统出现运行速度慢、假死、蓝屏等情况

当遇到这种情况时，用户是不会判断出是硬盘故障的，但专业人员会立即检查硬盘。系统运行速度慢还可能与系统运行的程序有关，但当频繁出现假死现象时，就要关注硬盘指示灯。硬盘指示灯闪烁表明在读/写数据，若长亮则说明在某处读/写遇到困难，这就是很明显的硬盘有坏道的征兆。这时应该用硬盘检测软件进行检查，如果是小块坏扇区，那么能修复就修复，不能修复可以对硬盘重新分区，将坏扇区跳过不分区；如果有大片的缺陷数据块，就要立即将数据迁移出去，除了盘片自身有问题，还可能是磁头出现故障。

不管怎么样，硬盘出现故障，数据都是第一位的。在硬盘的各种故障中，固件故障的危险性最高，因为硬盘固件不仅决定了硬盘的工作状况，还决定了硬盘中数据的组织，而它对使用者来说完全是隔绝的。

7.1.2 硬盘固件

1. 硬盘固件的结构

硬盘就是一个自治体，就像一台计算机，除了各板卡器件合起来构成硬件环境，还需要安装软件才能运行，在硬盘中，这套软件被称为固件（Firmware）。固件就好比计算机中安装的操作系统和软件。早期的硬盘固件的功能很少，集中放在 BIOS ROM 芯片中。后来硬盘固件的体积越来越庞大，因此分离到盘片上一部分，再到后来就全部放到盘片上，硬盘电路板上的 BIOS ROM 芯片也被省略（BIOS 部分被集成到主控芯片中）。所以，现在的硬盘固件其实不应当叫固件，称为硬盘微系统更准确，只是大家已经习惯这样称呼。

固件的容量非常大，里面到底保存了什么呢？不同的硬盘固件内容是不一样的，大致来说包括 LDR 程序、硬盘配置信息、G 表（增长缺陷表）、P 表（永久缺陷表）、S.M.A.R.T 模块、地址译码表、ATA 指令集模块、安全模块、低级格式化模块，以及各种微控制程序和伺服模块等，这些内容被组织成大大小小的 Module（模块），有序地组织在一起，全部加起来为几兆字节到几十兆字节。即便是同一厂商生产的硬盘，所包含的固件内容相同，实际记录的信息也是不同的。不同批次的硬盘固件中的模块的位置、大小和内容都有可能发生变化，因此，厂商在硬盘出厂时会标记固件的版本号。以希捷硬盘为例，在硬盘外壳的标签上能看到“Firmware: CC44”，如图 7-3 所示，这就是固件版本号（具有相同固件版本的硬盘器件才可以相互替换，在维修时需要特别注意）。

图 7-3　硬盘外壳的标签

硬盘的容量很大，专门开辟一块空间用来保存固件不是问题，问题在于如何保护好这些数据不被用户有意或无意地破坏。硬盘数据是按照磁道/扇区来划分的，位于硬盘内圈起始处的是 0 号磁道。其实，在 0 号磁道的更里面还有若干负磁道，之所以叫负磁道是因为合法的 CHS 参数中没有负数，LBA 计数也是从 0 号磁道 1 号扇区开始的，所以这片区域不会被用户访问到。这片负磁道区域统称为服务区（Service Area），用来存储硬盘固件内容，厂商将固件中的每个模块依次编号存储，并且每个模块都有两份拷贝，在正常情况下，硬盘工作时访问拷贝 0，当这份固件出现问题时，维修人员可以使用专修工具将指定模块的拷贝 1 读出，覆盖损坏的拷贝 0 区域，以修复固件。

之所以叫固件是因为这些二进制信息通常是固化的、只读的，对于程序代码来说正是如此。但也有一部分信息是随着硬盘的工作不断变化的，它们（S.M.A.R.T、缺陷表、译码表）记录了硬盘的工作状态，这部分信息也就成为每块硬盘独一无二的标志。

2. S.M.A.R.T

在硬盘逐渐发展为主要数据存储媒介以后，人们就逐渐意识到数据的宝贵性胜于硬盘自身的价值，而机械式硬盘的工作特性使其比 CPU、内存、显卡等电子器件的故障率高很多。尽管大多数硬盘的平均无故障时间一般在 3 万个小时以上，但一旦出现故障，就足以造成灾难性的后果，因此，用户希望有一种技术能对硬盘故障进行预测并实现相对安全的数据保护，S.M.A.R.T（Self-Monitoring Analysis and Reporting Technology，自我监测、分析及报告技术）应运而生。

S.M.A.R.T 由 Compaq 公司率先开发，IBM、希捷、富士通、昆腾等硬盘厂商参与修正，并融合了 Compaq 公司的 IntelliSafe 诊断技术和 IBM 的 PFA 检测技术。作为行业标准，S.M.A.R.T 规定了硬盘制造厂商应遵循的标准，主要包括以下几点。

- 在设备制造期间完成 S.M.A.R.T 需要的各项参数、属性的设定。
- 在特定系统平台下能够正常使用 S.M.A.R.T。
- 通过 BIOS 自检，不仅能识别设备是否支持 S.M.A.R.T 并显示相关信息，还能辨别有效的和失效的 S.M.A.R.T 信息（一般在进行 BIOS 自检时硬盘信息下方显示“支持 S.M.A.R.T”类似信息）。
- 允许用户自由开启和关闭 S.M.A.R.T（一般在主板的 BIOS 中设置）。
- 在用户使用过程中，能提供 S.M.A.R.T 的各项有效信息，监测设备的工作状态，记录故障和异常事件，以及发出相应的修正指令。
- 在硬盘及操作系统都支持 S.M.A.R.T.并且该技术默认开启的情况下，当出现不良状态时使用 S.M.A.R.T.能够在屏幕上显示英文警告信息“WARNING: IMMEDIATLY BACKUP YOUR DATA AND REPLACE YOUR HARD DISK DRIVE, A FAILURE MAY BE IMMINENT.”。

支持 S.M.A.R.T 的硬盘除了在开机时会有提示信息，还可以通过软件查看其参数表，对磁头、盘片、电机、电路的运行情况、历史记录及预设的安全值进行分析和比较。

当硬盘在工作过程中出现错误时，如磁头复位、电机停转等，硬盘会记录这些信息以备查，如果出错的次数很多，达到预设的上限，就表明硬盘的寿命即将终结，有时还会将硬盘锁定。另外，当 S.M.A.R.T 的模块和参数出现错误时会导致硬盘被锁，这时需要借助专修工具和指令清除硬盘的 S.M.A.R.T 参数或修复相应模块，使硬盘恢复到正常运行状态。

3. 缺陷表

现在硬盘的容量通常很大，盘片上的存储密度很高，在硬盘的生产和使用过程中，有可能因为磁涂层不均匀，或者与磁头的摩擦、碰撞等其他原因，难免会出现一些无法正常存储信息的区域，它们就是坏扇区。通常，坏扇区不会单个出现，而是成片的，基于硬盘的工作原理，连续存储区域构成一个个磁道，因此人们习惯将这种情况称为“有坏道”。

硬盘有坏扇区应该怎么办呢？其中一种方式就是将其屏蔽，并标注为“坏块”。例如，系统中的 Scandisk 命令就是用来对分区内部进行扫描检测的，一旦发现坏块就标注，文件系统在存储时便避开它。但在操作系统层面使用工具检测坏扇区由高层存储系统负责，硬盘自身也提供这样的功能：在检测到坏扇区时进行标记并屏蔽，同时提供备用扇区替换其逻辑地址。这样，不但上层系统对这些坏扇区毫不知情，而且总扇区数并未减少，大大降低了硬盘的返修概率。

厂商在硬盘中设计了许多备用扇区，并且位于用户数据区之后。当用户数据区中的扇区出现物理故障时，可以使用备用扇区来替换。硬盘内部用两个表来记录故障扇区的位置，这两个表分别是增长缺陷表（G 表）和永久缺陷表（P 表）。为了降低硬盘返修的概率，硬盘厂商在硬盘内部设计了自动修复机制：在使用硬盘时，如果发现一个坏扇区，就由内部管理程序自动分配一个备用扇区来替换该扇区，并将该扇区的物理位置及其替换情况记录在 G 表中。这样一来，少量的坏扇区有可能在使用过程中被自动替换，对用户的使用没有太大的影响。有的硬盘的自动修复机制的激发条件比较严格，需要运行某些软件来检测和判断坏扇区，并发出相应的指令来激发自动修复机制。例如，常用的 Lformat，DM 中的 Zero fill，Norton 中的 Wipeinfo 和校正工具，西部数据硬盘包中的 wddiag，以及一些半专业工具（如 MHDD、HDDL、HDDutility）等。这些工具之所以能在运行后消除一些坏扇区，很重要的原因就是这些工具可以在检测到坏扇区时激发自动修复机制。

当然，G 表的记录不会无限制，所以硬盘中 G 表的数量会限定在一定的范围内。例如，Maxtor 的美钻二代的限度是 636 条，西部数据的 BB 系列的限度是 508 条。超过限度，自动修复机制就不能再发挥作用，多余的坏块只有靠上层操作系统来处理，这就是坏扇区较少时可以通过上述工具修复，而坏扇区较多时不能通过上述工具修复的原因所在。不过，对于专业人员来说，还可以使用 P 表。

在出厂前厂商把所有的硬盘都进行低级格式化，并且在低级格式化时将自动找出所有的坏扇区并记录在 P 表中，同时对所有磁道和扇区进行编号时跳过这些缺陷部分，让用户永远不能用到它们。这样，用户在分区、格式化或检查刚购买的新硬盘时，很难发现有问题。P 表的容量比 G 表的大很多，通常可容纳几千条甚至上万条记录。但一般的软件是访问不到 P 表的，通过专业工具进行内部的低级格式化，从而将大量的坏扇区直接记录在 P 表中，或者将 G 表的信息添加到 P 表中，不过这样的硬盘修复操作会导致数据丢失。缺陷表的工作原理和扇区分配如图 7-4[①]所示。

① “低格坏跳过”表示低级格式化检测到是坏扇区就跳过编址。

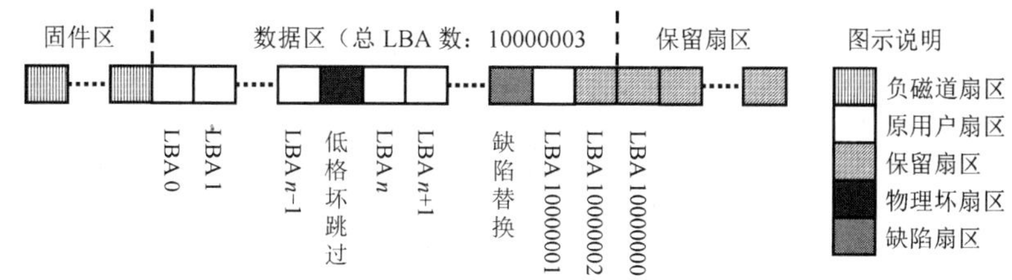

图 7-4　缺陷表的工作原理和扇区分配

4. 译码表

在固件区中，除了缺陷表，还有一个很重要的数据结构：译码表（也可称为“编译器”）。硬盘的物理扇区地址是三维的地址结构，为了便于访问，在硬盘中需要对物理扇区地址一一排序并编号，这就是 LBA 逻辑块地址，记录这个对应关系的数据结构就是译码表。用户要读/写文件数据时，由文件系统实现对具体扇区的访问，把 LBA 参数传递给硬盘，硬盘在启动时将译码表加载到缓存中，当硬盘收到主机传递过来的 LBA 参数时，立刻转换为真实的物理扇区地址，同时控制磁头读/写盘片上的数据。

如果译码表出现错误，就会导致数据混乱，无法正常使用硬盘，这时需要使用专修工具重建译码表，以使硬盘恢复正常。重建译码表的另一个原因是修改了 P 表，需要重新梳理物理地址与逻辑地址之间的对应关系，当然这样做是会丢失数据的。

7.1.3　硬盘故障的维修方法

与一般的电子设备的维修不同，硬盘上承载了用户数据，而这些数据往往比硬盘本身的价值高得多，因此，硬盘维修根据维修手段和目标的不同，分为对电子器件的维修和对盘片的维修。电子器件的维修对象是电路板上的电子元件、芯片和接口，以及磁头组件和伺服电机等，它们的维修手段通常是更换损坏的器件，如更换电路板、磁头组件等；盘片的维修对象则是坏扇区和硬盘固件信息。

每块硬盘的接口、访问方法和工作方式都是一致的，但由于硬盘本身是一个独立的微系统，不同厂商按照自己的方式来设计控制芯片和管理程序，并未遵循统一的规定，并且版本控制并不严格，因此为维修带来了一定的难度。

在处理坏扇区、不能读/写等故障时需要非常小心，错误的操作或顺序可能导致数据被清除，因此，在维修硬盘故障时一定要检查并且考虑清楚之后再动手。

在进行硬盘修复时必须遵循如下顺序。

（1）搜集任务资讯，获取尽可能全面的信息，包括观察、询问和触摸等。

（2）分析故障原因，以及可以解决问题的方法。

（3）将可行的（硬盘修复/数据恢复）方法列出，分别制定解决方案。

（4）选择合适的方案实施，并记下操作步骤，以防不时之需。

（5）操作完成后对结果进行检查评估，确定是否需要实施其他方案。

（6）任务完成后总结经验，对案例进行归纳整理。

1. 更换硬盘电路板

随着运行时间的增加，电子元件老化、电压波动等因素都会影响硬盘的健康状况，如果经过检查，确定硬盘的故障是因为接口电路损坏、主控芯片损坏或电机驱动芯片烧坏等，那么采取更换电路板的方式来维修比较简单。但更换前对电路板的选择很重要，硬盘的品牌、型号等基本参数必须一致，只是在容量上有的允许有差别。另外，由于电路板上存在 BIOS 信息，并且不同批次的硬盘在固件设计上也有区别，因此硬盘固件的版本号必须保持一致。

除了要求固件版本号一致，电路板的型号也要尽量保持一致，因为电路板上还有其他电子元件（电路板的型号不同，电子元件的型号和布局也可能会发生变化）。电路板的型号一般印刷在电路板上，在末尾标有“Rev”等字样（见图 7-5），如“Rev A”、“Rev B”和“Rev 01”等，有的硬盘则在电路板上贴条形码。

图 7-5　电路板的型号

在找到匹配的电路板之后，就可以开始更换。更换的过程很简单，将固定电路板的几颗螺钉（通常有 6 颗）拧下来，把替换的电路板换上去即可。如图 7-6 所示，硬盘电路板与磁头和电机之间用固定的金属触脚连接，但有的硬盘主轴电机连接用排线，在插拔时要小心。

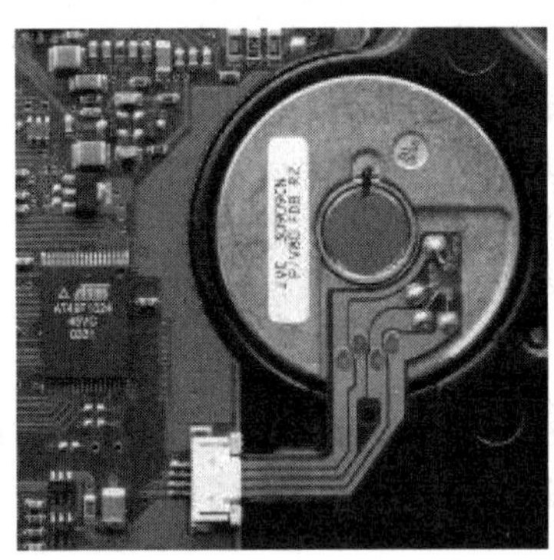

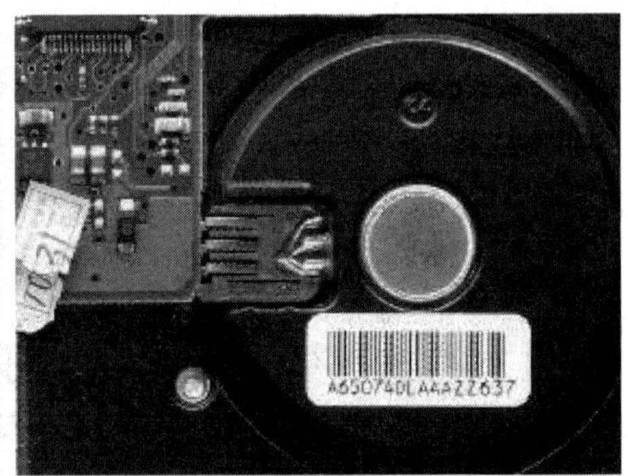

图 7-6　电机连接排线与连接触脚

2. 更换磁头组件

磁头是硬盘中最精密的部件，同前置电路、音圈电机等其他部件一起构成磁头组件，从而完成寻道定位、数据读/写等具体工作。当某个部件损坏时，应将整个磁头组件一起更换。磁头是最容易受损的部件。硬盘在工作时，盘片在电机的带动下高速旋转（通常为 4500～10 000rpm），磁头靠盘片旋转形成的气流托起，悬浮在盘片表面，与盘片之间的距离只有 0.5 微米。这时，如果硬盘受到剧烈震动，磁头就会在震动下碰到盘片，在如此高的速度下磁头会被擦伤，造成读/写困难，甚至无法工作，而盘片也会被划伤。此外，如果硬盘腔体中有灰尘颗粒，并且夹在磁头与盘片之间，而磁头悬浮的高度比大多数灰尘的直径小，高速旋转中的盘片在与灰尘颗粒撞击时形成的冲击力非常大，就很容易形成坏扇区，同时磁头也很难幸免，就好像起航中的飞机禁不起小鸟的迎面相撞一样。因此，硬盘腔体中都设计为无尘环境。

在开盘更换磁头组件之前，需要准备好备件和工具。磁头组件的选型同电路板选型的要求一样，但是维修前的环境准备工作要求要高得多，因为硬盘腔体中的空气洁净度要达到或接近 10 级，在普通环境下是无法做到的。对于空气洁净度等级，已制定了严格的标准，以国际标准 ISO 1466-1 中关于单位体积所含的尘粒数作为评判标准，制定的空气洁净度等级如表 7-1 所示。

表 7-1　空气洁净度等级

等级	每立方米（每升）空气中大于或等于 0.5 微米的尘粒数	每立方米（每升）空气中大于或等于 5 微米的尘粒数
10 级	≤35×10 个	0
100 级	≤35×100 个	0
1000 级	≤35×1000 个	≤250 个
10 000 级	≤35×10 000 个	≤2500 个
100 000 级·	≤35×100 000 个	≤25 000 个

注意：

对于空气洁净度为 100 级的洁净室内，大于或等于 5 微米尘粒数的计算应进行多次采样。当其多次出现时，方可认为该测试数值是可靠的。

1）开盘维修环境和工具

由于硬盘腔体中对灰尘非常敏感，因此开盘时必须保证足够的洁净度。在空气中有许多悬浮的灰尘颗粒、纤维毛发、植物种子等细微物体，肉眼很难分辨。在普通环境下，哪怕是相对密闭的房间，在开盘时也会有许多细小的灰尘进入硬盘腔体中。为了保证硬盘的安全性，开盘工作应当在洁净环境下进行，如洁净操作台（见图 7-7）或洁净间（见图 7-8）。

洁净操作台是比较简易的环境，四周设立了屏障，在顶部有一个简易的 FFU（风机过滤机组），用来过滤空气中的灰尘并向下均匀送风。洁净操作台的四周有小孔，顶部的送风经这些小孔从下方排出。洁净操作台内不形成回旋气流，经过几分钟的过滤后，灰尘数量大为减少，达到开盘要求的洁净度。操作人员在工作时坐在洁净操作台前，先将手伸入其中，再将一块滑动玻璃降下，挡住前方的空隙。

洁净间提供了较为专业的无尘环境。洁净间是一个密闭的房间，并且配有缓冲区和风淋室。工作人员首先进入缓冲区，在缓冲区更换衣物和控制电路开关，然后进入风淋室，由吹风机吹掉身上附着的灰尘和毛发，最后进入洁净间。洁净间的面积通常为 6～10 平方米，并且是一个密闭的环境，顶部有两个 FFU 送风，四周由彩钢板包围，有的会留一个玻璃观察窗，底部铺设地胶和回风管道。洁净间内通常会再配置一个洁净操作台，以进一步提高开盘时的空气洁净度。此外，洁净间通常还配有空调，用来保持合适的温度。

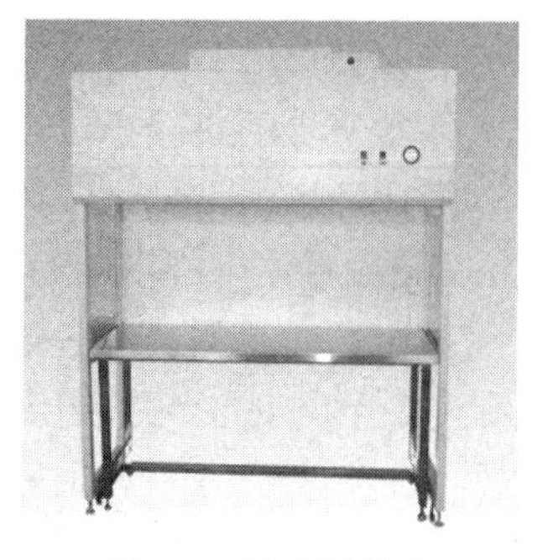
图 7-7　洁净操作台

图 7-8　洁净间

在洁净间搭配洁净操作台的环境中，虽然可以保证空气洁净度达到 100 级标准，但需要持续运转一段时间才能将空气逐渐净化。为了避免人员进出对空气洁净度造成影响，工作人员在进入前一般会换上洁净服（见图 7-9）。连体式洁净服具有较好的效果，可以将全身包裹，不至于让人体皮屑污染环境。进入前在风淋室里吹几分钟，基本上可以去除洁净服上附着的毛发和颗粒。

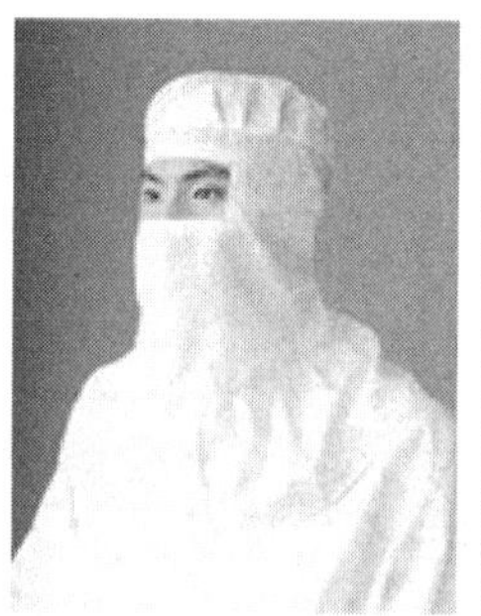
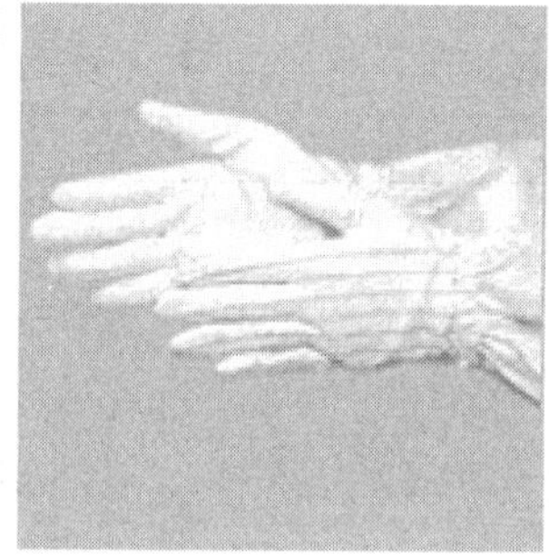
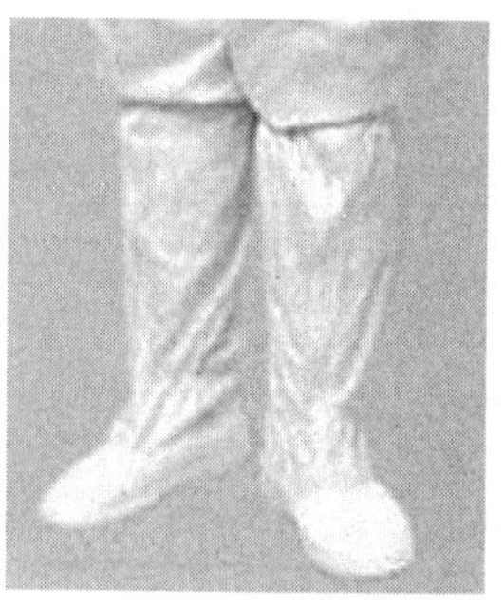
图 7-9　洁净服

开盘使用的工具主要有六角螺丝刀、尖嘴钳、平口螺丝刀、十字螺丝刀和镊子等，最好还准备美工刀和橡皮擦。六角螺丝刀用来拆卸外壳螺钉，平口螺丝刀和十字螺丝刀用来拆内部的螺钉和磁臂转动轴，尖嘴钳用来取磁铁片，镊子用来取磁头组件，美工刀和橡皮擦用来切胶条，从而把一对磁头分隔开。常用的开盘工具如图 7-10 所示。

2）维修方法

硬盘外壳密封得十分结实，四周和中间都用六角螺钉拧得很紧。需要用六角螺丝刀分别拧下各个六角螺钉之后才可以打开硬盘的上盖，也就能清晰地看到硬盘的内部结构，如图 7-11 所示。

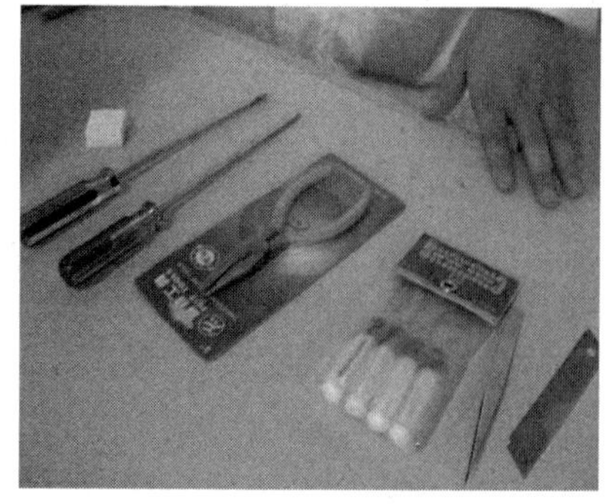
图 7-10　常用的开盘工具

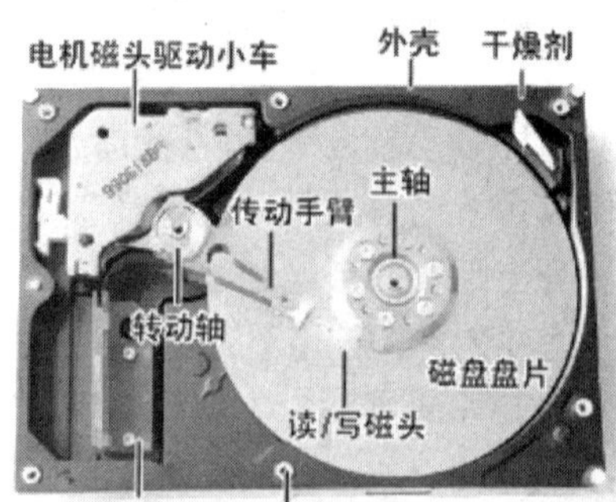

图 7-11　硬盘的内部结构

在更换磁头时，先将图 7-11 中左上角的磁铁盖片掀开，下面有一块磁性很强的永磁铁，同音圈电机一起通过磁场作用来控制磁臂摆动，合起来称为电机磁头驱动小车。掀开磁铁盖片时需要用力得当，否则很容易弄伤盘片，进而导致数据彻底报废。因为磁铁的磁性很强，所以先用尖嘴钳把磁铁盖片夹住往外撬，再小心移开，放置时也是先用尖嘴钳夹紧磁铁盖片，再找到一个支点放下。

把前置控制电路板上的螺钉拧下来，将其剥出脱离盘体，并将磁头小心移出盘片。

用镊子把磁头组件夹住从盘体中取出，有的硬盘的转动轴上还有单独的螺钉，需要用相应的螺丝刀拧下来才能把磁臂取出来，这样磁头拆卸的工作就完成了。

将磁头组件从故障盘上拆下来后，就可以将一套完好的磁头组件装入故障盘中，这一步更加困难。如果硬盘内部由多个盘片和磁头组成，那么留给工程师的操作空间会很小，此时稍有不慎就可能触及盘片或弄坏磁头。放置磁头组件最大的难处在于，如何将磁头移入盘片并且不会被弄伤。

3. 修复坏扇区

1）低级格式化

硬盘在使用一段时间后出现坏扇区的情况很常见，可能是因为震动或盘片本身的缺陷，也可能是由于某个区域长期频繁读/写造成的磨损。尽管磁头在运转时处于悬浮状态，但频繁修改会导致该区域的磁信号变得模糊，误差率增大，这就是人们常说的“伤盘”。要修复坏扇区，通常采取低级格式化的方式。低级格式化会将扇区清零，重写校验值，有的格式化程序还会重写扇区标识。低级格式化程序可以修复逻辑坏扇区和屏蔽物理坏扇区，因此能起到很好的修复作用。不过，低级格式化也有一些不足之处：第一，低级格式化必须针对整个硬盘，不能只对某个分区或某块区域使用；第二，低级格式化本身也是“伤盘”的操作，所以不能经常对硬盘使用；第三，低级格式化会抹掉硬盘上所有的数据，所以在操作前一定要确认硬盘上无重要数据或已经备份；第四，低级格式化的时间很长，对于容量在 500GB 以上的硬盘，要超过 24 个小时才能完成。

由于一般人对低级格式化知之甚少，几乎接触不到，因此显得很神秘。其实，对硬盘进行低级格式化的方法有很多种，最常见的就是使用硬盘厂商配套的低级格式化软件，即 DM。DM（Disk Management）具有硬盘低级格式化、分区、高级格式化、硬盘参数配置及其他功能。除了 DM，还有 Lformat 等低级格式化工具，但它们都必须在纯 DOS 环境下使用。DM 的操作界面如图 7-12 所示。

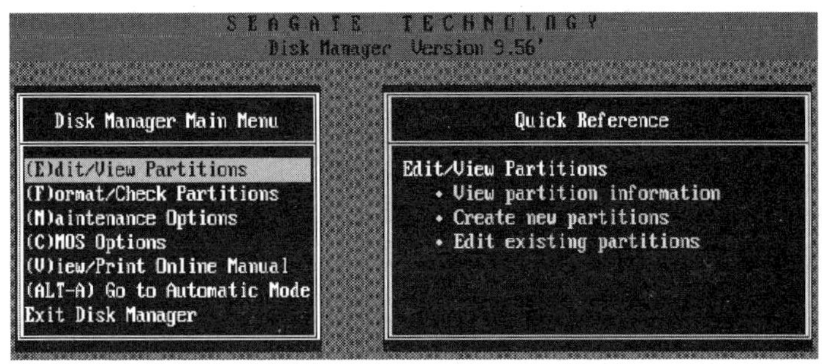

图 7-12 DM 的操作界面

某些主板的 CMOS SETUP 程序中带有硬盘低级格式化功能（这是最简单的一种方法，推荐使用，不过为了安全起见，大多数主板都不提供这项功能）。

此外，如果用户对汇编语言比较熟悉，那么还可以使用 DEBUG 法，如通过调用 INT 13H 中断的 7 号功能对硬盘进行低级格式化，操作如下：

```
A: \>DEBUG
-A 100
-XXXX: 0100 MOV AX, 0703; （交叉因子为 3）
-XXXX: 0103 MOV CX, 0001; （0 号磁道 1 号扇区起）
-XXXX: 0106 MOV DX, 0080; （C 盘 0 号磁道）
-XXXX: 0109 INT 13
-XXXX: 010B INT 3
-XXXX: 010D
-G 100
```

这样硬盘就被低级格式化了。

2）其他修复手段

低级格式化固然有效，但存在不足之处。如果坏扇区的数量比较少，那么可以通过触发硬盘的修复机制来解决问题，也就是加 G 表。如前所述，许多软件都可以对硬盘介质表面进行扫描，检测出坏扇区，并将其加到 G 表中，从而修复少量坏扇区而不影响数据，如在 MHDD 中使用 SCAN 指令。这种操作的好处是速度快，不需要非常专业的技术，并且基本上不会丢失数据。

在硬盘的使用过程中，坏扇区经常不是单个出现的，而是成块、成片的，因为磁头在遇到坏扇区时，无法顺利完成读/写操作，会反复尝试，这样就加剧了坏扇区的破损程度，同时会影响相邻的扇区，次数多了就会连成一片。当遇到这种情况时，比较简单的方法是重新分区，将坏块跳过不分区，这样就可以避免访问它们。重新分区能起到很好的隔离作用，并且不需要专业技能和工具，只是会损失一部分空间。

4. 修复硬盘固件

硬盘容易出现故障的另一个方面就是固件。固件引起的故障通常表现为不认盘、运行过程中忽然卡死等比较奇怪的情形。引起固件故障的原因大致有两类：一类是固件区的扇区读/写发生了故障，另一类是厂商的设计存在缺陷。检修硬盘固件通常使用固件专用工具，如俄罗斯的 PC-3000、HRT，以及中国的效率源硬盘修复工具。首先对硬盘的各个固件模块进行检测，确定是否有错误发生。然后检测各模块本身的 CRC 校验码，或者使用备份的模块进行比对。如果检测结果有误，就使用备份的模块进行恢复，或者使用其他相同型号硬盘的模块进行恢复；如果检测结果无误，就表示厂商的设计存在缺陷，需要下载厂商提供的升级固件进行修复。修复固件的过程比较复杂，不同情况的处理方式也不同。

7.2 硬盘故障检修工具

使用 MHDD
修复坏道

7.2.1 使用 MHDD 检修硬盘

MHDD 是专业的硬盘检测及维修工具，具有很多其他硬盘工具无法比拟的强大功能，如能访问硬盘所有扇区而不管这些扇区存储着什么数据。使用 MHDD 不仅能读取硬盘的信息、状态字，还能检测和修复坏扇区，以及对硬盘进行加密、解密和剪切等，是数据恢复专业人员必备的一款硬盘检修利器（最新版本为 MHDD 4.6）。

MHDD 需要在纯 DOS 环境下运行，所有对硬盘的操作要完全独占端口执行，不需要任何 BIOS 支持，也不需要使用任何中断，所有的操作都是直接完成的。需要注意的是，不要在被检测的硬盘中运行 MHDD。因为 MHDD 在运行时需要记录数据，所以不能在写保护设备中运行，如写保护的软盘、光盘等。使用 SATA 端口的硬盘，一定要在主板的 BIOS 中设置为 Compatible 兼容模式，否则可能检测不到。另外，不要在品牌机主板或 Intel 等原装主板上运行 MHDD，因为厂商为了保证系统的稳定性，兼容性通常很差，也缺少很多功能的支持和设置，运行时会有异常情况。

1. MHDD 的运行界面

在 DOS 环境下打开 MHDD 所在的目录，运行 MHDD.exe，打开运行界面，如图 7-13 所示。

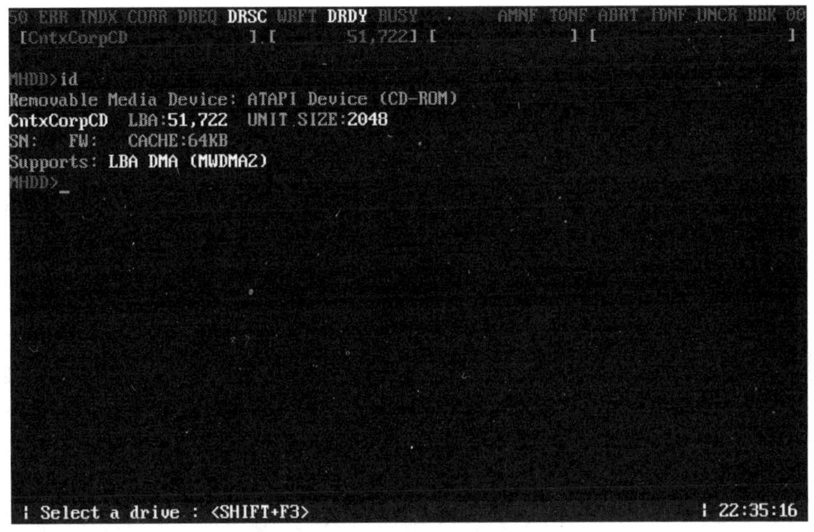

图 7-13　MHDD 的运行界面

整个屏幕分为 3 个部分：顶部是状态灯，显示硬盘的寄存器状态字；中间是操作主界面，用来输入指令，并显示结果；底部是信息提示栏，显示帮助信息和提示信息。

状态灯的左半部分为状态寄存器，右半部分为错误寄存器。状态寄存器显示的是硬盘的状态，具体含义如下。

- BUSY：硬盘忙并且对指令不反应。
- DRDY：找到硬盘。
- WRFT：写入失败。
- DRSC：硬盘初检通过。
- DREQ：硬盘需要和主机交换数据。
- CORR：纠正错误。
- INDX：写入 G 表中。

- ERR：上一步的操作结果有错误。当 ERR 指示灯闪烁时，在屏幕的右上角会显示错误类型，其含义如下。
    - AMNF：地址标志出错。
    - T0NF：没有找到 0 号磁道。
    - ABRT：指令被中止。
    - IDNF：没有找到扇区 ID。
    - UNCR：校验错误，或者不可纠正的错误，又称为 ECC 错误。
    - BBK：坏块标记错误。

在状态灯的左右两个区域之间有一块空区域，如果硬盘被密码加锁，那么这里会出现一个加亮的“PWD”字样。如果使用 HPA 功能修改过容量，那么这里会出现加亮的“HPA”字样。

操作主界面的第一行有几对方括号，分别用来显示硬盘的 Model 号和 LBA，并且以“MHDD>”开头的是命令提示符。这里先运行“ID”指令，请求当前硬盘的基本信息，如 ID、LBA 扇区数、序列号、固件版本号、缓存大小和接口模式等。

一般来说，计算机上至少应安装两块硬盘，一块是运行 MHDD 的工作盘，另一块是待检测的目标盘。工作盘作为主盘，需要保护起来以免被误操作。如果需要更换目标盘，就可以使用“PORT”指令（见图 7-14）。

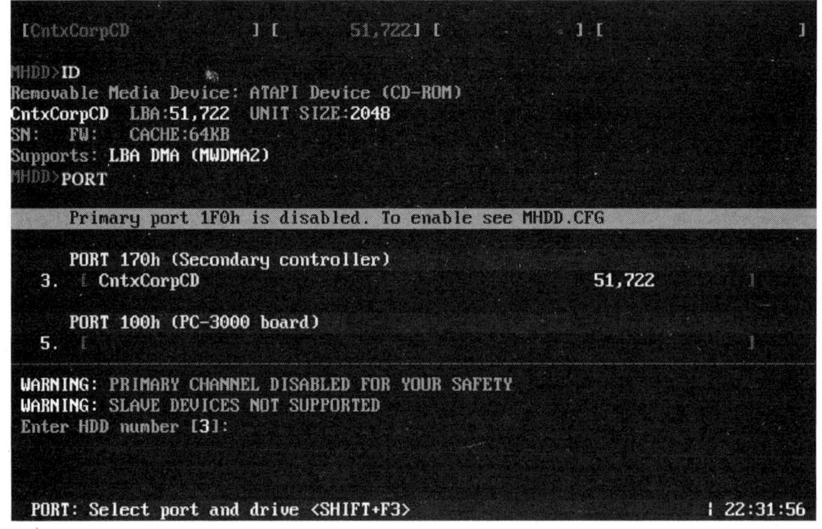

图 7-14 选择目标盘

在选择目标盘之后，要观察顶部的状态指示灯，只有 DRSC 灯和 DRDY 灯同时亮，才表示硬盘就绪，可以执行接下来的操作。但如果 ERR 灯亮，就表示检测到错误或操作执行错误。如果 BUSY 灯亮，就说明硬盘还没准备好，多半是存在坏扇区。

2. MHDD 常用的功能

接下来应该如何操作呢？应该如何实现 MHDD 强大的功能呢？输入“HELP”指令（不区分大小写），会列出 MHDD 提供的指令帮助提示，如图 7-15 所示。

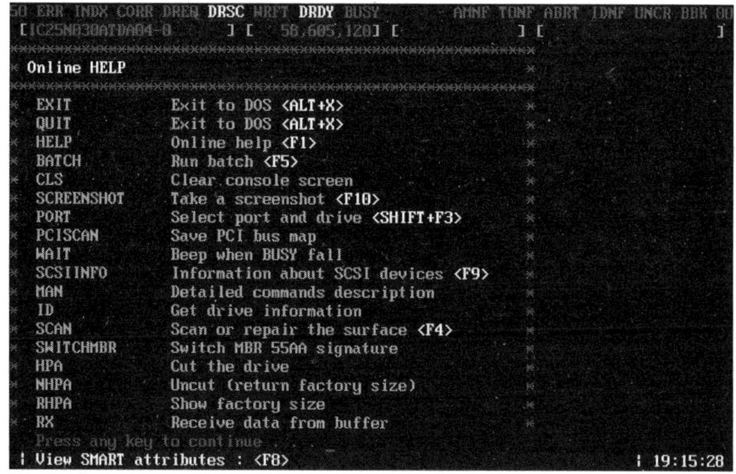

图 7-15　指令帮助提示

MHDD 中的硬盘检修指令比较多，表 7-2 中列举了常用指令的中文对照表，感兴趣的读者可以在网上查阅更多的资料。

表 7-2　常用指令的中文对照表

指令	说明
ID	检测驱动器，获得硬盘信息
I	初始化并读取驱动器参数，等于同时执行 ID 指令和 INIT 指令，快捷键为 F2
PORT	显示并选择设备硬盘接口，在配置文件中主 IDE 通常会被屏蔽，避免对主盘进行操作，快捷键为 Shift+F3
SCAN	对硬盘表面进行扫描，检测/修复介质故障。快捷键为 F4
HPA	剪切驱动器容量，使 BIOS 检测到的容量减少。对话参数分别选择 1（永久）和容量值（LBA），被剪切硬盘的 HPA 灯会亮
RHPA	显示工厂（原始）容量
NHPA	恢复被剪切的容量
PWD	将硬盘加密，使其不可访问。在对话参数中输入用户密码
UNLOCK	临时解开锁住的驱动器。在对话参数中选择加密级别 0（用户级），并输入密码
DISPWD	永久解密驱动器，需要先执行 UNLOCK 指令
SMART	显示硬盘的自我检测状态，快捷键为 F8。可以使用 SMART ON 开启 S.M.A.R.T，或者使用 SMART OFF 关闭 S.M.A.R.T
ERASE	擦除扇区或整个驱动器（低级格式化），修复逻辑坏道
FASTERASE	快速擦除驱动器，先将硬盘锁住，在完成后自动解锁
RPM	显示硬盘主轴电机的转速
STOP	电机停转，快捷键为 Shift+F4
AAM	自动调整硬盘噪声。如果硬盘支持，那么可按“+”和“-”键调节噪声
RST	复位硬盘驱动器
MAKEBAD	人为地在指定位置制造坏扇区，要想恢复只能运行 ERASE 指令
RANDOMBAD	随机在硬盘的各个地方生成“坏扇区”，按 ESC 键停止生成
CLRMBR	清除并备份 MBR
EXIT	退出 MHDD，返回系统，等同于 QUIT 指令，快捷键为 Alt+X

由于篇幅有限，因此本节未对每条指令详加解释。就数据恢复工作而言，几个必备的操作就是硬盘加密与解密、硬盘剪切与还原、介质检测与修复、低级格式化，下面着重介绍这

几类操作应该如何处理。

1）硬盘加密与解密

什么时候需要对硬盘加密呢？如果想把整个硬盘保护起来，防止数据泄露，那么可以对硬盘加密。MHDD 中的 PWD 指令可以用来为硬盘加密，用户可设定一个用户密码，必须依靠此密码才能解密。硬盘加密后，就不能再进行任何方式的读/写，即使是低级格式化也不行。

输入“PWD”指令，程序会提示输入最长为 32 个字符的密码，如果不输入密码直接按 Enter 键，就表示取消加密操作。输入密码后，提示加密完成，重新启动硬盘的电源后才会生效（少数旧型号的硬盘不支持加密功能）。重新启动（一般是重新启动计算机）后，选择此硬盘，如果顶部的状态指示灯 PWD 亮起，就表示此盘已被加密。

加密后的硬盘能被 MHDD 识别，能读取基本信息，如型号、LBA 号，但无法进行其他操作，扫描时所有区块全是叹号，同时 ERR 灯亮起。要访问硬盘数据，必须先解密。解密分为两个阶段，一是解锁“UNLOCK”，二是解密“DISPWD”。解锁可将硬盘临时解开，关闭电源后又回到加密状态，用于授权用户临时访问。解锁时输入“UNLOCK”指令，程序提示解主密码还是用户密码，这里选择“0”，表示解用户密码。输入加密密码，按 Enter 键后程序提示解锁完成，现在可以对硬盘执行所有操作。要彻底将硬盘解密，此时再输入“DISPWD”指令，同样按照上面的顺序操作一遍，就完成硬盘解密，如图 7-16 所示。

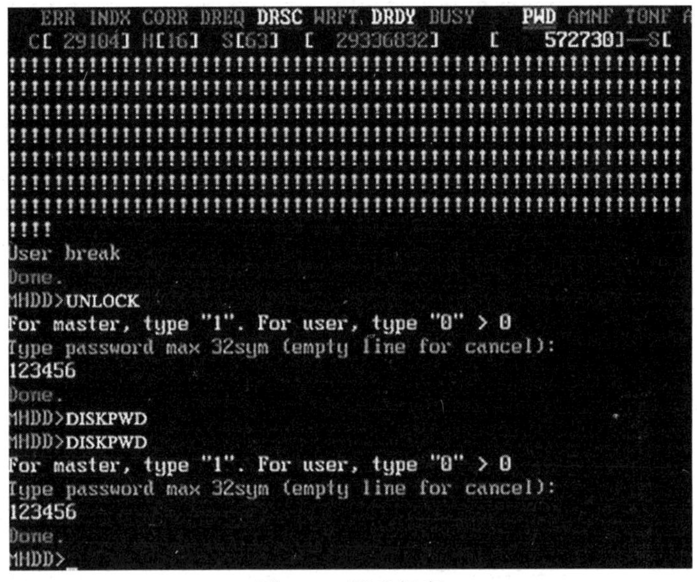

图 7-16 硬盘解密

2）硬盘剪切与还原

以前有的硬盘标注为 80GB，但实际可以使用的只有 60GB，其他空间去哪了呢？在主板的 BIOS 中观察发现硬盘只识别到 60GB。其实，这是厂商为了放置恢复程序把部分空间隐藏了，隐藏后即使在 BIOS 中也不可见，更不要说分区了。在剪切时，只能剪掉后面部分的容量，不是任意位置都可以剪掉的。

首先，输入“HPA”指令，会显示硬盘的基本信息，并询问是软改还是硬改。软改是到内存，临时改变，断电后不会生效；硬改是写入硬盘，一直有效。一般选择“1”，采用硬改方式。然后，询问是使用 CHS 模式还是 LBA 模式，通常选择“1”，表示使用 LBA 模式。最后，输入新的 LBA 参数，假设硬盘原来有 4 123 736 个扇区，也就是大约 20GB，现在要剪掉一半，输入“2000000”，约为 10GB，重新启动硬盘后，就会发现顶部的状态指示灯 HPA 亮起，同时硬盘的 LBA 值为 2 000 000。

如果某块硬盘已经被剪切过，要还原原始的容量，如何才能知道精确的 LBA 值呢？有两个办法：一是现在的硬盘标签上一般会显示 LBA 值，二是在 MHDD 中用 RHPA 指令显示原始工厂容量。当知道真正的容量后，就可以开始还原，在提示符处输入“NHPA”指令，按照提示输入想要恢复的 LBA 值，并输入“Y”确认，容量就可以恢复。

3）介质检测与修复

MHDD 使用得最多的功能就是做介质扫描检测，输入“SCAN”指令或按 F4 键就会弹出一个对话框，用来配置介质扫描的参数。由于 MHDD 的修复功能很强，因此有必要对这些参数进行详细介绍。

- Start LBA 和 End LBA：设定扫描的范围，通常采用默认值，从 0 开始到最后，如果知道坏扇区在某一区域，想快速修复，就可以修改起始位置和结束位置。
- Remap：重映射。如果只检测不修复，就设置为 OFF。如果设置为 ON，就是为坏扇区从硬盘中保留空间重新替换，也就是写入 G 表，修复坏扇区，此类坏扇区标记为红叉（UNC）。替换坏扇区后硬盘空间没有减少，硬盘数据不会丢失，适用于坏扇区数较少且要求保留数据的情况。
- Timeout：设定测试超时时间（单位为秒），即对坏扇区尝试读/写的最大延迟时间，超时后即放弃。
- Spindown After Scan：扫描完成后电机停转，在无人值守的状态下可以节约用电和减少硬盘磨损，不过现在一般不用。
- Loop Test/Repair：自动循环测试/修复。
- Erase Delays：擦除延迟。开启此参数是为超过设置响应时间的坏块进行写测试，使用 MHDD 扫描硬盘时是以块为单位的，在 LBA 模式下块通常为 256 个扇区。使用此参数可以使一部分红绿块转为正常块，起到修复坏块的作用。但此参数不写入 G 表中，并且会改写硬盘上的信息，如果有重要数据，一定不要使用此功能。另外，此参数不可与 Remap 参数同时打开，因为修复方式不同，两者只能选择其一。

设定完成后，再次按 F4 键就可以开始扫描。扫描时屏幕会显示扫描状态和标记图示，用户主要观察右侧的标记图示，这里显示了硬盘表面检测的工作速度（AVG[…kb/s]、ACT[…kb/s]），以及统计检测块的情况，如图 7-17 所示。

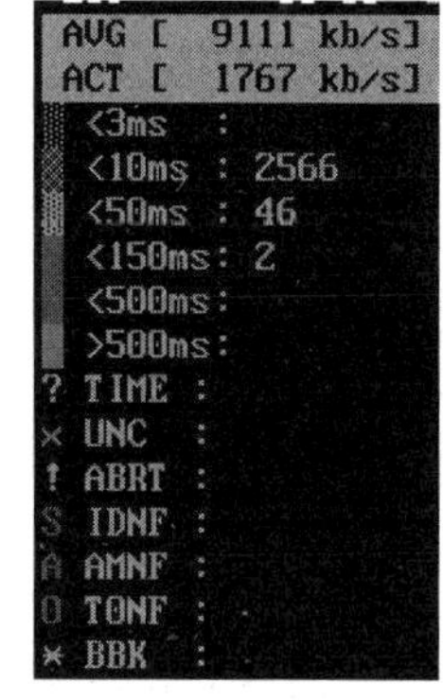

图 7-17　介质扫描图示

其中，上面有 6 个时间单位，下面有 7 种出错标记。时间单位表示区块检测的延迟时间，延迟小的块越多越好。以前旧型号的硬盘相对来说延迟时间会大一点，现在的硬盘延迟时间应该都在 10 毫秒以内。如果出现延迟时间为 50 毫秒的块，就说明此处有缺陷的迹象。若延迟时间为 150 毫秒，则表示读/写比较费时，有坏扇区，但数据仍可读出。若延迟时间超过 500 毫秒，则表示此处坏得很严重，需要立即修复，否则此处的数据可能会丢失。如果出现“?”“x”“!”“S”等符号，就表示有读/写错误，属于物理损坏。如果整个界面中都是出错符号，就说明硬盘固件可能存在问题，如译码表错误。

一般在做硬盘介质扫描时，先关闭 Remap 和 Erase Delays 两个参数，观察扫描的情况，再采取合适的策略选择修复或擦除。为了保证修复的效果，通常开启循环检测参数，多检测两遍，确保成功修复。在扫描过程中，随时可以按 Esc 键中止，也可以按方向键调整进度，如按“↑”键和“←”键能倒退一段区域，按“↓”键和“→”键能跳过一段区域。

4）低级格式化

如果使用 SCAN 指令无法修复坏扇区，那么可以使用 ERASE 指令进行修复。ERASE 指令有低级格式化的效果，并且使用更加简便灵活。在命令提示符界面中输入“ERASE”指令，程序会给出目标盘的基本信息，然后提示“此功能在必要的情况下会重新计算 CHS 译码表，继续吗？”，选择“Y”后输入起始和结束的 LBA 值（这比一般的低级格式化程序好），再次选择“Y”开始擦除扇区，如图 7-18 所示。需要注意的是，执行擦除操作会丢失数据，因此在操作前应保证重要数据都已备份。

```
 ERR INDX CORR DREQ DRSC WRFT DRDY BUSY        AMNF T0NF A
 C[  4092] H[16]  S[63]  [   4124736]    [ --LBA-- ]--S[
Device Reset... OK
Setting Drive Parameters... OK.
Recalibrate... OK
MHDD>ERASE
Maxtor 82160D2  4092/16/63
SN:L21MM81A   FW:NAVXAA21    LBAs:4124736
Support: DLMCode LBA HPA DMA (UDMA2,MWDMA2)
SMART: Enabled
Size = 2014Mb
Device Reset... OK
Setting Drive Parameters... OK.
Recalibrate... OK
Fast Disk Eraser v2.2 (LBA/CHS)
HINT: this function will recalculate entered numbers
      in CHS translation if necessary.
▪ Continue? (Y/N)
▪ 1 block = 255 sectors (fast LBA mode)
Type starting sector to write (from 0) [0]: 0
Type ending sector [4124735]: 10000
Start  : 0
End    : 10000
▪ Continue? (Y/N) _
```

图 7-18　使用 ERASE 指令格式化坏扇区

3. 配置文件与日志

在 MHDD 的工作目录下有两个子目录，分别为 CFG 和 LOG，这两个子目录用来存储配置文件和日志文件。在 ATA 模式下，硬盘设备有主从盘的跳线。在默认情况下，MHDD 关闭对主盘的访问，因为主盘通常是启动盘。目前，在检修硬盘时大多通过光盘或闪存盘启动系统，而这时目标盘正好挂在主盘的位置，如果不想动机器，就需要修改 MHDD 的配置文件。

在 DOS 环境下先进入 MHDD 目录，再进入 CFG 子目录，并输入“EDIT MHDD.CFG”命令，此时就可以对 MHDD.CFG 进行编辑（如果没有 EDIT 程序，就只能用 COPY CON MHDD.CFG 方式来编辑，这样操作比较麻烦）。

MHDD 的配置文件很简单，一般只设置如下两项：

```
#PRIMARY_ENABLED=TRUE          //开启主盘有效
#AUTODETECT_ENABLED=TRUE       //开启自动检测
```

保存关闭后，重新运行 MHDD，在 PORT 指令下就可以看到所有的硬盘。

MHDD 在工作时，所有的重要信息都记录在日志文件中，如在介质扫描过程中记录哪个 LBA 处有坏块，哪个地方有红块和绿块，这对精确找到坏块是很有用的。日志文件位于 MHDD 目录下的 LOG 子目录中，名为 MHDD.LOG。

7.2.2　图形界面诊断工具

Victoria 号称 Windows 版本的 MHDD。目前 Victoria 的使用率很高，原因在于：第一，可以用于检测各种接口的硬盘，可以在 PIO 模式和 ATAPI 模式下工作；第二，用户界面可视化，在 Windows 环境下使用，既直观又方便；第三，具备 MHDD 常用的硬盘检修功能，其本身也是一款 G 表级的坏道修复工具。

熟悉 MHDD 的用户可以快速掌握 Victoria 的使用方法。Victoria 的运行界面如图 7-19 所示，顶部显示了当前目标盘的型号、序列号、固件版本及 LBA 值，中间是主操作区域，底部是提示信息，右侧是可以控制硬盘的电源。

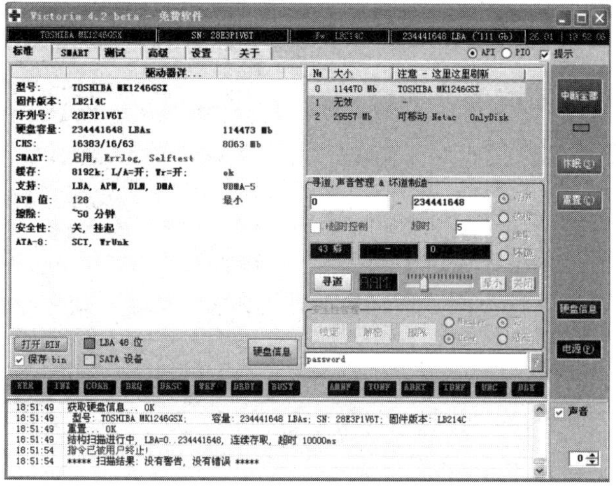

图 7-19　Victoria 的运行界面

主操作区域包含 5 个功能选项卡，在“标准”选项卡中可以选择目标盘，并对目标盘做寻道测试和噪声管理，在 PIO 模式下还可以执行加密/解密和剪切/还原操作。在“SMART”选项卡中可以获取到目标盘的工作状态，这里的“阈值”是当前记录值，“数值”是参考值，如图 7-20 所示，通过这些信息来判断目标盘的状况。

TOSHIBA MK1246GSX　SN: 28E3P1V6T　Fw: LB214C　234441648 LB

标准　SMART　测试　高级　设置　关于

ID	名称	数值	屈...	阈值	原始数据	健康
1	数据读取出错率	100	100	50	0	●●●●●
2	数据吞吐量性能	100	100	50	0	●●●●●
3	主轴旋转时间	100	100	2	1069	●●●●●
4	主轴启动/停止次数	100	100	0	2735	●●●●●
5	重新分配扇区数量	100	100	10	1	●●●●●
7	寻道出错率	100	100	50	0	●●●●●
0	寻道性能	100	100	50	0	●●●●●
9	加电累计时间	77	77	0	9243	●●●
10	到指定转数时间	154	100	30	0	●●●●●
12	启动/停止次数	100	100	0	2524	●●●●●
184	未知属性	100	100	1	0	●●●●●
187	已报告 UNC 错误	100	100	0	0	●●●●●
188	指令超时	100	100	0	0	●●●●●
189	飞高写入	100	100	1	0	●●●●●

经过测试后的 SMART 测试/状态 数据参数统计:	数值
离线数据统计过程将在几秒钟之内完成	120
简短 slef-test 常规测试推荐使用时间 (分钟)	2
扩展 self-test 常规测试推荐使用时间 (分钟)	50
离线数据统计过程将不会开始	00h
self-test 常规测试已经完成或从未进行过 self-test 常规测试	0

SMART　获取 SM　打开 B　功能　打开　AutoSav　AutoSav　SMART　离线数据　开始

图 7-20　“SMART”选项卡

许多参考值都是上限值，所以这些记录值通常越小越好。重新分配扇区数量就是加上 G 表的数量，由此可以看出，目前这块硬盘运转良好。如果某块硬盘的多个记录值达到上限，就说明这块硬盘已损坏的地方很多，在使用时必定有很明显的状况，如读/写缓慢甚至卡死，或者无法识别等。

在“测试”选项卡中可以对硬盘进行介质扫描检测，该界面和 MHDD 的介质扫描界面差不多，如图 7-21 所示，左侧是扫描区块图，右侧是图示和扫描参数，可以设置开始 LBA 和结束 LBA，调整区块大小，以及对检测到坏扇区的操作，此处选中“忽略”单选按钮，表示不做任何操作，仅记录到日志中；若选中“重映射”单选按钮，就表示加 G 表，可以保留数据；若选中“擦除”单选按钮，就表示做清零操作，数据会丢失；若选中“修复”单选按钮，就表示尝试修复此扇区且尽量不丢失数据，但免费版不提供此功能。

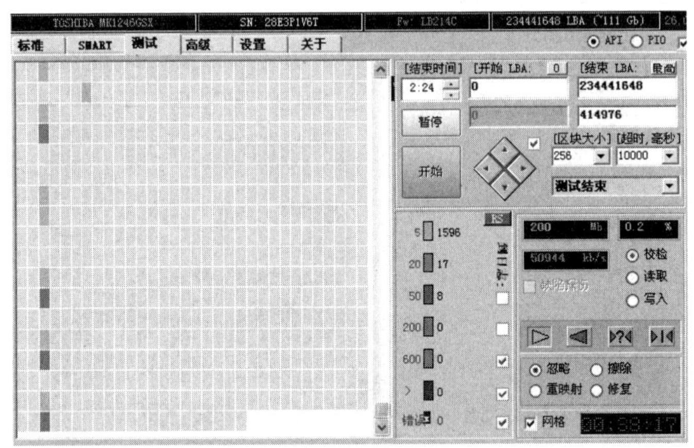

图 7-21 “测试”选项卡

和 MHDD 的扫描方式一样，第一次扫描硬盘时选中“忽略”单选按钮，只观察硬盘介质扫描状态即可。由于在 Windows 操作系统下运行，扫描程序并非独占物理驱动器，因此扫描速度会受到影响。从图 7-21 来看，这块硬盘目前工作正常。

如图 7-22 所示，“高级”选项卡中提供了一些杂项功能，如切换缓存、检测硬盘转数（由于在 Windows 环境下不是独占驱动器，因此通常不准确）、分析分区信息等，但意义不大。

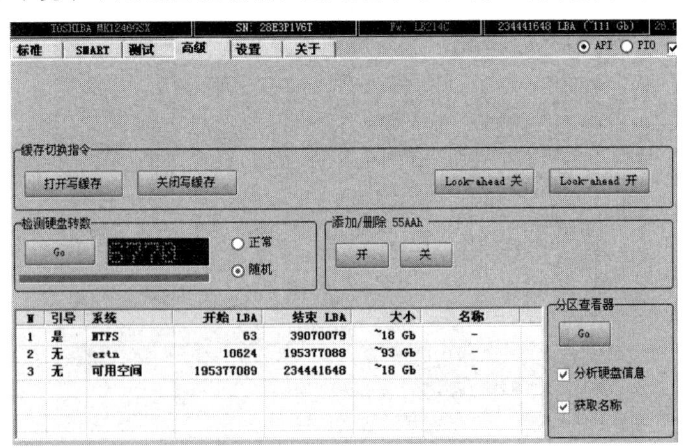

图 7-22 “高级”选项卡

如图 7-23 所示，“设置”选项卡中提供了 Victoria 运行时的配置参数，一般只需调整超时时间，其他参数保持默认值即可。

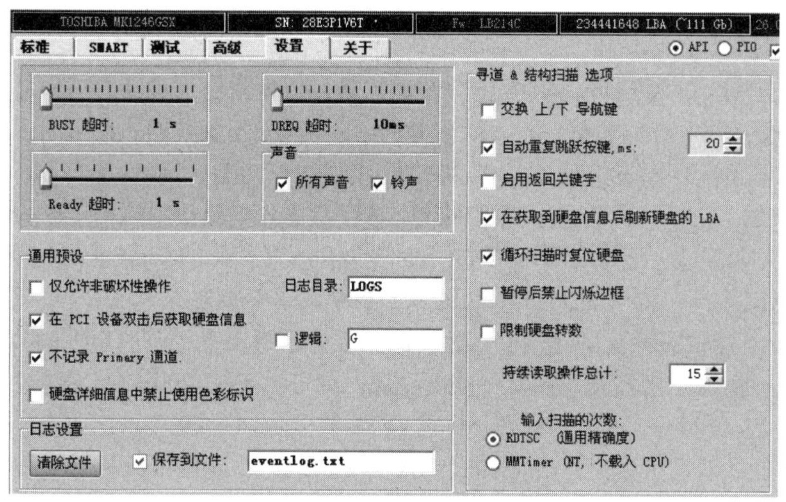

图 7-23　“设置”选项卡

7.2.3　硬盘固件修复工具

使用 MHDD 可以对硬盘进行基本检查和修复。如果遇到固件问题，使用 MHDD 就无法解决问题。PC-3000 是目前国际上公认的最好的硬盘维修工具，特别是硬盘固件修复工具。PC-3000 是一款专业的用来修复硬盘的综合工具，特别擅长修复硬盘固件故障。PC-3000 由硬件和软件两大部分组成：硬件部分包括专门用于控制硬盘的控制卡和各种接口、线缆；软件部分分为 ISA、PCI 和 UDMA 三大类产品，分别对应不同时期的计算机应用环境，此外还有针对服务器硬盘的 SCSI 版本和针对闪存盘的 FLASH 版本。最新的 UMDA 版本集成了原来 PCI 版本和 ISA 版本的全部功能，全面支持 UDMA66 模式，并且具有硬盘电源保护功能，在固件维修方面包括若干针对不同品牌、不同系列的硬盘而开发的程序模块，可以通过不断升级程序版本来实现更多的功能，以满足维修新型硬盘的需求。PC-3000 UDMA 板卡的外观如图 7-24 所示。

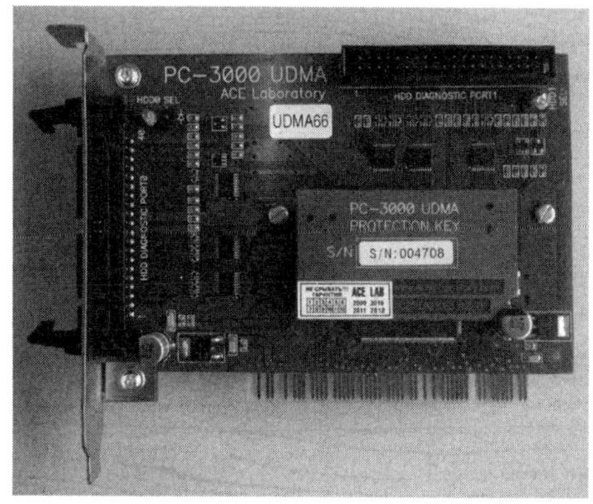

图 7-24　PC-3000 UDMA 板卡的外观

PC-3000 UDMA 板卡有两个接口，并且支持两个接口并行工作，还支持希捷、西部数据、富士通、三星、迈拓、昆腾、IBM、日立和东芝等主流 IDE、SATA 硬盘，以及 3.5 英寸、2.5 英寸和 1.8 英寸的硬盘接口，对容量几乎没有限制。

1. 主要功能

PC-3000 UDMA for Windows 其实包含两套工具：硬盘修复工具和数据恢复工具。UDMA 本身是硬盘修复工具；Data Extractor（简称 DE）用于读取硬盘数据，是选配项，需要额外支付购买费用。就硬盘维修功能而言，PC-3000 能实现如下功能。

- 修复 PCB：在只读存储器中对固件代码进行扫描；校验数据结构；校验固件版本；缓冲器 RAM 测试；运行自检测模式；读/写包含固件代码的 Flash ROM 和包含数据结构的 RAM，Flash ROM 的数据可以从 PC-3000 数据库中备份和恢复。
- 修复 SA：测试服务区的坏扇区，通过检测服务区模块查找可能出现的故障；对服务区信息进行擦除、格式化；恢复受损的模块，或者从 PC-3000 数据库中提取相应模块进行覆盖。
- 介质检测：对用户区进行表面测试，检测受损扇区；运行低级格式化程序；把受损扇区更新到缺陷表中（把受损扇区加到 G 表中，也可以把 G 表合并到 P 表中）；清除 G 表和 P 表。
- 磁头测试（只针对几个驱动器系列）：检查磁头；砍掉受损的磁头，在这种情形下硬盘驱动器的容量会缩小，但驱动器运行良好，用于屏蔽磁头和恢复数据。
- 其他通用功能：提供检查、重新设置硬盘驱动器 SMART 参数的功能；提供修改、更正驱动器 ID 的功能；提供硬盘驱动器上用户密码和硬盘密码解密的功能；提供硬盘容量剪切和还原的功能；提供在不损坏盘体的情况下迅速对硬盘清零的功能；提供在不做低级格式化的情况下重建译码表的功能。

2. 操作界面

在 PC-3000 UDMA 的主界面中，上方是工具栏，依次用来启动/断开电源、选择接口、进入 DE 工具、自动识别硬盘型号、进入专修工具和切换视图。中间部分是硬盘的品牌、系列和家族型号列表（都采用树形结构），同一个家族的主控芯片、电机驱动芯片等主要电路部分是相同的。下方是硬盘状态指示灯，用来显示硬盘的工作状态。图 7-25 所示为硬盘电源接通后的状态。

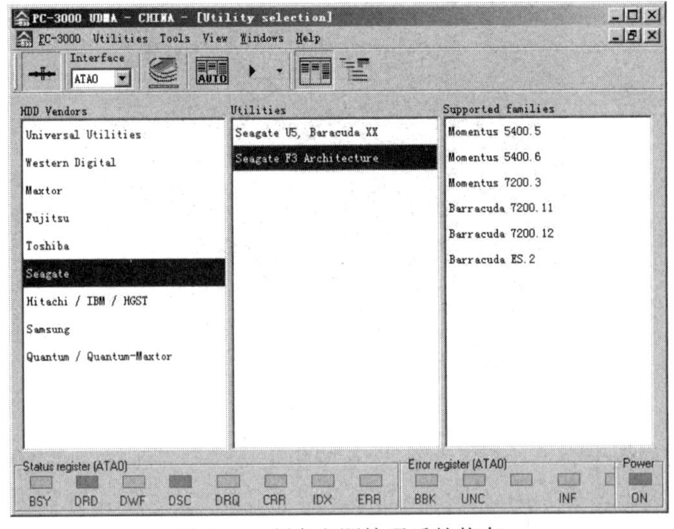

图 7-25　硬盘电源接通后的状态

在工具栏中可以选择对哪一个接口连接或断开电源。连接电源后，右下角的指示灯亮，同时硬盘状态寄存器 BSY 灯亮。等硬盘初始化完成后，BSY 灯会熄灭，同时 DRD 灯和 DSC 灯亮，表示硬盘已准备就绪（关于硬盘状态指示灯的详细说明请参考 7.2.1 节，此处不再介绍），否则表示硬盘初始化过程中出现问题，而硬盘不能准备就绪是很糟糕的。

准备就绪后，用户可以选择进入通用工具，或者对应型号的专修工具，如果不知道该硬盘属于哪一个系列和家族，那么可以单击工具栏中的“AUTO”按钮，程序会自动做出判断。如果硬盘有较为严重的故障，那么程序无法判断，需要用户对照硬盘的型号和主控芯片手动选择，如图 7-26 所示。

图 7-26　手动选择专修工具

3. 通用维修工具

如果待检查的硬盘是介质访问故障，那么通常先进入通用维修工具界面，并执行一些通用指令，如做硬盘的介质扫描、清零、低级格式化、自检、读取 ID、读取 S.M.A.R.T 等。数据恢复技术人员拿到硬盘如果发现能准备就绪，就先进入通用维修工具界面，检查硬盘的基本信息能否读出，介质是否完好，如图 7-27 所示。

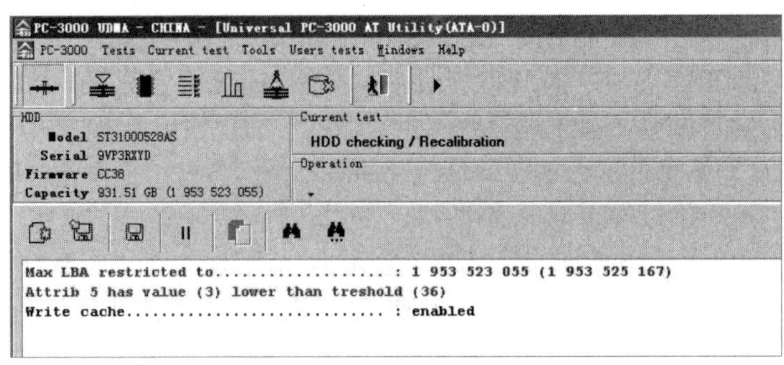

图 7-27　通用维修工具界面

如图 7-27 所示，可以看到这是一块容量为 1TB 的希捷硬盘，其序列号和固件版本号都能正常读出，说明基本的 ROM 模块没有问题，但下面的提示报告说明已限制硬盘的最大容量。在这个界面中，主要使用“Tests”菜单中的测试命令，这个菜单中包含硬盘检查、控制器检查、综合测试、快速测试、低级格式化、擦除数据等功能，其中常用的是硬盘检查、快速测试、低级格式化和数据擦除，如图 7-28 所示。

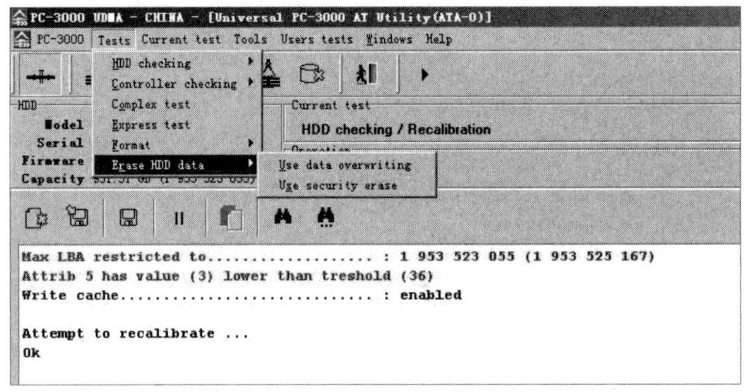

图 7-28　“Tests”菜单

如图 7-29 所示，“Tools”菜单中有一些功能选项和设置，如硬盘工具（校准和复位等功能）、显示 ID、观察 S.M.A.R.T、编辑缺陷表、设置通信口和综合选项。

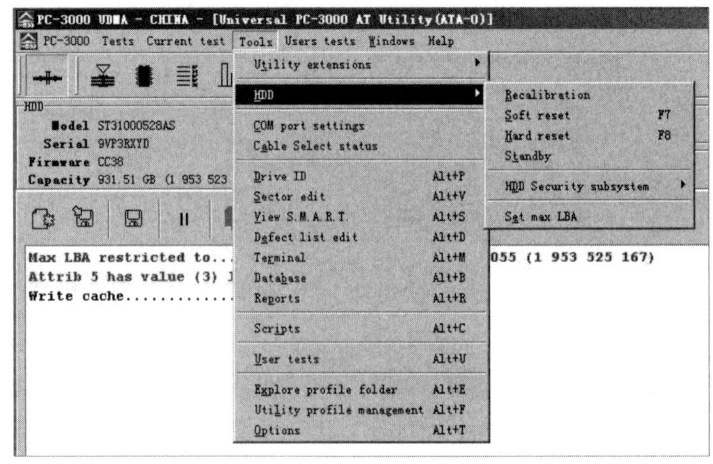

图 7-29　“Tools”菜单

PC-3000 在连接希捷硬盘时，一定要连接终端通信口。在对希捷硬盘发送工厂内部指令时，是依靠通信口来完成的，其他品牌的硬盘可接也可不接。PC-3000 提供了一套完整的连接各个品牌硬盘的终端转接器及接头，以及 USB 转 COM 卡的驱动程序。如图 7-30 所示，左侧是终端转接器，通过信号线和专用接头连接希捷硬盘的终端通信口。

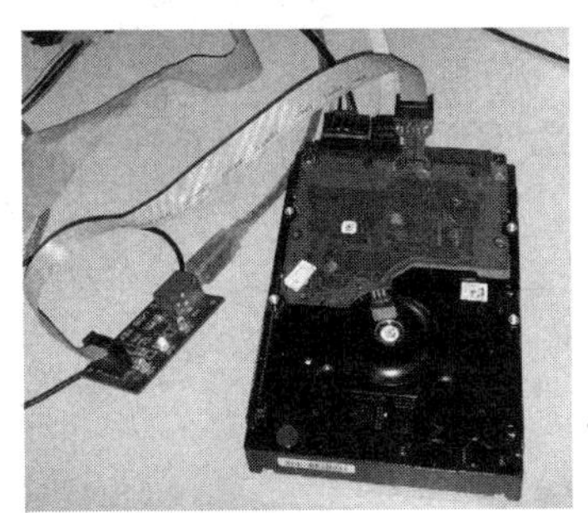

图 7-30　连接希捷硬盘的终端通信口

下面对硬盘做一个快速测试，用来检查硬盘介质和统计扫描信息，但不会对硬盘造成损伤或丢失数据。执行快速测试功能，在快速测试结果界面中能看到直观的信息图，如图 7-31 所示。

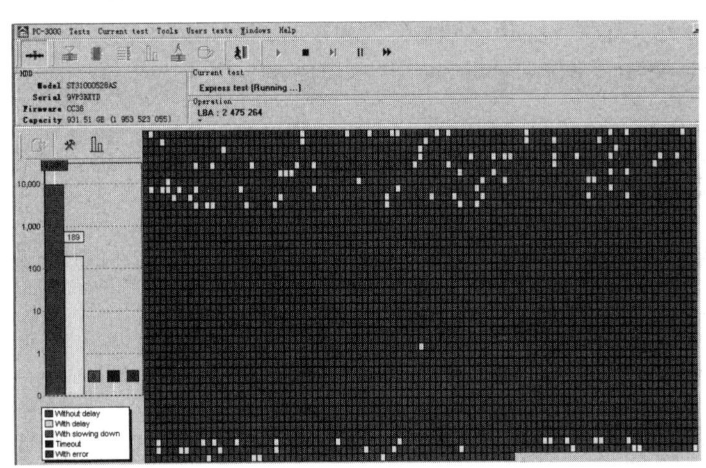

图 7-31　快速测试结果

和 MHDD 的表达方式差不多，每个小格子代表一个区块，默认为 256 个扇区。绿色块代表访问正常无延迟；黄色块代表有延迟，部分区域有小的缺陷；粉红色块代表访问延迟较大，存在坏扇区；棕色块代表超时响应，数据无法读出；深红色块代表读取出错，如找不到扇区信息或校验错等。从测试结果来看，此硬盘每隔一段区域就会出现黄色块比较集中的情况，说明某个磁头有损坏的迹象，该磁头工作时出错率较高，延迟较大。

4. 专修工具

如果硬盘存在固件问题，就要使用专修工具来处理。每个厂商在设计硬盘时并未遵循统一的技术标准，因此不同厂商生产的硬盘的维修指令和方法都不相同，专修工具也就有所不同。不同专修工具的界面虽然大致相同，但菜单项可能大部分都是不同的。这里仍以希捷硬盘为例展开介绍。启用专修工具后，主要操作“Tests”菜单和“Tools”菜单。在“Tests”菜单中，有关于终端通信的设置、服务区信息的操作、逻辑测试、固件问题综合解决方案和用户终端指令。

其中，服务区信息指的就是硬盘固件，这里分为 3 块：ROM（电路板上的 BIOS 信息）、RAM（硬盘缓存中的数据结构）和 SA（存储于硬盘负磁道上的服务模块），如图 7-32 所示。

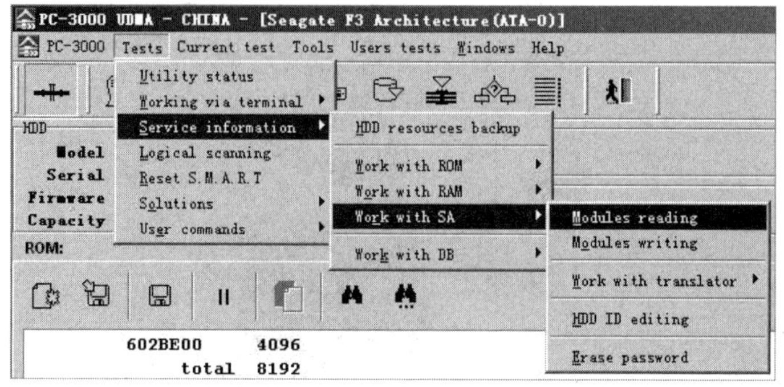

图 7-32　专修工具的“Tests”菜单

通常，数据恢复技术人员在使用专修工具时会习惯性地备份硬盘固件信息，不仅能检查固件的健康情况，还能以备不时之需，万一以后这块硬盘或相近的硬盘固件受损，就可以用备份固件模块进行修复。选择“Work with SA”→“Modules reading”命令可以读取硬盘的模块作为备份，备份的位置可以选择该硬盘的配置文件或数据库中，如图 7-33 所示。

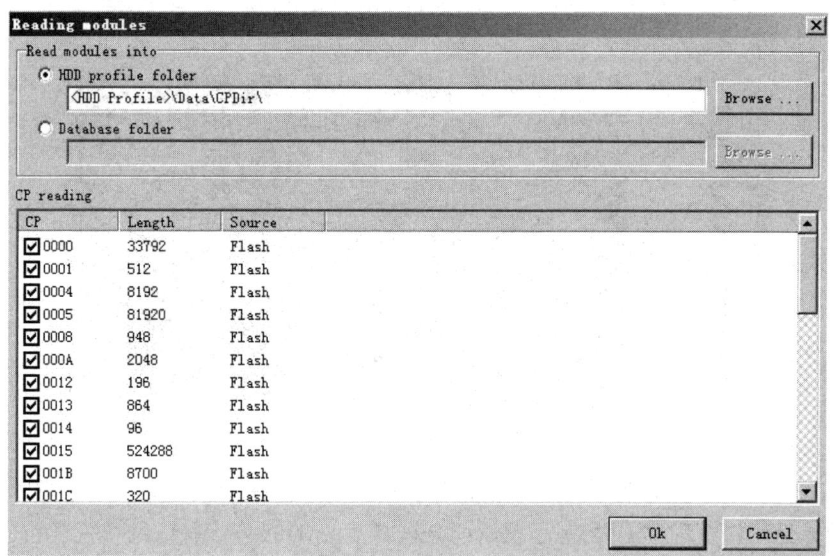

图 7-33　将固件模块保存到配置文件中

相应地，如果硬盘的某个固件模块有错误，就可以调取该硬盘原先备份的数据来恢复。在此处先选择“Modules writing”命令，再选择源模块数据的存储位置和需要恢复的模块编号，这样就能修复固件。这里需要注意两个问题：一是如果之前没有对此硬盘固件进行备份，就只能选择型号和固件版本号相同、序列号相近的硬盘固件来恢复，否则会产生更严重的后果；二是如果写入固件失败，就说明磁头有损伤或该位置扇区有缺陷。

PC-3000 在安装时自带了一个数据库，里面存储了一些硬盘固件信息，用户可以继续扩充这个数据库（使用数据库的好处是可以集中管理各种硬盘的信息）。把硬盘的信息以文件形式保存在配置目录下的好处是便于观察和交流，缺点是文件数很多。为了方便用户对硬盘信息数据库进行整理（如导入和导出），PC-3000 专门设置了“Tools”菜单。

在“Work with SA”菜单中，还可以编辑硬盘 ID，也就是可以修改硬盘的显示型号。以前某些国产品牌机厂商为了保护正版操作系统或硬盘数据，就曾采取这种方法，使非该厂商提供的硬盘无法安装其提供的正版操作系统或管理软件。

“Erase password”的功能就是解密硬盘，这个功能 MHDD 也有，但 PC-3000 的功能更强。

“User commands”菜单中提供了常用的用户终端操作指令，如果记不住复杂的指令集，那么可以用菜单很方便地完成，如图 7-34 所示。在使用这些指令时要非常小心，因为某些指令会导致数据丢失。这里列出的用户指令包括检测磁头（Check Heads）、显示 G 表（Show Alt-List）、显示 P 表（Show P-List）、清空 S.M.A.R.T 表（Clear SMART）、清空 G 表（Clear Alt-List）、合并 G 表到 P 表（Merge Alt List into Slip List）、重建译码表（Translator regeneration）、格式化用户区（Format User Area）等。

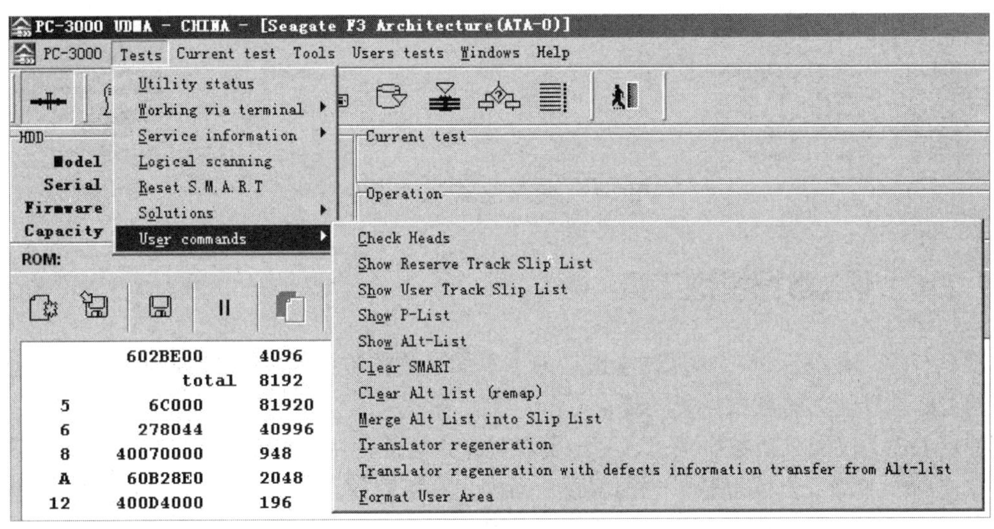

图 7-34　用户终端操作指令

这里的 Alt-List 相当于 G 表，如果选择“Show P-List”指令或“Show Alt-List”指令，那么 PC-3000 会在下方的信息框中显示记录的相关信息。值得一提的是，“Translator regeneration”指令会重建译码表，如果对 G 表和 P 表执行了回写操作，或者改动操作，那么需要重建译码表才能使硬盘正确编址。

“Tools”菜单的内容和通用维修工具的菜单项差不多，可以用来调节硬盘电源、设置终端接口参数、显示 ID、显示 S.M.A.R.T 报告、编辑扇区等，如图 7-35 所示。从 S.M.A.R.T 报告来看，该硬盘的工作状况并不理想，出错的概率较大，电机复位重试的次数多，这与快速测试结果的情况相符。

有时 S.M.A.R.T 报告中硬盘出错比较多，可能导致硬盘不能使用，此时可以用 PC-3000 清除报告信息，清除后，硬盘就误认为自己“健康”。但是，这样的操作只是使硬盘一时可以访问，并未对故障进行修复，因此还是应该立即将数据导出。值得注意的是，在做翻新盘时也可以清除报告信息，这样硬盘的使用时间就显示为 0，会让人误以为这是新盘，其实只需将硬盘接到 PC-3000 上做 S.M.A.R.T 自校验，便会“现出原形”。

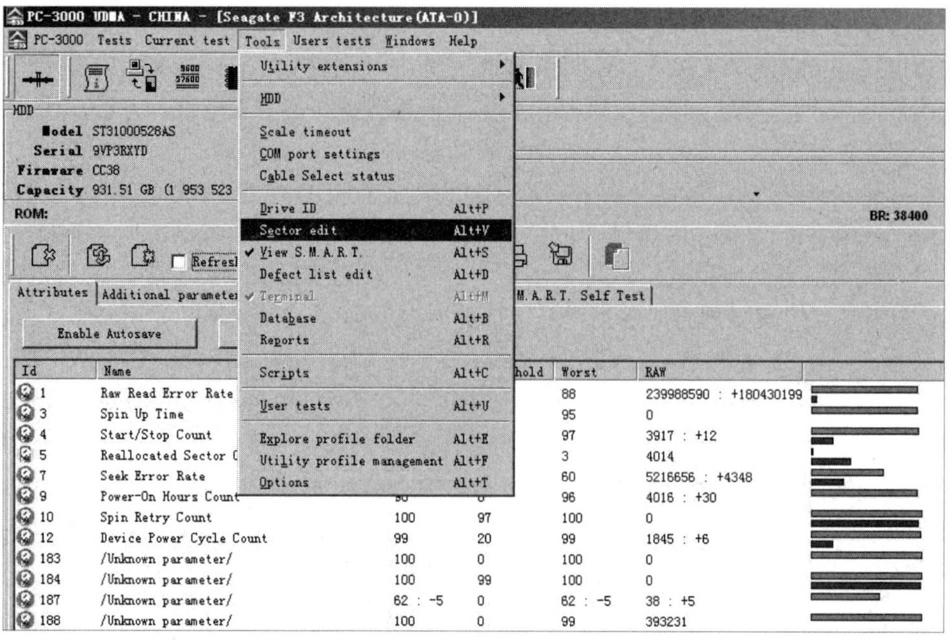

图 7-35　显示 S.M.A.R.T 报告

7.2.4　硬盘数据提取工具

硬盘有价，数据无价。修复硬盘也是为了里面装载的数据信息。PC-3000 UDMA 提供的配套的 DE 具有强大的数据恢复功能。

使用 DE 不仅能分析数据信息、列出资源目录，还能使用 RAW 方式恢复数据，当然，这些工作使用一般的数据恢复软件也能实现。当硬盘有坏扇区，无法正常读取数据时，使用 DE 可以读出，甚至在硬盘固件损坏，硬盘无法识别的某些情况下也能访问数据。所以，数据恢复技术人员将 PC-3000 视为“宝物”。

1. 启动 DE

在 PC-3000 UDMA 的主界面中，单击工具栏中的按钮启动 DE。首先，创建新任务，记录工作过程，如图 7-36 所示。

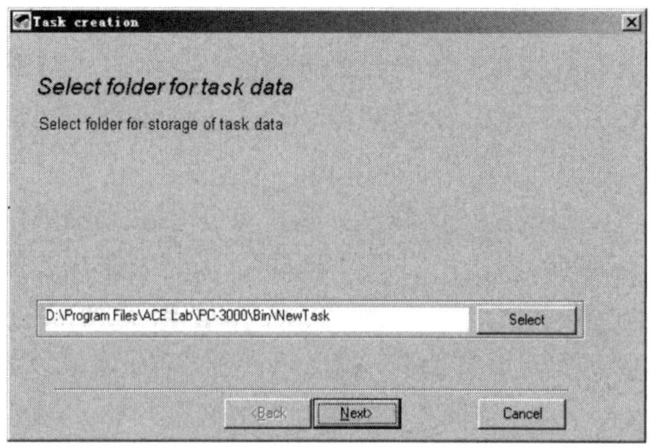

图 7-36　创建新任务

然后，选择源设备，在打开的对话框中会列出已发现的设备，如图 7-37 所示。在一般情况下会选择 PC-3000 接口连接的设备，这样才能发挥 DE 的作用。

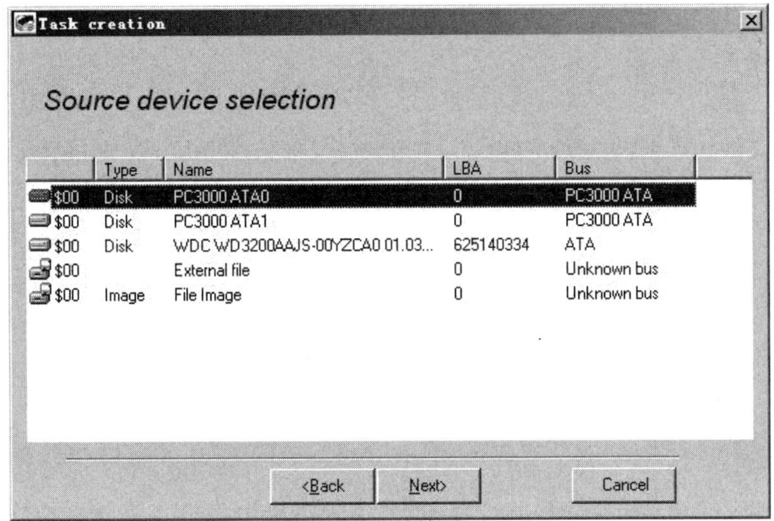

图 7-37　选择源设备

单击“Next”按钮，选择合适的硬盘初始化参数，如激活专修工具功能、软复位、硬复位、读取 ID、初始化等，如图 7-38 所示。一般不用对硬盘进行复位操作，如果固件有故障，导致硬盘自身无法准备就绪，就可以选择激活专修工具功能。

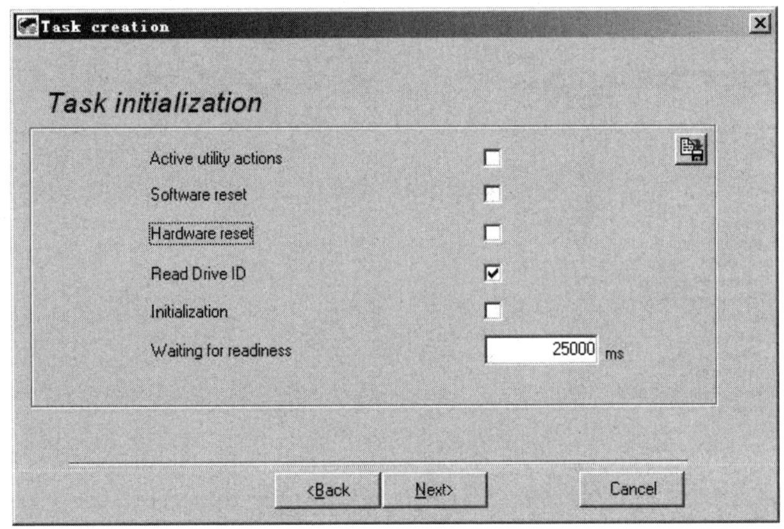

图 7-38　“Task initialization”界面

接下来就是任务选项，这里只有两个选项，如图 7-39 所示。

- Make data copy：可以制作盘到盘，或者盘到镜像文件的拷贝，一般不勾选“Make data copy”复选框，如果硬盘故障比较严重，无法直接分析数据，那么建议制作拷贝。
- Create virtual translator：如果硬盘的译码表已损坏，就可以勾选“Create virtual translator”复选框，DE 将根据扇区的实际情况在内存中创建虚拟译码表。

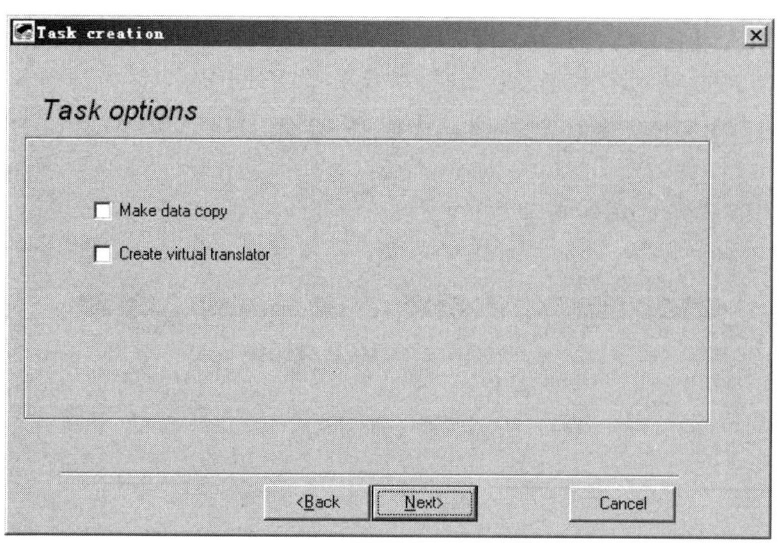

图 7-39　“Task options”界面

单击“Next”按钮，填写完任务信息（选填）就可以启动 DE。如果是制作拷贝，就单击“开始”按钮（ 为“开始”按钮， 为“暂停”按钮， 为“停止”按钮， 为“退出”按钮），用户可以通过进度窗格和日志窗格观察拷贝情况。如果不是制作拷贝，那么 DE 会显示一个类似于资源管理器的界面，分析文件系统，供用户选择并导出数据，如图 7-40 所示。

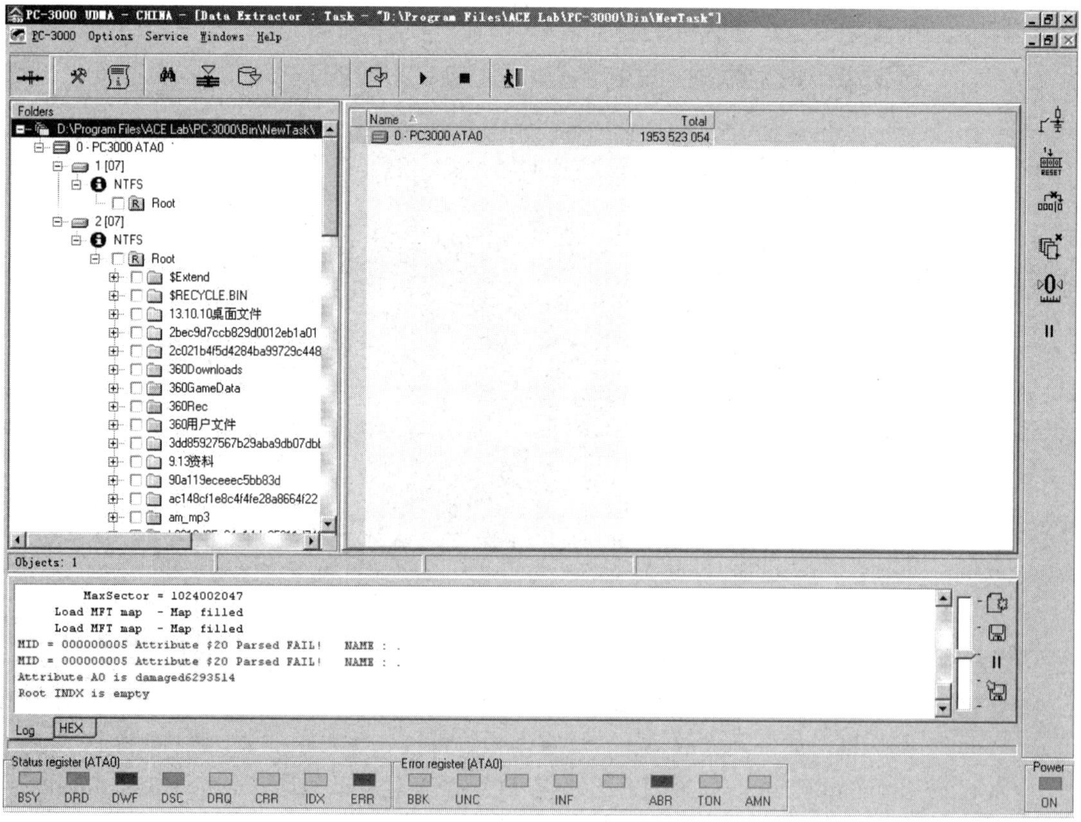

图 7-40　使用 DE 分析硬盘资源

2. 操作 DE

在 DE 中，用户可以先展开左侧树形列表中的文件系统目录，再在右侧的文件列表中标记需要导出的文件，最后执行导出操作。在分析硬盘数据时，即使遇到了在正常情况下无法读取的坏扇区，一般也能读出，但 DE 的功能远不止于此。如图 7-41 所示，“Service”菜单中提供了硬盘控制功能、正则表达式全面搜索功能、RAW 恢复功能、扇区编辑功能、MFT 记录编辑功能，还能将当前任务驱动器挂载到 Windows 操作系统中。用户也可以使用其他工具来分析硬盘。

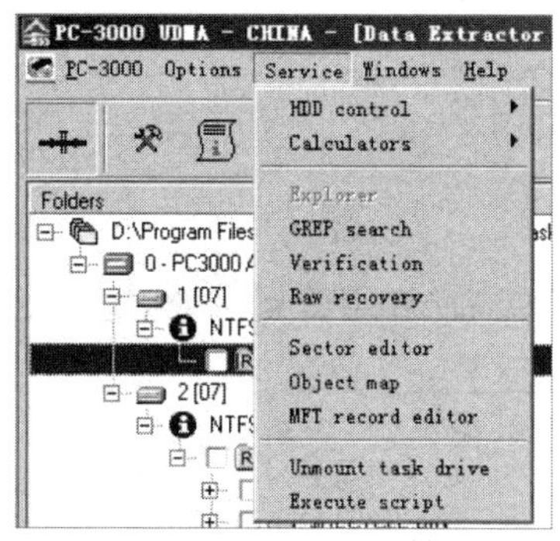

图 7-41　服务菜单功能

上面提到的功能这里不再一一介绍，只简单介绍 RAW 恢复功能。如果硬盘数据受损，无法通过文件系统直接分析出来，就可以使用 RAW 恢复功能（当然，也可以挂载到操作系统中，用其他的数据恢复软件进行恢复，但效果会打折扣）。选择“Raw recovery”命令，打开 RAW 恢复界面，左侧是检测到的文件，右侧是恢复参数，如 LBA 范围、文件过滤等，底部是日志信息，如图 7-42 所示。

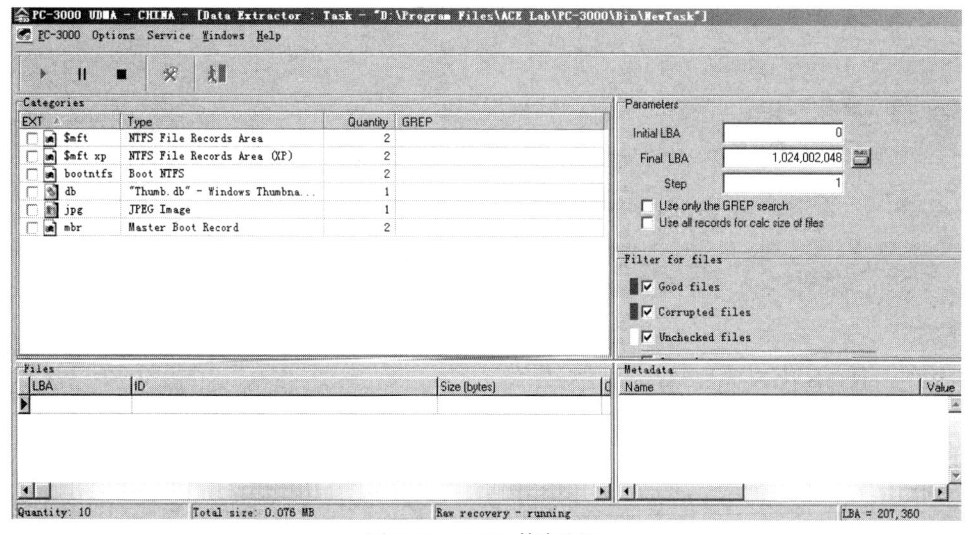

图 7-42　RAW 恢复界面

RAW 恢复需要依赖文件头。DE 提供了几百个常用文件的文件头，并且允许用户对文件头信息进行编辑，或者修改和增加文件头信息，如图 7-43 所示。由此可以看到各类文件的扩展名、文件说明和头部二进制代码（这里用正则表达式记录）。如果用户想搜索某种类型的文件，就在相应记录行的“Seek”栏上单击，显示“yes”即可。

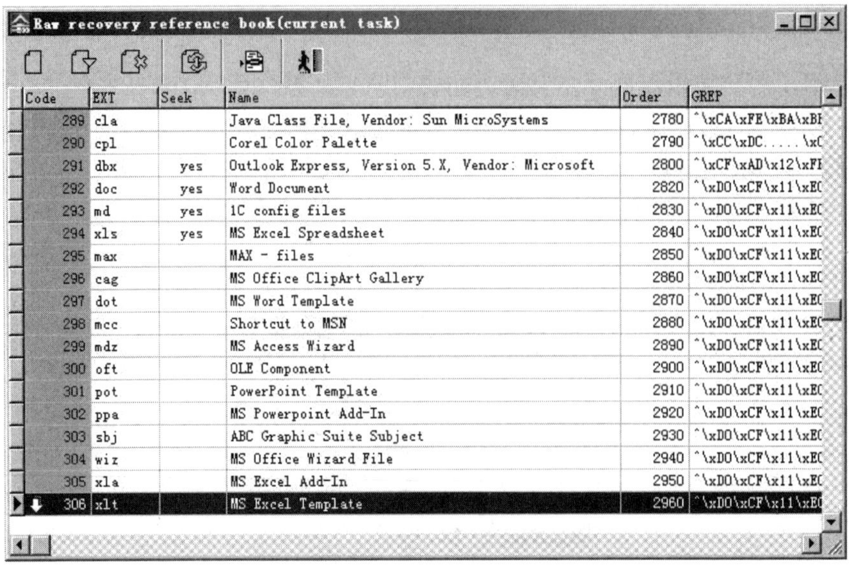

Raw recovery reference book(current task)

Code	EXT	Seek	Name	Order	GREP
289	cla		Java Class File, Vendor: Sun MicroSystems	2780	^\xCA\xFE\xBA\xB
290	cpl		Corel Color Palette	2790	^\xCC\xDC.....\x
291	dbx	yes	Outlook Express, Version 5.X, Vendor: Microsoft	2800	^\xCF\xAD\x12\xF
292	doc	yes	Word Document	2820	^\xD0\xCF\x11\xE
293	md	yes	1C config files	2830	^\xD0\xCF\x11\xE
294	xls	yes	MS Excel Spreadsheet	2840	^\xD0\xCF\x11\xE
295	max		MAX - files	2850	^\xD0\xCF\x11\xE
296	cag		MS Office ClipArt Gallery	2860	^\xD0\xCF\x11\xE
297	dot		MS Word Template	2870	^\xD0\xCF\x11\xE
298	mcc		Shortcut to MSN	2880	^\xD0\xCF\x11\xE
299	mdz		MS Access Wizard	2890	^\xD0\xCF\x11\xE
300	oft		OLE Component	2900	^\xD0\xCF\x11\xE
301	pot		PowerPoint Template	2910	^\xD0\xCF\x11\xE
302	ppa		MS Powerpoint Add-In	2920	^\xD0\xCF\x11\xE
303	sbj		ABC Graphic Suite Subject	2930	^\xD0\xCF\x11\xE
304	wiz		MS Office Wizard File	2940	^\xD0\xCF\x11\xE
305	xla		MS Excel Add-In	2950	^\xD0\xCF\x11\xE
306	xlt		MS Excel Template	2960	^\xD0\xCF\x11\xE

图 7-43　编辑文件头信息

如何打开 RAW 恢复的文件头设置呢？“Options”菜单中不仅有文件头设置，还有任务参数和正则表达式设置，如图 7-44 所示。在任务参数中，主要配置接口工作模式、读/写延迟、跳跃扇区数等，在制作拷贝时需要认真配置这些参数。

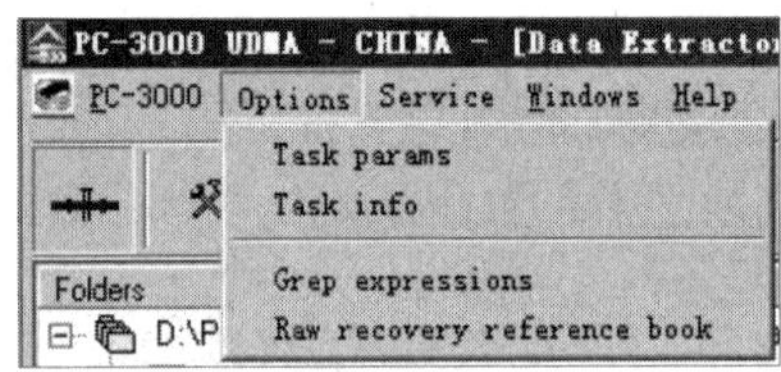

图 7-44　“Options”菜单

任务实施

7.3　任务 1　硬盘部件检修

7.3.1　电路板故障的检测与维修

1. 任务描述与分析

Maxtor D540-4K 是一款型号比较老的容量为 40GB 的硬盘，连接计算机时不能被识别，用手贴住硬盘表面既感觉不到硬盘工作时的轻微震动，又听不到异响声，感觉硬盘没有工作。经过初步检查，怀疑硬盘电路板上的主控芯片或电机驱动芯片存在故障，外观没有明显的烧坏或物理损伤。有时烧坏的芯片从外面是看不出来的，因此，先换一个电路板观察启动情况，再查看能否导出数据。

7.1.3 节介绍了选择替换电路板的原则，但某些型号比较老的硬盘很难找到相同的备件来替换，有时可以用相兼容的硬盘电路板来替换。在选择兼容电路板时，一定要保证电路板的外观结构一致、主控芯片一致、硬盘主型号一致。例如，西部数据的 WD400EB-xxCPxx 可以和 WD200EB-xxCPxx 的电路板互换，但不能和 WD400BB-xxDExx 的电路板互换，因为容量差别通常是可以兼容的，而 EB 和 BB 的型号不同，所以不能互换。同理，Maxtor D540 系列的 4D040H2xxxxx 和 4D030H2xxxxx 的电路板是可以互换的。

选择硬盘电路板应先看型号，硬盘的型号中包含许多信息。硬盘市场经历了多次变迁，有的品牌已逐渐消失，目前常见的品牌有希捷、西部数据、三星、日立、IBM、富士通、东芝等，其中最常见的品牌是希捷和西部数据。下面以这两个品牌的硬盘为例介绍硬盘型号代表的含义。

1）希捷硬盘

由于希捷曾经收购了昆腾和迈拓，因此其市场占有率和名声一路飙高，现已成为硬盘业的翘楚。希捷硬盘有 U 系列、酷鱼系列及企业级系列，这几个系列分别针对不同的市场，其型号也经历了几次变革，以前的标识方法大致如下：

ST+尺寸+容量+主副标识+接口类型

尺寸和接口类型标识没有变化；容量从 3 位数到 4 位数不等，不同时期的标识不同；主副标识也发生了变化，早期表示盘片数和转速，后来表示缓存和盘片数，并且缓存表示法也发生了变化。本节不再详细介绍，读者可以查阅相关资料进行了解。

从 2011 年开始，希捷为了简化订购、降低产品复杂性和确保供应的连续性，对型号格式进行了修改，因此，现在的硬盘采用新的标识方法，如图 7-45 所示。

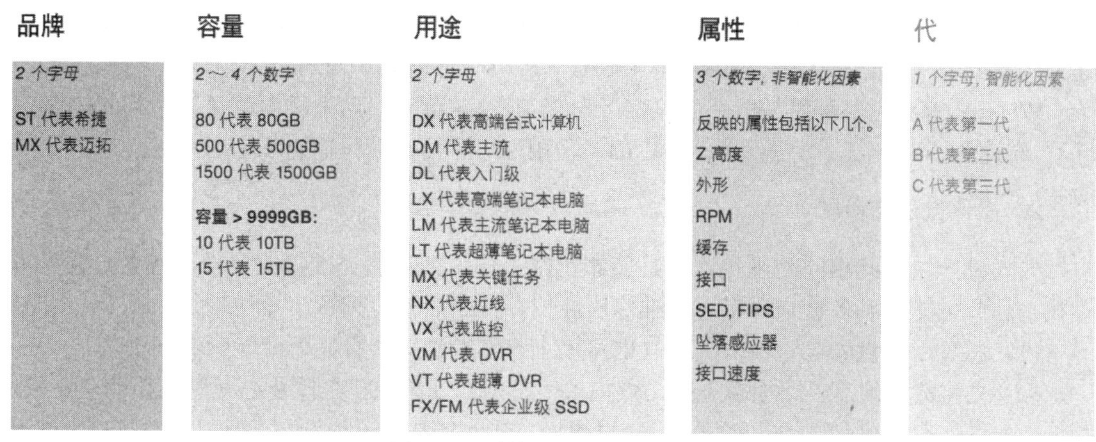

图 7-45　希捷硬盘新的标识方法

其中，属性字段的 3 个数字无格式和规定含义，只能通过厂商的对照表来了解反映的属性内容。

例如，T2000VX000 代表希捷（Seagate）2TB/7200rpm/64MB/SATA/6Gbps/监控级硬盘。

2）西部数据硬盘

西部数据早期专注于 OEM 市场，后来开始开拓中国市场。西部数据的主要产品有鱼子酱（Caviar）、猛禽（Raptor）、表演者（Performer）和 Protege 几大系列，这几大系列下面又包含子系列。鱼子酱为桌面市场的主打产品，产品性能中规中矩，价格具有优势；猛禽为高端桌面系列，有媲美服务器硬盘的速度；表演者则专为 DVR 等数字媒体设备提供；Protege 专攻低端小容量市场。西部数据硬盘的标识方法比较简单，如鱼子酱系列硬盘的标注方法如下：

WD+容量+转速、缓存+接口

其中，转速、缓存部分用于说明以下几点。

- “A”表示转速为5400rpm的鱼子酱系列硬盘。
- “B”表示转速为7200rpm的鱼子酱系列硬盘。
- “E”表示转速为5400rpm的Protege系列硬盘。
- “J”表示转速为7200rpm、数据缓存为8MB的高端鱼子酱系列硬盘。
- “G”表示转速为10 000rpm、数据缓存为8MB的高端桌面猛禽系列硬盘。

接口部分用于说明以下几点。

- “A”表示Ultra ATA66或更早期的接口。
- “B”表示Ultra ATA100接口。
- “W”表示应用于A/V（数码影音）领域的硬盘。
- “D”表示Serial ATA150接口。

例如，WD1200BB表示硬盘的容量为120GB，转速为7200rpm，接口为ATA100。

现在西部数据也更换了新的标识方法，新方法比较复杂，包含主型号和后缀号，主型号标识硬盘的主要技术参数，后缀号标识客户代码和家族。下面以鱼子酱系列硬盘为例对主型号命名规则进行简要说明（详细的标识信息可参考相关资料）：

WD+容量+容量单位/外观尺寸+用途/商标+转速/缓存大小或属性+接口/连接部件

WD5000AAKX代表西部数据硬盘的容量为500GB，3.5英寸，属于桌面鱼子酱系列，转速为7200rpm，数据缓存为16MB，采用SATA接口，传输速率为6Gbps。

WD30EZRX代表西部数据硬盘的容量为3TB，3.5英寸，属于桌面鱼子酱系列（GPT分区），转速为5400rpm，数据缓存为64MB，采用SATA接口，传输速率为6Gbps。

2. 操作方法与步骤

先找到一块与此相同的硬盘，并且能够正常工作。由于此类硬盘的型号比较老，并且很难找，因此可能要到多家二手市场或维修店寻找，找到后按下列顺序操作。

（1）将备用硬盘的电路板拆下来。电路板上有6颗螺钉，拆完后就能顺利取下。

（2）先将故障硬盘电路板拆下来，再将备用电路板安装上。在拆装过程中不损伤电路板。

（3）将故障硬盘安装到计算机上，接通电源，观察其是否可识别，以及工作情况。通过观察，该硬盘可以顺利识别，但电机的工作声音不正常，可能是因为电机组件有故障。通过检查，硬盘中的数据可以读取，但工作速度变慢。

（4）在确认需要导出的数据后，迅速连接一块移动硬盘，将需要的数据复制到移动硬盘中，由于故障硬盘的工作速度降低，因此8GB的数据复制了3个多小时。

7.3.2 开盘更换磁头组件

1. 任务描述与分析

迈拓硬盘D540X-4D在工作时忽然死机，重新启动后无法检测到硬盘，并且能听到异响声，要求尽量恢复硬盘中的数据。

这款硬盘普遍存在使用三四年后突然不能识盘的问题，具体表现为初期偶有“腾、腾”或“咔嗒、咔嗒”的金属碰撞声，同时硬盘立即不能识别，而电机转速正常，关机冷却一会儿重新启动后又可正常使用，中期故障发生频率加剧，晚期则根本不能识别。有时硬盘内部间歇性地发出异响，硬盘电路板上的控制芯片可能有烧毁痕迹。很多用户在故障发生初期没有重视，直到硬盘完全不能识别才发现里面的数据还没有备份。

经检查，此硬盘的电路板上没有烧毁的痕迹，初步判断需要先更换磁头组件，再尝试恢复数据。

2. 操作方法与步骤

首先寻找一块相同型号的硬盘，将其磁头组件拆下来作为备件，然后替换到这块故障硬盘中。开盘工作应在洁净间进行，此处的开盘过程为了能说明操作步骤和技巧，只是在相对封闭的环境中演示。另外，在更换磁头组件后，即使硬盘运转顺利，也要立刻将数据导出，不能简单地认为硬盘已经修好，可以继续运行。

在准备好操作环境和开盘工具后，就可以执行下面的步骤。

（1）使用八角螺丝刀将硬盘的电路板拆下来。因为有的硬盘在电路板下有一颗螺钉是用来固定磁头控制电路板的，所以需要先将电路板拆离硬盘。此款硬盘没有那颗螺钉，但拆磁头电路板仍需要从这一侧用力，所以也需要拆掉，如图 7-46 所示。

（2）拆掉电路板后，把硬盘正面朝上，先用八角螺丝刀将正面盖上四周的 6 颗螺钉拧下来，再揭开标签贴，用六角螺丝刀将里面盖住的 2 颗六角螺钉拧下来，如图 7-47 所示。

图 7-46　拆卸电路板

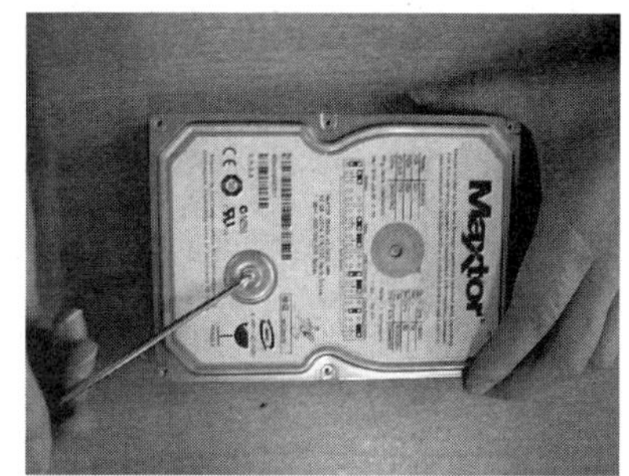

图 7-47　拆卸面板

（3）将螺钉全部拧下来之后就可以打开盘盖。用平口螺丝刀在盘盖和盘体接缝处轻轻撬一下，盘盖就可以脱离盘体，如图 7-48 和图 7-49 所示。

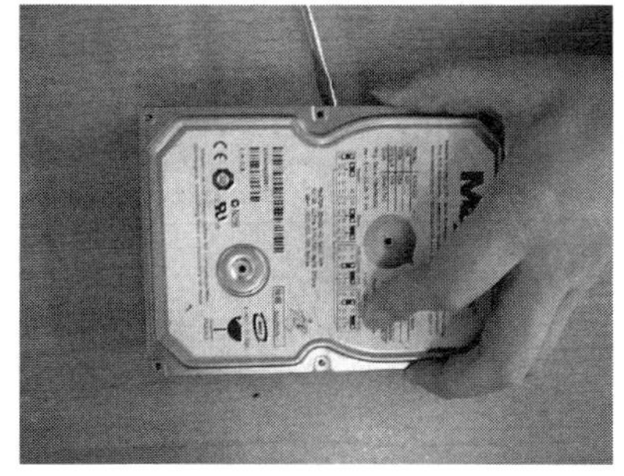

图 7-48　取下面板 1

图 7-49　取下面板 2

（4）硬盘腔体中的一角是一块磁力很强的永磁铁，上面用铁片覆盖，形成一个内磁场，用来控制磁臂的摆动。覆盖的铁片还有限制磁头摆动角度的作用，必须把它取下来才能将磁头移出盘片并取下磁头组件。有的硬盘用螺钉来固定这个铁片。如图 7-50 所示，这块硬盘没有用螺钉来固定铁片，用尖嘴钳可以将这块铁片取下来，但一定要夹稳，否则磁铁的吸力会导致金属发生碰撞，造成损害。

从硬盘上取下来的铁片兼有磁臂定位卡子的作用，但有些硬盘有专门的定位卡子，要将磁头移出盘片，必须把控制磁臂的定位卡子取下来，否则磁头无法移出盘片。不同硬盘的定位卡子的形状和位置是不同的。

（5）将磁铁拆下来之后，把前置磁头控制电路板也拆下来。把上面的两颗小螺钉拧下来之后，从背部往上轻轻一顶，电路板就会脱离底座。此款硬盘的这个电路板其实只起内外连接的作用，并没有电子器件，如图 7-51 所示。

图 7-50　取出铁片

图 7-51　取出前置磁头控制电路板

（6）此时磁臂可以自由移动，但不要随意摆动它，因为磁头很脆弱。一只手顺着磁头方向轻轻转动主轴，另一只手慢慢地将磁头滑出盘片，如图 7-52 所示。

图 7-52　将磁头滑出盘片

（7）用一根手指固定住磁臂轴的位置，不要让它来回摆动，以免磁头碰到盘片而擦伤，因为底部的另一块永磁铁仍然在发挥作用。使用大平口螺丝刀将磁臂轴上的固定螺钉拧下来，这样整个磁头组件就可以彻底拆下来，如图 7-53 和图 7-54 所示。

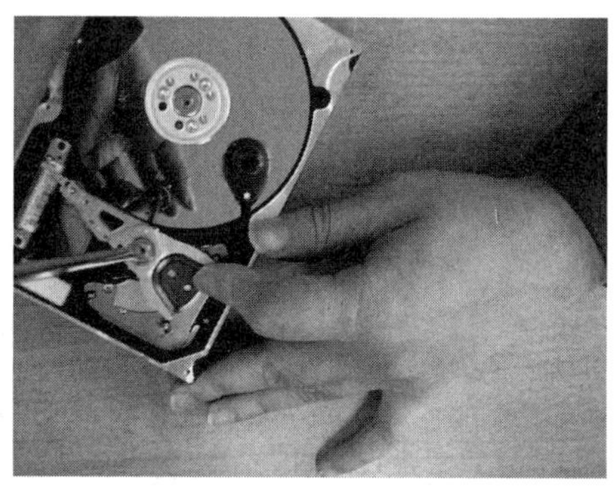
图 7-53　拆卸磁头组件

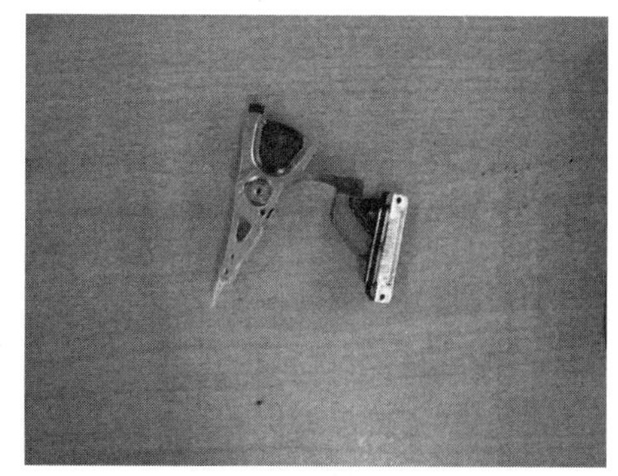
图 7-54　拆下来的磁头组件

（8）在安装备件磁头之前，需要先观察盘片厚度，再用美工刀将橡皮擦切成比盘片略微厚一点的小条，如图 7-55 所示。因为磁头移出盘片后会合在一起，必须将它们分开后才能滑入盘片，而磁头是极为精密和脆弱的部件，所以在拆和装的过程中不要让其发生触碰。将小橡皮条夹在上、下磁臂靠近磁头的位置，使两个磁头之间产生空隙，在安装磁头时应防止磁头和盘片擦刷。

（9）安装新的磁头组件，将磁臂轴上的固定螺钉拧上，将橡皮条嵌在一对磁头中间（见图 7-56），将合拢的磁头分开（有几对磁头就需要嵌几对橡皮条）。

图 7-55　切橡皮条

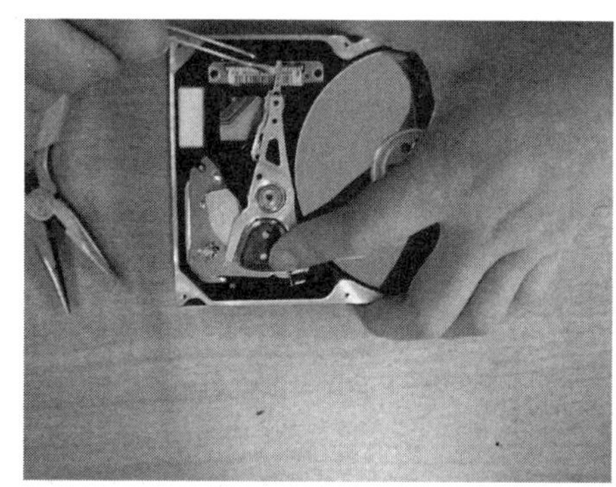
图 7-56　用橡皮条隔开磁头

（10）将小橡皮条夹在磁头之间之后，将磁头组件用手固定在原位置上，轻轻转动硬盘主轴，把磁头滑到盘片上，这时小橡皮条会自动脱落，等磁头滑到盘片最里端之后，再用镊子把小橡皮条夹出来，如图 7-57 所示。

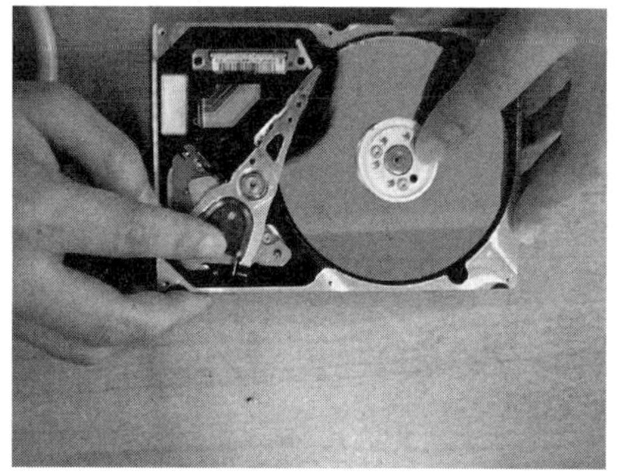
图 7-57　安装磁头

有的橡皮擦很容易掉渣，这样会影响开盘工作时的无尘环境，因此橡皮擦应选择不掉渣的，最好使用专门的小橡胶条。

（11）安装步骤与拆卸步骤相反，需要注意的地方是一致的。

（12）盖上盘盖，上好电路板，更换磁头组件的操作至此结束，将故障盘再次连接计算机进行测试，硬盘能检测到，进入系统后能够读取全部数据，数据恢复成功。

3. 总结与补充

硬盘的开盘方式都是一样的，内部结构大同小异，只是有的结构稍微简单一些，有的操作起来困难一点。取的时候要因情况而异，先仔细观察再动手。通常有 3 种情况需要进行开盘处理：一是永磁铁旁的定位卡子脱位，二是磁头组件发生故障（不管是磁头还是前置电路等发生故障，都要更换整个磁头组件），三是主轴电机发生故障。

主轴电机固定在硬盘的盘基座上，很难拆卸，因此要解决电机故障，通常是将盘片拆下来放到备用硬盘中，不单独更换电机。不过，此时又有一个新问题：如果是多个盘片，那么在安装时应如何确保它们之间的顺序、朝向和角度？如果弄错，数据就会错乱，无法工作，甚至可能会损坏数据。

安装盘片的办法如下：在拆卸盘片前，用一支油性笔从上往下在盘片边缘画一条垂直线，并记住它们的位置。在安装时，将其按照原来的顺序、朝向和角度放置，这样可以避免上面的问题，即使有一点点的角度偏差，也能够将数据读出，只是角度不同增加了读盘延迟时间，速度稍稍降低而已。

笔记本电脑的硬盘很小巧，操作起来比大硬盘容易一些。这是因为它们的内部结构是差不多的，但笔记本电脑的硬盘内的永磁铁磁力小，便于操作。笔记本电脑的硬盘的磁头端都有专门的磁头起停区（见图 7-58），有时需要将起停区拆下来才能将磁头取下来。

图 7-58　笔记本电脑的硬盘的内部结构

7.4　任务 2　硬盘高级维修与数据恢复

7.4.1　使用 MHDD 修复介质故障

使用 MHDD 检测硬盘固件

1. 任务描述与分析

某硬盘在工作时能正常启动操作系统，但某些文件打不开，或者要等待一段时间才能打开，同时硬盘灯长亮，初步判断硬盘可能出现坏道，现在需要对故障硬盘进行检测。

仔细观察硬盘工作时的状况，硬盘能正常识别和启动系统，并未出现异响声，这说明硬盘的电路板、磁头、电机和固件部分没有问题，应该是硬盘介质表面有缺陷引起的，可以使用 MHDD 检测。如果是少数扇区逻辑损坏，那么可以直接通过 MHDD 来修复，并且不会丢失数据，但无论如何都应该先备份重要数据。

2. 操作方法与步骤

使用 MHDD 的 SCAN 指令（或按 F4 键）可以对硬盘介质进行检测，使用 SCAN 指令可以从硬盘的保留扇区中取出同等扇区数来替换发现的坏扇区，并将坏扇区的物理地址写入 G 表中，所以硬盘的总容量不会减少。在准备好检修环境和工具之后，在 DOS 环境下启动 MHDD，并执行下面的操作步骤。

（1）在 MHDD 的界面中输入“PORT”指令（或按 F3 键），选择目标盘。选好目标盘之后，输入“SCAN”指令，MHDD 会报告硬盘的型号、序列号、固件版本、支持的数据传输模式等，并弹出扫描参数的菜单，如图 7-59 所示。

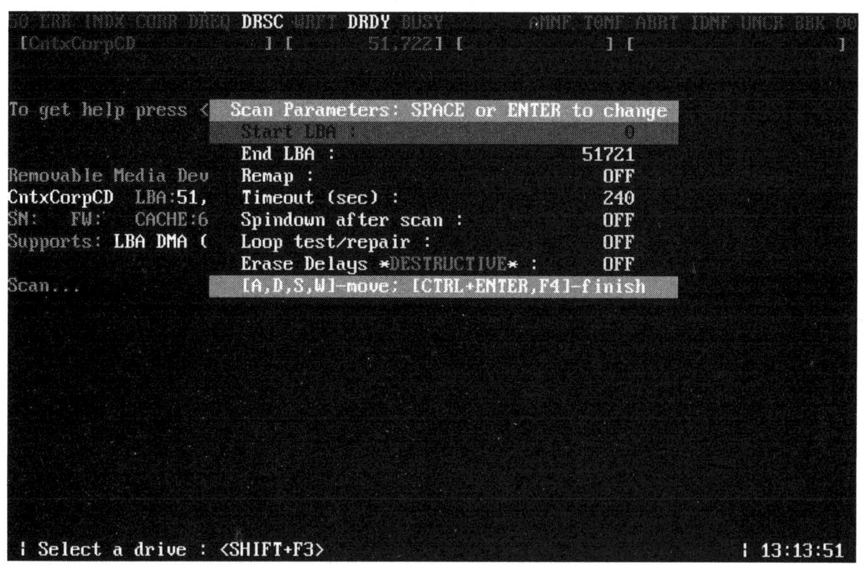

图 7-59　扫描参数

注意上方的指示灯，如果显示亮的指示灯，就表示硬盘已准备就绪，并且无异常。扫描参数提示框中各参数表示的含义如下。

- Start LBA 和 End LBA：采用默认值。
- Remap：关闭，根据检测的情况确定。
- Timeout：采用默认值。
- Spindown after scan：关闭。
- Loop test/repair：关闭。
- Erase Delays：关闭。

（2）在设置好扫描参数之后，再次按 F4 键就开始扫描硬盘，如图 7-60 所示。

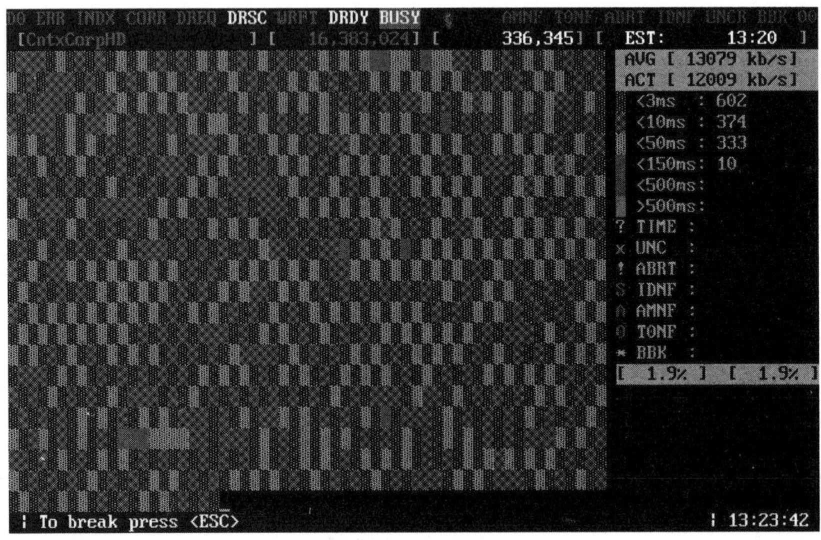

图 7-60　扫描硬盘

（3）在扫描过程中，顶部的 BUSY 灯会亮。中间部分的左侧是硬盘扫描状态进程图，描述了当前扫描硬盘的状况，每个小格子代表一个扫描块（LBA 模式下为 256 个扇区，CHS 模式下为 63 个扇区）。在扫描过程中随时可以按 Esc 键中止，也可按方向键向前进或后退。

（4）每个扫描块的标记含义如右侧列表所示。在正常情况下，应该只出现第一个第二类型的标记。如果出现 50 毫秒及以上的标记，就表示该处读/写速度慢，读取异常，有产生坏道的迹象；如果出现问号“?”，就表示此处读取错误，有坏扇区。需要指出的是，如果检测的是型号比较老的硬盘（容量小于 2GB），那么它们的转速都很低，出现绿色块属于正常现象。

（5）如果出现“x”“!”“S”“A”“O”“*”等标记，就说明有更低级的介质故障或缺陷，属于物理缺陷。如果全盘都标记为这些缺陷符号，就可能有转译错误（CHS-LBA），可以尝试使用 PC-3000 重建译码表解决。

（6）观察此硬盘的扫描情况，发现有少量的坏扇区，但并不严重，是可以修复的。因此，重新启动扫描程序，把 Remap 参数设置为“ON”，等待扫描完成。在扫描完成之后，再次扫描一遍，以确认坏扇区均已修复，经检查，该硬盘的坏扇区已修复，连接计算机之后，原来不能访问的文件已能访问，硬盘检修完成。

7.4.2　使用 PC-3000 修复硬盘固件

1. 任务描述与分析

假设有一块迈拓金钻九代容量为 120GB 的硬盘，该硬盘主轴电机运转正常，寻道正常，但无法识别，无异响声，使用 MHDD 等检测工具检查仍不能识别，硬盘状态灯只有 BUSY 灯亮。请修复硬盘，并尽量保存其中的数据。

硬盘电机运转正常，寻道正常，这说明硬盘电路部分和磁头电机没有什么问题，是典型的迈拓硬盘固件问题。修复思路如下：在安全模式下使用 PC-3000 加载 LDR 文件（硬盘引导映像文件，也就是保存在硬盘 ROM 中的程序），使硬盘就绪并能读/写固件，同时检测固件，找出受损固件模块，用好的对应模块回写，最终修复硬盘。

2. 操作方法与步骤

（1）将故障硬盘与 PC-3000 的 ATA1 接口进行连接，运行程序并开启 ATA1 接口的电源，此时硬盘一直处于 BUSY 状态，无法就绪，如图 7-61 所示。

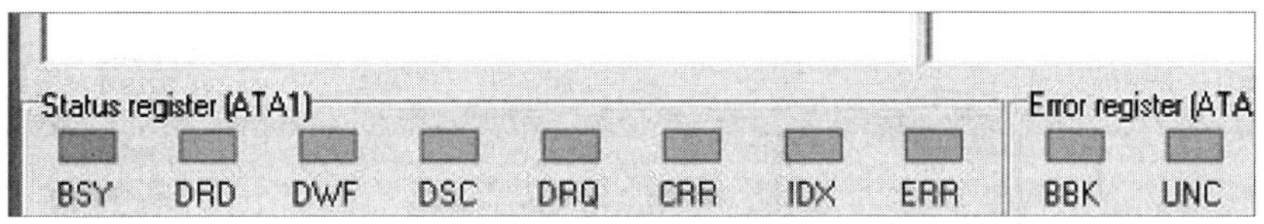

图 7-61　故障硬盘状态

（2）由于硬盘一直处于 BUSY 状态，无法执行固件读/写操作，因此将硬盘跳线设置为安全模式，并重新通电，此时硬盘电机不运转，直接进入就绪状态，等候控制命令，如图 7-62 所示（硬盘跳线在电源接口和数据接口之间，硬盘标签上有图示说明）。

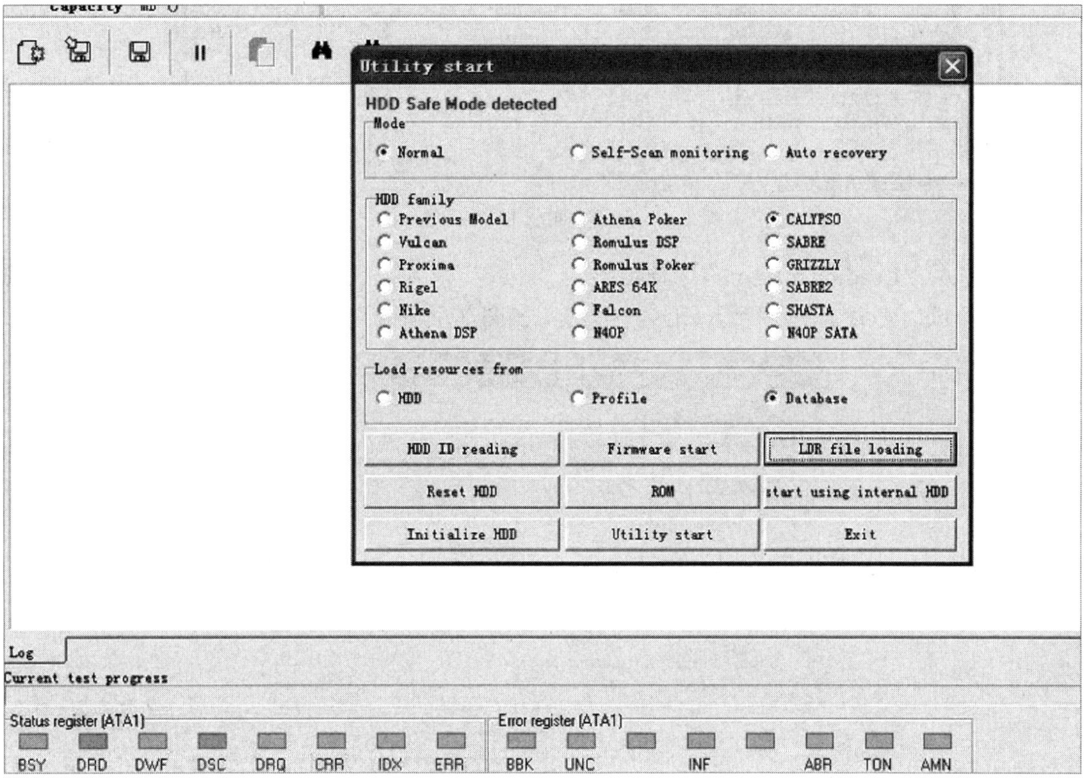

图 7-62　“Utility start”对话框

（3）选择好硬盘的 Family（家族，一般根据主控芯片识别），接下来加载对应的电路板虚拟文件（LDR）。先选中图 7-62 中的“Load resources from”选项组中的“Database”单选按钮，再单击“LDR file loading”按钮，选择一个对应型号的 LDR 文件，最后单击“OK”按钮，如图 7-63 所示。在选择文件时需要注意，列表中的前面几项（Model、Firmware、ROM C/S）要和硬盘的参数对得上，至少前两项必须一致。如果数据库列表中没有相同型号的硬盘，那么可以找相同型号的硬盘备份固件，或者向其他技术人员寻求帮助。此处选择的硬盘型号为 Maxtor 6Y120L0, 固件版本号为 YAR41BW0，ROM C/S 为 1B5C。

Loader Selection

Model	Firmware	ROM C/S	Ovrl CRC	SA Head / Head	Serial
Maxtor 6Y080L0	YAR41BW0	FFE9	093E	3/3	Y244N59E
Maxtor 6Y080L0	YAR41BW0	FFE9	6E50	3/3	Y261D65E
Maxtor 6Y080L0	YAR41BW0	FFE9	E3C3	3/3	Y2QQHYZE
Maxtor 6Y080L0	YAR41BW0	FFE9	6D5A	3/3	Y2QX1AJE
Maxtor 6Y080L0	YAR41BW0	FFE9	C579	3/3	Y2QXZERE
Maxtor 6Y080P0	YAR41BW0	3619	DAC6	3/3	Y2LAEPDE
Maxtor 6Y120L0	YAR41BW0	1B5C	AB61	3/3	Y3J10CQE
Maxtor 6Y120L0	YAR41BW0	3619	C9EA	3/3	Y36VJKTE
Maxtor 6Y120L0	YAR41BW0	4DD2	B95E	3/3	Y3JDBQQE
Maxtor 6Y120L0	YAR41BW0	55A4	AAAF	3/3	Y31H3SDE
Maxtor 6Y120L0	YAR41BW0	55A4	DFA2	3/3	Y31HX4GE
Maxtor 6Y120L0	YAR41BW0	55A4	18D7	3/3	Y31HY5RE
Maxtor 6Y120L0	YAR41BW0	55A4	99CF	3/3	Y31JTV7E
Maxtor 6Y120L0	YAR41BW0	55A4	9984	3/3	Y31K3K9E
Maxtor 6Y120L0	YAR41BW0	55A4	87ED	3/3	Y31KBKKE
Maxtor 6Y120L0	YAR41BW0	55A4	4D53	3/3	Y31SAN5E
Maxtor 6Y120L0	YAR41BW0	55A4	9276	3/3	Y31SANXE
Maxtor 6Y120L0	YAR41BW0	55A4	68B8	3/3	Y31T9KZE
Maxtor 6Y120L0	YAR41BW0	55A4	BDEF	3/3	Y3JVZXVE
Maxtor 6Y120L0	YAR41BW0	55A4	811B	3/3	Y3JW82JE
Maxtor 6Y120L0	YAR41BW0	7581	C370	3/3	Y3J75ERE
Maxtor 6Y120L0	YAR41BW0	7581	7D64	3/3	Y3J76JBE
Maxtor 6Y120L0	YAR41BW0	7581	686D	3/3	Y3JEM08E
Maxtor 6Y120L0	YAR41BW0	7581	E892	3/3	Y3JF99CE

Rebuild new list ...　Ok　Cancel

图 7-63　加载 LDR 文件

（4）选中“Loading method”选项组中的“Auto”单选按钮（程序会自动判断合适的加载项，通常会同时加载 ROM 和 Overlays 两项），如图 7-64 所示。

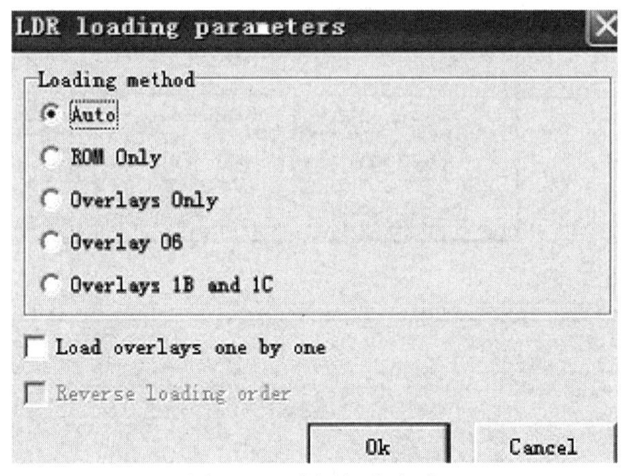

图 7-64　选择加载方式

（5）加载 LDR 文件后相当于已经为硬盘提供引导，硬盘就不处于安全模式。这时硬盘会通电，并反复两次有规律地敲盘。这是正常的现象，敲盘停止后硬盘进入就绪状态，说明加载 LDR 文件成功，如图 7-65 所示。从日志框中可以看到，各项 LDR 文件都已加载完成，没有出错提示，底部的硬盘状态指示灯也说明硬盘准备就绪。

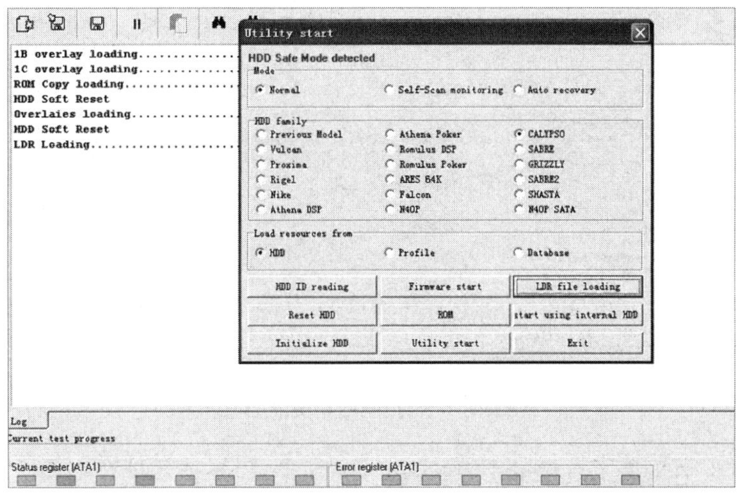

图 7-65　加载 LDR 文件成功

（6）单击“Utility start”按钮，正常进入专修工具的界面，如图 7-66 所示。

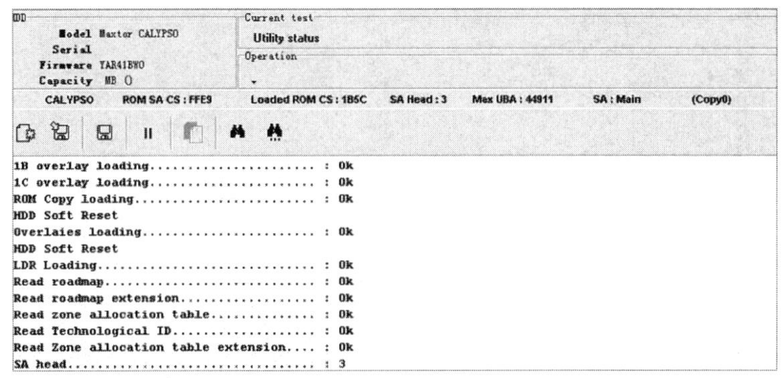

图 7-66　专修工具的界面

（7）对硬盘进行了一系列初始化工作之后，读取内部的一些信息。仔细观察参数信息，可以看到该硬盘的 ROM C/S 为 FFE9，而刚刚加载的 LDR 文件的 ROM C/S 是 1B5C，这说明两份文件的内容不同，尽管固件版本号一致，但仍有某些数据存在差异，因此，需要加载对应的 LDR 文件。将硬盘断电后重新加载 ROM C/S 为 FFE9 的 LDR 文件，如图 7-67 所示。

Loader Selection

Model	∇ Firmware	ROM C/S	Ovrl CRC	SA Head / Head	Serial
Maxtor 6Y120L0	YAR41BW0	4DD2	B95E	3/3	Y3JBBQQE
Maxtor 6Y120L0	YAR41BW0	55A4	AAAF	3/3	Y31M3SDE
Maxtor 6Y120L0	YAR41BW0	55A4	DFA2	3/3	Y31MX4GE
Maxtor 6Y120L0	YAR41BW0	55A4	18D7	3/3	Y31MY5RE
Maxtor 6Y120L0	YAR41BW0	55A4	99CF	3/3	Y31JTV7E
Maxtor 6Y120L0	YAR41BW0	55A4	9984	3/3	Y31K3K9E
Maxtor 6Y120L0	YAR41BW0	55A4	87ED	3/3	Y31KBKKE
Maxtor 6Y120L0	YAR41BW0	55A4	4D53	3/3	Y31SAN5E
Maxtor 6Y120L0	YAR41BW0	55A4	9276	3/3	Y31SANXE
Maxtor 6Y120L0	YAR41BW0	55A4	68B8	3/3	Y31T9KZE
Maxtor 6Y120L0	YAR41BW0	55A4	BDEF	3/3	Y3JVZXVE
Maxtor 6Y120L0	YAR41BW0	55A4	811B	3/3	Y3JW82JE
Maxtor 6Y120L0	YAR41BW0	7581	C370	3/3	Y3J75ERE
Maxtor 6Y120L0	YAR41BW0	7581	7D64	3/3	Y3J76JBE
Maxtor 6Y120L0	YAR41BW0	7581	686D	3/3	Y3JEM08E
Maxtor 6Y120L0	YAR41BW0	7581	E892	3/3	Y3JP99CE
Maxtor 6Y120L0	YAR41BW0	FFE9	B057	3/3	Y32KK8SE
Maxtor 6Y120L0	YAR41BW0	FFE9	93C7	3/3	Y32LY4BE
Maxtor 6Y120L0	YAR41BW0	FFE9	61C8	3/3	Y32WD9VE
Maxtor 6Y120L0	YAR41BW0	FFE9	E29A	3/3	Y32WF25E
Maxtor 6Y120L0	YAR41BW0	FFE9	F470	3/3	Y3K8DRTE
Maxtor 6Y120L0	YAR41BW0	FFE9	0C6F	3/3	Y3K8E3KE
Maxtor 6Y120L0	YAR41BW0	FFE9	4172	3/3	Y3K99SME
Maxtor 6Y120L0	YAR41BW0	FFE9	9C7E	3/3	Y3KA3VLE

Rebuild new list...　Ok　Cancel

图 7-67　选择正确的 LDR 文件

（8）加载成功后再进入专修工具的界面，可以看到校验和正确，已加载了正确的 LDR 文件，如图 7-68 所示。

```
Capacity MB 0
CALYPSO   ROM SA CS : FFE9   Loaded ROM CS : FFE9   SA Head : 3   Max UBA : 44911   SA : Main   (Copy0)
1B overlay loading...................... : Ok
1C overlay loading...................... : Ok
ROM Copy loading........................ : Ok
HDD Soft Reset
Overlaies loading....................... : Ok
HDD Soft Reset
LDR Loading............................. : Ok
Read roadmap............................ : Ok
Read roadmap extension.................. : Ok
Read zone allocation table.............. : Ok
Read Technological ID................... : Ok
Read Zone allocation table extension.... : Ok
SA head................................. : 3
```

图 7-68　正确的检测状态

（9）检测固件，在菜单中选择“SA structure test”命令。可以清楚地看到是硬盘的 OVERLAY 中的 38 号、4F 号模块有问题，其他模块没有问题，如图 7-69 所示。

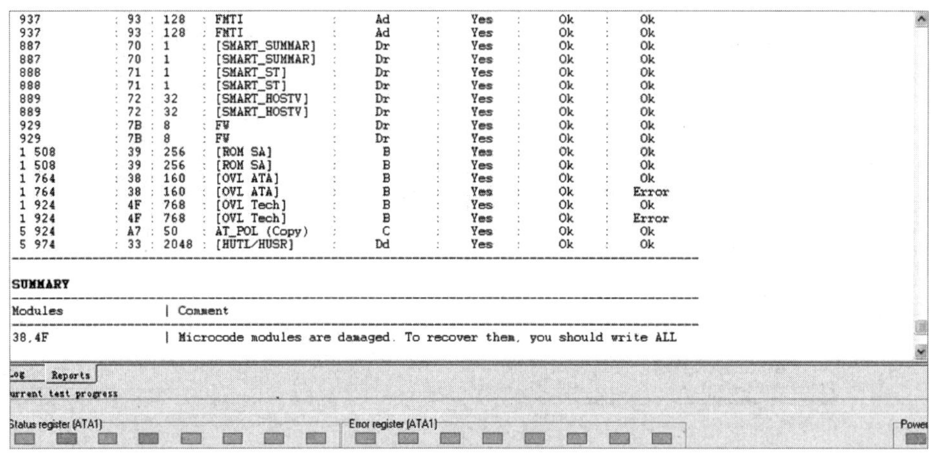

图 7-69　检测模块状态

（10）最关键的步骤是写固件，找出坏的模块后写入相应的好的模块。已知 38 号和 4F 号模块有问题，只要找一份相同的固件，把对应模块写回去即可。迈拓硬盘在写模块之前，一定要做写测试，如果写测试不成功，就一定不要执行任何写入固件的操作。因为固件区偏移，固件写进去的位置不正确，这时写入固件不但不会把坏的固件写好，反而会把其他好的固件写坏，所以对固件区的写测试操作是能正常写入固件的前提。在菜单中选择“SA writing test”命令，执行写测试操作，结果如图 7-70 所示。

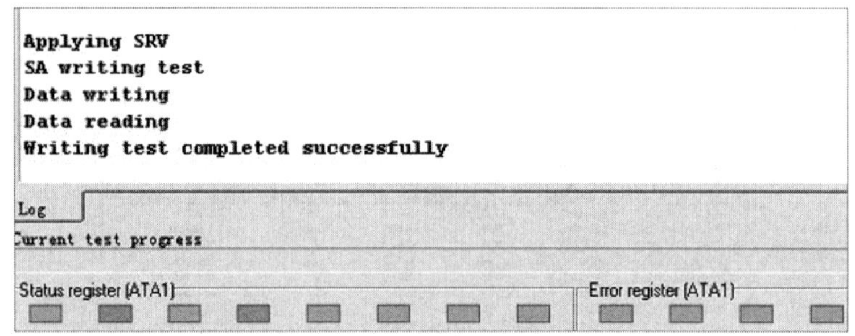

图 7-70　写测试操作的结果

（11）结果表明写测试成功。此时写入对应的 38 号和 4F 号模块。在菜单中选择“Writing modules”命令，选择对应的 38 号、39 号和 4F 号模块，单击“OK”按钮，如图 7-71 所示（39 号模块为 ROM SA，为了确保修复成功，因此一并选择上）。

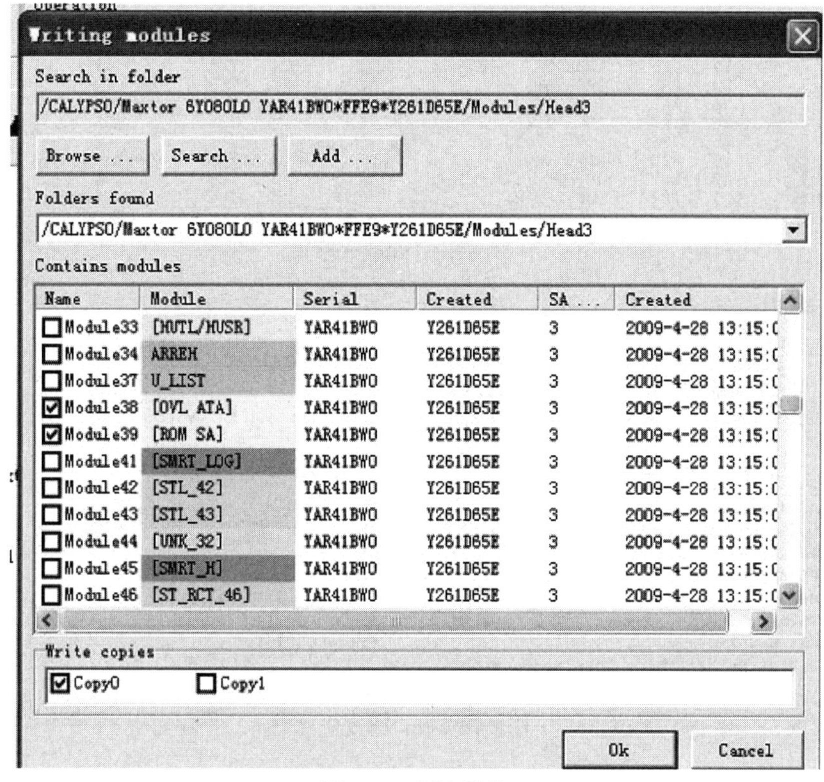

图 7-71 写入模块

（12）稍后会提示写入成功，如图 7-72 所示。

```
Writing modules
From DB folder.......................... : /CALYPSO/Maxtor 6Y080L0 YAR41BW0*55A4*Y2NADH7E/Modules/Head3
Head.................................... : 3
DBId.................................... : 11332
Id...................................... : 38
UBA..................................... : 1764
Size.................................... : 160

DBId.................................... : 11333
Id...................................... : 39
UBA..................................... : 1508
Size.................................... : 256

DBId.................................... : 11348
Id...................................... : 4F
UBA..................................... : 1924
Size.................................... : 768
```

图 7-72 写入成功

（13）再次检测固件，结果显示受损模块已经修复，如图 7-73 所示。

将硬盘断电，设置跳线回到正常模式并重新打开 PC-3000，硬盘已经能就绪并正常识别，如图 7-74 所示，数据可以正常访问，本次恢复操作顺利完成。

```
937      : 93 : 128  : FMTI            :  Ad  :  Yes  :  Ok  :  Ok
937      : 93 : 128  : FMTI            :  Ad  :  Yes  :  Ok  :  Ok
887      : 70 : 1    : [SMART_SUMMAR]  :  Dr  :  Yes  :  Ok  :  Ok
887      : 70 : 1    : [SMART_SUMMAR]  :  Dr  :  Yes  :  Ok  :  Ok
888      : 71 : 1    : [SMART_ST]      :  Dr  :  Yes  :  Ok  :  Ok
888      : 71 : 1    : [SMART_ST]      :  Dr  :  Yes  :  Ok  :  Ok
889      : 72 : 32   : [SMART_HOSTV]   :  Dr  :  Yes  :  Ok  :  Ok
889      : 72 : 32   : [SMART_HOSTV]   :  Dr  :  Yes  :  Ok  :  Ok
929      : 7B : 8    : FW              :  Dr  :  Yes  :  Ok  :  Ok
929      : 7B : 8    : FW              :  Dr  :  Yes  :  Ok  :  Ok
1 508    : 39 : 256  : [ROM SA]        :  B   :  Yes  :  Ok  :  Ok
1 508    : 39 : 256  : [ROM SA]        :  B   :  Yes  :  Ok  :  Ok
1 764    : 38 : 160  : [OVL ATA]       :  B   :  Yes  :  Ok  :  Ok
1 764    : 38 : 160  : [OVL ATA]       :  B   :  Yes  :  Ok  :  Ok
1 924    : 4F : 768  : [OVL Tech]      :  B   :  Yes  :  Ok  :  Ok
1 924    : 4F : 768  : [OVL Tech]      :  B   :  Yes  :  Ok  :  Ok
5 924    : A7 : 50   : AT_POL (Copy)   :  C   :  Yes  :  Ok  :  Ok
5 974    : 33 : 2048 : [HUTL/HUSR]     :  Dd  :  Yes  :  Ok  :  Ok
```

图 7-73　检测固件

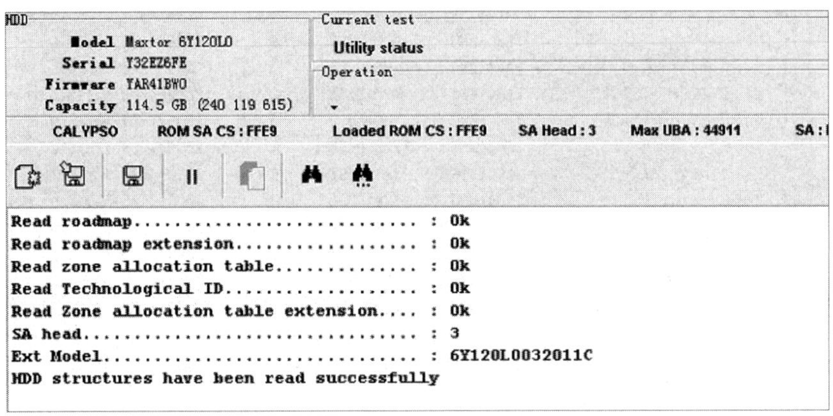

图 7-74　硬盘修复成功

7.4.3　使用 PC-3000 重建译码表恢复数据

1. 任务描述和分析

有一块希捷 7200.12 容量为 500GB 的硬盘，型号为 ST3500418AS，固件版本号为 CC44，故障表现为硬盘可识别但无法访问，要求恢复里面的数据。

这是比较常见的希捷硬盘固件区故障，主要集中在 7200.10 到 7200.12 上。出现该故障主要是因为固件区受损，导致译码表中的信息错乱，磁头无法正确访问扇区数据（使用 PC-3000 UDMA 中的“恢复译码表”功能可以修复）。

2. 操作方法与步骤

（1）把故障硬盘连接 PC-3000，发现硬盘能准备就绪。进入通用维修工具，执行快速测试功能，发现前面的约 13 万个扇区读/写正常，后面的全部读/写错误，显示红块。

（2）连接终端器，先进入希捷专用工具，硬盘的 ID 能正确识别，再检测硬盘固件，发现 23 号、25 号、26 号、27 号、28 号、29 号、2c 号、2e 号、2f 号、30 号、31 号、32 号等模块有错误。

（3）先选择“Tests”→“User Commands”→“Clear Alt list”命令，也就是清除 G 表。再选择“Tests”→“Service information”→“Work with SA”→“Work with translator”→“Recover translator”命令，恢复译码表（不同子版本的 PC-3000 UDMA 显示的菜单项有所不同），如图 7-75 所示。

PC-3000 UDMA - CHINA - [Seagate F3 Architecture(ATA-0)]
PC-3000 Tests Current test Tools Users tests Windows Help
HDD
Model ST3500418AS
Serial 9VM965TS
Firmware CC44
Capacity 465.76 GB (976 773 168)
Current test
Service information / Work with SA / Work with transl
Operation
Scanning: 685496812
ROM:
Collecting CP Infos completed
Test : Recover translator
Start from LBA................................. : 685496793
Translation "forks" list file.................... : C:\Program Files\
Maximal defect chain length...................... : 64
Take into account P-List......................... : Yes
HDD ID reading...
Detecting defects hiding cmd type...
G-List erase...
Start scanning...

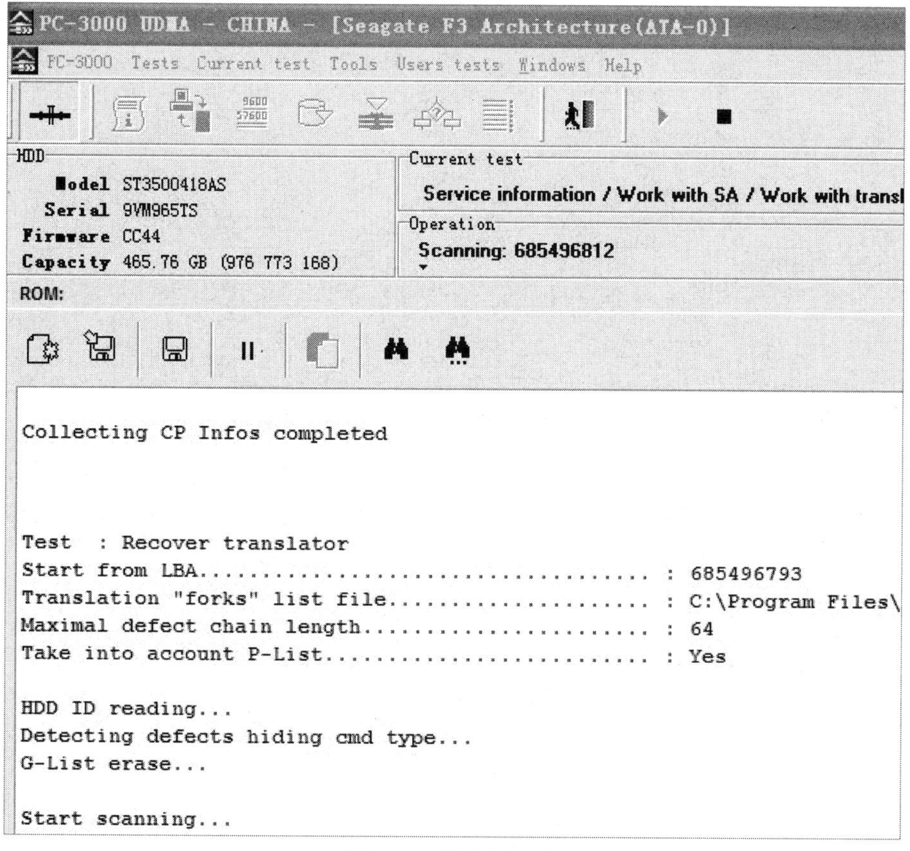

图 7-75 恢复译码表

（4）在恢复过程中，日志框中可能会显示如图 7-76 所示的报错信息（不必理会）。经过漫长的等待，恢复工作完成，里面的数据全部可以访问。

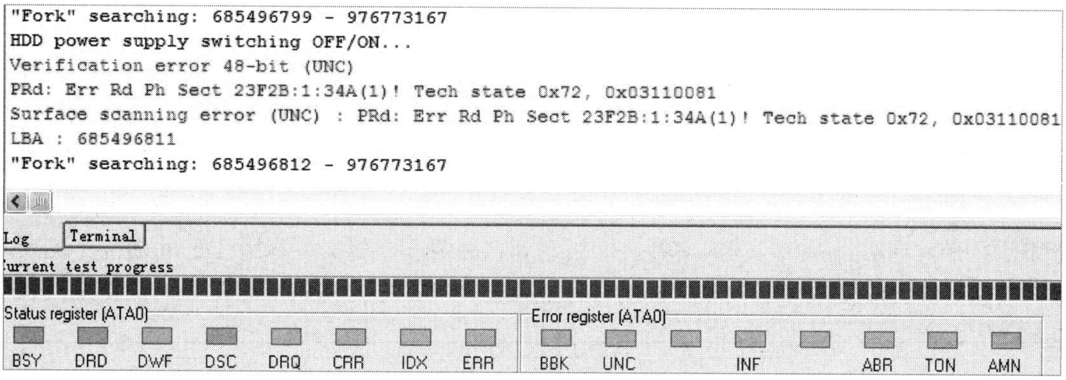

"Fork" searching: 685496799 - 976773167
HDD power supply switching OFF/ON...
Verification error 48-bit (UNC)
PRd: Err Rd Ph Sect 23F2B:1:34A(1)! Tech state 0x72, 0x03110081
Surface scanning error (UNC) : PRd: Err Rd Ph Sect 23F2B:1:34A(1)! Tech state 0x72, 0x03110081
LBA : 685496811
"Fork" searching: 685496812 - 976773167
Log
Terminal
Current test progress
Status register (ATA0)
BSY
DRD
DWF
DSC
DRQ
CRR
IDX
ERR
Error register (ATA0)
BBK
UNC
INF
ABR
TON
AMN

图 7-76 报错信息

（5）如果恢复译码表时出现错误，那么可以使用 DE 恢复数据。使用 DE 可以直接读取固件损坏的硬盘数据，如译码表损坏。打开 DE 时需要勾选“Make data copy”复选框和“Create virtual translator”复选框（见图 7-77），因为缺陷表损坏的硬盘必须建立虚拟编译器。

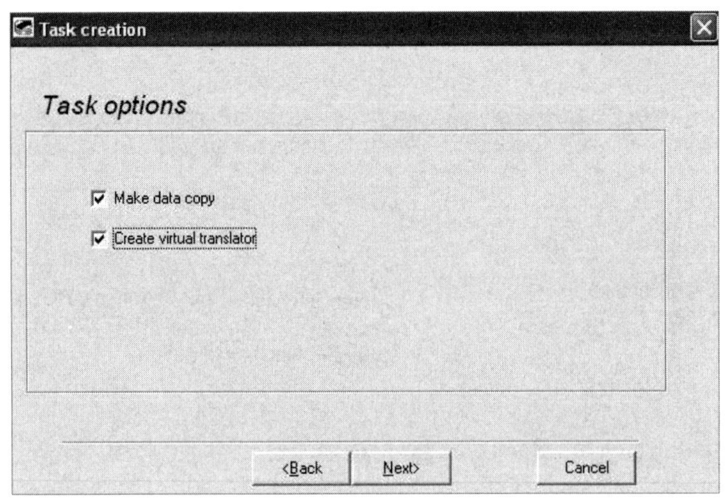

图 7-77　勾选“Make data copy”复选框和“Create virtual translator”复选框

（6）在启动 DE 之后，在“Parameters”对话框中设置读取模式，此处选中“Read from active PC-3000 Utility”单选按钮，如图 7-78 所示。经过漫长的等待，完成复制操作，检查恢复效果。

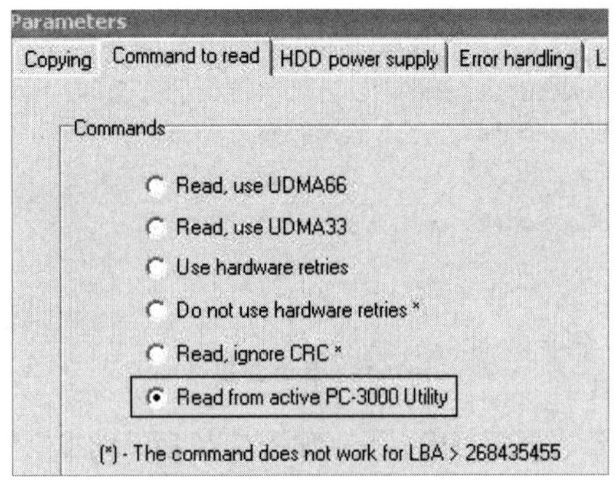

图 7-78　设置读取模式

7.4.4　使用 DE 提取硬盘数据

1. 任务描述与分析

如果坏道特别严重，或者正好在分区表等关键位置上，在 DE 中就无法展开硬盘分区，或者即使展开也看不到所有目录或文件。如果遇到这种情况，就需要利用 DE 将源盘中的所有数据按扇区最大限度地镜像到一个好的目标盘或镜像文件中，并按照软故障的操作方式来恢复盘中的数据。

2. 操作方法与步骤

（1）启动 DE，建立新任务，选择源盘，这里选择的是 PC3000 ATA0，勾选“Make data copy”复选框，如图 7-79 和图 7-80 所示。

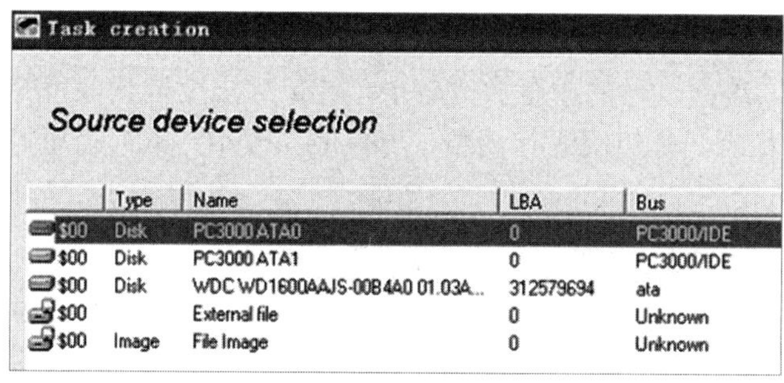

图 7-79　选择源盘

图 7-80　勾选“Make data copy”复选框

（2）选择目标设备，这里做盘到盘的镜像，因此选择 PC3000 ATA1，如图 7-81 所示。

图 7-81　选择目标设备

（3）单击“Next”按钮，等待 PC-3000 初始化硬盘。初始化完成后，进入如图 7-82 所示的界面。设备型号为 ST380815AS，硬盘 ID 正确，模式为 Copy data to PC3000 ATA1。

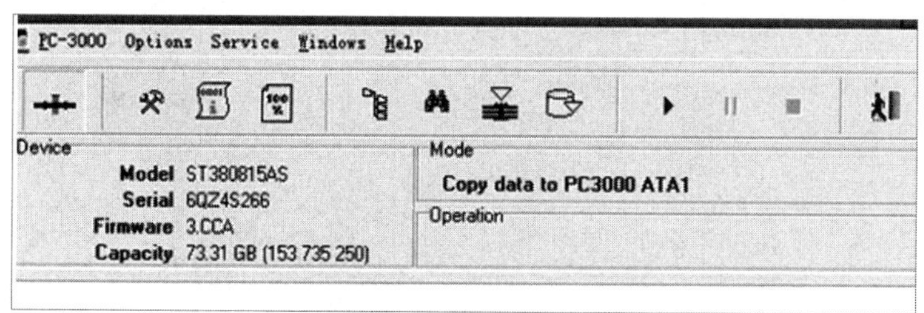

图 7-82　初始化完成

（4）打开“Parameters”对话框，设置参数，选择起始扇区和结束扇区（一般采用默认值），其他参数一般也采用默认值，如图 7-83 所示。

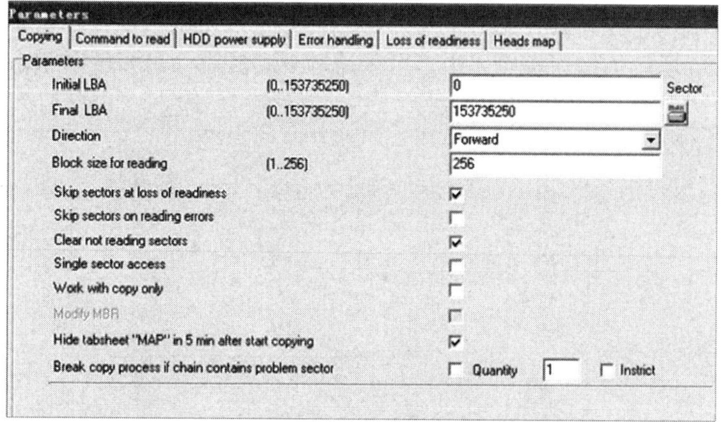

图 7-83　设置参数

（5）设置准备就绪失败时的参数，跳过的扇区数设置为 1，即发生严重故障导致硬盘崩溃时，重新复位后跳过一个扇区继续复制，这样跳过的扇区数比较少，能最大限度地读取每个扇区的信息，如图 7-84 所示。超时时间根据具体情况进行调整，可以适当改小一点，缩短等待时间。其他参数一般不用改动。

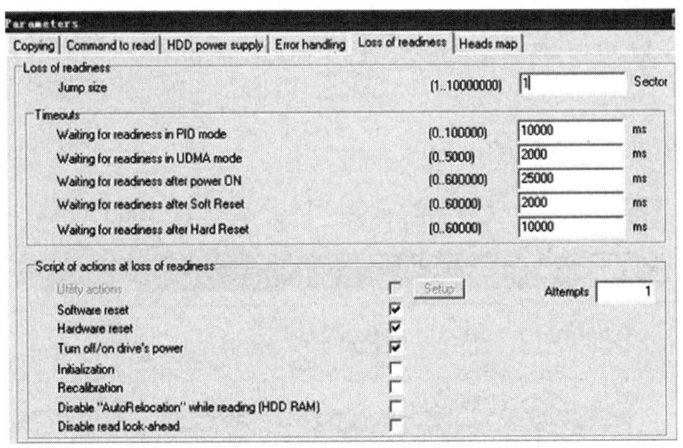

图 7-84　设置准备就绪失败时的参数

（6）切换至“Error handling”选项卡，设置重试读取的次数为 1，缩短复制时间，跳过扇区数为 1，尽量导出各处的数据，如图 7-85 所示。

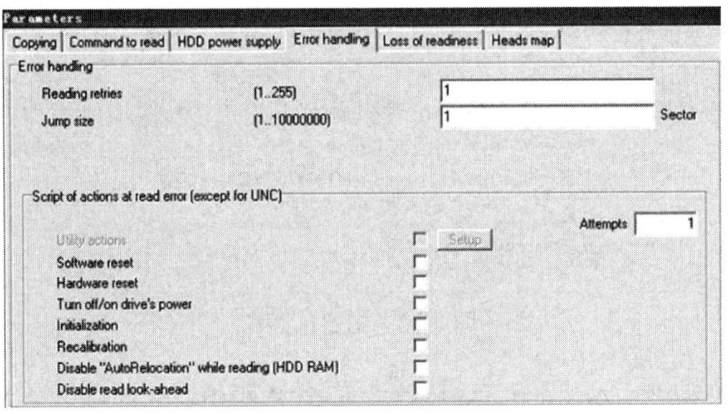

图 7-85　设置错误捕捉参数

（7）单击“Apply”按钮，在主界面中单击“开始”按钮就可以开始复制扇区，复制过程中会出现如图 7-86 所示的错误提示，用户可以通过观察日志信息和硬盘状态来判断复制数据的完整度。等待一段时间，复制工作完成后（视容量大小、主板、CPU 速度与坏扇区数而定）即可对镜像盘进行数据恢复。

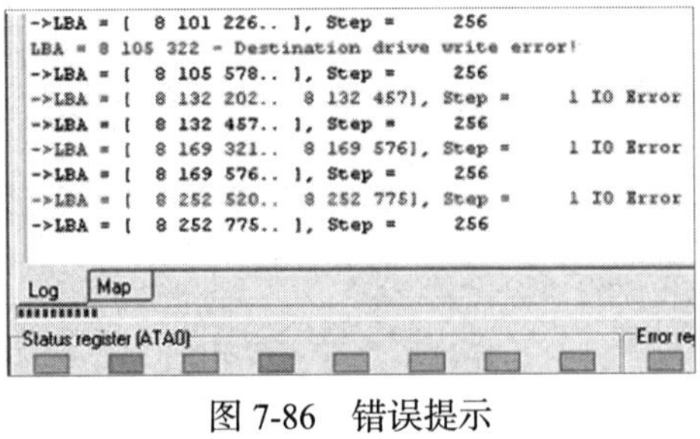

```
->LBA = [  8 101 226.. ], Step =      256
LBA = 8 105 322 - Destination drive write error!
->LBA = [  8 105 578.. ], Step =      256
->LBA = [  8 132 202..  8 132 457], Step =      1 IO Error
->LBA = [  8 132 457.. ], Step =      256
->LBA = [  8 169 321..  8 169 576], Step =      1 IO Error
->LBA = [  8 169 576.. ], Step =      256
->LBA = [  8 252 520..  8 252 775], Step =      1 IO Error
->LBA = [  8 252 775.. ], Step =      256
Log  Map
Status register (ATA0)
```

图 7-86　错误提示

技能拓展

任务准备

准备一台安装了 MHDD 和 PC-3000 UDMA & DE 的计算机，确保能启动该计算机并且可以进入 DOS 操作系统。另外准备至少一块无故障的硬盘作为测试盘。

任务要求

分别完成下列操作任务。

（1）将测试盘连接到计算机上，在 DOS 操作系统中启动并运行 MHDD，选择测试盘，对它执行如下操作。

- 硬盘加密和解密。
- 容量剪切和还原。
- 介质扫描和坏扇区修复。

（2）将测试盘连接到 PC-3000 ATA0 接口上，启动 PC-3000，使测试盘准备就绪，并执行如下操作。

- 备份硬盘固件，包括 ROM、Module、RAM 等信息（根据硬盘的实际情况选择）。
- 用备份的固件信息写回到模块中。
- 在 DE 中展开硬盘的文件系统结构，导出 DOC、XLS、PPT 和 RAR 等用户数据文件。

综合训练

一、填空题

1. 硬盘大致分为________、________、_______ 、________和________五大组成部分。
2. 常见的硬盘故障分为________、________、________、________和________五大类。
3. 硬盘电路板上的主要部件有接口、缓存、主控芯片和________芯片。
4. 如果硬盘开机后能通电，电机运转正常，但无法被主板 BIOS 识别，那么可能存在________故障。
5. 如果硬盘工作时速度慢，有时有异响声，或者卡死，那么可能存在________故障。
6. 低级格式化的作用是____ 。
7. 开盘维修的环境要求是________________________________。
8. 硬盘中的记录坏扇区一般有两个表，分别是________和________。
9. MHDD 中的 PORT 指令的作用是________________________________。
10. MHDD 中的 SCAN 指令的作用是________________________________。
11. Remap 的含义是____。
12. 如果硬盘的实际容量比标称容量明显少了许多，那么可能是该硬盘被________。
13. 固件指的是____。
14. PC-3000 和 DE 分别用来________________和________________。
15. 硬盘固件存放在________________________。

二、选择题

1. 电路板故障的维修通常采用（　　）法。
   A. 排除　　B. 替换
   C. 热插拔　　D. 电路分析
2. 硬盘修复术语中的 P 表是指（　　）。
   A. 信息记录表　　B. 增长缺陷表
   C. 坏扇区记录表　　D. 永久缺陷表
3. 如果硬盘有“咔嗒、咔嗒”异响声，并且自检时无法识别，就说明此硬盘可能是（　　）。
   A. 坏扇区故障　　B. 固件损坏故障
   C. 磁头损坏故障　　D. 电源损坏故障
4. 硬盘指示灯的 DRDY 表示的含义是（　　）。
   A. 电源接通　　B. 准备好
   C. 硬盘工作正常　　D. 请求交换
5. MHDD 中的 NHPA 指令的作用是（　　）。
   A. 显示硬盘状态　　B. 还原剪切容量
   C. 介质扫描　　D. 低级格式化
6. 使用 PC-3000 不能修复硬盘的（　　）。
   A. 固件错误　　B. 接口故障
   C. ROM 故障　　D. 介质故障
7. 不能备份有坏扇区硬盘数据的工具是（　　）。
   A. 硬盘拷贝机　　B. MTL
   C. GHOST　　D. DE
8. “Work with SA” 命令中的 SA 指的是（　　）。
   A. 超级区域　　B. 超级管理员
   C. 服务区域　　D. 特殊区域
9. 译码表的作用是（　　）。
   A. 将计算机指令转译为硬盘指令
   B. 作为接口指令和内部指令的对照表
   C. 作为内部存储符号转译表
   D. 表明物理扇区与逻辑地址的编号关系
10. 当（　　）时，需要清除 S.M.A.R.T。
   A. 记录数据太多，超过容量限制
   B. 腾出硬盘空间
   C. 错误数太多导致硬盘被锁
   D. 硬盘固件出现故障

三、简答题

1. 请指出硬盘型号 ST1500LX001 和 WD3200JB 表示的含义。

2．在哪些情况下硬盘盘片会受到损坏？
3．为什么开盘操作一定要在空气洁净度较高的环境下进行？
4．MHDD 中的 ERASE 指令有什么作用？
5．如果要为硬盘加密和解密，那么应该如何操作？
6．如果要销毁硬盘数据，那么应该怎么做？
7．PC-3000 的通用维修工具和专用工具有什么区别？
8．与普通的数据恢复工具相比，DE 有哪些特色？

第8章

磁盘阵列数据恢复

素养目标

✧ 熟悉《中华人民共和国数据安全法》中第 4 章“数据安全保护义务”的相关内容。
✧ 了解《中华人民共和国刑法》中第 285 条关于计算机信息系统罪的相关内容。

知识目标

✧ 熟悉磁盘阵列的起源与应用方式。
✧ 熟悉磁盘阵列的工作原理。
✧ 掌握磁盘阵列的管理与维护。

技能目标

✧ 掌握配置磁盘阵列的技能。
✧ 掌握处理磁盘阵列故障的技能。
✧ 掌握恢复磁盘阵列数据的技能。

任务引导

对于企业或组织机构来说，通常需要将大量数据的存储和处理集中到一起，以便管理，这就对数据处理中心提出了很高的要求，整个运行系统要具备快速响应的能力，并且安全可靠。系统的稳定性极为重要，一旦存储系统发生故障，就会导致服务瘫痪，甚至丢失重要的数据，造成不可估量的损失。目前的企业存储方案普遍采用磁盘阵列，因为它能够持续高效地运作，并且具备容错能力，可以为系统运营提供可靠的保障。但磁盘阵列的冗余机制是有限度的，一旦磁盘故障超过这个限度就会导致存储系统停止工作，同时造成数据丢失，这对企业而言损失非常大。由于磁盘阵列上承载了绝对重要的数据，因此对数据恢复工作来说，这是一项巨大的挑战。

本章着重介绍磁盘阵列的起源、工作原理、配置方法、管理与维护，以及磁盘阵列数据恢复等，比较全面地介绍对磁盘阵列数据进行恢复的案例。

相关基础

8.1　磁盘阵列概述

8.1.1　磁盘阵列的起源与应用方式

磁盘阵列的功能与应用

1. 磁盘阵列的起源

在计算机发展初期，“大容量”硬盘的价格相当高，所以为了解决数据存储安全性问题，通常使用磁带机等设备进行备份，采用这种方法虽然可以保证数据的安全性，但查阅和备份工作都相当烦琐。1987 年，Patterson、Gibson 和 Katz 发表了 *A Case of Redundant Array of Inexpensive Disks*，该论文的基本思想就是将多块容量较小、价格较低的硬盘驱动器进行有机组合，使其性能超过一块昂贵的“大容量”硬盘。这一设计思想很快被接受，从此独立磁盘冗余阵列（Redundant Arrays of Independent Disks，RAID，简称磁盘阵列）技术得到了广泛应用。

磁盘阵列就是将 *N* 块硬盘通过磁盘阵列卡（或软件）结合成虚拟单块大容量硬盘使用，如图 8-1 所示。磁盘阵列的特色是 *N* 块硬盘同时工作，不仅能加快读/写速度，还能提供容错性。因此，磁盘阵列是当今最重要的用于关键业务的数据存储设备。

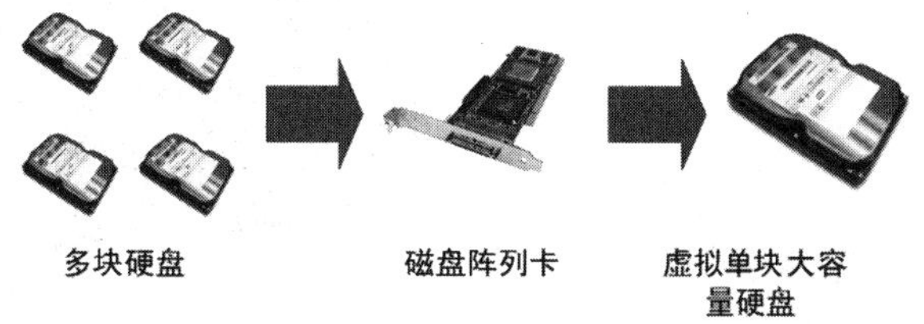

图 8-1　磁盘阵列

磁盘阵列是由多块稳定性较高的磁盘组合成的大型的磁盘组。例如，可以用 8 块容量为 500GB 的硬盘组合成约为 3500GB 的空间，而对操作系统而言，这是一个独立的磁盘驱动器，与普通的硬盘没有任何区别。每块硬盘被划分成若干大小相等的区块，在存储数据时，将数据切割成许多区段，分别存储在不同的硬盘上，以提升整体的读/写效率。磁盘阵列还能利用奇偶校验（Parity Check）等技术保证数据的完整性，当盘组中的任意一块硬盘出现故障时，仍可读取数据。

现代磁盘阵列最主要的功能称为 EDAP（Extended Data Availability and Protection）。也就是说，磁盘阵列具有扩充性及容错机制两大功能，这也是各服务器厂商（如 IBM、HP、Adaptec、LSI、Infortrend 等）的诉求重点。磁盘阵列在无须停机的情况下可以执行如下操作。

- 自动检测故障硬盘。
- 重建硬盘坏道的资料。
- 支持无须停机的硬盘热备空间。
- 支持无须停机的硬盘热备盘自动替换。
- 在线扩充硬盘容量。

2. 磁盘阵列的应用方式

由于磁盘阵列有非常出色的数据存储能力，因此得到了广泛的应用，现在几乎所有的服务器都会将其列为标准配置。磁盘阵列的应用方式有 3 种：内置式磁盘阵列卡、外接式磁盘阵列柜和利用软件仿真。

1）内置式磁盘阵列卡

磁盘阵列卡是一种比较直接的方式，主要应用于服务器，现在许多兼容机计算机主板上还带有磁盘阵列芯片，因此家庭用户也能利用该技术。这种方式实现起来成本比较低，只需要一块磁盘阵列卡和容量足够的硬盘即可。

服务器需要处理大量的信息，因此需要很大的存储空间、较高的存取速度和可靠的存储方案，而磁盘阵列卡正好满足以上 3 点要求。许多服务器内置了磁盘阵列功能，在服务器前方面板上留有一排硬盘接插口，方便插拔硬盘。通常每个硬盘接插口还配有两个状态指示灯，以标识硬盘工作状态和健康状态。

机架式服务器如图 8-2 所示，塔式服务器如图 8-3 所示。

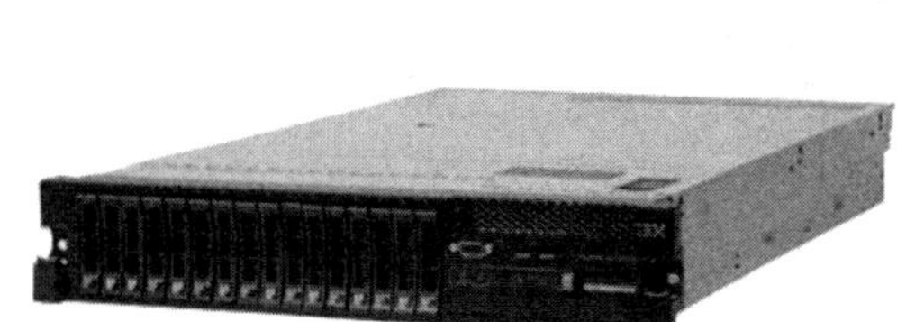

图 8-2　机架式服务器

图 8-3　塔式服务器

2）外接式磁盘阵列柜

当服务器上的硬盘位不够时，就需要扩展外延存储空间。磁盘阵列柜就是一种装配了众多硬盘的外置磁盘阵列，是专门用来存储海量数据的设备。它的优点在于盘位多，能独立运行和配置，能划分共享或独立的存储空间，可同时为多台主机提供服务。

独立外设方式的磁盘阵列柜通过网络或其他接口与服务器或其他网络设备相连，以提供存储服务。其成本差异非常大，稳定性高的磁盘阵列柜从几万元到几百万元的都有。由于配置不同，因此磁盘阵列柜既可作为大型企业（集团）使用的大、中型网络的中央存储与备份设备，又可作为小型企业或个人工作室的存储备份设备。

桌面型磁盘阵列柜如图 8-4 所示，企业级磁盘阵列柜如图 8-5 所示。

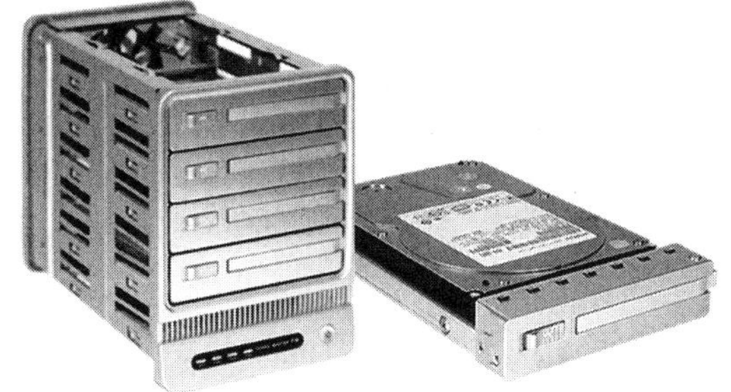

图 8-4　桌面型磁盘阵列柜

图 8-5　企业级磁盘阵列柜

磁盘阵列柜根据提供服务的方式不同可分为 3 种类型，即 DAS、NAS 和 SAN。

（1）DAS（Direct Attached Storage，直接附加存储）。

DAS 是指将存储设备通过 SCSI 接口或光纤通道直接连接到一台计算机上，作为该主机的附加存储设备（该主机可获得额外的海量存储空间，并如同管理本地磁盘驱动器一样来对待它）。这种方式的不足之处在于，存储空间只提供给相连的主机使用，并且通过该主机的网络接口和服务进行共享，对文件共享服务来说不方便，工作效率比较低。DAS 适用于以下两种环境。

- 服务器在地理分布上比较分散，通过 SAN 或 NAS 进行互连非常困难（商店或银行的分支便是典型的例子）。
- 存储设备必须直接连接应用服务器（如 Microsoft Cluster Server 或某些数据库使用的“原始分区”），不能使用网络位置。

当服务器在地理上比较分散，很难通过远程连接进行互连时，直接连接存储设备是比较好的解决方案，甚至可能是唯一的解决方案。利用 DAS 的另一个原因是企业决定继续保留已有的传输速率并不是很高的网络系统，以节约开支。

DAS 的示意图如图 8-6 所示。

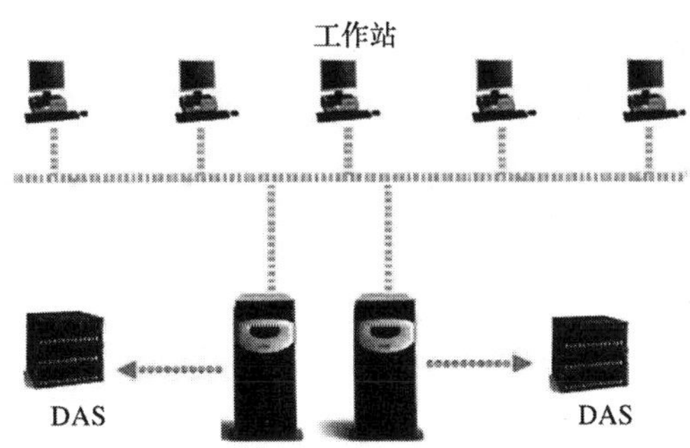

图 8-6　DAS 的示意图

（2）NAS（Network Attached Storage，网络附加存储）。

NAS 将存储设备通过标准的网络拓扑结构（如以太网）连接到一组计算机上。NAS 是部件级的存储方法，主要用于帮助工作组和部门级机构解决迅速增加存储容量的需求。需要共享大型 CAD 文档的工程小组就是典型的 NAS 的例子。

NAS 设备包括存储器件（如硬盘驱动器、CD 或 DVD 驱动器、磁带驱动器或可移动的存储介质）和集成在一起的简易服务器，可用于实现涉及文件存取及管理的所有功能。简易服务器经优化设计，可以完成一系列简化的功能，如文件共享和存储服务、互联网缓存等。集成在 NAS 设备中的简易服务器可以将有关存储的功能与应用服务器执行的其他功能分开。

采用 NAS 可以从两方面改善数据的可用性：第一，即使相应的应用服务器不再工作，仍然可以读出数据；第二，简易服务器本身不容易崩溃，因为它避免了引起服务器崩溃的首要原因，即应用软件引起的问题。

NAS 设备具有以下几个优点：第一，NAS 设备实现了真正的即插即用。NAS 设备一般支持多计算机平台，用户通过网络支持协议可进入相同的文档，因此，NAS 设备无须改造即可用于混合网中（如混合 Linux / Windows 局域网）。第二，NAS 设备的物理位置同样是灵活的。它们可放置在工作组中，靠近数据中心的应用服务器也可放在其他地点，通过物理链路与网络连接起来。第三，它的工作无须应用服务器的干预。NAS 设备允许用户在网络上存取数据，这样既可减小 CPU 的开销，又能显著改善网络的性能。

NAS 的局限性在于：适用于文件共享服务，提供文件级的数据存储，某些应用程序和服务并不允许使用网络共享驱动器；在大型存储服务（如云存储）中缺乏集中管理能力和在线扩充能力。

NAS 的示意图如图 8-7 所示。

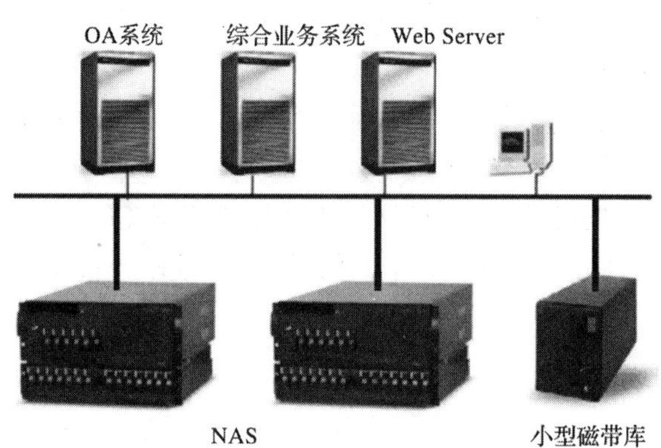

图 8-7　NAS 的示意图

（3）SAN（Storage Area Network，存储区域网络）。

SAN 将存储设备通过光纤通道或 GB 级局域网络通道连接到一组计算机上。在该网络中提供了多主机连接，可以用来集中和共享存储资源。SAN 不但提供了对数据设备的高性能连接，提高了数据备份速度，而且增加了对存储系统的冗余连接，提供了对高可用集群系统的支持。简单来说，SAN 是关联存储设备和服务器的网络。

SAN 的示意图如图 8-8 所示。

面对迅速增长的数据存储需求，大型企业和服务提供商开始选择 SAN 作为网络基础设施。SAN 具有出色的可扩展性，从理论上来说最多可以连接上万个设备。事实上，SAN 比传统的存储架构具有更多的优势。传统的服务器连接存储的难点在于更新或集中管理比较困难。每台服务器必须在关闭之后才能增加和配置新的存储。相比较而言，SAN 不必宕机或中断与服务器的连接即可增加存储。SAN 还可以集中管理数据，从而降低每个客户连接存储的成本。

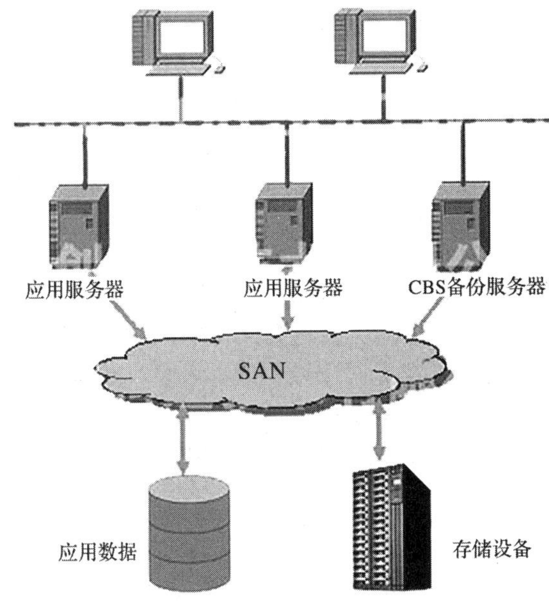

图 8-8　SAN 的示意图

SAN 可以分为 FC SAN（基于光纤通道的存储区域网络）和 IP SAN（基于以太网 IP 协议的存储区域网络）。

开放的、标准化的光纤通道技术使 FC SAN 非常灵活。FC SAN 克服了与 SCSI 相连的线缆限制，极大地拓展了服务器和存储之间的距离。但是，FC SAN 也存在很多不足之处，如传输距离通常不超过 50 千米。因此，FC SAN 还不能有效地整合更多的主机与存储需求。另外，由于各厂商的解释不同，因此基于 FC SAN 的存储设备的价格仍居高不下。如果企业考虑使用 FC SAN，就不得不购买 HBA、光纤交换机、光纤磁盘阵列、管理软件等成套的产品，这并不是中小企业能够承担得起的。

iSCSI（互联网小型计算机系统接口）是一种在 Internet 协议网络（特别是以太网）上进行数据块传输的标准，是由多家存储厂商发起的，并且得到了 IP 存储技术拥护者的大力支持。iSCSI 是一个供硬件设备使用的，并且可以在 IP 协议上运行的 SCSI 指令集。简单来说，iSCSI 是可以在 IP 网络上运行的 SCSI 协议，有了它，IP SAN 可以迅速代替 FC SAN 成为市场主流。

在 IP SAN 中，千兆以太网交换机代替了价格昂贵且只有 FC SAN 专用的光纤交换机，客户端的 Initiator 或 iSCSI 卡代替了价格较高的主机 HBA 卡，具有 iSCSI 接口的高性价比的存储设备代替了光纤磁盘阵列。在安全性方面，iSCSI 协议包含 Initiator 和目标验证（使用 CHAP、SRP、Kerberos 和 SPKM），以防止未经授权的访问，同时只允许可信赖的节点访问。作为补充，IPSec 可以提供安全保证，防止侦听。随着 IP 技术的普及和发展，利用 iSCSI 技术搭建的 IP SAN 可以伴随网络延伸至全球的任意一个角落，从根本上解决信息孤岛的问题。

3）利用软件仿真

软磁盘阵列通常用于学习和实验，以及需要投入最少花费获取磁盘阵列的容错功能。目前的 Windows Server 2003 和 Linux 均能提供多种磁盘阵列组建方式。同硬磁盘阵列相比，软磁盘阵列的工作性能相对较低，CPU 占用率较大。另外，软磁盘阵列不支持硬盘热插拔、远程阵列管理、可引导等高级功能。由于普通主机中的硬盘接口数量有限，要真正发挥磁盘阵列的优势需要另外购置 SCSI 卡，这样在投资成本上同硬磁盘阵列就相差无几。

8.1.2 磁盘阵列卡与服务器硬盘

1. 磁盘阵列卡

只要是硬磁盘阵列方案，就需要阵列控制芯片。通常，厂商会将控制芯片、缓存、硬盘接口等部件集成到一个板卡上，并安插到计算机主板相应的插槽中，或者设计成独立的嵌入式系统。硬盘接口上安装了若干硬盘，这些硬盘的型号参数最好完全相同，以发挥最大功效，同时保障稳定性。开机后可进入磁盘阵列的 BIOS 配置界面，以进行磁盘阵列的管理和配置。

以磁盘阵列卡为例，用户可以为服务器选购支持不同性能的控制卡。磁盘阵列卡的主要参数包括 RAID 功能、硬盘接口的类型与个数、缓存容量、数据传输速率等。现在的磁盘阵列卡一般都支持 RAID 0、RAID 1、RAID 5，缓存在 256MB 以上，硬盘接口支持 SAS/SATA。支持 SCSI 接口的磁盘阵列卡现在很少，主要在外接磁盘阵列柜时使用。

磁盘阵列卡示例如图 8-9 所示。

图 8-9　磁盘阵列卡示例

某磁盘阵列卡的信息如下。

- 型号：Adaptec RAID 2610 SATA。
- 核心处理：Intel GC80303。
- RAID 功能：支持 RAID 5、RAID 0、RAID 1、RAID 1+0。
- 硬盘接口：SATA。
- 通道数：6。
- 总线：PCI-E。
- 数据传输速率：1.5Gbps。

2. 服务器硬盘

1）服务器硬盘的特点

服务器硬盘与普通计算机硬盘的工作原理是相同的。二者的不同之处在于，服务器硬盘具有更高的稳定性和更出色的性能。与普通计算机的桌面级硬盘相比，服务器上使用的企业级硬盘具有如下 4 个特点。

- 速度快：转速快，每分钟可以达到 7200 转甚至 15 000 转；配置了较大的回写式缓存；平均访问时间比较短；外部传输速率和内部传输速率更高，采用 Ultra Wide SCSI、Ultra2 Wide SCSI、Ultra160 SCSI、Ultra320 SCSI 等标准的 SCSI 接口硬盘，数据传输速率分别可以达到 40MB/s、80MB/s、160MB/s、320MB/s，目前 SAS 接口的传输速率可以达到 6Gbps，相当于 600MB/s。
- 可靠性高：因为服务器硬盘几乎是 24 小时不停地运转，所以需要承担巨大的工作量。可以说，硬盘如果出现问题，后果就会不堪设想。所以，现在的硬盘都采用 S.M.A.R.T（自监测、分析和报告技术），同时硬盘厂商都采用各自独有的先进技术来保证数据的安全性。为了避免意外的损失，服务器硬盘一般都能承受 300G 到 1000G 的冲击力。
- 大多使用 SCSI 接口：多数服务器采用了数据吞吐量大、CPU 占有率极低的 SCSI 硬盘。SCSI 硬盘必须连接 SCSI 接口才能使用，有的服务器主板集成了 SCSI 接口，有的则有专用的 SCSI 接口卡，一个 SCSI 接口卡可以连接 7～15 个 SCSI 设备，这是 IDE 接口无法比拟的。
- 支持热插拔：热插拔（Hot Swap）是一些服务器支持的硬盘安装方式，可以在服务器不停机的情况下拔出或插入一块硬盘，完成故障盘的维护工作。阵列控制器可以自动识别硬盘的改动，并根据需要实现对硬盘的各种处理，这种技术对于需要 24 小时不间断运行的服务器来说是非常必要的。

下面对服务器硬盘按照不同的接口类型进行介绍。

2）SCSI 硬盘

SCSI（Small Computer System Interface，小型计算机系统接口）是一种应用于小型机上的高速数据传输技术。SCSI 接口具有应用范围广、任务多、带宽大、CPU 占用率低，以及支持热插拔等优点，但较高的价格使它很难如 IDE 硬盘般普及。因此，SCSI 硬盘主要应用于中端服务器、高端服务器和高档工作站中。早在 1986 年就已经开始制定 SCSI 标准。早期苹果公司率先将 SCSI 选定为 Mac 计算机的标准接口，许多外设都借此统一接口与主系统连接。因此，SCSI 是使用历史最悠久且最常见的服务器硬盘接口。

和 EIDE 接口相比，SCSI 接口有一个很大的技术优势，那就是使用 SCSI 接口的设备可以同时使用数据总线进行数据传输，而 EIDE 接口中连接在同一条数据线上的设备只能交替（占用数据线）进行传输。EIDE 接口只能连接 4 个设备，而 SCSI 接口可以连接 7～15 个设备。

SCSI 硬盘接口如图 8-10 所示。

图 8-10　SCSI 硬盘接口

目前，SCSI 硬盘接口有 3 种，分别是 50 针、68 针和 80 针。硬盘型号上标记的 N、W 和 SCA 就是用来表示接口针数的。N 即窄口（Narrow），表示 50 针；W 即宽口（Wide），表示 68 针；SCA 即单接头（Single Connector Attachment），表示 80 针。其中，80 针的 SCSI 硬盘一般支持热插拔，在目前的工作组和部门级服务器中，热插拔功能几乎是必备的。

SCSI 标准发展到目前，已经是第六代技术，从刚创建时的 SCSI（8 位）、Wide SCSI（8

位）、Ultra Wide SCSI（8 位/16 位）、Ultra Wide SCSI 2（16 位）、Ultra 160 SCSI（16 位），到目前的 Ultra 320 SCSI，速度从 1.2MB/s 到 320MB/s 已经实现了质的飞跃。目前主流的 SCSI 硬盘采用 Ultra 320 SCSI 接口，提供的传输速率为 320MB/s。

SCSI 控制卡如图 8-11 所示。

图 8-11　SCSI 控制卡

3）SATA 硬盘

SATA（Serial Advanced Technology Attachment）是串行 ATA 的缩写形式。目前有 3 种标准，分别为SATA-1、SATA-2 和 SATA-3，对应的传输速率分别是 150MB/s、300MB/s 和 600MB/s。SATA 已经取代了传输速率遇到瓶颈的 PATA（并行 ATA）接口技术。PATA 接口技术应用于 IDE 的早期设备上，传输速率最快的 Ultra DMA 133 标准也仅为 133MB/s。连接硬盘采用串行方式比并行方式的传输速率高，并且 SATA 比 PATA 的抗干扰能力更强，能支持的线缆更长。

SATA 目前已经得到广泛应用，且信号线最长为 1 米，一般采用点对点的连接方式，即一头连接主板上的 SATA 接口，另一头直接连接硬盘，其他设备不可以共享这条数据线。PATA 允许每条数据线可以连接 1～2 个设备。因此，SATA 硬盘无须像 PATA 硬盘那样设置主盘和从盘。

主板上的 SATA 接口如图 8-12 所示。

图 8-12　主板上的 SATA 接口

从理论上来说，SATA 硬盘并不是真正的服务器硬盘。由于服务器硬盘价格非常高，因此在高档服务器上一般才会使用 SATA 硬盘。SATA 硬盘的容量大，成本低，加之近年来性能有很大的提升，因此可以胜任企业和组织的业务需要。由于 SATA 硬盘的价格较低，因此许多服务器和磁盘阵列柜厂商都推出支持它的产品（希捷和西部数据等硬盘厂商也推出了加强性能的 SATA 企业级硬盘）。因此，SATA 硬盘被迅速推广到低端服务器和磁盘阵列柜产品中。

4）SAS 硬盘

SAS（Serial Attached SCSI）即串行连接的 SCSI。2001 年 11 月 26 日，Compaq、IBM、LSI 逻辑、Maxtor 和 Seagate 联合宣布成立 SAS 工作组，其目标是定义一个新的串行点对点的企业级存储设备接口。

SAS 硬盘接口如图 8-13 所示。

图 8-13　SAS 硬盘接口

SAS 技术引入了 SAS 扩展器，使 SAS 系统可以连接更多的设备。每个扩展器允许连接多个端口，每个端口可以连接 SAS 设备、主机或其他 SAS 扩展器。为了保护用户投资，SAS 标准也兼容 SATA 标准，因此 SAS 的背板可以兼容 SAS 和 SATA 两类硬盘。对于用户来说，当使用不同类型的硬盘时不需要再重新投资。目前，主流 SAS 接口的传输速率为 3Gbps～6Gbps，SAS 扩展器大多为 6 个端口或 12 个端口。在不久的将来，可能会出现传输速率为 12Gbps 的接口，以及 28 个端口或 36 个端口的 SAS 扩展器，以适应不同的应用需求。

5）光纤硬盘

光纤硬盘（采用光纤接口的硬盘）的特点是传输距离远（可以达到 10 千米），传输速率高（2Gbps～4Gbps），扩展性强（可连接 127 个设备），可以被应用到企业高端存储业务中。但由于其硬盘产品和配套设备的价格过于昂贵，并且受到硬盘接口端 SAS 技术和主机接口端 iSCSI 技术的发展带来的巨大限制，因此光纤存储产品承受了很大的压力。

光纤硬盘接口如图 8-14 所示。

图 8-14　光纤硬盘接口

8.1.3　磁盘阵列的工作原理

常见磁盘阵列介绍

条带化与数据校验

1. 磁盘阵列的基础概念

研制磁盘阵列最初是为了组合容量小且廉价的硬盘来代替容量大

且昂贵的硬盘，以降低大批量存储数据的费用。目前，磁盘阵列的设想除了增加存储容量，还希望通过采取冗余信息的方式来保障数据存储的可靠性，并且适当提高数据传输速率。在组合时，并非简单地将各硬盘连接起来，这样空间虽然增加了，但是性能并未提升，并且不具备容错性，现在兼容机主板上的 JBOD 功能就是这样的例子。磁盘阵列在管理硬盘空间时采用了什么技术呢？

1）内容镜像

镜像是将数据同时写入两个驱动器中，两个驱动器中的内容完全一样。因为两个驱动器中的任何一个都可以完成同一任务，所以这些系统具有优异的可靠性，并且可以获得很好的交易处理结果。代价是虽然购买了两个驱动器但只得到了一个驱动器的容量，实现镜像的空间利用率为 50%。如果主盘发生故障，那么镜像盘将自动接替它继续运行。

2）条带化存储

条带化是指将每个硬盘空间分割成若干大小相等的区块，如同文件系统中的单元分配。在写入数据时，条带化存储技术将数据分开写入多个驱动器中，以一次写入一个数据块的方式将文件同时写入多块硬盘中，从而提高数据传输速率并缩短硬盘处理总时间。从理论上来说，阵列中有几块硬盘，存取速度就能提高几倍。这种系统非常适用于交易处理，但可靠性很差，因为系统的可靠性等于最差的那个驱动器的可靠性，所以故障率也放大了几倍。

3）奇偶校验

条带化存储技术导致可靠性降低，因此需要在存取数据时采用校验技术来保证其可靠性。奇偶校验是一种简单的校验数据的方式，并且计算速度非常快。异或（XOR）是进行奇偶校验的一种方法，从每块硬盘中取出一位（0 和 1）并相加。如果和为偶数，那么奇偶位被置为 0；如果和为奇数，那么奇偶位被置为 1。根据磁盘阵列等级，奇偶校验值既可保存到一块单独的硬盘上，又可平均分布到所有硬盘上。当使用 5 块硬盘时，奇偶校验值占硬盘总空间的 1/5。

利用奇偶校验，当磁盘阵列系统中的一块硬盘发生故障时，系统可以根据其他硬盘的数据快速计算出故障盘对应位置存储的信息，并且能够重建该故障盘中的数据，这些功能对于操作系统来说都是透明的。奇偶校验可以提供与镜像相同的数据保护，但空间开销较小，只浪费一块硬盘的空间。如果组建一个由 5 块硬盘组成的阵列，那么 4 块用于存储数据，1 块用于存储奇偶校验值，阵列的空间利用率为 80%，当需要考虑成本时，这是一个很大的优势。另外，当采用条带化加上奇偶校验的工作方式时，构成阵列的硬盘数越多，存取速度就越快。

2. 磁盘阵列技术的规范

磁盘阵列技术发展至今，已经过了多次升级优化，每次都是为了提高系统的稳定性和速度。在组建磁盘阵列时，可以根据实际情况选择不同的方式。目前，业界公认的有 RAID 0～RAID 7 这几个等级规范，它们的侧重点各有不同。每个磁盘阵列等级分别针对速度、保护或两者的结合来设计。下面是关于磁盘阵列等级的简要介绍。

- RAID 0：数据条带化存储阵列。
- RAID 1：镜像磁盘阵列。
- RAID 2：采用汉明码方式的并行阵列。
- RAID 3：带奇偶校验的并行阵列。
- RAID 4：带专用奇偶校验驱动器的磁盘阵列。
- RAID 5：奇偶校验磁盘阵列，校验块在所有驱动器上平均分布。

- RAID 6：带有两种分布存储的奇偶校验码的磁盘阵列。
- RAID 7：优化的高速数据传送磁盘阵列。

此外，还有 RAID 1E、RAID 5EE、RAID 10、RAID 50 和 JBOD 等。其中，JBOD（无冗余模式）严格来说不属于磁盘阵列的范畴，只是现在许多计算机主板上带有 JBOD。RAID 10 是 RAID 0 和 RAID 1 的组合实现。RAID 5 集合了 RAID 2、RAID 3 和 RAID 4 的优点，因此应用最广泛，而 RAID 2、RAID 3 和 RAID 4 已被淘汰。RAID 6 是 RAID 5 的扩展，进一步增强了数据的可靠性，但效率较低。RAID 6 和 RAID 7 都因成本较高而用得较少，主要用于安全性要求极高的场合。

1）RAID 0

RAID 0 是无数据冗余的存储空间条带化，具有成本低、读/写性能极高、存储空间利用率高等特点，适用于音频/视频信号存储、临时文件的转储等对速度要求极其严格的特殊应用。但由于没有数据冗余，因此 RAID 0 的安全性大大降低，构成阵列的任何一块硬盘的损坏都将带来灾难性的数据损失。这种方式没有安全保护，只是提高了硬盘读/写性能和整个服务器的硬盘容量。一般只适用于硬盘数较少、业务数据完整性要求不高的应用环境，如果在 RAID 0 中配置 4 块或 4 块以上的硬盘，那么对于一般应用来说是不明智的。如图 8-15 所示，3 块容量为 72GB 的硬盘组成了容量为 216GB 的 RAID 0。

2）RAID 1

RAID 1 是两块硬盘数据完全镜像。RAID 1 的安全性好，技术简单，管理方便，读/写性能取决于单块硬盘的速度。因为它是一一对应的，所以无法对单块硬盘进行扩展，必须同时对镜像的双方进行同容量的扩展。为了安全起见，RAID 1 实际上只利用了一半的硬盘容量，数据空间浪费大。

RAID 1 的原理示意图如图 8-16 所示。

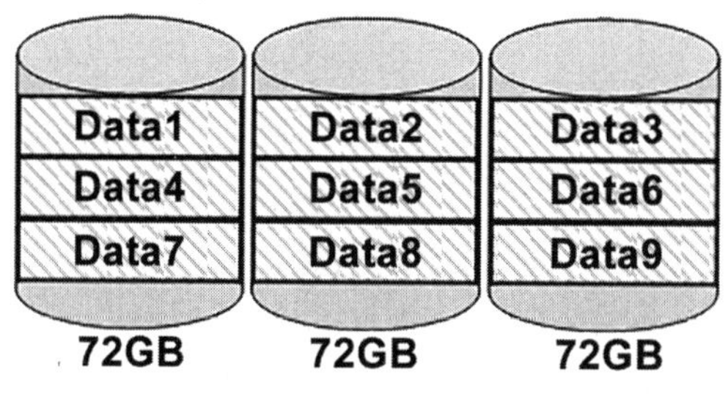

图 8-15　RAID 0 的原理示意图

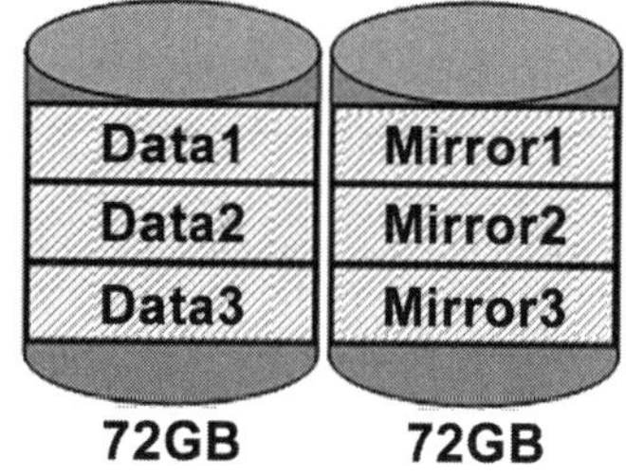

图 8-16　RAID 1 的原理示意图

3）RAID 2

RAID 2 将数据条块化地分布在不同的硬盘上，条块单位为位或字节，并使用加重平均纠错码（汉明码）的编码技术来提供错误检查及恢复。这种编码技术需要使用多块硬盘存储检查及恢复信息，因此 RAID 2 的实施更复杂，只适用于大文件的读/写，小文件读/写性能差，在商业环境中很少使用。

4）RAID 3

与 RAID 2 类似，RAID 3 将数据条块化分布在不同的硬盘上。但是，RAID 3 使用简单的奇偶校验，并用单块硬盘保存奇偶校验信息。如果一块硬盘失效，那么奇偶盘及其他数据盘可以重新产生数据；如果奇偶盘失效，那么不影响数据使用。RAID 3 对于大量的连续数据可以提供很好的传输速率，但对于随机数据来说，奇偶盘会成为写操作的瓶颈。

5）RAID 4

RAID 4 同样将数据条块化地分布在不同的硬盘上，但条块的单位为扇区。RAID 4 使用一块硬盘作为奇偶盘，每次执行写操作都需要访问奇偶盘，这时奇偶盘会成为写操作的瓶颈，但随机读/写效率仍比 RAID 3 高。RAID 5 一经推出，就迅速淘汰了 RAID 4。

6）RAID 5

RAID 5 是目前应用最广泛的磁盘阵列技术。各块独立的硬盘进行条带化分割，相同的条带区进行奇偶校验（异或运算），校验数据平均分布在每块硬盘上。以 n 块硬盘构建的 RAID 5 可以有 $n-1$ 块硬盘的容量，存储空间的利用率非常高。任何一块硬盘上的数据丢失，均可以通过校验数据推算出来。它和 RAID 4 最大的区别在于校验数据块是平均分布在各块硬盘上的，因此 RAID 5 中每块硬盘承受的读/写量比较平均。

RAID 5 的原理示意图如图 8-17 所示。

RAID 5 的优点是提供了冗余性（支持一块硬盘掉线后仍然可以正常运行），硬盘空间利用率为$(n-1)/n$，读/写速度快。但当硬盘掉线之后，由于需要进行额外的校验运算来获取缺失的部分数据，因此运行效率将大幅下降。

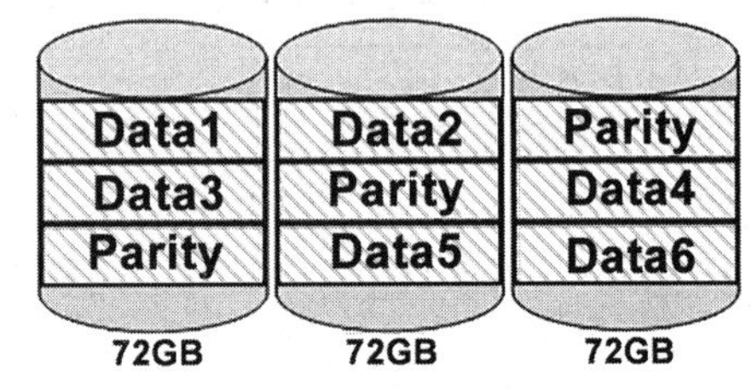

图 8-17　RAID 5 的原理示意图

由于奇偶校验块是平均分布在每块硬盘上的，因此存在数据条带的顺序和校验块的位置方向的问题，这对于普通用户来说并不重要，但对于数据恢复来说就非常重要。不同厂商或系统在设计 RAID 5 时有不同的组织方式，下面列举几种常见的组织方式（不同厂商或技术文献的说法不同，因此列举多种说法供读者参考，数字代表条带化数据块，“P”代表奇偶校验块）。

（1）左异步（Adaptec 反向奇偶校验，Backward 321）如表 8-1 所示。

表 8-1　左异步

硬盘号	硬盘 1	硬盘 2	硬盘 3	硬盘 4
数据块	1	2	3	P
	4	5	P	6
	7	P	8	9
	P	10	11	12

（2）左同步（AMI 反向动态奇偶校验，Backward dynamic）如表 8-2 所示。

表 8-2　左同步

硬盘号	硬盘 1	硬盘 2	硬盘 3	硬盘 4
数据块	1	2	3	P
	5	6	P	4
	9	P	7	8
	P	10	11	12

（3）右异步（正向奇偶校验，Forward 123）如表 8-3 所示。

表 8-3　右异步

硬盘号	硬盘 1	硬盘 2	硬盘 3	硬盘 4
数据块	P	1	2	3
	4	P	5	6
	7	8	P	9
	10	11	12	P

（4）右同步（正向动态奇偶校验，Forward dynamic）如表 8-4 所示。

表 8-4　右同步

硬盘号	硬盘 1	硬盘 2	硬盘 3	硬盘 4
数据块	P	1	2	3
	6	P	4	5
	8	9	P	7
	10	11	12	P

（5）反向延时（HP/COMPAQ 延时奇偶校验，Backward delay parity）如表 8-5 所示。

表 8-5　反向延时

硬盘号	硬盘 1	硬盘 2	硬盘 3	硬盘 4
数据块	1	2	3	P
	4	5	6	P
	7	8	P	9
	10	11	P	12

在实际工作中，可能会遇到其他组织方式，可以通过读取不同的磁盘阵列卡说明书或其他方法来判断。在做 RAID 5 的磁盘阵列数据恢复前，必须知道它的配置参数，这是数据恢复的关键，很多阵列卡在配置时不会给出组织方式，需要我们自己摸索试探。需要分析 RAID 5 的关键参数包括以下几个。

- 盘序：每块硬盘的组织顺序，在拆卸前应做好标记。
- 块大小：分割数据块进行存储时的大小单位，可能为十几千字节或上百千字节。
- 组织方式：数据块和奇偶校验块的存储方式。
- 起始位置：第一个奇偶校验块的起始位置。

7）RAID 5E & RAID 5EE

RAID 5 的容错机制简单，并且系统运行高效，但只能容错一块硬盘，当存储系统中有 8 块或 8 块以上的硬盘时，其容错能力比较差。以 IBM 为代表的厂商采用的是 RAID 5 的改进版：采用 RAID 5E 和 RAID 5EE 来实现容错，因为它们都具备两块硬盘的容错能力。

RAID 5E（RAID 5 Enhancement）只是在 RAID 5 的基础上做了一些改进，所以与 RAID 5 类似，数据的校验信息均匀地分布在各块硬盘上，但是在每块硬盘上都保留了一部分未使用的空间，这部分空间没有进行条带化，最多允许两块物理磁盘出现故障。看起来 RAID 5E 和 RAID 5 加一块热备盘好像差不多，但是 RAID 5E 是把数据分布在所有的硬盘上，所以其性能比 RAID 5 加一块热备盘的性能好。当一块硬盘出现故障时，有故障硬盘上的数据会被压缩到其他硬盘未使用的空间中，逻辑盘保持 RAID 5 级别。

RAID 5EE 提供了一个完善的代替“RAID 5+热备盘”的解决办法。原来的一块热备盘也进行条带化，并且平均分配到 5 块硬盘中。这样，在 RAID 5EE 中读/写时，5 块硬盘同时参与 I/O，比 4 块硬盘+热备盘多了一个硬盘的读/写带宽，提高了性能。RAID 5EE 的数据分布更有效率，每块硬盘的一部分空间被用作分布的热备盘，它们是阵列的一部分。当阵列中的一块物理磁盘出现故障时，数据重建的速度会更快。对于 RAID 5EE 来说，一块硬盘损坏就会自动重构成一个 RAID 5，如果另外一块硬盘再损坏，就会变成降级状态的 RAID 5，这和 RAID 5+热备盘的容错能力是一样的。

RAID 5EE 的原理示意图如图 8-18 所示。

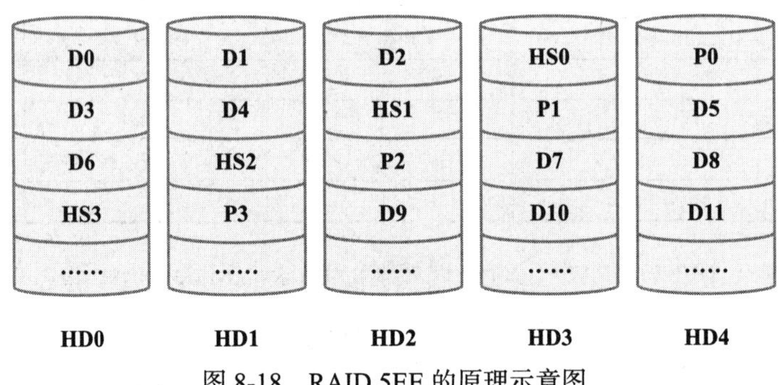

图 8-18　RAID 5EE 的原理示意图

RAID 5E 和 RAID 5EE 的不足之处在于：当一块硬盘掉线时，需要一段时间来重构 RAID 5，因此不支持两块硬盘同时掉线；用于热备容错的空间不能被其他阵列共享。

8）RAID 6

与 RAID 5 相比，RAID 6 增加了第二个独立的奇偶校验信息块，也就是采用 P+Q 模式。两个独立的奇偶校验信息块使用不同的算法，数据的可靠性非常高，即使两块硬盘同时失效也不会影响数据的使用。但 RAID 6 需要分配给奇偶校验信息更大的存储空间，与 RAID 5 相比有更大的“写损失”，因此“写性能”非常差。较差的性能和复杂的实施方式使 RAID 6 很少得到实际应用。

9）RAID 7

至今为止，从理论上来说 RAID 7 是性能最高的磁盘阵列模式，因为它的组建方式已经和以往的组建方式有了很大的不同。以往一块硬盘是一个组成阵列的“柱子”，而在 RAID 7 中，多块硬盘组成一个“柱子”，它们都有各自的通道。也正因为如此，在读/写某一区域中的数据时，可以迅速定位，不会因为以往因单块硬盘的限制同一时间只能访问该数据区的一部分。在 RAID 7 中，以前的单块硬盘相当于分割成若干独立的硬盘，它们有自己的读/写通道，因此效率较高。

RAID 7 可完全独立于主机运行，不占用主机 CPU 资源。RAID 7 存储计算机操作系统（Storage Computer Operating System）是一套实时事件驱动操作系统，主要用来进行系统初始化和安排 RAID 7 的所有数据传输，并把它们转换到相应的物理存储驱动器上。通过存储计算机操作系统来设定和控制读/写速度，可以使主机 I/O 传递性能达到最佳。如同 RAID 5 一样，RAID 7 也有一组校验盘，如果一块硬盘出现故障，那么可以自动执行恢复操作，并且可以管理备份硬盘的重建过程。

10）RAID 10

RAID 10 综合了 RAID 0 和 RAID 1 的特点。由于利用了 RAID 0 极高的读/写效率和 RAID 1 较高的数据保护及恢复能力，因此 RAID 10 成了一种性能及安全性比较高的等级，目前几乎所有的 RAID 控制卡都支持这一等级。RAID 10 能提供比 RAID 5 更好的性能，但是，RAID 10 对存储容量的利用率只有 50%，和 RAID 1 的利用率一样低，这种结构的可扩充性不好，性价比低，适用于追求较高的读/写性能和安全性，但对空间利用率要求不高的情况。

RAID 10 分为 RAID 0+1 和 RAID 1+0 两种组织方式，RAID 0+1 先将硬盘配置成 RAID 0，两套完整的 RAID 0 再做镜像。这种方式的读/写性能最好，但一块硬盘掉线后存储系统就失去了容错性。

RAID 1+0 则相反，先对两块硬盘做镜像，再将镜像盘组配置成 RAID 0。这种方式的读/写性能稍差一点，但只要不是一个组中两块硬盘都损坏，阵列就可以正常运行，数据安全性高。

RAID 0+1 的原理示意图如图 8-19 所示。

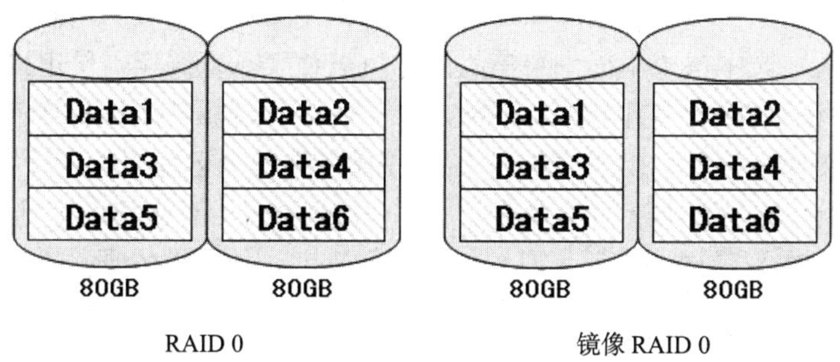

图 8-19　RAID 0+1 的原理示意图

11）RAID 5+0

在多磁盘冗余的环境中，除了 RAID 5EE、RAID 6 等，RAID 5+0 也是不错的选择。相对而言，RAID 5+0 对磁盘阵列卡的要求不高，实现简单，并且在数据存取速度、数据容错性和空间利用率等方面表现良好。RAID 5+0 是将多个 RAID 5 组成 RAID 0。例如，有 15 块硬盘，先分为 3 组，每组分别做 RAID 5，再将 3 组组合起来做 RAID 0。这样的阵列组合使该存储系统中能容错 3 块硬盘，但每个下层 RAID 5 中仍然只能容错 1 块硬盘。

RAID 5+0 的原理示意图如图 8-20 所示。

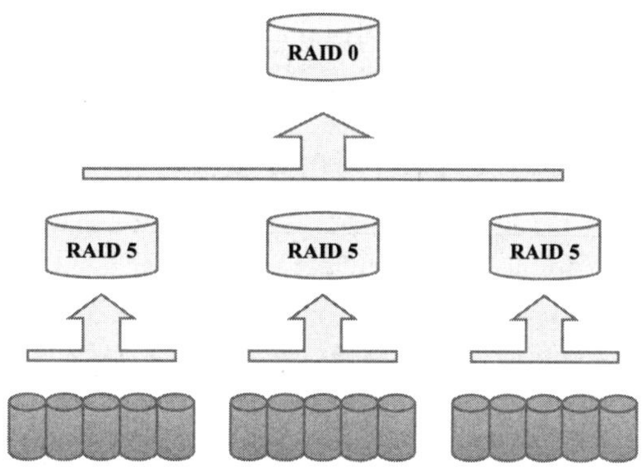

图 8-20　RAID 5+0 的原理示意图

8.2 磁盘阵列的组建与维护

8.2.1 磁盘阵列的配置方法

配置磁盘阵列

1. 磁盘阵列卡的配置

要使用磁盘阵列功能，需要先在计算机上安装磁盘阵列卡，以及支持的硬盘，并将它们做正确的连接（此处略过安装步骤）。这批硬盘的性能指标和容量最好保持一致，以取得最好的兼容性（性能大致相同也可使用）。硬盘容量如果不同，系统就会自动匹配容量最小者。启动计算机后，在主板的 BIOS 自检完成后，屏幕会给出提示进入磁盘阵列卡的 BIOS 自检程序，以及磁盘阵列卡的基本信息和配置好的阵列盘信息，此时可以根据提示按热键进入磁盘阵列卡的配置界面。

磁盘阵列卡的配置界面一般有以下几种。

- 命令行界面：完全靠手动输入命令来实现，操作过程比较复杂，界面不直观。
- 文本界面：在文本模式下提供菜单界面，可进行交互式操作，简单直观。
- Web BIOS 图形界面：图形模式的界面，功能强大，表现丰富，有操作向导，更易于管理。
- App 图形界面：不同于 BIOS 接口，这是在操作系统下运行的管理程序，人机交互效果最好，有操作向导和丰富的使用帮助提示信息，可将所有操作设定好之后再批量应用。另外，App 图形界面通常还具有监控和报警功能，能帮助管理员及时获取磁盘阵列的工作信息。

进入磁盘阵列卡的配置界面之后，一般需要先对磁盘阵列卡的设置进行检查，如启动顺序、I/O 通道、数据传输速率、位宽度、缓存等，很多设置基本上不用调整，采用默认的即可，除非遇到了问题或确实需要调整时才会更改。

只要磁盘阵列卡工作正常，接下来就应该检查连接的硬盘，在开机自检的 BIOS 界面和磁盘阵列管理界面中会显示连接的物理磁盘或组建好的磁盘阵列，如果没有检测到，那么可能是连接线缆出现问题，或者磁盘阵列卡的接口出现故障。一般一块磁盘阵列卡可以连接 2～8 块硬盘，但受到机箱和磁盘阵列卡接口的限制，当需要使用较多硬盘时，会另外接一个磁盘阵列柜。如果连接了磁盘阵列柜，那么关于磁盘阵列的配置都在磁盘阵列柜中进行。

在设置阵列时，可以以物理视图和逻辑视图分别观察阵列的状态。物理视图中显示检测到的所有硬盘的工作状态；逻辑视图中则显示已配置的阵列盘，这些阵列盘通常被称为逻辑驱动器（Logical Drive）、虚拟驱动器（Virtual Drive）或容器（Container）等，如图 8-21 所示。

在创建阵列盘时一般会采取以下步骤。

（1）在磁盘阵列卡的管理界面中选择创建一个阵列盘。

（2）选择 RAID 级别。

（3）选择加入的硬盘。

（4）配置 RAID 参数。

（5）阵列初始化。

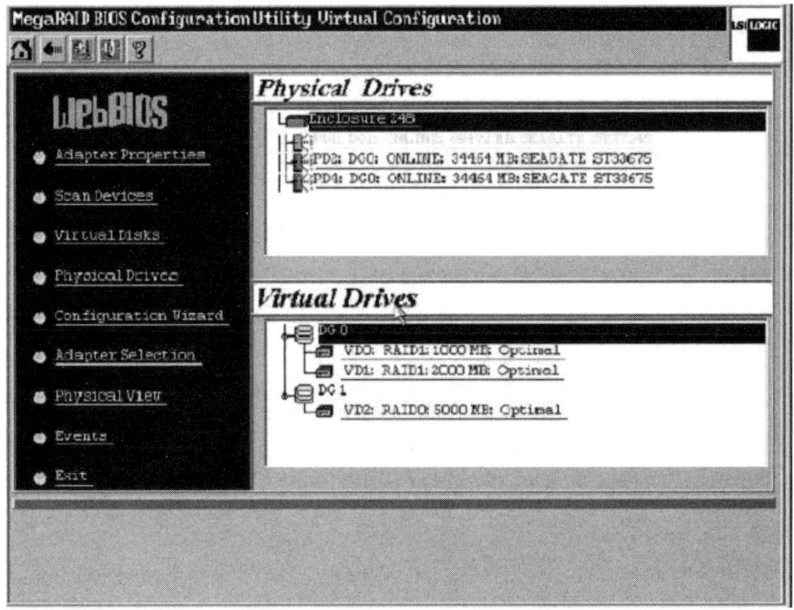

图 8-21　磁盘阵列卡配置界面示例

2. 磁盘阵列的操作术语

在执行具体的操作前，需要先了解磁盘阵列配置过程中的一些操作术语。

1）Array：阵列

磁盘阵列是把几块磁盘的存储空间整合起来，形成一个大的单一连续的存储空间，就是概念上的阵列盘，其实体化的对象就是逻辑驱动器。

2）Logical Drive：逻辑驱动器

阵列中的逻辑驱动器也称为虚拟驱动器。它可以占用两块或两块以上的物理磁盘，是磁盘阵列的主要操作对象，也就是组建的阵列盘。每个阵列中可以有多个逻辑驱动器，并且至少要设置一个。I/O 操作只能在逻辑驱动器处于在线的状态下才执行，逻辑驱动器对于主机来说就是独立的磁盘驱动器。

3）Drive Group：盘组

盘组也称为 Disk Group。盘组中可以包含一个或多个逻辑驱动器。可以对一个盘组中的逻辑驱动器做阵列跨越，也就是二级阵列，以进一步提升阵列各方面的性能。

4）Array Spanning：阵列跨越

阵列跨越是对已经形成的几个阵列盘进行再一次的组合，如把两个 RAID 1 阵列盘再组合成 RAID 0 就形成 RAID 1+0，把两个 RAID 5 阵列盘采用 RAID 0 方式做阵列跨越后就会形成 RAID 5+0。采用阵列跨越方式可以结合多种 RAID 级别的优点，当磁盘数较多时，采用这种方式会在保证系统稳定性的前提下增强读/写性能和提高空间利用率。

5）Striping：条带化

条带化是把连续的数据分割成大小相同的数据块，把每段数据分别写入阵列中不同的磁盘上。此技术非常有用，比单块磁盘所能提供的读/写速度要快得多，当数据在第一块磁盘上传输完后，第二块磁盘就能确定下一段数据。数据条带化正在一些现代数据库和某些 RAID 硬件设备中得到广泛应用。

6）Stripe Size：条带容量

每块磁盘上数据块的容量也称为条带深度。为了获得更高的性能，条带的容量应小于或等于操作系统的簇的大小。大容量的条带会产生更高的读取性能，尤其在读取连续数据时。当读取随机数据时，最好将条带的容量设置得小一点。

7）Initialization：初始化

初始化是指在逻辑驱动器的数据区中写零时会生成相应的奇偶位，使逻辑驱动器处于就绪状态。初始化将删除以前的数据并产生奇偶校验，所以逻辑驱动器在此过程中将一并进行一致性检测。没有经过初始化的阵列是不能使用的，因为还没有生成奇偶区，阵列会产生一致性检测错误。

由于初始化时间很长，通常需要十几个小时甚至几天，因此现在的阵列一般都支持后台初始化功能，即开始初始化后，就可以往里面写入数据。没有初始化的 RAID 1 或 RAID 10 在磁盘掉电时仍然能提供冗余性能，然而 RAID 5 在初始化完成之后才能提供容错性能。

8）Rebuild：重建

当逻辑驱动器中有物理盘发生故障被替换之后，需要对替补的新盘进行数据重构，使其与逻辑驱动器中其他的物理盘同步。

9）Channel：通道

通道是指在两个磁盘控制器之间传输数据和控制信息的电通路。在连接磁盘阵列柜时需要在两端设置相同的通道参数。

10）Hot Spare：热备用

当正在使用的磁盘发生故障后，一块空闲并待机的磁盘将马上代替此故障盘，此方法就是热备用。热备用磁盘上不存储任何用户数据，最多可以有 8 块磁盘作为热备用磁盘。一块热备用磁盘可以专属于一个单一的冗余阵列或多个冗余阵列，也可以是整个阵列热备用磁盘池中的一部分。而在某个特定的阵列中，只能有一块热备用磁盘。

当磁盘发生故障时，控制器的固件能自动用热备用磁盘代替故障磁盘，并通过算法把原来存储在故障磁盘上的数据重建到热备用磁盘上。数据只能从带有冗余的逻辑驱动器上进行重建（除了 RAID 0），并且热备用磁盘必须有足够多的容量。管理员可以更换发生故障的磁盘，并把更换后的磁盘指定为新的热备用磁盘。

11）Cache Policy：缓存策略

RAID 控制器具有两种数据 I/O 策略，分别为 Cached I/O（缓存 I/O）和 Direct I/O（直接 I/O）。缓存 I/O 总是采用读取和写入策略，读取时常常是随意进行缓存。直接 I/O 在读取新的数据时总是采用直接从磁盘读出的方法。如果一个数据单元被反复读取，那么将选择一种适中的读取策略，并且读取的数据将被缓存起来。只有当读取的数据重复被访问时，数据才会进入缓存，而在完全随机读取状态下是不会有数据进入缓存中的。

12）Write Policy：写入策略

当处理器向磁盘上写入数据时，数据先被写入高速缓存中，并且认为处理器有可能马上再次读取它。NetRAID 有如下两种写入策略。

（1）Write Back：回写。

在回写状态下，数据只有在要被从高速缓存中清除时才写到磁盘上。随着主存读取数据的增加，回写需要开始从高速缓存中向磁盘上写数据，并把更新的数据写入高速缓存中。由于一个数据可能会被写入高速缓存中许多次都没有进行磁盘存取，因此回写的效率非常高。

（2）Write Through：直写。

在直写状态下，数据在输入高速缓存中时，同时被写到磁盘上。因为数据已经复制到磁盘上，所以在高速缓存中可以直接更改要替换的数据。因此，直写比回写简单得多。

3. 创建阵列盘的操作步骤

不同的磁盘阵列卡的配置界面和功能有所不同，下面以 Adaptec PERC2 磁盘阵列控制器为例来创建一个 RAID 5，此阵列卡有 4 个通道，最多可以连接 4 块硬盘，支持 RAID 0、RAID 1 和 RAID 5。

注意：

请预先备份硬盘上的数据，因为在配置磁盘阵列时会删除硬盘上原有的所有数据。

（1）当系统在自检过程中出现提示信息时，按快捷键 Ctrl+A，进入磁盘阵列卡的控制界面（见图 8-22），选择“Container Configuration Utility”选项。这里的“Container”原意为容器，此处是指阵列盘。

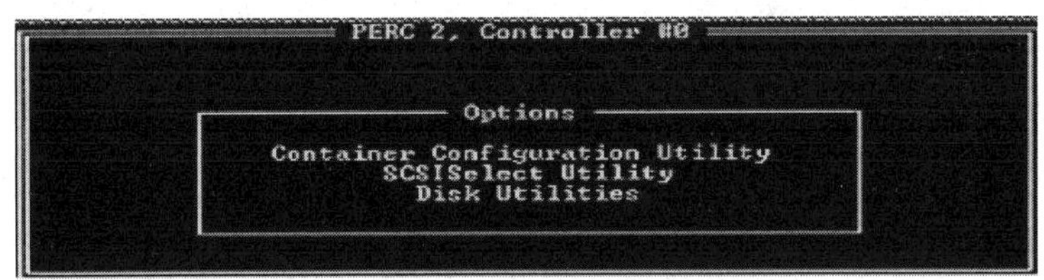

图 8-22　控制界面

（2）主菜单中有 3 个选项，分别为 Manage Containers、Create Container 和 Initialize Drives（见图 8-23）。选择“Initialize Drives”选项，对新的或需要重新创建容器的硬盘进行初始化（注意：初始化硬盘将删除当前硬盘上原有的所有数据）。

图 8-23　主菜单

（3）此时会显示磁盘阵列卡的通道和连接到该通道上的硬盘（见图 8-24），可以使用 Insert 键选中需要被初始化的硬盘（需要注意窗口下面的提示信息）。

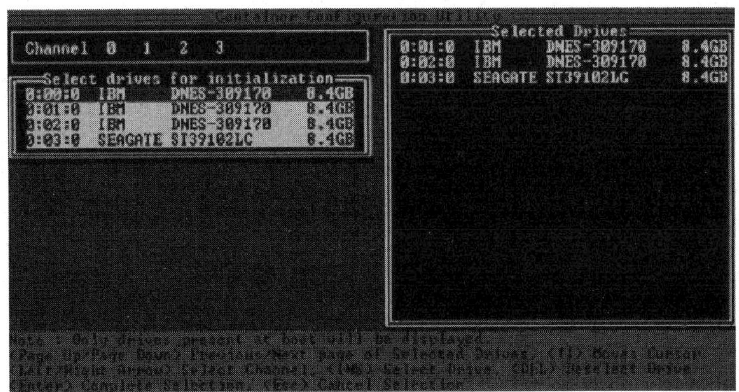

图 8-24　初始化硬盘

（4）当选择完成并按 Enter 键之后，系统会出现警告信息（见图 8-25）。选择“Y”可执行初始化。

Warning!! Initialization will erase all container information from the selected drives. Any container using any of these drives as members will be affected. Do you want to continue?(Yes/No):

图 8-25　警告信息

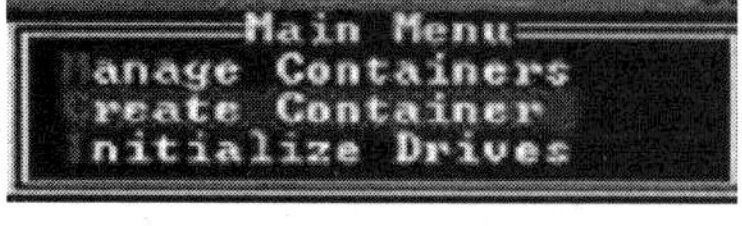

图 8-26　创建容器

（5）当硬盘初始化之后就可以根据需要创建相应级别（如 RAID 1、RAID 0 等）的容器。下面以 RAID 5 的容器的创建为例展开介绍。如图 8-26 所示，在主菜单中选择“Create Container”选项（创建磁盘阵列）并按 Enter 键。

（6）用“Insert”键选中需要用于创建阵列的硬盘，并添加到右侧的列表中。按 Enter 键进入容器属性对话框（见图 8-27）。在弹出的界面中用 Enter 键选择 RAID 级别，输入 Container 的卷标和大小。其他选项均采用默认值。选择“Done”选项。

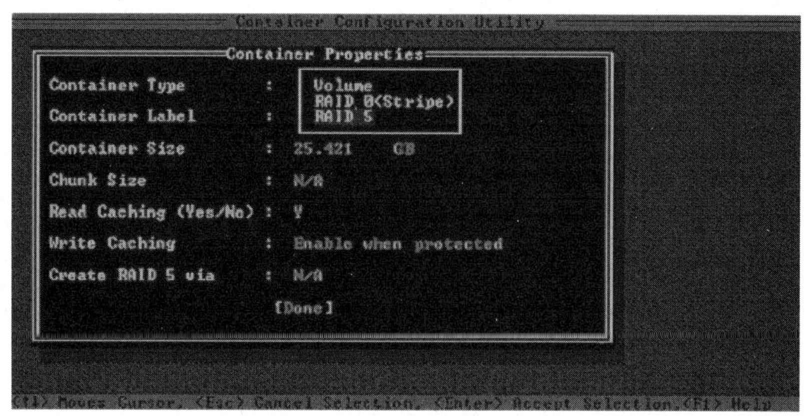

图 8-27　设置容器属性

（7）创建的磁盘阵列如图 8-28 所示。系统会出现提示信息，即当这个“Container”没有被成功完成“Scrub”（洗净）之前，它是没有冗余功能的。“Chunk Size”表示条带块大小，现在称为“Stripe Size”。

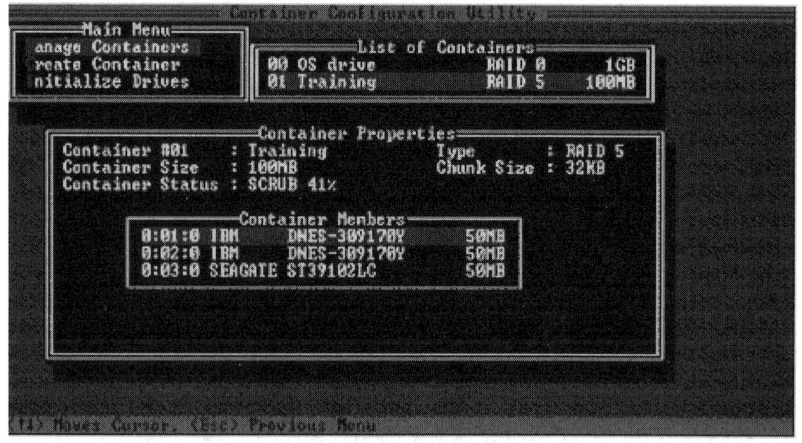

图 8-28　创建的磁盘阵列

（8）此时可以通过“Manage Containers”选项选中相应的容器，检查这个“Container Status”的“Scrub”，当它变为“Ok”时，新创建的容器便具有冗余功能。这里的“Scrub”就是阵列初始化。初始化是一个需要较长时间的过程，型号陈旧的磁盘阵列卡必须等待初始化完成后才可以存储数据，而目前的磁盘阵列卡支持后台初始化。也就是说，在没有完成初始化之前，也可以立即使用 RAID 5，但直到初始化完成之后才具有冗余功能。

4. 补充说明

不同品牌、型号的 RAID 控制器的安装配置界面也不一样，不过操作起来大同小异。此处所创建的阵列盘称为容器，有的磁盘阵列卡在 BIOS 中被称为逻辑驱动器或虚拟驱动器。不论采用何种称谓，在创建阵列盘时，都会将原磁盘上的数据抹掉（RAID 1 中的主盘除外）。所以，当磁盘阵列出现故障时，不要尝试重新创建或初始化等，应尽量保证数据的安全。

为了避免出现物理磁盘发生故障而管理员未及时处理的情况，一般会为阵列配置热备盘，当阵列中的某块硬盘出现故障时，热备盘会自动顶替故障盘的位置，并将数据迁移过来，有的存储系统甚至会配备多块热备盘。热备盘有针对一个阵列的，也有用于全局的。

由于磁盘阵列系统对于上层系统来说是透明的，因此在安装完操作系统之后所看到的物理磁盘就是用磁盘阵列创建的容器。如果在此创建了多个容器，那么在操作系统中可以看到多块相应的物理磁盘。对该物理磁盘的操作与真正的物理磁盘没有什么不同，也是先分区，再格式化，最后保存数据。在文件系统的更低层，RAID 控制器负责完成数据的分块、校验、读/写及冗余工作。

如果想要扩大磁盘阵列的容量，那么可以按照操作说明添加硬盘，并采取相应的步骤。但如果该磁盘阵列卡不支持在线容量扩展，就必须将原磁盘阵列中的数据导出，待重新创建磁盘阵列后，再将数据导入。

创建软磁盘阵列

8.2.2　搭建软磁盘阵列的方法

硬磁盘阵列需要支付额外的费用，特别是专门的服务器硬盘的价格昂贵，所以目前的操作系统也引入了磁盘阵列管理，通过软件实现磁盘阵列功能，这对学习爱好者和最大限度节约投资来说是很好的选择。在 Windows Server 2003 中就内置了 RAID 0/RAID 1/RAID 5 功能。软磁盘阵列的效率较低，并且功能比较受限，因此不推荐企业用户使用。

1. Windows 动态磁盘管理

在介绍 Windows 的软磁盘阵列之前，下面先介绍 Windows 中的一项功能——动态磁盘管理。与基本磁盘相比，动态磁盘不再采用以前的分区方式来管理空间，而是使用卷集。卷的作用和分区的作用差不多，但是在以下几方面卷的作用有所增强。

1）任意更改卷的容量

动态磁盘在不重新启动计算机的情况下可以更改卷的容量，不会丢失数据；基本磁盘如果要改变分区容量就会丢失全部数据（当然，也有一些特殊的磁盘工具软件可以用来改变分区且不破坏数据，如 PQMagic 等，但需要花费很长的时间搬动分区数据）。

2）突破磁盘空间的限制

卷可以被扩展到磁盘不连续的磁盘空间中，还可以创建跨磁盘的卷集，将几块磁盘合为一个大卷集。而基本磁盘的分区必须在同一磁盘的连续空间中，分区的最大容量当然也就是磁盘的容量。

3）卷集和分区的个数

动态磁盘在一块磁盘上可以创建的卷集个数没有限制，但在一块基本磁盘上只能有 4 个主分区，当然，也可以使用逻辑分区增加分区的个数。

需要注意的是，动态磁盘只能在 Windows NT/Windows 2000/Windows XP/Windows 2003 中使用，其他的系统无法识别动态磁盘，并且不能用于启动系统。因此，Windows 系统本身只能安装在基本磁盘的分区上，并且不能扩展。在 Windows XP 中只能创建简单卷、跨区卷和带区卷，在 Windows Server 系列的系统中还可以创建镜像卷和 RAID-5 卷。

在普通情况下，用户的磁盘都是基本磁盘类型，为了使用软磁盘阵列功能，必须将其转换为动态磁盘。单击“控制面板”→“管理工具”→“计算机管理”→“磁盘管理”节点，在“查看”菜单中将其中的一个窗口切换为磁盘列表，这时就可以通过右键菜单将基本磁盘转换为动态磁盘。

要将基本磁盘转换为动态磁盘，在转换前必须保证要转换的磁盘的尾部有 1MB 的空间没有被使用，否则不能转换。需要注意的是，转换过程是不可逆的，就是将基本磁盘转换为动态磁盘，磁盘上原来的文件系统和文件可以保留，但如果要将动态磁盘转换为基本磁盘，就要删除要转换的磁盘上的全部卷（数据当然就没有了）才能转换为基本磁盘。

2. 动态磁盘的卷类型

动态磁盘可以提供一些基本磁盘不具备的功能，如创建可跨越多块磁盘的卷（跨区卷和带区卷）和具有容错能力的卷（镜像卷和 RAID-5 卷）。所有动态磁盘上的卷都是动态卷。

有 5 种类型的动态卷，分别为简单卷、跨区卷、带区卷、镜像卷和 RAID-5 卷。镜像卷和 RAID-5 卷是容错卷，仅在运行 Windows Server 2000 及后续服务器系统的计算机上可用。

（1）简单卷：由单一动态磁盘的磁盘空间所组成的动态卷。简单卷可以由磁盘上的单个区域或同一磁盘上连接在一起的多个区域组成。如果简单卷不是系统卷或启动卷，那么可以在同一磁盘内对其进行扩展，也可以将其扩展到其他磁盘上。如果跨多块磁盘扩展简单卷，那么该卷将成为跨区卷。只能在动态磁盘上创建简单卷。简单卷不能容错，但可以将其镜像。

（2）跨区卷：由多块物理磁盘上的磁盘空间组成的卷。可以通过向其他动态磁盘扩展来增加跨区卷的容量。只能在动态磁盘上创建跨区卷。跨区卷不能容错也不能被镜像。

（3）带区卷：以条带化形式在两块或两块以上的物理磁盘上存储数据的卷，也就是 RAID 0。带区卷上的数据被交替、均匀（以带区形式）地跨磁盘分配。带区卷是 Windows 系统的所有可用卷中性能最佳的卷，但它不能容错。如果带区卷中的磁盘发生故障，那么整个卷中的数据都将丢失。只能在动态磁盘上创建带区卷。带区卷既不能被镜像，又不能扩展。

（4）镜像卷：在两块物理磁盘上镜像复制数据的容错卷，也就是 RAID 1。做镜像的两个卷总是位于不同的磁盘上，如果其中一块物理磁盘出现故障，那么该故障磁盘上的数据将不可用，但是系统可以在位于其他磁盘上的镜像中继续操作。镜像卷不能扩展。

（5）RAID-5 卷：如果系统中有 3 个或 3 个以上的动态卷，就可以组织带奇偶校验的带区卷，即以 RAID 5 方式组织的卷。

3. Windows 环境下软磁盘阵列的实现过程

在一台安装了 Windows Server 2003 的计算机上共有 4 块磁盘，其中磁盘 0 上安装了系统，另外 3 块磁盘的容量相同，未分区，用来做磁盘阵列。下面使用这些磁盘来组建 RAID 1，实现软磁盘阵列效果。为了体现动态磁盘的效用，需要创建一个特殊的 RAID 1 卷。

（1）安装 Windows Server 2003。假设将其安装在第一块磁盘（即磁盘 0）上。

（2）升级磁盘 1、磁盘 2 和磁盘 3（非系统磁盘）为动态磁盘。进入“磁盘管理”界面，选中要升级的非系统磁盘（见图 8-29）。右击磁盘 1，选择“转换到动态磁盘”命令，按照提示一步步操作即可完成非系统磁盘从基本磁盘到动态磁盘的升级，如图 8-30 所示。

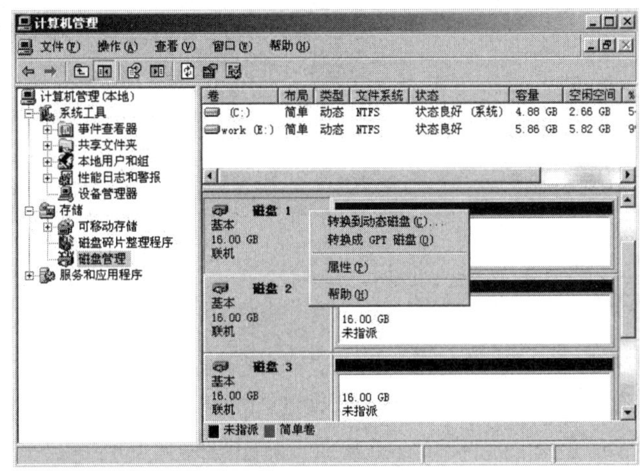

图 8-29　转换到动态磁盘

（3）升级磁盘 0（系统磁盘）为动态磁盘。

操作步骤同上。需要注意的是，在升级过程中，由于系统磁盘上安装了系统，系统正在使用本磁盘，因此在升级时会显示“强制卸下”的提示信息，单击“是”按钮，继续操作。最后重启计算机，完成系统磁盘从基本磁盘到动态磁盘的升级。至此，4 块磁盘全部升级为动态磁盘。但在一块动态磁盘上新安装的系统是无法启动的。

（4）创建系统分区软 RAID 1。

在第一块动态磁盘上选中需要进行镜像的分区并右击，选择“添加镜像”命令（见图 8-31），按照提示，选择第二块动态磁盘，完成系统分区的镜像，如图 8-32 所示，选择好之后单击“确定”按钮创建 RAID 1 卷。

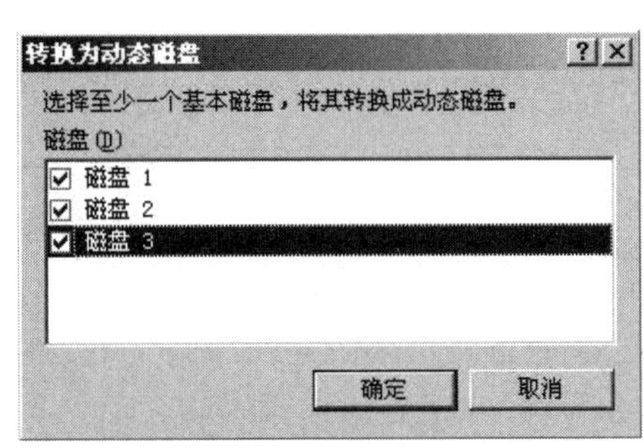

图 8-30　选择转换磁盘

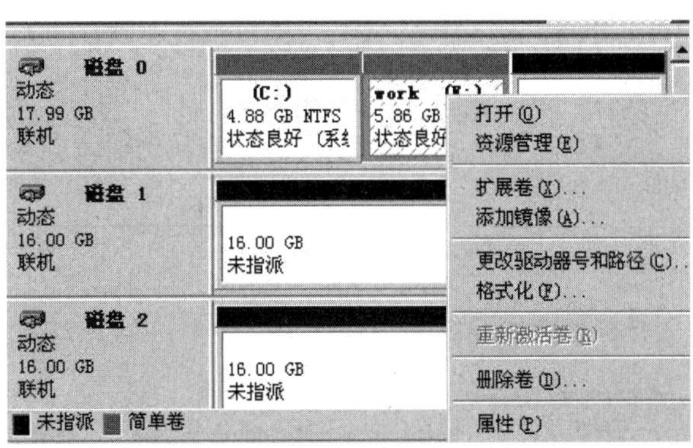

图 8-31　添加镜像

（5）系统会根据原分区的大小在第二块动态磁盘上划分出大小相同的分区（见图 8-33），两个分区存储相同的数据内容，系统创建镜像卷时会自动进行同步。同样，还可以对整个磁盘使用镜像功能，如将磁盘 2 和磁盘 3 做成 RAID 1 卷。

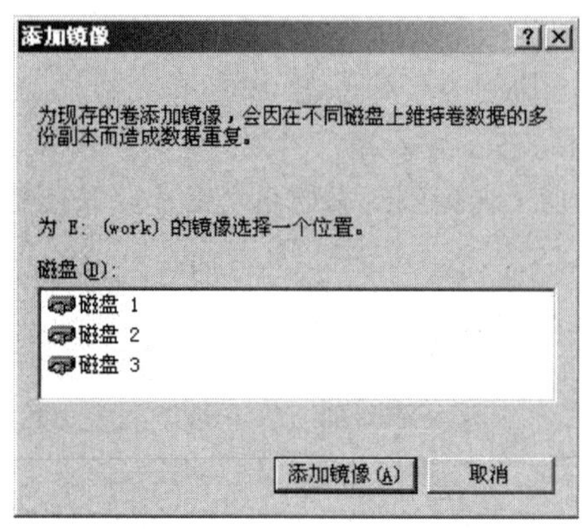

图 8-32　选择镜像分区所在的磁盘

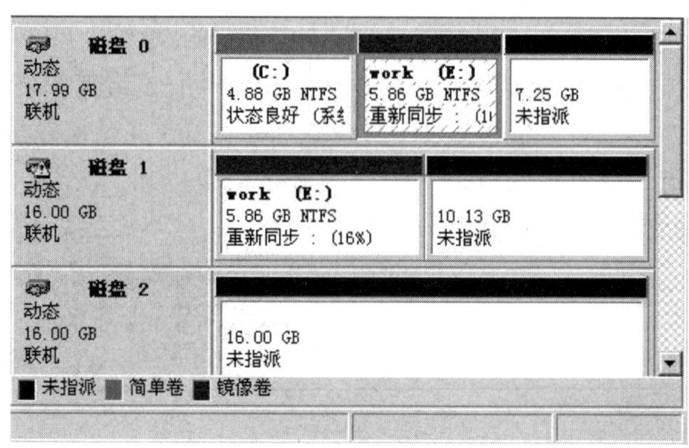

图 8-33　同步镜像分区

8.2.3　磁盘阵列的管理与维护

维护磁盘阵列

虽然磁盘阵列具有可靠的硬件质量保障、运行稳定性及冗余措施，但由误操作和硬件故障引起的数据丢失还是频繁发生。大多数用户看重的就是磁盘阵列的容错功能，设备数量多，运行时间长，负荷量大，但磁盘阵列并不是那么安全可靠，再加上管理员的麻痹大意，忽视了潜在危险，因此，当磁盘阵列发生故障时通常都是一场大的灾难。下面介绍磁盘阵列的管理与维护。

1. 磁盘阵列的工作状态

在正常情况下，磁盘阵列中所有的硬盘都应当处于在线（Online）状态，如果系统检测到某块硬盘出现故障，就会将其下线（Offline），硬盘指示灯通常由绿色变为红色。如果管理员设定了热备盘，那么系统会自动使用热备盘替换故障盘，同时对新盘做重建。

以 RAID 5 为例，常见的基本工作状态有 3 种，即容错、临界和重建。这 3 种状态的定义如下。

（1）容错：容错阵列状态（正常工作），所有硬盘处于激活状态，阵列具备冗余性，此时任何一块硬盘出现故障都不会影响数据可用性。

（2）临界：无容错阵列状态（降级工作），阵列中的某块硬盘已经失效，剩下的硬盘均处于激活状态，但已无法继续提供容错功能。

（3）重建：阵列重建/确认状态，空闲硬盘被合并到阵列中。当重建完成后，阵列将恢复到容错状态。

2. 磁盘阵列的常见故障

尽管磁盘阵列的稳定性很高，但仍然会发生故障，通常有以下几类故障。

1）磁盘阵列出错

磁盘阵列出错的具体原因有磁盘阵列卡损坏、配置信息丢失和槽口控制芯片损坏等。这类情况的数据恢复率很高，但也有失败的案例。例如，板载的控制程序出错，发生大规模混乱的数据读/写，或者误重建等是相当危险的。当发生磁盘阵列卡损坏时，随意更换新的磁盘阵列卡极易造成硬盘 ID 紊乱或数据丢失。有的型号的磁盘阵列卡将阵列的配置信息保存在硬盘上，这样只需更换磁盘阵列卡即可恢复正常，而有的型号的磁盘阵列卡会保存阵列的配置信息，只更换磁盘阵列卡没有配置信息，这时就需要用相同的环境再搭建一次阵列，只有让这个更换的新卡记录了配置信息才能正常使用，否则就只能将数据恢复出来再导入。

2）系统故障

当发生系统故障甚至崩溃时，一些用系统（Windows、UNIX、Linux 和 Solaris 等）自带的功能创建的磁盘阵列或用第三方软件（Disk Management 和 Veritas Disk Management 等）组建的磁盘阵列会发生数据丢失。此时，阵列日志和相关记录是相当重要的。如果有详细的系统日志甚至阵列组合信息备份，修复成功率就会大大提高。

3）硬盘故障

在正常情况下，磁盘阵列中的硬盘指示灯应显示为绿色，表示在线，当执行读/写操作时闪烁。当某块硬盘出现故障时，RAID 管理程序会给出提示，并且先以指示灯表现出来。以 RAID 5 为例，如果磁盘阵列中的某块硬盘发生故障，那么系统会使其停止运转，同时在磁盘阵列硬盘仓口处用红色指示灯显示硬盘掉线。此时系统的工作效率将会下降，如果系统反应速度明显下降，就应当先检查磁盘阵列的工作情况。

如果使用的磁盘阵列系统支持热插拔，并且设置了自动重建功能，那么可以直接将坏硬盘拆下来，换上一块好硬盘即可。如果既没有设置热备盘，又没有设置自动重建功能，就必须及时手动维护磁盘阵列系统。目前的很多磁盘阵列卡的配套软件都具有视窗界面的管理功能，包括阵列管理、硬盘管理、系统监控、日志记录、报警和响应操作、远程连接和访问权限等，可以非常方便地对磁盘阵列进行监控和管理。

虽然有的磁盘阵列容许 1～2 块硬盘发生故障而不丢失数据，但由于管理员管理不善和服务器相对稳定的特性，发生超出允许数量坏硬盘的事故时有发生，如 RAID 5 损坏两块硬盘。一旦磁盘阵列出现故障，硬件服务商就只能为客户重新初始化或重建，这样客户数据就无法挽回，因此，当发生这样的状况时应当先保护好现场，再采取数据恢复措施。

4）磁盘阵列故障排查思路

在磁盘阵列中最常见的故障是“掉盘”。掉盘一般是硬盘出现故障导致的（其处理方法前面已经介绍过，这里不再赘述），但也有可能是其他原因引起的（如磁盘阵列柜在遭遇连续停电后掉盘，但硬盘并没有问题）。下面是编者根据自己实际的工作经验总结出的一些故障排查思路，供读者参考。

- 检查硬盘驱动器是否损坏，若有坏盘则需更换。
- 检查机壳或背板是否损坏。
- 检查 SCSI 电缆或 SATA 线缆，如果长时间使用变软，就可能会造成接触不良。
- 检查电源，如果电源供电异常，就更换电源。
- 如果使用的不是同型号和同容量的硬盘或不是企业级的硬盘，那么有可能工作不稳定或读/写有延迟造成掉盘，应更换为同型号和同容量的企业级硬盘。
- 硬盘固件版本与磁盘阵列卡不匹配，造成阵列 RAID 信息不稳定，可以通过升级硬盘固件来解决。

- 温度高，散热不好，造成硬盘控制芯片不稳定，解决办法是加强散热，如在硬盘上加装散热装置。
- 磁盘阵列卡本身存在问题，如卡受损、卡的驱动或设置不正确、卡的 BIOS 没有刷新等。有些品牌的 RAID 卡跳盘很厉害，解决办法就是换卡。

3. 软磁盘阵列故障处理

在软 RAID 1 中，有主盘和镜像盘之分，系统在写入数据时，两块盘同时写入，在读取时，只读取主盘信息。在主盘发生故障下线后，镜像盘才接替主盘工作，但系统并不会自动将镜像盘直接替换为主盘。如果是非系统盘，那么直接将坏盘取下，替换上好盘即可；但如果是系统盘出现故障，那么处理方法还有差异。

1）主盘（即安装操作系统的物理磁盘）发生故障

当主盘发生故障导致系统不能启动时，可以将主盘拆下来，先将镜像盘上的硬盘 ID 改成主盘的硬盘 ID，再将镜像盘安装到主盘所在的位置，重新加电启动系统。启动成功后，故障盘就从主盘位置变为镜像盘位置。

2）镜像盘（第二块物理磁盘）发生故障

当镜像盘发生故障时，系统可以继续运行，但不能实现数据的冗余备份，应及时对已坏的镜像盘进行更换，重新做一次硬盘软镜像。

当实现软 RAID 5 的硬盘发生故障时，不会影响系统的正常使用和数据的安全性。用户可以更换有故障的硬盘，重新插入新的硬盘，不需要用户做任何工作，系统可以通过计算机自动将发生故障的硬盘上的数据全部恢复到新的硬盘上。

4. RAID 5 掉两块盘故障的处理方法

下面通过一个案例来介绍磁盘阵列发生故障时的分析和处理方法。

1）故障现象

某单位的服务器配置为戴尔服务器，硬盘的容量为 146GB，采用的系统为 Windows 2003，数据库平台为 SQL Server 2005，磁盘阵列柜一台，使用 5 块容量为 73GB 的 SCSI 硬盘做 RAID 5，分别标记为硬盘 ID0、ID1、ID2、ID3 和 ID4。阵列盘挂载到系统的 E 盘上，为网络访问提供数据服务。其故障表现为以下几种。

（1）硬盘 ID1 在 3 个月前亮红灯下线，其余硬盘正常，无出错提示。

（2）硬盘 ID4 在当天上午 10:00 出现闪红灯现象，另外 3 块硬盘正常，并且 E 盘可访问。

（3）上午 10:15 服务器出错提示 E 盘（即阵列盘）不能访问。客户依次关闭服务器、磁盘阵列柜后保护现场，开始分析故障原因，处理故障。

结合客户出现的实际情况进行分析：有可能是因为硬盘 ID1 出现错误后没有及时处理，所以阵列系统运行效率降低，数据的读取量增大，另外 4 块硬盘在进行冗余校验时可能会出现逻辑错误，并不是出现了真正的物理损坏或失效。基于以上分析，在保证数据完整性的原则下开始恢复数据。

2）操作方法与步骤

（1）打开磁盘阵列柜，启动服务器，自检至磁盘阵列时进入 RAID 管理程序，查看阵列信息，发现硬盘 ID1 与硬盘 ID4 的状态为 Failed。

（2）修改配置，将硬盘 ID4 强制上线。

（3）先将硬盘 ID1 替换为同型号的好盘，再重建，运用 RAID 5 重建这块已经掉线的硬盘上的数据。当进度达到 100%，且无任何错误提示时，重建成功（或者硬盘指示灯不再闪烁也说明同步完成）。

（4）重新启动服务器，正常启动系统，访问 E 盘成功，立即导出重要数据。

3）总结与补充

本次案例成功的关键在于，可以准确判断两块硬盘掉线（亮红灯）的时间。硬盘 ID1 3 个月前已经离线，因此绝对不能强制上线，否则会导致 5 块硬盘中的数据损坏。在不能准确判断多块盘掉线的时间的情况下，最好请专业的数据恢复公司进行处理。

在处理问题时应遵循由简单到复杂、由安全到危险的原则，并且应确保在不破坏数据的原则下进行故障处理。在处理故障时应将服务器与网络的连接切断，因为在修复受损硬盘的过程中，会有用户登录服务器进行数据操作，从而产生新的数据，这样就有可能产生新的逻辑错误，对故障的排除非常不利。另外，即使某些磁盘阵列设备支持后台同步重建，也不要执行后台同步操作，以防产生异常情况。

综上可知，任何先进的技术手段都不可能是万无一失的，如果要确保数据安全，就一定要做好备份工作，最好每天做一次数据库的异地备份，并且至少备好一块新硬盘，以便在第一块硬盘出现错误时就能及时换上，保障系统的冗余性，防止以上类似事件的再次发生。

8.2.4　恢复磁盘阵列数据的方法

由于一些用户对磁盘阵列问题的严重性认识不足，因此一旦出现故障就会寻找集成商的售后服务工程师来尝试解决问题。但是，由于售后服务工程师的经验和技术重在硬件方面，对磁盘阵列的数据修复认识不充分，往往会采用一些常规的方法尝试修复。然而，大部分的结果是导致数据最终被彻底破坏，无法进行修复。此外，即便是简单的检验性操作，也有可能为后期的数据恢复带来不便。

一旦磁盘阵列出现故障，硬件服务商就只能给客户重新初始化或更换磁盘阵列卡，这样客户数据就可能无法挽回。对专业数据恢复公司而言，出现故障以后只要不对阵列做初始化操作，就有机会恢复故障磁盘阵列中的数据。

1. 磁盘阵列中数据恢复可行性分析

磁盘阵列出现故障后，如果没有进行人为误操作，那么数据在大部分情况下是可以恢复成功的。除非是损坏的硬盘数量超过了冗余度，而又无法恢复损坏的硬盘中的数据。恢复的思路是对原阵列中的硬盘进行数据结构分析，并根据其结构对数据进行重组，最终获得原来的数据。

在进行数据恢复时，通常需要将整个磁盘阵列中的所有硬盘进行镜像备份，如果有损坏的硬盘就先对其进行修复再做镜像，最后使用磁盘阵列恢复工具对所有镜像文件进行重组分析。可以进行磁盘阵列数据恢复的情形包括以下几种。

（1）突然断电造成阵列信息丢失或磁盘阵列卡损坏的数据恢复。

（2）重新配置磁盘阵列信息导致的数据丢失的恢复。

（3）硬盘顺序出错导致系统不能识别数据的恢复。

（4）磁盘阵列中因发生故障而掉线的硬盘超过了冗余度，但某块损坏的硬盘可以修复。

以下几种情形可能会导致数据无法恢复。

（1）磁盘阵列中因发生故障而掉线的硬盘超过了冗余度，并且无法修复。

（2）对故障磁盘阵列做了重建或初始化。

（3）将很早离线的硬盘或不相关的硬盘放入阵列中做了强制上线或同步。

2. 磁盘阵列数据恢复流程

磁盘阵列数据恢复的一般步骤如下。

步骤 1：了解磁盘阵列存储器的品牌、型号、参数、硬盘数量和组建方式。

步骤 2：明确故障发生现象及操作过程，掌握所需数据内容。

步骤 3：不要采取任何尝试性操作（如重建、初始化等），立刻关闭电源，取出按设备标识的顺序硬盘编号。

步骤 4：分别对每块硬盘进行镜像。

步骤 5：分析镜像文件，确定磁盘阵列的控制参数，如顺序、块大小、开始位置和组织方式。

步骤 6：使用专修工具重组数据，导出所需数据。

3. 磁盘阵列数据重组工具

磁盘阵列系统在出现故障时如果处理得当，那么在大多数情况下数据都是可以恢复的。在做磁盘阵列数据恢复时，比较常用的工具有 RAID Reconstructor、WinHex 和 R-Studio 等，其中，R-Studio 在重组磁盘阵列方面功能比较强大且容易上手，因此这里介绍使用 R-Studio 进行常规磁盘阵列数据恢复的方法。

R-Studio 是功能比较强大的数据恢复、反删除工具，采用全新的恢复技术，为使用 FAT12/FAT16/FAT32、NTFS 和 Ext2FS（Linux 系统）分区的磁盘提供了完整的数据维护解决方案，对本地和网络磁盘的支持，以及大量参数设置，因此高级用户可以获得最佳恢复效果。

R-Studio 支持的功能如下：采用 Windows 资源管理器操作界面；通过网络恢复远程数据（远程计算机可运行 Windows 95/Windows 98/Windows ME/Windows NT/Windows 2000/Windows XP、Linux、UNIX 系统）；支持 FAT12/FAT16/FAT32、NTFS、NTFS 5 和 Ext2 文件系统；能够重建损毁的磁盘阵列；可以为磁盘、分区、目录生成镜像文件；可以恢复分区上删除的文件、加密文件（NTFS 5）、数据流（NTFS、NTFS 5）；可以恢复使用 FDISK 或其他磁盘工具删除的数据、病毒破坏的数据、MBR 破坏后的数据；可以识别特定文件名；可以把数据保存到任何磁盘中；可以浏览、编辑文件或磁盘内容等。

任务实施

8.3 任务 1 管理磁盘阵列

8.3.1 配置磁盘阵列

1. 任务描述与分析

曙光天阔 A620R-H 服务器一台，内存为 8GB，自带 2 块容量为 146GB 的 3.5 英寸的 SAS

硬盘，用于安装操作系统。因为需要另扩充了 2 块容量为 1TB 的西部数据的企业级 SATA 硬盘，用于存储数据，现对它分别建立两个阵列盘，第一个小容量的用于安装操作系统，第二个大容量的用于存储数据。

2. 操作方法与步骤

（1）开机等待屏幕提示，按快捷键 Ctrl+C 进入磁盘阵列配置界面，这是一个 LSI 的阵列卡 C1068E，状态为有效，启动顺序为 0，如图 8-34 所示。

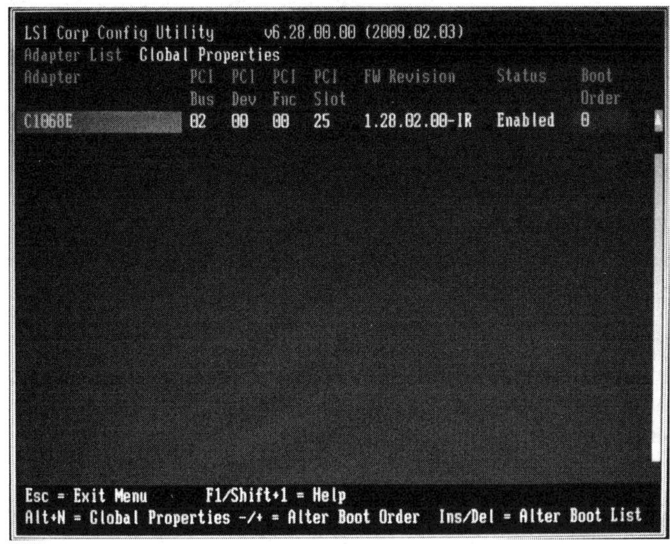

图 8-34　进入磁盘阵列配置界面

（2）一般服务器上的磁盘阵列卡都只支持 RAID 0 和 RAID 1，如果用户要使用 RAID 5 或其他功能，就需要更换磁盘阵列卡（当前磁盘阵列卡支持 RAID 0、RAID 1 和 RAID 1E）。按 Enter 键进入“Adapter Properties”界面，可以看到关于磁盘阵列卡的基本信息（见图 8-35），下面有 3 个选项，分别为 RAID Properties、SAS Topology 和 Advanced Adapter Properties。

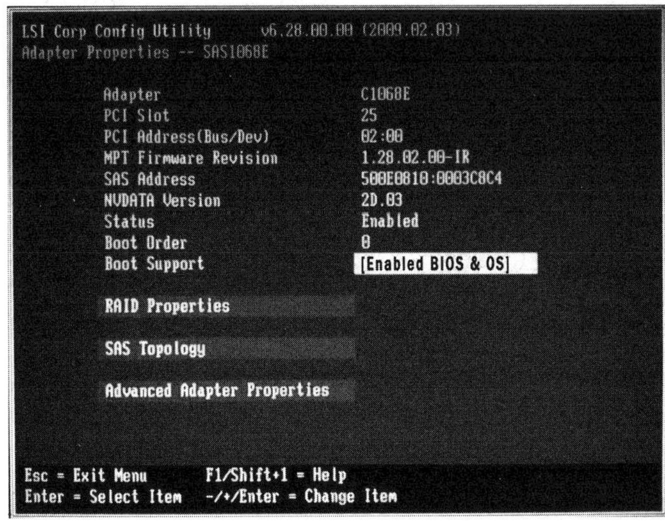

图 8-35　“Adapter Properties”界面

（3）选择“RAID Properties”选项，这里显示可以创建 3 种卷，分别为 IM 卷（RAID 1）、IME 卷（RAID 1E）和 IS 卷（RAID 0）。先创建一个镜像卷，用于安装操作系统，保证操作系统的稳定性。选择“Create IM Volume”选项，如图 8-36 所示。

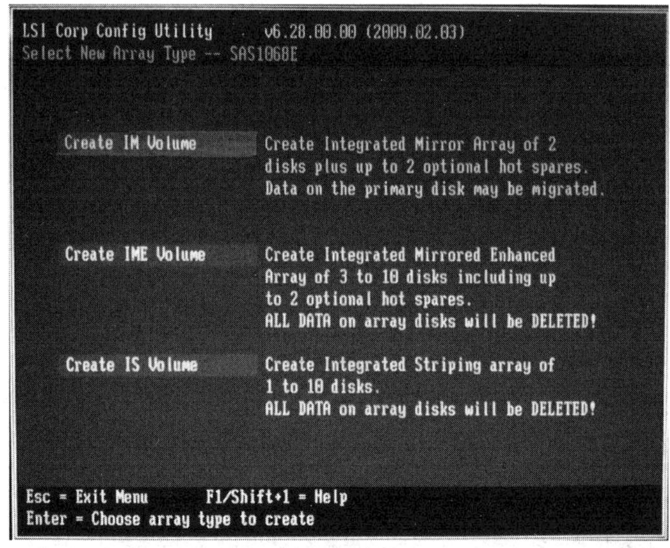

图 8-36 创建阵列配置界面

（4）可以看到 4 块硬盘（见图 8-37），前两块是容量为 146GB 的希捷硬盘，后两块是容量为 1TB 的西部数据硬盘，这里选择前两块容量为 146GB 的希捷硬盘，把光标移到“RAID Disk”列上按空格键使其值为“Yes”。

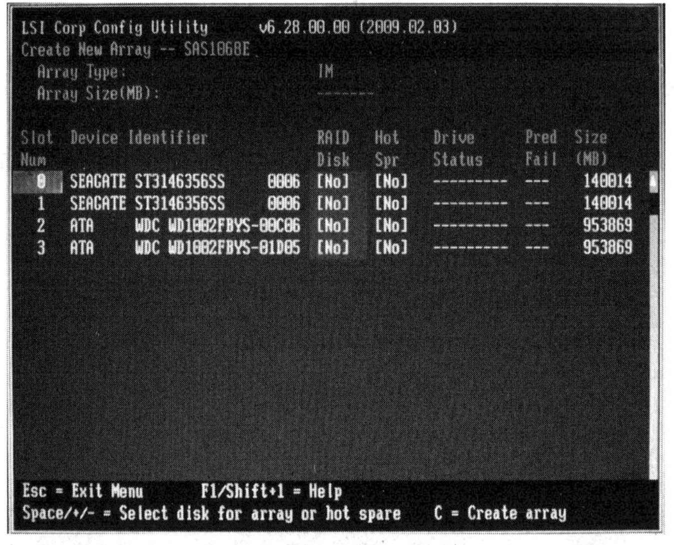

图 8-37 选择硬盘界面

（5）当选择第一块硬盘时，屏幕会提示保留数据还是清除数据，如图 8-38 所示。如果里面本来有数据，需要继续使用，就要保留。当选择第二块硬盘时就不会再提示，第二块硬盘只会成为第一块硬盘的镜像。

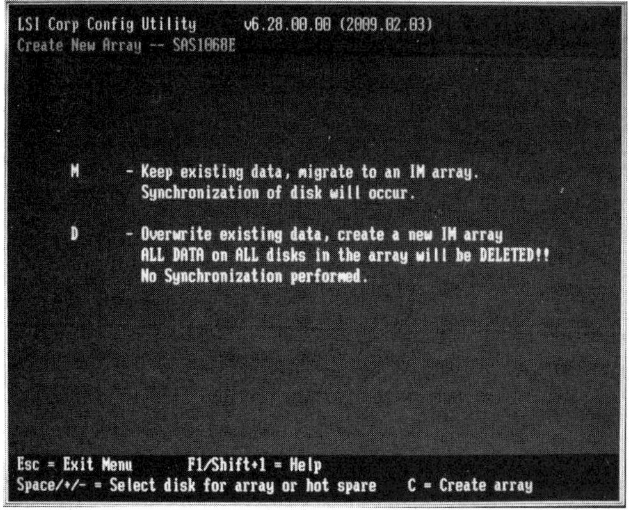

图 8-38　提示保留数据界面

（6）设定好后，按“C”键便可创建阵列盘，在确认创建阵列盘界面中选择“Save changes then exit this menu”选项后开始创建阵列盘（见图 8-39），创建好阵列盘后，会自动在后台进行初始化。

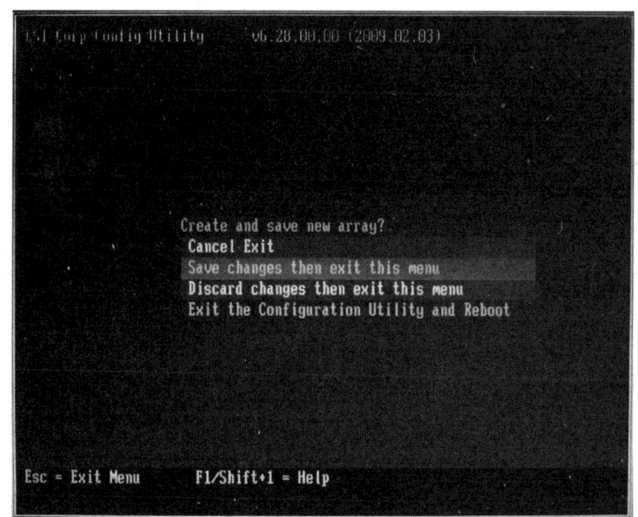

图 8-39　确认创建阵列盘界面

（7）创建第二个 RAID 0，如图 8-40 所示，选择“Create IS Volume”选项。

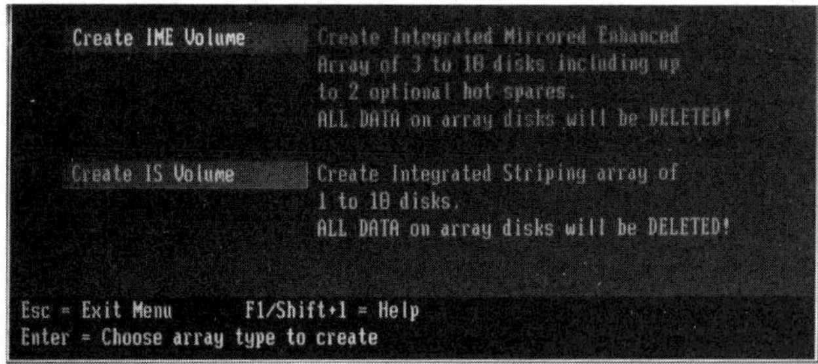

图 8-40　创建第二个 RAID 0

（8）显示 4 块硬盘中的上面两块已经被标记为阵列盘，所以只能选择下面的两块西部数据的硬盘，操作方法同上，如图 8-41 所示。

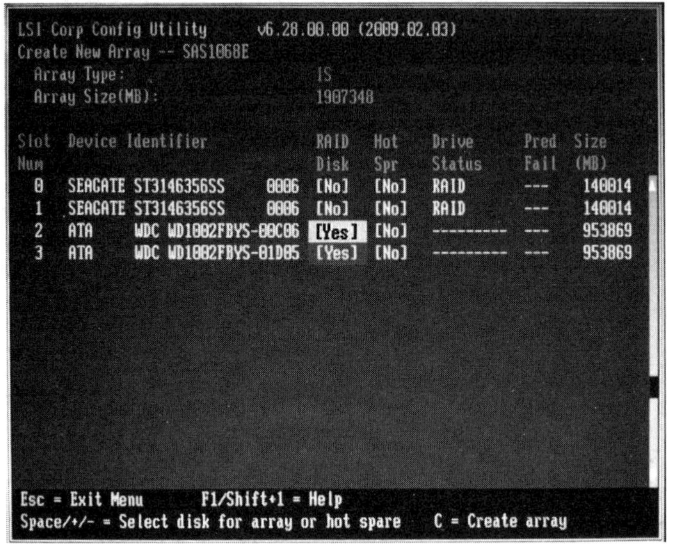

图 8-41　选择硬盘

（9）创建好后，返回上级菜单，可以通过选择“View Existing Array”选项来检查阵列的配置情况。如图 8-42 所示，系统中有两块阵列盘，第一块阵列盘的容量为 139MB，已同步到 7%。

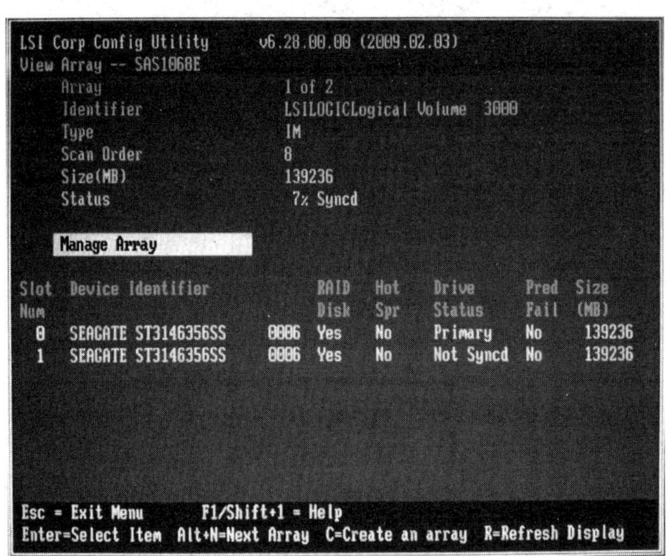

图 8-42　查看阵列盘的配置情况

（10）先选择“Manage Array”选项，再在如图 8-43 所示的界面中选择“Manage Hot Spares”选项，设定同步（重建数据），激活阵列，或者删除阵列。

```
LSI Corp Config Utility      v6.28.00.00 (2009.02.03)
Manage Array -- SAS1068E

    Identifier                LSILOGICLogical Volume  3000
    Type                      IM
    Scan Order                8
    Size(MB)                  139236
    Status                     8% Syncd

    Manage Hot Spares

    Synchronize Array

    Activate Array

    Delete Array

Esc = Exit Menu       F1/Shift+1 = Help
Enter = Select Item
```

图 8-43　管理阵列盘界面

8.3.2　组建软磁盘阵列

1. 任务描述与分析

在一台安装了 Windows Server 2008 的计算机上共有 4 块硬盘，其中，磁盘 0 中安装了操作系统，另外 3 块硬盘的容量相同，未分区，用作磁盘阵列。下面使用这些硬盘来组建 RAID 5。实现软 RAID 5 的过程与实现软 RAID 1 的过程基本相同，先将做软 RAID 5 的硬盘全部升级为动态磁盘，再在创建磁盘卷时选择“RAID 5 卷”选项，按照提示完成即可。

在系统中，所有的未用空间都可以作为 RAID 5，系统卷除外，因为其中安装了操作系统。做磁盘阵列要求每个卷成员的容量是相同的，操作系统会根据具体情况调整卷的容量，采用最小卷的容量。只要操作系统中有 3 块或 3 块以上的动态磁盘就可以组建 RAID 5 卷。

2. 操作方法与步骤

（1）安装 Windows Server 2008。假设将其安装在第一块硬盘（即磁盘 0）上。

（2）升级动态磁盘的过程与创建 RAID 1 的过程相同。

（3）选中一块硬盘并右击，选择“新建 RAID-5 卷”命令，如图 8-44 所示。

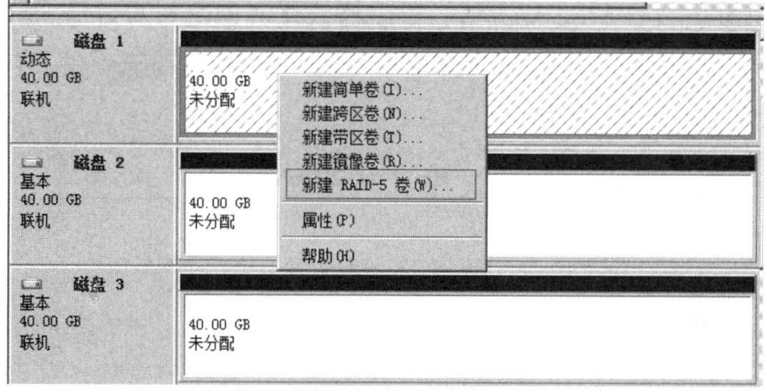

图 8-44　新建 RAID 5 卷

（4）选择要参与做 RAID 5 的硬盘（见图 8-45）。这里应当选择容量相同的硬盘，如磁盘 1、磁盘 2 或磁盘 3，这样每块硬盘中的空间能刚好用完，RAID 5 的总容量为两块硬盘的容量之和。

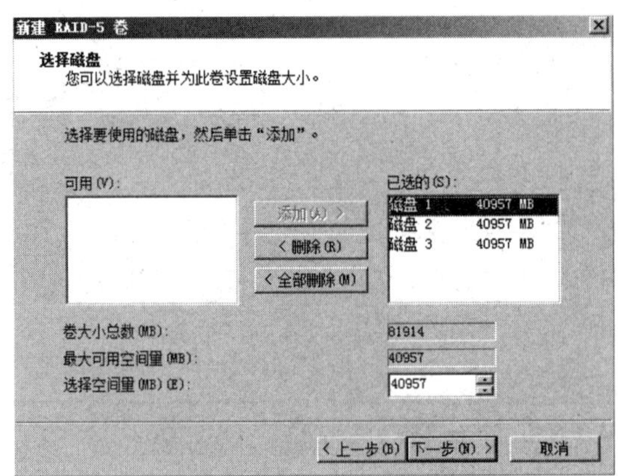

图 8-45　选择 RAID 5 的成员

也可以选择磁盘 0，但是磁盘 0 由于已经使用了一部分空间，剩余空间比其他磁盘的小，以磁盘 0 的剩余空间为基准来创建 RAID 5 卷，因此不建议使用。

（5）单击“下一步”按钮，创建卷，选择格式化参数，弹出完成界面，检查无误后单击“完成”按钮，如图 8-46 所示。

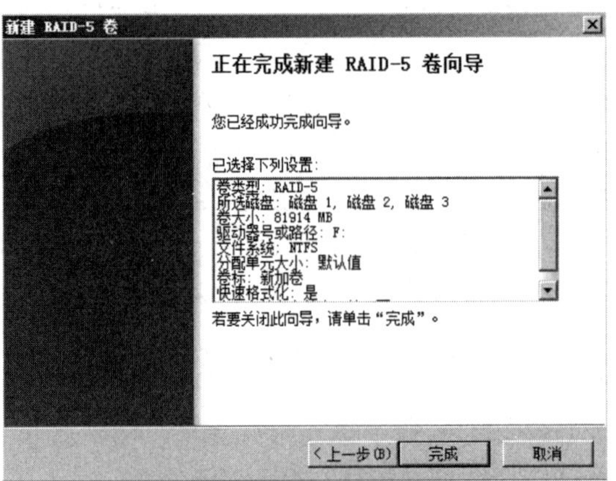

图 8-46　完成创建 RAID 5 卷

（6）系统会对组建 RAID 5 的硬盘进行同步格式化（见图 8-47），完成后就可以使用了。

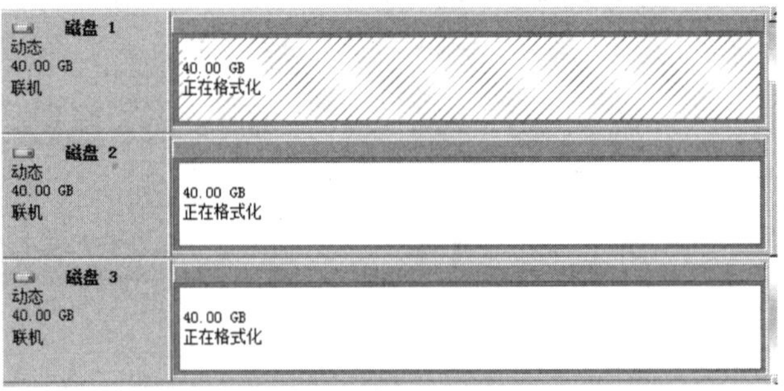

图 8-47　格式化 RAID 5 卷

8.4　任务 2　恢复磁盘阵列数据

8.4.1　处理磁盘阵列的异常情况

1. 任务描述与分析

某服务器上安装了 LSI 阵列卡和 4 块容量为 146GB 的 SAS 硬盘，组成了 RAID 5，安装了 Windows Server 2003 和 MegaRAID。下面以此环境为例演示如何在不停机的情况下在线维护磁盘阵列，并解决掉盘故障。

2. 操作方法与步骤

（1）启动 MegaRAID，用管理员身份登录（服务器地址使用本地主机的 IP 地址），如图 8-48 所示。

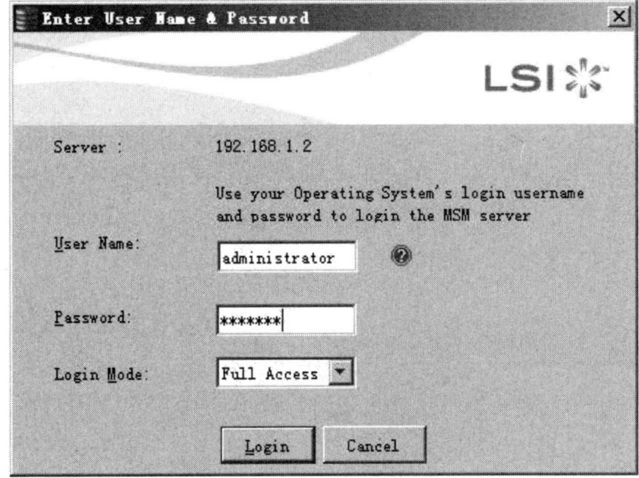

图 8-48　登录 MegaRAID

（2）登录成功后，在“Dashboard”选项卡中可以看到磁盘阵列的总体概况。切换至“Logical”选项卡就可以看到此磁盘阵列有 1 个 RAID 5 的盘组，由 4 块容量为 136GB 的物理磁盘（厂商标识为 146GB）组合为虚拟磁盘，总容量约为 408GB，条带为 128KB，如图 8-49 所示。

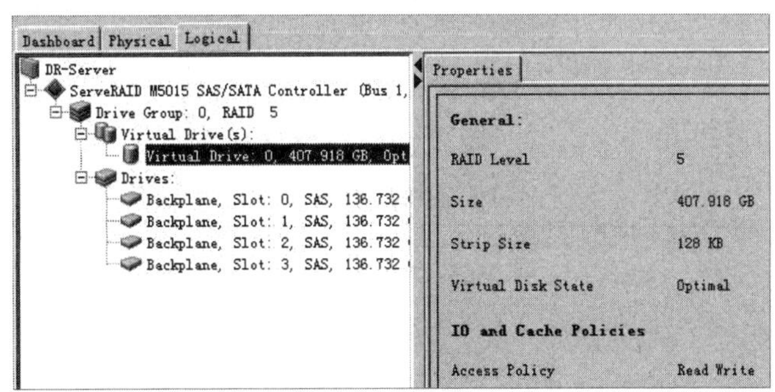

图 8-49　“Logical”选项卡

（3）右击虚拟驱动器可以执行各种维护操作，如重命名、删除、设置属性和初始化等，如图 8-50 所示。

（4）此时拔掉一块硬盘（如 3 号盘），界面中会刷新提示有硬盘掉线，但磁盘阵列系统可以继续使用，如图 8-51 所示。

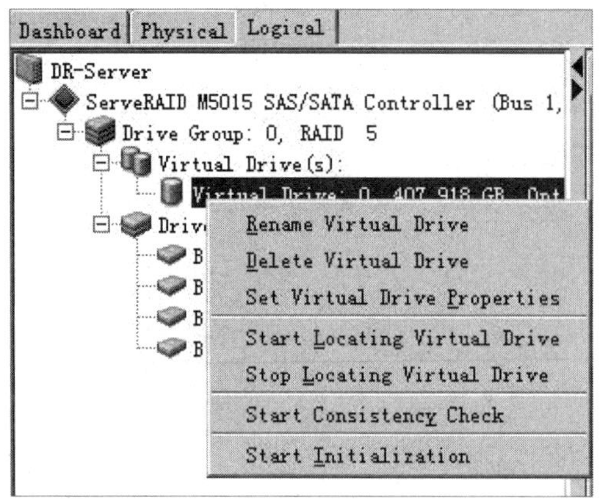

图 8-50　管理虚拟驱动器

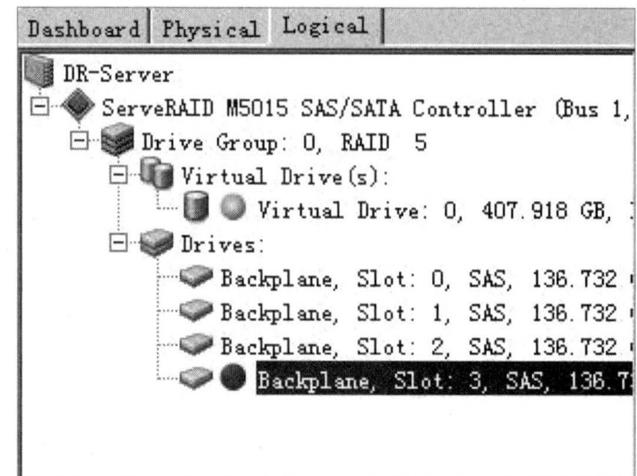

图 8-51　掉盘提示

（5）由于没有设置热备盘，因此只能手动维护。插上一块好的硬盘，系统会刷新提示找到一块硬盘，但是处于未配置状态。在未配置的硬盘上右击并选择“Change to Unconfigured Good”命令（见图 8-52），将其设置为未配置的正常盘状态。

（6）选择替换丢失的硬盘（见图 8-53）。

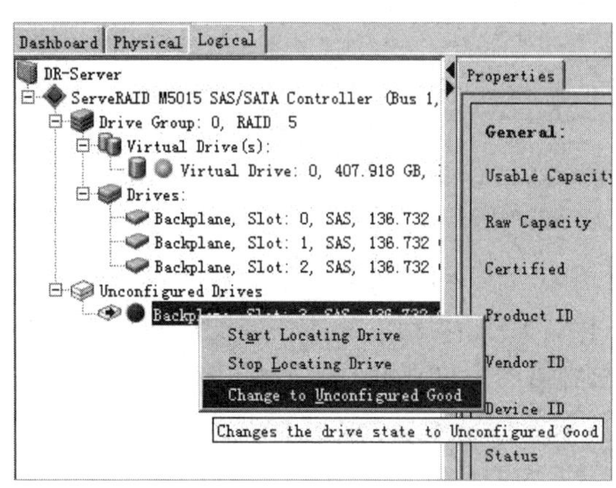

图 8-52　换上新硬盘

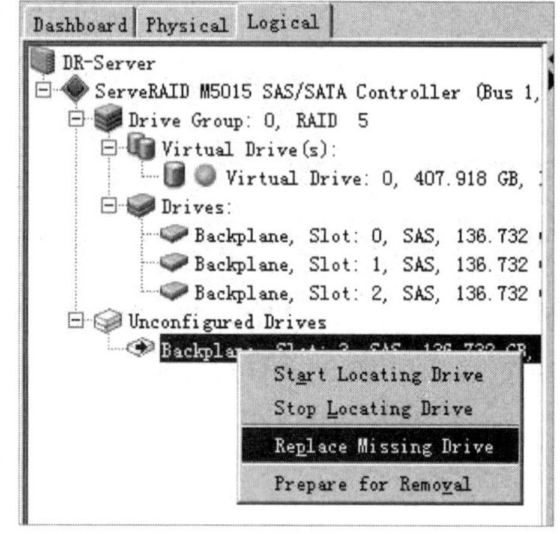

图 8-53　替换丢失的硬盘

（7）选择替换在降级阵列中丢失的盘号（见图 8-54）。

（8）选择“Start Rebuild”命令开始重建这块新硬盘（见图 8-55），磁盘阵列卡会根据其他几块硬盘的信息生成这块硬盘中的内容，重建完成后，该硬盘会自动加入 RAID 5 阵列盘中。

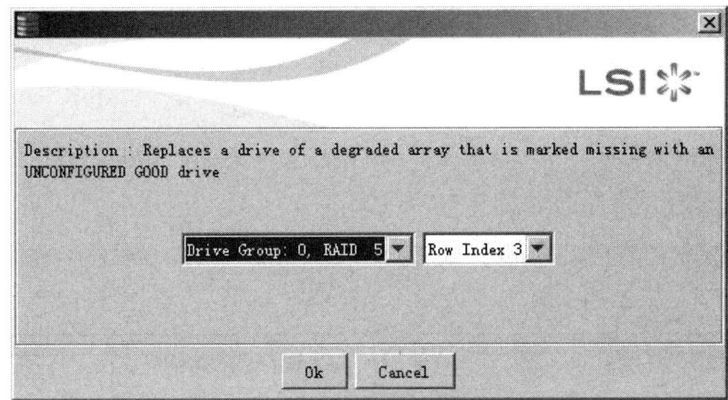

图 8-54　选择阵列及盘号

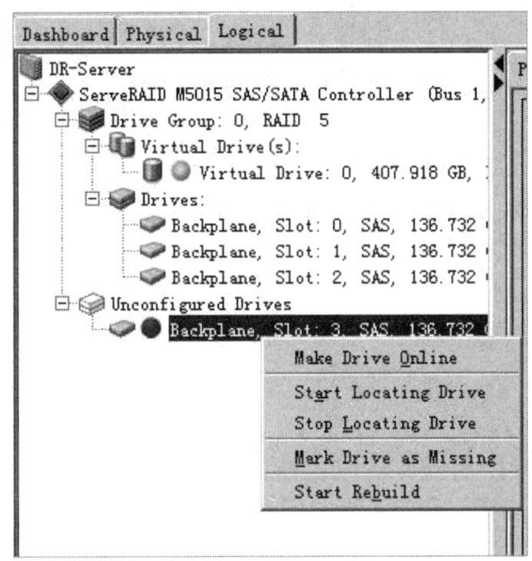

图 8-55　恢复 RAID 5 功能

其他的磁盘阵列系统的处理方式有所不同，具体的操作方法请参考相关资料。

8.4.2　使用 R-Studio 恢复磁盘阵列数据

R-Studio 的介绍与使用

1. 任务描述与分析

某单位的 HP 服务器外置的磁盘阵列柜配置了 4 块容量为 73GB 的硬盘，其中，1 块作为热备盘，另外 3 块做成一组 RAID 5。客户端操作数据时出现问题，当管理员进入 RAID 卡管理界面时发现，RAID 5 显示为 Fail 状态，服务器 Windows Server 2003 中原有阵列的盘符都已消失。

经检查，在 RAID 卡管理界面中，0 号盘为 Dead 状态，1 号盘和 2 盘为 Offline 状态。磁盘阵列柜中的 1 号盘和 2 号盘有信息灯警示，服务器 Windows Server 2003 中不能识别磁盘阵列。考虑到客户在磁盘阵列中有重要数据，因此，建议请专业的数据恢复公司提供服务。

数据恢复工程师对磁盘阵列和每块硬盘的状况进行检查后发现：0 号盘物理损坏，3 号盘为热备盘顶替了 0 号盘，但由于 1 号盘和 2 号盘有坏扇区，引起 1 号盘和 2 号盘离线，因此该 RAID 5 不能工作。制定的恢复方案如下：先对 1～3 号盘做镜像，用镜像文件代替原始硬盘，再用磁盘阵列重组技术将原始的 1～3 号盘（缺 0 号盘）虚拟重组为一个 RAID 5，导出用户数据。需要注意的是，3 号盘对应的数据其实是 RAID 5 中的 ID0（盘序不能弄错）。另外，1 号盘和 2 号盘虽然有坏扇区，但仍可通过某些方法读取，具体操作可参照第 7 章。

2. 操作方法与步骤

（1）制作硬盘的镜像文件，可以使用 R-Studio、WinHex 或其他工具，此处不再详细介绍。

（2）打开 R-Studio，其界面如图 8-56 所示。

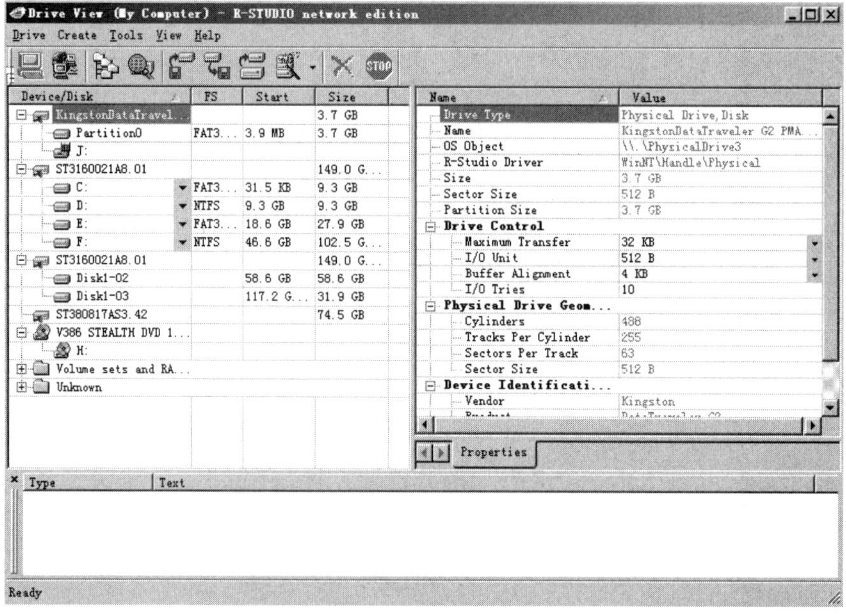

图 8-56　R-Studio 的界面

（3）打开磁盘阵列的镜像文件，如图 8-57 所示。

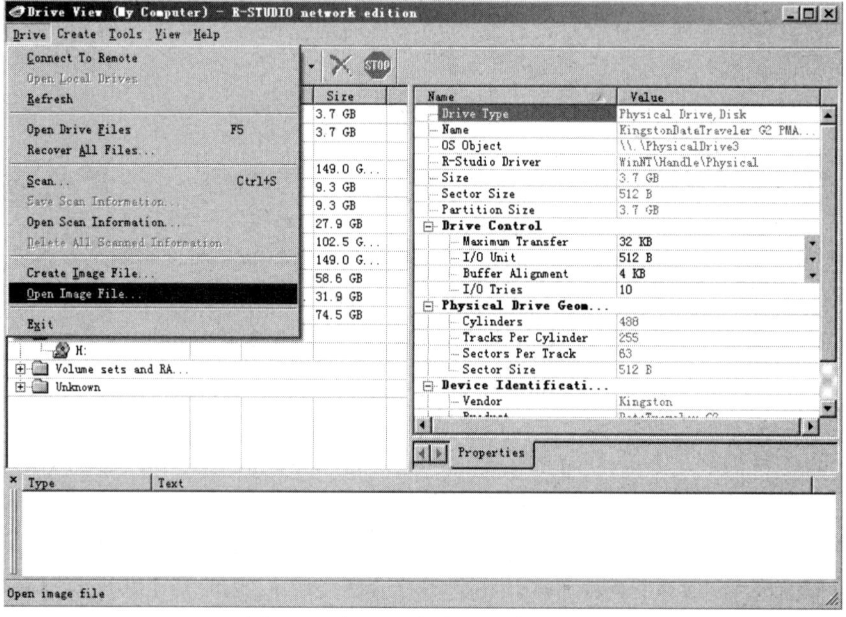

图 8-57　打开磁盘阵列的镜像文件

镜像文件加载成功，如图 8-58 所示。

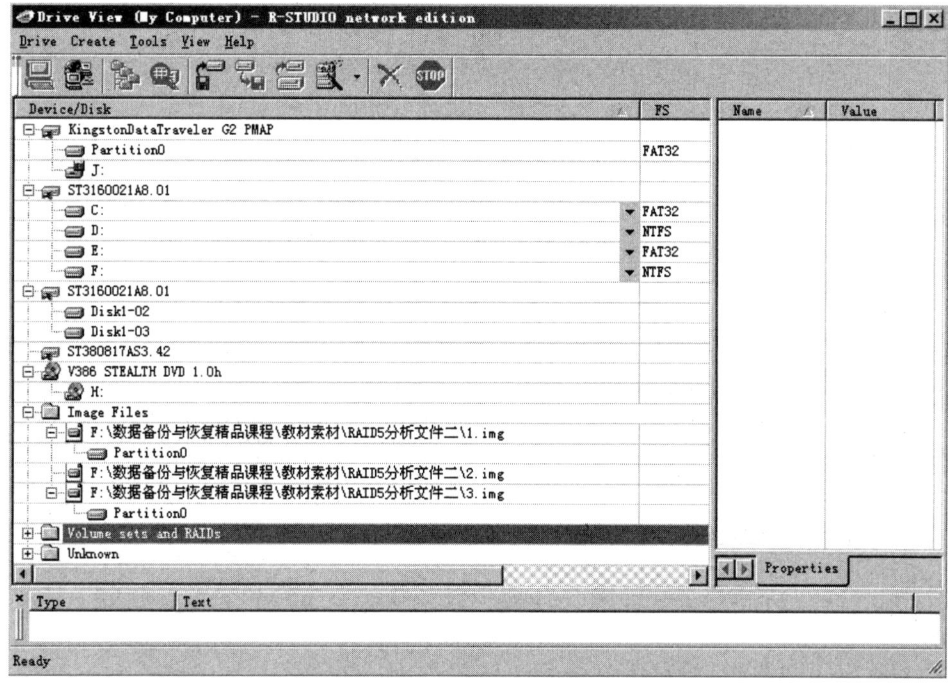

图 8-58　镜像文件加载成功

（4）选择创建虚拟阵列的类型，如图 8-59 所示，有 4 种类型可供选择，分别为 Virtual Volume Set（虚拟卷集）、Virtual Mirror（虚拟镜像）、Virtual Stripe Set（虚拟条带卷）和 Virtual RAID 5（虚拟 RAID 5）（这里选择创建虚拟 RAID 5）。

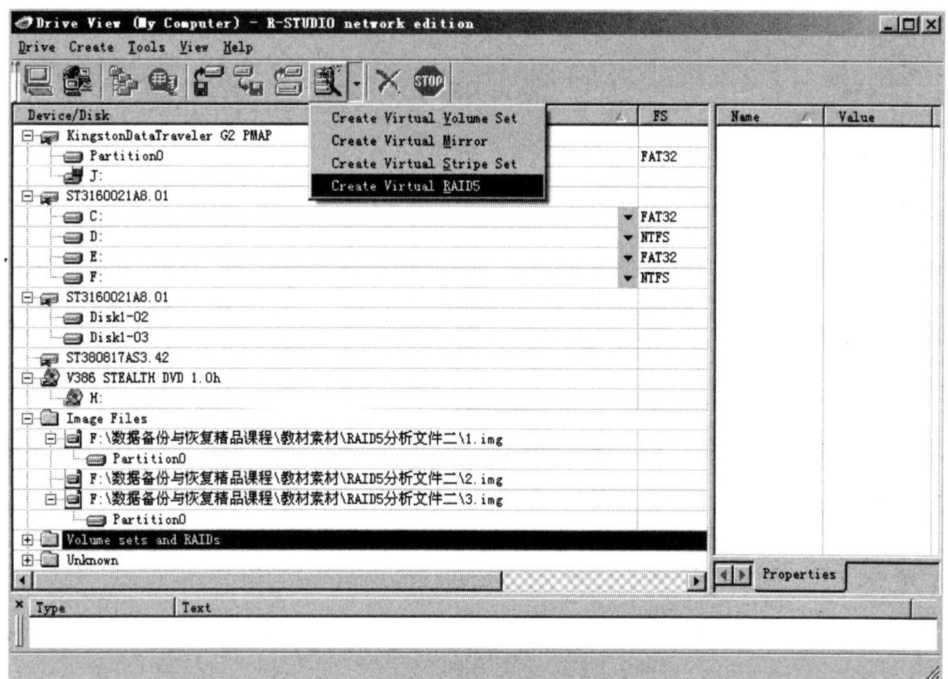

图 8-59　选择创建虚拟阵列的类型

创建的虚拟 RAID 5 如图 8-60 所示。

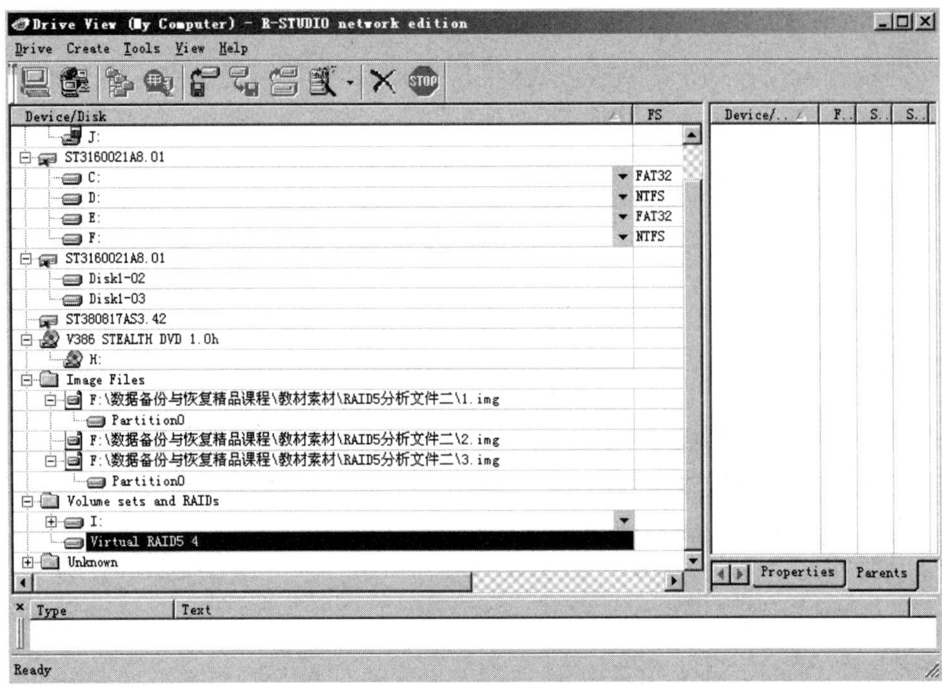

图 8-60　创建的虚拟 RAID 5

（5）选中创建的虚拟磁盘阵列，将 3 个图像文件依次拖入右侧的“Parents”标签页中，如图 8-61 所示。

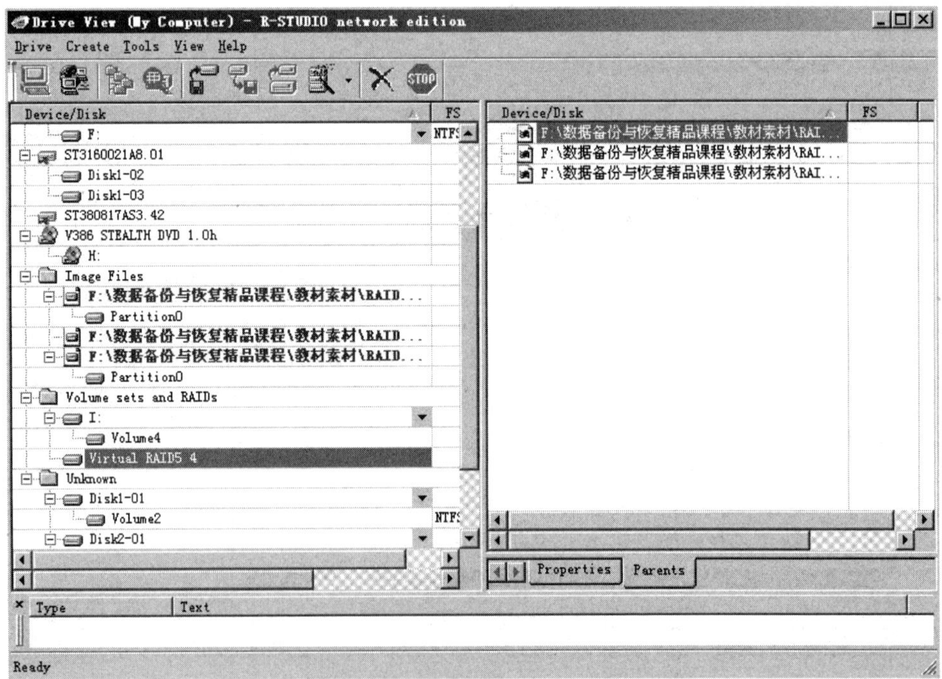

图 8-61　加入虚拟 RAID 5 中的镜像文件

（6）切换至“Properties”标签页，设置 RAID 参数，如图 8-62 所示。

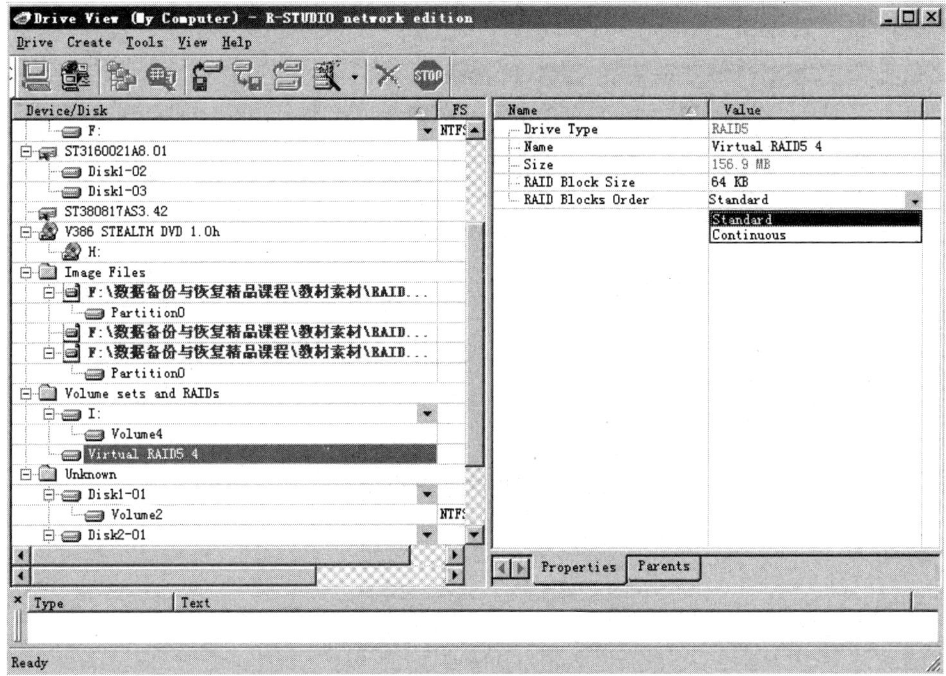

图 8-62　设置 RAID 参数

（7）RAID Block Size 表示 RAID 块的大小，常见的有 8KB、16KB、32KB、64KB 和 128KB。RAID Blocks Order 表示 RAID 校验的方向，Standard 表示左同步，Continuous 表示左异步。本节的 RAID 5 为左同步，块大小设置为 16KB，如图 8-63 所示。

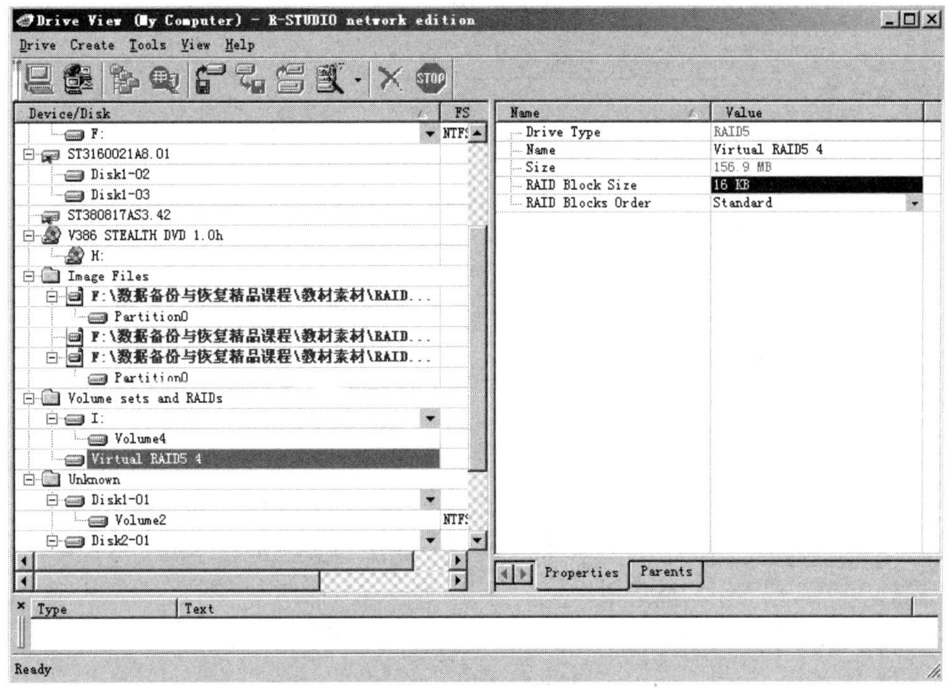

图 8-63　设置块的大小

（8）参数设置完成后，在 Virtual RAIDs 中的虚拟磁盘阵列上右击，选择“Scan”命令，扫描磁盘阵列，如图 8-64 所示。

图 8-64　扫描磁盘阵列

（9）分析完成后，显示找到的所有有效分区，如图 8-65 所示。

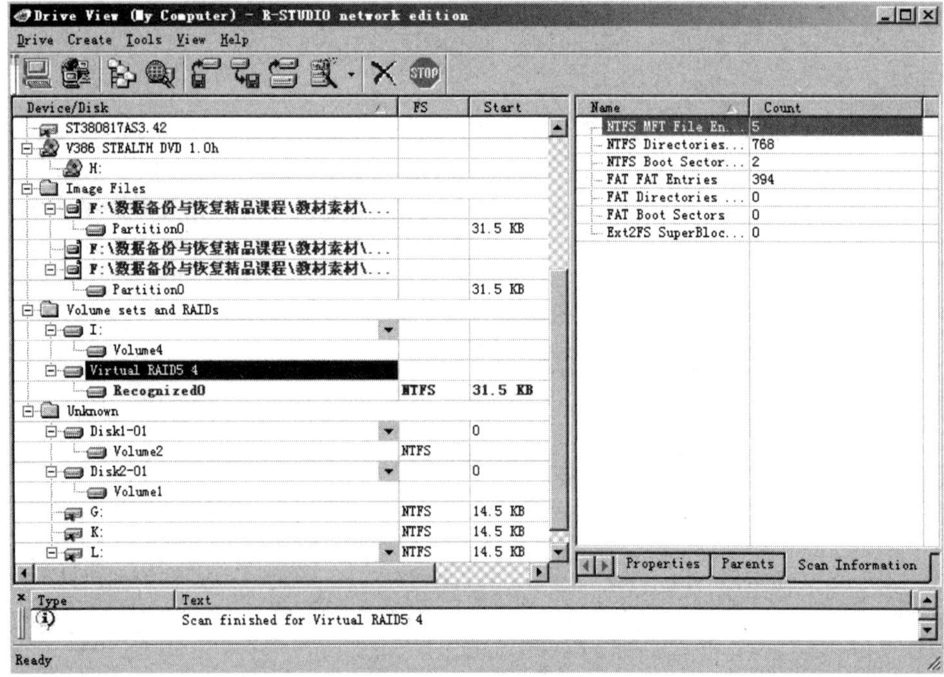

图 8-65　所有有效分区

（10）打开绿色有效分区（Recognized），显示的扫描结果如图 8-66 所示。

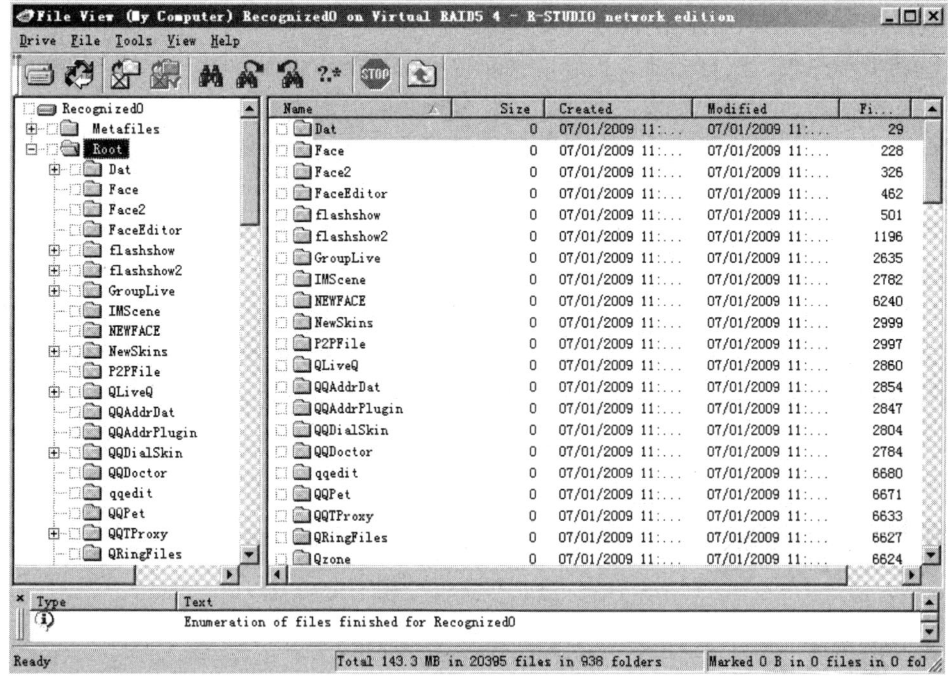

图 8-66　扫描结果

（11）选择需要恢复的目录，导出客户数据（见图 8-67），检查数据的完整性。

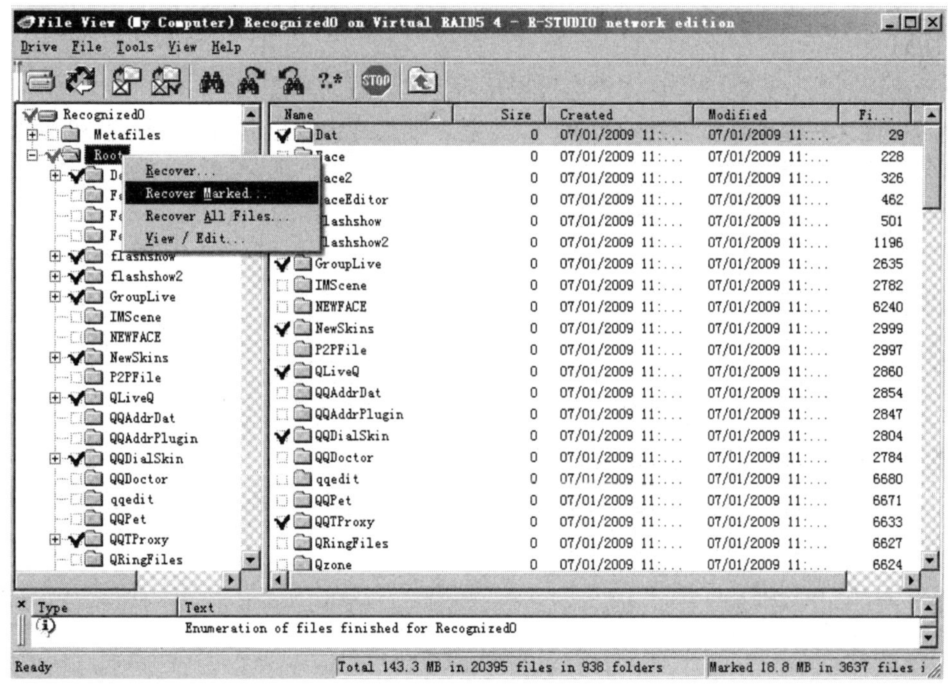

图 8-67　客户数据

3. 总结与补充

本案例的重点在于 2 号盘和 1 号盘同时离线，如果是分别离线，就需要分析离线时间，去掉先离线的盘，用剩下的两块盘来恢复数据。

在做磁盘阵列数据恢复之前，正确地判断故障情况是非常重要的，因为这是磁盘阵列数据恢复的必要前提。先通过观察、询问和经验分析故障的形成原因及过程，再选择正确的恢复手段。由于磁盘阵列故障往往不是单一原因造成的，因此采用常规的故障恢复手段只能恢复阵列状态，不能恢复阵列数据，即使让磁盘阵列恢复到正常使用状态，这些操作也往往会导致阵列底层数据的彻底损坏。因此，必须根据具体情况制定相应的解决方案，切不可贸然实施磁盘阵列数据恢复。

在恢复过程中，首先要弄清楚硬盘组的盘序，切不可弄错，然后设定 RAID 5 的组织方式，如反向动态校验、正向校验等。如果客户忘记了组织方式，那么可以根据硬盘上数据块的大小和内容来分析判断，有一些软件可以自动帮助分析，但效果都比不上有丰富经验的技术人员。当组织方式确定下来以后，起始位置和数据块的大小也就确定了，磁盘阵列数据恢复至少已成功一半。

技能拓展

任务准备

请以一台安装 Windows Server 2003 的虚拟机为运行环境来执行此任务，并按照下面的步骤完成任务准备工作。

（1）为虚拟机添加 4 块虚拟硬盘，每块虚拟硬盘的容量约为 100MB，文件名编号依次为 HD1～HD4。

（2）在磁盘管理界面中将这 4 块虚拟硬盘激活并设置为动态磁盘。

（3）将这 4 块虚拟硬盘创建一个 RAID 5 卷，使用全部磁盘空间，容量为 300MB，并完成初始化。

（4）随意在这个 RAID 5 卷中复制一些数据，并验证数据的有效性。

（5）在设备管理器中将之前添加的 4 块虚拟硬盘依次卸载，导致 RAID 5 卷停用，模拟磁盘阵列出现故障的情况。

任务要求

（1）请运用所学的知识和技能，使用数据恢复工具重组阵列数据，并验证数据的完整性（请注意分析判断磁盘阵列重组的几项重要参数）。

（2）将这几块已经离线的虚拟硬盘重新激活并使其上线，使 RAID 5 继续工作且不丢失数据。

综合训练

一、填空题

1．磁盘阵列主要应用于________、________和________。

2．NAS 是指____。

3．服务器硬盘以前多使用________接口，现在还流行________接口和________接口。

4．服务器硬盘的特点包括________、________、________和________。
5．条带化存储是指____。
6．如果有 4 块容量为 160GB 的硬盘作为 RAID 5，那么可以使用的阵列空间为________。
7．RAID 1 的容错性能________，读/写性能________，空间浪费________。
8．表 8-6 中的 RAID 5 的组织方式是________________________。

表 8-6　RAID 5 的组织方式

硬盘号	硬盘 1	硬盘 2	硬盘 3	硬盘 4
数据块	1	2	3	P
	4	5	P	6
	7	P	8	9
	P	10	11	12

9．RAID 5 的关键参数包括________、________、________和________。
10．在动态磁盘上可以创建的卷包括简单卷、________、________、________和 RAID 5 卷。
11．RAID 5 的 3 种工作状态分别为________、________和________。
12．当 RAID 出现故障时一般先________，再试图恢复数据。

二、选择题

1．SATA 硬盘指的是硬盘采用了（　　）。
A．串行 ATA 接口　　B．增强型 ATA 接口
C．并行 ATA 接口　　D．服务器专用接口
2．一个 SCSI 接口最多可以连接（　　）个设备。
A．4　　B．8
C．15　　D．16
3．如果有 4 块容量为 80GB 的硬盘做 RAID 0，那么可以使用的空间为（　　）。
A．80GB　　B．160GB
C．240GB　　D．320GB
4．下列说法中正确的是（　　）。
A．初始化磁盘阵列会破坏硬盘中的数据
B．RAID 0 中有一块硬盘损坏不会丢失数据
C．初始化磁盘阵列不会破坏硬盘中的数据
D．RAID 1 中有一块硬盘损坏一定会丢失数据
5．带区卷指的是（　　）。
A．将数据分割后写入不同分区中
B．RAID 0，将数据分割后在多块硬盘中同时写入
C．将数据按硬盘顺序依次写入
D．RAID 1，将数据同时写入两块硬盘中
6．可以动态扩展容量的是（　　）。
A．系统卷　　B．带区卷
C．跨区卷　　D．镜像卷

7．RAID 掉盘故障的一般处理方法不正确的是（　　）。

A．检查连接线缆是否接触不良　　B．检查是否有硬盘驱动器损坏

C．检查 RAID 设备的温度是否过高　　D．检查 CPU、内存等设备是否正常

8．RAID 产生故障时数据可能无法恢复的情况不包括（　　）。

A．RAID 0 中有一块硬盘物理损坏　　B．RAID 1 中有两块硬盘物理损坏

C．执行了重建或初始化操作　　D．RAID 5 中有一块硬盘物理损坏

9．重组磁盘阵列所使用的工具一般是（　　）。

A．MTL　　B．EasyRecovery

C．R-Studio　　D．RecoverMyFiles

三、简答题

1．RAID 的思想是什么？与传统存储体相比，它的优势有哪些？

2．简述卷与分区的区别。

3．简述 RAID 5 的工作原理。

4．简述磁盘阵列几种故障的发生原因。

5．简述软 RAID 1 发生故障时的处理方法。

6．简述 RAID 5 数据恢复的一般流程。